Herbert Weidner
Bestimmungstabellen der Vorratsschädlinge
und des Hausungeziefers Mitteleuropas

Bestimmungstabellen der Vorratsschädlinge und des Hausungeziefers Mitteleuropas

Von
Herbert Weidner

Mit einem Beitrag (Acari) von
Gisela Rack

5., überarbeitete und erweiterte Auflage
220 Abbildungen im Text und 4 Tafeln

Gustav Fischer · Stuttgart · Jena · New York
1993

Anschrift des Verfassers und der Mitarbeiterin

Professor Dr. Herbert Weidner
Professor der Universität Hamburg
ehem. Abteilungsleiter am Zoologischen Institut
und Zoologischen Museum der Universität Hamburg
Uhlandstraße 6
D-2000 Hamburg 76

Dipl.-Biol. Dr. Gisela Rack
ehem. Hauptkustodin am Zoologischen Institut
und Zoologischen Museum der Universität Hamburg
Griegstraße 17
D-2000 Hamburg 50

Erste Umschlagseite: Mehlmotte, *Ephestia kuehniella,* sowie drei *Sitophilus*-Arten
Letzte Umschlagseite: Hausmaus und Hausratte

Die Deutsche Bibliothek – CIP-Einheitsaufnahme

**Bestimmungstabellen der Vorratsschädlinge und des
Hausungeziefers Mitteleuropas** / von Herbert Weidner. Mit
einem Beitr. (Acari) von Gisela Rack. – 5., überarb. und erw.
Aufl. – Stuttgart ; Jena ; New York : G. Fischer, 1993
   ISBN 3-437-30703-7
NE: Weidner, Herbert; Rack, Gisela

© Gustav Fischer Verlag · Stuttgart · Jena · New York · 1993
Wollgrasweg 49 · D-7000 Stuttgart 70 (Hohenheim)
Das Werk einschließlich aller seiner Teile ist urheberrechtlich geschützt. Jede Verwertung außerhalb der
engen Grenzen des Urheberrechtsgesetzes ist ohne Zustimmung des Verlages unzulässig und strafbar. Das
gilt insbesondere für Vervielfältigungen, Übersetzungen, Mikroverfilmungen und die Einspeicherung und
Verarbeitung in elektronischen Systemen.
Gesetzt in der 9/10p Sabon und in der Helvetica auf Linotype System 4, gedruckt auf Luxosilk pro 115 g
– chlorfrei gebleicht.
Umschlaggestaltung: Klaus Dempel, Stuttgart
Satz und Druck: Laupp & Göbel, Nehren/Tübingen
Einband: Großbuchbinderei Heinrich Koch, Tübingen
Printed in Germany

Aus dem Vorwort zur vierten Auflage

Das vorliegende Buch ist aus der Praxis entstanden und will den Praktikern helfen, die in Häusern, an Vorräten und Materialien auftretenden Schädlinge zu erkennen, um die davon drohende Gefahr richtig einschätzen und die zweckmäßigsten Bekämpfungsmethoden wählen zu können. Auch den Studenten der Biologie, Landwirtschaft und der Haushalts- und Ernährungswissenschaft soll es die Formenkenntnis der Schädlinge vermitteln. Eingehende entomologische Kenntnisse werden nicht vorausgesetzt. Es mußte daher versucht werden, die Unterscheidung der schädlichen Arten an Hand auffallender Merkmale zu ermöglichen. Als 1937 die 1. Auflage erschien, war dieses in den meisten Fällen möglich, weil man zu dieser Zeit die Biologie der Schädlinge erst noch sehr ungenügend kannte und daher eine Unterscheidung der einzelnen Arten einer Gattung keine praktische Bedeutung hatte. Dieses hat sich mit der Vertiefung unserer Kenntnisse von der Biologie der Schädlinge geändert; denn bei vielen von ihnen konnte man artspezifische Verhaltensweisen kennenlernen, die entscheidend für ihre Einschätzung als Schädlinge und für die zu ergreifenden Bekämpfungsmaßnahmen sind. Daher ist jetzt auch für den Praktiker eine genaue Artbestimmung nötig. Dazu müssen aber gerade bei den wichtigen Schädlingen oft schwerer auffindbare Merkmale herangezogen werden, die auch die Herstellung und Untersuchung mikroskopischer Präparate nötig machen. Aber auch diese Untersuchungen können erlernt werden, wozu Kurse unter Leitung eines Fachmanns geeignet sind. Auch dabei wurden nach Möglichkeit leicht erkennbare Merkmale gewählt, ohne auf den Bau der einzelnen Organe näher eingehen zu können.
Die Auswahl leicht erkennbarer Merkmale für die Artbestimmung ist nur dann möglich, wenn sich die Tabelle auf die Schädlinge beschränkt und ähnliche Freilandinsekten, die normalerweise nicht ins Haus kommen, unberücksichtigt läßt. Bei der Auswahl schwankt man ständig zwischen zwei Gefahren.
Nimmt man zu viele, d.h. auch nur die gelegentlich im Haus einmal vorkommenden Arten auf, so werden die Tabellen leicht zu lang und zu unübersichtlich. Werden aber zu wenige Arten behandelt, so kann man allzu häufig zu Fehlbestimmungen kommen, ohne sich dessen bewußt zu werden, d.h. man erhält für eine nicht in der Tabelle aufgeführte Art einen falschen Namen. Die Abgrenzung der Artenzahl muß trotz Berücksichtigung der einschlägigen Literatur sehr subjektiv sein, je nachdem, wo und wie der Verfasser selbst seine Erfahrungen gesammelt hat. Dieser Mißstand bleibt allerdings ohne allzu große Bedeutung, wenn das Buch in der Praxis bei der Schädlingsbekämpfung benutzt wird; denn dabei kommt es ja gewöhnlich nicht darauf an, ein beliebiges im Haus oder in Vorräten gefundenes Tier zu bestimmen, sondern es kommen solche Tiere in Frage, die wirklich Schaden tun und in Massen auftreten. Diese dürften allerdings, soweit sie aus Mitteleuropa bekannt sind, enthalten sein. Es sollte daher nicht versucht werden, irgendwelche Insekten nach dem Buch zu bestimmen. Für taxonomische Zwecke ist es nicht geeignet.

Vorwort zur fünften Auflage

Wenn auch die bei den früheren Auflagen befolgten Grundsätze für die Neubearbeitung der fünften Auflage weitgehend gelten, so mußten doch wieder einige Neuerungen durchgeführt werden. Ein Hauptgrund dafür ist, daß sich in den letzten zehn Jahren auch in der Schädlingsbekämpfung Natur- und Umweltbewußtsein allgemein durchgesetzt haben und giftfreie bzw. -arme Bekämpfungsmittel oder biologische Bekämpfungs- oder Vorbeugemethoden vorgezogen werden. Manche Arten wie z. B. die Hornissen haben ihren schlechten Ruf als gefährliche Schädlinge verloren und stehen heute unter Naturschutz wie auch fast alle in Gebäuden vorkommenden Wildtiere mit Ausnahme von Hausmaus und Wanderratte. Hier mußte öfter auf die Naturschutzgesetze hingewiesen werden. Weil auch parasitische und räuberische Insekten zur biologischen Regelung der Schädlinge eingesetzt werden, mußte mehr als früher auf ihre Unterscheidung von den Schädlingen hingewiesen werden. Da auch bei Studenten und Schülern das Interesse an der Stadtökologie und damit auch an allen in den Häusern vorkommenden Insekten stark zugenommen hat, wodurch der Benutzerkreis der Bestimmungstabellen erheblich erweitert wurde, erschien es zweckmäßig auch für die wichtigsten an Zimmerpflanzen vorkommenden Insekten und die charakteristischen Fraßbilder an Werk- und Bauholz durch Holzschädlinge Bestimmungstabellen aufzunehmen, wenn auch die Gewächshausschädlinge weiterhin unberücksichtigt blieben, weil sie den Rahmen des Buches sprengen würden. Kleine Erweiterungen wurden auch nötig, weil einige ausländische Arten in der letzten Zeit häufiger in Deutschland gefunden wurden, weshalb der Verdacht auf ihre Einbürgerung und weitere Ausbreitung besteht. Auch die Nomenklatur mußte auf den neuesten Stand gebracht werden, oft mit einigem Bedenken, ob der augenblickliche Brauch auch lang währen wird, so auch in der Schreibweise bei Ersetzen von y und th mit i bzw. t. Den Wünschen vieler Benutzer entsprechend wurde ein Verzeichnis leicht zugänglicher Literatur über Biologie und Ökologie und andere allgemeine Probleme der Hausinsektenkunde gegeben. Auf weiterführende Bestimmungswerke oder spezielle Arbeiten wird in den Bestimmungstabellen hingewiesen. Auf Bekämpfungsmittel dagegen wird nicht eingegangen, weil die Anweisungen über ihre Anwendung z. Zt. großen Änderungen unterworfen sind. Dürfen doch viele der früher viel gebrauchten Mittel wegen ihrer Gefahr für die Gesundheit von Mensch und Nutztiere oder ihrer Belastung der Umwelt nicht mehr oder nur unter Beachtung besonderer Vorsichtsmaßnahmen verwendet werden. Neue Mittel und Methoden sind vielfach noch in der Entwicklung begriffen, weshalb auf dem Gebiet der Bekämpfung ebenso wie auf dem der Organisation und Gesetzgebung der Schädlingsbekämpfung in den nächsten Jahren noch manche Änderungen zu erwarten sind. Über den augenblicklichen Stand informiert jeweils die monatlich erscheinende Fachzeitschrift «Der praktische Schädlingsbekämpfer» (Verlag Eduard F. Beckmann KG, 3160 Lehrte, Postfach 1120).
Auch bei der Abfassung dieser Auflage habe ich manche Hilfe erfahren, wofür hier besonders gedankt werden soll. In erster Linie seien hier die Kollegen der ehemaligen DDR genannt, die mich regelmäßig durch Zusendung ihrer bei uns vor 1990 oft schwer zu bekommenden Arbeiten über die dort erzielten Fortschritte in der Erforschung von Vorrats- und Gesundheitsschädlingen informiert haben, so besonders die Herrn Drs. I. BAHR (Potsdam),

H. ENGELBRECHT (Kleinmachnow), R. KLUNKER (Berlin), ST. SCHEURER (Halle/Saale), H. STEINBRINK (Rostock) und G. VATER (Leipzig). Frau Dr. G. RACK ist besonders für die Neubearbeitung der Milben zu danken, in der sie versucht hat durch Hinweise auf auch für den Nichtspezialisten leicht erkennbare Merkmale mit genauen Abbildungen unter Berücksichtigung des Schadbildes die Arterkennung zu ermöglichen. Für Hinweise auf Schwachstellen bei der Benutzung der Tabellen danke ich auch Frau EVA SCHOLL (Weltersbach) und Herrn Dr. U. SELLENSCHLO (Medizinaluntersuchungsamt Hamburg). Besonderer Dank gebührt Frau URSULA FRERICHS für Herstellung der Abbildungen 47 D–I, 49 L und 107 und Frau SABINE TOUSSAINT für die der Milbenabbildungen 185–220. Mein Dank gilt schließlich auch den Damen und Herren des Gustav Fischer Verlages für die vorzügliche Betreuung beim Druck und die gute Ausstattung des Buches.

H. Weidner   Hamburg, Oktober 1992

Inhalt

Einleitung

Anleitung zur Einrichtung einer Schädlingssammlung 1
I. Die Präparation der Insekten und anderer Gliederfüßer 1
II. Die Untersuchung der Insekten und anderer Gliederfüßer 6
III. Aufbewahrung der Schädlingssammlung 7

Auswahl aus der Literatur 9

Vor Gebrauch der Bestimmungstabellen zu lesen 10

Bestimmungstabellen der Vorratsschädlinge und des Hausungeziefers

I. Säugetiere, Mammalia 11
II. Vögel, Aves 16
III. Schnecken, Gastropoda 18
IV. Gliederfüßer, Arthropoda 19
    1. Asseln, Isopoda 20
    2. Tausendfüßer, Myriapoda 21
    3. Insekten, Hexapoda 25
    4. Springschwänze, Collembola 34
    5. Wohnungsfischchen, Zygentoma 40
    6. Ohrwürmer, Dermaptera 41
    7. Heuschrecken und Grillen, Saltatoria 43
    8. Schaben, Blattariae 44
    9. Termiten, Isoptera 48
    10. Holz-, Staub- und Bücherläuse, Psocoptera 51
    11. Lauskerfe, Phthiraptera 54
    12. Kieferläuse, Haarlinge, Federlinge, Mallophaga 55
    13. Stechläuse, echte Läuse, Anoplura 62
    14. An Zimmerpflanzen saugende Insekten nach den Schadbildern 66
    15. Pflanzensauger, Homoptera, Sternorrhyncha 72
    16. Wanzen, Heteroptera 83
    17. Hautflügler, Hymenoptera 86
    18. Holzwespen, Siricidae 87
    19. Parasitische Wespen, Terebrantes 90
    20. Stechimmen, Aculeata 97
    21. Ameisenwespchen, Bethylidae 98
    22. Ameisen, Formicoidea 100
    23. Faltenwespen, Vespidae 104

24. Bienen, Apidae 107
25. Käfer, Coleoptera 108
26. Laufkäfer, Carabidae 117
27. Buntkäfer, Cleridae 118
28. Werftkäfer, Lymexylonidae 120
29. Speckkäfer, Dermestidae 120
30. Flachkäfer, Ostomidae 126
31. Glanzkäfer, Rhizophagidae und Nitidulidae 127
32. Plattkäfer, Silvanidae und Cucujidae 130
33. Schimmelkäfer, Cryptophagidae 134
34. Moderkäfer, Latridiidae und Merophysiidae 137
35. Splintholzkäfer, Lyctidae 141
36. Bohrkäfer, Bostrichidae 143
37. Nagekäfer, Anobiidae 145
38. Diebkäfer, Ptinidae 147
39. Engdeckenkäfer, Oedemeridae 152
40. Düsterkäfer, Serropalpidae 153
41. Schwarzkäfer, Tenebrionidae 153
42. Blatthornkäfer, Scarabaeidae 158
43. Bockkäfer, Cerambycidae 158
44. Samenkäfer, Bruchidae (= Lariidae) 162
45. Rüsselkäfer, Curculionidae 169
46. Borkenkäfer, Scolytidae 175
47. Übersicht über die wichtigsten Insektenschäden an Bau- und Werkholz nach den Fraßbildern 175
48. Bestimmungstabellen für die Käferlarven 186
49. Buntkäfer, Cleridae 189
50. Speckkäfer, Dermestidae 191
51. Glanzkäfer, Nitidulidae 196
52. Plattkäfer, Silvanidae und Cucujidae 197
53. Schimmelkäfer, Cryptophagidae und ähnlich lebende Arten aus anderen Familien 200
54. Moderkäfer, Latridiidae 201
55. Im Holz lebende Nagekäfer, Anobiidae 201
56. Diebkäfer und nicht im Holz lebende Nagekäfer, Ptinidae und Anobiidae ... 202
57. Schwarzkäfer, Tenebrionidae 204
58. Bockkäfer, Cerambycidae 207
59. Schmetterlinge, Lepidoptera 210
60. Bestimmungsschlüssel für die Schmetterlingsraupen 222
61. Zweiflügler, Diptera 231
62. Mücken, Nematocera 233
63. Fliegen, Brachycera 240
64. Lausfliegen, Pupipara 248
65. Fliegen- und Mückenlarven 250
66. Flöhe, Siphonaptera (= Aphaniptera) 256
67. Flohlarven 260

V. Spinnentiere, Chelicerata (Arachnida)	261
68. Bücherskorpione, Pseudoscorpiones	262
69. Weberknechte, Opiliones	262
70. Echte Spinnen, Araneae	262
71. Acari, Milben	262
72. Parasitisch lebende Milben	264
73. Durch Massenauftreten in Wohnungen und Vorräten lästige oder schädliche Milben, die keine Blutsauger sind, und ihre Feinde	273

Anhang

Sachregister	294
Verzeichnis der wissenschaftlichen Namen	301
Verzeichnis der deutschen Tiernamen	314
Verzeichnis der wichtigsten englischen und französischen Vulgärnamen (common names)	321

Einleitung

Anleitung zur Einrichtung einer Schädlingssammlung

Um die verschiedenen schädlichen Insekten kennenzulernen und richtig bestimmen zu können, ist eine Schädlingssammlung, die die erwachsenen Insekten, ihre Entwicklungsstadien, aber auch die anderen schädlichen Gliederfüßer (z. B. Milben) und ihre typischen Spuren enthält, unbedingt notwendig. Einen großen Gewinn wird jeder haben, der sich selbst eine solche Sammlung anlegt.

Viele wertvolle Ratschläge allgemeiner Art, die auch sinngemäß auf die Hausinsekten angewendet werden können, gibt T. R. Abraham in «Fang und Präparation wirbelloser Tiere» (132 S., 40 Abb., G. Fischer Verlag, Stuttgart, New York, 1991).

I. Die Präparation der Insekten und anderer Gliederfüßer

Nach den anzuwendenden Präparationsmethoden zerfallen die Sammlungsobjekte in vier Gruppen:
1. erwachsene Insekten mit einem harten, formbeständigen Panzer,
2. weichhäutige Entwicklungsstadien der Insekten und andere Gliederfüßer,
3. kleine Insekten und andere Gliederfüßer, die nur mit Hilfe eines Mikroskopes genau untersucht werden können,
4. Spuren der Schädlinge.

1. Die Präparation der erwachsenen Insekten mit einem harten, formbeständigen Panzer

In diese Gruppe gehören: Schaben, Ohrwürmer, Heuschrecken, Grillen, Wanzen, Käfer, Schmetterlinge, Fliegen u. dgl. mehr.

Abtöten. Zur Präparation kann man natürlich die bei der Bekämpfung getöteten Insekten verwenden. Allerdings sind diese vielfach verschmutzt, besonders wenn die Abtötung durch pulverförmige Mittel erfolgte. Man muß sie dann mit einem weichen Marderhaarpinsel gründlich abbürsten und reinigen, wobei allerdings leicht zarte Glieder abgebrochen werden können. Besser ist es, man tötet die für die Sammlung bestimmten Insekten für sich ab. Als Tötungsmittel eignet sich am besten Ethylacetat (Essigsäureethylester, früher gewöhnlich Essigäther genannt). In ein weithalsiges Glas (Einmachglas, Honigglas oder dgl.) oder in eine weithalsige, nicht allzu tiefe Flasche legt man einen mit etwas Ethylacetat beträufelten Watte- oder Löschpapierbausch, gibt die zu tötenden Insekten hinzu und bedeckt das Glas sofort mit einem luftdicht schließenden Deckel oder verschließt die Flasche mit einem Korken. Gefäße aus Kunststoff eignen sich dafür nicht, da durch Äther der Kunststoff häufig oberflächlich aufgelöst wird, und dadurch die Insekten so stark verschmiert werden, daß sie zum Bestimmen und für die Sammlung unbrauchbar sind. Nachdem die Tiere einige Stunden in dem Glase den giftigen Dämpfen ausgesetzt waren, sind sie tot und können herausgenommen werden. Anstelle von Ethylacetat können im Notfall auch Benzin, Salmiakgeist, Schwefelkohlenstoff oder ein anderes gasförmiges Schädlingsbekämpfungsmittel genommen werden, doch ist davon abzuraten, weil durch solche Mittel die Insekten oft spröde werden und infolgedessen bei der Präparation leicht zerbrechen oder die gewünschte Form nicht einnehmen. Auch muß man darauf achten, daß die Insekten, besonders aber Schmetterlinge, mit dem angefeuchteten Wattebausch nicht in unmittelbare Berührung kommen, da sich sonst ihre Haare und Flügel verkleben und sie dadurch unansehnlich werden. Durch Anstecken des getränkten Wattebausches mit einer Nadel an die Unterseite des die Flasche verschließenden Korkens kann man dieses verhindern.

Nadeln. Die voll entwickelten Insekten sind am bequemsten für eine Sammlung herzurichten, da ihre Haut ein harter, formbeständiger Panzer ist. Sie werden am besten unmittelbar nach der Tötung, wenn alle ihre Glieder noch leicht beweglich sind, mit besonderen Insektennadeln (4 cm langen Stecknadeln von verschiedener Stärke 00, 0, 1–6) genadelt, die von allen entomologischen Firmen und Lehrmittelhandlungen in Hundertpackungen bezogen werden können. Sind die Insekten schon längere Zeit tot und bereits unbeweglich geworden, so müssen sie erst aufgeweicht werden, bevor sie genadelt werden können. Zum Aufweichen legt man sie unter die Weichglocke, eine gut schließende Dose (Butterdose, Käseglocke), deren Boden mit feuchtem Sand oder angefeuchteter Watte ausgelegt ist. Darüber breitet man einen Bogen Filtrierpapier, auf den man die aufzuweichenden Insekten auf Papier, in Streichholzschachteln u. dgl. legt, so daß sie mit der Feuchtigkeit des Bodens nicht in direkte Berührung kommen. Dann schließt man die Dose. Durch die feuchte Luft, die sich in ihr bildet, werden die Insekten aufgeweicht. Nach 24 Stunden können sie genadelt werden wie frisch getötete Tiere. Die Nadel steckt man vom Rücken des Tieres aus zu etwa zwei Drittel ihrer Länge senkrecht durch den Insektenkörper. Die Käfer nadelt man durch den vorderen Teil des rechten Vorderflügels, die übrigen Insekten durch die Brust, die Schmetterlinge genau in der Mitte und alle übrigen durch die rechte Hälfte. Je kleiner die Insekten sind, um so feinere Nadeln muß man nehmen. Insekten von der Größe unter einem Zentimeter nadelt man nicht mehr mit Insektennadeln, sondern mit Minutienstiften oder Silberdraht, was allerdings große Übung erfordert. Einfacher ist es, wenn man sie, wie immer Käfer und Wanzen, auf viereckige oder dreieckige Kartonstücke, die unter dem Namen «Aufklebeblättchen» ebenfalls in den obengenannten Geschäften zu haben sind, mit einem Tröpfchen Syndetikon aufklebt. Man darf dazu keinen anderen Leim verwenden, weil nur Syndetikon mit Wasser oder Essigsäure leicht wieder gelöst werden kann, was zur Untersuchung der Unterseite der Tiere oft notwendig ist. Dieses Ablösen kann vermieden werden, wenn man mehrere Exemplare hat. Dann klebt man zweckmäßig einige mit der Bauchseite nach oben auf. Hat man nur ein einziges Tier zur Verfügung, so klebt man dieses am besten so auf, daß man eine Seitenansicht von ihm erhält. Die Kartonstückchen mit den aufgeklebten Tieren werden dann auf die Insektennadeln gesteckt, und zwar zweckmäßig immer nur ein Tier auf eine Nadel.

Richten und Spannen. Um der Sammlung ein besseres Aussehen zu geben, empfiehlt es sich, solange die Tiere noch weich sind, sie nach der Nadelung auf einem Spannklötzchen (Platten aus Schaumpolystyrol) in die man leicht eine Nadel stecken kann und die auch zum Auslegen der Sammlungskästen gebraucht werden – siehe S. 7 –, werden aufeinandergelegt und in weißes Schreibpapier eingeklebt) zu stecken und die Beine und Fühler etwas zu richten. Bei den für die Sammlung bestimmten Insekten werden die Füße der Vorderbeine nach vorne, die der Mittel- und Hinterbeine nach hinten und die Fühler seitlich an den Körper angelegt. In der gewünschten Lage werden sie durch zweimal rechtwinklig gebogene Insektennadeln festgehalten. Nach 8 Tagen kann man sie von den Klötzchen nehmen. Ihre Glieder behalten jetzt die ihnen gegebene Lage. Insekten, die für Schauzwecke bestimmt sind, gibt man eine möglichst naturgetreue Haltung auf dieselbe Weise. Schmetterlinge werden ungespannt in natürlicher Haltung der Flügel durch die Brust genadelt oder, wenn sie sehr klein sind, auch auf der Bauchseite aufgeklebt. Schöner sehen sie aus, wenn sie gespannt werden, was allerdings besonders bei den kleinen als Schädlinge vorkommenden Motten sehr schwer ist und große Übung erfordert. Am besten läßt man sich einmal von einem Schmetterlingssammler den Arbeitsgang zeigen. Zum Spannen werden die aufgeweichten Tiere auf ein Spannbrett gebracht, mit Hilfe einer Präpariernadel (einer langen in einem Holzgriff steckenden Nadel, die sehr spitz geschliffen sein muß) die Flügel ausgebreitet, so daß der Hinterrand der Vorderflügel senkrecht zur Körperachse steht, und dann mit darübergelegten durchsichtigen Papierstreifen (Spannstreifen) festgesteckt. Nach einigen Wochen kann man die Tiere abspannen. Weiter darauf einzugehen, würde hier zu weit führen. Wer seine Tiere gut spannen möchte, lese in den Schmetterlingsbüchern nach.

Hat man die Tiere fertig präpariert, so vergesse man niemals, sofort unter jedes Tier Zettel mit Angabe des Fangdatums, des Fundortes, der Schädlichkeit und der Tagebuchnummer zu stecken. Später kommt noch dazu ein Zettel mit dem Namen des Tieres.

2. Die Präparation der weichhäutigen Entwicklungsstadien der Insekten und anderer Gliederfüßer

In diese Gruppe gehören alle Käferlarven, Fliegenmaden, Schmetterlingsraupen, Puppen, Eier usw., dann auch Spinnen, Tausendfüßer, Asseln.

Sie werden am besten in Brennspiritus oder 70–80%igem Alkohol aufbewahrt. Damit sie nicht faulen und dadurch schwarz und unansehnlich werden, wirft man größere Larven und Puppen lebend in kochendes Wasser und läßt sie darin 5 Minuten. Erst dann führt man sie in Alkohol über. Die Larven und Puppen einer Art kommen in eine kleine Glastube, die mit einem gut schließenden Korken verschlossen wird und von Zeit zu Zeit mit Alkohol bzw. Brennspiritus nachgefüllt werden muß. Die Tuben werden stehend, nach Gruppen geordnet (z. B. Käfer, Fliegen usw.) in kleinen Kästen aufbewahrt. Besser vor Austrocknung kann man die Objekte schützen, wenn man die anstelle des Korkens mit einem Wattepfropf gut verschlossenen Tuben in große, dicht verschließbare, mit Alkohol oder Brennspiritus gefüllte Gläser stellt. Am besten eignen sich dazu Standgläser mit eingeschliffenem Stopfen. Jetzt gibt es auch Tuben und weithalsige Flaschen aus Kunststoff mit einem dichten Verschluß, die sich für diese Zwecke sehr gut eignen. In jede Tube kommt ein Zettel, auf dem mit alkoholfester Tusche der Name des Schädlings, Fundort, Fangdatum und Tagebuchnummer verzeichnet sind. Diese Zettel dürfen, um ein Auswischen der Schrift zu vermeiden, erst einen Tag nach dem Schreiben in die mit Alkohol gefüllten Tuben gesteckt werden. Man kann dazu auch die Schreibmaschine mit einem alkoholfesten Band benutzen.

3. Die Präparation kleiner Insekten und Gliederfüßer, die nur mit Hilfe eines Mikroskopes genauer untersucht werden können

(Herstellung mikroskopischer Präparate)

In diese Gruppe gehören: Flöhe, Läuse, Staubläuse, Springschwänze und Milben.
Diese Tiere können zur Abtötung ohne vorheriges Aufkochen einfach in 70−80%igen Alkohol geworfen werden und darin bis zur eingehenden Untersuchung mit dem Mikroskop verbleiben. Unter dem Mikroskop kann man nur durchsichtige Objekte untersuchen. Daher würde man an den Tieren im Alkohol keine Einzelheiten erkennen, wenn man sie so unter das Mikroskop legen würde. Man muß sie daher erst aufhellen und zu mikroskopischen Präparaten verarbeiten. Zur raschen mikroskopischen Untersuchung bringt man die in Alkohol aufbewahrten Tiere in einen Tropfen Glyzerin auf einem Objektträger (eine Glasplatte von 26 × 76 mm, die in einschlägigen optischen oder medizinischen Geschäften zu kaufen ist) und bedeckt sie vorsichtig mit einem Deckgläschen (ein nur 0,15 mm dickes Glasplättchen von 10 × 10 mm, das wie die Objektträger gekauft werden kann). Zum Entweichen etwa gebildeter Luftblasen kann man das Präparat mit einem brennenden Streichholz von unten her erwärmen. Es darf aber dabei nicht zum Kochen kommen. Will man diese Präparate längere Zeit aufbewahren, so muß man einen «Lackring» um das Deckglas ziehen. Dieser haftet aber nur dann wirklich fest, wenn weder auf dem Objektträger noch auf dem Deckglas dort Glyzerin haftet, wo der Lack sitzen soll, da das Glyzerin ihn auflöst. Der Tropfen Glyzerin unter dem Deckglas darf also nicht unter diesem vorquellen, auch muß jeder Druck auf das Deckglas vermieden werden. Zur Herstellung eines solchen Lackringes wird am besten ein rasch trocknender Emaillelack verwendet, als Ersatz geht aber auch dünnflüssiger Kanadabalsam oder flüssig gemachtes Wachs oder Paraffin. Damit der Lackring möglichst dicht wird, muß der Lack oder sein Ersatz wiederholt aufgetragen werden, wenn die vorausgegangene Schicht gut angetrocknet ist. Den Lack trägt man mit dem Pinsel, Kanadabalsam mit einem Glasstab und Wachs oder Paraffin mit einem dreieckig gebogenen, in der offenen Flamme erwärmten Draht auf. Solche Glyzerinpräparate müssen in Mappen vor Staub geschützt liegend aufbewahrt werden.

Will man bessere und haltbarere Dauerpräparate herstellen, so schließt man die kleinen Insekten, Läuse, Flöhe, Mücken usw. in Kanadabalsam oder Cedax ein. Um die Einzelheiten an diesen Tieren gut sehen zu können, muß man die Gewebe aus dem Hautpanzer herauslösen. Dies geschieht, indem man die in 70%igem Alkohol getöteten Tiere über schwächeren Alkohol und Wasser in eine 10%ige Lösung von Ätzkali (Kalilauge) überführt, in der sie bei gewöhnlicher Zimmertemperatur 1−3 Tage liegen bleiben. Rascher kommt man zum Ziel durch Kochen der Objekte in 10%iger Kalilauge. Da diese stark spritzt, muß man einen kleinen Holzstab, der aus ihr herausragt, mitkochen. (Reagenzglas von sich weghalten! Kalilauge beim Kochen nicht in die Augen spritzen lassen!) Dann wäscht man sie unter ständigem Wechsel von Wasser oder in verdünnter Essigsäure gründlich aus und bringt sie dann über 60-, 80- und 95%igem Alkohol in absoluten Alkohol. In jeder Alkoholstufe bleiben sie einen Tag. Vom absoluten Alkohol kommen sie in Nelkenöl, Xylol oder Methylbenzoat, worin sie beliebig lang, mindestens aber einen Tag bleiben können. Zuletzt werden sie in Kanadabalsam eingeschlossen. Dazu bringt man einen Tropfen Kanadabalsam auf einen gut gesäuberten Objektträger, legt das Insekt, das man bei Verwendung von Nelkenöl am besten vorher gründlich mit Xylol abgespült hat, hinein und dann vorsichtig unter Vermeidung von Luftblasenbildung ein sauber geputztes Deckglas darauf. Man faßt das Deckglas an seinen Kanten mit Daumen und Zeigefinger der linken Hand und setzt es mit einer Kante links vom Kanadabalsamtropfen auf den Objektträger. Mit der gegenliegenden Kante legen wir es auf eine schief zum Objektträger mit der rechten Hand gehaltene Präpariernadel. Nun können wir es mit der linken Hand loslassen und ergreifen mit dieser ebenfalls eine Präpariernadel, stellen diese an die dem Objektträger bereits aufliegende Kante des Deckglases als Widerlager und schieben es etwas weiter zum Kanadabalsamtropfen hin. Dann lassen wir das Deckglas durch Hervorziehen der rechten Nadel langsam auf das Objekt und den Balsam herabsinken. Zu beachten ist, daß man nicht zu viel Balsam nimmt, so daß er unter dem Deckglas hervorquillt oder gar dieses auf ihm schwimmt. Füllt er den Raum unter dem Deckglas nicht ganz aus, so muß man später Balsam nachfüllen, indem man einen Tropfen davon an den Rand des Deckglases bringt, wo der Luftraum liegt. Im Balsam eingeschlossene kleine Luftblasen gehen beim Trocknen der Präparate gewöhnlich von selbst heraus. Je nach der Dicke des Objektes ist der Kanadabalsam nach einigen Wochen oder Monaten hart geworden, so daß die Präparate jetzt auch stehend aufbewahrt werden können. Die Anbringung eines Lackringes ist nicht erforderlich.

Milben, Staubläuse und Springschwänze können in Balsam nicht eingebettet werden, weil sein Lichtbrechungsindex feinere, zur Bestimmung der Tiere oft wichtige Merkmale verschwinden läßt. Sie werden in Polyvinyllactophenol oder zweckmäßiger in dem sogenannten BERLESE-Gemisch eingebettet. Dieses stellt man sich selbst her: 20 Gewichtsteile Glyzerin werden mit 50 Teilen destilliertem Wasser zusammengegossen und darin 200 Gewichtsteile Chloralhydrat gelöst. Dazu werden 30 Gewichtsteile Gummiarabikum in ausgesucht glasklaren Stücken hinzugefügt. Dieses löst sich recht langsam. Schwaches Erwärmen im Wasserbad und ständiges Rühren mit einem Glasstab ist daher empfehlenswert. Die dicke Flüssigkeit wird schließlich durch Filtrierpapier filtriert. Bevor die Tiere in diese Lösung eingeschlossen werden, werden sie in 70%igem Alkohol abgetötet, kommen dann in 75%ige Milchsäure auf einem Objektträger, mit einem Deckglas zugedeckt und werden kurze Zeit (etwa 10 Minuten) auf einer Wärmeplatte bei etwa 60 °C oder vorsichtig über einer kleinen Spiritusflamme erwärmt, bis sich die Gliedmaßen ausgestreckt haben. Durch den Deckglasdruck wird dabei auch ein großer Teil des Körperinhalts ausgepreßt. Vor Einbettung in das Berlese-Gemisch muß aus den Objekten die Milchsäure wieder entfernt werden, da sich sonst im Präparat später sehr störende Milchsäurekristalle bilden. Dazu kommen zarte Objekte ½ bis 2 und große, dicke 15 bis 20 Minuten bei Zimmertemperatur in ein Gemisch von 135 ccm gesättigter wässeriger Lösung Chloralhydrat und 150 ccm Phenol liquidum. Die Übertragung der Objekte daraus in einen Tropfen Berlese-Gemisch auf dem Objektträger erfolgt mit einer Edelstahl- oder Goldnadel. Dabei ist darauf zu achten, daß sie bis auf den Grund des Tropfens gedrückt werden, weil sie sonst beim Deckglasauflegen unkontrolliert umherschwimmen und an den Deckglasrand oder auch darüber hinaus kommen können. Bei Dauerpräparaten empfiehlt es sich, unter das Deckglas kleine Glassplitter als Stützen zu legen, die aber nur halb bis dreiviertel so dick wie das Objekt sein dürfen. Nach Aufenthalt von wenigstens 1 Tag im Thermostaten bei 40 bis 45 °C sind die Präparate für die Untersuchung geeignet. Bei Dauerpräparaten ist das Anbringen eines Lackrings nötig. Dieses kann erst nach guter Trocknung (mehreren Tagen im Thermostaten oder mehreren Wochen bei Zimmertemperatur) erfolgen. Man verwendet dazu am besten einen rasch trocknenden Emaillelack, der mit dem Pinsel aufgetragen wird und vollkommen dicht schließen muß. «Eukitt» hat sich gut bewährt.

Alle Dauerpräparate sind wie die genadelten Insekten mit Etiketten zu versehen, die Namen, Fundort, Fangort, Fangdatum, Art der Schädlichkeit und die Tagebuchnummer enthalten.

4. Die Präparation der Spurensammlung

Das Präparieren der Fraßstücke und anderer Spuren richtet sich ganz nach deren Beschaffenheit. Meist handelt es sich bei den Vorrats- und Materialschädlingen um trockene Stoffe, die einfach so, wie sie sind, aufgehoben werden können. Wichtig ist dabei nur, daß natürlich vorher alle in ihnen noch vorhandenen Schädlinge abgetötet werden. Dazu bringt man die Objekte in ein luftdicht verschließbares Gefäß oder eine Entwesungskiste und begast sie am einfachsten mit Schwefelkohlenstoff (Vorsicht, sehr explosibel, daher nicht rauchen und kein offenes Feuer oder Licht bei der Arbeit verwenden!), den man in eine flache Schale gießt, die man möglichst oben in dem Gefäß aufstellt. Es genügt etwa 1 ccm Schwefelkohlenstoff für die Begasung von 10 l Rauminhalt bei einer Einwirkungszeit von 12–24 Stunden. Anstelle von Schwefelkohlenstoff kann man natürlich auch Tetrachlorkohlenstoff, Trichloräthylen und andere gasförmige Schädlingsbekämpfungsmittel verwenden. Nach der Begasung müssen die Fraßstücke je nach ihrer Beschaffenheit in gut schließenden Kästen oder weithalsigen Gläsern (Pulverflaschen) aufbewahrt werden. Sehr schön ist es auch, wenn man Klarsichtfolienkästen bzw. -tüten nimmt und darin die Fraßstücke zu den präparierten Insekten in dieselben Kästen steckt. Von zerfressenem Holz und dgl. geben oft Quer- und Längsschnitte recht lehrreiche Bilder, noch dazu, wenn man einen Teil der Fraßgänge mit einer Stahlbürste von dem sie erfüllenden Kot und Fraßmehl reinigt. Sehr kleine Objekte, z. B. eine einzige zerfressene Erbse, können aufgeklebt und genadelt werden. Auch bei der Spurensammlung ist auf eine sofortige ausführliche Beschriftung der Objekte zu achten.

II. Die Untersuchung der Insekten und anderer Gliederfüßer

Um die Schädlinge anhand von Bestimmungstabellen oder Beschreibungen bestimmen zu können, muß man sie sich genau ansehen. Alle Einzelheiten ihres Körperbaues muß man betrachten können. Da die Vorratsschädlinge alle sehr klein sind, ist eine gute, wenigstens zehnfach vergrößernde Lupe unentbehrlich. Noch besser aber ist ein Stereomikroskop, das eine weit stärkere Vergrößerung erlaubt. Unter ihm können alle genadelten und aufgeklebten Insekten untersucht werden. Für die kleinsten aber, die wir zu mikroskopischen Präparaten verarbeitet haben, reicht es auch nicht aus. Dazu ist ein Mikroskop nötig. Dieses hat den Nachteil, daß man die Tiere nicht plastisch darunter sehen kann, sondern nur in einer Ebene gelegene Körperteile; will man genau sehen, was über oder unter dieser Ebene liegt, dann muß man mit der feinen Schraube die Einstellung des Mikroskopes ändern. Außerdem erhält man auch ein umgekehrtes Bild des Objektes, weshalb man den Objektträger immer so unter das Mikroskop legen muß, daß das zu betrachtende Insekt auf dem Kopf steht. Die wichtigsten Bestandteile des Mikroskopes sind die Linsen, das Okular und die Objektive, von denen am Revolver gewöhnlich drei oder zwei drehbar angebracht sind, so daß man die Vergrößerung rasch ändern kann. Durch eine grobe und eine feine (Mikrometer-)Schraube wird die Scharfeinstellung des Bildes erzielt. Von besonderer Wichtigkeit ist auch die Beleuchtung des Objektes. Diese erfolgt durch den Spiegel und den Beleuchtungsapparat. Um die richtige Beleuchtung zu erhalten, muß man, bevor man ein Objekt betrachtet, das Mikroskop richtig aufstellen. Man öffnet dazu die Blende am Beleuchtungsapparat vollständig und stellt den Spiegel dann so lang in Richtung auf das Fenster, bis man im Mikroskop ein einheitlich klares Feld erhält, wenn man durch das Okular hineinsieht. Jetzt erst legt man den Objektträger unter das Objektiv auf den Objekttisch. Moderne Mikroskope haben gewöhnlich eine elektrische Birne als Lichtquelle eingebaut, die eine gleichmäßige Ausleuchtung des Blickfeldes ermöglicht. Mit der schwächsten Vergrößerung sucht man das zu untersuchende Tier, bringt es genau in die Mitte des Blickfeldes und legt es durch die Objektklammern fest. Durch Drehen des Revolvers kann man, wenn es nötig ist, eine stärkere Vergrößerung einschalten. Durch Drehen an den Schrauben stellt man das Bild darauf wieder scharf ein. Durch Schließen der Blende kann man oft Feinheiten in der Struktur, feine Haare usw. besser hervortreten lassen. Für höhere Ansprüche gibt es neben dem hier beschriebenen einfachen monokularen Mikroskop auch binokulare Anfertigungen.

Eine ausführliche Übersicht über die für die Bestimmung kleiner Hausschädlinge empfehlenswerten optischen Geräte und ihre sachgerechte Anwendung gibt U. SELLENSCHLO 1991 (Ungeziefer zweifelsfrei bestimmen. Optische Geräte helfen dem Schädlingsbekämpfer. – Der prakt. Schädlingsbekämpfer, **43** (11): 228, 230–232, 234–235).

III. Aufbewahrung der Schädlingssammlung

Solange die Tiere noch nicht bestimmt sind und die Sammlung noch klein ist, bewahrt man sie am einfachsten in gut schließenden Kästen aus kräftiger Pappe oder Holz, z.B. in Zigarrenkisten (50er Packung) auf, die man mit Schaumstoffpolystyrol-Platten, die in den einschlägigen Insektenhandlungen zu beziehen sind, auslegt und dann mit weißem Papier ausklebt. Hat man bereits eine größere Sammlung und will diese auch für Schauzwecke benützen, dann empfiehlt es sich, diese in Insektenkästen unterzubringen, eventuell in einem besonderen Sammlungsschrank, der eine Reihe solcher Kästen enthält. Spezialfirmen stellen solche Insektenschränke und -kästen her. Die Insektenkästen sind mit Kunststoff- oder Mollplatten ausgelegt und meistens weiß oder gelblich ausgeklebt. Ihr Deckel ist mit einer Glasscheibe versehen und ermöglicht durch eine Nut, in die ein Falz des Kastens paßt, einen staubdichten Verschluß. Nur solche Kästen (mit «Nut» und «Feder») sind wirklich brauchbar. Kästen, die nicht dicht schließen, sind eine ständige Quelle von Unannehmlichkeiten, da die in ihnen aufbewahrten Objekte leicht verstauben oder durch Schädlinge (Kleidermotten, Kabinettkäfer, Diebkäfer usw.) zerstört werden können. In der Sammlung steckt man die etikettierten Insekten in senkrechten, durch schmale Papierstreifen abgegrenzten Reihen untereinander. Vor jede neue Gattung und vor jede Art steckt man ein Etikett mit dem Gattungs- bzw. Artnamen. In der Reihenfolge der Aufstellung folgt man einem Bestimmungsbuch oder einem umfangreicheren Lehrbuch. Durch einen kleinen Zettel verweist man auf eventuell in der Alkoholsammlung aufbewahrte Larven, die zu der Art gehören. Die abgrenzenden Papierstreifen und die Etiketten steckt man mit besonderen kurzen Etikettenstreifen fest. Gattungs- und Artetiketten sind zweckmäßig gleich groß, aber verschiedenfarbig, erstere sind gelblich getönt, letztere einfach weiß. Außerdem verwendet man noch größere Familienetiketten.

Die wissenschaftlichen Namen der Tiere sind lateinisch. Der erste Name, der immer mit großem Anfangsbuchstaben geschrieben wird, ist der Gattungsname, der zweite, mit kleinem Anfangsbuchstaben geschrieben (nur in älteren Büchern wird er auch groß geschrieben, wenn er sich von einem Personennamen ableitet) ist der Artname. Verwandte Arten werden zu einer Gattung zusammengefaßt, verwandte Gattungen zu einer Familie. Die Familiennamen enden alle auf -idae. Hinter dem Artnamen steht der Name des Forschers, der die Art zuerst beschrieben hat. Durch ein Komma getrennt folgt das Jahr, in dem die Beschreibung publiziert wurde. Autor und Jahreszahl werden in Klammern gesetzt, wenn die Art ursprünglich mit einem anderen Gattungsnamen veröffentlicht wurde. Während früher die Autorennamen in der Regel abgekürzt wurden, z. B. L. = LINNAEUS (Linné), F. = FABRICIUS, werden sie jetzt ausgeschrieben.

Für die Fraßspuren usw. müssen oft, wenn sie sehr groß sind, besondere Kästen verwendet werden. Wenn man zu ihnen auch noch die Schädlinge gibt, diese in natürlicher Stellung präpariert und für alles die Beschriftung direkt auf dem Boden des Kastens in Druckschrift anbringt, kann man sehr interessante und auch für das Auge schöne Schaukästen herstellen. Die mikroskopischen Präparate werden am besten in gut schließenden Pappmappen liegend aufbewahrt, die in den einschlägigen Geschäften zu kaufen sind.

Zur Regel mache man sich, daß man nur gut etikettierte und sicher richtig bestimmte Tiere in seine Sammlung einreiht. Ist man sich selbst nicht sicher, ob man die Tiere richtig bestimmt hat, so lasse man sich seine Bestimmung durch einen Spezialisten oder ein zoologisches Museum nachprüfen, nur dann hat man ein Material, auf dem man weiter aufbauen kann.

Adressen von Geschäften, bei denen man alle entomologischen Bedarfsartikel kaufen kann, findet man in der zweimal im Monat erscheinenden «Insektenbörse», dem Anzeigenteil der «Entomologischen Zeitschrift» (Alfred Kernen Verlag, Postfach 10 32 44, D-4300 Essen 1).

Auswahl aus der Literatur

Über allgemeine Probleme und Biologie der Haus-, Vorrats- und Materialschädlinge sowie zur Bestimmung tropischer Vorratsschädlinge.

Weiterführende Bestimmungsliteratur wird bei den einzelnen Schädlingsgruppen angegeben

CARVALHO, E. LUNA DE (1979): Guia prático para a identificaçao de algunos insectos de armazéns e produtos armacenados. – Junta Invest. cient. Ultramar Centro de Estudos de Defesa Fitossan., Lisboa.

DOBIF, F., HAINES, C. P., HODGES, R. J., PREVETT, P. F. (1984): Insects and Arachnids of tropical stored products – their biology and identification. (A training manual). Storage Dept. Trop. Develop. Res. Inst. Slough, Berks. 273 S.

EICHLER, WD. (1980): Grundzüge der veterinärmedizinischen Entomologie. Ausgewählte Beispiele wichtiger Parasitengruppen. Fischer, Jena. 184 S.

ENGELBRECHT, H. (1989): Schädlinge und ihre Bekämpfung. – FEB Fachbuchverlag Leipzig. 254 S.

HEINZE, K. (Hrsg.) (1983): Leitfaden der Schädlingsbekämpfung, Bd. 4: Vorrats- und Materialschädlinge (Vorratsschutz. Wissensch. Verlagsgesell. Stuttgart. 348 S.

KEILBACH, R. (1966): Die tierischen Schädlinge Mitteleuropas mit kurzen Hinweisen auf ihre Bekämpfung. Fischer Jena. 784 S.

KEMPER, H. (1950): Die Haus- und Gesundheitsschädlinge und ihre Bekämpfung. Ein Lehr- und Nachschlagebuch für Schädlingsbekämpfer. Duncker & Humblot Berlin. 2. Aufl., 344 S.

KLAUSNITZER, B. (1987): Ökologie der Großstadtfauna. Fischer Jena. 225 S.

KLAUSNITZER, B. (1988): Verstädterung von Tieren. Neue Brehm-Bücherei, Ziemsen Wittenberg-Lutherstadt. 315 S.

MEHLHORN, H., PIEKARSKI, G. (1989): Grundriß der Parasitenkunde. Fischer Stuttgart. 3. Aufl., 407 S.

MOURIER, H., WINDING, O. (1979): Tierische Schädlinge und andere ungebetene Tiere in Haus und Lager. Bestimmen, an ihren Spuren erkennen, bekämpfen und schützen. BLV-Bestimmungsbuch 26. München, Bern, Wien, 224 S.

STEIN, W. (1986): Vorratsschädlinge und Hausungeziefer. Biologie, Ökologie, Gegenmaßnahmen. Ulmer Stuttgart. 287 S.

STEINBRINK, H. (1989): Gesundheitsschädlinge. Einführung in Biologie und Bekämpfung. Fischer Stuttgart.

VATER, G., VATER, A., SORGE, O. (1991–1992): Schädlingsbekämpfung in Ostdeutschland, Teil 1–4. – Prakt. Schädlingsbekämpfer, 43 (12): 256–272; 44 (6): 128–137, (7/8): 152–161, (10): 238–246. Lehrte.

WEYER, F., ZUMPT, F. (1966): Grundriß der medizinischen Entomologie. Barth Leipzig. 4. Aufl. 173 S.

Vor Gebrauch der Bestimmungstabellen zu lesen

1. Eine Anleitung zum Gebrauch der Tabellen erscheint fast überflüssig. Die Zahl am Ende einer Zeile verweist auf einen neuen Vergleichspunkt. Es sind die Merkmale am Tier genau aufzusuchen, wobei man in den meisten Fällen mit einer guten Lupe auskommt. Bei den ganz kleinen Tieren, wie Staubläusen, Springschwänzen, Milben u. dgl., ist zur genauen Bestimmung die Benutzung eines Mikroskopes unerläßlich. Die Einordnung der Schädlinge in die großen Tiergruppen wird von den meisten Benutzern des Buches ohne Tabellen erfolgen können, so daß die Tabellen auf S. 19 und für viele auch die auf S. 29 ff. überflüssig sein werden. Da es aber einige schwierige Formen gibt und das Buch auch für Laien benutzbar sein soll, konnte doch nicht auf sie verzichtet werden. Ist man unsicher mit der Zuteilung eines Tieres zu einer bestimmten Gruppe, so beginne man mit seiner Bestimmung lieber immer ganz vorn, als daß man herumratet. Ein Bestimmungsfehler am Anfang kann oft großen Zeitverlust mit sich bringen.

2. Werden Längenmaße der Tiere als Unterscheidungsmerkmale gegeben, so messe man nach Möglichkeit mehrere Tiere. Die angegebenen Längenunterschiede sind fast in allen Fällen so groß, daß keine Überschneidungen vorkommen können. Sollten trotzdem einmal Tiere vorhanden sein, die den beiden einander gegenüberstehenden Gruppen zugeteilt werden können, so sind beide Tabellen zu verfolgen. Eine von ihnen wird sicher bald ausscheiden.

3. Die deutschen Namen wurden immer genannt, wenn welche vorhanden sind. Wo keine angegeben sind, gibt es auch keine. Von der Bildung noch nicht in das Schrifttum eingegangener Verdeutschungen wissenschaftlicher Namen wurde Abstand genommen. Als wissenschaftliche Namen wurden nach Möglichkeit die nach den Nomenklaturgesetzen gültigen Namen gebraucht, häufige im älteren Schrifttum verwendete Synonyme wurden in Klammern beigegeben. In der deutschen und wissenschaftlichen Nomenklatur wurde der Zusammenstellung von G. Schmidt «Die deutschen Namen wichtiger Arthropoden» Mitt. Biol. Bundesanst. Land- u. Forstwirtsch. Berlin-Dahlem Heft 137 (1970) und Nachtrag in Heft 193 (1980) gefolgt.

4. Tiere, die man nach der vorliegenden Tabelle nicht einordnen kann, sind keine bedeutenden Schädlinge oder Lästlinge im Haus, oder sie wurden als solche wenigstens noch nicht in Mitteleuropa festgestellt. Sollten sie in der Tat sehr schädlich oder lästig sein, so schicke man sie an einen Spezialisten, da es sich um einen neuen oder eingeschleppten Schädling handeln könnte, durch dessen rechtzeitiges Erkennen unter Umständen große wirtschaftliche Werte erhalten werden können.

5. Da bei der Angabe von Gutachten über Schädlingsauftreten im internationalen Handel sowie im Werbeschrifttum oft nur die Vulgärnamen verwendet werden, ist deren Kenntnis in den Handelssprachen nötig. Sie sind in der Regel nicht in den üblichen Wörterbüchern enthalten. Daher wurden im Register 4 dieses Buches die ausländischen Vulgärnamen der Schädlinge in alphabetischer Reihenfolge zusammengestellt und dazu die entsprechenden wissenschaftlichen Namen. Sucht man dagegen den fremdsprachlichen Vulgärnamen für einen bekannten Schädling, so findet man im Register 2 hinter dem wissenschaftlichen Namen nach den Seitenzahlen in eckigen Klammern Ziffern, die den Nummern der fremdsprachlichen Vulgärnamen entsprechen.

Bestimmungstabellen der Vorratsschädlinge und des Hausungeziefers

Die als Vorratsschädlinge und Hausungeziefer auftretenden Tiere gehören vier Gruppen an:
 I. den Säugetieren (Ratten und Mäuse)
 II. den Vögeln (verwilderte Haustauben)
 III. den Schnecken
 IV. den Gliederfüßern

I. Säugetiere, Mammalia

sind ausgezeichnet durch den Besitz eines aus Knochen bestehenden Skelettes, an dem die Muskeln ansetzen. Diese werden überzogen von einer mehr oder minder vollständig behaarten Haut. Die Säugetiere bringen lebende Junge zur Welt, die eine Zeitlang von der Mutter gesäugt werden. Nach der Bundesartenschutzverordnung mit der Änderung vom 24. 7. 1989 sind alle in der nachfolgenden Tabelle aufgeführten Arten mit Ausnahme von Wanderratte, Hausmaus und Rötelmaus geschützt; auch die Hausratte ist geschützt, die wohl auch nur noch selten eine gewisse Rolle als Schädling spielt. In begründeten Fällen kann die nach Landesrecht zuständige Stelle (in der Regel die obere Naturschutzbehörde) Ausnahmen von den Bekämpfungsverboten zulassen.
Die Ratten und Mäuse gehören zu den **Nagetieren**. Sie besitzen im Ober- und Unterkiefer je zwei als Nagezähne ausgebildete Schneidezähne. Diese sind kräftig, meißelartig und tief in den Kiefer eingepflanzt. Sie wachsen ständig im gleichen Maße fort, wie sie beim Nagen abgenutzt werden. Dabei erhalten sie scharfschneidende Kanten, weil ihre vordere Seite, die aus einer härteren Schicht, dem Schmelz, besteht, besser der Abnutzung widerstehen kann, als

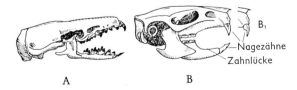

Abb. 1: Schädel A einer Spitzmaus, B eines Nagetiers, oberer Nagezahn wie bei *Sylvaemus*, B₁ wie bei *Mus*.

ihre weichere hintere Seite. Zwischen den Schneidezähnen und den breiten, stumpfen Bakkenzähnen befindet sich eine weite Lücke (Abb. 1 B), weil ihnen die Eckzähne (Canini) und bei den echten Mäusen *(Muridae)* auch die Vorbackenzähne (Prämolaren) fehlen. Die Spitzmäuse dagegen, die zu den **Insektenfressern** gehören, haben in ihrem Gebiß weder im Ober- noch im Unterkiefer eine weite Zahnlücke (Abb. 1A). Die Zahnformeln, in denen die Zahl der Zähne der einen Oberkieferhälfte über und die der Zähne der Unterkieferhälfte unter dem Bruchstrich in der Reihenfolge I (Incisivi, Schneidezähne), C (Caninus, Eckzahn), P (Praemolares, Vorbackenzähne) und M (Molares, Backenzähne) angegeben werden, sind für die Spitzmäusegattung *Crocidura* 3113/1113, für die echten Mäuse aber 1003/1003: Außerdem sind bei den Spitzmäusen alle Zähne nadelspitz oder haben mehrspitzige Höcker.

Bestimmungsschlüssel der in Häusern auftretenden Säugetiere

Größenangaben: Körperlänge = Kopf + Rumpf ohne Schwanzlänge

1. Säugetiere, die mit Hilfe ihrer Flughaut, die zwischen den Seiten des Rumpfes, den stark verlängerten Knochen der Vorderbeine und den Hinterbeinen bis zu den Fußwurzeln ausgespannt ist, durch Fliegen oder Flattern ähnlich wie ein Vogel jede beliebige Höhenänderung vornehmen können. In der Ruhe wird die Flughaut zusammengelegt. An den Hinterfüßen können sich die Tiere zur Ruhe aufhängen, mit den nicht in die Flughaut einbezogenen Daumen der Vorderbeine können sie etwas kriechen. . . . .
. . . . **Fledermäuse**, *Chiroptera*
   Sie haben an geschützten Orten in und an Gebäuden (auf Türmen und Dachböden, in Mauerspalten und hinter Fensterläden, in Kellern und Stollen, in Ruinen, kleinen und großen Wohnhäusern, selbst an modernen Hochhäusern) ihre Tagesverstecke, Schlafplätze oder Winterquartiere, an denen sich bis zu mehreren Hundert ansammeln können. Die mitteleuropäischen Arten sind Insektenfresser und sehr nützlich. Den Menschen greifen sie nicht an, auch fressen sie weder Speck noch andere Vorräte, wie ihnen nachgesagt wird. Die meisten der etwa 22 mitteleuropäischen Arten können in Gebäuden vorkommen. Sie sind schwierig zu bestimmen. Eine Tabelle dafür findet sich in Brohmer, P.: Fauna von Deutschland. 13. Auflage (Quelle & Meyer, Heidelberg 1982), S. 518–522. Sie stehen alle unter Naturschutz. Dieses ist bei Schädlingsbekämpfungs- und Holzschutzarbeiten zu beachten! Sie können Ursprungsstelle für Wanzenplagen durch Fledermauswanzen (s. S. 86) werden.
   – Säugetiere ohne Flughaut 2
2. Am Schädel befindet sich zwischen den Schneidezähnen und den Backenzähnen sowohl im Oberkiefer als auch im Unterkiefer eine weite Lücke (Abb. 1 B). Die Schneidezähne sind Nagezähne . . . . **Nagetiere**, *Rodentia* 6
   Ausführliche Bestimmungstabelle in E. Mohr: Die freilebenden Nagetiere Deutschlands. 3. Auflage (G. Fischer, Jena 1954).
   – Am Schädel befindet sich zwischen den Schneidezähnen und den Backenzähnen sowohl im Ober- als auch im Unterkiefer keine weite Zahnlücke (Abb. 1 A). 3
3. Körperlänge unter 10 cm, mäuseähnlich, aber der Schädel ist abgesehen vom anderen Bau des Gebisses langgestreckter und schmäler bei Ansicht von oben. Der Jochbogen ist nicht ausgebildet. Die Nase ist rüsselartig verlängert, der Pelz samtweich . . . .
. . . . **Spitzmäuse**, *Soricidae (Insectivora)*
   Zur Überwinterung in die Häuser kommen von ihnen nur die drei in Europa heimischen **Weißzahn-** oder **Wimperspitzmäuse**, die an ihren weißen Zahnspitzen (die bei allen anderen Arten rotbraun sind) und an den von ihrem kurz anliegend behaarten Schwanz abstehenden langen Wimperhaaren zu erkennen sind. Sie sind nützliche Tiere, die hauptsächlich von Insekten, Würmern, Schnecken und anderen kleinen Tieren leben, in seltenen Fällen allerdings auch einmal an Käse, Milch, Fleisch, Speck und Öl naschen. Sie stehen unter Naturschutz. Am häufigsten ist die **Hausspitzmaus** *Crocidura russula* (Hermann, 1780) mit 65–90 mm Körper- und 30–45 mm Schwanzlänge, die im südöstlichen Deutschland (besonders Bayern) von der meistens etwas kleineren **Gartenspitzmaus** *C. suaveolens*

(PALLAS, 1811) mit 55−80 mm Körper- und 27−43 mm Schwanzlänge ersetzt wird, aber im Norden bis westlich der Elbe in das Gebiet von *C. russula* vordringt. Beide Arten, deren in der Jugend schwärzlichgraue, später braungraue Färbung der Oberseite ohne scharfe Abgrenzung in die heller graue Unterseite übergeht, sind nur vom Spezialisten sicher zu unterscheiden und wurden daher früher als eine Art angesehen. Leichter läßt sich die **Feldspitzmaus** *C. leucodon* (HERMANN, 1780) von ihnen trennen, da ihr Schwanz mit 30−40 mm kürzer als die halbe Körperlänge (65−90 mm) ist und sich ihre schiefergraue bis dunkelbraune Oberseite scharf gegen die gelblichweiße bis weißlichgraue Unterseite absetzt.

− Körperlänge über 10 cm 4

4. Die Haare auf dem Rücken, der Stirn und an den Flanken sind zu fein längsgefurchten, bis auf eine kleine Partie in der Mitte und die Spitze, die braun sind, gelblich gefärbten Stacheln umgebildet, die zwischen dem weichen Wollunterhaar emporstarren und bei drohender Gefahr, wenn sich das Tier zu einer Kugel zusammenrollt, nach allen Seiten gerichtet eine wirkungsvolle Verteidigungswaffe darstellen. Körper 20−30 cm, Schwanz 2−4,5 cm. . . . . **Igel**, *Erinaceus europaeus* LINNAEUS, 1758 *(Insectivora)*

Die Nominatform, der **Westigel**, hat eine hellgraue bis dunkelbraune Unterseite, jenseits einer Zone vom Unterlauf der Oder über Berlin und die Sudeten zum Fichtelgebirge kommt der **Ostigel** vor, bei dem wenigstens ein Brustfleck oder die ganze Unterseite weiß sind. Einige Autoren bezeichnen ihn als Unterart *roumanicus* BARRET-HAMILTON, 1900 von *E. europaeus*, andere als eine eigene Art, obwohl in der Grenzzone Mischlinge vorkommen. In der Lebensweise unterscheiden sie sich nicht. Ursprünglich ein Waldbewohner, folgen die Igel immer mehr den Menschen in die offene Kulturlandschaft und in die Siedlungen und gewöhnen sich auch rasch an die Fütterung. Aus Grünflächen auch im Stadtinnern und aus Hausgärten gelangen sie auf der Suche nach Winterquartier gelegentlich in Hauskeller oder Lichtschächte, die aber zur Überwinterung ungeeignet sind, weshalb sie sterben müssen, wenn ihnen nicht zum Herausfinden geholfen wird. Ihr längerer Aufenthalt in Häusern kann zu Plagen beim Menschen durch Igelflöhe (S. 259) führen. Die Igel stehen als wichtige Schädlingsvertilger und eine einzigartige altertümliche Tiergruppe unter Naturschutz. Um eingedrungene Tiere richtig zu behandeln, lasse man sich von einer Naturschutzstelle beraten.

− Haare nicht in Stachel umgewandelt 5
5. Unterseite dunkelbraun bis schwärzlich, Oberseite gelbbraun; Körper 32−45 cm, Schwanz 12,5−19 cm . . . . **Iltis**, *Mustela (Putorius) putorius* LINNAEUS, 1758 *(Carnivora, Mustelidae)*

verbreitet in Gefahr durch Entleeren seiner Analdrüse einen äußerst unangenehmen Geruch. Er kommt im Winter gern in die Gehöfte und wohnt dann in Scheunen und auf Heuböden. Er ist durch Vertilgen von Ratten und Mäusen sehr nützlich, darf aber nicht in einen Geflügelstall kommen, wo er alle Insassen umbringt.

− Unterseite mit einem weißen, hinten gegabelten Kehlfleck, Oberseite dunkler, graubraun: Körper 40−50 cm, Schwanz 21−27 cm . . . . Stein- oder **Hausmarder**, *Martes foina* (ERXLEBEN, 1777) *(Carnivora, Mustelidae)*

Kulturfolger, der sich gern in der Nähe des Menschen ansiedelt, in Ställen, Scheunen, Magazinen, leerstehenden und verfallenden Gebäuden. Er ist als Geflügelmörder und Obstdieb gefürchtet, vertilgt aber auch viele Mäuse, Ratten und Sperlinge.

6. Schwanz buschig oder dicht behaart 7
− Schwanz nur spärlich behaart 9
7. Körper 20−24 cm, Schwanz fast körperlang (16−20 cm), buschig zweizeilig behaart; Vorderfüße mit 4 Zehen. Rotbraun; tiefdunkelbraune bis schwarzbraune Tiere finden sich gelegentlich darunter, ganz schwarze sind sehr selten, auch Gelbfärbung wurde beobachtet. . . . . **Eichhörnchen**, *Sciurus vulgaris* LINNAEUS, 1758 *(Sciuridae)*

Typischer Baumbewohner, überall in Wäldern, Parks und Friedhöfen, auch in Hausgärten. Wo es vom Menschen gefüttert wird, werden manche Tiere sehr zahm und nehmen das dargebotene Futter aus der Hand. Sie durchstöbern Müllbehälter und Papierkörbe nach Futter. Im Zuge der Verstädterung zeigen sie sogar die Tendenz, auch auf Dachböden und in Mauerspalten ihre Kobel zu errichten, wozu auch Wollfäden, Textilien und Plastikfolien verwendet werden können.

− Körper zwischen 11 und 19 cm, Schwanz zwischen 9−16 cm; Vorderfüße mit 5 Zehen . . . . **Bilche**, *Gliridae* 8
8. Schwanz in ganzer Länge buschig behaart; Oberseite blaugrau, leicht berußt, Unterseite

weiß. Körper 12–19 cm, Schwanz 11–16 cm (Abb. 2 A) . . . .
. . . . **Siebenschläfer,** *Glis glis* (LINNAEUS, 1766)
<small>kann im Herbst aus Wäldern, Parks oder Obstgärten in Häuser und Vorratskammern eindringen, wo er nachts auf den Dachböden herumtobt und auch oft seinen Winterschlaf hält. Nicht sehr häufig. Steht unter Naturschutz.</small>
– Schwanz nur am Ende länger behaart; Oberseite rötlich graubraun, Unterseite weiß, mit einem schwarzen Ring um das Auge, Endhälfte des Schwanzes oben schwarz, unten und Endpinsel weiß (Abb. 2 B) . . . . **Gartenschläfer,** *Eliomys quercinus* (LINNAEUS, 1766)
<small>kann im Herbst aus Wäldern, Parks oder Obstgärten in Häuser und Vorratskammern eindringen, wo er nachts auf den Dachböden herumtobt und auch oft seinen Winterschlaf hält. Seltener als die vorige Art. Steht unter Naturschutz.</small>

A   B

Abb. 2: A Siebenschläfer, B Gartenschläfer.

9. Rumpflänge der erwachsenen Tiere über 12 cm 10
– Rumpflänge der erwachsenen Tiere weniger als 12 cm 11
<small>Die jungen Ratten unterscheiden sich von gleichgroßen Mäusen durch ihre größeren und plumperen Füße und ihren längeren Schwanz.</small>
10. Schwanz kürzer als der Körper, 170–180 Ringe, Ohren kurz, reichen, an die Kopfseiten gedrückt, nicht bis ans Auge. Rücken bräunlichgrau, Bauch weiß (Abb. 3 B) . . . .
. . . . **Wanderratte,** *Rattus norvegicus* (BERKENHOUT, 1769)
<small>liebt Feuchtigkeit und Nässe, schwimmt und taucht gut; auf Küstenfahrzeugen und Schuten, in Kellern und Sielen, in Gräben, Ställen, an Teichen, aber kaum jemals auf Dachböden, selten auf Seeschiffen. Sie dringt besonders aus schadhaften Sielen in die Häuser ein.</small>
– Schwanz länger als der Körper, 250–260 Ringe. Ohren ungefähr halb so lang wie der Kopf, reichen an die Kopfseiten angedrückt, bis ans Auge. Färbung variiert von einfarbig schwarz bis braunrückig mit weißem Bauch (Abb. 3 A) . . . .
. . . . **Hausratte,** *Rattus rattus* (LINNAEUS, 1758)
<small>zieht mehr die Trockenheit vor; auf Bodenräumen und Speichern, kaum jemals in den unteren Stockwerken. Die typische Ratte auf Überseeschiffen. Den einzelnen Farbvarianten, die nach neueren Feststellungen in einem Wurf nebeneinander vorkommen können, gab man früher besondere Namen. Die häufigsten davon sind: *R. r. ater* (FITZINGER, 1867) (tiefschwarz), *R. intermedius* (NINNI, 1882) (blaugrau), *R. r. alexandrinus* (GEOFFROY, 1803) (Rücken und Seiten braun, Bauch weiß = **Dachratte**).</small>
11. Schwanz nicht so lang wie der halbe Körper, sehr dünn behaart, so daß er fast nackt erscheint. Ohren sehr kurz, reichen an die Kopfseiten angedrückt, nicht bis an die Augen.

Oberseite rostrot, Bauchseite grauweiß . . . .
. . . . **Rötelmaus,** *Clethrionomys glareolus* (SCHREBER, 1780)
in Wiesen, Gräben, Knicks unter aufgeschichteten Holzhaufen, dringt im Winter regelmäßig in waldnahe Häuser ein.
– Schwanz länger oder nur wenig kürzer als der Körper. Ohren auffallend groß. (Abb. 3 C und D) 12
12. Hinterseite der oberen Schneidezähne mit rechtwinkligem Einschnitt (Abb. 1 B_1) . . 13
– Hinterseite der oberen Schneidezähne ohne rechtwinkligen Einschnitt (Abb. 1 B) . . 14

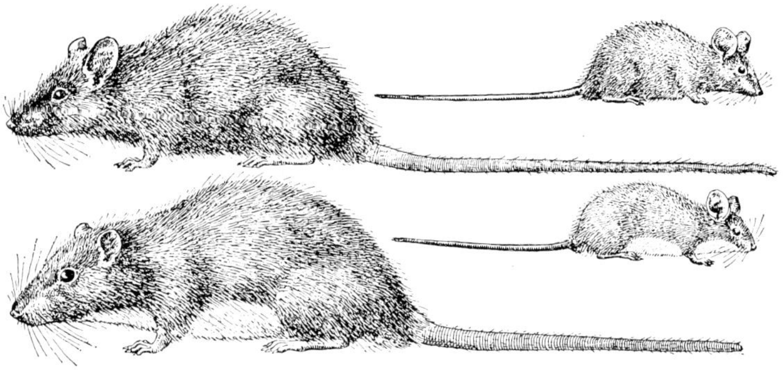

Abb. 3: A Hausratte, B Wanderratte, C Hausmaus, D Gelbhalsmaus (aus DIEHL-WEIDNER).

13. Schwanz meist länger als der Körper, Anzahl der Schwanzringel 156–158, Rücken schwarz, selten wirklich mausgrau, geht allmählich in die graue Bauchseite über (Abb. 3 C) . . . . **Hausmaus,** *Mus musculus domesticus* RUTTY, 1772
in Häusern im westlichen Mitteleuropa, stellenweise bis über den 13. Längengrad nach Osten vordringend.
– Schwanz meistens etwas kürzer als der Körper, Anzahl der Schwanzringel 143–176, Rücken wildfarben, Bauch weißlich bis weiß, von der Seitenfärbung scharf abgesetzt . . .
. . . . **Ährenmaus,** *Mus musculus musculus* LINNAEUS, 1758
im Sommer in Gärten und Feldern, im Winter mehr in Gebäuden, auch Kühlhäusern. In Dänemark und dem östlichen Mitteleuropa bis zur Elbe und zum Ostrand der Alpen. Ähnlich ist der etwas kleinere südosteuropäische *Mus musculus spicilegus* PETENYI, 1882, der, besonders im Südwestenn seines Verbreitungsgebietes, noch mehr im Freien lebt.
14. Bauch blendend weiß (bei jüngeren Tieren gelbweiß) mit einer mehr oder weniger vollständigen gelben Querbinde auf der Kehle, aber ohne einen medianen gelben Längsstrich auf dem Bauch. Oberseite rost- bis kastanienbraun. Schwanz etwas länger als der Körper. 180–230 Schwanzringel (Abb. 3 D) . . . .
. . . . **Gelbhalsmaus,** *Sylvaemus (= Apodemus) flavicollis* (MELCHIOR, 1834)
meist nur in Wäldern und am Waldrand, hauptsächlich in Laubholzbeständen. Lebt unter dem Wurzelwerk in Löchern anderer Tiere. Hält keinen Winterschlaf, zieht sich im Winter in die Häuser, klettert außen an den Mauern am Spalier hoch. Im östlichen und mittleren Europa kommt gelegentlich auch die **Brandmaus,** *Sylvaemus (= Apodemus) agrarius* (PALLAS, 1771), in die Gebäude. Sie ist oberseits rostbraun mit scharf begrenztem, etwa 2 mm breitem schwarzen Rückenstreif; unterseits weißlichgrau. Sie hat kleinere Ohren.
– Bauch grauweiß, meistens mit einem medianen gelben Längsstrich auf dem Bauch, der an der Kehle beginnt, ganz kurz bleibt oder bis zum After durchgeht. Oberseite braungrau

mit einer dunklen Rückenzone. Schwanz etwas kürzer als der Körper, 120–170 Schwanzringel . . . . **Waldmaus,** *Sylvaemus (= Apodemus) sylvaticus* (LINNAEUS, 1758)
auf den Feldern und in Gärten, in selbstgegrabenen Höhlen; hält keinen richtigen Winterschlaf, wandert in Häuser ein, die in der Nähe der Felder liegen.

II. Vögel, Aves

Die in den Siedlungen vorkommenden Vögel sind die ausgesprochenen Lieblinge der meisten Menschen und werden daher von ihnen gefüttert und gehegt. Die meisten Arten bewohnen die Grünflächen und Baumbestände. Nur etwa 7 Arten finden in der Stadt ihr Optimalbiotop und drei weitere sind in ihrem Brutvorkommen weitgehend an Siedlungsstrukturen gebunden (KLAUSNITZER 1988). Zur ersten Gruppe gehören Mauersegler, verwilderte Haustauben, Haussperling, Hausrotschwanz, Dohle, Wanderfalke und Türkentaube, zur zweiten Gruppe Schleiereule, Mehl- und Rauchschwalbe. Als Schädlinge können nur die verwilderten Haustauben und die Haussperlinge angesprochen werden, wobei allerdings über die Lösung der von ihnen hervorgerufenen Probleme oft immer noch nicht zwischen Tierschützern, Hygienikern und Schädlingsbekämpfern ganz übereinstimmende Ansichten bestehen. Da beide Vogelarten allgemein bekannt sind, braucht für sie keine Bestimmungstabelle gegeben zu werden, eine solche für alle in einer Siedlung vorkommenden Arten, von denen manche in Ausnahmefällen auch in Baustrukturen nisten können, würde den Rahmen dieses Buches weit überschreiten. Nur auf die Unterschiede der Nester von Mauersegler, Mehl- und Rauchschwalben muß hingewiesen werden, weil sie auch nach Wegzug der Vögel Ausgangsstellen für Insektenplagen des Menschen werden können.

Die **Straßentauben** unserer Städte, die in diesem Jahrhundert an Zahl immer mehr zugenommen haben, sind aus verwilderten Haustauben (*Columba livia domestica* GMELIN) entstanden, die selbst schon vor etwa 7000 Jahren in Ägypten aus Felsentauben (*Columba livia livia* LINNAEUS 1758), domestiziert worden waren. Die Häuserschluchten unserer Städte bieten ihnen wohl wie die ursprünglichen Klippen der Felsenküste ideale Nistplätze, die durch die Domestikation erworbenen Eigenschaften der ununterbrochenen Fortpflanzungsmöglichkeiten bei milder Herbst- und Winterwitterung, der Nahrungsanpassung vom Körnerfresser zum Allesfresser, die große Standorttreue (Aktionsradius nur 500 bis 750 m) und ein Überangebot an Nahrung durch Fütterung in der Stadt ermöglichen ihnen eine Massenvermehrung, machen sie aber andererseits auch anfälliger für den Befall durch Krankheitserreger und Parasiten. Sie werden so zu Überträgern für human- und tierpathogene Viren, Bakterien, Pilze, Protozoen und Würmer und ihre Nester zu Ausgangsstellen für Invasionen von Taubenwanzen (*Cimex columbarius* JENYNS), Roten Vogelmilben (*Dermanyssus gallinae* DE GEER) und Taubenzecken (*Argas reflexus* FABRICIUS) in benachbarte Wohnungen, um dort an den Menschen Blut zu saugen, außerdem auch für zahlreiche andere schädliche Hausinsekten. Außerdem werden die Tauben durch ihren Kot (2,5 kg im Jahr pro Tier), der korrosionsfördernd bei Metallen und zerstörend auf die Bausubstanz wirkt sowie auf Gehwegen bei Regenwetter zur Gefährdung besonders gehbehinderter Menschen beitragen kann, durch Gritfressen, wodurch Dachziegel gelockert und Schornsteinfugen vertieft werden, und in der Nähe von Getreidelagern durch Fressen von Körnern, Zerstören von Abdichtungsplanen und Verschmutzen des Lagergutes schädlich.

Die Literatur über die Problematik der Stadttauben ist sehr umfangreich. Eine Übersicht darüber findet sich in D. HAAG: Literaturarchiv Stadttauben. Tierschutzverein Basel 1988.

Der **Haussperling** (*Passer domesticus* LINNAEUS, 1758), schon im Altertum als Getreideschädling gefürchtet, hat sich dem Menschen so eng angeschlossen, daß er fast nur bei seinen Ansiedlungen brütet, meistens in Mauerlöchern hauptsächlich im Dachbereich, in Lüftungsschlitzen von Hochhäusern, den Buchstaben von Leuchtreklamen und hinter Fensterverblendungen, wohin er Stroh- und Grashalme zu einem unordentlichen Nest mit Federpolsterung zusammenträgt, seltener in einem freistehenden unförmigen Kugelnest auf Bäumen oder im Hausbewuchs. Er schadet vor allem durch Fressen von reifen und unreifen Getreidekörnern (etwa 2,5 kg pro Tier im Jahr), die er sich auf den Feldern, auch von den Halmen, und von Getreidelägern sowie Futterplätzen besonders in Geflügelzuchten holt, außerdem auch durch Zerbeißen von Knospen und Früchten der Obstbäume. Dagegen ist sein Nutzen durch Vertilgen von Insekten (z. B. Verfüttern von Frostspannerraupen an seine Brut) nur gering. – Weniger schädlich und nützlicher durch Vertilgen von Unkrautsamen und schädlichen Insekten ist der **Feldsperling** (*Passer montanus* LINNAEUS 1758), der auch in weiterer Entfernung von den Siedlungen nistet. Unterschiede zwischen beiden Arten:
P. domesticus: Männchen und Weibchen verschieden gefärbt;
♂ Oberkopf aschgrau, Wangen grauweißlich, Kehle schwarz, ♀ Oberkopf schmutzig mattbraun, Kehle nicht schwarz, die ganze Kopfzeichnung nicht so bunt. Bei beiden Flügel mit einer weißen Binde. Körperlänge 15 cm.
P. montanus: Männchen und Weibchen gleich gefärbt: Oberkopf kupferrötlich, Wangen weiß mit schwarzem Fleck, Kehle schwarz. Flügel mit zwei weißen Binden. Körperlänge 14 cm.

Unterschiede von Mauerseglern und Schwalben und ihrer Nester

Obwohl sie zu zwei verschiedenen Ordnungen gehören, haben sie manche Gemeinsamkeiten: Sie sind ausdauernde gute Flieger, die vorwiegend an Gebäuden nisten und durch einen Gabelschwanz gekennzeichnet sind.
1. Gabelschwanz kurz 2
– Gabelschwanz mit langen, beim ♀ etwas kürzeren Schwanzspießen. Er wird beim Sitzen in Richtung der Körperachse gehalten. Die ganze Oberseite metallisch blauschwarz glänzend, die Unterseite weiß mit einem braunen Kehlfleck und schwarzem Brustband. Füße nicht befiedert. Körperlänge 19 cm, Flügellänge 12–13 cm.
Nest eine oben offene Viertelkugel aus Erdklümpchen mit Strohhalmen durchsetzt, deren Enden zum Teil weit hervorragen, innen mit Hälmchen und Federn gepolstert, vorwiegend im Innern von Ställen und anderen Gebäuden, zu denen die Vögel ständig einen offenen Zugang haben, dicht unter den Deckenbalken auf einer Unterlage . . . .
. . . . **Rauchschwalbe**, *Hirundo rustica* LINNAEUS, 1758 *(Hirundinidae, Oscines)*
2. Die Oberseite dunkelstahlblau, der Bürzel aber weiß, die ganze Unterseite weiß, die Füße befiedert. Im Sitzen zeigt der Schwanz im Winkel zur Körperachse abgebogen nach unten. Körperlänge 13 cm, Flügellänge 10,7–11,6 cm.
Nester meistens kolonieweise aus Erde gemauert, oben bis auf ein rundes oder ovales Flugloch an der Seite geschlossen unter Dachrändern außen an den Gebäuden, häufig auch in Neubaugebieten, auch auf Balkonen . . . .
. . . . **Mehlschwalbe**, *Delichon urbica* (LINNAEUS, 1758) *(Hirundinidae, Oscines)*
– Ober- und Unterseite einheitlich rauchschwarz bis auf einen kleinen weißlichen Kinnfleck. Flügel groß, sichelförmig mit kurzem Oberarm aber sehr großem Handskelett. Füße klein, mit 4 nach vorn gerichteten und mit scharfen Krallen versehenen Zehen, die nicht befiedert sind, während der Lauf befiedert ist. Klammerfüße nicht geeignet zur Fortbewegung

auf dem Erdboden. Größer als die Schwalben, Körperlänge 16−17 cm, Flügellänge 16,7−18,2 cm.
Nest besteht aus einer flachen muldenförmigen Schicht von Halmen, Federn, Wolle und ähnlichen Materialien, die im Flug erhascht werden können, überzogen mit einem klebrigen, bald erhärtenden Speichel in Mauerlöchern und unter Dachsparren, aber auch in hohlen Bäumen und Vogelnistkästen. Auch in Großstädten häufig . . . .
. . . . **Mauersegler,** *Apus apus* LINNAEUS, 1758 *(Apodidae, Apodiformes)*

III. Schnecken, Gastropoda

Die in Kellern oder feuchten Kellerwohnungen vorkommenden Schnecken sind mit einer Ausnahme Nacktschnecken, d. h. Schnecken ohne Gehäuse, und gehören zu den **Egelschnecken** oder *Limacidae*.

Über Biologie und Bekämpfung siehe D. GODAN: Schadschnecken und ihre Bekämpfung. Stuttgart (E. Ulmer) 1979.

1. Schnecken mit einem Schneckenhaus können gelegentlich in Kellern aus dem Freien hineinkriechen oder mit Gemüse, Brennholz u. dgl. verschleppt werden. In Kellern lebt nur die zu den *Zonitidae* gehörende **Keller-Glanzschnecke,** *Oxychilus cellarius* (O. F. MÜLLER, 1821), die allerdings auch im Freien und in Höhlen vorkommt. Ihr Gehäuse ist flach, mit einem offenen, trichterförmigen Nabel, grünlich hornfarben, unten weißlich, 10−11 mm breit und 5−5,5 mm hoch (Abb. 4 A). Der Körper der Schnecke ist grau.
− Schnecken ohne Schneckenhaus (Nacktschnecken) 2
2. Körperlänge 8−20 cm 3
− Körperlänge nur 3−6 cm 4
3. Körperfarbe weißlichgrau, auf der Oberseite mit 2 oder 3 unterbrochenen dunklen Längsbinden, Mantelschild dunkelfleckig oder marmoriert, Fußsaum mit einer Reihe kleiner schwarzer Runzeln, Sohle einfarbig hell, bei Jungtieren grau, bei Erwachsenen hellgrau bis gelblich. Körperlänge 10−20 cm. Schleim farblos (Abb. 4 B) . . . .
. . . . **Große Egelschnecke,** *Limax maximus* (LINNAEUS, 1758)
im Freien, aber auch gelegentlich in Gewächshäusern und in Kellern, wo er an Obst, Kürbis, Kohl, Möhren, Kohlrüben, Kartoffeln usw. frißt. Lebensdauer etwa 2½ Jahre. Das Weibchen legt 680 bis 830 Eier in 13 bis 370 Gelegen ab. Aus den im Sommer gelegten Eiern schlüpfen die Jungen nach 3 Wochen aus, die im Winter gelegten überwintern. Entwicklungsdauer bis zur Geschlechtsreife 1½ bis 1¾ Jahre.

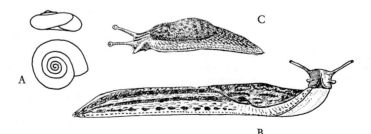

Abb. 4: Kellerschnecken. A Gehäuse von *Oxychilus celarius*, B *Limax maximus*, C *Deroceras agreste*.

- Körperfarbe grüngelb, gelblich bis orange oder rötlich mit dunklerer schwacher Netzzeichnung, Mantelschild grau mit helleren Flecken, Kopf und Fühler dunkelgraublau, Sohle hell, an den Seitenfeldern gelb. Körperlänge 8–10 cm. Schleim gelblich . . . . **Kellerschnecke,** *Limax flavus* (LINNAEUS, 1758)
  bei uns nur in Kellern, unter Umständen auch in oberen Stockwerken (Küche, Badezimmer). Frißt mit Vorliebe an Kartoffeln, aber auch an Rüben aller Art, Gurken, Kürbis, Obst, Gemüse, Pilze und Blumenzwiebeln, nur selten an grünen Pflanzenteilen. Die Weibchen legen 250 bis 350 Eier in 12 bis 50 Gelegen, aus denen nach 3 bis 4 Wochen die Jungen schlüpfen, die in 3 bis 11 Monaten erwachsen sind. Lebensdauer etwa 2½ Jahre. Kann sich auch ausschließlich von Mehl (mit einem Wassergehalt von höchstens 20%) ernähren und daher in Mehllägern und Mühlen schädlich werden.
4. Körper weißlich bis dunkelgrau oder rötlichbraun mit schwarzer Strichzeichnung. Mantelschild mit dunkleren Punkten und Flecken. Sohle hellgrau. Körperlänge 4–6 cm. Schleim kalkweiß . . . . **Genetzte Ackerschnecke,** *Deroceras reticulatum* (O. F. MÜLLER, 1774)
  im Freien, in Gärten und Treibhäusern, frißt grüne Blätter, so an Gemüse, Kohl und Salat und wird damit gelegentlich in die Keller eingeschleppt.
- Körper einfarbig gelblichweiß bis hellbraun. Meistens etwas kleiner (Abb. 4 C). Schleim weniger milchig . . . . . . **Graue Ackerschnecke,** *Deroceras agreste* (LINNAEUS, 1758)
  Lebensweise wie bei der vorigen Art.

IV. Gliederfüßer, Arthropoda

umfassen die meisten als Hausungeziefer auftretenden Tiere. Sie besitzen einen harten Hautpanzer, der in einzelne Körperringe gegliedert ist, von denen alle oder einige paarige seitliche, gegliederte Anhänge (Gliedmaßen, Beine) besitzen. Nur einige Insektenlarven haben keine Beine. Sie sind wurmförmig und haben höchstens 14 Körperringe. Der Körper der Würmer dagegen ist entweder gar nicht gegliedert, z. B. beim Essigälchen, oder hat sehr viele gleichartige Ringe, z. B. beim Regenwurm.
Nach der Anzahl der Beinpaare kann man die als Hausungeziefer auftretenden Gliederfüßer in folgende Gruppen einteilen:
1. Gliederfüßer ohne Beine (Abb. 111, 112 A, 169 d und e, 170 A, 172–175, 181) . . . . **Insektenlarven** (siehe Tabelle 3, 18)
2. Gliederfüßer mit 3 Beinpaaren . . . . **Insekten, Insektenlarven und Milbenlarven** (siehe Tabelle 3 und 71)
3. Gliederfüßer mit 4 Beinpaaren
   A. mit 4 Laufbeinpaaren und 1 Paar große Scheren (wie ein Krebs). Tiere kleiner als 1 cm (Abb. 182) . . . . **Bücherskorpione** (siehe Tabelle 68)
   – mit 4 Laufbeinpaaren, aber ohne solche Scheren
   a) kleiner als 1 mm (Abb. 183) . . . . **Milben** (siehe Tabelle 71)
   – größer als 1 mm . . . . b
   b) Kopf, Brust und Hinterleib vollständig miteinander verwachsen (Abb. 182, 183) . . . c
   – Kopf und Brust miteinander verwachsen, davon der Hinterleib deutlich abgesetzt (Abb. 182) . . . . **echte Spinnen** (siehe Tabelle 70)
   c) Hinterleib auf der Bauchseite deutlich gegliedert (Abb. 182) . . . . **Weberknechte** (siehe Tabelle 69)
   – Hinterleib auf der Bauchseite nicht gegliedert (Abb. 176) . . . . **Milben bzw. Zecken** (siehe Tabelle 71)

4. Gliederfüßer mit 7 Beinpaaren (Abb. 5) . . . . **Asseln** (siehe Tabelle 1)
5. Gliederfüßer mit 8 Beinpaaren (Abb. 142) . . . **Schmetterlingsraupen** (siehe Tabelle 60)
6. Gliederfüßer mit mehr als 8 Beinpaaren (Abb. 6, 7) . . . **Tausendfüßer** (siehe Tabelle 2)

1. Asseln, Isopoda

Landasseln *(Oniscoidea)* können in Wohnungen und Vorratskellern eingeschleppt werden oder aktiv einwandern und durch Fraß an lagernden Kartoffeln, Gemüse, Feldfrüchten und Obst schädlich oder ekelerregend werden. Sie können in Wohnungen aller Stockwerke über die Hauswände, besonders bei Bewuchs mit Kletterpflanzen gelangen. Da sie eine große Luftfeuchtigkeit brauchen, können sie durch Austrocknung der Räume wieder beseitigt werden.

Die Landasseln sind an das Landleben angepaßte Krebstiere, die noch zum Teil den für ihre Atmung nötigen Sauerstoff dem ihren Körper benetzenden Wasser mit Hilfe von Kiemen und zum Teil der Luft mit besonders bei *Porcellio* gut entwickelten Tracheenlungen entnehmen. Ihr Körper (Abb. 5 C) besteht aus einem durch Verschmelzung von Kopf und

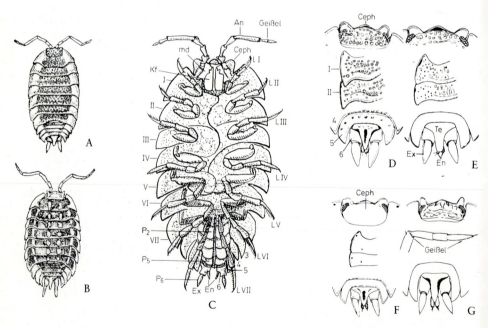

Abb. 5: Landasseln. A, C, D *Porcellio scaber*, B, G, *Oniscus asellus*, E. *P. dilatatus*, F *P. laevis*. A, B Ansicht vom Rücken, C von der Bauchseite, in D bis G oben Cephalothorax. D–F Mitte linke Seite der ersten beiden Peraeomeren und D–G unten die 3 letzten Körpersegmente mit Telson vom Rücken gesehen. (A und B aus MARTINI, C nach KAESTNER vereinfacht, D–G aus VERHOEFF). I–VII = Peraeomeren, 3–6 = Segmente des Pleon (Hinterleibs), *An* = Antenne (Fühler) des 2. Fühlerpaares, *Ceph* = Cephalothorax, *En* = Endopodit und *Ex* = Exopodit des letzten Gliedmaßenpaares (Uropodium), *Kf* = Kieferfuß, *LI–LVII* = Peraeopoden, *md* = Mandibel, P_2, P_5, P_6 = Pleopoden.

1. Brustring entstandenen Cephalothorax (Ceph), 7 weiteren Brustringen *(Peraeomeren)* (I–VII) mit je einem Paar einästiger Laufbeine *(Peraeopoden)* (LI–LVII) und einem aus 6 Körperringen zusammengesetzten, sehr kurzen Hinterleib *(Pleon)* (3–6). Mit der Rückenplatte seines 6. Ringes ist das langgestreckte, dreieckige Telson (Abb. 5 E, Te) verschmolzen. Am Cephalothorax befinden sich die beiden zusammengesetzten Augen, die aus Oberkiefern *(Mandibeln)* (md), Mittel- und Unterkiefern *(Maxillen)* und Kieferfüßen (Kf) des 1. Brustringes *(Maxillipeden)* gebildeten Mundwerkzeuge und 2 Paar Fühler, wovon allerdings das 1. zu kaum sichtbaren Resten reduziert ist. Das 2. (An) ist einästig, 5gliedrig und mit einer 2- oder 3gliedrigen Geißel versehen. Die Extremitäten der ersten 5 Hinterleibsringe *(Pleopoden)* (P_2-P_6) bestehen aus je einem Paar blattförmig verbreiterter Äste, wovon der der Kiemenatmung dienende Innenast *(Endopodit)* überdeckt wird. Die Innenäste des 1. und 2. Pleopodenpaares beteiligen sich beim Männchen an der Bildung des Begattungsorgans *(Gonopoden)*. Die Extremitäten des 6. Hinterleibsringes *(Uropoden)* sind stilettförmig ausgebildet und ragen in der Ruhe über den Hinterrand des Hinterleibs hervor. Die Eier werden in einen Brutbeutel *(Marsupium)* abgelegt, der beim Weibchen bei einer Häutung nach der Begattung von Anhängen der Hüften des 1. bis 5. Laufbeinpaares *(Oostegite)* gebildet wird. Aus den Eiern schlüpfen die *Manca*stadien, die den erwachsenen Asseln weitgehend gleichen. Allerdings fehlt ihnen noch das 7. Laufbeinpaar. Sie verlassen die Brutbeutel und werden durch Ausbildung des fehlenden Beinpaares nach der 3. Häutung zu *Immatures*stadien, die nach weiteren 10 bis 13 Häutungen geschlechtsreif werden.

1. Fühlergeißel mit 3 sehr dünnen Gliedern, Haut glatt, schwach glänzend hellbraun mit 2 Reihen gelber Flecken auf dem Rücken (Abb. 5 B und G). Körperlänge 15–18 mm . . .
. . . . **Mauerassel,** *Oniscus asellus* (LINNAEUS, 1758)
tritt oft zusammen mit der Kellerassel auf, dann aber meist zahlreicher als diese, ist aber nicht so häufig, da sie höhere Ansprüche an Temperatur und Feuchtigkeit stellt.
– Fühlergeißel mit 2 Gliedern (Abb. 5 C), Haut gekörnelt 2
2. Hinterecken des 1. Peraeomer fast rechtwinklig, Cephalothorax auf seiner Oberfläche und Seiten des 1. Peraeomer ohne Höcker (Abb. 5 F). Jederseits der Rückenmitte mit dicht stehenden feinen hellen Flecken auf dunklem Grund. Auf dem Telson meistens mit 2 weißen Flecken. Körperlänge 11–18 mm . . . . . . *Porcellio laevis* (LATREILLE, 1804)
in Kellern selten, in Gewächshäusern häufiger, aus dem Mediterrangebiet eingeschleppt, wärmebedürftig.
– Hinterecken des 1. Peraeomer spitzwinklig, Cephalothorax auf seiner Oberfläche und Seiten des 1. Peraeomer mit Höckern (Abb. 5 D, E) 3
3. Telson abgestumpft (Abb. 5 E), Hautpanzer mit rötlichem oder violettem Schimmer. Körperlänge 12–13 (–18) mm . . . . **Porcellio dilatatus** BRANDT, 1833
in Kellern selten, in Gewächshäusern häufiger, aus dem Mittelmeergebiet verschleppt, wärmebedürftig.
– Telson zugespitzt, auf seiner Oberfläche häufig mit einer deutlichen Längsrinne (Abb. 5 D). Körper schwarz bis schiefergrau, bisweilen auf dem Rücken mit regelmäßig angeordneten hellen Muskelansatzstellen oder unregelmäßig rötlich oder ockergelb marmoriert *(f. marmoratus)*, sehr vereinzelt ganz weiß oder weiß und schwarz gescheckt. Die schwarzen und marmorierten Phänotypen kommen in der Regel miteinander vor, allerdings in sehr verschiedenem Verhältnis. Reine Populationen einer Phänotype sind lokal möglich, aber sehr selten (Abb. 5 A und C). Körperlänge 11–16 mm . . . .
. . . . **Kellerassel,** *Porcellio scaber* LATREILLE, 1804
in Häusern und Kellern häufigste Art, ziemlich winterhart.

2. Tausendfüßer, Myriapoda

werden durch Holz, Kartoffeln oder Gemüse bisweilen in Keller oder Wohnungen eingeschleppt, manche wandern auch selbst – gelegentlich massenhaft – in die Häuser ein. Größere Bedeutung kommt ihnen kaum zu. Wegen ihres hohen Feuchtigkeitsbedürfnisses gehen die meisten Arten bald ein, nur *Scutigera coleoptrata* lebt in Südeuropa in den Häusern und jagt Fliegen.

In der folgenden Tabelle können nur die Unterscheidungsmerkmale der in Frage kommenden Gruppen gegeben werden. Wegen der Artbestimmung sei auf die Spezialliteratur verwiesen, weil auch andere als die hier genannten Arten unter Umständen in die Häuser gelangen können. VERHOEFF, K., 1937: Myriopoda. In BROHMER, EHRMANN, ULMER: Die Tierwelt Mitteleuropas, Bd. 2 und Ergänzungsteil dazu von O. SCHUBART 1964.

1. Langgestreckte Tiere mit 15 bis 173 (stets ungerade Zahl!) Beinpaaren, von denen das erste zu zangenförmigen Kieferfüßen umgestaltet ist, die nicht zum Laufen, sondern zum Beutefang als sehr kräftiges 4. Paar Mundwerkzeuge dienen. Jeder Rumpfring mit nur einem Paar Laufbeinen. Querschnitt der Rumpfringe viereckig (Abb. 6). Räuberische, einzeln lebende Tiere . . . . **Hundertfüßer**, *Chilopoda* 2
– Langgestreckte bis gedrungene Tiere mit 13 bis über 100 Beinpaaren, von denen vom 5. Rumpfring (d. i. vom 4. beintragenden Rumpfring) an je 2 Paare an einem Rumpfring sitzen, an den Rumpfringen 2 bis 4 aber nur 1 Paar. Der 1. Rumpfring, dessen Rückenplatte den Halsschild (Collum) darstellt, und bei den Chilognathen gewöhnlich einige Ringe zwischen dem letzten beintragenden Ring und dem aus einer unteren und zwei seitlichen Afterklappen bestehendem Telson sind beinlos. Die Zahl der Beine vervollständigt sich erst im Laufe der Entwicklung aus dem Ei in dieser hinteren Zone. Nur 2 Paar Mundwerkzeuge sind vorhanden. Die Tiere sind Bodenbewohner, die sich von verrottetem Laub und Holz ernähren, bei Trockenheit fressen sie auch saftige Pflanzenteile, Keimlinge, Obst, Gemüse usw. an, aber wohl mehr um ihren Wasserbedarf zu decken als um sich von ihnen zu ernähren (Abb. 7) . . . . **Doppelfüßer**, *Diplopoda* 4
2. Auffallend langgestreckte, schmale bandförmige Tiere mit 37 bis 79 Beinpaaren, die Zahl der beintragenden gleichförmig entwickelten Segmente ist sehr verschieden und meistens auch innerhalb der Art nicht streng festgelegt (Abb. 6 B). Sie besitzen keine Augen und bewegen sich nur langsam laufend oder grabend vorwärts . . . . **Erdläufer**, *Geophilidae*

Geophilus carpophagus Leach, 1815 (durch schmutzig gelb- bis graugrüne Färbung von den anderen rein gelbbraunen Arten unterschieden, hat 47–61 Beinpaare und ist etwas über 30 mm lang) kommt in Norwegen, Dänemark und im nördlichen Mitteleuropa fast ausschließlich in feuchten Häusern (besonders strohgedeckten auf dem Land) vor, wo er im Herbst und Frühjahr durch Massenauftreten zwischen Kleidern und Betten, an Brot und Fleisch lästig werden kann. Seine Ernährung ist noch nicht geklärt, an Früchten, Rüben und Kartoffeln scheint er nicht zu fressen, vielleicht daran vorkommende Milben. Gereizt erglühen die Tiere in einem intensiv grünen Licht und geben ein leuchtendes Sekret ab, das offenbar angreifende Feinde abschrecken und bei empfindlichen Menschen auch eine Hautreizung hervorrufen soll. Man weiß nicht, woher die Erdläufer im Herbst ins Haus kommen und wohin sie im Frühjahr wieder verschwinden. Sie erscheinen in den einmal heimgesuchten Häusern alle Jahre wieder (LEMCHE 1937: Anz. Schädlingsk. *13:* 57–60). Es ist möglich, daß sich auch andere *Geophilus*-Arten ebenso verhalten.

– Nicht übermäßig lange Tiere, stets mit nur 15 Beinpaaren 3
3. Auf dem Rücken sind hinter dem Kopf den 15 Beinpaaren entsprechend 15 Rückenplatten zu erkennen, wovon die 1. sehr kurz ist und das Kieferfußpaar trägt. Von den übrigen sind die 2., 4., 6., 8., 9., 11., 13. und 15. lang und die dazwischenliegenden sehr viel kürzer. Aus dem Ei geschlüpfte Jungtiere haben nur 7 Laufbeinpaare, erst nach Häutungen werden von der präanalen Bildungszone aus die fehlenden Körperringe erzeugt, dann erst erfolgt in weiteren durch Häutungen getrennten Stadien die Reifung der Geschlechtsorgane. Der Kopf ist abgeflacht und trägt am Vorderrand die Fühler und an den Seiten Punktaugen. Die Laufbeine sind mäßig lang, die letzten deutlich länger als die übrigen, aber nicht länger als der Körper (Abb. 6 C) . . . . **Steinläufer**, *Lithobiidae*

Der **Gemeine** (Braune) **Steinkriecher**, *Lithobius forficatus* (LINNAEUS, 1758) ist mit bis zu 33 mm Länge die größte und häufigste Art in Mitteleuropa, wo er unter Steinen, Baumrinde und Laub lebt, in den Häusern beschränkt er sich auf Kellerräume, wohin er mit Gemüse und Kartoffeln verschleppt wird. – Der nur 10–16 mm große, auf seinem gelben Rücken mit 3 dunklen Längsbinden gezeichnete *L. melanops* NEWPORT, 1845 dagegen scheint auch öfter in trockneren Räumen einzudringen.

– Auf dem Rücken sind hinter dem Kopf trotz der 15 Beinpaare nur 8 lange Rückenplatten zu erkennen. Die Beine nehmen von vorn nach hinten an Länge zu, wovon das letzte besonders lang fühlerartig ausgezogen ist und wie die Fühler den Körper an Länge übertrifft (Abb. 6 D, die Fühler sind etwas zu kurz gezeichnet!). Die Tarsen sind bei den Laufbeinen in viele (bis zu 40) Glieder sekundär unterteilt. Der Kopf ist rund, die Fühler sind nicht am Vorderrand eingelenkt, die Augen sind Komplexaugen. Die aus dem Ei schlüpfenden Jungtiere haben erst 4 Beinpaare und noch keine sekundäre Tarsengliederung. . . . . **Spinnenläufer,** *Scutigeridae*

Die **Spinnenassel**, *Scutigera coleoptrata* (LINNAEUS, 1758) ist die einzige in Mitteleuropa nur in den wärmsten Gebieten vorkommende Art. Sie lebt besonders in Weinbergen und Häusern, wo sie Fliegen nachstellt. Körperlänge 18–24 mm.

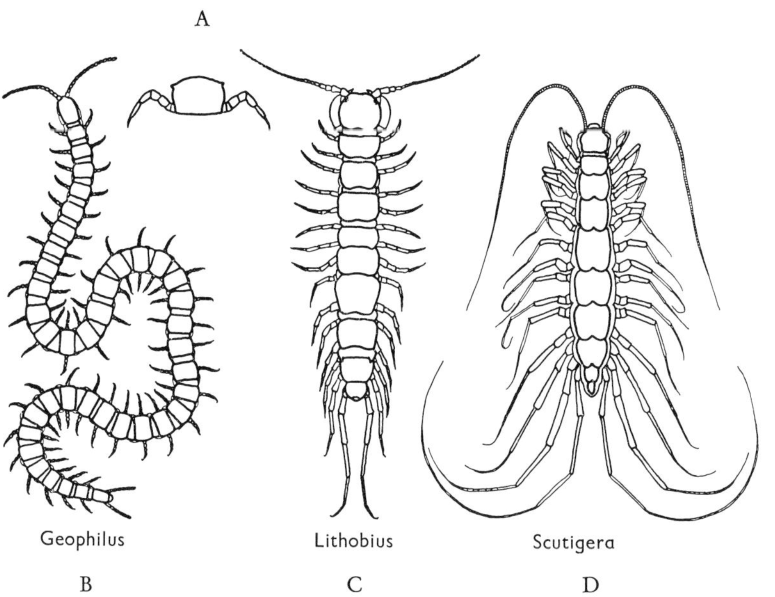

Abb. 6: Chilopoda, A schematischer Querschnitt durch den Körper, B *Geophilus*, C *Lithobius*, D *Scutigera*.

4. Körper weich, da ohne Kalkpanzer, nicht einrollbar. Die kissenartigen Seitenplatten eines jeden Körperringes mit Büscheln hohler, höckeriger Borsten (Trichome), auf den Rückenplatten aller Körperringe in Reihen angeordnete etwas anders gestaltete und kürzere Borsten und am Körperende 2 pinselartige Borstenbüschel. 11 Körperringe mit 13 Beinpaaren (Abb. 7 L) . . . . **Pinselfüßer,** *Pselaphognatha*

Polyxenus lagurus (LINNAEUS, 1758) mit 2,5–4,2 mm Körperlänge ist die einzige in Mitteleuropa vorkommende Art, die unter Baumrinde und Steinen vorwiegend Algen abweidet; trat in großer Menge in einem strohgedeckten Sommerhaus an der Nordseeküste auf (WEIDNER 1974; Prakt. Schädlingsbekämpfer **26**: 174–176).

– Körper hartschalig, da Hautpanzer mit Kalkeinlage, meistens einrollbar, ohne Trichome, mit wenigstens 17 Beinpaaren . . . . *Chilognatha* 5

5. Asselähnliche gedrungene Tiere, einschließlich des Halsschildes mit 12 Rückenplatten, von denen die dem Halsschild folgende viel länger als alle übrigen ist (Abb. 7 D). Weibchen mit 17 (Abb. 7 E), Männchen mit 19 Beinpaaren, von denen die am vorletzten Rumpfring sitzenden die Begattungsfüße (Gonopoden) sind *(Opisthandria)*. Sie können

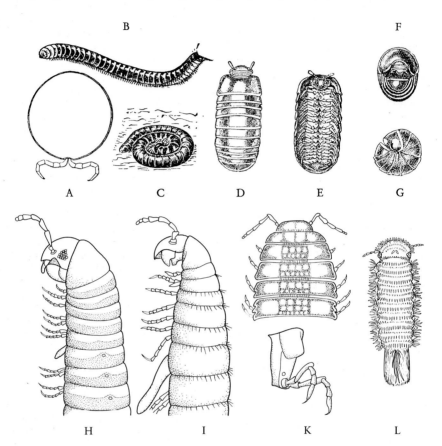

Abb. 7: Diplopoda. A—C, H, I Iuloidea, A schematischer Querschnitt durch einen Körperring, B laufend, C zusammengerollt, H, I schematische Darstellung von Kopf und den ersten Rumpfringen in Seitenansicht von H *Schizophyllum* ♂ (Iulidae) und I *Blaniulus* ♂ (Blaniulidae). Auf dem Kopf folgen der Halsschild ohne Beine, 3 Rumpfring mit je 1 Beinpaar und die übrigen Rumpfringe (aus 2 Körpersegmenten verschmolzene Diplosomite) mit je 2 Beinpaaren, die am 7. Rumpfring zu Gonopoden (Begattungsfüßen) umgebildet sind und in H in den Körper eingezogen werden, weshalb nur der Hautdeckel vor der Einzugsöffnung zu sehen ist. Die Rumpfringe bestehen in H aus einem glatten Proto- und einem längsgestreiften Metasomit, die allerdings den ursprünglichen Segmenten nicht entsprechen brauchen. K *Polydesmus* oben Kopf und die ersten Rumpfringe von oben gesehen, darunter ein aus Proto- und mit einem Seitenflügel (plattenförmigen Hautduplikatur) versehenen Metasomit bestehender Diplosomit. D—G *Glomeris*, D von oben, E von unten, F und G zusammengerollt, F von vorn, G von der Seite. L *Polyxenus lagurus* von oben (B, C aus DIEHL-WEIDNER, D—G nach BRANDT und RATZEBURG aus MARTINI; H nach IVANOV, K unten nach SNODGRASS, I, L nach SCHUBART aus KAESTNER, 1967).

sich zu einer Kugel zusammenrollen (Abb. 7 F, G). Ihre Körperoberfläche ist glatt, glänzend, schwarz, gelegentlich mit stark variierenden hellen Zeichnungen (Abb. 7 D–G). Körperlänge 4,5–20 mm . . . . **Saftkugler,** *Glomeridae*
<small>können gelegentlich mit Gemüse oder Brennholz in die Hauskeller eingeschleppt werden.</small>

– Wurmähnliche langgestreckte Tiere mit wenigstens 19 bis sehr vielen Rumpfringen. Bei den Männchen sind entweder das erste oder beide Beinpaare des 7. Rumpfringes zu Begattungsfüßen (Gonopoden) umgewandelt, wobei im ersten Fall das 2. Paar fehlt *(Proterandria)* 6

6. Rumpf artkonstant mit 19–20 Ringen; ohne Augen . . . **Bandfüßer,** *Polydesmoidea* 7
– Rumpf mit mehr als 40 stets zylindrischen Ringen (Abb. 7 A), deren Zahl innerhalb einer Art individuell variiert . . . . **Schnurfüßer,** *Iuloidea* 8

7. Rückenplatten mit meist gut entwickelten gezähnten Seitenflügeln, wodurch der Körper abgeflacht erscheint (Abb. 7 K) . . . . *Polydesmidae*
<small>Mehrere Arten von *Polydesmus* LATREILLE, 1802 und verwandten Gattungen leben in Kulturland unter Steinen und Brettern und können mit Gemüse in die Hauskeller eingeschleppt werden, z.B. der 10–16 mm lange, dunkelbraune *P. (Nomarchus) coriaceus* PORATH, 1871 (= *inconstans* LATZEL, 1884) und einige nur durch Untersuchung ihrer Gonopoden bestimmbare ähnliche Arten, die alle 20 Rumpfringe besitzen, sowie *Brachydesmus superus* LATZEL, 1884 mit 19 Rumpfringen, grünlich durchschimmerndem Darm und einer Körperlänge von 7,5–10 mm. Der dem *P. coriaceus* sehr ähnliche *P. denticulatus* C. L. KOCH, 1847 wurde aus Bergwerksschächten gemeldet (KLAUSNITZER 1988: 67).</small>

– Rückenplatten ohne gezähnte Seitenflügel, drehrund mit deutlichen, gelben Seitenkielen. Grundfarbe glänzend braunschwarz . . . . *Strongylosomidae*
<small>Lebensweise ähnlich der der *Polydesmidae*. Masseneinwanderung in Häuser wurde von dem 23 mm langen *Strongylosoma pallipes* OLIVIER, 1792 beobachtet, dessen Rücken mit einer Doppelreihe heller Flecken gezeichnet ist.</small>

8. Rückenschilder oberseits ohne Furchen, nur seitlich gerieft. Schlanke zarte Arten, beim Männchen mit frei vorragenden Begattungsfüßen (Abb. 7 B, C, I) . . . . . . *Blaniulidae*
<small>Der **Getüpfelte Tausendfuß**, *Blaniulus guttulatus* BOSC, 1792 zeigt ausgesprochene Vorliebe für die menschliche Kulturlandschaft. Er frißt zerfallende Pflanzenstoffe aller Art, menschliche Exkremente, Tierleichen usw. Bei trockener Witterung sammeln sich diese Tiere in Massen an Sämlingen, in Kartoffeln, Erdbeeren, Rüben, Dahlienknollen, faulendem Obst usw. Sie werden so zu Pflanzenschädlingen und auch in die Keller eingeschleppt. Er wird 7,5–16 mm lang, hat 37–57 Körperringe und 59–103 Beinpaare. Er ist gelbgrau mit leuchtend karminrotem Punkt auf jeder Seite der Körperringe, in Alkohol gebracht verfärbt er sich braunschwarz. Die roten Punkte zeigen die Lage der Wehrdrüsen an. Er wird verdächtigt, allergische Erkrankungen bei empfindlichen Menschen hervorzurufen.</small>

– Rückenschilder auch oben gefurcht. Begattungsfüße werden in eine Hautfalte zurückgezogen (Abb. 7 H). Dickere Arten . . . . *Iulidae*
<small>leben ähnlich wie die *Blaniulidae*. Sie werden ebenfalls in die Hauskeller eingeschleppt. Der 15–47 mm lange **Sandschnurläufer** *Schizophyllum* (= *Ommatoiulus*) *sabulosum* (LINNAEUS, 1758) mit 45–55 Körperringen, einer rötlichgelben Doppellängsbinde auf dem dunklen Rücken und mit einem Schwänzchen (Präanalfortsatz) am Hinterende neigt in manchen Gebieten zur Massenvermehrung und wandert dann oft in großer Zahl in die anliegenden Wohnhäuser ein, wo er bis zu 2 m an der Wand hochkriechen kann, dann aber infolge zu großer Trockenheit bald eingeht (HELB 1975: Entomol. Germ. 1: 376–381). Solche Masseninvasionen in Häuser sind auch bei anderen Arten zu erwarten, z. B. bei *Allajulus londinensis* (LEACH, 1814) (= *Cylindroiulus teutonicus* POCOCK, 1900), eine schwarzbraune, 19–37 mm große Art mit 38–53 Rumpfringen und 63–97 Beinpaaren. – Weitere Meldungen mit genauen Artbestimmungen und Angabe ökologischer Daten sind nötig, um verallgemeinernde Aussagen machen zu können.</small>

3. Insekten, Hexapoda

Sie enthalten die verschiedensten Formen von Hausungeziefer. Um diese bestimmen zu können, ist die Kenntnis der Gliederung des Insektenkörpers (Abb. 8) notwendig.

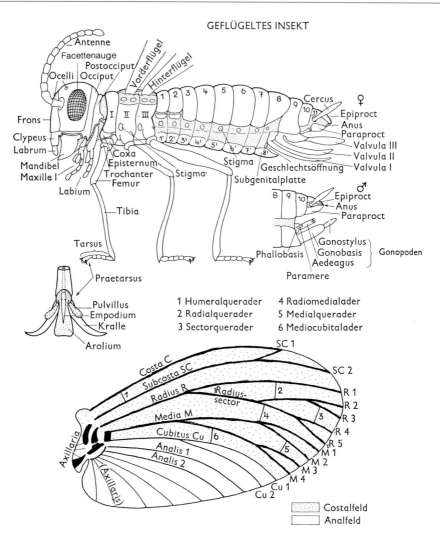

Abb. 8: Schema eines geflügelten Insekts. ♀ = Weibchen, darunter Abdomenende des Männchens (♂). Unter dem Vorderbein Fußende von hinten (unten) gesehen. Ganz unten Schema des Flügelgeäders. (In Anlehnung an SNODGRAS und WEBER).

Deutsche Bezeichnungen für die in der Zeichnung gebrauchten wissenschaftlichen Bezeichnungen: *Abdomen:* Hinterleib, seine Segmente werden mit arabischen Ziffern bezeichnet. *Aedeagus:* Ausführgang des männlichen Geschlechtsapparates, Kopulationsorgan. *Anus:* After, Ausgang des Darmtraktes. *Antenne:* Fühler, *Axillaria:* Skleritplättchen, die an der Bildung des Flügelgelenks beteiligt sind. *Cercus:* Hinterleibsanhänge, Schwanzfäden. *Clypeus:* Verbindungsstück zwischen Kopfkapsel und Oberlippe. *Coxa:* Hüfte. *Empodium:* dorn- bis krallenartige Fortsetzung der Tarsalsehne. *Epiproct:* Supranalplatte, Skleritspange über dem After. *Episternum:* vor dem Sternum des 1. Brustringes gelegene Skleritplatte. *Femur:* Schenkel. *Frons:* Stirn. *Gonopoden* mit *Gonobasis* und Gonostylus bilden das sehr verschieden ausgebildete Klammerorgane am männlichen Kopulationsapparat. *Occiput:* Hinterkopf. *Paramere:* Teil des männlichen Kopulationsapparates. *Paraproct:* Sternum des letzten Hinterleibssegments. *Postocciput:*

Drei Hauptabschnitte sind zu unterscheiden: Kopf, Brust und Hinterleib. Am Kopf sitzen die Fühler, die Augen und die Mundwerkzeuge. Sind diese kauend, so bestehen sie aus kräftigen Kiefern (Abb. 8), sind sie stechend (Abb. 9) oder saugend, aus einem Rüssel (Wanzen, Stechmücken, Schmetterlinge, Fliegen). Die Brust trägt unten 3 Paar Beine, oben oft auch 1 oder 2 Paar Flügel (Vorder- und Hinterflügel). Die Larven haben noch keine Flügel oder nur in den ältesten Stadien der Insekten mit unvollkommener Entwicklung lappenförmige Flügelscheiden. Bei den erwachsenen Tieren können die Flügel fehlen oder nur als Stummel vorhanden sein. Der Hinterleib besteht aus einer Anzahl ziemlich gleichartiger Ringe ohne gegliederte Beine. Höchstens hinten-oben mit gegliederten oder kurzen ungegliederten Anhängen. Von den Hausinsekten haben nur die Raupen der Schmetterlinge Hinterleibsbeine (Bauchfüße) (Abb. 142).

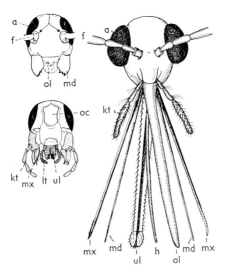

Abb. 9: Links Kopf einer Schabe mit kauenden Mundwerkzeugen, oben von vorn, darunter von hinten, rechts Kopf der Gemeinen Stechmücke *(Culex)* mit stechend saugenden Mundwerkzeugen. *a* Facettenauge, *f* Fühler, *h* Hypopharnyx (Innenlippe), *kt* Kiefertaster (Palpus maxillaris), *lt* Lippentaster, Labialpalpen (Palpus labialis), *md* Mandibel (Oberkiefer), *mx* Maxille I (Mittelkiefer), *oc* Hinterhauptsloch, *ol* Oberlippe (Labrum), *ul* Unterlippe (Labium), bei *Culex* mit den zu Labellen umgebildeten Labialpalpen an der Spitze.

Abschluß der Kopfkapsel. *Praetarsus:* Spitzenglied des Tarsus, letztes Fußglied. *Pulvillus:* Haftlappen am Fuß. *Stigma:* Atemloch, Öffnung der Tracheen, Luftröhren, *Subgenitalplatte:* Sternit unter der weiblichen Geschlechtsöffnung. *Tibia:* Schiene. *Trochanter:* ringförmiges Glied, das die Drehung der Beine ermöglicht. *Valvula I, II* und *III* bilden den weiblichen Eilegeapparat. *I:* Prothorax, 1. Brustring, seine Rückenplatte wird als Pronotum oder Halsschild bezeichnet, seine Bauchplatte als Prosternum, *II:* Mesothorax, 2. Brustring mit Mesonotum und Mesosternum. *III:* Metathorax, 3. Brustring mit Metanotum und Metasternum. *1, 2, 3… 11:* Tergite, Rückenplatten des Hinterleibs, *1' 2', 3'… 11':* Sternite, Bauchplatten des Hinterleibs. *Dazwischen punktiert:* Intersegmentalhäute. *Punktierte Fläche zwischen Postocciput und Prothorax:* Gelenkhaut.

Fortpflanzung

Alle als Hausungeziefer auftretenden Insekten legen Eier; aus diesen schlüpfen Larven aus, die entweder ähnlich wie die erwachsenen Tiere (Abb. 10) oder vollkommen anders aussehen. Letztere machen, bevor sie ihre endgültige Gestalt annehmen, noch ein Ruhestadium (Puppe, Abb. 11) durch, in dem sie keine Nahrung zu sich nehmen. Der Übergang von einem Stadium zum andern sowie das Wachstum der Larven erfolgt ruckweise durch Häutungen, dabei wird der alte, zu eng gewordene Hautpanzer, der auf dem Rücken platzt, abgestreift (Abb. 12) und ein neuer, größerer gebildet.

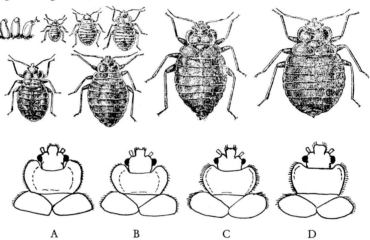

Abb. 10: obere Reihe Entwicklung der Bettwanze, *Cimex lectularius*, Eier, 5 Larvenstadien, Männchen, Weibchen (aus Diehl-Weidner); untere Reihe Kopf und Halsschild von *Cimex* A *lectularius*, B *columbarius*, C *pipistrelli*, D *hemipterus*.

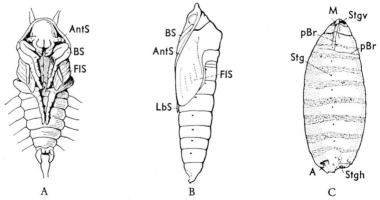

Abb. 11: Verschiedene Puppenformen: A freie Puppe (Pupa libera) eines Käfers, B Mumienpuppe (Pupa obtecta) eines Schmetterlings, C Tönnchenpuppe (Pupa coarctata) einer Fliege, bei der die eigentliche Puppe von der Larvenhaut umgeben bleibt. *A* larvaler After, *AntS* Fühlerscheide, *BS* Beinscheiden, *FlS* Flügelscheiden, *LbS* Labialscheiden, *M* Mund der Larve, *pBr* vorgebildete Bruchlinien, an denen der «Deckel» des Tönnchens abgesprengt wird, *Stg* Stigmen, *Stgh* Hinterstigma (aus Weber).

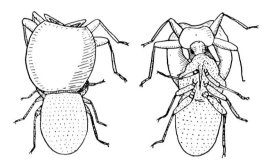

Abb. 12: Eine in Häutung begriffene Bettwanze von oben und von unten. Punktiert die alte Larvenhaut (Exuvie) (nach HASE).

Bestimmungsschlüssel der als Hausungeziefer auftretenden Insekten und ihrer Larven

1. Insekten mit Flügeln oder Flügelstummeln 2
– Insekten ohne Flügel oder Flügelstummel 17
2. Die Vorderflügel und (wenn vorhanden) die Hinterflügel sind von (gleicher) häutiger Beschaffenheit mit einem charakteristischen Flügelgeäder 3
– Die Vorderflügel sind pergament- oder hornartig und pigmentiert und bedecken den Hinterleib vollständig oder nur einen Teil von ihm. Die Hinterflügel dagegen sind häutig und zusammenfaltbar und zeigen ein typisches Flügelgeäder. Sie sind in der Ruhelage unter den Vorderflügeln verborgen oder können sie hinten auch etwas überragen. Sie können aber auch verkürzt sein oder ganz fehlen 13
3. Nur die Vorderflügel sind vorhanden, gut ausgebildet oder nur als verkürzte Schuppen 12
– Vorder- und Hinterflügel gut ausgebildet 4
4. Vorder- und Hinterflügel beschuppt, Körper ebenfalls beschuppt, Mundwerkzeuge ein Saugrüssel oder verkümmert . . . . **Schmetterlinge,** *Lepidoptera* (Tabelle 59)
– Vorder- und Hinterflügel durchsichtig oder durchscheinend, nicht beschuppt, nur mit Haaren und wenigen Adern versehen 5
5. Vorder- und Hinterflügel von gleicher Größe und fast gleicher Form, nur mit wenigen Längsadern 6
– Hinterflügel bedeutend kleiner als die Vorderflügel und beide mit nur wenigen Adern oder mit Netzaderung 9
6. Körperlänge nicht über 1,5 mm, Flügel schmal und bandförmig 7
– Körperlänge wenigstens 5 mm (ohne Flügel, die den Körper weit überragen (Abb. 28 E) . . . . geflügelte Geschlechtstiere der **Termiten,** *Isoptera* (Tabelle 9)
7. Vorder- und Hinterrand der Flügel mit sehr langen Fransen dicht besetzt, die vor allem am Hinterrand viel länger sind als die Breite der Flügelfläche (Abb. 13 C und 47). Am Ende der zweigliedrigen Tarsen ein in der Ruhe zusammengefalteter, beim Aufsetzen auf eine Unterlage breit entfalteter Haftlappen. Klauen bei den Imagines verkümmert (Abb. 13 A, B). Mundwerkzeuge stechend saugend, in dem schräg nach hinten gerichteten Mundkegel verborgen. Fühler 8gliedrig. Kopf groß, länger als breit. Körperfarbe gelbbraun, schwarzbraun bis schwarz, Körperlänge 1,2–1,5 mm . . . . **Fransenflügler,** *Thysanoptera* 8

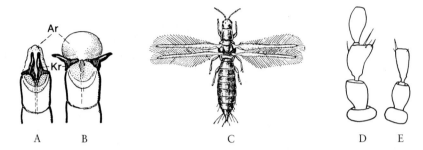

Abb. 13: Fransenflügler: A Fußspitze mit eingefaltetem und B ausgebreitetem Haftlappen, C *Limothrips*, D Fühlerbasis von *L. denticornis*, E von *L. cerealium* (A, B aus WEBER/WEIDNER, C nach PEUS, D, E nach PRIESNER). *Ar* Haftlappen, *Kr* rückgebildete Klaue.

    Hier sind nur 2 Arten aufgenommen, die bisweilen in Massen zur Überwinterung in die Häuser kommen. Außerdem können Arten als Schädlinge an Zimmerpflanzen eingeschleppt werden. Eine Übersicht der wichtigsten von ihnen gibt Tabelle 14.
– Vorder- und Hinterrand der Flügel mit einigen Borsten besetzt (Abb. 31), Tarsen mit 2 Klauen, ohne auffallend großen Haftlappen. Mundwerkzeuge beißend, Fühler und Beine lang und dünn. Körper glasig durchscheinend. Körperlänge 1,25 mm . . . . *Dorypteryx* (**Staubläuse**, *Psocoptera*) (Tabelle 10)
8. Das 3. Fühlerglied ist nach außen in einen dreieckigen Fortsatz verlängert (Abb. 13 D) . . . . *Limothrips denticornis* HALIDAY, 1836
    entwickelt sich auf Gräsern, besonders auf Getreide, und kommt zur Überwinterung gelegentlich in die Häuser. Lebensweise ähnlich wie die folgende Art.
– Das 3. Fühlerglied ohne dreieckigen Fortsatz, einfach, etwas asymmetrisch (Abb. 13 E); gelbbraun bis schwarzbraun, das Abdomenende am dunkelsten . . . . **Gewitterfliege**, *Limothrips cerealium* HALIDAY, 1836
    entwickelt sich an Getreide, woran sie auch schädlich wird, aber auch an anderen Gräsern, im Spätsommer fliegt die Art oft in großen Mengen, besonders bei Gewitterstimmung (daher der deutsche Name!) und verursacht auf der Haut des Menschen einen lästigen Juckreiz. Überwintert häufig in Häusern, geht aber in geheizten Zimmern bald ein. Bisweilen findet man ihn in gerahmten Bildern zwischen Glas und Bild.
9. Vorder- und Hinterflügel mit Netzaderung (Abb. 14), zartgrün oder gelblichgrün mit irisierendem Schimmer, Augen groß, goldschimmernd, Vorderkopf grünlichgelb, auf den Wangen oft eine rötliche bis braune Linie; Hinterkopf, Brust und Hinterleib graugrün, mit gelblichem Mittelband, besonders auf dem Vorderrücken, Fühler lang und grünlichgelb. Flügelspannweite 26−28 mm . . . . **Florfliege**, *Anisochrysa (Chrysoperla) (= Chrysopa) carnea* (STHEPHENS, 1836) (= *vulgaris* SCHNEIDER, 1851) (**Netzflügler**, *Planipennia*)

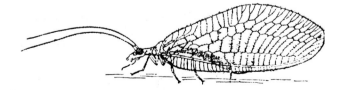

Abb. 14: Florfliege *Anisochrysa (Chrysoperla) carnea* (aus ESCHERICH).

Die 2. Generation überwintert in Häusern, wobei sie sich von Grün nach Gelblich umfärbt. Sie entwickelt sich im Freien, ihre Larven leben von Blattläusen. Sie ist in den Häusern harmlos, im Freien sehr nützlich.
- Vorder- und Hinterflügel mit wenigen, verzweigten Adern 10
10. Hinterleibsende oben mit 2 röhrenartigen Aufsätzen. Kleine Insekten, meistens zusammen mit vielen ähnlichen ungeflügelten Tieren auf Zimmerpflanzen und lagernden Kartoffeln (Abb. 48) . . . . **Röhrenläuse,** *Aphididae* (Tabelle 15)
- Hinterleib ohne solche Aufsätze 11
11. An jedem Bein 2 oder 3 Fußglieder, Flügel in der Ruhe dachförmig über dem Rücken zusammengelegt. Flügel durchsichtig mit wenigen bis zum Flügelrand durchgehenden Adern. Die kleineren Hinterflügel sind mit den Vorderflügeln durch eine Haftvorrichtung verbunden . . . . **Staubläuse,** *Psocoptera* (Tabelle 10)

Nur auf Zimmerpflanzen, oft massenhaft vorkommende, 1–2 mm große Tiere mit auffallenden kreideweiß bepuderten Flügeln mit nur 2, den Flügelrand nicht erreichenden Adern sind keine Staubläuse, sondern **Weiße Fliegen,** *Aleyrodina* (siehe Tabelle 14 und 15)

- An jedem Bein 4 oder 5 Fußglieder, Flügel in der Ruhe nicht dachförmig zusammengelegt. Große bis sehr kleine Insekten, meistens mit einer «Wespentaille» (Abb. 51) . . . . **Hautflügler,** *Hymenoptera* (Tabelle 17)
12. Vorderflügel gut entwickelt, durchsichtig, ästig geadert, anstelle der Hinterflügel Schwingkölbchen (= Halteren) (Abb. 149) . . . . . **Zweiflügler,** *Diptera* (Tabelle 61)
- Vorderflügel schuppenförmig bei sehr kleinen (weit unter 5 mm Körpergröße) weiß bis grau gefärbten Insekten (Abb. 32) . . . . **Staubläuse,** *Psocoptera* (Tabelle 10)
13. Die Vorderflügel sind Elytren, d. h. hart, hornartig, vollkommen starr, ohne ausgeprägte Adern, aber mit einer charakteristischen Oberflächenstruktur (Punktierung, Körnelung, Rippen, Riefen, Punktstreifen, Strichelung, Behaarung usw.). Ausgebildete Schulterecken zeigen das Vorhandensein von Hinterflügeln an, abgerundete Schultern deren Fehlen. Hinterflügel mit Geäder, zusammenfaltbar (Abb. 66) . . **Käfer,** *Coleoptera* (Tabelle 25)
- Die Vorderflügel sind pergamentartig, pigmentiert, mit charakteristischer Aderung, aber nicht faltbar 14
14. Die Vorderflügel sind Hemielytren, d. h. nur im vorderen basalen Abschnitt pergamentartig, im hinteren Spitzenabschnitt aber häutig. Diese häutigen Abschnitte werden in der Ruhe übereinandergelegt und bilden dann ein rautenförmiges Feld. Sie können aber auch fehlen, dann sind die Vorderflügel nur schuppenförmig und die Hinterflügel, die normalerweise unter diesen verborgen sind, fehlen ebenfalls (Abb. 10 und 50). Die Mundwerkzeuge sind stechend-saugend . . . . **Wanzen,** *Heteroptera* (Tabelle 16)
- Die Vorderflügel sind Tegmina (Deckflügel), d. h. vollständig pergamentartig. Auch sie können stark verkürzt sein oder auch ganz fehlen. Die Mundwerkzeuge sind kauend   15
15. Hinterleibsende mit sehr kräftigen, großen, eingliedrigen Cerci, die beim Männchen zangenförmig sind (Abb. 18). Vorderflügel stark verkürzt oder fehlend, Hinterflügel fächerförmig zusammenfaltbar und in der Ruhe unter den Vorderflügeln verborgen, wobei allerdings oft ein Lappen davon unter den Vorderflügeln hervorragt. Sie können auch fehlen, was immer der Fall ist, wenn keine Vorderflügel vorhanden sind (Abb. 18) . . . . **Ohrwürmer,** *Dermaptera* (Tabelle 6)
- Hinterleibsende mit kurzen, mehrgliedrigen oder langen, aber eingliedrigen und dünnen Cerci 16
16. Hinterbeine bedeutend größer als die Vorder- und Mittelbeine, mit stark verdickten Schenkeln als Sprungbeine ausgebildet (Abb. 19 und 20). Körper walzenförmig oder etwas seitlich zusammengedrückt . . . **Grillen** und **Heuschrecken,** *Saltatoria* (Tabelle 7)

– Hinterbeine wie die Vorder- und Mittelbeine als Laufbeine ausgebildet, ihre Schenkel nicht verdickt, Körper von oben nach unten abgeplattet (Abb. 21–26) . . . .
. . . . **Schaben**, *Blattariae* (Tabelle 8)
17. Auf Zimmerpflanzen festsitzende, kleine flache oder gewölbte, runde, ovale oder muschel- bis kommaförmige Insekten, deren Insektenmerkmale erst bei eingehender mikroskopischer Untersuchung feststellbar sind. Ihre Oberfläche ist glatt oder wachsbepudert und läßt oft keine Körpergliederung erkennen. Auf der Bauchseite die stechendsaugenden Mundgliedmaßen, deren Stechborsten oft sehr lang (viel länger als der Körper) und tief im pflanzlichen Gewebe versenkt sind . . **Schildläuse** und Entwicklungsstadien von **Mottenschildläusen**, *Coccina* und *Aleyrodina* (Tabelle 14 und 15)
– Nicht auf Zimmerpflanzen festsitzende Insekten 18
18. Insekten ohne Brust- und Hinterleibsbeine 19
– Insekten wenigstens mit 3 Paar Brustbeinen 24
19. Kopfkapsel nicht entwickelt. Vorderende zugespitzt mit Mundhaken, Atmungsöffnungen (Stigmen) in der Regel am Hinterende (Abb. 175) . . . . **Fliegenlarven** (Tabelle 65: 14)
– Kopfkapsel vollständig oder unvollständig spangenförmig ausgebildet (Abb. 173) . . 20
20. Im Wasser lebend (Abb. 170) . . . . **Stechmückenlarven** (Tabelle 65: 3)
– Nicht im Wasser lebend 21
21. Larven mit Ameisen zusammen im Ameisennest . . . . **Ameisenlarven**
– Larven anders lebend 22
22. Larven im Innern von Samen (Getreidekörnern, Bohnen) oder Holz, gedrungen oder langgestreckt (Abb. 111, 112 A) . . . . **Käfer**, *Coleoptera* (Tabelle 48: 2)
– Larven freilebend 23
23. Larven mit sehr kräftigen, langen Borsten auf jedem Segment, besonders am Hinterrand. Körpergestalt langgestreckt, rund, hinten und vorn etwa gleich dick, hinter der Mitte am breitesten, weiß, 3–5 mm lang. Sie leben in Fußbodenritzen, Hundehütten, Hühner- und Taubenställen und in Vogelnestern. Bei der geringsten Berührung rollen sie sich zusammen und verharren so lange Zeit (Abb. 181) . . . . **Flohlarven** (Tabelle 67)
– Larven nur mit sehr kurzen oder sehr dünnen Borsten, nicht so borstig erscheinend, sondern eher nackt . . . . **Mückenlarven** (Tabelle 65: 7)
24. Körper elliptisch, etwa 3–5 mm lang, mit mehligem Wachsüberzug, seitlich mit kurzen oder (besonders am Hinterende) langen Wachsfortsätzen. Fühler 5–9gliedrig, Mundwerkzeuge ein Stechrüssel mit langen Stechborsten (Abb. 49 O–Q). Eiablage in einer lockeren Wachsabscheidung. Auf Zimmerpflanzen . . . .
. . . . **Schild-** und **Schmierläuse**, *Coccina* (Tabelle 14 und 15)
– Körper ohne Wachsausscheidungen 25
25. Körper langgestreckt, in viele, fast gleichgestaltete Ringe gegliedert, mit nur kurzen, wenig auffallenden Fühlern und Beinen 26
– Körper gedrungener, deutlich in verschieden gestalteten Brust- und Hinterleibsringe gegliedert, mit deutlich sichtbaren, oft langen Fühlern und Beinen 29
26. Mit 3 Paar gegliederten Brustbeinen und 5 (oder 2) Paar zapfenförmigen, ungegliederten Hinterleibsbeinen, deren Sohlenplatten mit hakenförmigen Borsten versehen sind (Abb. 142, 144) . . . . Raupen von **Schmetterlingen**, *Lepidoptera* (Tabelle 60)
– Mit 3 Paar meistens deutlich gegliederten Brustbeinen, aber ohne Hinterleibsbeinen, höchstens mit einem Paar Nachschiebern am Hinterleibsende 27
27. Brustbeine deutlich sichtbar, gegliedert . . Larven von **Käfern**, *Coleoptera* (Tabelle 48)
– Brustbeine sehr klein, schwach geringelt, mit einem hornigen Spitzchen. Im Holz bohrende Larven (Tabelle 47) 28

28. Körper walzenförmig, mit einem unpaaren, kräftigen, schwarzbraunen Dorn am Hinterende (Abb. in Tabelle 47, S. 176) . . . . Larven von **Holzwespen**, *Siricidae*
 – Körper keulenförmig, erstes Brustsegment am breitesten (Abb. 127) . . . .
 . . . . Larven von **Bockkäfern**, *Cerambycidae* (Tabelle 58)
29. Körper seitlich zusammengedrückt, mit zu Sprungbeinen vergrößerten Hinterbeinen; Fühler keulenförmig und in eine Tasche am Kopf einschlagbar (Abb. 178) . . . .
 . . . . **Flöhe**, *Siphonaptera* (Tabelle 66)
 – Körper nicht seitlich zusammengedrückt, sondern drehrund oder von oben nach unten abgeplattet 30
30. Abgeplattete, 1–4 mm große Insekten, die nur an den Federn und Haaren von Vögeln und Säugetieren oder an den Kleidern und Haaren von Menschen zu finden sind . . 31
 – Insekten, die anders leben 32
31. Brustabschnitt und Hinterleib durch einen deutlichen Einschnitt voneinander getrennt. Nur auf Reh, Schaf und Ziege oder Fledermäusen . . **Lausfliegen**, *Pupipara* (Tabelle 64)
 – Brustabschnitt und Hinterleib nicht durch einen tiefen Einschnitt voneinander getrennt. Auf dem Gefieder oder Fell von Haustieren oder an Haaren und Kleider vom Menschen . . . . **Federlinge, Haarlinge, Läuse**, *Phthiraptera* (Tabellen 11 bis 13)
32. Von oben nach unten abgeplattete Insekten 33
 – Walzen- bis kugelförmige Insekten 35
33. Mundwerkzeuge stechend-saugend, Körper im Umriß oval (Abb. 10, 48 B) . . . .
 . . . . Larven von **Wanzen**, *Heteroptera* (Tabelle 16)
 – Mundwerkzeuge kauend 34
34. Körper langgestreckt, nach hinten zugespitzt, mit 3 langen Schwanzfäden (Abb. 17) . . . .
 . . . . **Wohnungsfischchen**, *Lepismatidae* (Tabelle 5)
 – Körper nach hinten nicht zugespitzt, ohne lange Schwanzfäden, nur mit 2 kurzen Cerci (Abb. 27) . . . . **Schaben**, *Blattariae* (Tabelle 8)
35. Selten über 2 mm große, meist weiße oder violette Insekten mit sehr kurzen bis fast körperlangen 4–6gliedrigen Fühlern und nur mit 6 Hinterleibssegmenten, an deren 1. auf der Bauchseite der Ventraltubus und am 4. die Sprunggabel sitzen (Abb. 15), die allerdings einigen Arten fehlen kann. An faulenden Kartoffeln in Kellern, auf Blumentöpfen und in der Erde von Blumentöpfen . . . . . . **Springschwänze**, *Collembola* (Tabelle 4)
 – Insekten ohne Sprunggabel und mit mehr als 6 Fühlergliedern 36
36. Hinterleib auf dem Rücken mit 2 röhrenförmigen Aufsätzen (Abb. 48 C–I). Nur auf (Zimmer)pflanzen . . . . **Röhrenläuse**, *Aphididae* (Tabelle 15)
 – Hinterleib ohne solche Aufsätze 37
37. Hinterleib mit langen Cerci 38
 – Hinterleib mit sehr kurzen Cerci oder ohne Cerci 39
38. Hinterbeine mit stark verdickten Schenkeln . . . .
 . . . . Larven von **Grillen (Heimchen**, *Acheta domesticus*) (Tabelle 7)
 – Hinterbeine wie Vorder- und Mittelbeine ausgebildet, ohne verdickte Schenkel; Cerci eingliedrig, pinzetten- oder zangenförmig (Abb. 18 B unten) . . . .
 . . . . **Ohrwürmer**, *Dermaptera* (Tabelle 6)
39. Hinterleib mit sehr kurzen Cerci, weiße Tiere, höchstens mit gelblichem oder braunem Kopf, in der Erde oder im Holz, bleiben freiwillig nicht am Tageslicht. Nur in den Mittelmeerländern und Südfrankreich heimisch, bei uns gelegentlich eingeschleppt . . . .
 . . . . **Termiten**, *Isoptera* (Tabelle 9)
 – Hinterleib ohne Cerci 40
40. Hinterleib durch ein dünnes Stielchen, das aus 2 Knoten bestehen oder eine quergestellte

Schuppe enthalten kann (Abb. 59, 60), mit dem (die 3 Paar gegliederten Beine tragenden) Brustabschnitt verbunden . . . . *Hymenoptera*: parasitische Arten, **Ameisenwespchen, Ameisen**, *Terebrantes, Bethylidae, Formicoidea* (Tabellen 19, 21, 22)
– Hinterleib sitzt breit an dem Brustabschnitt an 41
41. Körperlänge nicht größer als 2 mm
. . . . **Staubläuse**, *Psocoptera* (Tabelle 10)
– Körperlänge 4–5,5 mm, Körper sackförmig, graubraun, behaart . . . .
. . . . . . Weibchen von *Thylodrias contractus* (siehe unter *Dermestidae*, Tabelle 29: *1*)

4. Springschwänze, Collembola

Die gewöhnlich 1–2 (selten bis 10) mm großen Springschwänze sind langgestreckt (Arthropleona) (Abb. 15) oder kugelig (Symphypleona) (Abb. 16 untere Reihe). Bei ersteren ist der Kopf (mit Ausnahme der nur auf dem Wasser lebenden *Podura*) waagerecht nach vorn (prostom), bei letzteren senkrecht nach unten (hypostom) gerichtet. Die Mundwerkzeuge sind

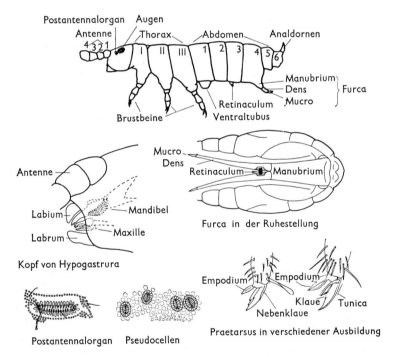

Abb. 15: Organisationsschema eines Springschwanzes. Oben Kurzspringer, *Hypogastrura* (nach GISIN). Die Analdornen sind eine Besonderheit von nur wenigen Gattungen. Darunter links Kopfkapsel von *Hypogastrura* mit den entognathen Mundwerkzeugen, auf der Mandibel die Reibeplatte, rechts davon Bauchseite eines Springschwanzes mit angelegter Sprunggabel. In der unteren Reihe: Postantennalorgan und Pseudocellen von *Onychiurus*, Fußspitze (Praetarsus) von *Entomobrya* (nach WEBER) und *Sinella* (nach HANDSCHIN).

innen in der Kopfkapsel eingelenkt (entognath), nicht außen, wie dies bei fast allen anderen Insekten der Fall ist. Die Fühler sind 4- bis 6gliedrig. Auf ihren Gliedern sitzen die Geruchssinnesorgane, die oft – besonders auf dem 3., seltener auf dem 2. und 3. Glied – einen komplizierten Bau aufweisen. Man spricht dann von Antennalorganen. Sie bestehen aus Geruchshaaren, Sinnesstäbchen und Sinneskolben. Die Augen werden von einzelnen Ommatidien (Punktaugen) (maximal 8 auf jeder Seite) zusammengesetzt, die auf einem gemeinsamen oder geteilten Pigmentfleck sitzen. Hinter der Fühlerwurzel liegt das Postantennalorgan. Es besteht äußerlich aus blasenartigen Chitinwülsten, die durch zusätzliche Anlagerungen von Höckern oder Warzen rosetten- oder bandartige Gebilde darstellen (Abb. 15). Die drei Thoraxsegmente (Brustringe) haben je ein Paar Laufbeine. Die Zahl der Abdominalsegmente (Hinterleibsringe) ist 6, die auch erst während der Postembryonalentwicklung voll erreicht wird. Bei den Symphypleona sind sie teilweise miteinander und mit den Thoraxsegmenten verwachsen. Die Abdominalextremitäten bilden am 1. Abdominalring den Ventraltubus mit paarigen ausstülpbaren Bläschen oder Schläuchen, die bei den Symphypleona sehr lang sein können. Am 4. Abdominalsegment bilden sie die Sprunggabel (Furca), die aus einem unpaaren Basalteil (Manubrium) und paarigen Sprunggabelzinken (Dentes) besteht, die jeweils eine bewegliche Spitze (Mucro) besitzen. In der Ruhe und beim Laufen wird die Sprunggabel nach vorn gelegt und vom Sprunggabelhalter (Tenaculum oder Retinaculum), den Extremitäten des 3. Abdominalsegments, festgehalten. Beim Absprung wird durch die stark entwickelte Sprunggabelmuskulatur und nach Lösen des Sprunggabelhalters die Sprunggabel wie eine Feder nach unten und nach hinten geschlagen, wodurch das Tier mehrere cm hoch vom Boden abgeschnellt wird. Noch beim Sprung wird die Sprunggabel wieder angelegt. Das Landen des Tieres erfolgt auf der ausgestülpten Blase des Ventraltubus oder bei *Hypogastrura*, die nur eine kurze Sprunggabel hat, auf einer zwischen dem 3. und 4. Fühlerglied ausgestülpten Blase. Das Springen wird nur auf der Flucht ausgeübt. Laufen ist die normale Fortbewegung.

Die Springschwänze können, da sie fast überall verbreitet sind, in vielen Arten in die Häuser, besonders in die Keller mit Gemüse, Kartoffeln, Brennholz usw. eingeschleppt werden. Öfter kommen sie auch mit Milben vergesellschaftet in noch feuchten Neubauten vor. Flachdächer mit einem Kiesbelag, zwischen dem sich Blütenstaub ablagert und Algen ansiedeln, können zu Brutstätten für ein Massenauftreten von Springschwänzen werden, die nach Austrocknung auf der Suche nach besseren Lebensbedingungen in die darunterliegenden Räume eindringen. Auch aus den Gärten können sie bei Massenvermehrung in die Häuser eindringen, besonders aber die Außenwände der Häuser besetzen. Auf Blumentöpfen können sie ebenfalls leben. Ihre wohnungshygienische Bedeutung ist nicht groß. Bei genügender Trockenheit in den Räumen verschwinden sie bald wieder. Unangenehmer ist ihr Vorkommen in Kaltluftsystemen, wodurch sie auf zum Kauf ausgestellte Waren, z. B. Fleisch und Wurst, geblasen werden. Die vorliegende Tabelle umfaßt nur die aus Wohnungen bisher bekannt gewordenen Arten. Es ist möglich, daß ihre Zahl noch erheblich vermehrt wird, wenn sie besser beachtet werden.

Da die Springschwänze nur nach sehr schwer sichtbaren Merkmalen bestimmt werden können, kann die folgende Tabelle nur zur groben Orientierung dienen. Die genaue Bestimmung erfolgt am besten nach GISIN, H.: Collembolenfauna Europas. Museum d'Histoire Naturelle, Genève 1960.

Zur Bestimmung müssen von den Springschwänzen mikroskopische Präparate angefertigt werden. Dazu werden sie in Tuben mit 70%igem Alkohol abgetötet. Da sie in ihm kaum untersinken, muß auf seiner Oberfläche ein Tropfen Chloroform schwimmen. Hierin können sie bis zur Untersuchung aufbewahrt werden. Nachdem man von den Tieren in Alkohol ein Gesamtbild gewonnen hat, werden sie (und zwar ausgewachsene Exemplare) in warmer 75%iger Milchsäure oder 10%iger Kalilauge aufgehellt und in einem Tropfen Milchsäure oder Wasser unter dem Mikroskop untersucht. Zur Herstellung von Dauerpräparaten empfiehlt sich die Verwendung des BERLESE-Einschlußmittels (s. S. 5). Die aufgehellten Objekte werden in destilliertem Wasser gut ausgespült, direkt in einem Tropfen des Einschlußmittels auf den Objektträger gebracht und dann mit einem Deckglas zugedeckt. Die Objekte dürfen nicht direkt aus Alkohol in das Einschlußmittel gebracht werden, da es durch ihn getrübt wird. Die Untersuchung erfolgt am besten bei künstlichem

Licht. Besonders schwer sind die Ommatidien zu erkennen. Hier empfiehlt es sich, die Einwirkung der Kalilauge direkt unter dem Mikroskop zu verfolgen.

1. Körper gestreckt, deutlich gegliedert, mit freien Brust- und Hinterleibssegmenten (Abb. 16, die ersten 11 Tiere) . . . . *Arthropleona* 2
– Körper kugelig, Gliederung von Brust und Hinterleib nur undeutlich oder vollständig fehlend; die beiden letzten Hinterleibsringe sind allein abgegliedert (Abb. 16, die letzten 3 Tiere). . . . . *Symphypleona* 18
2. Rückenschild des 1. Brustringes immer mit einigen Borsten versehen, nie vom 2. Brustring überdeckt. Fühler 4gliedrig und sehr kurz, Sprunggabel oft rückgebildet. Behaart, nie beschuppt. Meistens träge Tiere. . . . . *Poduromorpha* 3
– Rückenschild des 1. Brustringes ohne Borsten, meistens vom 2. Brustring kapuzenartig

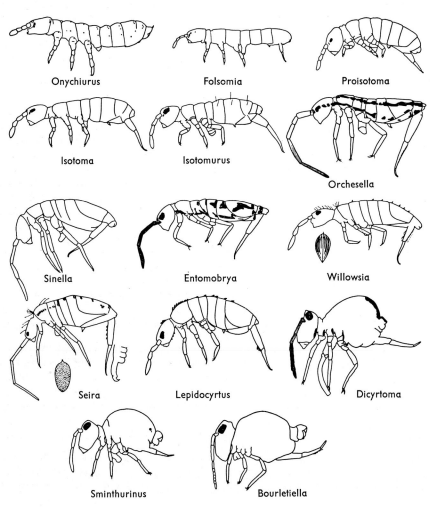

Abb. 16: Die in Häusern vorkommenden Springschwanzgattungen (nach GISIN).

überdeckt (Abb. 16, 2. und 3. Reihe). Fühler lang, 4- bis 6gliedrig, wenn kurz, dann die einzelnen Glieder deutlich länger als breit. Sprunggabel in der Regel gut entwickelt. Beschuppt oder behaart. Meistens lebhafte Tiere. . . . . *Entomobryomorpha* 4
3. Gelblichweiße Tiere, ohne Augen und Sprunggabel. An der Spitze des 3. Fühlergliedes ein Antennalorgan, das aus 2–3 großen Sinneskolben besteht, die meistens hinter hohen Hautpapillen geschützt werden. Auf den verschiedenen Körpersegmenten sind regelmäßig verteilte Hautporen (Pseudocellen) (Abb. 15) vorhanden. Körperlänge 1–5 mm (Abb. 16, 1. Tier) . . . . **Blindspringer,** *Onychiuridae*

Onychiurus armatus (TULLBERG, 1869) 0,9–2,5 mm, auf Blumentöpfen, in faulenden Kartoffeln.

– Meistens gut pigmentierte Tiere, mit gut entwickelten Augen und oft kräftiger bis borstiger Behaarung. Antennalorgan nicht auffallend, Hautporen fehlen. Mandibeln mit bezahnter Reibeplatte, die im durchsichtigen Präparat gut zu sehen ist (Abb. 15). Sprunggabel kurz, reicht nicht über den Ventraltubus hinaus. Körperlänge 1–2 mm . . . . **Kurzspringer,** *Hypogastruridae*

Hypogastrura (Hypogastrura) purpurescens (LUBBOCK, 1867) ist häufig in Kellern, *H. (H.) manubrialis* (TULLBERG, 1869) oder *H. (H.) ripperi* GISIN, 1952 und *H. (Ceratophysella) armata* (NICOLET, 1841) schädlich an Champignonkulturen.

4. Der 3. und 4. Hinterleibsring sind in der Länge ziemlich gleich, gewöhnlich ist der 4. etwas größer. Er kann aber auch mit den folgenden 2. Hinterleibsringen verschmolzen sein. Körper nur behaart, gelegentlich sind die Haare schwach bewimpert, aber dann niemals keulenförmig. Fühler 4gliedrig, etwa so lang wie der Kopf. Sprunggabel oft verkürzt . . . . **Gleichringler,** *Isotomidae* 5
– Der 4. Hinterleibsring ist deutlich, oft um ein Vielfaches länger als der 3. Fühler 4- bis 6gliedrig und wenigstens so lang wie der Körper. Körper beschuppt oder wenigstens mit dicht bewimperten Keulenborsten versehen, die meistens auf dem Rücken der Mittelbrust eine Mähne bilden und am Hinterleibsende stärker ausgebildet sind. Sprunggabel immer gut entwickelt. Bis 6 mm große Tiere . . . . **Laufspringer,** *Entomobryidae* 8
5. Hinterleibsringe 4–6 sind miteinander verwachsen. Langgestreckte dünne Formen, blind oder höchstens jederseits mit 3 Punktaugen. Sprunggabel kurz, nicht den Ventraltubus erreichend (Abb. 16, 2. Tier) . . . . *Folsomia*

F. fimetaria (LINNÉ, 1758), weiß, pigmentlos, 0,8–1,4 mm, auf Blumentöpfen.

– Hinterleibsringe 4–6 nicht miteinander verwachsen 6
6. Der 4. Hinterleibsring ist etwas länger als der 3. Jederseits 5–8 Punktaugen (Abb. 16, 3. Tier) . . . . *Proisotoma*

in Mistbeeten und stickstoffreichen pflanzlichen Abfallstoffen, z. B. *P. minuta* (TULLBERG, 1871, bis 1 mm) im Keimkasten einer Samenkontrollstation.

– Der 4. Hinterleibsring fast gleich lang wie der 3. 7
7. Hinterleib ohne lange, senkrecht abstehende Haare (Bothriotrichen) (Abb. 16, 4. Tier) . . . . *Isotoma*

I. notabilis (SCHÄFER, 1896), graublau, 1 mm, auf Blumentöpfen.

– Hinterleib wenigstens auf dem 4. Segment mit 1–2 Paar feinen, langen, abstehenden Haaren (Abb. 16, 5. Tier) . . . . *Isotomurus*

I. palustris MÜLLER, 1776, 1,5–3 mm, gelblich oder grünlich mit schwarzvioletten, in ihrer Zahl und Ausdehnung sehr variablen Längsbinden. Auf Blumentöpfen und in feuchten Kellern.

8. Fühler 6gliedrig, länger als der halbe Körper, ohne Schuppen, 4. Hinterleibsring doppelt so lang wie der 3., Kopf ganz oder teilweise und das 1. und 3. Fühlerglied dunkel, das 2. Fühlerglied immer hell. Zeichnung sehr variabel. Länge bis 6 mm (Abb. 16, 6. Tier) . . . . *Orchesella cincta* (LINNAEUS, 1758)

auf Wiesen und an Baumstämmen, einmal angeblich als Parasit auf einem Kind aufgetreten.

- Fühler 4gliedrig. Körper mit Keulenhaaren oder Schuppen 9
9. Körper ohne Schuppen, nur mit Keulenhaaren 10
- Körper mit Schuppen 13
10. Ohne Augen. Weiß, bisweilen mit zerstreutem rotbraunen Pigment. Paarige Innenzähne an den Klauen flügelartig vorragend. Empodium mit großen Außenzahn (Abb. 15 unten Praetarsus rechts). Körperlänge 1,5 mm (Abb. 16, 7. Tier) . *Sinella coeca* (SCHÖTT, 1896)
   oft auf Blumentöpfen, in Treibhäusern.
- Mit jederseits 8 Punktaugen. Innenzähne an den Klauen nicht besonders stark entwickelt (Abb. 15 unten Praetarsus links) 11
11. Einfarbig, heller oder dunkler violett, seltener bräunlich, weil das Pigment fast gleichmäßig über den ganzen Körper verteilt ist; nur am Hinterrand der Rückenplatten der vorderen Segmente ist es zu schmalen dunkleren Bändern verdichtet. Bei der selteneren *f. pallida* KRAUSBAUER, 1902 fehlt das Pigment bis auf die dunkleren Segmenthinterränder. Körperlänge etwa 2 mm . . . . *Entomobrya marginata* (TULLBERG, 1896)
   in Gebäuden mit Schimmelbildungen an den Wänden und Fußbodenfüllungen oder an den eingelagerten Vorräten, z. B. Gemüse; schädliches Massenauftreten in einem Getreidespeicher wurde beobachtet.
- Mehrfarbig, weil dunkles Pigment in Längs- und/oder Querbinden auf hellerer Grundfarbe angeordnet ist 12
12. Färbung hell strohgelb bis (seltener) grüngelb oder hellgrün mit dunklen violetten bis blauen, in ihrer Ausbildung stark variierenden Längs- und Querbinden. Bei den kräftig gezeichneten Tieren der Nominatform zieht ein dunkles Längsband vom Stirnauge jederseits über die Augenflecken und Schläfen als mehr oder weniger unterbrochene Seitenbinde auf allen Körpersegmenten nach hinten. Dazu kommen auf dem Rücken aller Segmente eine in der Mitte unterbrochene Querbinde am Hinterrand, die auf den Brustringen 2 und 3 und auf den Hinterleibsringen 2 und 3 an den Seiten (und vor der Unterbrechung in der Mitte) zu breiten Flecken nach vorn ausgezogen sein kann. Auf dem 4. Hinterleibsring setzt sie sich an den Seiten in einer Längsbinde bis zu seinem Vorderrand fort und bildet so eine hinten geschlossene u-förmige Zeichnung, wozu bei der besonders gut pigmentierten *f. dorsalis* ÅGREN, 1904 noch eine schwache Querbinde im vorderen Drittel kommt. Bei wenig pigmentierten Tieren können die Zeichnungen bis auf dunkle Flecken auf dem 4. und 5. Hinterleibsring (f. *maculata* SCHAEFFER, 1896) oder das schwarze Stirnband (f. *immaculata* SCHAEFFER, 1896) ganz fehlen. (Abb. 16, 8. Tier). Körperlänge bis 2 mm . . . . *Entomobrya nivalis* (LINNAEUS, 1758)
   Wohl die häufigste Entomobryide im Freiland unter Rinde, Moos und Flechten; in Gebäuden mit Schimmelbildung, z. B. nicht genügend ausgetrockneten Neubauten.
- Färbung größtenteils schwarz. Rücken des 2. Brustrings weiß mit schwarzem Vorderrand und 2 schwarzen Punkten vor dem Hinterrand. Kopf, 4. Hinterleibsring im vorderen Drittel seines Rückens, 5. und 6. Hinterleibsring vollständig orangebraun. . . . . *Entomobrya albocincta* (TEMPLETON, 1833)
   in Nestern verwilderter Haustauben, sonst im Freien unter Rinde abgestorbener Bäume, Flechten und Steinen.
13. Schuppen zugespitzt, mit langen, groben Rippen (Abb. 16, 9. Tier). Sprunggabel unbeschuppt 14
- Schuppen abgerundet, mit feiner Streifung (Abb. 16, 10. Tier), Manubrium (unpaare Basis der Sprunggabel) auf der Unterseite beschuppt 15
14. Violettes Pigment über den ganzen Körper verteilt, am Hinterrand der Rückenplatten etwas stärker konzentriert. Körperlänge 1,5 mm (Abb. 16, 9. Tier) . . . . *Willowsia buski* (LUBBOCK, 1869)
   in Wohnungen, auf und unter Blumentöpfen.

– Weiß bis graue, im Leben silbergraue Tiere mit schwarzer Einfassung der Rückenplatten. Körperlänge 2 mm . . . . *Willowsia nigromaculata* (LUBBOCK, 1873) besonders im Norden Europas in Häusern, sonst an Stämmen lichtstehender Bäume.
15. Sprunggabel mit einfacher, sichelförmiger Spitze. Im Leben fast ganz silbrig glänzend, mit einigen größeren graubraunen Schuppen am Hinterrand der Rückenplatten (Abb. 16, 10. Tier). Körperlänge 3 mm . . . **Hausspringschwanz**, *Seira domestica* (NICOLET, 1841) oft in Häusern und Museen.
– Sprunggabel mit einer gegabelten Spitze 16
16. Tiefblau mit weißen Beinen, Sprunggabel und 1. Fühlerglied, oder körnig blauviolett. 2. Brustring nicht übermäßig nach vorn verlängert und den Kopf kapuzenartig überdeckend. Körperlänge 1,5 mm . . . . *Lepidocyrtus cyaneus* TULLBERG, 1871 in Kellern, Champignonschädling.
– Körper gelblichweiß bis braunrot, mit oder ohne violettes Pigment an Hüften und Kopf 17
17. 2. Brustring vorn hoch, sein beschuppter Rücken vorn senkrecht abfallend, dieses ist besonders bei großen Exemplaren sehr stark entwickelt. Körperlänge 2,5 mm . . . . *Lepidocyrtus curvicollis* BOURLET, 1839 unter Blumentöpfen, in Kellern.
– Brustring vorn normal; der beschuppte Rücken ist gleichmäßig gewölbt (Abb. 16, 11. Tier) Körperlänge 1,5 mm . . . . *Lepidocyrtus lanuginosus* (GMELIN, 1788) unter Blumentöpfen.
18. Fühler viel kürzer als der Kopf, ohne Augen. Körperlänge unter 0,5 mm, weiß, selten sehr schwach bräunlich oder gelblich . . . . **Zwergspringer**, *Neelidae* Häufigste Art *Neelus (Megalothorax) minimus* (WILLEM, 1900), etwa 0,3 mm, an sehr feuchten Stellen unter Moos und Steinen, in Wohnungen unter Blumentöpfen.
– Fühler wenigstens so lang wie der Kopf oder länger, meistens 8 Punktaugen auf jeder Seite, wovon allerdings 2 oft viel kleiner als die anderen sind; nur *Arrhopalites* hat jederseits 1 unpigmentiertes Punktauge 19
19. 4. Fühlerglied länger als das 3. (Abb. 16, 13. und 14. Tier)
 . . . . **Kugelspringer**, *Smithurinae* 20
– 4. Fühlerglied kürzer als das 3. (Abb. 16, 12. Tier) . . . .
 . . . . **Spinnenspringer**, *Dicyrtomidae* *Dicyrtoma fusca* (LUCAS, 1842), braunviolett mit hellem Kopf und oft hellem Rücken. Körperlänge 1,5–2 mm; auf Blumentöpfen.
20. 4. Fühlerglied sekundär gegliedert (geringelt) 21
– 4. Fühlerglied nicht geringelt (Abb. 16, 13. Tier) . . . . *Sminthurinus* *S. niger* (LUBBOCK, 1867), blauschwarz mit ganz dunklem Kopf, Beine und Sprunggabel etwas heller, Körperlänge 1 mm. Unter Blumentöpfen.
21. Ohne jedes Augenpigment, obwohl jederseits ein Punktauge vorhanden ist. Weiße Tiere, manchmal mit roten Pigmentpunkten. Körperlänge 0,8 mm . . . . *Arrhopalites caecus* (TULLBERG, 1871) unter Blumentöpfen, in Kartoffellagern.
– Mit jederseits 8 Augen. Tibiotarsus mit 2–3 der Klaue anliegenden, dicken, meist geknöpften Tasthaaren (Abb. 16, letztes Tier) . . . . *Bourletiella* *B. signata* (NICOLET, 1841), fast vollständig schwarzviolett, jedenfalls auch so die Mundpartie des Kopfes, Stirn und Scheitel sind aber gelblich, die Seiten des Hinterleibs zeigen kleine helle Flecken. Körperlänge 0,9–1,3 mm. Sehr schädlich an Gartenpflanzen, kann bei Massenauftreten von den Gärten in die Häuser eindringen.

5. Wohnungsfischchen, Zygentoma

Die Fischchen sind flache, meistens im Verborgenen lebende, grau gefärbte und in der Regel dicht beschuppte Tiere, die mit etwa 250 Arten über die ganze Welt verbreitet sind. Sie leben meistens in der Erde, unter Steinen und in Ameisen- und Termitennestern. Die meisten Arten sind wärmeliebend. Bei uns kommt im Freien nur eine Art in Ameisennestern vor. In Wohnungen ist das Silberfischchen, *Lepisma saccharina*, weit verbreitet. Zwei weitere Arten sind eingeschleppt in Bäckereien oder Mühlen angetroffen worden. In anderen Erdteilen kommen noch weitere Arten in Häusern vor. Die Wohnungsfischchen haben kleine seitlich am Kopf stehende Facettenaugen. Sie sind immer flügellos, doch sind die Rückenplatten ihrer 2. und 3. Brustsegmente nach hinten auf beiden Seiten lappenförmig zu Paranota vorgezogen. Die letzten beiden Hinterleibssegmente tragen auf der Bauchseite je 2 Styli. Cerci und ein langer Schwanzfaden (Terminalfilum) sind vorhanden. Die Tiere können nicht springen, aber äußerst flink laufen.

1. Alle Borsten einfach. Fühler, Cerci und mittlerer Schwanzfaden viel kürzer als der Körper, die seitlichen Schwanzanhänge schräg nach hinten gerichtet (Abb. 17). Einfarbig silbrig glänzend, mit je 4 kleinen, oft undeutlichen einfachen Borsten auf den Hinterleibsringen 2–8. Färbung sehr variabel von weiß bis schwarzbraun; erwachsene Tiere bis 11,5 mm lang . . . . **Silberfischchen**, *Lepisma saccharina* LINNAEUS, 1758

   überall gemein in Häusern, Magazinen u. dgl., wo es in Mehl, Zucker- und Samenvorräten seine Nahrung sucht, aber auch an geleimtem Papier, Stärke der Gardinen, Kunstseide durch Fraß schädlich werden kann.

– Größere Borsten auf Stirn, Brust und Hinterleib gefiedert. Fühler, Cerci und mittlerer Schwanzfaden so lang oder länger als der Körper 2

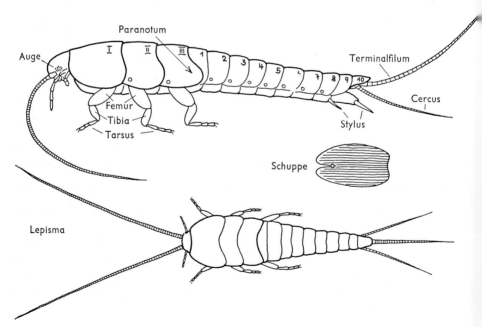

Abb. 17: *Lepsima saccharina*, Silberfischchen, oben von der Seite, darunter von oben.

2. Rücken der Brust und Hinterleibsringe mit Ausnahme des 1. und 9. mit je 2 kräftigen Borstenkämmen. Fühler bis zweimal, Cerci und mittlerer Schwanzfaden so lang oder etwas länger als der Körper. Gefleckt oder gebändert, Hinterleibsanhänge hell und dunkel geringelt, die seitlichen Schwanzanhänge stehen fast senkrecht vom Körper ab. Erwachsene Tiere bis 13 mm lang . . . . **Ofenfischchen,** *Lepismodes inquilinus* NEWMAN, 1863
. . . . [= *Thermobia domestica* (PACKARD, 1873)]

liebt besonders warme Räume, die zeitweise befeuchtet werden, z. B. in Gärkammern von Bäckereien oder in deren Nähe, lebt von Mehl, Brot und anderen vegetabilischen Stoffen. Bei uns eingeschleppt, Fortpflanzung aber wohl nur in Bäckereien und ähnlichen Betrieben möglich (festgestellt z. B. in Hamburg, Celle, Buxtehude), in wärmeren Ländern weit verbreitet und mit ähnlicher Lebensweise wie *Lepisma*.

– Rücken der Hinterleibsringe 2–6 mit je 4 und 7–8 mit je 2 Borstenkämmen. Fühler, Cerci und mittlerer Schwanzfaden wenigstens von Körperlänge. Gelblichweiß bis braun, lebend mit deutlichem Messingglanz. Spitzen der Tibien und Tarsen dunkel geringelt. Schuppen braun. Auf jedem Segment 6 schwarze und 5 weiße Flecken in Querreihen auf den Hinterrändern der Hinterleibsringe. Länge 10–12 mm . . . .
. . . . *Ctenolepisma lineatum* (FABRICIUS, 1775)

in den wärmeren Gegenden Mitteleuropas gelegentlich eingeschleppt, in Häusern (z. B. in Heidelberg, Mainz, Rüdesheim, Speyer) und in einer Mühle bei Frankfurt am Main.

6. Ohrwürmer, Dermaptera

Sie sind lichtscheue Tiere, die am Tag dunkle Verstecke aufsuchen und dadurch auch in Behälter mit Vorräten gelangen, womit sie weiter verschleppt werden können. In der folgenden Tabelle sind außer 2 bei uns gelegentlich in Häusern vorkommenden Arten nur einige berücksichtigt, die häufiger eingeschleppt werden. Eine wirtschaftliche Bedeutung kommt ihnen allerdings nicht zu. Über nach Mitteleuropa eingeschleppte Ohrwürmer siehe H. WEIDNER: Anz. Schädlingsk., Pflanzen-, Umweltschutz 47: 145–148 (1974). Die ungeflügelten und durch dünne, nur etwas gebogene Cerci ausgezeichneten Larven (Abb. 18 B, L) können nach der folgenden Tabelle nicht bestimmt werden.

1. Die erwachsenen Ohrwürmer besitzen stark verkürzte Flügeldecken. Die Hinterflügel fehlen oder ragen als dreieckige Lappen etwas unter den Flügeldecken vor (Abb. 18 A)   2
– Die erwachsenen Ohrwürmer besitzen weder Flügeldecken noch Hinterflügel . . . .
. . . . *Euborellia* BURR, 1910 und *Anisolabis* FIEBER, 1835 *(Carcinophoridae)*

Die sichere Artbestimmung ist nur durch Untersuchung der Genitalien möglich. Obwohl sie vollkommen flugunfähig sind, werden sie häufig verschleppt. So gehört hierher auch die wohl überhaupt am weitesten verbreitete Ohrwurmart *Euborellia annulipes* (LUCAS, 1847). Obwohl sie sich an das mitteleuropäische Klima nicht anpassen kann, ist ihr trotzdem ein Überleben an günstigen Standorten auch in Mitteleuropa möglich. So lebte sie jedenfalls um 1950 auf einem Müllplatz in Kiel und von 1930 bis 1986, also über 50 Jahre, ohne Beeinträchtigung ihrer Fortpflanzungsfähigkeit auf dem Schutt-Scherbelberg II bei Möckern, wohin alle Abfälle aus der Leipziger Markthalle gebracht wurden. Sie ist 3–10 mm lang und glänzend schwarz bis dunkelbraun. Ihre Fühler sind 16gliedrig, dunkelbraun mit weißlichem 12. und/oder 13. Glied. Die Schenkel sind dunkel geringelt. Die Schienenbasis ist dunkel. – *Euborellia peregrina* (MJÖBERG, 1904) scheint nach Beobachtungen von 1953 und 1958 regelmäßig mit Paranüssen aus Brasilien nach Hamburg verschleppt worden zu sein. – Auch die 14–16 mm große *Anisolabis maritima* (GÉNÉ, 1852) gehört zu den durch den Handel verschleppten Arten. Ihre Fühler sind 24gliedrig und einfarbig schmutziggelb. *Euborellia* wird von manchen Autoren als Synonym zu *Anisolabis* aufgefaßt.

2. Hinterflügel vorhanden. Sie sind fächerförmig zusammengelegt und ragen etwas über die Flügeldecken hervor. 3

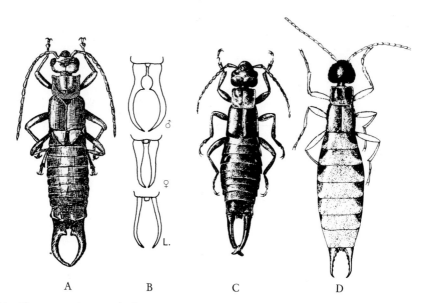

Abb. 18: Ohrwürmer: A, B *Forficula auricularia*, A Männchen mit kurzer Zange, B ♂ lange Zange, ♀ Zange, L larvale Zange, C Männchen, D Weibchen von *Marava arachidis*. (C nach BEI-BIENKO, D nach CHOPARD).

- Hinterflügel fehlen. Halsschild etwa so lang wie breit. Körperlänge 7 bis 11 mm (Abb. 18 C und D) . . . . **Erdnußohrwurm** *Marava (= Prolabia) arachidis* (YERSIN, 1860) *(Labiidae)*

  Die ovovivipare (larvipare) Art ist über die Tropen weit verbreitet und wird häufig nach Mitteleuropa mit Vorräten wie Erdnüssen, Kopra, Steinnüssen, Ölsamen, Orchideen verschleppt. Obwohl sie wahrscheinlich ziemlich sternotherm ist, hat sie sich im Fliegenzuchtkeller des Berliner Aquariums seit 1940 bis zum kriegsbedingten Ausfall der Heizung gehalten. In Hamburg wurde sie im Affenhaus des Zoologischen Gartens und in einer Margarinefabrik gefunden.

3. Große Ohrwürmer von 10–14 mm Körperlänge. Beim Männchen ist der basale Abschnitt der Zange innen gezähnt. Die Länge der Zange ist variabel, von kreisförmig bis langoval (Abb. 18 A und B). Beim Weibchen ist die Zange gerade, nur an der Spitze leicht einwärts gebogen. Langgestreckte, rot- bis kastanienbraune Insekten, mit viereckigem Halsschild, stark verkürzten Vorderflügeln, die kaum doppelt so lang wie zusammen breit sind. Zangenlänge ♂ 4–9, ♀ 3,5–5 mm . . . . **Gemeiner Ohrwurm**, *Forficula auricularia* LINNAEUS, 1758 *(Forficulidae)*

   Im Freien und in Häusern in Verstecken aller Art, besonders in Blumentöpfen oder -kästen auf Balkonen; suchen auch in den Wohnungen dunkle Stellen als Verstecke auf und kommen dabei in Betten, Schüsseln, Tassen usw. Bei Massenauftreten ist das Eindringen in die Häuser besonders häufig. Die Ohrwürmer naschen an Marmelade, befressen Pflanzen (Dahlien) und vertilgen Blattläuse. Dem Menschen werden sie durch Hineinkriechen in die Ohren nicht gefährlich.

- Kleine Ohrwürmer von 5–5,5 mm Körperlänge. Halsschild länger als breit. . . . . *Labia minor* (LINNAEUS, 1758) *(Labiidae)*

  Einziger Ohrwurm in Mitteleuropa, der gern fliegt, schon in der Mittagssonne bis noch am Abend und kommt dann ans Licht, im Sommer z. B. bei offenem Fenster an die Stehlampe im Zimmer. Entwicklung in Dung- und Komposthaufen, wo er von kleinen Dunginsekten lebt.

7. Heuschrecken und Grillen, Saltatoria

1. Fühler so lang wie der Körper, Körper walzenförmig, Vorderflügel beim Männchen durch besondere Anordnung der Adern zu einem Zirporgan umgebildet (Abb. 19 A); Weibchen mit einer langen, geraden Legeröhre (Abb. 19 B). Die Vorderflügel erreichen in der Regel das Hinterleibsende, die zusammengelegten Hinterflügel überragen sie meistens, können aber auch reduziert sein und fast ganz fehlen. Gesamtfärbung strohgelb, auf dem Kopf mit dunklen Querbinden und auf dem Halsschild mit dunkler Zeichnung. Körperlänge 16–20 mm, Länge der Vorderflügel 9–13 mm und der Legeröhre 11–15 mm . . . . **Heimchen**, *Acheta domesticus* (LINNAEUS, 1758)

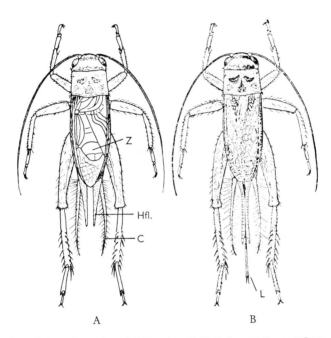

Abb. 19: Heimchen, *Acheta domesticus*, A Männchen, B Weibchen (C Cerci, *Hfl* Hinterflügelenden, L Legeröhre, Z Zirpapparat).

Abb. 20: Ägyptische Heuschrecke, *Anacridium aegyptium* (aus CHOPARD).

vorwiegend an warmen Plätzen, wie Küchen, Backstuben, Heizungskellern; frißt Abfall, auch Lebensmittel und u. U. Textilien. Massenauftreten auf Müllplätzen ist häufig; von dort dringen die Heimchen in die umliegenden Häuser ein. Sie können durch ihr nächtliches Zirpen besonders lästig werden.

- Fühler höchstens etwas länger als der Halsschild, etwas seitlich zusammengedrückt, Weibchen ohne Legeröhre . . . . **Feldheuschrecken,** *Acrididae*
   Von ihnen gelangt in den Wintermonaten vielfach mit Gemüse und Obst aus Südeuropa in Einzelexemplaren die große **Ägyptische Heuschrecke,** *Anacridium aegyptium* (LINNAEUS, 1764) (Abb. 20) in die Städte. Sie ist braun, Vorderflügel dunkel gesprenkelt, Hinterflügel an der Basis mit einer dunklen Binde. Körperlänge ♂ 30−45, ♀ 50−65 mm.

8. Schaben, Blattariae

Körper abgeplattet; Kopf fast vollständig von dem schildförmigen Vorderbrustrücken bedeckt; Fühler meistens länger als der Körper, vielgliedrig; Augen gut entwickelt; alle 3 Paar Beine Schreitbeine; Füße 5gliedrig. Die Schaben sind vorwiegend tropische Insekten. Durch den Handel wurden manche Arten über die ganze Erde verbreitet. Bei uns haben sich **Küchenschaben** und **Deutsche Schabe** in warmen Räumen der Häuser, besonders in Großküchen, Heizungskellern, Krankenhäusern, Restaurationen, Hotels, Bäckereien und Konditoreien eingebürgert. Als Überträger von Krankheitskeimen (Hospitalismus) haben sie besonders in Krankenhäusern große hygienische Bedeutung. Sie sind lichtscheue Tiere und fressen an Abfällen und Lebensmitteln aller Art. Die Eiablage erfolgt in Kokons, die besonders für die Verschleppung geeignet sind. An Bord der Schiffe lebt neben der **Deutschen Schabe** oft auch die **Amerikanische Schabe**, die sich bei uns in Lagerhäusern nur vorübergehend hält, aber in Tierhäusern und Gewächshäusern sich einbürgern kann. Die **Braunbandschabe** ist eine Hausschabe, die erst nach dem Krieg in deutschen Städten festgestellt wurde, aber zu einer echten Hausplage werden kann, wie ihr Auftreten in Amerika zeigt.

Literatur über die Schaben: M. BEIER: Schaben. Die Neue Brehm-Bücherei Heft 379, Ziemsen Verlag, Wittenberg, Lutherstadt 1967.

1. Unterseite von Mittel- und Hinterschenkeln stets an der Außen- und Innenkante durchlaufend und gleichartig bedornt (Abb. 21 A, Z) 2

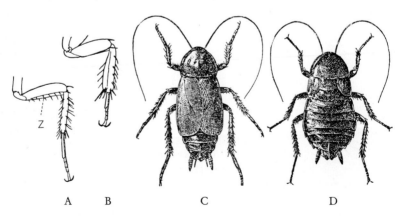

Abb. 21: A, C, D Orientalische Schabe, *Blatta orientalis*, A Bein, C Männchen, D Weibchen, B *Leucophaea maderae*, Bein (C und D nach LAING).

- Unterseite von Mittel- und Hinterschenkeln nicht bedornt (Abb. 21 B) oder höchstens mit 1–2 Dornen 10
2. Färbung einheitlich dunkel-kastanienbraun bis fast schwarz, ohne irgendeine hellere Zeichnung. Männchen mit Vorderflügeln, die die Hinterleibsspitze nicht mehr bedecken (Abb. 21 C), Weibchen mit kurzen Flügelstummeln (Abb. 21 D). Körperlänge 20 bis 30 mm . . . . . **Küchenschabe**, Orientalische Schabe, *Blatta orientalis* LINNAEUS, 1758

Der handtaschenähnliche Eikokon, der durchschnittlich 15 Eier enthält, wird aufrecht, mit der Zähnchennaht nach oben, vom Weibchen am Hinterleibsende bis zu 24 Stunden lang herumgetragen, bevor er abgelegt wird. Nach 44 Tagen schlüpfen bei 30°C die Larven aus, die nach 9–10 Häutungen in 126–165 Tagen erwachsen sind, wobei jeweils die Zahl der Fühler- und Cerciglieder zunimmt. Bei niedrigeren Temperaturen verlängert sich die Entwicklungszeit stark. Lebensdauer mehrere Monate. Eikokon Abb. 27 A.

- Färbung rotbraun bis hellgelb, wenn schwarzbraun, dann mit gelben Zeichnungen . . 3
3. Geflügelte Tiere 4
- Ungeflügelte Tiere . . . . **Schabenlarven** 7
4. Körperlänge über 2 cm. Rotbraun oder schwarzbraun mit gelben Binden. Die Flügel übertragen bei Männchen und Weibchen den Hinterleib 5
- Körperlänge unter 1,5 cm 6
5. Schwarzbraun. Vorderbrustrücken mit einer hellgelblichen Querbinde am Hinterrand. Vorderflügel mit einer gelblichen Längsbinde an der Schulter, also an der Basis des Vorderrandes (Abb. 26 B). Körperlänge 23–30 mm . . . . **Australische Schabe**, *Periplaneta australasiae* (FABRICIUS, 1775)

gelegentlich mit Verpackung von Früchten aus Übersee eingeschleppt, ohne sich bei uns halten zu können. Eikokon Abb. 27 C

- Rotbraun. Vorderbrustrücken mit einer verwaschenen rostgelben Binde am Hinterrand, die sich auch an den Seitenrändern nach vorn erstreckt. Vorderflügel einheitlich gefärbt, ohne gelbe Schulterbinde. (Abb. 26 A) Körperlänge 23–32 mm . . . . **Amerikanische Schabe**, *Periplaneta americana* (LINNAEUS, 1758)

kommt oft in großen Massen auf Überseeschiffen vor und wird dann mit der Ladung auch ins Binnenland verschleppt, wo sie sich aber im allgemeinen nicht lang hält, da sie sehr wärme- und feuchtigkeitsbedürftig ist. Der handtaschenähnliche Eikokon wird aufrecht vom Weibchen am Hinterleibsende bis zu 24 Stunden herumgetragen und dann bei der Ablage mit vom Untergrund abgebissenem Material überdeckt. Er enthält 15–20 Eier, aus denen bei 30°C etwa nach 36 und bei 17–18°C nach 88 Tagen die Larven ausschlüpfen, die bei 30°C in 160–197 und bei 22°C in 520 Tagen erwachsen sind. Lebensdauer der Imagines bis zu 21 Monaten. Eikokon Abb. 27 B

6. Grundfarbe stroh- bis horngelb, auf dem Vorderbrustrücken 2 dunkle Längsbinden (Abb. 22 A, 24). Die Vorderflügel überragen in beiden Geschlechtern den Hinterleib. Die Bauchplatte des letzten Hinterleibsringes (Subgenitalplatte) des Männchens ist hinten abgeschnitten und trägt nur einen kleinen Griffel (Stylus) (Abb. 23 A). Körperlänge 11–12 mm, Flügellänge 11–12 mm . . . . **Hausschabe, Deutsche Schabe**, *Blattella germanica* (LINNAEUS, 1767)

Der gelbe Eikokon, der im Durchschnitt 36 (16–56) Eier enthält, wird in waagerechter Lage mit der Zähnchennaht nach rechts vom Weibchen am Hinterleibsende bis etwa ½ Stunde vor dem Schlüpfen der Larven herumgetragen. Bei 30°C beansprucht die Embryonalentwicklung 17 und bei 22°C 24 Tage. Die Larvenentwicklung braucht bei den genannten Temperaturen 40–41 bzw. 123–244 Tage. Eikokon Abb. 27 D. – Die Schabe kommt außerhalb des Hauses auch gelegentlich auf Mülldeponien in Massen vor.

- Grundfarbe rotbraun und rotgelb, der Vorderbrustrücken mit dunkler, rotbrauner trapezförmiger Scheibe, die von einem hellen durchscheinenden Seitenrand umgeben wird (Abb. 25). Die Vorderflügel überragen nur beim Männchen den Hinterleib, beim Weibchen erreichen sie das Hinterleibsende nicht oder kaum. Zudem sind die Weibchen in der Regel intensiver gefärbt als die Männchen. Die Subgenitalplatte des Männchens ist dreieckig vorgezogen und trägt 2 verschieden große, ziemlich anliegende Griffel (Styli) (Abb. 23 B). Körperlänge ♂ 10,6–11,5 mm, ♀ 10–12,3 mm, Vorderflügellänge ♂ 10,9–

 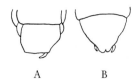

Abb. 22: Pronotum A der Deutschen, B der Lappländischen Schabe.

Abb. 23: Letztes Hinterleibssegment von der Bauchseite beim Männchen von A der Deutschen und B der Braunbandschabe.

 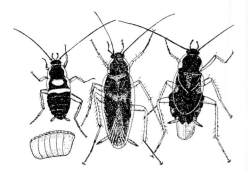

Abb. 24: Deutsche Schabe, *Blattella germanica* (aus CHOPARD).

Abb. 25: Larve, Männchen und Weibchen mit Eikokon der Braunbandschabe, *Supella longipalpa* (aus WEIDNER). Unter der Larve ein abgelegter Kokon.

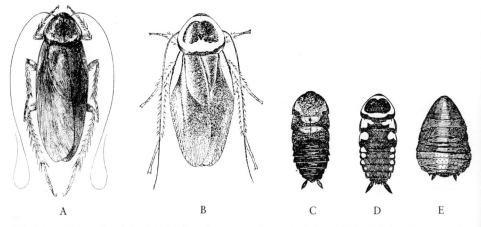

Abb. 26: A, C Amerikanische Schabe, *Periplaneta americana*, B, D Australische Schabe, *P. australasiae*, E Surinamensische Schabe, *Pycnoscelus surinamensis*, A, B Imagines, C–E Larven (A aus CHOPARD, B aus KALSHOVEN).

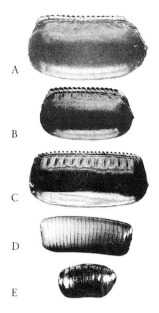

Abb. 27: Eikokons der Hausschaben, alle etwa 3× vergr. A *Blatta orientalis*, B *Periplaneta americana*, C *P. australasiae*, D *Blattella germanica*, E *Supella longipalpa* (nach ROTH, 1968: Ann. entomol. Soc. Am. **61**).

♂ 13,2 mm, ♀ 7,8–9,9 mm . . **Braunbandschabe,** *Supella longipalpa* (FABRICIUS, 1798)
(= *supellectilium* SERVILLE, 1839)

Der Eikokon mit durchschnittlich 13–14 Eiern wird senkrecht vom Weibchen am Hinterleibsende meistens nur 1, höchstens 8 Tage herumgetragen und dann mit einem gummiartigen Mundsekret an der Unterlage angeklebt. Die Embryonalentwicklung beansprucht bei 30 °C 40 und bei 22 °C über 70 Tage, die Larvenentwicklung entsprechend 54–56 Tage bzw. bedeutend länger bis zu 355 Tage. Ein Kokon enthält im Durchschnitt 18 Eier, von denen sich aber in der Regel nur 12–15 entwickeln. Eikokon Abb. 27 E

7. Strohgelb mit 2 dunklen Längsbinden über die Brustsegmente (Abb. 22 A) . . . .
. . . . Larve von *Blattella germanica* (siehe 6 a)
– Rücken der Brustsegmente ohne diese auffallende Zeichnung 8
8. Hellrotbraun mit gelblichen Rändern des Rückens von 1. und 2. Brustsegment und ebensolchen Querbinden an der Basis des Rückens vom 2. und 3. Brustsegment (Abb. 25). . . .
. . . . Larve von *Supella longipalpa* (siehe 6 b)
– Dunkelrotbraun bis schwarzbraun 9
9. Vorderbrustrücken mit einer gelben Ringbinde. Mittel- und Hinterbrustrücken mit deutlich gelben Flecken an den Seiten (Abb. 26 D) . . . .
. . . . Larve von *Periplaneta australasiae* (siehe 5 a)
– Vorderbrustrücken mit einer verwaschenen rotgelben bis hellgrauen Quer- oder Ringbinde, besonders am Hinterrand, Mittel- und Hinterbrustrücken einfarbig oder mit Aufhellungen in der Mitte (Abb. 26 C) . . . . . Larve von *Periplaneta americana* (siehe 5 b)
10. Kleine Schaben, unter 1,5 cm. Vorderbrustrücken mit einem dunkleren Fleck 11
– Große Schaben, über 1,5 cm. Nur auf Schiffen oder in Warmhäusern 12
11. Fleck auf dem Vorderbrustrücken schwarz, rotbraun bis horngelb, mit gegen den hellen

Seitenrand unscharf abgesetzten Rändern (Abb. 22 B). Beim Männchen auf der Rückenplatte des 7. Abdominalsegments eine quergestellte Drüsengrube mit einem zweizipfeligen, breiten, stumpfen Zäpfchen, Vorderflügel überragen beim Männchen und Weibchen den Hinterleib wenig. Körperlänge ♂ 9,5 – 13 mm, ♀ 6,5 – 10 mm . . . .
. . . . **Lapplandschabe,** *Ectobius lapponicus* (LINNAEUS, 1758)
lebt im Freien. Die auf LINNÉ zurückgehende Angabe, daß sie in Lappland in den Häusern vorkommt und an getrocknetem Fleisch und Fisch schadet, wurde wohl zu Unrecht als Verwechslung mit den Aaskäfern *Thanatophilus lapponicus* L. und *Th. rugosus* Herbst gedeutet; denn es liegen aus neuerer Zeit mehrere Beobachtungen über ihr Auftreten in Baracken, am Wald gelegenen Villen und Sommerhäusern aus Jugoslawien, Hamburg (Stadtrand) und vor allem Jütland vor (WEIDNER, H.: Anz. Schädlingsk. Pflanzenschutz 45: 75 – 76, 1972). Vielleicht neigen auch andere *Ectobius*-Arten dazu, jedenfalls liegt eine ähnliche Beobachtung auch von der kleineren, in ihrer Verbreitung hauptsächlich auf die Dünen der Nordseeküste beschränkten Art *E. panzeri* STEPHENS, 1837 vor (ABRAHAM, R., 1979: Entomol. Mitt. Zool. Mus. Hamburg 6: 229–230).

- Fleck auf dem Vorderbrustrücken schwarz und scharf gegen die weißen Seitenränder abgesetzt. Beim Männchen auf der Rückenplatte des 7. Hinterleibssegments eine breite fast kreisrunde Drüsengrube **ohne** Zäpfchen. Vorderflügel überragen beim Männchen das Hinterleibsende kaum, beim Weibchen erreichen sie das Hinterleibsende nicht. Körperlänge ♂ 9 – 14 mm, ♀ 6 – 10 mm . . . . . **Waldschabe,** *Ectobius silvestris* (PODA, 1761)
lebt im Freien. Siehe Bemerkung zu der vorhergehenden Art.
12. Hellgrüne bis fast weiße Schaben, erwachsen etwa 25 mm lang. Männchen und Weibchen mit langen Flügeln . . . . **Grüne Bananenschaben,** *Panchlora*-Arten
Einige Arten, besonders *P. exoleta* BURMEISTER, 1838, *P. nivea* (LINNAEUS, 1758) und *P. viridis* (FABRICIUS, 1775) werden mit Bananen aus Westindien öfters eingeschleppt.
- Schaben anders gefärbt 13
13. Vorderbrustrücken matt graugelb bis mattbraun erwachsene Männchen und Weibchen 38 – 59 mm lang, mit graugelben Flügeln . . . .
. . . . **Madeiraschabe,** *Leucophaea maderae* (FABRICIUS, 1781)
frißt an reifenden Bananen und wird aus Südamerika bisweilen zu uns eingeschleppt.
- Vorderbrustrücken braun, glänzend, erwachsene Männchen und Weibchen 16 – 21 mm lang, mit rotbraunen Flügeln und einer gelben Querbinde am Vorderrand des Vorderbrustrückens. Larven tropfenförmig (Abb. 26 E), Brust und die ersten 3 Hinterleibsringe glänzend, die übrigen Hinterleibsringe matt, einfarbig dunkelrotbraun . . . .
. . . . **Surinam-** oder **Gewächshausschabe,** *Pycnoscelus surinamensis* (LINNAEUS, 1758)
auf Schiffen in Nahrungsmitteln; bei uns nur gelegentlich in Gewächshäusern.

9. Termiten, Isoptera

In die Verwandtschaft der Schaben gehören auch die staatenbildenden Termiten, die in den Tropen zu den gefürchtetsten Holz- und Materialschädlingen gehören. Sie können von dort mit lebenden Pflanzen und Packmaterial, in Nutzholz und im Holz von Schiffsaufbauten zu uns eingeschleppt werden. In Warmhäusern können sie dann gelegentlich einmal kurze Zeit am Leben bleiben. Meistens handelt es sich dabei auch nur um geschlechtslose Arbeiter. Nur die niederen Termiten (besonders **Kalotermitidae** und **Rhinotermitidae**), die bewegliche Kolonien mit nur wenig physogastren Weibchen haben, können zu uns in ganzen Völkern eingeschleppt werden und sich dann, wenn es die klimatischen Bedingungen zulassen, einbürgern. Bisher ist dieses nur von der aus Nordamerika stammenden Gelbfußtermite *Reticulitermes flavipes* (KOLLAR, 1837) (**Rhinotermitidae**) (Abb. 28) in Mitteleuropa geschehen, die als Gebäudeschädling in Hamburg, Hallein und Mannheim und früher in einem Gewächshaus in Wien aufgetreten ist. Die Trockenholztermite *Cryptotermes brevis* (WALKER, 1853), die aus

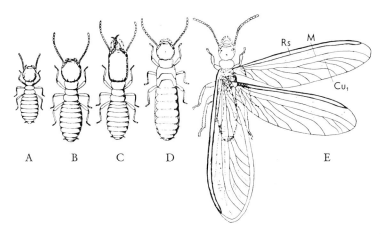

Abb. 28: Kasten der Bodentermite *Reticulitermes*. A Larve, B Arbeiter, C Soldat, D Ersatzgeschlechtstier, E geflügeltes Geschlechtstier (aus WEIDNER in SCHMIDT). *Cu*, Cubitus, *M* Media, *Rs* Radiussektor.

Westindien fast über alle Tropenländer durch den Menschen verbreitet wurde, kann in befallenen Schiffseinbauten auch nach mitteleuropäischen Häfen verschleppt werden und dort schwärmen. Hunderte von geflügelten Geschlechtstieren können aus dem Schiff ausfliegen. Zu einer Ansiedlung oder wenigstens zu einem jahrelangen Überleben eingeschleppter Kolonien kann es, wie 2 Fälle in Berlin gezeigt haben, auch in Mitteleuropa kommen, weil diese an sich tropische Art auch in ihrer zentralamerikanischen Heimat bis in Höhe von rund 2300 m vorkommt und daher an niedrige Nachttemperaturen gewöhnt ist. (BECKER, G.: Anz. Schädlingsk. 50: 177–179, 1977). In Südeuropa, an der Mittelmeer- und südlichen Atlantikküste Frankreichs kommen noch die als Hausschädlinge bedeutungsvollen Bodentermiten *Reticulitermes lucifugus* (ROSSI, 1792) und *R. santonensis* FEYTAUD, 1950 sowie die wirtschaftlich weniger bedeutende Gelbhalstermite, *Kalotermes flavicollis* (FABRICIUS, 1793) (**Kalotermitidae**) vor. Die Unterscheidung der Arten ist sehr schwierig und muß daher dem Spezialisten überlassen werden. Die folgende Tabelle ist nur eine Bestimmungstabelle für die Gattungen. Dabei ist zu beachten, daß u. U. auch noch andere Gattungen eingeschleppt werden können. Die Termiten sind durch die Ausbildung von verschiedenen **Kasten** ausgezeichnet. Neben den fortpflanzungsfähigen, ursprünglich geflügelten, dunkel braun bis schwarz gefärbten Männchen und Weibchen, die nach dem Schwarmflug ihre Flügel an der bereits vorgebildeten Humeralnaht abwerfen, gibt es in viel größerer Zahl ungeflügelte Individuen: Larven, Arbeiter bzw. bei den Kalotermitidae Pseudergaten, Soldaten und Ersatzgeschlechtstiere. Dazu kommen noch mit Flügelanlagen versehene Nymphen und Ersatzgeschlechtstiere. Letztere sind im Larven- oder Nymphenstadium geschlechtsreif geworden. Sie bilden in Mitteleuropa bei *R. flavipes* wohl ausschließlich die neuen Kolonien. Geflügelte Geschlechtstiere treten kaum auf. Zur Bestimmung der Termiten sind die geflügelten Geschlechtstiere und die Soldaten am besten geeignet. Die Bestimmung der Arbeiter ist nur in den seltensten Fällen mit Sicherheit bis zur Art möglich. Zu ihrer Gattungsbestimmung dienen die Mandibeln.

1. Dunkel gefärbte, geflügelte Geschlechtstiere 2
– Weiße, ungeflügelte Termiten, höchstens mit dunklerem Kopf 4

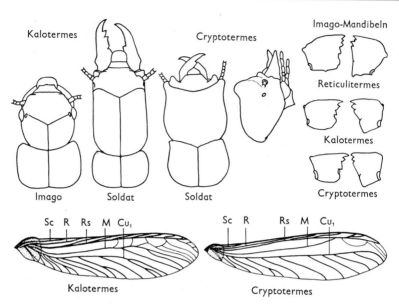

Abb. 29: Trockenholztermiten. Kopf und Pronotum der Imago und des Soldaten von *Kalotermes* und des Soldaten von *Cryptotermes* von oben und von der Seite. Darunter Vorderflügel von *Kalotermes* und *Cryptotermes*. Ganz rechts: Arbeiter-Imago-Mandibeln von *Reticulitermes*, *Kalotermes* und *Cryptotermes* (nach KRISHNA und AHMAD). *Cu* Cubitus, *M* Media, *R* Radius, *Rs* Radiussektor, *Sc* Subcosta.

2. Vom Radiussektor (Abb. 29 Rs) ziehen Äste zum Vorderrand des Flügels . . . .
 . . . . **Trockenholztermiten,** *Kalotermitidae* 3
— Vom Radiussektor ziehen keine Äste zum Flügelvorderrand (Abb. 28 Rs). Es können höchstens einmal kleine Queradern vorkommen, die aber senkrecht auf dem Radiussektor stehen . . . . *Rhinotermitidae: Reticulitermes* HOLMGREN, 1913
3. Die Media (Abb. 29 M) gabelt sich vor der Flügelspitze und mündet in diese . . . .
 . . . . *Kalotermes* HAGEN, 1853
— Die Media (Abb. 29 M) mündet, ohne sich zu gabeln, schon weit vor der Flügelspitze in den Radiussektor . . . . *Cryptotermes* BANKS, 1906
4. Mit runden, weißen Köpfen, mit oder ohne Flügelscheiden . . . .
 . . . . Nymphen, Ersatzgeschlechtstiere, Arbeiter oder Pseudergaten, Gattungsbestimmung nach den Mandibeln (Abb. 29)
— Köpfe langgestreckt oder dunkelbraun und pfropfenartig . . . . Soldaten 5
5. Kopf pfropfenförmig, dunkelbraun (Abb. 29) . . Soldat von *Cryptotermes* BANKS, 1906
— Kopf langgestreckt, oval Kiefer kräftig entwickelt, säbelförmig oder gezähnt 6
6. Kiefer gezähnt, Pronotum flach, breiter als der Kopf, mit parallelen Seiten (Abb. 29) . . .
 . . . . *Kalotermes* HAGEN, 1853
— Kiefer nicht gezähnt, säbelförmig, Pronotum schwach sattelförmig, Seiten nach hinten etwas konvergierend (Abb. 28) . . . . *Reticulitermes* HOLMGREN, 1913

10. Holz-, Staub- und Bücherläuse, Psocoptera

Kleine zarte, meist hell gefärbte, oft in großen Massen auftretende Tierchen mit langen, leicht zerbrechlichen Fühlern und 2- oder 3gliedrigen Füßen. Charakteristisch für die Ordnung ist die Ausbildung der Lacinia (Innenlade des Mittelkiefers) als ein meißelförmiges Gebilde (Abb. 30). Ihre Bestimmung kann nur unter dem Mikroskop vorgenommen werden. Es gibt geflügelte und ungeflügelte Formen. Erstere kommen nur gelegentlich einmal in Wohnungen vor, letztere finden sich dort häufig. Ihre Larven sehen so aus, wie die erwachsenen Tiere, doch fehlen ihnen die Flügel und ihre Füße sind immer nur zweigliedrig, auch ihre Fühler haben weniger Glieder. Sie sind in erster Linie Schimmelfresser.

1. Vorder- und Hinterflügel gleichmäßig gut entwickelt. Die ersteren sind etwa so lang wie der Körper 2
– Die Hinterflügel sind sehr stark verkürzt, die Vorderflügel sind verschmälert und nicht ganz körperlang oder stummelförmig. Bisweilen fehlen sie vollständig 5

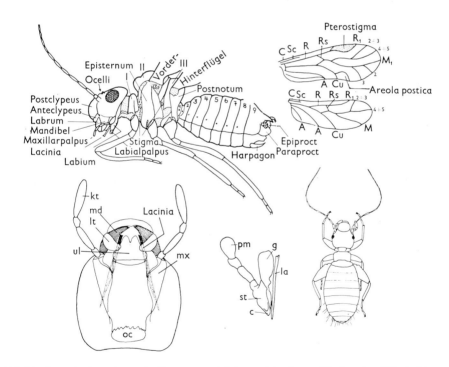

Abb. 30: Organisationsschema der Psocoptera. A Seitenansicht einer geflügelten Art. Flügel nicht ausgezeichnet. Sie sind links daneben in verkleinertem Maßstab dargestellt. *A* Analis, *C* Costa, *Cu* Cubitus, *M* Media, *R* Radius, *Rs* Radiussektor, *Sc* Subcosta. Darunter Unterseite des Kopfes von *Liposcelis*, *kt* Kiefertaster, *lt* Lippentaster, *md* Mandibel, *mx* Maxille I oder Mittelkiefer mit der meißelförmigen Innenlade Lacinia, *oc* Hinterhauptsloch, *ul* Unterlippe. Daneben Maxille I einer anderen Art isoliert, *c* Cardo, *g* Galea oder Außenlade, *la* Lacinia, *pm* Kiefertaster (Palpus maxillaris), *st* Stipes. Daneben Bücherlaus, *Liposcelis* mit stark verdickten Hinterschenkeln (vereinfacht nach von KÈLER und WEBER).

2. Füße dreigliedrig; Beine lang und schlank; Fühler mit mehr als 26 Gliedern; blaß braungelb. Körpergröße 2,3 mm . . . .   *Psyllipsocus ramburi* Sélys-Longchamps, 1872
   häufig in Neubauten, besonders an den Tapeten, von denen er Pilzrasen abgrast
 – Füße zweigliedrig 3
3. Im Vorderflügel ist die Areola postica (Abb. 31) mit der Media durch eine Querader verbunden oder mit ihr eine Strecke verschmolzen . . . . *Psocidae*
   leben nur im Freien von Flechten, Pilzen und Rindenalgen.
 – Im Vorderflügel ist die Areola postica (Abb. 31) mit der Media nicht durch eine Querader verbunden, sondern frei oder fehlend 4
4. Die Areola postica fehlt (Abb. 31) . . . . *Peripsocidae*
   nur im Freien.
 – Die Areola postica vorhanden (Abb. 30, 31), Flügel unbehaart, Adern schwarz, Körper dunkelbraun bis schwarz . . . . *Lachesilla* Westwood, 1830
   in Neubauten an den Tapeten, in Ställen, an altem Holz; im Freien häufiger an dürrem Laub, das noch an den Zweigen hängt. 4 Arten, davon häufig *L. pedicularia* (Linnaeus, 1758) [Vorderflügel 1,6–1,8 mm] und *L. quercus* Kolbe, 1880 [Vorderflügel 2,3–2,5 mm].

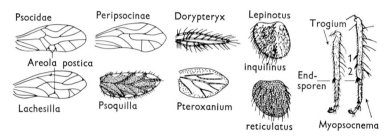

Abb. 31: Flügelgeäder und Hinterbeine einiger Corrodentia-Arten (nach Enderlein).

5. Hinterflügel stark reduziert, Vorderflügel wenigstens halb so lang wie der Körper . . . 6
 – Vorderflügel viel kürzer oder ganz fehlend 8
6. Vorderflügel beschuppt und mit dicken, senkrecht abstehenden Borsten; Aderung und Umriß Abb. 31; etwa halb so lang wie der Körper; Brust und Hinterleib hellbräunlich gelb, Hinterleib beschuppt und besonders seitlich schwarz gefleckt; Körperlänge 2,5 mm . . . . *Pteroxanium kelloggi* (Ribaga, 1906)
   nach England und Frankreich eingeschleppt, bei uns noch nicht gefunden.
 – Vorderflügel nicht beschuppt 7
7. Vorderflügel braun mit je einem durchscheinenden Randfleck zwischen den Enden von je zwei Adern (Abb. 31). Körperlänge 1,25 mm   . *Psoquilla marginepunctata* Hagen, 1865
   aus Amerika und Ostasien gelegentlich eingeschleppt.
 – Vorderflügel und Körper glasig durchscheinend, Flügel bandförmig, äußerst zart (Abb. 31), Beine und Fühler lang und dünn; Körperlänge 1,25 mm . . . . *Dorypteryx pallida* Aaron, 1884
   in feuchten Getreidevorräten oft zahlreich, in Häusern selten und vereinzelt. Eine ähnliche in Häusern vorkommende Art, die in Südafrika entdeckte, aber auch schon mehrfach in Dänemark und Ostdeutschland festgestellte *Dolopteryx domestica* Smithers, 1958, hat auf den ähnlich geformten bandförmigen Flügeln 5 (statt 2) Adern, die den Flügelrand erreichen, und 26 (statt 24) Fühlerglieder.
8. Vorderflügel mit sehr wenigen Adern (Abb. 32 A); hellbraun, 1¾ mm lang. Klauen mit

einem Zahn an der Spitze . . . .
. . . . Kurzflügelige Form von *Psyllipsocus ramburi* SÉLYS-LONGCHAMPS, 1872
in Neubauten an Tapeten, siehe oben 2.
– Vorderflügel ohne Adern, höchstens mit einer mikroskopisch feinen wabenartigen Struktur, oder Vorderflügel fehlen 9
9. Augen groß, Fühler 22-, 27-, (29-)gliedrig; Klauen ohne Zahn; Vorderflügel sehr kurz
. . . . 10
– Augen sehr klein, nur aus 2–8 Facetten bestehend; Fühler 15gliedrig; flügellos Hinterschenkel verdickt und flachgedrückt. Klauen mit einem Zahn vor der Spitze, einfarbig weißlich, bleich gelblich, Kopf bleich gelblich, oder Brust weißlich grau, Hinterleibsringe 3–8 mit braunen Vorderrändern in der Mitte der Bauchseite, Körperlänge 0,7 bis 1,4 mm (Abb. 30) . . . . **Bücherlaus,** *Liposcelis* MOTSCHULSKI, 1853
in Büchern, Vorräten, Naturaliensammlungen, Kellern und Vogelnestern. Zahlreiche Arten, von denen in Häusern und an Vorräten durch Massenauftreten Bedeutung gewonnen haben:

L. *arenicolus* GÜNTHER, 1974 L. *mendax* PEARMAN, 1946 L. *simulans* BROADHEAD, 1950
L. *bostrychophilus* BADONNEL, 1931 L. *obscurus* BROADHEAD, 1954 L. *subfuscus* BROADHEAD, 1947
L. *entomophilus* (ENDERLEIN, 1907) L. *paetulus* BROADHEAD, 1950 L. *terricolis* BADONNEL, 1945
L. *kidderi* (HAGEN, 1883) L. *paetus* PEARMAN, 1942
L. *liparus* BROADHEAD, 1947 L. *pubescens* BROADHEAD, 1947

Sie unterscheiden sich hauptsächlich in der Beborstung, Skulptur der Haut und Färbung voneinander. Im Vorratsschutz wurden bisher alle Funde als *divinatorius* bezeichnet und nach JENTSCH die dunkle Form (L. *corrodens* HEYMONS, 1909) als Feuchtigkeitsvarietät der hellen Form aufgefaßt. Eine Bestimmungstabelle für die Arten findet sich in K. K. Günther: Staubläuse, Psocoptera. Tierwelt Deutschlands 61. Teil, Jena (VEB G. Fischer) 1974.

10. Letztes Kiefertasterglied kurz und dick. Innere Lade des Mittelkiefers 3- oder 4zinkig
. . . . 11
– Letztes Kiefertasterglied lang. Innere Lade des Mittelkiefers 2zinkig 13
11. Hinterschiene außer den beiden Endsporen innen ohne Sporen (Abb. 31, 32 B), Vorderflügel eirund, fallen leicht ab; weißlich bis blaß ockergelb; Körperlänge 2 mm . . . .
. . . . *Trogium pulsatorium* (LINNAEUS, 1758)
in feuchten Wohnungen, Mühlen, Getreidelagerhäusern, im Dampfraum einer Zigarettenfabrik und in Vogelnestern. Weibchen können mit dem Hinterleib auf die Unterlage ziemlich laut klopfen.

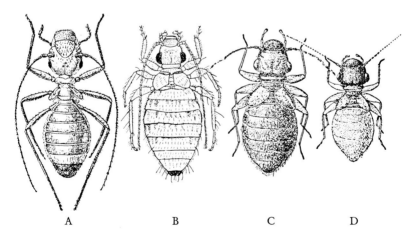

Abb. 32: In Häusern häufig auftretende Staubläuse. A kurzflügelige Form von *Psyllipsocus ramburi*, B *Trogium pulsatorium*, C *Lepinotus inquillinus*, D *Lepinotus reticulatus* (nach ENDERLEIN und JENTSCH).

- Hinterschiene außer den beiden Endsporen innen mit 1−2 Sporen vor dem Ende (Abb. 31) 12
12. Flügel in Form eines winzigen Knöpfchens, Fühler 23gliedrig; innere Lade des Mittelkiefers 4zähnig; Körperlänge 2 mm . . . . *Cerobasis guestfalicus* KOLBE, 1880
   nur im Freien, an Planken mit Algenbelag.
- Flügel schuppenförmig, mäßig kurz behaart, in der Mitte mit einigen (7) langen Borsten; innere Lade des Mittelkiefers 3zähnig, 1,8−2 mm lang, weißlich . . . .
   . . . . *Myopsocnema annulata* (HAGEN, 1865)
   in Wohnungen vereinzelt.
13. Zwischen Auge und Fühlerwurzel ein brauner Strich. Die äußere Zinke der Mittelkiefer auf der Innenseite mit einem Zahn. Flügelstummel einfarbig bleichgrau. Fühler 27gliedrig. Körperlänge 1,2−2 mm . . . . *Lepinotus patruelis* PEARMAN, 1931
   häufig in Häusern an Holzwolle, zwischen altem Papier, in Polstermöbeln u. dgl.
- Zwischen Auge und Fühlerwurzel kein brauner Strich 14
14. Flügelschuppen mit mikroskopisch feiner wabenartiger Netzstruktur, gleichmäßig lang beborstet (Abb. 31, 32 D). Vorderbrust viel schmäler als der Kopf, Fühler 22gliedrig; Kopf und Brust braun, Hinterleib oben bräunlichgelb, unten weißlich; Körperlänge 1,3 mm . . . . *Lepinotus reticulatus* ENDERLEIN, 1905
   häufig in Häusern und Vogelnestern.
- Flügelschuppen ohne wabenartige Netzstruktur, sondern mehr oder weniger gleichmäßig oder gefleckt braun (Abb. 31, 32 C). Die äußere Zinke der Mittelkiefer auf der Innenseite ohne Zahn. Das Tier wirkt fast ganz schwarz. Fühler 29gliedrig, Körperlänge 1,2−1,7 mm . . . . *Lepinotus inquilinus* v. HEYDEN, 1850
   Vorkommen wie die vorige Art.

11. Lauskerfe, Phthiraptera

Die Lauskerfe besitzen eine farblose, graue oder gelb- bis schwarzbraune, sehr druckfeste Haut. Sie machen ihre ganze Entwicklung vom Ei bis zum geschlechtsreifen Tier im Haar- oder Federkleid der Säugetiere bzw. Vögel durch. Die Eier werden an den Haaren oder Federn, von der Kleiderlaus auch an der Kleidung des Menschen abgelegt und festgeklebt. Der Kitt ist so hart, daß die Eier durch keine Waschmittel abgelöst werden können. Sie bleiben daher an Tierhaaren, die zu Pinseln oder Bürsten verarbeitet werden und täuschen dann einen Schädlingsbefall vor. Die Larve, die im wesentlichen wie das erwachsene Insekt aussieht, sprengt beim Schlüpfen den mit Mikropylen versehenen Eideckel ab. Die Lauskerfe leben entweder von den Ausscheidungen der Hautdrüsen, Hautschüppchen und Federn oder vom Blut ihrer Wirte. Vorwiegend auf kranken und schwachen Wirten neigen sie zur Massenvermehrung und beeinträchtigen das Wohlbefinden ihrer Wirte sehr. Die blutsaugenden Läuse können auch Krankheiten übertragen, so die Menschenlaus u. a. auch das Fleckfieber. Die hier erwähnten Phthiraptera von Mensch und Haustieren sind fast ohne Ausnahme artspezifisch, so daß bereits die Wirtsangabe ein ziemlich sicherer Hinweis auf die Artzugehörigkeit ist.

Zur genauen Bestimmung müssen von den Phthiraptera nach Auskochen in Kalilauge Kanadabalsampräparate hergestellt werden (siehe S. 4). Die Männchen sind kleiner als die Weibchen, weshalb bei der Angabe der Variationsbreite für die Körpergröße die kleinere Zahl jeweils nur für Männchen und die höhere nur für Weibchen gilt.
Die Artbestimmung ist besonders bei den Geflügelparasiten oft sehr schwierig, die Systematik ist vielfach noch ungeklärt und die Nomenklatur noch nicht einheitlich. Vor allem wird die Berechtigung der Aufteilung mancher Gattungen in

mehrere sehr artenarme Gattungen wie z. B. der alten Gattung *Damalinia* angezweifelt, wodurch in der Literatur immer wieder verschiedene Namen für die gleichen Tiere gebraucht werden, was leicht zu Verwirrungen führt. Hier wird der Zusammenstellung von J. ZLOTORZYCKA, WD. EICHLER, H. W. LUDWIG: «Taxonomie und Biologie der Mallophagen und Läuse mitteleuropäischer Haus- und Nutztiere» (Parasitolog. SchrReihe 22: 1–160, VEB Gustav Fischer Jena 1974) gefolgt, doch werden häufig gebrauchte ältere Gattungsnamen in Klammern beigefügt. Außer den Parasiten der gewöhnlichen Haustiere (Pferd, Rind, Schaf, Ziege, Schwein, Kaninchen, Hund und Katze) und des Hausgeflügels (Huhn, Gans, Ente, Taube) werden hier noch die des Menschen, der Ratte und Hausmaus berücksichtigt. Von der Nennung der Parasiten von aus Liebhaberei gehaltenen Säugetieren und Vögeln wurde abgesehen, weil dadurch eine ausführliche Einführung in den Bau der Mallophagen nötig und der Rahmen des Buches gesprengt worden wäre. Die Phthiraptera umfassen zwei Ordnungen, die sich folgendermaßen unterscheiden lassen:

1. Kopf groß, breiter als die Brust, schaufelartig abgeplattet, Mundwerkzeuge beißend, oft in der Mitte der Bauchseite des flachen Kopfes (Abb. 33 C). Beine zweikrallige Kriechbeine mit verkürzter Schiene (Abb. 33 A), zweikrallige Enterbeine, bei denen nur eine Kralle einschlagbar ist (Abb. 33 B) oder einkrallige Kletter- oder Enterbeine (Abb. 36). Auf Säugetieren und Vögeln . . . . **Kieferläuse, Haarlinge, Federlinge,** *Mallophaga* (Tabelle 12)
– Kopf klein, nach vorn zugespitzt, nicht so breit wie die Brust an ihrer breitesten Stelle. Mundwerkzeuge zu einem Saugrohr umgebildet, das in der Ruhe in der Kopfkapsel verborgen ist. Beine groß und kräftig, Füße eingliedrig mit einer großen Kralle, die mit Fußglied und einem Zapfen der Schiene eine Greifzange bildet, deren Ausschnitt dem Querschnitt der Haare entspricht, auf denen die Läuse leben (Abb. 41). Nur auf Mensch und Säugetieren . . . . **Stechläuse, echte Läuse,** *Anoplura* (Tabelle 13)

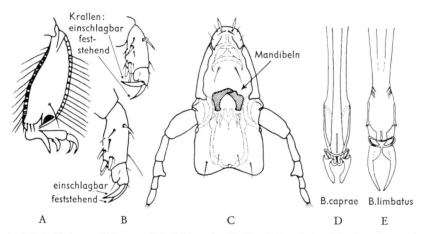

Abb. 33: A Kriechbein von *Trinoton* mit 2 gleichgroßen Krallen, B Enterbeine (Mittel- und Hinterbeine) von *Goniocotes* mit einer größeren einschlagbaren und einer kleineren unbeweglichen Kralle, C Kopf der Taubenlaus *Columbicola* von der Bauchseite. Mandibeln auf der Kopfunterseite, Fühler des Männchens mit einem Anhang. D Penis von *Bovicola caprae* und E *limbatus* (A, C nach SÉGUY, B. nach von KÈLER, D., E nach WERNECK).

12. Kieferläuse, Haarlinge, Federlinge, Mallophaga

1. Fühler 3gliedrig, Beine einkrallige Enterbeine (Abb. 34–36) . . . . **Haarlinge,** *Trichodectoidea* 2
– Fühler 4- oder 5gliedrig. Beine mit 2 Krallen (Abb. 33) 5

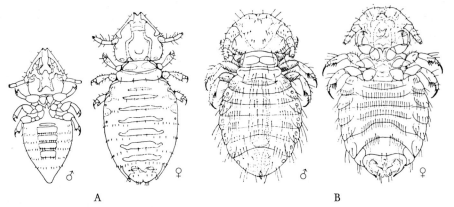

Abb. 34: Trichodectidae: A Katzenhaarling, *Felicola subrostratus* ♂ ♀ B Hundehaarling, *Trichodectes canis* ♂ ♀ (aus Séguy).

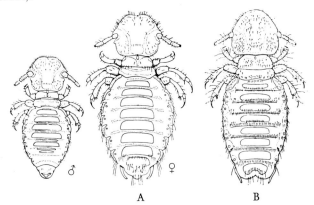

Abb. 35: Bovicolidae: A Ziegenhaarling, *Bovicola caprae* ♂ ♀, B Rinderhaarling, *Bovicola bovis* ♀ (aus Séguy).

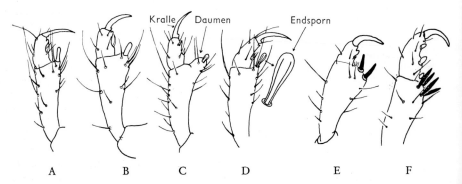

Abb. 36: Einkrallige Enterbeine von A *Bovicola bovis*, B *Lepikentron ovis*, C *Werneckiella equi*, D *Bovicola caprae*, E *Felicola subrostratus*, F *Trichodectes canis* (nach von Kèler u. Séguy).

2. Beine schlank, Schienen an der Spitze kaum breiter als am Knie mit großem, hügelartigem Daumen, dessen schuppenartiger Endsporn hyalin ist. Weitere Sporen fehlen (Abb. 35, 36 A–D). Weibchen mit walzenförmigem, Männchen mit einem kurzen und breiten Körper. Auf Huftieren . . . . *Bovicolidae* 3
– Beine kurz und dick, an der Spitze deutlich verbreitert mit 1–4 starken chitinig-braunen Daumenspornen (Abb. 36 E, F). Weibchen und Männchen, außer bei *Felicola*, breit oval. Auf Raubtieren . . . . *Trichodectidae* 4
3. Beborstung des Körpers kurz und dünn, Mittelkopf und Hinterscheitel nackt. Hinterleibssegmente auf dem Rücken mit 1–2 Reihen kurzer Börstchen, Beine und Fühler mit dünnen Haaren oder nur spärlichen dicken Dornen dazwischen . . . .
. . . . *Damalinia* MJÖBERG, 1910
(aufgeteilt in *Bovicola* EWING, 1929, *Lepikentron* KÉLER, 1938 und *Werneckiella* EICHLER, 1940).
a) auf **Rind**, Vorderkopf verrundet dreieckig (Abb. 35 B, 36 A). Körperlänge ♀ 4 mm, ♂ äußerst selten! . . . . **Rinderhaarling**, *Bovicola bovis* (LINNAEUS, 1758)
Massenvermehrung kann die Milchleistung der Kühe beeinträchtigen.
b) auf **Ziege**, Vorderkopf trapezförmig, Daumenschuppe lang, keulenförmig, wie gewöhnlich hyalin, aber mit Verstärkungsleisten an den Rändern (Abb. 36 D, Endsporn). Körperlänge ♂ 1,4 mm, ♀ 1,8 mm (Abb. 35 A) . . . .
. . . . **Ziegenhaarling**, *Bovicola caprae* (GURLT, 1843)
seltener und vorwiegend auf Angoraziege . . . . *B. limbatus* (GERVAIS, 1844), die nur im männlichen Geschlecht voneinander zu unterscheiden sind (Abb. 33 D, E).
c) auf **Schaf**, Vorderkopf halbmondförmig, Daumen weniger stark vortretend, kurz und zylindrisch (Abb. 36 B). Körperlänge ♂ 1,2–1,4 mm, ♀ 1,4–1,8 mm . . . .
. . . . **Sandlaus**, *Lepikentron* (= *Bovicola*) *ovis* (SCHRANK, 1781)
beißt die Wollhaare ab, was bei Massenbefall zu flächenhaftem Haarausfall führt, und beeinträchtigt das Allgemeinbefinden der Schafe stark.
d) auf **Pferd**, Vorderkopf halbmondförmig, rund, Daumen stark vortretend (Abb. 36 C). Körperlänge ♂ 1,6 mm, ♀ 1,8–1,9 mm . . . .
. . . . **Pferdehaarling**, *Werneckiella* (= *Bovicola*) *equi* (DENNY, 1842)
Männchen kommen kaum vor, weshalb die Fortpflanzung hauptsächlich durch Jungfernzeugung erfolgt. Überträger der infektiösen Anämie der Pferde.
– Beborstung des Körpers stachelig und sehr dicht. Kopf nur am Hinterscheitel nackt, Hinterleibssegmente auf dem Rücken mit einer Reihe langer und davon mit 3–4 Reihen kürzerer stacheliger Borsten besetzt. Beine, besonders die Schienen, ebenfalls dicht stachelig beborstet. Körpergröße 1,64–2,20 mm. Auf **Ziege**, neigt zur Besiedlung von Fremdwirten wie Angoraziege und Schaf . . . . *Holakartikos crassipes* (RUDOW, 1866)
Neuere Funde aus Europa fehlen. Aus zoologischen Gärten bekannt.
4. Vorderkopf dreieckig. Vorderschiene mit einem, Mittel- und Hinterschiene mit je 2 Daumenspornen (Abb. 34 A, 36 E). Körperlänge, ♂ 1–1,2 mm, ♀ 1,2–1,4 mm. Auf **Katze** . . . . **Katzenhaarling**, *Felicola subrostratus* (NITZSCH, 1818)
Zwischenwirt und Überträger des Gurkenkernbandwurms (Dipylidium), der auch im Dünndarm des Menschen leben kann.
– Vorderkopf trapezförmig (Abb. 34 B). Vorderschiene mit einem, Mittel- und Hinterschiene mit je 4 Daumenspornen (Abb. 36 F). Körperlänge ♂ 1,3 mm, ♀ 1,8 mm. Auf **Hund** . . . . **Hundehaarling**, *Trichodectes canis* (DE GEER, 1778)
Blutsauger, Massenvermehrung auf verwahrlosten Hunden, wo er sich hauptsächlich an Hals, Kopf und Ohren aufhält. Zwischenwirt und Überträger des auch im Dünndarm des Menschen vorkommenden Gurkenkernbandwurms *Dipylidium caninum* (LINNAEUS).

5. Tarsen mit zwei gespreizten, gleichartigen Krallen (Abb. 33 A). Beine sind Laufbeine. Kopf gewöhnlich breiter als lang, gerundet dreieckig, halbmondförmig oder durch Erweiterung der Augenschlitze zu Augenbuchten und durch ohrmuschelartige Verbreiterung der dorsalen Fühlergrubendeckel hantelförmig, vorn breit abgerundet. Schläfen meistens breit gerundet bis eckig . . . . Menoponidae 6
– Tarsen mit zwei ungleichartigen Krallen, von denen die schwächere gerade ausgestreckt ist, die stärkere einem Enterhaken ähnlich zum Schienendaumen einschlagbar (Abb. 33 B). Kopf sehr verschieden gestaltet. Fühler immer 5gliedrig, oft bei Männchen und Weibchen verschieden ausgebildet . . . . Philopteridae 12

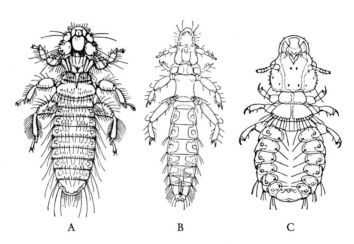

Abb. 37: Gänsefederlinge: A *Trinoton anserinum*, B *Anaticola anseris*, C *Anatoecus icterodes* (aus Séguy).

6. Thorax mit 3 deutlichen Segmenten, Mesothorax vom Metathorax durch eine breite membranöse Naht getrennt. Große, bis über 6 mm lange, dunkelbraune Arten mit großen Augenlinsen, mit großer, dreieckiger, weißlicher Kehlplatte und großer, dreieckiger brauner Prosternalplatte. Körper mit langen Borsten und kurzen Dornen besetzt (Abb. 37 A) . . . . *Trinoton* Nitzsch, 1818
Auf **Enten** *T. querquedulae* (Linnaeus, 1758) ssp. (Körperlänge ♂ 4,8−5,5 mm, ♀ 5,2−5,7 mm),
auf **Gänsen** *T. anserinum* (Fabricius, 1805) (Körperlänge ♂ 6−6,1 mm, ♀ 6−6,8 mm). erregt bei Massenvermehrung ein starkes krustöses Ekzem der Gänse.
– Thorax zweiteilig, da der Mesothorax sehr klein und im Prothorax verborgen nicht als selbständiges Segment vorhanden ist 7
7. Kopf mit tiefer und breiter Ausbuchtung vor den Augen. Fühlergrube reicht unter die Augen. Körperlänge 1,3−1,7 mm. Auf **Tauben** . . . .
Kleine Taubenlaus, *Neocolpocephalum* (= *Colpocephalum*) *turbinatum* (Denny, 1824) findet sich besonders auf Federspule und -schaft der Flügel- und Schwanzfedern und frißt die Radii im flaumigen Teil der Federn, wodurch die Flugfähigkeit beeinträchtigt wird. Bei Störung ziehen sich die Läuse in das Innere der Federspule zurück.
– Kopf dicht vor der vorderen Augenlinse mit einem schmalen Spalt oder ganzrandig . . 8

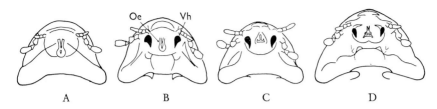

Abb. 38: Unterseite der Köpfe der Hühnerfederlinge: A *Menopon gallinae*, B *Uchida pallidulus*, C *Gallacanthus cornutus*, D *Eomenacanthus stramineus*. Oe Schlundskelett, Vh ventraler Kopfhaken.

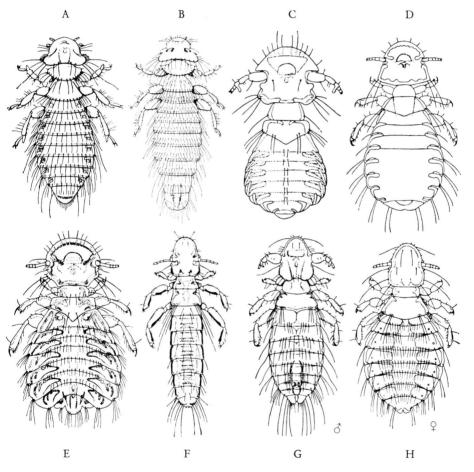

Abb. 39: Hühnerfederlinge: A Schaftlaus, *Menopon gallinae*, B Körperlaus, *Eomenacanthus stramineus*, C Braune Hühnerlaus, *Oulocrepis dissimilis*, D Flaumlaus, *Goniocotes gallinae*, E Große Hühnerlaus, *Stenocrotaphus gigas*, F Flügellaus, *Lipeurus caponis*, G, H Kopflaus *Cuclotogaster heterographus* ♂ ♀ (aus Séguy).

8. Kopf auf der Bauchseite jederseits der Mundöffnung mit einem Haken, der an der Basis der Maxillartester entspringt (Abb. 38 B, *Vh*) 9
- Kopf ohne solche ventrale Kopfhaken. Schlundskelett kugelig. Auf dem Rücken eines jeden Hinterleibssegments nur eine Borstenreihe (Abb. 38 A, 39 A). Körperlänge 1,85 mm. Auf **Hühnern** .... **Schaftlaus**, *Menopon gallinae* (LINNAEUS, 1758) frißt die Radii der Federn, daneben auch Blut, wird besonders an gut ernährten Hühnern sehr lästig, geht nicht auf Küken im Dunenkleid über, verursacht Brüchigkeit und Ausfall der Rückenfedern und steht im Verdacht, die Geflügelcholera zu übertragen.
9. Schlundskelett kugelig. Hinterleibsringe mit kräftigen Rippen. Auf dem Rücken eines jeden Hinterleibssegments nur eine Borstenreihe (Abb. 38 B). Körperlänge 1,3–1,8 mm. Auf **Hühnern** .... *Uchida* (= *Menacanthus*) *pallidulus* (NEUMANN, 1912) frißt Rami und Radii der Federn und Blut, kann Kahlheit und Rötung am Unterbauch hervorrufen.
- Schlundskelett nicht auffallend. Hinterleib mit schwachen oder ohne Rippen 10
10. Auf **Hühnern** 11
- Auf **Tauben** (Abb. 40 A), Körperlänge ♂ 1,4 mm, ♀ 2,2 mm .... **Große Taubenlaus**, *Hohorstiella lata* (PIAGET, 1880) frißt Blut und flaumige Teile der Körperfedern, läuft sehr schnell auf der Haut umher.
11. Auf dem Rücken der beiden ersten Hinterleibssegmente nur eine, auf den anderen zwei Borstenreihen. Ventrale Kopfhaken groß (Abb. 38 C) Körperlänge ♂ 1,6 mm, ♀ 1,8 bis 1,9 mm .... *Gallacanthus* (= *Menacanthus*) *cornutus* (SCHÖMMER, 1913) Hält sich vorwiegend auf der Hautoberfläche zwischen den Schenkeln, Kloake und Brustbein auf, schadet wie *Uchida pallidulus*.
- Auf dem Rücken aller Hinterleibssegmente zwei Borstenreihen. Ventrale Kopfhaken klein (Abb. 38 D, 39 B). Körperlänge 3 mm .... **Körperlaus**, *Eomenacanthus* (= *Menacathus*) *stramineus* (NITZSCH, 1818) läuft auf der ganzen Hautoberfläche vorwiegend in der Umgebung der Kloake und auf der Bürzeldrüse rasch umher, findet sich selten auf den Federn, beißt zur Blutaufnahme die Feder- und Blutkiele an, dadurch kommt es zu Schorfbildung, blutigen Verkrustungen, Wachstumsstörungen der Federn, Entstehung von Kahlstellen im Federkleid, Verminderung der Eiablage und Erhöhung der Sterblichkeit der Hühner. Auch die Küken im Dunenkleid werden schon befallen. Mutmaßlicher Überträger von Geflügelvirosen und der Geflügelcholera.
12. Kurze und breite, breit ovale oder birnförmige Arten mit großem Kopf. Rückenplatten der Hinterleibssegmente in der Mitte breit unterbrochen und von den Seiten her zungenförmig verschmälert (Abb. 37 C, 39 C–E, 40 B) 13
- Langgestreckte, schmale Arten mit einem kleinen, langgestreckten Kopf. Rückenplatten der Hinterleibssegmente in der Mitte nicht oder nur schmal unterbrochen (Abb. 37 B, 39 F, G, 40 D) 18
13. Kopf mit einer gut entwickelten Kopfschaufel, vor den Fühlern rüsselförmig verengt und oben in Chitinplatten geteilt. Die Kopfschaukel wird von einer breiten, runden Membran umsäumt (Abb. 37 C) .... *Anatoecus* CUMMINGS, 1916 auf **Enten** *A. dentatus* (SCOPOLI, 1763) (ssp. *cognatus* ZLOTORZYCKA, 1970) (Körperlänge 1,1 mm) und *A. icterodes* (NITZSCH, 1818) (ssp. *discludus* ZLOTORZYCKA, 1970) (Abb. 37 C) (Körperlänge 1,1 mm); auf **Gänsen** *A. adustus* (NITZSCH-GIEBEL, 1874) (Körperlänge 1,5 mm).
- Kopf ohne Kopfschaufel, halbkreisförmig mit scharfen, mehr oder weniger langen Schläfenecken 14
14. Schwarzbraune Tiere (Abb. 39 E), Körperlänge ♂ 3,5 mm, ♀ 4 mm. Auf **Hühnern** .... **Große Hühnerlaus**, *Stenocrotaphus* (= *Goniodes*) *gigas* (TASCHENBERG, 1879) reiner Federfresser an Hals- und Brustpartien.
- Rot- bis gelbbraune Tiere, Körperlänge ♂ unter 2,5 mm, ♀ unter 3 mm 15

15. Auf **Hühnern** 16
 – Auf **Tauben** 17
16. Fühler in beiden Geschlechtern gleich gestaltet (Abb. 39 D). Körperlänge ♂ 0,85 mm, ♀ 1–1,45 mm ....
 ..... **Flaumlaus**, *Goniocotes gallinae* (DE GEER, 1778) (= *hologaster* NITZSCH, 1828)
 reiner Federfresser im Deckgefieder in Brust- und Bauchgegend, zwischen Schwanz und Kloake. Der Fraß beeinträchtigt die Regulierung des Wärmehaushaltes, weshalb die Hühner frieren. Die Art neigt nicht zur Massenvermehrung.
 – Fühler beim ♀ dünn mit gleich gestalteten Gliedern, beim ♂ mit auffallend dickem und großem 1. Glied und einen Fortsatz am 3. Glied (Abb. 39 C). Körperlänge ♂ 2,3 mm, ♀ 3 mm ..... **Braune Hühnerlaus**, *Oulocrepis* (= *Goniodes*) *dissimilis* DENNY, 1842
17. Körperlänge ♂ 0,9–1,2 mm, ♀ 1,2–1,6 mm. Das Männchen ist außer durch seine geringere Größe durch sein zapfenförmig vorragendes Hinterleibsende vom Weibchen zu unterscheiden (Abb. 40 B) ....
 .. **Kleiner Taubeneckkopf**, *Campanulotes bidentatus compar* (NITZSCH in BURMEISTER, 1838)
 frißt die flaumigen Teile der Körperfedern und sitzt darin meistens nahe dem Schaft an der Unterseite der Feder in der Rumpfregion.
 – Körperlänge ♂ 2,2–2,8 mm, ♀ 2,4–3,0 mm. Beim Männchen sind die Fühler dicker als beim Weibchen und das 2. Glied ist an seinem distalen Ende seitlich spitz ausgezogen (Abb. 40 C) ....
 .... **Großer Taubeneckkopf**, *Coloceras damicornis fahrenholzi* (EICHLER, 1950)
18. Auf **Hühnern** 19
 – Nicht auf Hühnern 20
19. Auf den Rückenplatten der Hinterleibssegmente stehen jeweils nur 2 Borsten. Sehr schmale graue Tiere (Abb. 39 F). Körperlänge 2–2,4 mm ....
 .... **Flügellaus**, *Lipeurus caponis* (LINNAEUS, 1758)

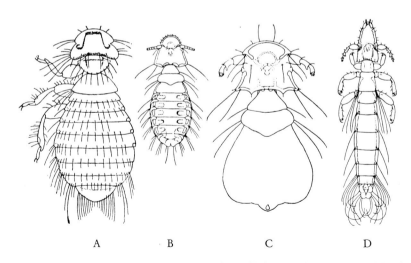

Abb. 40: Taubenfederlinge: A Große Taubenlaus, *Hohorstiella lata*, B Kleiner Taubeneckkopf, *Campanulodes bidentatus compar* ♀ ♂, C Großer Taubeneckkopf, *Coloceras damicornis fahrenholzi* ♂, D *Columbicola columbae* (aus SÉGUY).

sitzt ziemlich unbeweglich an Flügel- und Schwanzfedern, auch am Hals- und Kopfgefieder, geht schon auf 6 bis 7 Wochen alte Küken über, die er durch Zerfressen der Halsfedern in ihrer Entwicklung hemmt und für Krankheiten anfälliger macht. Bei den erwachsenen Hühnern nährt er sich von der Hamuli der primären und sekundären Schwungfedern. Gute Ernährung und Häcksel-Stroh-Streu begünstigen den Befall.
- Auf den Rückenplatten der Hinterleibssegmente steht eine Borstenreihe. Etwas breitere Tiere (Abb. 39 G). Körperlänge 2,3−2,5 mm . . . .
   . . . . **Hühner-Kopflaus**, *Cuclotogaster* (= *Gallipeurus*) *heterographus* (NITZSCH, 1818) frißt Federn und Blut, geht von der Henne auf die Küken über, wenn ihre Federn zu sprießen beginnen, und kann ihr Federnwachstum so stark hemmen, daß sie sterben.
20. Auf **Tauben** (Abb. 33 C, 40 D) Körperlänge 2−3,3 mm . . . .
   . . . . *Columbicola columbae* (LINNAEUS, 1758) hält sich mit den Oberkiefern an den Fiederchen der Feder fest, frißt hauptsächlich ihre flaumigen Teile.
- Auf **Enten** und **Gänsen** 21
21. Auf Gänsen braune Federlinge (Abb. 37 B), Körperlänge 3,5−4 mm . . . .
   . . . . *Anaticola anseris* (LINNAEUS, 1758) reiner Federfresser.
- Auf Enten braungelbliche Federlinge, Körperlänge 2,5−3,4 mm . . . .
   . . . . *Anaticola crassicornis* (SCOPOLI, 1763)

13. Stechläuse, echte Läuse, Anoplura

1. Augen vorhanden und gut sichtbar. Läuse des Menschen 2
- Augen fehlend oder stark rückgebildet und bei normaler Betrachtung nicht erkennbar 3
2. Hinterleib kurz, mit Zapfen auf jeder Seite, vom Brustabschnitt nicht abgesetzt, Vorderbeine schwächer als die beiden folgenden Beinpaare (Abb. 41 B). Körperlänge 1,35 bis 1,60 mm . . . . **Filzlaus**, *Pthirus pubis* (LINNAEUS, 1758) zwischen allen Körperhaaren, besonders den Schamhaaren, den Haaren der Achselhöhlen und bei kleinen Kindern auch an Augenbrauen und -wimpern. Übertragung fast nur von Mensch zu Mensch.
- Hinterleib lang, ohne seitliche Anhänge, von der Brust deutlich abgesetzt. Alle Beine gleichartig ausgebildet, nur beim Männchen sind die Vorderbeine mit kräftigeren Klammerfüßen versehen (Abb. 41 A) 12
3. Alle Beine gleichartig ausgebildet 4
- Vorderbeine schwächer als die beiden folgenden Beinpaare 6
4. Kopf kurz, höchstens um ein Drittel länger als breit (Abb. 44 A). Körperlänge 2,0 bis 4,75 mm. Auf dem Rind . . . .
   . . . **Kurzköpfige** (= kurznasige) **Rinderlaus**, *Haematopinus eurysternus* NITZSCH, 1818
- Kopf mindestens doppelt so lang wie breit (Abb. 43 C) 5
5. Brustplatte breiter als lang (Abb. 45 A). Körperlänge 3,5−6,0 mm (Abb. 43 C). Auf dem Hausschwein . . . . **Schweinelaus**, *Haematopinus suis* (LINNAEUS, 1758)
- Brustplatte länger als breit (Abb. 45 B). Körperlänge 2,0−3,5 mm. Auf Pferd und Esel . . . . **Esellaus**, *Haematopinus asini asini* (LINNAEUS, 1758)
   . . . . **Pferdelaus**, *H. asini macrocephalus* (BURMEISTER, 1839) Die beiden Unterarten sind nur an Größe und Form ihrer Paratergalplatten (den seitlichen Platten ihrer Hinterleibsringe) zu unterscheiden. Verlausung von Pferden ist oft mit Befall durch den Pferdehaarling verbunden. Bei sehr starker Verlausung kann es zu Hautentzündungen und Haarausfall kommen.
6. Atemöffnungen des Hinterleibs röhrenförmig hervorragend (Abb. 44 B). Körperlänge

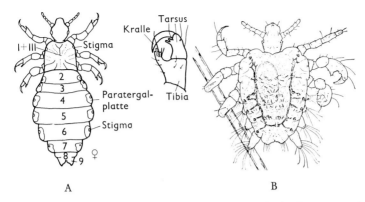

Abb. 41: Menschenläuse: A Organisationsschema der Kleiderlaus, *Pediculus humanus*, ♀ daneben Vorderfuß des Männchens, B Filzlaus, *Pthirus pubis* (Orig. u. aus MARTINI).

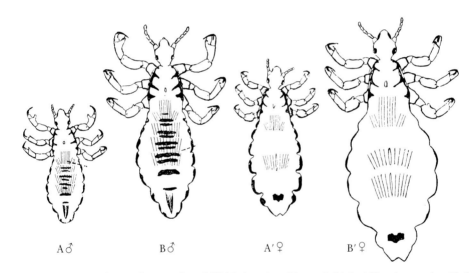

Abb. 42: Unterschiede zwischen Kopf- und Kleiderlaus (aus MARTINI). Links Männchen, rechts Weibchen der A, A' Kopf- und B, B' Kleiderlaus.

    1,25–1,75 mm. Auf dem Rind . . . .
. . . . **Borstige Rinderlaus,** *Solenopotes capillatus* ENDERLEIN, 1904
– Atemöffnungen des Hinterleibs nicht röhrenförmig vorragend 7
7. Hinterleib mit in Spitzen ausgezogenen Seitenplatten.
    Auf Ratten (Körperlänge 0,75–1,15 mm) *Polyplax spinulosa* (BURMEISTER, 1839) und
    auf der Hausmaus (Körperlänge 0,7–1,2 mm) *Polyplax serrata* (BURMEISTER, 1839)
– Hinterleib ohne Seitenplatten 8
8. Rückenplatten des Hinterleibs mit je einer Borstenquerreihe (Abb. 43 A). Körperlänge

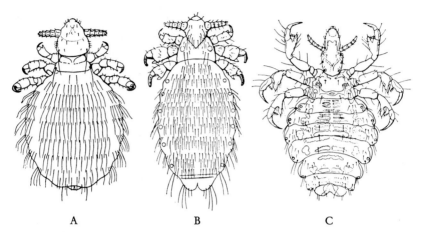

Abb. 43: Haustierläuse: A Kaninchenlaus, *Haemodipsus ventricosus*, B Hundelaus, *Linognathus setosus*, C Schweinelaus, *Haeamatopinus suis* (aus Séguy).

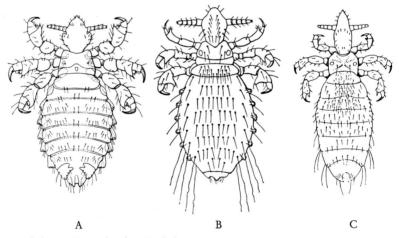

Abb. 44: Rinderläuse: A Kurzköpfige Rinderlaus, *Haematopinus eurysternus*, B Borstige Rinderlaus, *Solenopotes capillatus*, C Langköpfige Rinderlaus, *Linognathus vituli* (aus Séguy).

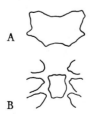

Abb. 45: Brustplatte A der Schweinelaus, *Haematopinus suis*, B der Pferdelaus, *Haematopinus asini* (nach Jancke).

1−1,5 mm. Auf Hauskaninchen . . . .
. . . . Kaninchenlaus, *Haemodipsus ventricosus* (DENNY, 1842)
– Rückenplatten des Hinterleibs jeweils 2−3 Borstenreihen 9
9. Kopf sehr kurz, nur wenig länger als breit (Abb. 43 B). Körperlänge 1,5−2,5 mm. Auf Hund . . . . Hundelaus, *Linognathus setosus* (VON OLFERS, 1816)
– Kopf doppelt so lang wie breit oder länger 10
10. Pseudopenis beim Männchen gerade, Basalplatte tief gegabelt (Abb. 46 B und C), Weibchen ohne Genitalfleck (Subgenitalsegment) 11
– Beim Männchen Pseudopenis gekrümmt, Basalplatte breit, an der Spitze bogig ausgeschnitten (Abb. 46 A), Weibchen mit einem kleinen, aber deutlichen Genitalfleck (Subgenitalsegment) (Abb. 46 A$_1$). Körperlänge 2,25−2,50 mm. Auf Schafen . . . .
. . . . Schaflaus, *Linognathus ovillus* (NEUMANN, 1907)
Sehr selten in Europa, vielleicht auf dem Festland ganz fehlend. Die hier vorkommenden «Schafläuse» sind Schaflausfliegen (siehe Tabelle 64).
11. Sternum lang und schmal. Beim Männchen Pseudopenis lang, Penis ein breiter ovaler Ring. Basalplatte sehr schmal und tief gegabelt (Abb. 46 B); vordere Gonapophysen des Weibchens am Hinterrande schwach ausgebuchtet, ohne Innenwinkel, deshalb nur schwach zahnartig vorragend (Abb. 46 B$_1$). Körperlänge 2−3,5 mm. Auf Ziege . . . . . .
. . . . Ziegenlaus, *Linognathus stenopsis* (BURMEISTER, 1839)
– Sternum fehlt. Beim Männchen Pseudopenis ein kurzer Zapfen, Penis ein langovaler sehr schmaler Ring. Basalplatte breit und gegabelt (Abb. 46 C); vordere Gonapophysen des Weibchens am Hinterrande nahe den Innenwinkeln tief ausgebuchtet, die Innenwinkel dadurch stark hakenförmig vorragend (Abb. 46 C$_1$). Körperlänge 2−3 mm (Abb. 44 C). Auf Rind . . . . Langköpfige Rinderlaus, *Linognathus vituli* (LINNAEUS, 1758)
12. Läuse leben besonders am Hinterkopf auf der Kopfhaut und an den Kopfhaaren, woran sie auch in der Regel ihre Eier (Nissen) ankleben, nur ausnahmsweise bei sehr starker

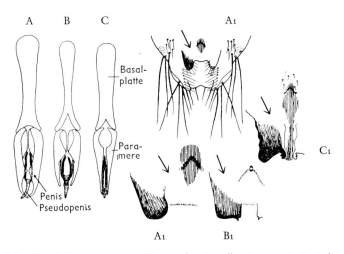

Abb. 46: Männlicher Kopulationsapparat von *Linognathus* A *ovillus*, B *stenopis*, C *vituli* (nach FREUD), A$_1$ Hinterleibsende des Weibchens von *L. ovillus* mit Gonapophysen (auf der linken Seite schraffiert) und Genitalfleck (zwischen beiden ein Pfeil), darunter Gonapophyse und Genitalfleck stärker vergrößert, B$_1$ dasselbe bei *L. stenopis* und C$_1$ *L. vituli* (in Anlehnung an FERRIS).

Verlausung auch an Körperhaare und an den Stoff von Kopfbedeckungen und Halstüchern. Durchschnittlich kleinere Läuse mit (besonders beim Weibchen) scharf eingekerbten Hinterleibsringen. Durchschnittliche Länge der Tibia des mittleren Beinpaares beim ♂ 0.291 (nach anderer Messung 0,32) und beim ♀ 0,296 mm, Körperlänge beim ♂ 2,0−3,0 und beim ♀ 2,4−4,3 mm (Abb. 42 A, A') . . **Kopflaus,** *Pediculus capitis* DE GEER, 1778

Siehe Bemerkung zur folgenden Art

− Läuse leben vorwiegend auf der Körperhaut und den Körperhaaren. Sie legen ihre Eier hauptsächlich auf der Innenseite der dem Körper anliegenden Wäsche ab. Durchschnittlich größere Läuse mit nur schwach eingekerbten Hinterleibsringen. Durchschnittliche Länge der Tibia des mittleren Beinpaares beim ♂ 0,421 (nach anderer Messung 0,41) und beim ♀ 0,425 mm, Körperlänge beim ♂ 2,3−3,8 und beim ♀ 2,7−4,4 mm (Abb. 42 B, B')
. . . . **Kleiderlaus,** *Pediculus humanus* LINNAEUS, 1758

Kopf- und Kleiderlaus wurden jahrzehntelang nur als biologische Rassen oder Unterarten einer Art *(P. humanus capitis* und *P. humanus humanus)* aufgefaßt, weil sich ihre morphologischen Merkmale in den Grenzzonen ihrer Variabilität überschneiden und fruchtbare Kreuzungen möglich sind. Jetzt neigt man wieder mehr zu der Auffassung, daß sie zwei gute Arten darstellen. Über diese Problematik siehe F. WEYER (Bundesgesundheitsbl. 24: 189−193, 1981). Die Längenangaben zeigen in der Literatur deshalb so große Schwankungen, weil sich der Hinterleib je nach dem Zustand der Läuse bei der Messung (lebend, hungrig, mit Blut vollgesogen, konserviert, als mikroskopisches Präparat hergerichtet) stark verändert. Am wenigsten veränderlich ist die Länge der Tibia des 2. (mittleren) Beinpaares. Kopfläuse sind oft dunkler als Kleiderläuse, doch hängt die starke Variabilität ihrer Färbung auch von der Farbe des Untergrundes ab, worauf sie leben. Die Kopfläuse sind in Mitteleuropa verbreiteter als die Kleiderläuse, die sich aber im einzelnen Fall massenhafter vermehren. Beide werden häufiger, wenn die Körperhygiene nicht genügend gepflegt wird und durch gemeinsame Benutzung von Kleidungsstücken, Haarbürsten, usw. die Übertragung gefördert wird. Bei Massenbefall durch Kopfläuse können die Haare durch Nissenkitt und Exsudate der Kopfhaut zu einem Weichselzopf verfilzen. Beide Arten, nicht nur die Kleiderlaus, wie immer noch behauptet wird, können die Erreger vom Europäischen Rückfallfieber *(Borellia recurrentis),* klassischen Fleckfieber *(Rickettsia prowazekii)* und wolhynischen Fieber *(Rochalimaea quintana)* übertragen, aber keine anderen Krankheiten.

14. An Zimmerpflanzen saugende Insekten nach den Schadbildern

Mit Zimmerpflanzen kommen verschiedene Insektenarten gelegentlich in die Wohnungen, die sich dort weiter vermehren und auch auf andere Zimmerpflanzen übergehen können, besonders wenn die Kulturbedingungen für die Pflanzen nicht optimal sind. Sie werden von zwei ökologisch verschiedenen Gruppen gebildet. Die eine enthält Arten, die in der Blumentopferde leben und sich meistens von abgestorbenen und vermodernden Pflanzenteilen ernähren, aber nur selten lebendes Pflanzengewebe (Keimlinge, zarte Wurzeln) angreifen. Manche fressen auch Bakterien, Pilze, Algen und Flechten. Hierher gehören die Springschwänze (Tabelle 4), einige Staubläuse (Tabelle 10), die Larven von *Trox-* (Tabelle 42) und *Otiorhynchus*-Arten (Tabelle 45) sowie die Maden von Trauer-, Dung- und Haarmücken (Tabelle 62 und 65). Auch die zu den Ringelwürmern (Annelida) gehörenden **Regenwürmer** *(Lumbricus*-Arten) sollen hier erwähnt werden, die nicht schädlich, sondern eher nützlich sind, weil sie in größeren Blumentöpfen den Boden auflockern und für seine Durchlüftung sorgen. Die andere Gruppe umfaßt die Insekten mit stechend-saugenden Mundwerkzeugen, die entweder das Plasma aus den Pflanzenzellen oder den Pflanzensaft aus den Gefäßen saugen und so die Zierpflanzen durch Erzeugung von Verfärbungen, Blattkräuselungen, Wachstumshemmung, Vertrocknung unnd Verunreinigungen durch Kot und Honigtau, der Grundlage für Pilzwachstum, schädigen und bei starkem Befall abtöten. Hierher gehören die **Fransenflügler,** *Thysanoptera* und die **Pflanzensauger,** *Sternorrhyncha,* eine Gruppe der Schnabelkerfe. Ihre

Unterscheidungsmerkmale sollen, soweit sie für den Praktiker von Bedeutung sind, vor allem schon an ihren Schadbildern aufgezeigt werden.

Die Zimmerpflanzen kommen zum großen Teil aus Gewächshäusern, wohin viele Insektenarten mit ausländischen, besonders auch tropischen Zierpflanzen eingeschleppt werden und sich unter den dort herrschenden künstlichen Klimabedingungen weitervermehren können. Da sie meistens polyphag sind, befallen sie auch andere Pflanzenarten im Gewächshaus, auf denen sie oft bessere Lebensbedingungen finden als auf ihren Wirten, mit denen sie eingeschleppt wurden. Durch neue Pflanzenarten, die im Blumenhandel modern werden, können auch immer wieder andere Insektenarten eingeschleppt werden. So ist die Gewächshausfauna ziemlich reichhaltig, wenn auch die einzelnen Arten oft nur selten gefunden werden. So nennen z. B. EICHLER 1952 und ZAHRADNIK 1968 (zit. nach KLAUSNITZER 1988) allein 69 bzw. 70 Schildlausarten aus mitteleuropäischen Gewächshäusern. Trotzdem ist aber heute die Gefahr gering, daß mit Zimmerpflanzen vom Blumenhandel schädliche Insekten bezogen werden können, da in der Regel von ihm schon in seinem eigenen Interesse auf die Lieferung einwandfreier Blumen und Pflanzen durch Vorbeuge- und Bekämpfungsmaßnahmen gesorgt wird. Trotzdem können aber immer wieder weitverbreitete und häufige Schädlinge an den häufigsten Zimmerpflanzen gelegentlich in Massen auftreten, ganz besonders, wenn sie auch im Freien vorkommen können und die Zimmerpflanzen durch jahrelange Hauspflege geschwächt sind. Nur auf solche Fälle kann sich die vorliegende Tabelle beschränken, auch ist es nicht möglich, auf die Artmerkmale immer einzugehen, weil diese sehr schwierig zu studieren sind und besondere Studien nötig machen. Für wissenschaftliche Aussagen muß die Bestimmung auf jeden Fall einem erfahrenen Spezialisten überlassen werden. Die Einschleppung bisher in Mitteleuropa noch nicht festgestellter Arten ist jederzeit gegeben.

1. Schäden an Wasserpflanzen in Warmwasseraquarien (28 °C): an den völlig untergetauchten Wasserkelchpflanzen-, *Cryptocoryne*-Arten (Aronstabgewächse, *Araceae*) kümmern die Blätter, kräuseln sich vom Rand her und verfaulen schließlich . . . .
. . . . **Tarothrips**, *Organothrips bianchii* HOOD, 1940 *(Thripidae)*
   Weibchen geflügelt, Männchen flügellos, charakteristisch ein fünffingeriger Putzsporn an der Spitze der Vorderschiene; Körperlänge 1,0–1,4 mm; ganzer Lebenszyklus verläuft unter Wasser. Heimat Südseeinseln (E. TITSCHACK 1969: Anz. Schädlingsk. Pflanzenschutz, **42** (1): 1–6).
– Schäden an Topf-, Kübel- und Schalenpflanzen in Zimmern 2
2. Pflanzen, besonders die Blätter, durch einen klebrigen, lackartigen, meistens rußartig aussehenden Überzug verschmutzt. Es ist dieses der von Pflanzensaugern reichlich abgegebene, oft weit weggespritzte, zuckerhaltige Kot (Honigtau), der häufig von **Rußtaupilzen** *(Capnodium*-Arten) besiedelt wird, deren dichtes dunkles Myzel die Blätter zum Absterben bringen kann 3
– Pflanzen nicht mit Honig- oder Rußtau verschmutzt 5
3. Honigtauerzeuger mit kreideweißen Wachsausscheidungen 4
– Honigtauerzeuger ohne Wachsausscheidungen (nicht auf Zimmerpflanzen zu erwartende Arten können einen feinen oder lockeren bläulichweißen Wachsbelag zeigen), oft dicht gedrängt sitzend, meistens ungeflügelte, seltener oder nur zeitweise auch geflügelte Tiere von ovaler bis runder, oben meistens stark gewölbter Körpergestalt und langen Beinen mit 2 Fußgliedern und 2 Klauen am letzten Fußglied, etwa vorhandene Flügel durchsichtig mit einfachem Geäder, Vorderflügel bedeutend größer als die Hinterflügel, charakteristisches Kennzeichen die beiden Hinterleibsröhrchen (Siphonen) . . . .
. . . . . . **Röhrenläuse**, *Aphididae* (Familie der Blattläuse, *Aphidina*) (siehe Tabelle 15)
4. 1–2 mm große, vollständig mit weißem Wachs dicht bepuderte geflügelte Insekten, die in ihrem Aussehen mit ihren auf dem Rücken dachförmig zusammengelegten vier fast gleich ausgebildeten und gleich langen Flügeln an kleine Motten erinnern. Sie sitzen auf der Unterseite weicher, krautiger Blätter meistens in großer Zahl und fliegen bei Berührung der Pflanze auf, um sich bald wieder auf ihr niederzulassen. Meistens sind sie von ihren zuerst blaßgelben, später dunkelbraunen, im Blattgewebe verankerten Eiern und ihren zuerst noch beweglichen, vom 2. Stadium an aber durch fortschreitende Rückbildung von Beinen und Fühlern festsitzenden Larven umgeben. Diese sind oval, abgeplattet, gelbgrün und mit Wachsausscheidungen bedeckt, die im letzten (4.) Larvenstadium ein dosenförmi-

ges, von Rücken- und Seitenborsten geschütztes Puparium bilden, woraus später die Imago schlüpft (Abb. 49 A—G). Die Blätter werden durch das Saugen aller Stadien mit Ausnahme des 4. Larvenstadiums gelbfleckig und können schließlich ganz vergilben und vertrocknen. . . . . **Weiße Fliege,** *Trialeurodes vaporariorum* (WESTWOOD, 1856) (Mottenschildläuse, *Aleyrodina*)

<small>Als Wirte wurden Pflanzen aus fast 30 Familien festgestellt, von den Zimmerpflanzen sind besonders bevorzugt Azalee (*Azalea indica* Hort.), Großblütige Edelpelargonie (*Pelargonium grandiflorum* Hort.), Mexikanischer Leberbalsam, Blausternchen *(Ageratum houstonianum)*, Heliotrop *(Heliotropium peruvianum* L. und *H. corymbifolium* Rutz. et Pav.), Fuchsie *(Fuchsia* spp.), Schwertfarn *(Nephrolepis exalta* Schott und *N. cordifolia* Presl.) Frauenhaarfarn *(Adiantum* spp.) u. a. m., auch Orchideen [auf diesen kommt gelegentlich auch die Blattlaus *Cerataphis orchidearum* (WESTWOOD, 1879) vor, deren schwarze, fast kreisförmige, mit einem Wachssaum vollständig umgebene, festsitzende ungeflügelte Stadien (1—1,5 mm) eine gewisse Ähnlichkeit mit den festsitzenden Larvenstadien von Aleyrodiden haben]. Im Sommer besiedeln sie auch Freilandpflanzen.</small>

— 3—6 mm große ungeflügelte Insekten, deren Körper gegliedert und mit Wachs bepudert ist oder ungegliedert und dann ohne Wachsbelag. Die erwachsenen Weibchen sind festsitzend und haben einen Eisack aus Wachs am Hinterende. . . . . **Schildläuse,** *Coccina* (siehe Tabelle 15 unter 20)

5. Die Erreger der Schädigungen an Zimmerpflanzen sind infolge ihrer Größe und auffallenden Form oder/und ihrer großen Anzahl, wodurch sie einen mehr oder minder dichten Besatz auf der Pflanze bilden, leicht festzustellen . . . . **Blattläuse,** *Aphidina* und **Schildläuse,** *Coccina* (siehe Tabelle 15)

— Die Erreger der Schädigungen an Zimmerpflanzen sind infolge ihrer Unscheinbarkeit und verborgenen Lebensweise nur schlecht zu finden 6

6. Auf den Blättern erscheinen durch Aussaugen der Zelleninhalte verursachte winzig kleine gelbliche bis grauweißliche Flecken, die sich allmählich über die ganze Blattfläche ausdehnen und ihr ein gesprenkeltes Aussehen geben. Die Blätter werden schließlich gelblichgrau, verkrümmen sich, vertrocknen und fallen ab 7

— Auf Blättern, Zweigen und Stamm sitzen dicht beieinander 0,8—4 mm große, weiße, gelbe, braune, graue oder schwarze rundliche, ovale, birn- bis miesmuschelähnliche oder spindelartige Gebilde, die unten flach, oben aber etwas gewölbt sind und sich von der Unterlage abheben lassen; unter jedem Schild befindet sich ein flaches, gelbliches, rötliches oder weißliches Tier, dessen Hinterleib gewöhnlich eine Segmentierung erkennen läßt. Sein langer Saugrüssel haftet tief im pflanzlichen Gewebe (Abb. 49 T) . . . . **Deckelschildläuse,** *Diaspididae (Coccina)* (Tabelle 15 unter 28)

<small>Nicht verwechseln mit kleinen, rostroten oder schokoladebraunen Pusteln, die von Rostpilzen *(Uredinales)* erzeugt werden und aus dem Pflanzengewebe hervorkommen!</small>

7. Die befallenen Blätter sind von einem sehr feinen Gespinst weißer Fäden überzogen, worunter die mit bloßem Auge kaum erkennbaren, bis 0,5 mm großen ovalen weißlichen, gelblichen, grünlichen oder rotbraunen 8beinigen Tiere mit ihren Entwicklungsstadien sitzen. Da sie gewöhnlich von der Blattunterseite her die Zellen anstechen und aussaugen, macht sich der Befall durch Erscheinen von Weißfleckigkeit auf der Blattoberseite zuerst besonders in den Nervenwinkeln bemerkbar . . . . **Spinnmilben, Rote Spinnen,** *Tetranychidae*

<small>Die genaue Artbestimmung ist sehr schwierig und bedarf eines Spezialstudiums.</small>

— Die befallenen Blätter sind nicht von einem sehr feinen Gespinst überzogen. Neben den kleinen hellen Saugstellen, die häufig mit Luft gefüllt sind und daher Silberglanz haben, finden sich dunkelgefärbte bis schwarze glänzende, schwach erhabene Kotflecken der Schädlinge. Neben Vergilbung kann auch Bräunung, Verkorkung oder Schorfigwerden und Vertrocknen der befallenen Pflanzenteile eintreten. Um die kleinen Erreger nachwei-

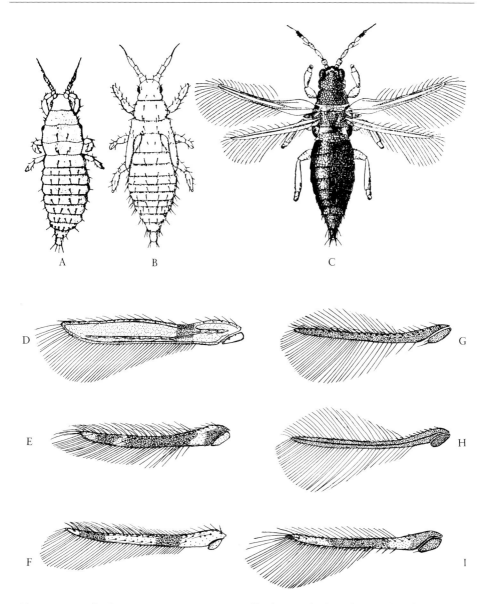

Abb. 47: Fransenflügler: A Larve, B Vorpuppe, C Vollkerf von *Heliothrips haemorrhoidalis*, D—I linker Vorderflügel (schematisch) von D *Parthenothrips dracaenae*, E *Hercinothrips femoralis*, F *Hercinothrips bicinctus*, G *Scirtothrips lonipennis*, H *Leucothrips nigripennis*, I *Chaetanaphothrips orchidii* (A—C aus SORAUER, 1949; D—I gez. von U. FRERICHS).

sen zu können, empfiehlt es sich, die befallsverdächtigen Pflanzenteile über einer weißen Unterlage auszuklopfen. Es sind 0,5–5 mm große, etwas abgeflachte, schlanke, gut gegliederte, gelbe, braune, rote oder schwarze Insekten mit außerordentlich schmalen, bandförmigen und nur spärlich mit Adern versehenen Flügeln, die in der Ruhe flach auf den Hinterleib gelegt werden; die Vorderflügel sind größer und meistens auch derber als die Hinterflügel und immer, auch die Hinterflügel häufig lang und fransenartig behaart, wodurch die Tragfläche für den Flug vergrößert wird. Besonders bei den Weibchen ist aber auch Reduktion der Flügel häufig. Am Vorderrand des Kopfes sitzen zwischen den großen Komplexaugen einander sehr genähert die 6–9gliedrigen Fühler. Die sehr komplizierten, asymmetrisch ausgebildeten stechend-saugenden Mundwerkzeuge liegen auf der Unterseite des Kopfes an seinem Hinterrand und sind schräg nach hinten gerichtet. Die Beine haben 1 bis 2 Fußglieder, von denen das letzte bei den Vollkerfen zwischen den stumpfen, rückgebildeten Krallen einen großen, in der Ruhe becherförmig zusammengefalteten Lappen besitzt, der durch Muskeln zu einer Haftscheibe ausgebreitet werden kann (Abb. 13 A, B). (Es handelt sich nicht um eine durch Blutdruck ausstülpbare Drüse, wie man früher fälschlich angenommen hatte und weshalb auch jetzt noch zu Unrecht die Tiere als «Blasenfüßer» bezeichnet werden). Die Weibchen besitzen am Ende ihres schlanken, aus 10 Körperringen bestehenden Hinterleibs unterseits einen nach abwärts gebogenen Legebohrer, mit welchem sie ihre Eier in das pflanzliche Gewebe ablegen. Die Vermehrung erfolgt häufig durch Jungfernzeugung, weshalb dann Männchen selten sind oder ganz fehlen. Die Larven (Abb. 47 A) sind den Vollkerfen ähnlich, blaß gelblich weiß, später kräftiger gefärbt, aber noch flügellos, haben 6- oder 7gliederige Fühler und mit den Fußgliedern verschmolzene Schienen, nach 2 Häutungen entsteht die bewegliche Vorpuppe (Abb. 47 B) und aus ihr das ebenfalls bewegliche Puppenstadium, in dem die Fühler meistens rückwärts umgeschlagen sind. In beiden Stadien treten Flügelscheiden auf, die im letzten länger sind. Sie nehmen keine Nahrung auf und ziehen sich in Schlupfwinkel wie Blattscheiden und Nervenwinkel oder in die Erde zurück (Abb. 13 und 47) . . . .
. . . . **Fransenflügler,** *Thysanoptera*: Unterordnung, *Terebrantia, Thripidae* 8
Schöne Übersicht über die fremdländischen Fransenflügler in Gewächshäusern Mitteleuropas von R. Zur Strassen, 1986 in Gesunde Pflanzen, 36 (3): 91–98 mit vorzüglichen Habitusbildern.

8. Körper der Vollkerfe mit kräftiger netzförmiger Oberflächenskulptur, letztes Fühlerglied nadelförmig lang und dünn. Fühler der Larven 7gliedrig 9
– Körper der Vollkerfe ohne Oberflächenskulptur oder nur mit feinen Querlinien, letztes Fühlerglied nicht nadelförmig. Fühler der Larven 6gliedrig 12
9. Vorderflügel leistenförmig, an der Spitze abgeschrägt, nach dem basalen Drittel deutlich verengt, an dieser Stelle mit einer dunklen Querbinde. Flügelfläche fein netzartig gemustert, Vorderrand der Vorderflügel ohne Fransen (Abb. 47 D). Fühler 7gliedrig, Körper hellbraun, oft mit dunkelbraunem Hinterleib, Tibien hell. Körperlänge der Weibchen 1,2–1,5 mm, der Männchen 1,1–1,3 mm . . . . . . **Gebänderter Gewächshausthrips, Palmenthrips, Drazänenthrips,** *Parthenothrips dracaenae* (Heeger, 1854)
In Gewächshäusern weltweit verbreitet, außerdem an wenig oder nicht gepflegten Pflanzen in während der kalten Jahreszeit mäßig temperierten Räumen in Gebäuden, wie Eingangshallen, Treppenhäusern, Fluren usw.; polyphag, besonders an Zimmer-Aralie (*Fatsia japonica* Decne. et. Planch.), *Azalea indica*, Begonien, Wunderstrauch, «Croton» (*Codiaeum variegatum* Br.), Drachenlilie (*Dracaena* spp.), Gummibaum (*Ficus elastica* Roxb. u. a. spp.), Palmen (*Kentia, Pandanus, Phoenix*), Calla (*Zantedeschia aethiopica* Spr.), *Anthurium*, Dreimasterblume *(Tradescantia)*.
– Vorderflügel von der Basis zur Spitze gleichmäßig zugespitzt (Abb. 47 C, E, F); Fühler 8gliedrig 10
10. Vorderflügel ohne dunkle Binden. Körper dunkelbraun bis fast schwarz, Hinterleibsspitze

rötlich aufgehellt, oft der ganze Hinterleib heller als der Vorderkörper. Extremitäten hellgelb bis weiß. Körperlänge der Weibchen 1,3 – 1,6 mm (Abb. 47 C). Männchen kommen bei uns nicht vor . . . . **Schwarzer Gewächshausthrips, Schwarze Fliege**, *Heliothrips haemorrhoidalis* (BOUCHÉ, 1833)

<small>Weltweit verbreitet, in Mitteleuropa aber nur in warmen Innenräumen sehr polyphag an fast allen Zimmerpflanzenarten, meistens auf der Blattunterseite</small>

– Vorderflügel mit 2 oder 3 dunklen Querbinden 11
11. Vorderflügel mit 3 dunklen Querbinden, von denen die mittlere mehr als doppelt so lang wie die basale oder apikale ist (Abb. 47 E). Körper braun bis dunkelbraun, Kopf und Brust stellenweise fleckig, Hinterleibsspitze aufgehellt. Fühler zweifarbig gelb und braun, die letzten 3 Glieder braun. Körperlänge der Weibchen 1,3 – 1,6 mm, der Männchen 1,1 – 1,3 mm . . . . **Brauner** oder **Langbinden-Gewächshausthrips, Chrysanthementhrips,** *Hercinothrips femoralis* O. M. REUTER, 1891)

<small>verbreitet in den Tropen und Subtropen, vielfach nach Mitteleuropa verschleppt, dort aber nur in Innenräumen überlebend, sehr polyphager Blattbewohner, besonders an Amaryllidaceae, aber auch anderen Zimmerpflanzen.</small>

– Vorderflügel mit 2 dunklen Querbinden; der helle Zwischenraum zwischen beiden ist doppelt so lang wie eine der dunklen Binden (Abb. 47 F). Kopf und Brust heller als der Hinterleib, gelb und braun gefleckt, Hinterleib meist dunkelbraun mit gelbbrauner Spitze, auf dem Rücken in der Mitte seltener auch etwas aufgehellt. Fühler hellgelb, nur das 2. und letzte Glied etwas bräunlich. Körperlänge der Weibchen 1,3 – 1,8 mm, der Männchen 1,1 – 1,4 mm. . . . .
. . . . **Kurzbinden-Gewächshausthrips,** *Hercinothrips bicinctus* (BAGNALL, 1913)

<small>verbreitet in den Tropen und Subtropen, vielfach nach Mitteleuropa verschleppt, dort aber nur in Innenräumen überlebend, polyphager Blattbewohner an vielen Zimmerpflanzen ähnlich wie die vorhergehende Art, in Hamburg z. B. an *Aspidistra elatior* BLUME und *Anthurium acaule* POEPPING gefunden.</small>

12. Fühler 7gliedrig, mit langem und schlankem Endglied, braun, 1. Glied am hellsten, 2. am dunkelsten. Körper zart, hellgelb, manchmal der Brustabschnitt mit orangefarbenen Chromatophoren (Farbzellen); Vorderflügel nur mit einer Ader und besonders langen geraden Fransen am Vorderrand, dunkelgraubraun (Abb. 47 H), Hinterflügel blaß mit dunkler Längsader. Nur Weibchen bekannt. Körperlänge 0,9 – 1,1 mm . . . .
. . . . **Farnthrips,** *Leucothrips nigripennis* O. M. REUTER, 1904.

<small>Heimat vermutlich Tropen der Neuen Welt. Fast nur in Gewächshäusern beobachtet. Heute selten. Nur an Farnen.</small>

– Fühler 8gliedrig 13
13. Vorderflügel einheitlich dunkel (Abb. 47 G). Körper hellgelb bis weiß, Kopf mit schwarz gefärbten Augen, dazwischen bräunlich. Halsschild mit feinen Querstreifen, Rücken des Hinterleibs mit einer braunen Querlinie am Vorderrand von 5 oder 6 Segmenten. Nur Weibchen bekannt. Körperlänge 0,9 – 1,0 mm . . . . **Begonienthrips,** *Scirtothrips longipennis* (BAGNALL, 1909).

<small>Wahrscheinlich aus den Tropen und Subtropen stammend, hauptsächlich in Gewächshäusern auftretend, polyphager Blattbewohner, wahrscheinlich Verursacher der Bildung unregelmäßig geschlängelter, rotbrauner, verkorkter Linien auf der Oberseite der Blätter von Begonien und Alpenveilchen. – Braune fleckenhafte Verkorkungen auf der Blattunterseite, entlang der Hauptadern, auch an Blattstielen und Stengeln bei Anwesenheit von Silberglanz und dunklen Kotflecken rühren von anderen Fransenflüglerarten her.</small>

– Vorderflügel an der Basis mit kurzem graubraunen Band, das auch auf die Flügelschuppe übergreift, und im 3. und 4. Fünftel seiner Länge ebenfalls mit einem braunen Band (Abb. 47 J). Körper hellgelb mit schwarzen Augen, ohne braune Querlinien auf dem Rücken des Hinterleibs. Nur Weibchen bekannt. Körperlänge 1,0 – 1,3 mm. . . . .
. . . . **Orchideenthrips,** *Chaetanaphothrips orchidii* (MOULTON, 1907)

<small>Aus den Tropen oder Subtropen verschleppt, bei uns nur in Innenräumen; polyphager Blattbewohner, an vielen Zimmerpflanzen wie Alpenveilchen, Begonien, *Tradescantia, Amaranthus* und Orchideen.</small>

15. Pflanzensauger, Homoptera, Sternorrhyncha

Die Pflanzensauger gehören zu den **Schnabelkerfen** *(Hemiptera, Hemipteroidea, Rhynchota)*, von deren Mundteilen die Ober- und Mittelkiefer als Stechborsten und die Unterlippe als rinnen- bis rohrförmiger Rüssel ausgebildet sind, in dem die Stechborsten laufen. Er entspringt bei den **Wanzen** *(Heteroptera)* (Tabelle 16) an der Spitze des Kopfes (Abb. 48 B) und bei den **Pflanzensaugern** *(Homoptera)* auf seiner Unterseite (Abb. 48 A). Zu letzteren gehören die **Zikaden** *(Auchenorrhyncha)*, die nicht in Häusern vorkommen und daher in diesen Tabellen unberücksichtigt bleiben können, und die **Pflanzensauger** im engeren Sinn *(Sternorrhyncha)*, von denen Vertreter dreier Überfamilien, der **Blattläuse** *Aphidina)*, **Mottenschildläuse** *(Aleyrodina)* und **Schildläuse** *(Coccina)* in Häusern an Zimmerpflanzen oder in Kellern an eingelagerten Kartoffeln, Zwiebeln und anderen Feldfrüchten vorkommen können. Es handelt sich dabei nur um sehr kleine Insekten mit einer Körperlänge unter 5 mm, nur bei wenigen Schildläusen können die Weibchen durch Ausscheiden eines Eisackes aus Wachs bis zu 10 mm lang werden. Trotz ihrer Kleinheit fallen diese Insekten durch ihr Massenauftreten und durch die Schädigung ihrer Wirtspflanzen (Tabelle 14) unangenehm auf.

1. Pflanzensauger ohne Hinterleibsröhren 19
- Pflanzensauger mit 2 seitlich am Hinterleib nahe seinem Ende entspringenden, mehr oder weniger langen Hinterleibs- oder Rückenröhren (Siphonen) und einem vom übrigen Hinterleib abgegrenzten letzten Segment, dessen Rückenplatte, die obere Afterklappe, bei den Larven einfach und kurz, bei den erwachsenen Tieren aber gattungscharakteristisch lang und geformt ist. Es wird als Schwänzchen (Cauda) bezeichnet. Die Beine sind lang und schlank mit 2gliedrigen Füßen und 2 Krallen am letzten Fußglied. Es gibt bei jeder Art geflügelte und ungeflügelte erwachsene Tiere. Die Flügel sind durchsichtig, die Vorderflügel bedeutend größer als die Hinterflügel. Bei den ungeflügelten Erwachsenen ist die Körpergliederung oft weniger ausgeprägt als bei den geflügelten. . . . .
. . . . **Röhrenläuse**, *Aphididae (Aphidina)* 2

a) Bei den bei uns heimischen Arten treten im Herbst Männchen und Weibchen (Sexuales) auf, die nach der Begattung wenige (höchstens 14/♀) Eier ablegen, die überwintern. Daraus entstehen nur Weibchen, die als Fundatrices (Stammütter einer neuen Generationenfolge) bedeutend mehr Nachkommen haben (100 bis über 300/♀), die sie bereits bis zum Larvenstadium entwickelt zur Welt bringen (sie sind vivipar) und die nur aus Weibchen bestehen, die sich über mehrere Generationen durch parthenogenetisch erzeugten Jungfern (Virginoparae) vermehren. Diese sind meistens ungeflügelt (Virginoparae apterae), zeitweilig aber auch geflügelt (Virginoparae alatae). Erst später treten Sexuparae auf, Weibchen, die Männchen und Weibchen hervorbringen. Dieser Generationswechsel ist normalerweise mit einem Wirtswechsel verbunden, indem die Wintereier nur an einer oder wenigen ausdauernden Pflanzenarten abgelegt werden können, während die geflügelten Jungfern im Frühjahr als Wanderläuse (Migrantes) vorwiegend einjährige Pflanzen aufsuchen, um dort die Sommergenerationen zu entwickeln, die meistens sehr polyphag sind. Diese vollständige Blattlausentwicklung wird als **Holozyklie** und die Blattlausarten als holozyklische bezeichnet.

b) Bei aus fremden Ländern eingeschleppten Blattlausarten hat sich eine **Anholozyklie** entwickelt, indem ihre ganze Entwicklung nur auf den Sommerwirten parthenogenetisch durch Virginoparae alatae und apterae erfolgt. Die Entwicklung von Männchen, Weibchen, Winterei und Fundatrix unterbleibt. Diese Arten können in Kellern, Lagerhäusern und Gewächshäusern jahrelang überleben, solange sie zum Saugen geeignete Pflanzen vorfinden.
Der plötzliche Befall von Zimmerpflanzen erklärt sich oft durch Zuflug geflügelter, fortpflanzungsfähiger Weibchen aus dem Freiland. Die durch die Blattläuse hervorgerufenen Schäden können sich auf Entzug der im Pflanzensaft transportierten Nährstoffe beschränken, wodurch bis auf Verfärbungen keine äußerlich sichtbaren pathologischen Veränderungen hervorgerufen werden. Erst bei Massenauftreten erscheinen Wachstumshemmungen und Welkeerscheinungen. Andere Arten erzeugen durch ihren Speichel Triebstauchungen, Kräuselungen und andere Mißbildungen an Blättern und Blüten. Viele Blattlausarten bevorzugen die Blattunterseite, manche besonders in Bodennähe. Andere sammeln sich an den Triebspitzen. Arten, die ihren Kot wegspritzen, verschmutzen die Pflanzen erheblich und fördern die schädlichen Rußtaupilze (s. Tabelle 14). Sehr bedeutend kann die Schadwirkung werden, wenn die Arten Überträger von Krankheitserregern, insbesondere Viren sind. Die Zimmerpflanzen, besonders die

«Blattlausblumen» wie Zinerarien *(Senecio hybridus)*, Pantoffelblumen *(Calceolaria* spp.) und Zierspargel *(Asparagus sprengeri* REG.), sind bei falscher Pflege mit zu großer Trockenheit und Wärme für Blattlausbefall sehr empfindlich. Eine schöne Übersicht über die Zimmerpflanzenschädlinge findet sich in MÜLLER, F. P., 1955: Blattläuse. Neue Brehm-Bücherei Nr. 149. 144 S. Wittenberg Lutherstadt.
Die Nomenklatur der Blattläuse ist schwierig und umstritten. Es liegt dieses an der verschiedenen Auffassung des Artbegriffes. Während CARL BÖRNER seine Arten aufgrund zahlreicher kritischer Zuchtexperimente aufgestellt hat, gründet sich die Artauffassung von D. HILLE RIS LAMBERS allein auf eindeutige morphologische Merkmale. Mit Recht hält BÖRNER seine Artauffassung für den angewandt arbeitenden und forschenden Entomologen für zweckmäßiger. Daher und auch aus praktischen Erwägungen werden in dieser Tabelle die Namen der Bearbeitung der Blattläuse durch C. BÖRNER und K. HEINZE 1957 in SORAUER, P. Handbuch der Pflanzenkrankheiten 5 Tierische Schädlinge an Nutzpflanzen 2. Teil, 4. Lieferung Homoptera II. Teil: 1–402 (Berlin u. Hamburg) benutzt, die ausführliche Informationen bringt und zur Spezialliteratur führt. Weil aber in neuerer Literatur vielfach auch die Nomenklatur von EASTOP, V. F., HILLE RIS LAMBERS, D., 1976: Survey of the world's aphids, 573 S. The Hague gebraucht wird, wird diese, soweit sie abweicht, in eckigen Klammern beigefügt.

2. In Kellern und Lagerhäusern an Kartoffeln, Zwiebeln und anderen Feldfrüchten auftretende Blattläuse 3
– An Zimmerpflanzen vorkommende Blattläuse 6
3. Hinterleibsröhren groß und schwarz, in ihren Endhälften stark keulig aufgetrieben mit einem aufgesetzten engen Endstück. Erwachsene Tiere grün mit einem großen olivbraunen oder schwärzlichen Rückenfleck (Abb. 48 C und D). Körperlänge etwa 2 mm . . . . .
. . . . **Kellerlaus,** *Rhopalosiphoninus latysiphon* (DAVIDSON, 1912)
Heimat USA, in Deutschland seit Winter 1943/44 bekannt, anholozyklisch, im Halbdunkel von Kellern und Lagerhäusern an lagernden (Saat-)Kartoffeln: Massenvermehrung zum Ausgang des Winters und im Frühling an den Dunkelkeimen, wodurch den Kartoffeln erhebliche Nährstoffmengen entzogen werden und ihre Schrumpfung beschleunigt wird. Die starken Kotausscheidungen der Läuse führen zu einer starken Vernässung der Knollen und begünstigen ihre Fäulnis. Im Mai Entwicklung zahlreicher geflügelter Weibchen, die an den Fenstern gefunden werden und durch Öffnungen ins Freie streben. Zu anderen Zeiten sind Geflügelte selten. Nach Entfernung der Kartoffeln ist Überleben der Läuse an anderen lagernden Feldfrüchten (z. B. Möhren, Sellerie, Porree, Petersilie, Futter- und Zuckerrüben, Salat, Kohl) möglich.

– Hinterleibsröhren nicht so stark keulig aufgetrieben, nicht schwarz 4
4. Hinterleibsröhren der Virginoparae schmalkeulig, Kopf mit deutlich nach der Mitte vorgezogenen Stirnhöckern, auf denen die Fühler eingelenkt sind (Abb. 48 E, F, H) 5
– Hinterleibsröhren nicht keulig, zylindrisch, schlank, das lange Schwänzchen nicht überragend (Abb. 48 G). Körper bei den Erwachsenen leuchtend, bei den Larven aber durch sehr feine Wachsbepuderung matt grün mit einem dunklen Längsstreifen auf dem Rücken. Körperlänge der Ungeflügelten etwa 2,7 und der Geflügelten bis über 3 mm . . . .
. . . . . . **Gestreifte (Große) Kartoffel(blatt)laus,** *Macrosiphon solani* (KITTEL, 1827)
[= *(Siphonophora) solanifolii* ASHMEAD, 1882]
Anholozyklisch in Mitteleuropa besonders aus Gärtnereien, Kartoffel- und Gemüsekellern bekannt, wo sie an Kartoffeln, *Beta*-Rüben und Kohl lästig wird. In Gewächshäusern bevorzugt sie Zinerarien, woran sie in den Wintermonaten rasch zu Massenvermehrung kommt.

5. Hinterleibsröhren der Virginoparae kurz, die Schwänzchenbasis kaum erreichend (Abb. 48 E), bei den Ungeflügelten kürzer als das 3. Fühlerglied, bei den Geflügelten kürzer als seine Hälfte. Ungeflügelte blaß bräunlich- bis bläulichgrün, Geflügelte fast schwarz. Körperlänge der Ungeflügelten 1,5 mm, der Geflügelten 2 mm . . . . **Charlotten-** oder
Zwiebellaus, *Rhopalomyzus [Myzus (Nectarosiphon)] ascalonicus* (DONCASTER, 1946)
Heimat wahrscheinlich im nahen Osten, in Mitteleuropa etwa seit 1950 bekannt; anholozyklisch; hauptsächlich in halbdunklen Kellern und Lagerräumen an lagernden Zwiebeln, an deren Trieben von Januar bis Mitte April Massenvermehrung stattfindet mit Bildung zahlreicher Geflügelter, die an den Fenstern gefunden werden und durch Öffnungen ins Freie streben. Im Mai und Juni treten keine Geflügelten auf, dann erscheinen wieder einige, vermehrt im Oktober und November. Auch Freilandbefall an Erdbeeren, im Gewächshaus an Schnittlauch (*Allium schoenoprasum* LINNAEUS), den sie besonders in Anzuchtkästen schwer schädigen.

– Rückenröhren der Virginopaare reichen bis an das Schwänzchen oder etwas darüber

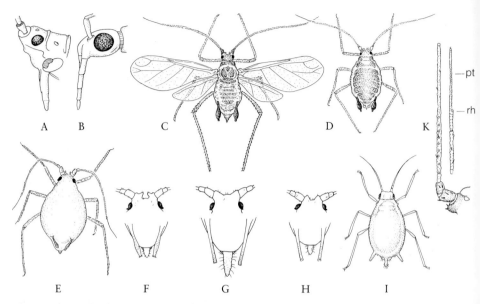

Abb. 48: Röhrenblattläuse: Kopf in Seitenansicht A einer Blattlaus, B einer Wanze zum Vergleich (schematisch); C, D geflügelte und ungeflügelte Jungfer der Kellerlaus, *Rhopalosiphonius latysiphon;* E ungeflügelte Jungfer der Zwiebellaus, *Rhopalomyzus ascalonicus;* F—H Rückenansicht von Kopf und Hinterleibsende mit den Rückenröhren (nicht so stark vergrößert wie der Kopf) von F der Grünen Pfirsichblattlaus, *Myzodes persicae,* G der Gestreiften Kartoffellaus, *Macrosiphon solani (solanifolii),* H *(Dys)aulacorthum vincae (solani);* I ungeflügelte Jungfer der Kreuzdornblattlaus, *Aphidula nasturtii;* K Fühler einer Blattlaus, Glied 5 und 6 abgeschnitten und neben die ersten Fühlerglieder gelegt, am 6. Glied *rh* Hauptrhinarium, *pt* Processus terminalis (C, D, E, I nach Heinze aus Sorauer 1957, F—H nach Brandt 1948 und K nach F. P. Müller 1955).

hinaus, bei den Ungeflügelten sind sie so lang oder länger als das 3. Fühlerglied, bei den Geflügelten länger als seine Hälfte; Fühler etwas kürzer als der Körper. Ungeflügelte matt oliv- bis gelblichgrün, Geflügelte mit schwarzbraunem Kopf, ebenso gefärbter Brust und einem gelblich grünen Hinterleib mit großem unregelmäßigem schwarzbraunen Mittelfleck und einigen Querbinden; Nymphen sind oft rötlich. Körperlänge der Ungeflügelten 1,8, der Geflügelten 2,3 mm (Abb. 48 F)..................

.... **Grüne Pfirsichblattlaus,** *Myzodes [Myzus] persicae* (Sulzer, 1776)

Einer der wichtigsten Pflanzenschädlinge mit weltweiter Verbreitung, in kälteren Gebieten vom Anbau von Pfirsicharten abhängig, auf denen die Überwinterung des Wintereies möglich ist. Holozyklisch. Winterwirt Pfirsich, Zahl der Sommerwirtspflanzen, außerordentlich groß (über 400 festgestellte Pflanzenarten), darunter auch Kartoffeln in Kellerräumen, wo es bei uns zu einer starken virginoparen Wintervermehrung kommen kann, und verschiedene Zimmerpflanzen wie z. B. *Anthurium,* Kalla, Zinerarien, Primeln, Alpenveilchen, Gloxinien, *Streptocarpus,* Fleißiges Lieschen, Rosenfarbiges Sinn- oder Immergrün, Euphorbien, Fuchsien, Pelargonien, Begonien, *Asparagus sprengeri,* Efeu und Oleander. Schädlich weniger durch sein Saugen als durch die Übertragung vieler gefährlicher Pflanzenkrankheiten.

6. Fühler wenigstens so lang, meistens länger als der Körper 7
— Fühler deutlich kürzer als der Körper 13
7. Nur an Zimmerfarnen (Flügel-, Schwert-, Frauenhaar-, Streifen-, Goldtüpfelfarn) 8

– An anderen Zimmerpflanzen 9
8. 1,2–1,6 mm große schwarze Läuse mit breiten braunen Bändern entlang der Adern der Vorderflügel. Fühler sehr lang und dunkel geringelt, Rückenröhren etwa 1,5 mal so lang wie das Schwänzchen, etwas nach unten gebogen, farblos, aber im basalen Viertel dunkel. Rückenborsten weiß geknöpft und fächerförmig . . . .
. . . . **Farnblattlaus**, *Idiopterus nephrolepidis* DAVIS 1909
Anholozyklisch, aus den Subtropen stammend, nur in Gewächshäusern, selten an Zimmerpflanzen.
– 1,5–2,4 mm große glänzend hell- bis grüngelbe Läuse mit brauner Zeichnung, Flügel nicht gebändert. . . . .
. **Gefleckte Gewächshauslaus**, *Neomyzus (Aulacorthum) circumflexus* (BUCKTON, 1876)
Anholozyklisch, nur an den jüngsten Pflanzen des Frauenhaarfarns. Näheres siehe unter 10
9. Nur an Azaleen (*Azalea indica* der Gärtner) 1,8–2,5 mm große grüne Läuse mit leicht keulig angeschwollenen Rückenröhren und auch bei den ungeflügelten Virginoparae stärker sklerotisiertem (gepanzertem), aber nicht stärker pigmentiertem Rücken . . . .
. . . . **Azaleenblattlaus**, *Masonaphis [Illinoia] azaleae* (MASON, 1925)
Anholozyklisch, wahrscheinlich aus Ostindien stammend, saugt an den jungen Trieben und blattunterseits nur von *Azalea indica*; in Gärtnereien, woraus sie auch in Wohnungen verschleppt werden kann.
– An anderen Zimmerpflanzen polyphage Blattlausarten. 10
10. Die erwachsenen ungeflügelten Virginoparae glänzend hell- bis grüngelb mit 3 braunen Querbändern auf dem Rücken der Brust und einem großen dunkelbraunen Mittelfleck in Form eines nach vorn offenen Hufeisens auf dem Hinterleib. Die nur selten im Winter und Frühling auftretenden geflügelten Virginoparae haben dunkelbraunen Kopf und Thorax sowie dunkelbraune Querbinden auf dem Hinterleib. Körperlänge der Ungeflügelten 1,5, der Geflügelten 2,4 mm . . . .
. **Gefleckte Gewächshauslaus**, *Neomyzus (Aulacorthum) circumflexus* (BUCKTON, 1876)
Anholozyklisch, wahrscheinlich aus dem tropischen oder subtropischen Ostasien stammend, in Europa in Gärtnereien und an Zimmerpflanzen weit verbreitet und sehr polyphag an di- und monokotylen Pflanzen, so besonders an Alpenveilchen, Kalla, Pantoffelblumen, Zinerarien, Fuchsien und Zierspargel (*Asparagus sprengeri*), auch an Frauenhaarfarn (siehe oben unter 8). Hauptvermehrungszeit im Winter und Frühjahr, in den Sommermonaten dagegen Ruhezeit.
– Die erwachsenen ungeflügelten Virginoparae haben keine dunkle Rückenzeichnung 11
11. Rückenröhren an der Spitze dunkelbraun. Körperfärbung glänzend oliv- bis hellgrün mit je einem dunkelgrünen Fleck auf dem Hinterleib am Ansatz der Rückenröhren (der bei Erwärmung in Spiritus schmutzig weinrot wird). Geflügelte mit hell- bis dunkelbraunem Kopf und meistens mit Querstreifung auf dem Hinterleib. Körperlänge der birnförmigen Ungeflügelten (mit größter Breite in der Höhe der Rückenröhrenansätze) 2 mm, der Geflügelten 3 mm (Abb. 48 H) . . . .
. . *Dysaulacorthum vincae* (WALKER, 1848) [= *Aulacorthum solani* KALTENBACH, 1843]
Anholozyklisch; bei uns nur in Gärtnereien und in Anlagen in der Stadt verbreitet, von dort auch mit Zimmerpflanzen in die Wohnungen und mit Gemüse in die Keller gebracht. Nur selten an monokotylen Pflanzen, z. B. Kalla, aber häufig an dikotylen, so erzeugt sie an Pelargonien und Fuchsien ausgeprägte nekrotische Fleckung, wodurch die Blätter stark mißbildet werden und bei Fuchsie sich einrollen, auch an Gloxinien, *Streptocarpus*, Begonien, Primeln, Rosenfarbenem Sinn- und Immergrün, Zinerarien und Pantoffelblumen.
– Hinterleibsröhren einheitlich hell oder schwach bräunlich 12
12. Kopf ohne Stirnhöcker (Abb. 48 G); Länge des Processus terminalis [d. i. der Abschnitt des 6. (letzten) Fühlergliedes von seinem ringförmigen Haupt-Rhinarium (rh) bis zu seiner Spitze, der schmäler ist als sein basaler Abschnitt] (Abb. 48 K, pt) zum basalen Abschnitt des 6. Fühlergliedes wie 5,3:6,4; Hinterleibsröhren mit einem großmaschigen Netzgürtel am Ende. Erwachsene Virginoparae glänzend grasgrün, Larven aber infolge feiner Wachsbepuderung mattgrün mit einem dunkel durchscheinenden Mittelstreifen. Körperlänge

2,7 bis über 3 mm . . . .
. . . . **Gestreifte (Große) Kartoffel(blatt)laus,** *Macrosiphon solani* (KITTEL, 1827)
[= *(Siphonophora) solanifolii* ASHMEAD, 1882] (Weiteres siehe oben unter 4!)
– Kopf mit Stirnhöcker, auf welchem die Fühler sitzen (wie Abb. 48 H); Länge des Processus terminalis zum basalen Abschnitt des 6. (letzten) Fühlergliedes (Abb. 48 K) wie 7,2:8; Hinterleibsröhren ohne Netzgürtel am Ende. Erwachsene Virginoparae *und* Larven glänzend grün. Geflügelte mit bräunlichem Kopf und Thorax. Hinterleibsröhren wie in Abb. 48 H). Körperlänge der Ungeflügelten 2,2, der Geflügelten 2,6 mm . . . .
. . . . **Pelargonienlaus,** *Aulacorthum pelargonii* (KALTENBACH, 1843)
[= *Arctosiphon malvae* (MOSLEY, 1841]

Anholozyklisch; besiedelt im Gewächshaus hauptsächlich die Triebspitzen und Blätter von *Pelargonium grandifolium*, seltener von *P. peltatum* und *zonale*, erzeugt dort kleine helle Stichflecke, wodurch die Blattspreite mißgebildet wird. – Vielleicht die anholozyklische Form von *A. geranii* (KALTENBACH, 1862), das im Freien an Storchschnabelgewächsen auftritt, aber auch in den Gewächshäusern die gleichen *Pelargonium*-Arten besiedelt. Hier entstehen vom Herbst bis Frühjahr die ungeflügelten, seltener geflügelten Männchen und die schwarzen Wintereier.

13. Nur an *Erica*-Arten an den jüngeren Trieben zwischen den Nadeln auftretende grüne ungeflügelte Virginoparae mit schlanken und hellen Rückenröhren und Fühlern von etwa ⅔ Körperlänge. Bei Massenvermehrung werden die Jungtriebe gestaucht und die Blüten vernichtet. Körperlänge 1,2–1,5 mm . . . . *Ericaphis ericae* (BÖRNER, 1933)

Anholozyklisch. Heimat wahrscheinlich Südafrika, in Mitteleuropa nur in Ericatreibereien besonders an der als Herbstblüher für den Grabschmuck an Allerseelen gern benutzten *E. gracilis* SALISBURY, womit sie auch gelegentlich in die Wohnungen gelangen.

– An anderen Zimmerpflanzen 14
14. Schwänzchen sehr kurz, so lang wie breit, an Zinerarien 18
– Schwänzchen länger als breit 15
15. Hinterleibsröhrchen ganz oder wenigstens an der Basis hell 17
– Hinterleibsröhrchen vollständig sehr dunkel bis schwarz 16
16. Ungeflügelte Virginoparae schmutzig gelbgrün, vorn meist etwas dunkler, matt, mit Wachs fein gepudert. Fühler etwa halb so lang wie der Körper. Geflügelte mit braunschwarzem Kopf und Thorax und schmutzig grünem Hinterleib mit kurzen schwärzlichen Binden und 3–4 schwarzen Flecken an den Seiten. Körperlänge 1,3–1,5 mm . . . .
. . . . **Gurkenblattlaus,** *Cerosipha [Aphis] gossypii* (GLOVER, 1854)

Anholozyklisch. Weltweit verbreitet, besonders in den Tropen von wirtschaftlicher Bedeutung. Bei uns nur in Gärtnereien und Gurkentreibereien. Ruhezeit im Winter, im Frühling Massenvermehrung im Glashaus, von da aus mit den Pflanzen ins Freiland gebracht, kann sie schädlich werden. Sie kommt auch vor an Fuchsien und Begonien, mit denen sie auch in die Wohnungen gebracht werden kann.

– Ungeflügelte Virginoparae nicht mit Wachs bepudert; im Winter Rücken dunkelschattiert bis fast schwarz, Kopf, Hinterleibsende, Extremitäten und Hinterleibsröhren sehr dunkelolivbraun bis fast schwarz. Larven fast weiß bis grünlichweiß. Geflügelte mit sehr kurzen geraden Hinterleibsröhren. Körperlänge 1–2 mm, Fühler halb so lang wie der Körper . .
. . . . **Gepunktete Gewächshauslaus,** *Myzus portulacae* MACCHIATI, 1883
[= *M. ornatus* LAING, 1932]

Anholozyklisch. Seit 1933 in Mitteleuropa bekannt, wohin sie vielleicht mit Schnittblumen aus Italien verschleppt wurde. Sie wird an Zimmerpflanzen mitunter sehr lästig, so an Gloxinien, Streptocarpus, Zinerarien, Pelargonien, Fuchsien, Primeln, Zierspargeln und Myrte.

17. Ungeflügelte Virginoparae im Sommer strohfarben, auf dem Rücken fein genarbt mit dunklen Querstreifen und segmental angeordneten braunen Punkten; nicht mit Wachs bepudert; weißlich bis grünlich weiße Larven (siehe oben unter 16!) . . *Myzus potulacae*
– Ungeflügelte Virginoparae zitronengelb mit feiner Wachspuderung, Körperlänge 1,2 mm. Geflügelte mit schwarzglänzendem Kopf und Thorax, Hinterleib grünlichgelb ohne dun-

kleren Mittelfleck oder Streifen, Körperlänge 1,4 mm (Abb. 48 I) . . . .
. . . . **Kreuzdornblattlaus,** *Aphidula [Aphis] nasturtii* (KALTENBACH, 1843)
Holozyklisch: Hauptwirt *Rhamnus* sp., besonders *cathartica*; Sommerwirtspflanzen zahlreiche di- und monokotile Pflanzenarten, darunter auch *Asparagus sprengeri.*

18. Ungeflügelte Virginoparae, elliptisch-eiförmig, flach, häufig wie die Larven hellgelb, strohgelb bis gelblichgrün, mitunter auch fleischrötlich. Hinterleibsröhren hellbraun und sehr kurz, kaum 2mal so lang wie an der Basis breit. Geflügelte Virginoparae mit schwarzem Kopf und Thorax sowie einem dunklen Fleck hinten auf dem gelblichgrünen Hinterleib. Körperlänge der Ungeflügelten 1,2, der Geflügelten 1,9 mm . . . .
. . . . **Kleine Pflaumenlaus,** *Brachycaudus helichrysi* (KALTENBACH, 1843)
Holozyklisch; winterharte Pflaumen und Schlehen; Sommergenerationen an Kompositen. Selten überwintern die Virginoparae in Gewächshäusern auch an Zinerarien.

– Ungeflügelte Virginoparae breit birnförmig hochgewölbt; Kopf schwarz, Thorax mit schwarzen Querbinden; Hinterleib mit einem großen Mittelfleck, wodurch der ganze Rücken glänzend dunkelbraun bis schwarz gepanzert erscheint, sonst grün. Die Hinterleibsröhren sind an der Basis breiter als an der Spitze und etwa 3mal so lang wie an der Basis breit. Sie sind der bekannteren **Großen Pflaumenlaus,** *Brachycaudus cardui* (LINNAEUS, 1758) sehr ähnlich, unterscheiden sich aber von ihr dadurch, daß das Endglied ihrer Rüsselspitze die Hinterhüften nur wenig bei *cardui* aber in seiner ganzen Länge überragt und die Schenkel nur kurz bei *cardui* aber seitlich und ventral ziemlich lang und abstehend behaart sind. Larven grün, nicht dunkel gezeichnet. Körperlänge etwas weniger als bei *cardui*, um 2 mm.   *Brachycaudus lateralis* (WALKER, 1848) [= *cardui* (LINNAEUS, 1758)]
Wahrscheinlich holozyklisch mit Schlehe als Winterwirt. Sommergenerationen vorwiegend an *Capsella, Arctium* und *Senecio*, in Gewächshäusern auch an Zinerarien.

19. Geflügelte Pflanzensauger von nur 1–2 mm Körperlänge mit fast gleich langen Vorder- und Hinterflügeln, die nicht miteinander durch eine Haftvorrichtung verbunden sind. Sie werden dachförmig über dem Rücken aneinandergelegt, haben nur 2 Adern, die den Flügelrand nicht erreichen, und sind wie der ganze Körper dicht mit weißem Wachs überpudert. Sie erscheinen wie winzig kleine Motten auf der Blattunterseite von Zimmerpflanzen und fliegen bei deren Berührung oft in großer Zahl auf, um sich bald wieder auf der Pflanze niederzulassen. . . . . **Mottenschildläuse,** *Aleyrodina* (Tabelle 14 unter 4)

– Ungeflügelte Pflanzensauger, oft festsitzend, dann oft ohne Beine und mit reduzierten Fühlern . . . . **Schildläuse,** *Coccina* 20
In der vorliegenden Tabelle werden nur die Weibchen (und Larven) berücksichtigt, nicht die Männchen (Abb. 49 R), die einen gut gliederten Körper mit normal ausgebildeten Fühlern und Beinen und meistens ein Paar (Vorder-)Flügel haben, die in der Ruhe waagrecht über dem Körper zusammengelegt werden. Die Hinterflügel sind zu hakenförmigen Rudimenten (Halteren) verkümmert, die beim Flug in eine Falte des Vorderflügels eingelegt werden und mit diesem synchron schwingen. Die Männchen besitzen (oft vereinfachte) Komplexaugen, aber keine Mundgliedmaßen, weshalb sie keine Nahrung aufnehmen können. Sie leben als erwachsene Tiere auch nur wenige Stunden, weshalb sie normalerweise kaum beobachtet werden. Biologie siehe SCHMUTTERER u. a. in SORAUER: Handb. Pflanzenkrankh. 5 (4): 403–520.

20. Pflanzensauger mit segmentiertem Körper, deutlichen Fühlern und Beinen mit eingliedrigen Füßen und nur einer Klaue sind zur Fortbewegung fähig, oft aber träg und nach der Eiablage festsitzend zusammen mit Eiern und Larven in losen kreideweißen Wachsausscheidungen. 21

– Festsitzende Pflanzensauger mit nur unvollständig segmentiertem Körper, reduzierten Fühlern und Beinen, von napfförmiger Gestalt oder unter einem Schild verborgen   24

21. Winzig kleine Tiere sind die ersten Larven **aller Schildlausarten**, die nach dem Schlüpfen aus dem Ei (in wenigen Fällen kommt auch Viviparie vor) auf den Pflanzen herumlaufen, um eine geeignete Stelle zu suchen, an der sie ihre langen Stechborsten in das pflanzliche

Gewebe, in der Regel in den Siebteil der Gefäße, einstechen können. Vom 2. Larvenstadium an beginnt bei den meisten Arten die Rückbildung oder der Verlust der Fühler und Beine und der Fortbewegungsmöglichkeit.

– Wenigstens 2,5 bis 5 mm lange Tiere, deren Grundfärbung von einem weißen Wachspuderbelag verdeckt wird: an ihrem eiförmigen Körper mit jederseits 17–18, von denen die beiden letzten, nach hinten gerichteten länger als die seitlichen sind . . . . Woll- oder Schmierläuse, *Pseudococcidae* 22

22. Auf jeder Seite des eiförmigen Körpers (3,5–4 mm lang, 2 mm breit) 18 randständige Wachsfortsätze, die zum Hinterende zu allmählich etwas länger werden, so daß der letzte der längste ist. Er erreicht aber nur etwa ⅙ der Körperlänge. Grundfarbe des Körpers ohne Wachsbepuderung rötlichbraun mit einer dunkleren Längsbinde über der Körpermittellinie. Die Tiere sitzen oft in Anzahl unter wollig-fädigen weißen Wachsmassen (Abb. 49 P, Q). . . . . Zitrus- oder Gewächshausschmierlaus, *Planococcus citri* (Risso, 1826)

Weltweit verbreitet, in den Tropen und Subtropen an zahlreichen Kulturpflanzen schädlich, in Mitteleuropa nur auf Gewächshaus- und Zimmerpflanzen beschränkt, an ihnen aber die häufigste und schädlichste Schmierlaus. Sehr polyphag an fast allen Zierpflanzenarten schädlich durch Saugen und starke Rußtaupilze begünstigende Honigtauausscheidung. Eiablage in einem Eiersack aus lockeren Wachsfäden.

– Auf jeder Seite des elliptischen Körpers 17 randständige Wachsfortsätze, von denen die beiden letzten nach hinten gerichteten viel länger als die seitlichen sind. . . . . *Pseudococcus* Westwood, 1840 23

23. Der hinterste Wachsfortsatz auf jeder Seite so lang oder etwas länger als der Körper. Seine Grundfarbe ist blaßgelb mit einem mehr oder weniger bräunlichen Längsstrich über die Rückenmitte. Körperlänge 2,5–5 mm, -breite etwa 2 mm (Abb. 49 O) . . . . *Pseudococcus adonidum* (Linnaeus, 1767)

Weltweit verbreitet, in Mitteleuropa nur in Gewächshäusern und Zimmerpflanzen, in den Tropen und Subtropen an vielen Kulturpflanzen. Er hat aber weniger Nährpflanzen als *Planococcus citri*. Besonders häufig wird er an Gummibaum, Oleander und Zimmerpalmen lästig. Er schadet durch Saugen und starke Rußtaupilze fördernde Honigtauausscheidung. Einzeltiere bisweilen in mehr oder weniger hinfälliger Wachshülle. In der älteren Literatur wird nur diese *Pseudococcus*-Art als Zimmerpflanzenschädling genannt. Später wurden noch weitere Arten beschrieben, die früher nicht von ihr unterschieden wurden.

– Der hinterste Wachsfortsatz auf jeder Seite ist nur halb so lang als der Körper. Dessen Grundfarbe ist rötlichbraun. Körperlänge etwa 3,5–5 mm, -breite 1,5–2 mm. . . . . *Pseudococcus maritimus* (Ehrhardt, 1900)

Weltweit verbreitet wie die vorhergehende Art und ebenso schädlich. An Zimmerpflanzen, besonders an Kakteen und *Clivia*, an der er sich besonders zwischen den häutigen Blattscheiden einfindet, besonders an zu warmen Standorten. – Eine dritte *Pseudococcus*-Art *gahani* Green 1915, mit ähnlicher Lebensweise, deren hinterster Wachsfortsatz nur etwa ⅓ so lang wie der Körper ist, wurde in Mitteleuropa bisher wohl nur in Gewächshäusern gefunden.

24. Unter 1,5 mm große, wenig gegliederte, rötliche, gelbliche oder weißliche Insekten ohne Beine und mit stark rückgebildeten Fühlern, von birn- bis nierenförmiger Gestalt und meistens geringer Segmentierung des Hinterleibes (Abb. 49 S), unter einem 0,8–4 mm großen runden (Abb. 49 V) bis komma- oder muschelförmigen, nach oben schwach gewölbten Schild (einer Ausscheidung des Insekts), der mit dem Körper nicht mehr in Zusammenhang steht. In ihn eingewebt sind die abgeworfenen Larvenhäute, die auf ihm einen etwas anders gefärbten **Fleck** bilden. In der Regel sind es zwei Larvenhäute (Abb. 49 T); bei den Weibchen einiger Gattungen *(Aonidia, Gymnaspis)* aber nur eine, die in das Schild eingefügt wird, während die andere sehr kräftig ist und das erwachsene Weibchen wie eine Kapsel umschließt (Kryptogynie, kryptogynes Weibchen). In solchen Fällen geht der Rückenschild häufig bald verloren. Neben dem Rückenschild kann auch

noch ein mehr oder weniger kräftiger Bauchschild ausgeschieden werden, der beim Abnehmen des Rückenschildes mitgerissen wird bzw. auf der Unterlage haften bleibt. Bei Arten mit zweigeschlechtlicher Fortpflanzung finden sich neben den weiblichen Schilden oft eine große Anzahl Schilde der männlichen Larven, die bedeutend kleiner und immer langgestreckter als die weiblichen sind, häufig schneeweiß und von faseriger Struktur. Ihr Fleck liegt am Vorderende oder im vorderen Drittel des Schildes und wird nur von der Haut der Erstlarve gebildet. Auf die erwachsenen Männchen, die man gewöhnlich nur selten zu sehen bekommt, wird in der Tabelle nicht eingegangen. Die Larven und Weibchen sind mit ihren langen Stechborsten im Gewebe der von ihnen besetzten Pflanzen verankert (Abb. 49 S—V). . . . . **Deckelschildläuse,** *Diaspididae* 28

<small>In Mitteleuropa wurden rund 40 Arten an Gewächshauspflanzen festgestellt, manche allerdings nur selten und nur in botanischen Gärten oder Großgärtnereien. Sie können auch in Wohnungen eingeschleppt werden. Auf sie kann hier nicht eingegangen werden. Es werden hauptsächlich nur solche Arten berücksichtigt, die häufig gefunden werden. In Häusern sind besonders gern Kübelpflanzen wie Lorbeer, Oleander, Gummibaum, Efeu usw. sowie Kakteen, Zimmerpalmen, Bromeliceen durch Deckelschildläuse verunziert. Die genaue Artbestimmung kann nur durch das mikroskopische Studium der Morphologie der Weibchen erfolgen. Dafür kann verwendet werden SCHMUTTERER, H., 1959: Schildläuse oder Coccoidea I. Deckelschildläuse oder Diaspididae. In DAHL, F.: Die Tierwelt Deutschlands. Teil 45 (G. Fischer) Jena.</small>

– Über 1,5 mm große Insekten, deren Körper durch Verdickung der Rückenhaut zu einem unbeweglichen und ungegliederten schalen-, napf- bis kugelförmigen Gebilde umgewandelt ist, das auf seiner Unterseite einen Hohlraum besitzt, in dem die Eier zwischen mehr oder weniger Wachs abgelegt werden. Das Wachs mit den Eiern kann auch das Tier selbst weit überragen. Die Oberseite des Tieres ist braun und hart, die Unterseite weicher. Hier sitzen die meisten 6—8gliedrigen, verhältnismäßig kleinen und dünnen, mitunter auch stark rückgebildeten Fühler und die Beine, zwischen dem ersten Beinpaar der Stechrüssel. . . . . **Napfschildläuse,** *Lecaniidae* 25

25. Die 2—3 mm langen und 1,5—2 mm breiten erwachsenen Weibchen sind flach, im Umriß breit ei- bis herzförmig, weißlich, gelblich, bräunlich bis dunkelbraun auf der Oberseite und mehr ockerfarbig auf der Unterseite. Sie besitzen einen aus dem etwas hochgebogenen Hinterrand vorquellenden, 5—11 mm langen und 2 mm breiten Eisack mit lockerfädigem weißen, oft einmal längs und mehrmals quergestreiftem Wachs . . . *Chloropulvinaria floccifera* (WESTWOOD, 1870) [nomenklatorisch richtiger wohl *cestri* (BOUCHÉ, 1833)]

<small>Im Freiland in den warmen Gebieten der gemäßigten Klimazone an verschiedenen Kulturpflanzen schädlich, in Mitteleuropa in Gewächshäusern an Orchideen und an *Camellia japonica* L.</small>

– Die erwachsenen Weibchen ohne Eisack 26
26. Weibchen ziemlich flach, im Umriß unsymmetrisch lang ei- bis herzförmig mit schmälerem Vorderende und zwiegespaltenem Hinterende, in der Jugend blaß- bis dunkel-braungelb oder ocker- bis grünlichgelb, mit mehr oder weniger grünlichem Rand, mitunter mit unregelmäßig verteilten dunkel rötlichbraunen bis braunschwarzen Flecken oder Streifen, später einfarbig dunkelbraun bis schwärzlich. Auf Blättern ist seine Körperform ganz flach, an dünnen Stengeln dagegen biegt sich das Tier entsprechend ihrer Rundung, wodurch sich der Brutraum unter seinem Körper verändert (Abb. 49 H—K). Fühler 7gliedrig. Auf der Körperoberfläche stehen kleine eiförmige Hautporen weit voneinander getrennt. Körperlänge 2,25—5 mm, -breite 1,25—3 mm . . . . *Coccus hesperidum* LINNAEUS, 1758

<small>Weltweit verbreitet, in den Tropen, Subtropen und warmen Gebieten der gemäßigten Klimazone außerordentlich polyphager Schädling an vielen Kulturpflanzen, in Mitteleuropa an Gewächshaus- und Zimmerpflanzen sehr häufig, seine Freilandgrenze erreicht er in der Schweiz, aber auch nördlich davon ist Vorkommen an Kübelpflanzen im Freien während der warmen Jahreszeit möglich; besiedelt Blätter und schwächere Zweige und schadet auch durch starke Honigtauausscheidung und Förderung der Rußtaupilze. Bevorzugt werden Oleander- und Citruspflanzen, Lorbeer, Zimmerpalmen, *Camellia japonica* L. und *Hibiscus roseosinensis* L. . . . .</small>

– Weibchen rundlich bis gedrungen elliptisch, stark gewölbt bis halbkugelig, einen großen Brutraum umfassend (ein Weibchen legt bis zu über 2000 Eier, die in ihm bis zum Schlüpfen der Larven verbleiben (Abb. 49 N). Rücken mit einem Längs- und 2 Querkielen (in der Literatur meistens als H-förmige Struktur bezeichnet) (Abb. 49 L)
. . . . *Saissetia* DEPLANCHE, 1859   27

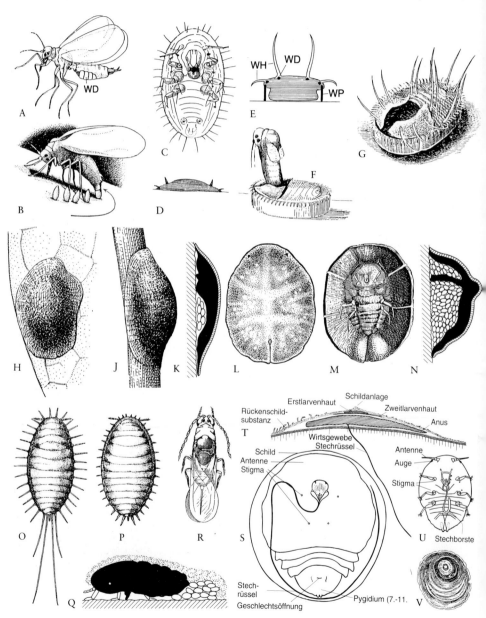

An Zimmerpflanzen kommen 2 weltweit verbreitete, sehr polyphage Arten mit ähnlicher Lebensweise vor. Sie besiedeln Blätter und Äste und werden auch durch ihre erhebliche Honigtauausscheidung und Förderung der Rußtaupilze schädlich. In Mitteleuropa leben sie nur in Innenräumen, in den Tropen und Subtropen schaden sie im Freiland an zahlreichen Nutzpflanzen.

27. Die H-förmige Struktur auf dem Rücken deutlich (Abb. 49 L), die Rückenhaut zwischen den Kielen mehr oder weniger eingesunken, fein gekörnt, bei mikroskopischer Betrachtung mit Zellenstruktur, wobei die Zellen häufig 5- bis 6eckig sind und jede einzelne in der Mitte eine längliche, meist undeutliche Pore hat. Körper im Umriß kurz und breiteiförmig, nur etwas länger als breit, dunkel- bis schwärzlichbraun, selten ganz schwarz, bei jungen Tieren oft mit einem dünnen, weißen Wachsbelag (Abb. 49 L–N). Körperlänge 2,5–5 mm, -breite 1,5–3,5 mm, -höhe 1,5–3 mm . . . *Saissetia oleae* (OLIVIER, 1791).
    Bevorzugt werden Agaven, Aloe, Zimmerfarne, Zierspargel (*Asparagus sprengeri* REG.), auch auf importiertem Obst wurde sie früher manchmal nicht selten gefunden.
– Die H-förmige Struktur auf dem Rücken ist zwar immer vorhanden, aber stets nur schwach ausgebildet, die Rückenhaut zwischen den Kielen ist nicht eingesunken, besitzt viele große eiförmige Poren. Körper elliptisch, zum Vorderende verschmälert, hellbraun. Körperlänge 1,25–4,25 mm, -breite 1,25–2,75 mm, -höhe 1–2 mm . . . . –
    . . . *Saissetia palmae* (HAWARD, 1812) [= *S. coffeae* (WALKER, 1852), *S. hemisphaerica* (TARGIONI-TOZETTI, 1868)]
    Bevorzugt werden als Nährpflanzen Zimmerfarne, Zierspargel, Grünlilie (*Chlorophytum comosum* BAK.), Zimmer-Aralie (*Fatsia japonica*, DECNE. & PLANCH.).
28. Der Fleck (die Larvenhäute) liegt am Vorderrand des langgestreckten parallelseitigen bis birnenförmigen Schildes 35
– Der Fleck liegt innerhalb des rundlichen bis eiförmigen, auch asymmetrisch ausgebildeten Schildes, ragt nicht über seinen Rand hinaus 29
29. Der Schild ist im Umriß annähernd kreisrund 30
– Der Schild ist im Umriß breitoval, eiförmig, langgestreckt oder asymmetrisch gerundet 33
30. Der Schild des Weibchens mit einem Durchmesser von 1–1,2 mm ist dünn, grauweiß gefärbt und enthält nur 1 Larvenexuvie, die einen großen Teil des Schildes ausfüllt, dunkelgrau bis schwarz und deutlich gerippt ist. Der Schild fällt in der Regel bald nach der 2. Häutung ab. Es bleibt dann die fast kreisrunde, stark gewölbte, glänzend schwarze Larvenhaut, die das Weibchen einschließt, auf der Pflanze haften und verleiht dadurch den befallenen Blättern ein charakteristisches schwarz- und (durch die Saugstellen) hellge-

◀ *Abb. 49:* A–G Mottenschildläuse, Aleyrodina: *Trialeurodes vaporariorum* A Männchen, B Weibchen bei der Eiablage auf der Blattunterseite, C Larve vor der Bauchseite, D im Querschnitt nach dem Festsitzen und E nach Bildung des aus Wachs bestehenden Puparium, F Vollkerf mit noch nicht entfalteten Flügeln schlüpft aus dem Puparium, G leeres Puparium mit der Schlüpföffnung. H–V Schildläuse, Coccina: H–N Napfschildläuse, H–K *Coccus hesperidum* Weibchen H von oben, I von der Seite, K im Längsschnitt mit kleiner Bruthöhle, weil die Larven sofort nach dem Legen der Eier schlüpfen und auswandern; L–N *Saissetia oleae* Weibchen L von oben, M von unten vor Beginn der Eiablage, N im Längsschnitt mit großem Brutraum, der von Eiern angefüllt ist; O–Q Peudococcidae; O *Pseudococcus adonidum* Weibchen ohne Eisack; P *Planococcus citri* Weibchenn von oben ohne Eisack, Q im Längsschnitt mit Eisack. R–V Deckelschildläuse, Diaspididae, R Männchen, S Weibchen von der Bauchseite, Schild verhältnismäßig zu klein gezeichnet, T im Längsschnitt; U Erstlarve; V Schild des Weibchens von oben gesehen (viel weniger vergrößert). WD Wachsdrüsen, WH seiten- und rückenständige Wachshaare, WP Wachsplättchen des Puparium. (A–K, M, N, Q, R nach WEBER, L Original gez. von U. FRERICHS, O, P nach SCHMUTTERER aus SORAUER 1957, S–U aus WEBER/WEIDNER, V aus DIEHL-WEIDNER).

flecktes Bild. Neben den Weibchen finden sich auch die 0,7−0,8 mm langen, ovalen, grauweißen Schilde der männlichen Larven, die die vordere Schildhälfte mit ihrer sehr großen Exuvie fast ganz ausfüllen . . . . *Gymnaspis aechmeae* NEWSTEAD, 1898 fast nur an Bromeliaceae.
– Schild des Weibchens mit viel kleinerem Fleck, fällt nicht ab. Weibchen nicht kryptogyn 31
31. Der Fleck liegt im vorderen Drittel des 1,5−2,3 im Durchmesser großen Schildes. Zwischen den weißlichen Schilden der Weibchen finden sich meist zahlreich auch die schneeweißen, 0,7−1,2 mm langen, sehr schmalen mit 1−3 Längskielen (oft schwer sichtbar) versehenen Schilde der Männchen, deren vorderes Ende von der Larvenhaut eingenommen wird. . . . . **Schmierlaus,** *Diaspis* COSTA, 1835
auf Kakteen spezialisiert *Diaspis echinocacti* (BOUCHÉ, 1833 mit gelben Weibchen; fast ausschließlich auf Bromeliaceen *D. bromeliae* (KERNER, 1778) mit rosa vor und orangegelb während der Eiablage gefärbten Weibchen und *D. boisduvali* SIGNORET, 1869 mit zitronengelben Weibchen; davon kommt die Orchideenrasse *D. b. boisduvali* außer an Orchideen auch an Musaceen (z. B. *Strelitzia*) und Marantaceen und eine Palmenrasse *D. b. coccois* (LICHTENSTEIN, 1882) an Palmen vor, wo sie an Kübelpflanzen im Sommer in begünstigten Gebieten auch im Freien sich fortpflanzen kann.
– Der Fleck liegt in oder nahe der Mitte des Schildes. 32
32. Durchmesser des Schildes beim Weibchen 1,9−2,8 mm; Schild leicht gewölbt, gelblich weiß bis ockergelb, bei jungen Tieren weiß; Fleck dunkelgelb etwa in der Mitte oder nahe dabei gelegen. Weibchen breit birnförmig, in oder vor der Mitte am breitesten, zitronengelb. Neben den weiblichen Schilden auch meistens Schilde der männlichen Larven, sie sind mehr oval als rund mit Fleck in der vorderen Hälfte und einem Längsdurchmesser von 1−1,3 mm . . . . **Oleanderschildlaus,** *Aspidiotus hederae* (VALLOT, 1829)
häufigste Deckelschildlaus an Zimmerpflanzen, besonders auf *Nerium oleander* L., Mimosaceen und Proteaceen, im Sommer auch an Kübelpflanzen im Freien fortpflanzungsfähig. Daneben kommt auch eine parthenogenetische Unterart *A. hederae unisexualis* SCHMUTTERER, 1952 vor, die wärmebedürftiger ist und vorzugsweise Palmen *(Chamaerops, Phoenix)*, aber auch *Asparagus sprengeri*, Oleander und Agaven befällt. Sie ist an Zierpalmen durch Verursachung von Flecken sehr schädlich.
– Durchmesser des Schildchens beim Weibchen 1−1,8 mm; Schild vom flachen Rand gegen die Mitte etwas ansteigend, glatt, rötlich bis dunkelbraun, oft mit hellem Rand; Fleck ziemlich in der Mitte gelegen, gelb- bis schwärzlichbraun, von unten feurig rotbraun glänzend. Weibchen birnförmig, blaßgelb oft mit einem Stich ins Rötliche, Hinterrand bräunlich. Männchen an Zimmerpflanzen nicht beobachtet . . . . *Chrysomphalus dictyospermi* (MORGAN, 1889)
sehr polyphage Art, besonders an Zimmerpalmen und Orchideen schädlich, auch an anderen Kübelpflanzen, z. B. *Ficus elastica* ROXB., *Citrus*-Bäumchen. – Gelegentlich auch auf *Citrus*-Früchten. – Gedeiht auch an Kübelpflanzen im Sommer im Freien, sonst kommt die weltweit verbreitete Art in Mitteleuropa nur in Innenräumen vor.
33. Schild bei Weibchen und Männchen mit einem Längsdurchmesser von 0,8−1,0 mm, rotbraun, leicht gewölbt, beim Männchen etwas schmäler als beim Weibchen und einer im vorderen Drittel gelegenen Larvenhaut, während sie beim Weibchen mehr in der Mitte liegt. Bei ihm fällt aber der Schild leicht ab und die 2. Larvenhaut, in der das weinrot gefärbte, kryptogyne Weibchen eingeschlossen ist, bleibt an der Pflanze. Sie ist breitoval, glänzend braun und etwas durchsichtig. . . . . **Lorbeerschildlaus,** *Aonidia lauri* (BOUCHÉ, 1833)
kommt nur auf Lorbeerarten (*Laurus* spp.) vor, in Mitteleuropa nördlich der Südschweiz und Norditalien nur in Innenräumen, allerdings auch im Sommer an Kübelpflanzen im Freien. Das Mittelmeergebiet ist wahrscheinlich ihre eigentliche Heimat. – Auch auf getrockneten Lorbeerblättern kann man besonders um die Blattadern die abgestorbenen Schildläuse finden.
– Schild größer, 1−3 mm, oval unsymmetrisch einseitig deutlich verlängert weißlich, gelblichweiß bis gelblichgraubraun 34

34. Schild flach, etwas durchsichtig, meistens weißlich bis gelbweiß, 1,7−2,5 (3,0) mm lang und bis 2 mm breit; Fleck nahe der Mitte, meistens der geraden Längsseite genähert; Schild der männlichen Larve ähnlich, aber etwa 1 mm kleiner mit dem Fleck in seiner vorderen Hälfte. In den einen Kolonien sind männliche Schilde sehr häufig, in anderen fehlen sie vollständig. Das langgestreckt birnenförmige Weibchen ist weiß oder weißlich gelb. . . . . *Abgrallaspis cyanophylli* (SIGNORET, 1869)
   Weltweit verbreitet, in Mitteleuropa aber nur in Innenräumen. Hier gehört die Schildlaus zu den häufigsten und verbreitetsten Gewächshaus-Diaspididae. Bevorzugt besonders Kakteen, Palmen und Euphorbiaceen, befällt auch Araceen und Bromeliaceen. Starker Besatz von Blättern und Stengeln mit den großen weißen Schilden vermindert den Handelswert.
− Schild stark gewölbt bis fast konisch, glatt, fest, gelblichweiß bis -graubraun; Fleck exzentrisch, braun oder schwärzlich, oft weißlich überdeckt und mit mehr oder weniger deutlichem braunen Rand. Bauchschild ziemlich fest, bleibt beim Abnehmen des Schildes meistens nicht an der Pflanze hängen. Tier rundlich birnförmig, sehr dick, dunkelgelb. . . . .
   . . . . *Hemiberlesia rapax* (COMSTOCK, 1881)
   Männchen sind nicht bekannt. Weltweit verbreitet, kommt im Mittelmeergebiet noch im Freien vor, in Mitteleuropa nur in Innenräumen, kann aber im Sommer auch an Kübelpflanzen im Freien überleben. Sie ist sehr polyphag und gehört in den Kalthäusern zu den häufigsten Schädlingen, wo sie besonders die verholzten Teile und gelegentlich auch die Blätter immergrüner Kübelpflanzen besiedelt.
35. Schild 1,8−2,2 mm lang, miesmuschel- bis birnförmig, ziemlich flach und braun, halb durchscheinend, gelb- bis rötlichbraun; Fleck farblos oder gelb, das Tier länglich eiförmig, hinter der Mitte am breitesten, Weibchen von . . . .
   . . . . *Pinnaspis aspidistrae* (SIGNORET, 1869).
   Heimat wahrscheinlich in den indomalaiischen Tropen, in Europa nur in Innenräumen, polyphag, aber mit Vorliebe an Farnen, auch an *Aspidistra elatior* (Liliaceae), und an Pflanzen aus anderen Familien.
− Schild 0,7−1,2 mm lang, sehr schmal, schneeweiß 36
36. Schild nicht breiter als die an seinem Vorderende liegende Larvenhaut, sich nach hinten kaum etwas erweiternd . . . . Männchen von *Diaspis* (siehe unter 31)
− Schild an seinem Vorderende doppelt so breit wie die dort liegende Larvenhaut . . . . . .
   . . . . Männchen von *Pinnaspis* (siehe unter 35)

16. Wanzen, Heteroptera

Die Vorderflügel der Wanzen sind Halbdecken, d. h. in ihrem basalen Teil sind sie hornig und kräftig gefärbt, an ihrer Spitze aber durchscheinend, membranös. Diese Membranen der Flügel legen sich in der Ruhe übereinander und zeigen die Form einer Raute (Abb. 50). Die Larven sehen im wesentlichen wie die erwachsenen Tiere aus, haben aber noch keine Flügel oder nur lappenförmige Flügelanlagen. In Häusern treten mit Ausnahme der Bettwanze Wanzen nur sehr selten auf. Freilandwanzen können bei Massenvermehrung gelegentlich auch an Hauswänden auftreten oder sogar in die Zimmer eindringen. Dieses kommt im Frühjahr öfter bei der 9−10 mm großen, meistens kurzflügeligen schwarz-rot gezeichneten **Feuerwanze**, *Pyrrhocoris apterus* (LINNAEUS, 1758) (Abb. 50 A) vor, wenn in Hausnähe Parkbäume, besonders Linden stehen. Zu Tausenden können sie auf dem Boden und an den Baumstämmen herumlaufen und an sonnenbeschienenen Hauswänden bis in 2 m Höhe sitzen. In ähnlicher Weise trat in der Oberrheinischen Tiefebene bei Germersheim die zu den Baum- oder Stinkwanzen (Pentatomidae) gehörende, 15 mm große, schmutzig graugelbe bis bräunliche, stellenweise schwarz oder braun gepunktete **Große Feldwanze**, *Rhaphigaster nebulosa* PODA,

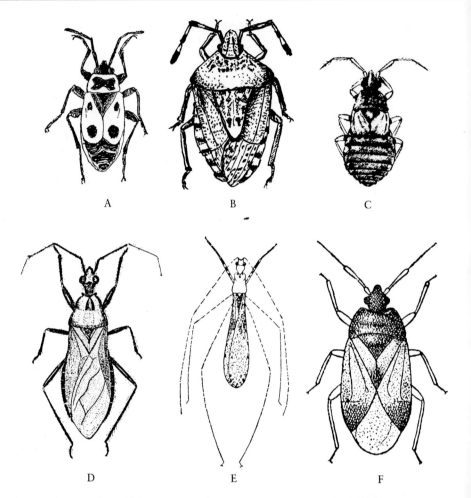

Abb. 50: Feuerwanze, *Pyrrhocoris apterus*, B Graue Feldwanze, *Rhaphigaster nebulosa*, C *Xylocoris flavipes*, D Kotwanze, *Reduvius personatus*, E Mückenwanze, *Empicoris culiciformis*, F Geflügelte Bettwanze, *Lyctocoris campestris* (aus WEIDNER, LUNA DE CARVALHO, GULDE und STICHEL).

1761 (Abb. 50 B) auf. Sie ist in Mitteleuropa vorwiegend auf wärmere Gebiete beschränkt, wo sie normalerweise auf Äckern vorkommt. Es ist nicht ausgeschlossen, daß auch andere häufige Freilandwanzen ebenfalls an oder auch in benachbarten Häusern vorkommen können. Dieses ist besonders der Fall bei solchen, die im Herbst Verstecke suchen, in denen sie gesellig überwintern können wie z. B. der zu den Erdwanzen (Lygaeidae) gehörende *Raglius vulgaris* (SCHILLING, 1829). Die 7–8 mm große langovale, langbeinige Wanze, die an dem hellen Hinterrand ihres Halsschildes und einem dunklen Makel im hinteren Teil ihrer Halbdecken erkennbar ist, saugt auf Feldern, Wiesen oder Ruderalstellen an Pflanzensamen und ist daher im Haus für den Menschen vollkommen unschädlich, wenn sie auch durch ihre oft große Zahl und ihr bei Zimmertemperatur auch während des ganzen Winters anhaltendes Herumlaufen sehr lästig werden kann. In importierten Vorräten aus den Tropen, besonders in Erdnüssen und Getreide, die von Vorratsschädlingen befallen sind, kommen gelegentlich 2 mm große schwarze bis rote Wanzen mit gelben Beinen und meistens verkürzten Flügeldecken vor (Abb. 50 C). Es handelt sich dabei meistens um die zu den Blumenwanzen (Anthocoridae) gehörenden *Xylocoris (Arrostelus) flavipes* (REUTER, 1875). Seltener ist ihre langflügelige Form, die Ähnlichkeit mit der bei uns nicht seltenen *Lyctocoris campestris* (FABRICIUS, 1794) hat (siehe die folgende Tabelle und Abb. 50 F). Allerdings ist diese mit einer Körperlänge von 3,4−4 mm bedeutend größer. Außerdem ist bei *Xylocoris* das 2. Fühlerglied so lang wie das 3., während es bei *Lyctocoris* viel länger ist. *Xylocoris* saugt besonders Eier und Puppen anderer Vorratsschädlinge aus und kann dadurch deren Entwicklung stark beeinträchtigen. Es kann vorkommen, daß Vorräte fast nur noch Wanzen enthalten, weil alle Vorratsschädlinge von ihnen ausgerottet wurden.

Die Bestimmung der Freilandwanzen ist möglich mit WAGNER, E., 1961: Heteroptera (Hemiptera) in BROHMER, EHRMANN, ULMER: Die Tierwelt Mitteleuropas Bd. 4, Lieferung 3, Heft Xa, 172 S. Quelle & Meyer, Leipzig. Die folgende Bestimmungstabelle enthält nur

die in Häusern ständig lebenden Wanzenarten

1. Wanzen mit gut entwickelten Flügeln 2
− Wanzen ohne Flügel, mit lappenförmigen Flügelanlagen oder schuppenförmigen Vorderflügeln. 4
2. Große (16−17 mm langgestreckte Wanzen an Fühlern, Vorderbrust und Beinen rauh behaart, glänzend braun (Abb. 50 D) . . . .
. . . . **Kotwanze,** *Reduvius personatus* (LINNAEUS, 1758)
  jagt Insekten, auch Bettwanzen in Häusern, Scheunen und Lagerräumen. Bei ungeschickter Berührung kann sie auch den Menschen stechen.
− Wanzen kleiner als 1 cm 3
3. Mückenähnliche Wanzen, sehr schlank, mit außerordentlich langen und dünnen Beinen und schmalen durchsichtigen Vorderflügeln (Abb. 50 E) . . . .
. . . . **Mückenwanze,** *Empicoris* WOLF, 1811 (= *Ploiariola* REUTTER, 1888)
  an feuchten Brettern und Wänden in feuchten Wohnungen, jagen kleine Insekten. Bei uns kommen zwei Arten vor: *E. culiciformis* (DE GEER, 1773) (Körperlänge 4,5 mm) und die größere *E. vagabunda* (LINNAEUS, 1758) (Körperlänge 7 mm).
− Breitere, plattgedrückte dunkelbraune Wanzen. Basis der Vorderflügel und ein Fleck an der Spitze heller, Membran weißlich. Beine hellgelblich (Abb. 50 F). Körperlänge 3,5−4 mm . . . . **Geflügelte Bettwanze,** *Lyctocoris campestris* (FABRICIUS, 1794)
  in Vogelnestern, Hühnerställen und Wohnungen. Sticht gelegentlich auch den Menschen, um Blut zu saugen.
4. Gelbbraune bis rotbraune, sehr breite, flachgedrückte Wanzen mit schuppenförmigen Vorderflügeln (Imagines) oder ohne solche (Larven), mit dunkel durchschimmerndem Darm (Abb. 10) 5
− Wanzen anders gefärbt, nicht so flachgedrückt, mit oder ohne Flügelanlagen 9
5. Das 3. und 4. Fühlerglied nicht viel dünner als das 1. und 2., das 3. und 4. Fühlerglied etwa gleich lang. Vorderrand des Halsschildes schwach eingebuchtet oder in der Mitte fast gerade und nur die Seiten vorgezogen. Körperlänge 3,5−4 mm . . . .
. . . . **Schwalbenwanze,** *Oeciacus hirundinis* JENYNS, 1839
  lebt in Schwalbennestern. Solang die Schwalben fortgezogen sind, hungern die Wanzen. Mitunter verlassen sie die Nester, vielleicht, wenn sie im Sommer nicht mehr von Schwalben bewohnt sind und dringen in Wohnungen in der Nachbarschaft der Nester ein, wo sie auch Menschen stechen können.
− Das 3. und 4. Fühlerglied deutlich dünner als das 1. und 2., das 3. Fühlerglied deutlich

länger als das 4. Vorderrand des Halsschildes stark bogenförmig eingebuchtet Hinterleibsende der Weibchen (und Larven) symmetrisch abgerundet, beim Männchen kegelförmig mit einem seitlich anliegenden säbelförmig gekrümmten «Penis» (eigentlich Kopulationshaken), wodurch es unsymmetrisch erscheint (Abb. 10) 6
6. Der dünne seitliche Saum des Halsschildes stark verbreitert (Abb. 10 A, B) 7
– Der dünne seitliche Saum des Halsschildes nur schmal (Abb. 10 C, D) 8
7. Das 2. Fühlerglied kürzer als das 3., letzteres um die Hälfte länger als das 4. Rostbraun mit gelblichen Borsten und Haaren. Körperlänge 4–6 mm (Abb. 10) . . . .
. . . . Bettwanze, *Cimex lectularius* LINNAEUS, 1758

häufig in Wohnungen und Hotelzimmern in der gemäßigten Zone. Sticht in der Nacht die Menschen, um Blut zu saugen. Tagsüber verborgen hinter Tapeten, Bildern, Fußbodenleisten, in Ritzen der Betten und anderer Möbel, dort klebt sie auch ihre Eier an, aus denen die Larven nach Öffnen eines Deckels schlüpfen. Sie kann auch Blut an Tauben, Fledermäusen und Laboratoriumsratten und -mäusen saugen.

– Das 2. Fühlerglied ebenso lang wie das 3., dieses um etwa ein Drittel länger als das 4. Braun (Abb. 10 B). Körperlänge 3,75–4,75 mm . . . .
. . . . Taubenwanze, *Cimex columbarius* JENYNS, 1839

in Holzstallungen von Tauben und Hühnern, an denen sie Blut saugt. Selten. Vielleicht nur eine biologische Rasse von *C. lectularius*.

8. Halsschild mit gebogenen Seiten (Abb. 10 C), stark und lang behaart. Körperlänge 4,7–5,8 mm . . . . Fledermauswanze, *Cimex pipistrelli* JENYNS, 1839

lebt an den Schlafplätzen von Fledermäusen und kann von dort aus in darunterliegende Wohnungen eindringen.

– Halsschild mit nicht sehr gebogenen Seiten (Abb. 10 D), dadurch länger, mehr rechteckig erscheinend, dunkelbraun . . . .
. . . Tropische Bettwanze, *Cimex hemipterus* FABRICIUS, 1803 (= *rotundatus* SIGNORET, 1852)

lebt ähnlich wie die Bettwanze und vertritt sie entsprechend ihren höheren Temperatur- und Feuchtigkeitsansprüchen in den Tropen.

9. Grau, vollkommen mit einer rauhen Schicht von Schmutzteilchen und Kot überdeckt . . . . Larve der **Kotwanze**, *Reduvius personatus* (LINNAEUS, 1752) (siehe 2)
– Körper glatt, nicht mit Schmutz und Kot überzogen 10
10. Körper sehr schmal mit sehr langen dünnen Beinen . . . .
. . . . Larven der **Mückenwanze**, *Empicoris* (siehe 3)
– Körper breit und flach, schwarzbraun mit gelbbraunen Beinen . . . .
. . . . Larven der **Geflügelten Bettwanze**, *Lyctocoris campestris* (siehe 3)

17. Hautflügler, Hymenoptera

besitzen – mit Ausnahme ungeflügelter Arten oder Formen, wie z. B. der Ameisenarbeiterinnen – 2 Paar häutige und mehr oder weniger durchsichtige Flügel, von denen das vordere Paar immer viel größer als das hintere ist. Nur bei den Blatt- und Holzwespen ist der Hinterleib ohne Verschmälerung mit der Brust verbunden (*Symphyta*, Abb. 51 oben), bei allen übrigen Hautflüglern (*Apocrita*) ist entweder die Verbindung zwischen Brust und Hinterleib nur durch ein kurzes, sehr dünnes Röhrchen hergestellt, das vom 2. Hinterleibsring gebildet wird (Abb. 51 unten), oder der 2. und oft auch noch der 3. Hinterleibsring sind sehr stark verjüngt (Abb. 55 A). Das 1. Hinterleibssegment verschmilzt mit dem Brustabschnitt zu einer Einheit. Seine Rückenplatte bildet den Hinterrücken (Epinotum) des Median- oder Mittelsegment

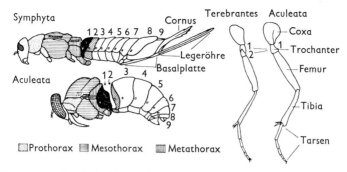

Abb. 51: Erkennungsmerkmale der Unterordnungen der Hautflügler, Hymenoptera (schwarz = Mittelsegment).

(Abb. 51 unten, schwarz). Der 2. Hinterleibsring ist vielfach im ganzen verengt und seine Bauch- und Rückenplatte fest miteinander verschmolzen. Man spricht dann von einem Stielchen (Petiolus) (Abb. 60). Bei Ameisen ist vielfach der 3. Ring ebenso umgebildet. Ihn bezeichnet man dann als Postpetiolus (Abb. 59). Obwohl diese Deutung der Hinterleibssegmente vergleichend anatomisch gut gesichert und allgemein anerkannt ist, wird im taxonomischen Schrifttum immer noch konventionell, aber nicht richtig, der Petiolus als das 1. Abdominalsegment und das 1. Gastersegment als 2. Hinterleibssegment (entsprechend seine Rückenplatte als Tergum 2) bezeichnet. Die Unterordnungen lassen sich folgendermaßen unterscheiden:

1. Der Hinterleib ist ohne Verschmälerung mit der Brust verbunden (Abb. 51, 52) 1—4 cm große, schlanke Insekten . . . . Holzwespen, *Siricidae* (Tabelle 18)
— Der Hinterleib besitzt eine Wespentaille, d. h. er ist durch ein kurzes, sehr dünnes Röhrchen mit der Brust verbunden (Abb. 51), oder sein 2. bzw. seine 2. und 3. Ringe sind stark verschmälert (Abb. 55 A), so daß sie einen Stiel bilden 2
2. An den Hinterbeinen zwischen Hüfte und Schenkel immer zwei Schenkelringe (Abb. 1, 1 und 2). Hierher gehören auch fast alle kleinen bis sehr kleinen Hymenopteren mit stark reduziertem Flügelgeäder (Abb. 56). Dem Hinterflügel fehlt das Analfeld . . . .
. . . . **parasitische Wespen**, *Terebrantes*[1] (Tabelle 19)
— An den Hinterbeinen zwischen Hüfte und Schenkel nur ein Schenkelring (Abb. 51). Große bis mittelgroße Hymenopteren, auch viele ungeflügelte Tiere, kleinere Hymenopteren haben am Hinterflügel ein Analfeld (Abb. 63) . . . **Stechimmen**, *Aculeata*[1] (Tabelle 20)

[1] Aus Gründen der Zweckmäßigkeit werden hier die früher üblichen Unterordnungen, *Terebrantes* und *Aculeata* beibehalten, die im neueren taxonomischen Schrifttum in der Unterordnung *Apocrita* vereinigt sind.

18. Holzwespen, Siricidae

Die Holzwespen sind 1—4 cm große Insekten und legen ihre Eier an kranke oder frisch gefällte Bäume. Ihre Larven haben eine mehrere Jahre dauernde Entwicklung, die auch im frisch verarbeiteten Holz nicht abgebrochen wird. Die Holzwespen schlüpfen daher sehr häufig aus Brettern und Balken in Neubauten oder neuen Kisten und Holzregalen aus, wobei sie sich durch alle aufliegenden Gegenstände (z. B. Linoleum, Dachpappe, Teppiche, selbst Bleiplatten, Papierstöße, Bücher, Wäsche, Kleiderstoffe, Seife usw.) durchzubohren versuchen. Dadurch kann mitunter erheblicher Schaden entstehen. Sind diese Gegenstände aber zu dick, so bleiben die schlüpfenden Wespen oft in ihnen stecken und sterben ab. An verarbeitetes Holz, das ausgetrocknet ist, legen sie keine Eier ab, so daß also in Gebäuden die Gefahr einer Weitervermehrung nicht besteht. Die Tragfähigkeit des Holzes wird durch ihre Gänge kaum gefährdet. Bekämpfungsmaßnahmen im Haus sind daher meistens nicht nötig. In den Gebäuden werden nur diejenigen Arten angetroffen, deren Larven im Nadelholz leben. Nur sie werden in der nachfolgenden Tabelle berücksichtigt. Die Larven der Gattung *Xiphidra* und *Tremex* leben im Laubholz, ohne daß ihnen eine nennenswerte wirtschaftliche Bedeutung zukommt. *Tremex* z. B. lebt nur in stark verpilztem Holz. Die Größenunterschiede der einzelnen Individuen derselben Art sind oft sehr bedeutend. Fraßbild siehe Tabelle 47.

1. Hinterschienen nur mit einem Endsporn. Legebohrer des ♀ etwa so lang wie der Körper. Hinterleib des ♂ überwiegend schwarz. Die Wespen sind schwarz mit je einem bleichgelben Fleck am Hinterrand der Schläfen und einem ebensolchen Seitenstreifen an der Brust Körperlänge (beim ♀ ohne Legebohrer gemessen) 15–30 mm . . . .
    . . . **Schwarze Fichtenholzwespe, Tannenholzwespe,** *Xeris spectrum* (LINNAEUS, 1758)
    Larve vorwiegend in Kiefernholz, aber auch in Fichte und Tanne. Da sie in saftreicherem Holz lebt, schlüpft die Wespe nur selten aus verarbeitetem Holz aus.
   – Hinterschienen mit zwei Endsporen. Legebohrer des ♀ kürzer als der Körper. Hinterleib des ♂ überwiegend rotgelb 2
2. Vorderflügel mit 2 Brachialquernerven, von denen der basale verkürzt ist (Abb. 52, 1, 2) Fortsatz (Cornus) am Hinterleibsende des ♀ dreieckig (Abb. 52 ♀ *Sirex*) Kopf stets ganz schwarzblau, Körper beim ♀ schwarzblau beim ♂ der Hinterleib ausgedehnt rotgelb Körperlänge 15–30 mm . . . .

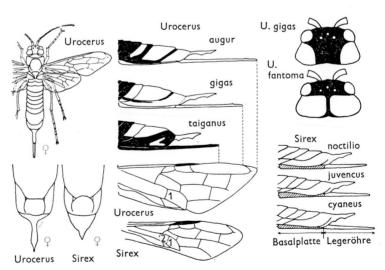

Abb. 52: Holzwespen, Siricidae, Unterscheidungsmerkmale (nach BENSON).

– Vorderflügel mit 1 Brachialquernerv (Abb. 52, 1). Fortsatz (Cornus) am Hinterleibsende des ♀ schwach lanzettförmig (Abb. 52 ♀ *Urocerus*) Körper schwarz und gelb, der Kopf stets teilweise gelb. Körperlänge 12−40 mm 5
3. Das letzte Tarsenglied an allen Beinen schwarz. Fühler ganz schwarz. Legeröhre kürzer als die Basalplatte (Abb. 52) . . . . **Blaue Fichtenholzwespe**, *Sirex noctilio* FABRICIUS, 1793
Larve vorwiegend in Fichte. Nach Neuseeland und Australien verschleppt, wurde sie dort zum Pflanzenschädling an angebauten fremden Kiefern, besonders *Pinus radiata*. Um weitere Einschleppungen zu verhindern, muß Befallsfreiheit vom hölzernen Verpackungsmaterial einzuführender Güter nachgewiesen werden.
– Das letzte Tarsenglied an allen Beinen gelb, Fühler an der Basis rotbraun, wenn schwarz, dann beim ♀ Legeröhre so lang oder länger als die Basalplatte (Abb. 52) 4
4. Basalglieder der Fühler meistens rotbraun, sind sie verdunkelt, dann sind beim ♂ die Legeröhre so lang wie die Basalplatte (Abb. 52) . . . .
. . . . **Blaue Kiefernholzwespe**, *Sirex juvencus* LINNAEUS, 1758
häufigste Holzwespe in Neubauten und Kistenholz, vorwiegend in Kiefern (Taf. III, C).
– Basalglieder der Fühler schwarz. Beim ♂ Hinterleib an der Spitze rotgelb, beim ♀ Legeröhre so lang wie die Basalplatte (Abb. 52) . . . . *Sirex cyaneus* FABRICIUS, 1781
Larve in Nadelhölzern. Heimat Nordamerika, nach Europa eingeschleppt
5. Kopf hinter den Augen gelb mit einer − meistens schwarzen − Mittelfurche und geringer Punktierung (Abb. 52 *U. fantoma*) 6
– Kopf hinter den Augen und zwischen ihren Innenrändern schwarz, nur die Schläfen gelb, stark punktiert (Abb. 52 *U. gigas*) 8
6. Scheitel mit tiefer, gewöhnlich schwärzlicher Mittelfurche. Beim ♀ Hinterschienen ganz gelb, höchstens an der Spitze braun, die Hinterleibssegmente 6 und 7 mit schwarzer Binde und manchmal 4 und 5 mit schwarzen Flecken an den Seiten. Beim ♂ Beine schwarz, die vorderen manchmal rotbraun bis schwarz, manchmal auch die Hinterleibsbasis verdunkelt 7
– Scheitel mit flacher, hinten etwas tieferer Mittelfurche, ganz hell gefärbt. Beim ♀ Hintertibien mit braun bis schwarzen Endhälften, Hinterleibssegmente 3−7 auf dem Rücken ganz oder teilweise schwarz bis braunschwarz. Beim ♂ Beine gelb oder bräunlichgelb, Hinterbeine mit Ausnahme der bleichen Tibienbasis rotbraun, Hinterleib ganz ungefleckt, selten die Hinterleibsspitze wenig verdunkelt. Legeröhre mit Basalplatte etwa so lang wie der Vorderflügel (Abb. 52) . . . . **Gelbe Fichtenholzwespe**, *Urocerus augur* (KLUG, 1803)
Larve vorwiegend in Fichte und Tanne.
7. Legeröhre kürzer als der Vorderflügel, reicht bis zur Spitze der 3. Radialzelle . . . .
. . . . *Urocerus fantoma* (FABRICIUS, 1781)
Larve in Fichte, Kiefer, Lärche und Tanne.
– Legeröhre noch kürzer, reicht bis zur Mitte der 3. Radialzelle . . . .
. . . . *Urocerus tardigradus* (CEDERHJELM, 1798)
diese Art wird von den meisten Autoren als Synonym von *U. fantoma* angesehen.
8. Beim ♀ Rücken des 8. und 9. Hinterleibssegments fast vollständig gelb, nur an der Basis dunkel, Legeröhre mit Basalplatte etwas kürzer als der Vorderflügel, erreicht fast die Spitze der 3. Radialzelle (Abb. 52). Beim ♂ Rücken des 7. Hinterleibssegments und Fühlergeißel ganz gelb . . . . **Riesenholzwespe**, *Urocerus gigas* (LINNAEUS, 1758)
Larve in Kiefer, Fichte, Tanne und Lärche. Die Wespen schlüpfen häufig aus verarbeitetem Holz.
– Beim ♀ Rücken des 9. Hinterleibssegments nur zum Teil, der des 8. ganz gelb. Legeröhre mit Basalplatte deutlich kürzer als der Vorderflügel, reicht nur bis zur Mitte der 3. Radialzelle (Abb. 52). Beim ♂ Rücken des 7. Hinterleibssegments und Fühlergeißel vom 7. Glied an bis zur Spitze geschwärzt . . . . *Urocerus gigas taiganus* BENSON, 1943

Larve in Kiefern- und Fichtenholz. Früher von *U. gigas* nicht unterschieden, ersetzt diese Art in Ost- und Nordeuropa. Nach M. NUORTEVA (1969) kommen zwischen *gigas* und *taiganus* alle Übergänge vor, weshalb *taiganus* Synonym von *gigas* ist.

19. Parasitische Wespen, Terebrantes[2]

Nur wenige der in Häusern vorkommenden Arten entwickeln sich in Pflanzensamen (einige Erzwespen) und können dadurch schädlich werden. Sie sind aber keine eigentlichen Vorratsschädlinge; denn der Befall findet nur im Freien statt, wenn die Samen noch nicht reif sind. Es handelt sich also bei ihnen um eingeschleppte Freilandschädlinge. Die Mehrzahl der hierher gehörenden Arten sind Parasitoide, die während ihrer ekto- oder entoparasitischen Entwicklung (an bzw. in ihrem Wirt) ihren Wirt abtöten. Arten, bei denen sich normalerweise nur ein Parasitoid in einem Wirtstier entwickeln kann, werden als «Solitärparasitoide» bezeichnet und solche, bei denen sich mehrere Wespchen der gleichen Art in einem Wirtstier ausbilden «Gregärparasitoide». Früher hat man sich wenig für sie interessiert; denn in der Praxis sind im Haus und in Vorräten auch Parasitoide ebenso wenig willkommen wie die Schädlinge selbst. In neuerer Zeit beginnt man aber immer mehr auch ihre Lebensweise genauer zu studieren, weil man hofft, auch sie bei Bekämpfungs- bzw. Vorbeugungsmaßnahmen einsetzen zu können, so z. B. gegen schädliche und lästige Fliegen (siehe FABRICIUS, K., KLUNKER, R.: Merkblätter über angew. Parasitenk. u. Schädlingsbek. Nr. 12 – Angew. Parasitol. 32 (1): 1–24. Jena 1991). Ihre Bestimmungsmöglichkeiten sind allerdings für den Nichtspezialisten immer noch sehr begrenzt, weshalb auch hier nur die bekanntesten Gattungen und Arten berücksichtigt werden sollen.

1. Der im Verhältnis zu Kopf und Brust sehr kleine, stark seitlich zusammengedrückte Hinterleib ist mit dem oberen Rand des fast würfelförmigen Brustabschnittes durch einen dünnen Stiel verbunden. Kopf glänzend schwarz, fein punktiert, Flügel schwach getrübt (Abb. 53), Körperlänge 8–9 mm . . . . **Hungerwespe**, *Evania appendigaster* (LINNAEUS, 1758) *(Evaniidae)*
   Solitärparasit in den Eipaketen der Orientalischen und Amerikanischen Schaben.
– Hinterleib nicht auffallend klein, am unteren Rand des Brustabschnittes eingelenkt   2

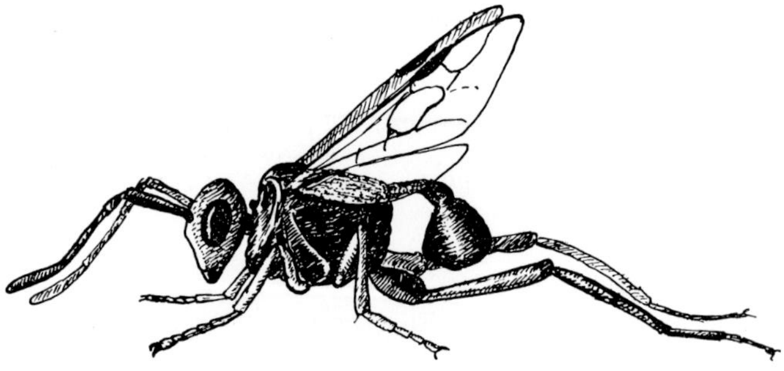

Abb. 53: Hungerwespe, *Evania appendigaster.*

---

[2] Siehe Fußnote auf S. 87.

2. Fühler gerade, schnurförmig 3
- Fühler gekniet, Flügeladerung stark reduziert (Abb. 56), oft mit Metallglanz. Flügel können auch vollkommen rückgebildet sein (Abb. 56 F) . . . **Erzwespen,** *Chalcidoidea* 10
3. Flügel mit einem Pterostigma (Flügelmal) 6
- Flügel ohne Pterostigma . . . . **Gallwespen,** *Cynipoidea* 4
4. 7–18 mm große Insekten mit einem glänzenden seitlich zusammengedrückten, mahagonibraunen Hinterleib, der in seiner Form an eine Messerklinge erinnert. Kopf glänzend schwarz. Flügel stark getrübt. 2. Fußglied des Hinterbeins mit einem griffelartigen Fortsatz (Abb. 54 A, B) . . . . *Ibalia leucospoides* (HOCHENWARTH, 1785) *(Ibaliidae)*

Parasitoid in den Larven der Holzwespen *Sirex* und *Urocerus*. Die Weibchen erreichen die Holzwespenlarven mit ihrer Legeröhre nur durch den Stichkanal, den die Holzwespenlarve bei der Eiablage gebohrt hat. Die noch in der Eischale befindlichen oder die eben daraus geschlüpften Holzwespenlarven werden mit je einem (selten zwei) Ei belegt. Die erwachsene Parasitoidenlarve verläßt die Überreste ihres Opfers und bleibt noch rund 6 Monate liegen, bis sie sich verpuppt. Nach 5 bis 6 Wochen schlüpft die Imago und bohrt sich einen Schlupfgang nach außen. So kann sie in Neubauten mit befallenem Holz in größerer Zahl gefunden werden. Gesamtentwicklung 2–3 Jahre.

- Höchstens 5 mm große Insekten mit seitlich etwas zusammengedrücktem, in Seitenansicht ovalem bis keulenförmigem Hinterleib 5
5. Rückenplatte des 3. Hinterleibssegments (auf Abb. 53 C punktiert) viel kleiner als der halbe Hinterleib, aber auch kleiner als die Rückenplatte des 4. Segments. Stielchen ringförmig und längsgefurcht . . . . *Figites* LATREILLE, 1802 *(Figitidae)*

Solitärparasiten in Fliegenmaden, Imagines schlüpfen aus den Fliegentönnchen: *F. striolatus* HARTIG, 1840 der Stubenfliege, *F. scutellaris* (ROSSI, 1794) von *Ophyra leucostoma* und *F. anthomyiarum* BOUCHÉ, 1834 von *Calliphora vicina*.

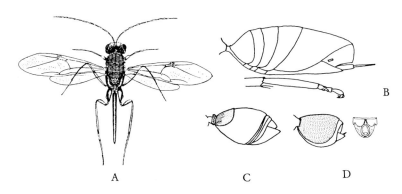

Abb. 54: In Häusern gelegentlich auftretende Gallwespen: A, B *Ibalia leucospoides*, A vom Rücken, B Hinterleib von der Seite, darunter Hinterbein mit griffelartigem Fortsatz am 2. Fußglied, C Hinterleib von *Figites*, D von einer Eucoiline, daneben Schildchen mit napfförmiger Erhebung (A aus ESCHERICH, B–D aus WEIDNER).

- Rückenplatte des 3. Hinterleibssegments (auf Abb. 54 D punktiert) größer als alle übrigen Hinterleibssegmente zusammen. Schildchen mit einer napfförmigen Erhebung. Körper glänzend schwarz . . . . *Cynipidae, Eucoilinae*

Solitärparasiten in Fliegenmaden, Imagines schlüpfen aus dem Puparium: *Kleidotoma marshalli* (CAMERON, 1889) der Käse- und Stubenfliege, *Cothonaspis boulardi* BARBOTINI, 1979 und *Ganaspis subnuda* KIEFFER, 1904 von *Drosophila melanogaster*.

6. Flügel mit 2 rücklaufenden Adern und einer großen Discocubitalzelle (Abb. 55 A), häufig mit einer kleinen 2. Cubitalzelle, der Areola (a); 3. und 4. Hinterleibsring miteinander gelenkig verbunden . . . . **Echte Schlupfwespen,** *Ichneumonidae* 7
– Flügel nur mit einer rücklaufenden Ader (Abb. 55 B). 3. und 4. Hinterleibsring miteinander verschmolzen und daher nicht gegeneinander beweglich . . . . **Brackwespen,** *Braconidae* 9
7. Kleine Schlupfwespen, Körperlänge 6 mm, sehr schlanke Tiere mit schwarzem Thorax und etwa doppelt so langem, aber nur halb so breitem, seitlich zusammengedrücktem, lang gestieltem, oben schwarzem, unten gelbrotem bis gelbbraunem Hinterleib, Legeröhre etwas länger als der halbe Hinterleib (Abb. 55 A) . . . . *Nemeritis* (= *Idechthis* = *Devorgilla* = *Venturia*) *canescens* (GRAVENHORST, 1829) Ophioninae)

Solitärparasitoid in den (besonders älteren) Raupen vorratsschädlicher Motten *(Ephestia, Plodia, Galleria, Achroea, Nemapogon)*

– Große Schlupfwespen, Körperlänge 2–3,5 cm 8

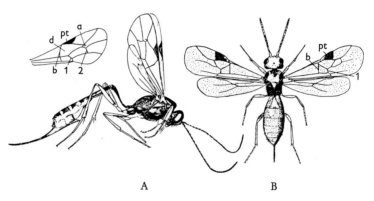

Abb. 55: A Ichneumonide *Nemeritis canescens*, darüber Flügelgeäder des Vorderflügels, B Braconide *Bracon hebetor*, *a* Areola, *b* Basalnerv, *d* Discocubitalzelle, *pt* Pterostigma (Flügelmal), *1*, *2* Nervus recurrens (aus FREEMAN & TURTLE).

8. Clypeus in der Mitte vorgezogen. Legeröhre etwa um ein Viertel länger als der Körper. Schwarz mit weißen Flecken am Kopf, Schildchen und Hinterleib, Körperlänge (ohne Legeröhre) 22–34 mm . . . . *Rhyssa persuasoria* (LINNAEUS, 1758) *(Pimplinae)*

häufigster Solitärparasitoid an den Larven von *Sirex* und *Urocerus*, der auch in Neubauten gelegentlich aus dem Bauholz schlüpft. Die Weibchen erregen durch ihre lange Legeröhre oft Furcht. Sie können damit aber nicht stechen. Keine Schädlinge.

– Clypeus in der Mitte nicht vorgezogen, vorn gerade abgeschnitten. Legeröhre etwa doppelt so lang wie der Körper. Schwarz mit weißen Flecken am Kopf, Schildchen und Hinterleib. Körperlänge (ohne Legeröhre) 27–30 mm . . . . *Megarhyssa leucographa* (GRAVENHORST, 1829) *(Pimplinae)*

Parasitoid von *Sirex* und *Urocerus*. Lebensweise wie bei der vorhergehenden Art.

9. Hinterleib sehr schlank und lang gestielt. Hinterhaupt scharf gerandet, Legeröhre körperlang, Körperlänge (ohne Legeröhre) 2–7 mm . . . . *Spathius exarator* (LINNAEUS, 1758) *(Spathiinae)*

Solitärparasitoid der Holzwürmer, besonders von *Anobium punctatum*. Fällt in Wohnungen mit Holzwurmbefall oft durch Massenauftreten auf.

– Hinterleib gedrungen, kurz gestielt, Hinterhaupt nicht gerandet. Legeröhre wenig vorragend, Körperlänge bis 4 mm, Färbung sehr veränderlich, gelb mit schwarzer Zeichnung, die die helle Grundfärbung vollkommen verdrängen kann (Abb. 55 B) Körperlänge 4 mm
  . . . . *Bracon* (= *Microbacon*) *hebetor* SAY, 1836 *(Braconinae)*
  Gregärparasitoid an den Raupen vorratsschädlicher Motten, insbesondere *Ephestia, Plodia, Corcyra*; das Weibchen legt seine Eier an die durch einen Stich gelähmten Raupen oder in ihre Nähe. Die frei beweglichen Junglarven saugen an den gelähmten, die älteren auch an den toten und faulenden Raupen. Erwachsen wandern sie bis zu 5 cm weg und spinnen sich zur Verpuppung in einen schneeweißen Seidenkokon ein.

10. Flügel zu kleinen aderlosen Stummeln rückgebildet. Dunkelbraune bis schwarze gedrungene Wespchen mit kubischem Kopf. Fühler beim Männchen mit 10 und beim Weibchen mit 9 Gliedern. Beim Weibchen überragt der Legebohrer den Hinterleib um die Länge von etwa 2 Segmenten. Körperlänge 1,3–3,8 mm (Fig. 56 F) . . . .
    . . . . *Theocolax formiciformis* WESTWOOD, 1832 *(Pteromalidae)*
    Gregärparasitoid von *Anobium punctatum* und anderen Anobiidae. Die aus den an eine gelähmte Anobienlarve oder in ihre Nähe abgelegten 1–9 Eiern geschlüpften Parasitoidlarven saugen diese aus. Verpuppung im Anobiengang ohne Bildung einer Puppenwiege. Nach BECKER und WEBER (Z. f. Parasitenk. Bd. 15: 339–356, 1952) sollen gelegentlich auch geflügelte Wespen auftreten. Die abgebildeten Flügel zeigen die Merkmale von *Chaetospila* WESTWOOD, 1874.

– Flügel normal ausgebildet (Abb. 56 A–E) 11

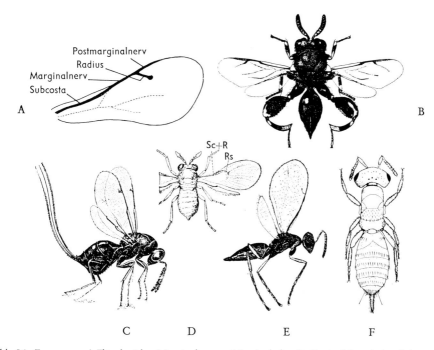

Abb. 56: Erzwespen. A Flügelgeäder, Marginalnerv = Marginalader, Radius = Stigmalader. Subcosta = Submarginalader, B *Brachymeria minuta*, C *Syntomaspis druparum*, D *Trichogramma evanescens*, E *Stenomalina muscarum*, F *Theocolax formiciformis* (B nach RICHARDS, C nach SORAUER-REH, D nach WEBER, E nach WEIDNER, F nach BECKER).

11. Hinterschenkel stark verdickt, unten gezähnt; Hinterschiene stark gekrümmt und am Ende in eine Spitze ausgezogen (Abb. 56 B). Körperlänge 5–6 mm . . . .
. . . . Brachymeria WESTWOOD (in STEPHENS) 1829 *(Chalcididae)*
Solitärparasitoide von *Sarcophagidae*. Die Wirte werden im bereits erwachsenen Larvenstadium mit je einem Ei belegt. Während sie sich normal verpuppen, entwickelt sich in ihnen der Parasitoid bis zur Imago und schlüpft anstelle der Fliege aus dem Puparium. Die *Brachymeria*-Weibchen werden zur Eiablage wahrscheinlich stärker von dem Medium, in dem die Wirtslarven leben, angeregt als von der Wirtsart, so z. B. die häufigere *B. minuta* (LINNAEUS, 1767) von Fäkalien und *B. podagrica* (FABRICIUS, 1787) [= *fonscolombei* (DUFOUR, 1841)] von Aas. Bei ersterer ist der Hinterschenkel nur spärlich punktiert und glänzend, bei letzterer aber sehr dicht punktiert und daher matt erscheinend.
– Hinterschenkel nicht sehr verdickt ohne Zähne; Hinterschienen ziemlich gerade . . 12
12. Hinterhüften groß und lang, etwa 5- bis 6mal so groß wie die Vorderhüften, dreiseitig zusammengedrückt oder oben mit scharfer Kante. Legeröhre weit vorragend, lebhaft blau, grün, kupferig oder golden schillernd oder gelb gefärbt 13
– Hinterhüften nicht viel größer als die Vorderhüften. Legebohrer nicht weit hervorragend 14
13. Hinterschienen mit 2 Endsporen. Radiusknopf klein. Schildchen vor der Spitze durch eine stark vertiefte Querlinie geteilt und hinter ihr ganz glatt. Erzglänzend grün mit blauem Schimmer auf Scheitel und 1. Hinterleibssegment, Schenkel und Tibien gelb (Abb. 56 C). Körperlänge 3,5 mm, Legeröhre 3 mm in Apfel- und Birnsamen . . . .
. . . . *Syntomaspis druparum* (BOHEMAN, 1833) *(Torymidae = Callimomidae)*
– Hinterschienen mit 1 Endsporen. Radiusknopf groß und gestielt. Körperfärbung gewöhnlich schwarz mit gelber Zeichnung oder auch ganz gelbbraun oder zitronengelb, meistens ohne Metallglanz. Schädlinge in Nadelholzsamen . . . .
. . . . *Megastigmus* DALMAN, 1820 *(Torymidae = Callimomidae)*
Bestimmungstabelle für die schädlichen Arten siehe K. ESCHERICH, Z. f. angew. Entom. Bd. 25 (1938), S. 363–380 und «Die Forstinsekten Mitteleuropas» Bd. 5 (1942), S. 354.
14. Rücken des 1. Brustringes groß quadratisch oder rechteckig, die einzelnen Brustringe deutlich voreinander abgegrenzt, Fühlerglieder des Männchens gestielt, mit langen Haaren, Hinterleib beim Männchen kurz, rundlich, lang gestielt, beim Weibchen rundlich oder oval, von der Seite zusammengedrückt . . . . *Eurytomidae* 15
– Rücken des 1. Brustringes schmal, spangenförmig 18
15. Rücken des 1. und 2. Brustringes tief grubig punktiert oder genetzt. Fühler des Männchens mit 5 freien Geißelgliedern unterhalb der Keule . . . . . *Eurytoma* ILLIGER, 1807
E. amygdali ENDERLEIN, 1907, eine schwarze Wespe mit rostgelben Fußgliedern, Schenkelspitzen, Schienenbasen und -spitzen und einer Körperlänge von 5,5–6 mm beim Männchen bzw. 7–7,5 mm beim Weibchen, entwickelt sich in den Kernen von Mandeln, Pflaumen, Aprikosen. Befall findet im Freien statt. – Zahlreiche andere Arten sind Parasitoide sehr verschiedener Freilandinsekten.
– Rücken des 1. und 2. Brustringes fein punktiert, zerstreut oder sehr schwach genetzt. Fühler des Männchens mit 4 freien Geißelgliedern 16
16. Postmarginalader nicht viel länger als der Radius, Marginalader deutlich länger als der Radius. Schwarz. Körperlänge beim Männchen 1,2–2 mm und beim Weibchen 1,3–2,2 mm, in den Samen von Klee. . . . . *Bruchophagus gibbus* (BOHEMANN, 1835)
Befall findet bereits im Freien statt. Kein Vorratsschädling.
– Postmarginalader wenigstens zweimal so lang wie der Radius, Marginalader nicht oder kaum länger als der Radius. Fühler beim Männchen mit 10 und beim Weibchen mit 11 Gliedern. Schwarze Wespen 17
17. Erstes Fühlerglied (Scapus) und Schienen braungelb, Körperlänge beim Weibchen 1,5–2,5 mm, in den Samen von Koriander . . . *Systole coriandri* NIKOLS'KAYA, 1934

– Erstes Fühlerglied und Grundfarbe der Schienen schwarz, Körperlänge beim Weibchen
   2–2,5 mm, in Samen von Fenchel . . . . *Systole foeniculi* OTTEN, 1941
18. Tarsen 3gliedrig. Vorderflügel kurz und breit, am Ende breit gerundet. Winzige Tiere mit
   einer Körperlänge von nur etwa 0,5 mm (Abb. 56 D), die in den Eiern von Schmetterlingen
   parasitoidieren. . . . . *Trichogramma* WESTWOOD, 1833 *(Trichogrammatidae)*
   eigentlich Freilandinsekten, die zur biologischen Schädlingsbekämpfung verwendet werden. Zu diesem Zweck
   werden Massenzuchten von ihnen mit den Eiern verschiedener Vorratsschädlinge, vor allem *Ephestia*-Arten, *Sitotroga cerealella* oder *Galleria mellionella*, durchgeführt. In der angewandten Literatur werden gewöhnlich Wespen
   europäischer Herkunft als *evanescens* WESTWOOD, 1833 und solche amerikanischer Herkunft als *minutum* RILEY,
   1871, bezeichnet. In Wahrheit verbergen sich aber hinter diesen Namen verschiedene Arten. Siehe QUEDNAU, W.:
   «Über die Identität der *Trichogramma*-Arten und einige ihrer Ökotypen.» Mitt. Biol. Bundesanst. Land- u. Forstw.
   Berlin-Dahlem Heft 100 (1960), S. 11–50. Darin auch eine Bestimmungstabelle für die Arten. Von einem Weibchen
   werden mehrere Eier in ein Schmetterlingsei gelegt, bereits belegte Eier aber vermieden. Entwicklung des Parasitoiden in etwa einer Woche, daher sind viele Generationen im Jahr möglich. Verpuppung im ausgefressenen Ei.
– Tarsen 5gliedrig 19
19. Marginalader länger als die Subcosta bzw. ihre Entfernung von der Flügelbasis. Am
   Übergang der Subcosta in die Marginalader ein schwarzer schuppenförmiger Haarbusch.
   Die Mitte der Flügelfläche mit breiter brauner Querbinde. Radiusende nicht knopfförmig,
   sondern zugespitzt hakenförmig (Abb. 57 D). Körperfarbe schwarzbraun bis braun, teilweise mit purpur- oder violettschwarzem Schimmer . . . .
   . . . . *Chaetospila elegans* WESTWOOD, 1874 *(Spalangiidae)*
   parasitoidiert in Larven und Puppen von *Sitophilus*, *Rhizopertha* und anderen in Getreidekörnern lebenden Käferarten.
– Marginalader kürzer als die Subcosta bzw. ihre Entfernung von der Flügelbasis. Flügelfläche glasklar, ohne dunkle Querbinde 20
20. Fühler mit 2 oder 3 schmalen Ringgliedern (Annelli), die zwischen dem 1. Geißelglied
   (dem auf den Schaft folgenden Pedicellus) und dem eigentlichen 2. Geißelglied liegen
   (Abb. 57 F). Körper mehr oder weniger gedrungen, vorwiegend metallisch blau oder grün
   schillernd, oft mit purpurfarbenem Glanz. Verhältnis von Radius (Stigmalis): Marginalader wie 1:1 bis 1:2. Vorderschienen mit einem großen gekrümmten Endsporn, Schienen
   der Hinterbeine nur mit einem Endsporn. . . . . *Pteromalidae* 21
   Viele nur schwer unterscheidbare und zum Teil auch noch recht ungenügend bekannte Arten. Es können daher auch
   nur Hinweise auf die häufigsten und auffälligsten Arten gegeben werden.
– Fühler ohne Annelin. Körper gestreckt, schwarz. Verhältnis von Radius: Marginalader wie
   1:10 (Abb. 57 E). . . . . *Spalangia* LATREILLE, 1902 *(Spalangiidae)*
   bis zu 7 Arten Solitärparasitoide in den Puparien von *Muscidae* (*Musca domestica*, *Muscina stabulans*, *Ophyra
   aenescens*, *Stomoxyx calcitrans*, *Fannia* sp. usw.), auch *Calliphoridae* (besonders *Lucilia* sp.), *Sarcophagidae*
   u. a. m. Von den 2–3,8 mm langen Wespchen sind am häufigsten und für die Begrenzung der Fliegenentwicklung
   am wichtigsten *S. nigroaenea* CURTIS, 1839 und *S. cameroni* PERKINS, 1910. Bei ihnen ist entlang dem Halsschildhinterrand eine deutliche Punktreihe vorhanden, während bei den weniger wichtigen Arten die Halsschildpunktierung den Hinterrand frei läßt.
21. Wespchen, die im Herbst zu Überwinterungen in großen Massen in die Häuser kommen,
   mit dreizähnig ausgezogenem Stirnschild (Clypeus) und roten Augen (Abb. 56 E). Körper
   metallisch grün glänzend, Hinterleib mit schwarzblauen Streifen, Thorax stark punktiert,
   weniger glänzend, Beine fahlgelb bis strohfarben, nur das letzte Fußglied dunkler. Körperlänge 2–3 mm. . . . . *Stenomalina muscarum* (LINNAEUS sensu WALKER, 1835)
   Parasitoid in Fliegenpuparien.
– Clypeus nicht in 3 Zähne ausgezogen 22
22. Marginalader und Radius gleichlang 23
– Marginalader deutlich (etwa 2 ×) länger als der Radius 24
23. Gregärparasitoid von Fliegenpuparien, aus denen je nach Größe mehrere Wespchen

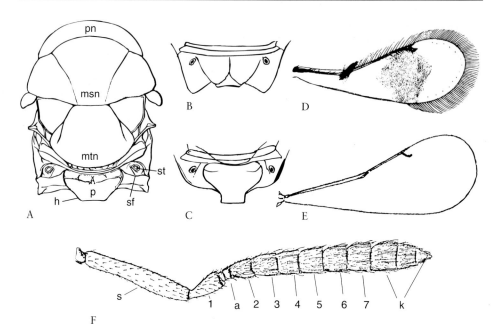

Abb. 57: Erzwespen. A Rückenansicht der Brustsegmente von *Lariophagus distinguendus*, B Propodeum von *Anisopteromalus*, C von *Bruchobius*, D Vorderflügel von *Chaetospila*, E von *Spalangia*, F Fühler des Weibchens von *Lariophagus* (A−D und F nach WATERSTON). A: *h* halsartiger Fortsatz des Propodeum *(p)*, *msn* Mesonotum, *mtn* Schildchen, *pn* Pronotum, *sf* Seitenfalte, *st* Stigma. − F: 1−7 Geißelglieder, davon 1 der Pedicellus, a zwei Anelli zwischen 1. und 2. Geißelglied, k Keule (3gliedrig), s Schaft.

schlüpfen, z. B. aus dem Puparium von *Musca domestica* im Durchschnitt 8, aus dem von *Protophormia terraenovae* 26. Weibchen mit 2 Annelli im Fühler, Männchen mit verkürzten Flügeln . . . . *Nasonia vitripennis* (WALKER, 1836)
in den Frühsommermonaten regelmäßig, aber nur vereinzelt auftretend.
- Parasitoide von *Bruchidae*. Fühler mit 2 oder 3 Annelli, Pedicellus deutlich kürzer als das 2. Geißelglied. Propodeum (hintere Seite des Brustabschnittes) nach hinten halsförmig ausgezogen mit nur unvollständiger Seitenfalte (Abb. 57 A, sf), worin das Stigma (st) liegt (Abb. 57 C). Kopf groß und breit. Körper dunkelgrün mit dunkelblauem oder purpurnem Glanz. Fühler gelbbraun, Pedicellus oben etwas dunkler, Geißel oft auch fast schwarz. Beine mit braunen, oben dunkleren Schenkeln. Schienen braun, die der Mittel- und Hinterbeine an der Basis deutlich heller, Fußglieder weiß . . . . *Bruchobius laticeps* ASHMEAD, 1904
24. Solitärparasitoide von Fliegenpuppen. Hierher gehören die zu Massenzuchten in Laboratorien gern verwendeten *Muscidifurax*-Arten, besonders *M. raptor* GIRAULT & SANDERS, 1910.
- Parasitoide von vorratsschädlichen Käferarten 25
- Propodeum (Abb. 57 A, p) nach hinten halsartig verlängert. Seitenfalte (sf) gut ausgebildet. Fühler bei Männchenn und Weibchen mit 2 Annelli, Körperfarbe schwärzlichblau oder erzfarben. Schildchen (mtn) meist kupfrig, Hinterleib an der Basis grün. Beine rot-

braun, Schienen und Schenkel mehr oder weniger gebräunt, Klauenglied dunkel. Flügel glasklar mit gelbbraunen Adern. Körperlänge beim Männchen 1,1−2,0 und beim Weibchen 2−3 mm . . . . *Lariophagus distinguendus* (Förster, 1841)
Vorwiegend Parasitoid von *Stegobium*, *Lasioderma*, *Sitophilus* und *Rhizopertha*.
− Propodeum nach hinten nicht halsartig ausgezogen. Seitenfalte nur angedeutet. Das Stigma (t) liegt an einer Furche, zwischen der und der Mittellinie die Oberfläche angeschwollen ist (Abb. 57 B). Fühler beim Männchen mit 2 und beim Weibchen mit 3 Annelli. Metallisch dunkelgrün. Fühler mit braungelbem Schaft und dunkleren Pedicellus und Geißelgliedern. Schenkel schwarzbraun, Schiene beim Weibchen immer heller, beim Männchen so dunkel wie der Schenkel, Fußglieder bleich, das 5. aber schwarzbraun. Körperlänge 1,25−2,75 mm . . . . *Anisopteromalus calandrae* (Howard, 1881)
Parasitoid von *Sitophilus*, *Stegobium*, *Lasioderma*, *Rhizopertha*, *Carpophilus*, *Trogoderma*, *Bruchidae* und zahlreichen weiteren Vorratsschädlingen.

20. Stechimmen, Aculeata

1. Flügel vorhanden 3
− Flügel fehlen 2
2. Hinterleibsstiel mit einer aufrecht stehenden Schuppe (Abb. 60) oder aus 2 Knoten bestehend (Abb. 59), Fühler gekniet . . . . **Ameisen**, *Formicoidea* (Tabelle 22)
− Hinterleibsstiel einfach, Kopf länglich oval, waagrecht gestellt. Fühler nicht gekniet, 12- bis 13gliedrig und kaum länger als der Kopf, Vorderschenkel spindelförmig verdickt. Kleine Insekten (1−1,5 mm) . . . . Weibchen der *Bethylidae* (siehe auch 7)
3. Hinterleibsstiel mit einer aufrecht stehenden Schuppe (Abb. 60) oder aus zwei Knoten bestehend (Abb. 59). Fühler dünn, mit sehr langem Schaft. Flügel überragen den Hinterleib weit, haben wenige Adern und brechen leicht ab, in der Ruhe werden sie waagrecht übereinander gelegt . . . . **Ameisen**, *Formicoidea* (Tabelle 22)
− Hinterleibsstiel ohne Schuppen oder nicht aus zwei Knoten bestehend 4
4. Die Vorderflügel werden in der Ruhe längsgefaltet, Hinterleib schwarzgelb gezeichnet, schlank, nicht stark behaart (Abb. 63) . . . . **Faltenwespen**, *Vespidae* (Tabelle 23)
− Vorderflügel werden nicht längsgefaltet 5
5. Das erste Fußglied der Hinterbeine mehr oder weniger flach gedrückt, viel größer als die folgenden Fußglieder und wenigstens auf der Innenseite dicht bürstenartig behaart (Abb. 65 D) . . . . **Bienen**, *Apidae* (Tabelle 24)
− Das erste Fußglied schlank und zylindrisch (selten etwas verbreitert), ohne dichte bürstenartige Behaarung 6
6. Körper prachtvoll metallisch blau, grün oder rot gefärbt. Hinterleib kurz gestielt, beim Weibchen mit fernrohrartig ausziehbarer Legeröhre. Der Hinterleib kann nach hinten und vorne umgeschlagen werden und zwischen sich und die unten ausgehöhlte Brust die Flügel und Beine einziehen, so daß das ganze Insekt eine dick gepanzerte, für feindliche Insekten unangreifbare Kugel darstellt . . . . **Goldwespen**, *Chrysididae*
Schmarotzer, die ihre Eier in die Nester anderer Stechimmen legen. Nisten diese an oder in Häusern, so können gelegentlich auch Goldwespen im Haus auftreten. Es dürfte sich dabei in erster Linie um Arten der Gattungen *Chrysis* Linnaeus, 1761, und *Hedychrum* Latreille, 1806, handeln. Wirtschaftliche oder hygienische Bedeutung haben sie nicht.
− Körper nicht metallisch gefärbt 7

7. Flügelgeäder nur aus wenigen Adern bestehend. Vorderschenkel spindelförmig verdickt. Kopf länglich mit nach vorn gerichteten Mundteilen. Fühler 12- bis 13gliedrig, nicht gekniet. Nur 1−1,5 mm große Insekten . . **Ameisenwespchen**, *Bethylidae* (Tabelle 21)
- Flügelgeäder gut entwickelt. Körperlänge 8−16 mm................ 8
8. Hinterleib wie der ganze Körper schwarz, nur beim ♂ Stirnschild und Nebengesicht weiß, Flügel hyalin, Beine, besonders die Hinterbeine lang und kräftig, letztere beim ♀ ohne dornige Kante. Körperlänge 8−10 mm ....

.... *Auplopus carbonaria* (SCOPOLI, 1763) (**Wegwespen**, *Pompilidae*)

baut aus Lehmmörtel mehrere (5−7) tönnchenförmige Brutzellen auf Steinen, Mörtel, Holz oder Glas, auch an tiefer gelegenen Balkonen von Häusern, u. U. aber auch in Wohnungen, deren Fenster längere Zeit offen stehen. In jede Zelle wird eine Spinne (mit Vorliebe eine der im Haus vorkommenden Deckennetzspinnen (*Agelenidae*) mit wenigstens zum Teil entfernten Beinen eingetragen und daran ein Ei abgelegt. Dann wird die Zelle verschlossen. Flugzeit Juni−Juli.

- Hinterleib mit gelben Querbinden, dadurch an Wespen erinnernde Insekten, doch von ihnen leicht zu unterscheiden durch ihren die Brust an Breite übertreffenden Kopf, durch die nicht zusammenfaltbaren Vorderflügel und ihren schmalen, nach vorn schmäler werdenden Hinterleib............... **Grabwespen**, *Sphecidae (Crabronidae)* 9
9. Flügel mit 4 Cubitalzellen (ähnlich wie in Abb. 64 A, wo 3 Cubitalzellen vorhanden sind; die 4. entsteht durch Verlängerung der sie abschließenden Längsader bis an den Flügelrand), Hinterleibsstiel deutlich, eingliedrig, nach hinten zu dicker werdend. Fühler fadenförmig. Hinterleibsbinden zitronengelb, Beine gelb und an der Basis schwarz. Körperlänge 12−16 mm .... **Glattwespe**, *Mellinus arvensis* (LINNAEUS, 1758)

legt ihre Brutröhren in sandiger Erde an, wohin sie im Spätsommer und Herbst Fliegen zum Füttern ihrer Brut einschleppt. Auf der Fliegenjagd kommt sie auch an die Fenster der Häuser.

- Flügel mit nur einer Cubitalzelle (wie auf Abb. 64 B nur 1), Hinterleibsstiel sehr kurz, Fühler kurz und gekniet, Stirnschild (Clypeus) silberglänzend (oder goldig) behaart . . . . **Silbermundwespe**, *Crabro* LINNAEUS, 1758

Manche große Arten dieser artenreichen Gattung, die in ihrem Aussehen an Faltenwespen erinnern, legen ihre Brutröhren in morschem bis gesundem Holz von Pfosten, Geländer, Blumenkästen auf dem Balkon u. dgl. an, wohin sie im Juni/Juli Fliegen eintragen, die ihrer Brut als Nahrung dienen. Eine der häufigsten ist *Crabro (Solenius) vagus* LINNAEUS, 1758, deren Brutröhre 4−5 cm lang ist, in Brettern parallel zur Oberfläche verläuft und den vorderen Hälfte mit Holzmehl angefüllt ist. Herausfallendes Holzmehl verrät die Tätigkeit der Wespe. Ihre Körperlänge ist beim ♂ 8−12, beim ♀ 10−14 mm. Eine ebenfalls größere Art ist *Crabro (Crabro) quadricinctus* FABRICIUS, 1787: ♂ 9−13, ♀ 12−17 mm.

21. Ameisenwespchen, Bethylidae

1. Fühler mit 12 Gliedern................................ 2
- Fühler mit 13 Gliedern............................... 5
2. Vorderflügel mit einem Flügelmal (Pterostigma), aus dem nach der Flügelspitze zu eine Ader hervorgeht, die keine Zelle einschließt (Abb. 58 C). Die Aderung ist undeutlich das Ende von Sc + R + M ist vor dem Pterostigma stark verdickt 3
- Vorderflügel mit einem Flügelmal, aus dem nach der Flügelspitze zu keine Ader hervorgeht (Abb. 58 D)....................................... 4
3. Kopf und Brustrücken glänzend, ohne Skulptur, Rücken der Hinterbrust vorn lederartig gekörnelt, hinten glänzend. Beim Männchen mittleres Punktauge weit hinter der Verbindungslinie der hinteren Komplexaugenränder. Körperlänge 1−1,5 mm ....

.... *Plastonoxus westwoodi* (KIEFER, 1914)

Parasitoid von *Ephestia*-Arten.

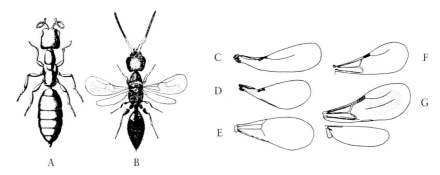

Abb. 58: Ameisenwespchen: A *Scleroderma domesticum*, ungeflügeltes Weibchen, B *Holepyris hawaiiensis*, Vorderflügel von C *Plastanoxus westwoodi*, D *Cephalonomia*, E *Scleroderma domesticum*, F *Rhabdepyris zeae*, G *Holepyris hawaiiensis* und Hinterflügel mit Analfeld (nach ANDRÉ, HINTON & CORBET, RICHARDS).

– Kopf und Brustrücken fein lederartig gekörnt, Rücken der Hinterbrust vollständig rauh gekörnelt. Beim Männchen mittleres Punktauge auf der Verbindungslinie der hinteren Komplexaugenränder, Körperlänge 1,75 mm . .   *Plastonoxus munroi* RICHARDS, 1939
Parasitoid von *Ephestia*-Arten.
4. Hinterbrustrücken mit deutlichem Mittelkiel und Seitenrändern. Seiten des Kopfes hinter den Augen stark konvergierend und nur wenig länger als die Augen, Kopf glänzend, schwach gekörnelt, deutlich punktiert. Fühler beim Männchen schwarz, beim Weibchen braun, das erste Glied an der Spitze und das ganze zweite heller. Körperlänge ♂ 1,7 mm, ♀ 2 mm . . . . *Cephalonomia tarsalis* (ASHMEAD, 1893)
Parasitoid von *Oryzaephilus surinamensis*, *Tribolium castaneum*, *Sitophilus oryzae*.
– Hinterbrustrücken ohne deutlichen Mittelkiel und ohne Seitenränder. Seiten des Kopfes hinter den Augen beim Weibchen 1,5mal so lang, beim Männchen wenig länger als die Augen. Kopf (außer unmittelbar hinter den Fühlern) kräftig lederartig gekörnelt. Fühler beim Männchen schwarz, beim Weibchen auch schwarz mit Ausnahme vom 2. Glied und einem Teil des dritten. Körperlänge 1,5–1,6 mm . . . . *Cephalonomia waterstoni* GAHAN, 1931
Parasitoid der Larven von *Cryptolestes* (bes. *C. ferrugineus* aber auch *C. turcicus* und *C. pusillus*) und *Ahasverus advena*.
5. Flügel vorhanden 6
– Flügel fehlen. Fühler sehr lang und fadenförmig. Punktaugen fehlen (Abb. 58 A) . . . . . .
. . . . Weibchen von *Scleroderma domesticum* LATREILLE, 1809 (siehe 6)
6. Pterostigma und Radius vorhanden (Abb. 58 F, G) 7
– Pterostigma und Radius fehlen, nur die Medianzelle ist geschlossen, Subcostazelle unten offen (Abb. 58 E). Körperlänge ♂ 2,7–3 mm, ♀ 3,5–4 mm . . . .
. . . . *Scleroderma domesticum* LATREILLE, 1809
Parasitoid des Hausbockkäfers. Die Weibchen sind gelegentlich ungeflügelt.
7. Parapsidenfurchen fehlen, Flügel mit einem dunklen Fleck (Abb. 58 G), Hinterbrustrücken vorn mit 5 Längskielen (Abb. 58 B). Körperlänge 2,75 mm . . . .
. . . . *Holepyris hawaiiensis* ASHMEAD, 1901
Parasitoid von *Ephestia*-Arten und *Corcyra cephalonica*.

– Parapsidenfurchen ausgebildet. Flügel ohne dunklen Fleck (Abb. 58 F), Hinterbrustrücken vorn mit 3 Längskielen. Körperlänge 3 mm . . . .
. . . . *Rhabdepyris zeae* TURNER & WATERSTON, 1921
Parasitoid von *Tribolium confusum*.

22. Ameisen, Formicoidea

Wie bei den Bienen und Wespen gibt es auch bei diesen staatenbildenden Hautflüglern neben den Männchen und Weibchen geschlechtslose Arbeiterinnen. Letztere sind immer ungeflügelt und haben mit Ausnahme weniger Arten *(Lasius fuliginosus)* keine Punktaugen. Die Geschlechtstiere haben immer deutliche Punktaugen, sind geflügelt und schwärmen aus dem Ameisennest oft in ungeheurer Menge aus. Nach dem Schwärmen, wobei die Hochzeit stattfindet, sterben die Männchen, die Weibchen aber brechen sich ihre Flügel ab und schreiten zur Gründung eines neuen Staates. Die Bekämpfung der Ameisen erfolgt am sichersten durch die Vernichtung ihres Nestes. Das Nest ist dadurch aufzufinden, daß die Arbeiterinnen auf bestimmten Wegen, den Ameisenstraßen, das Nest verlassen und wieder zu ihm zurückkehren. Verfolgt man die laufenden Ameisen, so kann man oft einige Straßen feststellen, die alle zu derselben Ausgangsstelle hinziehen. Oft führen die Ameisenstraßen auch ins Freie auf Bäume, die mit Blattläusen besetzt sind, die von den Ameisen wegen ihres ausgeschiedenen süßen Kotes aufgesucht und abgeleckt werden. Eine Bestimmungstabelle für die Larven wird nicht gegeben, da sie immer mit Arbeiterinnen zusammen gefunden werden.

1. Hinterleibsstiel besteht aus 2 knotigen Gliedern (Abb. 59, Petiolus und Postpetiolus). Arbeiterinnen mit ♀ mit Stachel, Puppen frei, ohne Kokon . . . .
. . . . **Knotenameisen,** *Myrmicidae* 2
– Hinterleibsstiel besteht nur aus einem Glied (Abb. 60 Petiolus) 3
2. Hinterrücken mit 2 kleinen Dornen (Abb. 59). Schienensporne an den Mittel- und Hinterbeinen einfach, nicht gekämmt. Arbeiterinnen braun bis dunkelbraun mit gelbbraunen Beinen und Kiefern. Körperlänge 2–3,5 mm. ♂ und ♀ dunkler gefärbt, ♂ 5,5 bis 7 mm, ♀ 6–8,1 mm . . . . **Rasenameise,** *Tetramorium caespitum* (LINNAEUS, 1758)
legt große Erdnester an, oft mit einer Kuppel, an trocknen sandigen Stellen, besonders an Wegrändern, dringt auch gelegentlich in Häuser ein und plündert Vorratskammern; Hauptschwarmzeit Juni bis Juli, seltener schon im Mai oder erst im August.

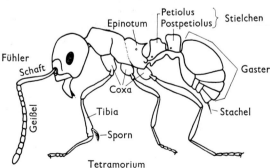

Abb. 59: Organisationsschema einer Knotenameise (nach GÖSSWALD).

– Hinterrücken ohne Dornen, Arbeiterinnen bernsteingelb bis gelborange mit dunklerer Hinterleibsspitze, Körperoberfläche (infolge netzartiger Mikroskulptur) matt mit sehr spärlicher abstehender Behaarung; Körperlänge 2,0–3,2 mm. ♂ schwarzbraun mit blaßgelben Fühlern und Beinen; Körperlänge 2,9–3,4 mm. ♀ braun mit wenigen einzeln stehenden, bis zu 0,1 mm langen Borsten besetzt; Körperlänge 3,9–4,9 mm (Abb. 61 und 62). . . . . **Pharaoameise,** *Monomorium pharaonis* (LINNAEUS, 1758)

durch den Handel aus ihrer Heimat Indien über fast die ganze Welt verschleppt, lebt bei uns in warmen Häusern und wird in Gewächshäusern, Krankenhäusern, Badeanstalten, Bäckereien, Gastwirtschaften, aber auch zentralbeheizten Wohnhäusern oft sehr lästig. Besonders in Krankenhäusern, wo sie unter die Verbände kriecht und Schwerkranke und Säuglinge quält, kann sie auch durch Verschleppen von Bakterien schädlich werden. Sie legt viele Zweignester im Mauerwerk an und ist dadurch außerordentlich schwer zu bekämpfen. – In neuerer Zeit wurde die zirkumtropisch verbreitete, gelegentlich in Europa auch in Gewächshäusern auftretende **Braunrote Blütenameise** *Monomorium floricola* (JERDON, 1851) in zentralbeheizten Wohnblöcken in England angetroffen, 1990 auch zum ersten Mal in einer Wohnung eines Terrarienliebhabers in Hamburg, wohin sie mit Bulben-Tillandsien aus Haiti vor etwa 8 Jahren verschleppt worden war. Sie zeigt ähnliche Lebensweise wie *M. pharaonis*. Ihre Arbeiterinnen sind etwas kleiner (1,7–2,0 mm), mit glänzender Oberfläche, aber gleichmäßigerer und dichterer Behaarung. Bei ihnen sind Kopf und Gaster dunkelbraun, Brustabschnitt, Stielchen, Fühler und Beine schmutzig gelb bis hellbraun (U. SELLENSCHLO 1991: Prakt. Schädlingsbekämpfer, 43: 96–100, 107).

3. Gaster (= Rest des Hinterleibs, der nach Umbildung des ursprünglichen 2. Hinterleibssegments zum Stielchen oder Petiolus übriggeblieben ist) hinter seinem ersten Segment eingeschnürt (Abb. 60, Pfeil). Augen der Arbeiterinnen sehr klein (1–5 Facetten). Arbeiterinnen und ♀ mit Stachel, Puppen in Kokon . . . . **Stachelameisen,** *Poneridae* 4
– Gaster hinter seinem ersten Segment nicht eingeschnürt 5
4. Stirn in ihrer ganzen Länge mit einer Mittelrinne (Abb. 61). Punktierung des Kopfes sehr fein und dicht, Fühler beim ♂ 12gliedrig. Körperfarbe braun bis rötlichgelb mit gelben Beinen und Fühlern. Körperlänge. Arbeiterinnen 2,5–3 mm, ♀ 3–3,8 mm und ♂ 3–3,5 mm. Letztere sind arbeiterähnlich ungeflügelt . . . .
. . . . *Hypoponera punctatissima* (ROGER, 1859)

Heimat Italien und Griechenland, bei uns vorwiegend in Gewächshäusern, bisweilen auch in Kellern von Wohnhäusern.

– Stirn ohne Mittelrinne (Abb. 61). Punktierung des Kopfes weniger fein und dicht, Fühler beim ♂ 13gliedrig. Körperfärbung schwarz, dunkelbraun bis rötlichgelb, etwas variierend. Kopf bei Arbeiterinnen und ♀ fast quadratisch, beim ♂ trapezförmig. Körperlänge Arbeiterinnen 2,5–3 mm, ♀ 3–4,5 mm, ♂ 2,5–3,4 mm . . . .
. . . . *Ponera coarctata* (LATEREILLE, 1802)

Heimat Mittelmeerländer, bei uns in warmen Gegenden bisweilen in Häusern.

5. Kopfschild (Clypeus) nicht zwischen den Stirnleisten über die Einlenkungsstellen der Fühler hinaus verlängert; Hinterleibsstielchen mit hoher, breiter Schuppe; am Hinterleib von oben gesehen 5 Segmente sichtbar, Kloakenöffnung an der Hinterleibsspitze rund, von einem Haarkranz umgeben. Stachel fehlt, das ameisensäurehaltige Gift wird ausgespritzt (Abb. 60 B). Puppen in Kokon . . . .
. . . . **Schuppenameisen,** *Camponotidae (Formicidae)* 6
– Kopfschild zwischen den Stirnleisten, über die Einlenkungsstellen der Fühler hinaus zum Scheitel zu vorgezogen (Abb. 61, *Iridomyrmex*). Schuppe auf dem Hinterleibsstielchen schwach entwickelt oder fehlend. Am Hinterleib von oben gesehen nur 4 Segmente sichtbar. Kloakenöffnung spaltförmig; aus den Analdrüsen sondern sie ein übelriechendes Sekret ab; Stachel und Giftdrüse verkümmert (Abb. 60 C). Puppen ohne Kokon . . . . . .
. . . . **Drüsenameisen,** *Dolichoderidae.* 12
6. Fühler im Winkel an der Grenze von Stirnleiste und Kopfschild eingelenkt (Abb. 61) . . .
. . . . **Holzameisen,** *Lasius* 8

hierzu gehören die häufigsten in Wohnungen schädlich auftretenden Ameisenarten. Sie bilden große Schwärme und züchten Blattläuse; ihre Nester bestehen aus einer durch Verkitten von Erdteilchen und Holzstaub mittels eines Drüsensekretes hergestellten Kartonmasse.

— Fühler oberhalb des Winkels von Stirnleiste und Kopfschild eingelenkt (Abb. 61) Fraßbild Tabelle 47) . . . . *Camponotus* 7

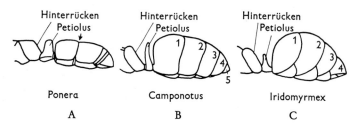

Abb. 60: Hinterleib von *Ponera* und zwei Schuppenameisen. Mit 1—5 sind die Segmente der Gaster numeriert, die Zahlen entsprechen also nicht den Abdominalsegmenten, da die Hinterbrust mit dem Hinterrücken bereits das 1. und der Petiolus das 2. Hinterleibssegment darstellen.

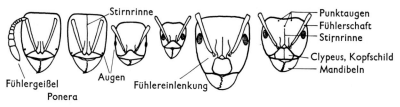

Abb. 61: Vorderansicht der Köpfe einiger Ameisenarten (nach STITZ).

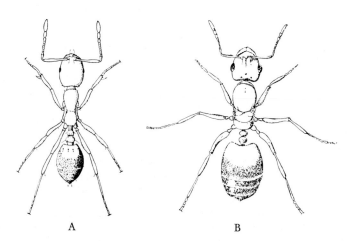

Abb. 62: Pharaoameise, *Monomorium pharaonis*, A Arbeiterin, B Königin (A nach BRITZ, B nach GÖSSWALD).

7. Gaster in größerer Ausdehnung um die Stielcheneinlenkung rotbraun, sonst wie der Kopf schwarz, Brust, Schuppe, Beine und Fühlergeißel rotbraun. Hinterleib glänzend. Bei den Geschlechtstieren Flügel stark bräunlich getrübt. Arbeiterinnen 7–14 mm, ♂ 16–18 mm, ♀ 8–12 mm . . . . **Roßameise,** *Camponotus ligniperda* (LATREILLE, 1802)
   nistet in Erde in Anlehnung an Wurzeln, Baumstrünke und in morschem Holz. Gelegentlich in verbautem Holz im Wald. Die geflügelten Geschlechtstiere schlüpfen bereits im Sommer, schwärmen aber klimatisch bedingt zwischen Mai und August.
– Gaster nur um das Stielchen herum mit einem kleinen dunkelbraunen Fleck, sonst schwarz, Kopf und Mandibel schwarz, Brust und Schuppe düster rot. Der ganze Körper ziemlich matt. Arbeiterinnen 6–12 mm, ♀ 14–17 mm, ♂ 9–11 mm . . . .
   . . . . *Camponotus herculeanus* (LINNAEUS, 1758)
   legt Nestkammern vorwiegend sowohl in lebendem als auch in totem Nadelholz, selten in Laubholz an, wodurch erhebliche Schäden entstehen können. Kommt auch in verbautem Holz vor. Das weiche Sommerholz wird ausgefressen, während das Winterholz lamellenförmig stehen bleibt. Das Fraßmehl sammelt sich am Boden an, während die Nestkammern davon frei bleiben. Geschlechtstiere wie bei *C. ligniperda* (Taf. III, B).
8. Körper schwarz, sehr stark glänzend, mit kleinen, aber deutlichen Punktaugen (Abb. 61). Arbeiterinnen größer als 4 mm (4–6 mm), ♂ 4,5–5 mm, ♀ 6–6,5 mm . . . .
   . . **Glänzend schwarze Holzameise,** *Lasius (Dendrolasius) fuliginosus* (LATREILLE, 1789)
   Wabenartige Nester vorwiegend in hohlen Baumstämmen, ausgenagten Zaunpfählen und dgl., auch in Hohlräumen der Häuser, z.B. unter Treppen, Veranden, zwischen Doppelwänden usw., aus einer ziemlich brüchigen, schwarz oder bräunlich schwammigen Kartonmasse, die von Pilzhyphen durchzogen wird. Reine Erdnester ohne Kartonbau sind selten. Schwarmflug im Juni und Juli. ♀ kehren danach meistens wieder in die Nester zurück oder suchen Neugründung in Nestern anderer *Lasius*-Arten, die keine Königin mehr haben. Anlage von Zweigkolonien ist häufig. Vom Nest gehen ausgetretene Straßen zu Zweignestern und Blattlauskolonien, auch zu Futterquellen im Haus (Speisekammern). Gelegentlich kann die Art auch Bauholzzerstörer sein, wenn es durchfeuchtet ist.
– Körper nicht vollständig schwarz, sondern wenigstens teilweise braun bis dunkelbraun oder ganz gelb bis rötlich. Arbeiterinnen und ♂ gewöhnlich höchstens bis 4 mm groß, selten bis 5 mm, ♀ fast doppelt so groß 9
9. Die beiden letzten Glieder der Kiefertaster zusammen ungefähr so lang oder wenig länger als das drittletzte. Körper bei den Arbeiterinnen bräunlich- bis rötlichgelb oder hellgelb, bei den Geschlechtstieren dunkler oder heller braun mit hellbraunen Beinen, Fühlerschäften und Mandibeln. Arbeiterinnen 4–5,5 mm, ♂ 3,5–4,8 mm, ♀ 7–8 mm . . . .
   . . . . *Lasius (Chthonolasius) umbratus* (NYLANDER, 1846)
   dringen nicht selten aus Gärten in die Häuser ein.
– Die beiden letzten Glieder der Kiefertaster zusammen viel länger als das drittletzte . 10
10. Fühlerschäfte und Schienen stark abstehend behaart 11
– Fühlerschäfte nicht und Schienen anliegend behaart. Bei den Arbeiterinnen Brust, Beine, Fühler, Mandibel und Schuppe gelbbraun, Kopf und Hinterleib dunkler, bei den Geschlechtstieren sind Kopf und Körper schwarzbraun, die Fühlerschäfte und Beine beim ♀ gelb, beim ♂ braun und die Flügel mit Ausnahme des glashellen äußersten und hinteren Drittels braun getrübt, Adern und Stigma blaßbraun, die Subcosta dunkler. Arbeiterinnen 2,5–4 mm, ♂ 4–5 mm, ♂ 6,5–8 mm . . . .
   . . . . **Rotrückige Hausameise,** *Lasius (Lasius) brunneus* (LATREILLE, 1798)
   nisten außer in der Erde und in Bäumen auch oft in Häusern, wo sie die im Mauerwerk liegenden Balkenköpfe besiedeln und durchlöchern, die nicht vorgeschädigt sein müssen; primärer und sekundärer Holzschädling. Hauptschwarmzeit Juni bis Juli (Fraßbild Tabelle 47).
11. Gesamtfärbung sehr variabel, schwarzbraun bis braun, Brust und Schuppe bei den Arbeitern oft heller, die Vorderbrust dann mitunter dunkel, Beine und Fühler mehr oder weniger rotbraun, bei den Geschlechtstieren hellbraun. Flügel glashell, Adern und Pterostigma hell bräunlichgelb. Arbeiterinnen 3–5 mm, ♂ 3,5–4,2 mm, ♀ 8–9 mm . . . .
   . . . . **Schwarzgraue Wegameise,** *Lasius (Lasius) niger* (LINNAEUS, 1758)

nistet in der Erde und in Baumstümpfen, liebt als Hausameise besonders Süßigkeiten. Ist in den Straßen, selbst in der Großstadt unter den Pflastersteinen oder unter Hausterrassen anzutreffen, Nestausgänge von kleinen Kraterwällen umgeben. Hauptschwarmzeit Ende Juli bis Anfang August, seltener auch schon ab Mai und bis in den Oktober. Oft auffallend große individuenreiche Schwärme.

– Gesamtfärbung hellbraun, bei den Arbeiterinnen Brust hell rotbraun bis rotgelb, Kopf und Hinterleib dunkler braun, Fühler und Beine wie die Brust, Flügel glashell, Adern und Stigma blaßbräunlich, Subcosta braun. Arbeiterinnen 3–4 mm, ♂ 3,5–4 mm, ♀ 7–9 mm
.... *Lasius (Lasius) emarginatus* (OLIVIER, 1791)
Nester als Erdbauten, im Süden auch als Kartonbauten unter flachen Steinen, in Fels- und Mauerspalten, in Häusern, in Fugen und Rissen von Natursteinsockeln und Massivfußböden, Schallisolierwänden, hinter Fliesen, Tür- und Fensterverkleidungen, unter Holzfußböden und Fensterbrettern, in Holzbalkendecken und im Fachwerk; bevorzugt in von Pilzen oder Insekten geschädigtem Bauholz, in der Nähe sonnenbeschienener Außenwände, Heizkörper und Öfen. Auftretende Ameisen sind oft Anzeiger für Holzschäden im Unterdielen- und Deckenbereich.

12. Hinterleib der braunen bis hellbraunen Ameisen dunkler als Kopf und Brustringe, Hinterleibsstielchen mit einem nur schwach entwickelten, nach vorn geneigten, in Seitenansicht keilförmigen Schildchen, das niedriger als der Hinterrücken ist (Abb. 60 C). Körperlänge der Arbeiterinnen 2,2–2,6 mm (♀ 4,5–5 mm, ♂ 2,8–3 mm) ....
.... **Argentinische Ameise**, *Iridomyrmex humilis* (MAYR, 1868)
Heimat Brasilien, über die warmen Länder der Erde durch den Handel weit verbreitet, bei uns in Gewächshäusern, aber auch schon in Häusern, wo sie ähnlich wie die Pharaoameise äußerst lästig wird. In Gewächshäusern ist sie außerdem auch ein unangenehmer Pflanzenschädling.

– Hinterleib heller als Kopf und Brustringe. Bei jüngeren Tieren ist er hell rahmfarben bis gelblich, bei älteren hellbraungelb bis gelbbraun, Kopf und Brustringe sind bei älteren Tieren schwarzbraun bis schwarz, bei jüngeren etwas heller braun. Hinterleibsstielchen ohne Schuppe. Körperlänge der Arbeiterinnen 1,3–1,5 mm ....
.... *Tapinoma melanocephalum* (FABRICIUS, 1793)
Durch den Handel fast weltweit über die Tropenländer verbreitet, wo es im Freien und in Häusern nistet, in gemäßigten Klimagebieten gelegentlich nur in Gewächshäusern und in fernbeheizten Wohnhäusern. Zum ersten Mal in Deutschland 1982 in Halle-Neustadt in einer Kindereinrichtung gefunden, 1985 auch in Rostock in einer Bäckerei [Angew. Parasitol., 25 (1984): 96–99, 28 (1987): 91–92]. Mit einer weiteren Ausbreitung ist zu rechnen. Befallsbild ähnlich wie bei der Pharaoameise, frißt an Zucker, Keks, Honig, frischem Fleisch.

23. Faltenwespen, Vespidae[3]

Besonders im Herbst werden die staatenbildenden Wespen lästig, indem sie in die Wohnungen oft in großer Menge eindringen, um von eingekochtem Obst und anderen Süßigkeiten zu naschen. Sehr lästig fallen sie auch in Konditoreien, Bäckereien und Konzertgärten. Da die Weibchen und Arbeiterinnen, die sich durch ihre kürzeren 12gliedrigen Fühler von den selteneren Männchen unterscheiden, die längere 13gliedrige Fühler besitzen, recht schmerzhaft stechen können, werden sie auch für den Menschen oft unangenehm, so daß eine Bekämpfung der Wespen – am besten durch Beseitigung der Nester – notwendig ist. Die Nester werden aus zerkautem und mit Speichel vermischtem Holz erbaut. Form, Größe und Ort der Anlage sind sehr variabel. Im Herbst sterben die Wespenstaaten bis auf einige an geschützten Stellen überwinternde Weibchen aus, die im Frühjahr ein neues Volk gründen.

---

[3] *Dolichovespula norwegica* (FABRICIUS, 1781) und *Paravespula rufa* (LINNAEUS, 1758), die in Häusern **nicht** vorkommen und auch dem Menschen **nicht** schädlich oder lästig werden, sind in die Tabelle nicht aufgenommen.

Faltenwespen, Vespidae 105

Ausführliche Bestimmungstabelle und Schilderung der Biologie siehe bei H. KEMPER und E. DÖHRING: «Die sozialen Faltenwespen Mitteleuropas». Berlin (P. PAREY) 1967.

1. Hinterleib vorn nicht senkrecht abgestutzt, sondern allmählich verjüngt (Abb. 63 A) . . .
   . . . . Feldwespe, *Polistes* LATREILLE, 1802
   Nest besteht aus einer einzigen, durch einen Stiel befestigten, gewöhnlich schief gestellten Wabe ohne Umhüllung. Die meisten Arten bauen ihr Nest an Pflanzenstengeln oder Steinen an, *P. gallicus* (LINNAEUS, 1767) und *P. nimpha* (CHRIST, 1791), die besonders im südlichen Mitteleuropa vorkommen, aber auch an wärmeren Stellen im Norden, besonders in den Außenbezirken von Ortschaften, auch unter vorspringenden Dächern an der südlichen Außenfront von Gebäuden. Sie haben nur kleine Völker, die kaum lästig werden können.
– Hinterleib vorn senkrecht abgestutzt 2
2. Kopf hinter den Augen stark erweitert (Abb. 63 C). Punktaugen 3- bis 4mal so weit vom Kopfhinterrand wie vom Rand des Komplexauges entfernt. Thorax dunkelbraun mit rotbrauner Färbung, nicht gelb gezeichnet. Hinterleibsring hinter dem steilen Abschnitt dreifarbig: rot, schokoladebraun und gelb (Abb. 63 B). Größte einheimische Wespe, Arbeiterinnen 18–25 mm, ♀ 23–35 mm, ♂ 20–25 mm . . . .
   . . . . Hornisse, *Vespa crabro* LINNAEUS, 1758 3
   Nest fast immer oberirdisch in hohlen Bäumen oder anderen Hohlräumen, auch in Gebäuden (Dachböden), mit meistens 5, aber auch bis zu 15 Waben und einem Durchmesser von durchschnittlich 20 cm bis maximal 48 cm, aus hellem, gelblichem, oft auch streifenweise braunem Karton, mit einer mit länglichen, dachziegelartigen oder halbröhrenförmigen, unten offenen Taschen versehenen Hülle, die allerdings bei Einbau in eine enge Höhle fehlt. Galt früher als die angriffslustigste und gefährlichste Wespenart, steht jetzt als harmlos (!) unter Naturschutz; statt Nestvernichtung ist Umsiedlung geboten (siehe HALLMEN, M., BEIER, W., 1991: Ein Nistkasten für die Hornisse... Mitt. internat. entomol. Ver. 16 (3/4): 141–149, Frankfurt a.M. und HALLMEN, M., 1990: Entomol. Nachr. Ber. 34 (4): 145–149, Dresden).

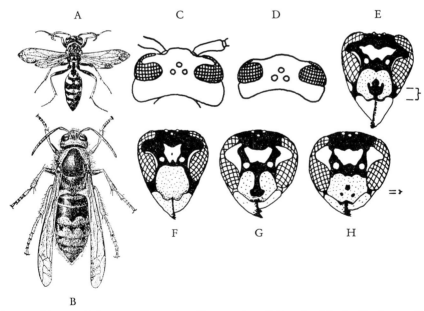

Abb. 63: Feldwespe, *Polistes* sp., B Hornisse, *Vespa crabro*, C Dorsalansicht des Kopfes von *V. cabro* und D *Dolichovespula saxonica*, E Vorderansicht des Kopfes von *D. saxonica*, F *D. sylvestris*, G *Paravespula vulgaris*, H *P. germanica* (A aus SCHRÖDER, B aus WEBER C–H aus KEMPER & DÖHRING).

– Kopf hinter den Augen nicht oder nur schwach erweitert. Punktaugen vom Hinterrand des Kopfes und vom Komplexauge etwa gleich weit entfernt (Abb. 63 D) 4
3. Rücken der Mittelbrust ohne rote Zeichnung. Stirn und Punktaugenfeld meistens gebräunt . . . . Vespa crabro crabro LINNAEUS, 1758
vorwiegend im nördlichen Mitteleuropa.
– Rücken der Mittelbrust mit 2 mehr oder weniger langen, vorn divergierenden roten Längsstreifen . . . . Vespa crabro germana CHRIST, 1791
vorwiegend im südlichen und südwestlichen Mitteleuropa.
4. Rücken des Brustabschnittes mit etwas roter Zeichnung, wenigstens auf dem der Vorderbrust, gelegentlich auch auf dem der Mittelbrust. Zweitgrößte Wespe, Arbeiterinnen 15–16 mm, ♀ 18–22 mm, ♂ 15–17 mm . . . .
. . . . **Mittlere Wespe,** *Dolichovespula media* (RETZIUS, 1783)
Nest oberirdisch in Gebüsch und Gezweig höherer Bäume, nicht in der Erde oder in Hohlräumen an Gebäuden unter Dachvorsprüngen. Bei uns sehr selten und wohl ohne praktische Bedeutung.
– Brustabschnitt ohne jede rote Färbung 5
5. Der vorderste Abschnitt der Brustseite (Propleuron) im unteren Teil quergerunzelt . . . .
. . . . *Dolichovespula media* (RETZIUS, 1783), Arbeiterinnen (siehe 4)
– Der vorderste Abschnitt der Brustseite nicht quergestreift, sondern punktiert 6
6. Der untere Augenrand erreicht fast die Basis der Oberkiefer (Abb. 63 G, H). Die Augenausrandung ganz gelb gefärbt 7
– Der untere Augenrand ist weit von der Basis der Oberkiefer entfernt (Abb. 63 E, F). Die Augenausrandung zum größten Teil schwarz 8
7. Kopfschild mit einem oder drei schwarzen Punkten auf gelbem Grund (Abb. 63 H). Hinterer Augenrand ganz gelb. Arbeiterinnen 12–16 mm, ♀ 17–20 mm, ♂ 13–17 mm . . . .
. . . . **Deutsche Wespe,** *Paravespula germanica* (FABRICIUS, 1793)
Nest ober- oder unterirdisch nur in gut umschlossenen Räumen, auch in Hohlräumen von Gebäuden, wobei es in seiner Form sehr anpassungsfähig ist. Nestdurchmesser 20, maximal 35 cm, mit 7 bis 8 (maximal 14) Waben, Außenhülle meistens mit geschlossenen, grauen, manchmal ringförmig konzentrisch braun gestreiften Taschen. In engen Hohlräumen wird sie nicht immer gebaut. Sehr häufige und lästige Wespe, da die Völker sehr individuenreich.
– Kopfschild mit einem unten erweiterten schwarzen Längsstreifen auf gelbem Grund (Abb. 63 G). Hinterer Augenrand gelb, aber von einem schwarzen Fleck unterbrochen. Arbeiterinnen 11–14 mm, ♀ 15–20 mm, ♂ 13–17 mm. . . . .
. . . . **Gemeine Wespe,** *Paravespula vulgaris* (LINNAEUS, 1758)
Nester ähnlich wie bei der vorigen Art, meistens aber etwas heller gelbbraun. Häufig und lästig. Völker sehr individuenreich.
8. Kopfschild mit großem, eckigem, schwarzen Fleck oder Längsstrich auf gelbem Grund. Vorderrand mit zahnartig vorgezogenen Seitenecken (Abb. 63 E). Arbeiterinnen 11 bis 13 mm, ♀ 15–17 mm, ♂ 13–15 mm. . . . .
. . . . **Sächsische Wespe,** *Dolichovespula saxonica* (FABRICIUS, 1793)
Nest aschgrau, kugelig, häufig in Gebäuden, Schuppen und Vogelnistkästen, im Freien an windgeschützten Stellen unter Dachvorsprüngen usw. Mit glatter, aus kugelschalenartig geformten Blättern bestehender Nesthülle und einem durchschnittlichen Durchmesser von 19 cm (maximal 25 cm) mit 4 bis 5 Waben. Weit verbreitet, wird aber dem Menschen nicht lästig oder schädlich.
– Kopfschild ganz gelb (Abb. 63 F) (beim Parasiten mit einem schwarzen Punkt), vorn kaum ausgerandet, Seitenecken undeutlich. Arbeiterinnen 13–15 mm, ♀ 17–20 mm, ♂ 13–15 mm . . . .
. . . . **Waldwespe,** *Dolichovespula sylvestris* (SCOPOLI, 1763) (mit ihrem Nestparasiten
. . . . *Pseudovespula omissa* BISCHOFF, 1931)
Nest nur im Freien, kommt in Häusern nicht vor und wird dem Menschen nicht schädlich.

24. Bienen, Apidae

1. Flügel schwarzbraun violett schillernd; Körper glänzend tiefschwarz mit ebensolcher Behaarung, Körperlänge bis 25 mm. . . .   **Holzbiene**, *Xylocopa violacea* (LINNAEUS, 1758) nur in den wärmeren Gegenden Mitteleuropas. Die Biene bohrt in morsches Holz, oft auch in Pfähle und Balken eine senkrechte Röhre mit einem oberen und unteren Ausgang, in die sie aus dem Bohrmehl – meistens 12 – Zellen für ihre Brut baut.
– Flügel durchsichtig, nicht dunkel getönt 2
2. Vorderflügel mit 3 Cubitalzellen (Abb. 64 A) 5
– Vorderflügel mit 2 fast gleich großen Cubitalzellen (Abb. 64 B). Körper ziemlich lang behaart. Weibchen mit Bauchbürste 3

Abb. 64: Flügelgeäder von Vorder- und Hinterflügel A der Honigbiene, B vom Vorderflügel der Blattschneiderbiene. 1–3 Cubitalzellen, davor nach der Spitze zu die Radialzelle.

3. Fußklaue ungezähnt, mit Haftlappen, Hinterleib breit und ziemlich kurz . . . .
 . . . .   **Mauerbiene**, *Osmia* PANZER, 1806
 in Hausgärten und Hohlräumen von Häusern nistet häufig *O. bicornis* (LINNÉ, 1758) (= *rufa* LINNÉ, 1758), die an Frühlingsblumen fliegt. Kopf schwarz, Scheitel und Brust gelbgrau, 1. bis 3. Hinterleibsring rotgelb, 4.–6. schwarz behaart. Körperlänge 10–12 mm.
– Fußklauen ohne Haftlappen 4
4. Kopfschild mit gerade abgestutztem Vorderrand . . . .
 . . . .   **Blattschneiderbiene**, *Megachile* LATREILLE, 1802
 Nest besteht aus Zellen, die von Ausschnitten aus Rosenblättern zusammengesetzt werden, in Hohlräumen von Holz der Häuser: *M. centuncularis* (LINNAEUS, 1758), schwarz, gelbbraun behaart, Hinterleib mit mehr oder weniger weit unterbrochenen weißen Haarbinden. Körperlänge 8–10,5 mm.
– Kopfschild in der Mitte vorgezogen, Vorderrand bogenförmig, Weibchen schwarz behaart mit braunroter Haarbürste. Beim Männchen Brust und 1.–3. Hinterleibsring oben lang rotgelb behaart . . . .   **Mörtelbiene**, *Chalcidoma muraria* (FABRICIUS, 1798)
 Nest aus Sandkörnern oder Steinchen an Mauern, dem an die Wand gespritzten Straßenschmutz ähnlich.
5. Radialzelle am Ende verschmälert und zugespitzt, Cubitalzelle 1 größer als 2 und 3, die fast gleich groß sind. Hinterleib behaart .   **Seidenbiene**, *Colletes daviesanus* SMITH, 1846
 Nest in Lehmwänden und Hausbockkäferlarvengängen, mit einem seidenartig glänzenden Gespinst ausgekleidet. Durch ihre Nestanlagen im Mörtel zwischen den Ziegeln von Backsteinbauten kann bei zahlreichem Auftreten das Mauerwerk geschädigt werden.
– Radialzelle am Ende abgerundet sehr lang, fast die Flügelspitze erreichend (Abb. 64 A). Hinterschienen ohne Endsporne, schwärzlich pechbraune Bienen mit etwas hellerer Behaarung und wenig auffallenden Querbinden auf dem Hinterleib, meistens einfarbig dunkel . . .   **Honigbiene**, *Apis mellifera* LINNAEUS, 1758 (= *mellifica* LINNAEUS, 1767)

a) Augen groß, oben zusammenstoßend (Abb. 65 C), Hinterbeine ohne Sammelapparat, Mundgliedmaßen kurz, Körperlänge 15–16 mm . . . . **Männchen** oder **Drohnen**
– Augen klein (Abb. 65 A und B), oben nicht zusammenstoßend . . . . b
b) Hinterleib rund, auf der Bauchseite gekielt, Hinterbeine mit Sammelapparat (Abb. 65 D), Mundgliedmaßen ein langer Saugrüssel, Körperlänge 12 mm . . . . **Arbeiterin**
– Hinterleib schlank und ohne Mittelkiel auf der Bauchseite, Hinterbeine ohne Sammelapparat. Mundgliedmaßen kurz, Körperlänge 15–16 mm . . . . **Weibchen** oder **Königin**
die Arbeiterinnen werden besonders im Herbst in Bäckereien, Konditoreien und Obsthandlungen bisweilen lästig durch Naschen an Süßigkeiten. In Erregung versetzt, können sie mit ihrem Giftstachel unangenehm stechen.

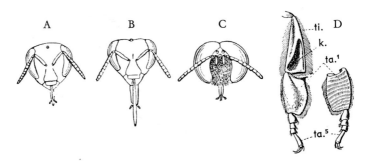

Abb. 65: Honigbiene. Vorderansicht der Köpfe von A der Königin, B der Arbeiterin, C der Drohne. D Sammelapparat am Hinterbein der Arbeiterin *ti* Tibia mit Körbchen, *k*, *ta.¹*, *ta.⁵* 1. und 5. Tarsenglied (aus HERTWIG).

25. Käfer, Coleoptera

Die Käfer sind durch ihre als harte Flügeldecken ausgebildeten Vorderflügel gut charakterisiert. Die Hinterflügel werden in der Ruhe zusammengefaltet unter diesen verborgen, können aber auch ganz fehlen. Es kann dann vorkommen, daß die beiden Flügeldecken miteinander verwachsen sind. Bei den Käfern wird der Rücken der Vorderbrust allgemein als Halsschild bezeichnet. Die Mundwerkzeuge sind beißend, die Fühler sehr verschieden gestaltet. Die Käfer stellen die größte Zahl der Vorrats-, Material- und Hausschädlinge. Sie werden sehr häufig durch den Handel verschleppt. Einige Käferarten dringen auch vom Freien in die Häuser ein. Diese können hier nicht alle berücksichtigt werden. Es geschieht dieses nur insoweit, wie sie häufig in die Häuser kommen oder besonders auffallend sind. Wegen der Fülle der hierhergehörenden Arten werden für die wichtigen Familien besondere Tabellen gegeben.

Moderne Bestimmungstabellen für alle mitteleuropäischen Käferarten, einschließlich der häufig eingeschleppten, bringt das 11bändige Werk «Die Käfer Mitteleuropas» von H. FREUDE, K. W. HARDE und G. A. LOHSE (Krefeld, Verlag von Goecke & Evers 1964–1983. – Bestimmungstabellen von Imagines, Larven und Puppen vieler Vorrats-, Material- und Hausschädlinge mit ausführlichen Beschreibungen und umfangreicher Literaturzusammenstellungen biologischer Daten finden sich in E. HINTON: A monograph of the beetles associated with stored products. Vol. 1. London (British Museum) 1945. Leider ist der 2. Band nicht erschienen.

1. Das 1. Brustsegment auf der Bauchseite mit einer Notopleuralnaht, durch die eine große unbewegliche Platte, das Episternum, zwischen dem Prosternum und dem umgebogenen Rand des Pronotums (Epipleuron) abgegrenzt wird (Abb. 66). Hinterflügel mit Quer-

adern. Media und Cubitus nie miteinander vor der Flügelspitze verschmolzen (Abb. 66).
.... Unterordnung: **Adephaga,** Laufkäfer, *Carabidae* (siehe Tabelle 26)
- Das 1. Brustsegment auf der Bauchseite ohne Notopleuralnaht und Episternum (Abb. 66). Hinterflügel ohne Queradern (Abb. 66, Staphylinidentyp) oder falls eine vorhanden, dann

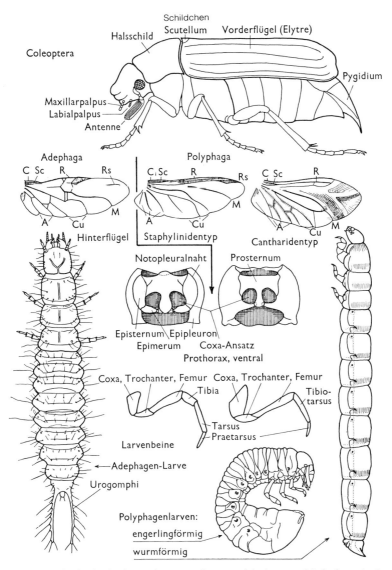

Abb. 66: Die Unterschiede der beiden Käferunterordnungen Adephaga und Polyphaga im Imago- und Larvenstadium. Oben ein Scarabaeide, die Adephagenlarve ist die des Laufkäfers *Somotrichus unifasciatus*, die wurmförmige Polyphagenlarve von *Blaps* sp. (Tenebrionidae) und die gebogene ein Engerling des Maikäfers.

verschmelzen Cubitus und Media nahe der Flügelspitze miteinander (Abb. 66, Cantharidentyp) . . . . Unterordnung: ***Polyphaga*** 2
2. Vorderflügel und Hinterflügel fehlen vollständig. Kopf mit einem Punktauge in der Mitte. Körper sackförmig, graubraun behaart (Abb. 77). Körperlänge 4,2–5,4 mm, Körperbreite 1,3–1,5 mm . . . .
. . . . . . Weibchen von *Thylodrias contractus* (MOTSCHULSKY, 1839) (siehe Tabelle 29)
– Vorderflügel vorhanden 3
3. Vorderflügel bedecken den ganzen Hinterleib, nur selten ohne seinen letzten Ring . . . 5
– Vorderflügel lassen wenigstens 2 Hinterleibsringe unbedeckt. Nur bei den sehr langgestreckten walzenförmigen holzbewohnenden *Lymexylonidae* (siehe Tabelle 28) klaffen sie auseinander (Abb. 76 A), sonst sind sie hinten gerade abgeschnitten (Abb. 67 A, 82) . . 4
4. Die letzten Fühlerglieder bilden eine in sich nicht bewegliche, runde Keule (Abb. 69 C). Die Vorderflügel lassen ein bis höchstens drei Hinterleibssegmente unbedeckt . . . .
. . . . **Glanzkäfer**, Nitidulidae und *Rhizophagidae* (siehe Tabelle 31)
– Die letzten Fühlerglieder sind nur wenig oder nicht verdickt und nicht miteinander unbeweglich verbunden. Die Vorderflügel lassen in der Regel mehr als drei Hinterleibssegmente unbedeckt. Meistens langgestreckte Käfer. Fühler viel kürzer als der Körper (sind sie körperlang oder fast körperlang, dann siehe 6) . . . **Kurzdeckenkäfer**, *Staphylinidae*
sehr flinke Läufer und oft gute Flieger, die bei Erregung den Hinterleib über den Rücken nach vorn biegen. Sie ernähren sich von Insekten und faulenden Substanzen. Kommen bisweilen in Kellern vor, sind dort aber ohne praktische Bedeutung. Viele, meistens sehr kleine Arten. Von den größeren Arten wurden der schwarze *Staphylinus ater* GRAVENHORST, 1802 (Körperlänge 14–18 mm) mehrfach in Kellern, und der 14–22 mm große, durch grau behaarte Querbinden auf den schwarzen Halbdecken ausgezeichnete *Creophilus maxillosus* (LINNAEUS, 1758) (Abb. 67 A) in Lagerräumen als Räuber von Fliegenmaden und Larven anderer Vorratsschädlinge, besonders von Käfern, aber auch an Fleisch fressend festgestellt. Die ziemlich robusten, nur 1,5–9 mm langen Arten von *Aleochara* GRAVENHORST, 1802 leben als Imagines räuberisch von Fliegenmaden. Von etwa 20 von ihnen ist nachgewiesen, daß sie als Larven Solitärparasitoide von Puppen in Häusern vorkommender Fliegen sind (z. B. 5 Arten bei *Musca domestica*, 6 bei *Calliphora vicina*, 2 bei *Lucilia sericata* und je 1 bei *Piophila casei* und *Lucilia caesar*). Die Weibchen legen ihre (bis zu mehreren 100) Eier im Freien mehr habitat- als wirtsgebunden an Dung, Aas, Exkrementen usw. ab. Die ausgeschlüpften campodeiden Larven suchen aktiv Fliegentönnchen auf und bohren sich ein, das Bohrloch wieder sorgfältig verschließend. Das 2. Larvenstadium ist madenförmig, lebt solitär außen auf der Puppe der Fliege und tötet sie allmählich ab. Bei einigen Arten sieht das 3. Larvenstadium wie das 2. aus und verpuppt sich im Fliegentönnchen, um es als fertige Imago zu verlassen. Bei den meisten Arten ist das 3. Larvenstadium wieder stärker sklerotisiert und beborstet. Es verläßt das Tönnchen, um sich im Freien zu verpuppen (FABRI-

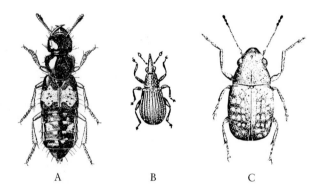

Abb. 67: A Kurzdeckenkäfer, *Creophilus maxillosus* (5×), B Rüsselkäfer, Spitzmäuschen, *Apion* sp. (10×), C Breitmaulrüßler, Kaffeebohnenkäfer, *Araecerus fasciculatus* (10×) (A aus HINTON 1945, B aus DIEHL-WEIDNER 1938, C aus LEPESME 1944).

TIUS, K., KLUNKER, R., 1991: Die Larven- und Puparienparasitoide von synanthropen Fliegen in Europa. – Merkbl. angew. Parasitenk. Schädlingsbek. Nr. 32. – Angew. Parasitol. **32** (1), Jena).

5. Fühler mit einer Fächerkeule (Abb. 66)   **Blatthornkäfer,** *Scarabaeidae* (siehe Tabelle 42)
– Fühler schnur- oder bandförmig, gesägt oder gekämmt, die letzten Fühlerglieder oft stark verdickt und eine Keule bildend 6
6. Käfer größer als 1 cm (wenn mit einem rüsselförmig verlängertem Kopf und geknieten Fühlern, dann siehe Tabelle 45) 7
– Käfer kleiner als 1 cm 15
7. Fühler wenigstens so lang wie der halbe Körper, oft viel länger, kräftig, schnur- oder borstenförmig 8
– Fühler kürzer als der halbe Körper 10
8. Vorder- und Mittelfüße mit 5, Hinterfüße mit 4 Gliedern 9
– Alle Füße mit scheinbar 4 Gliedern (eigentlich sind es 5 Glieder, doch ist das 4. sehr klein und in der Regel in dem meist 2lappigen 3. Fußglied versteckt, so daß es nicht ohne weiteres zu erkennen ist) ....   **Bockkäfer,** *Cerambycidae* (siehe Tabelle 43)
9. Halsschild an der Basis mit einem scharfen Rand. Kiefertaster mit einem großen, breit dreieckigen Endglied, das doppelt so lang wie das vorhergehende Glied ist ....
....   **Düsterkäfer,** *Serropalpidae (Serropalpus barbatus)* (siehe Tabelle 40)
– Halsschild ohne scharfen Seitenrand, d. h. seine Oberseite geht allmählich gerundet in die Unterseite über .... **Engdeckenkäfer,** *Oedemeridae* (siehe Tabelle 39)
10. Halsschild kapuzenförmig den Kopf überdeckend (Abb. 91 C, 93 G) ....
.... **Bohrkäfer,** *Bostrichidae* (siehe Tabelle 36)
– Halsschild nicht kapuzenförmig, Kopf frei 11
11. Vorder- und Mittelfüße mit 5, Hinterfüße mit 4 Gliedern 12
– Alle Füße mit der gleichen Gliederzahl 13
12. Seitenrand des Kopfes (Stirnleiste, Wange) leistenartig vorspringend, die Ursprungsstelle der Fühler bedeckend und die Augen mehr oder weniger stark einengend (Abb. 102 A), braune bis schwarze Käfer ....   **Schwarzkäfer,** *Tenebrionidae* (siehe Tabelle 41)
– Seitenrand des Kopfes nicht erweitert, nicht die Ursprungsstelle der Fühler bedeckend und die Augen nicht einengend. Kiefertaster auffallend groß, besonders das dreieckige Endglied ....   **Düsterkäfer,** *Serropalpidae* (siehe Tabelle 40)
13. Alle Füße mit 5 Gliedern 14
– Alle Füße scheinbar mit 4 Gliedern (eigentlich sind es 5 Glieder, doch ist das 4. sehr klein und in der Regel in dem meist 2lappigen 3. Fußglied versteckt, so daß es nicht ohne weiteres zu erkennen ist) ....   **Bockkäfer,** *Cerambycidae* (siehe Tabelle 43)
14. Flügeldecken braun mit braungelben Flecken und einer ebenso gefärbten Querbinde ...
....   **Buntkäfer,** *Cleridae (Opilo)* (siehe Tabelle 27)
– Flügeldecken einfarbig, schwarzbraun oder metallisch blau, Halsschildvorderrand konkav, 1. Tarsenglied verkürzt, nur schwer sichtbar (Abb. 72 B), zwischen den Krallen ein Haftläppchen (Onychium) ....   **Flachkäfer,** *Ostomidae* (siehe Tabelle 30)
15. Kopf rüsselförmig nach vorn verlängert (Abb. 68 C–H), Fühler gekniet oder nicht gekniet, dann setzt sich der Kopf unmittelbar in einen sehr spitzen Rüssel fort (Abb. 67 B). ....
....   **Rüsselkäfer,** *Curculionidae* (siehe Tabelle 45)
– Kopf nicht rüsselförmig nach vorn verlängert, höchstens etwas schnauzenförmig vorgezogen (Abb. 68 A; B) 16
16. Die Flügeldecken lassen den letzten Hinterleibsring, Pygidium (Abb. 68 A; B, p) unbedeckt, Kopf etwas schnauzenförmig vorgezogen 17

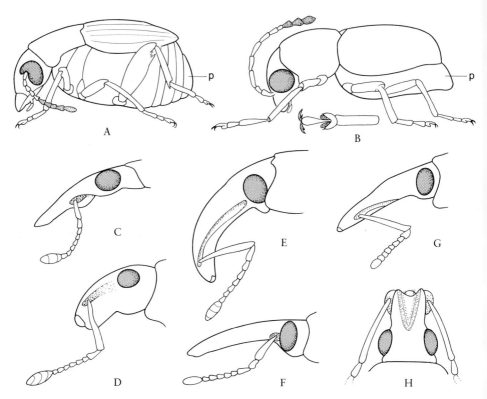

Abb. 68: Schematische Darstellung der Seitenansicht A eines Samenkäfers, *Acanthoscelides obtectus*, B eines Breitmaulrüßlers, *Araecerus fasciculatus*, C–G der Köpfe von Rüsselkäfern C *Apion* sp., D *Otiorhynchus*, E *Hylobius*, F *Sitophilus*, G *Cossonus* und H der Rückenansicht des Kopfes von *Otiorhynchus sulcatus*. – p Pygidium.

– Flügeldecken bedecken den Hinterleib vollständig, Kopf nicht schnauzenförmig vorgezogen 18
17. Die letzten drei Fühlerglieder sind viel größer wie die anderen und bilden eine lockere, dunkel gefärbte Keule. Die Fühlergruben liegen vor den Augen und können von oben gesehen werden. Das Pygidium ist klein, schmal, dreieckig und oft nach unten gebogen. Die Füße sind scheinbar dreigliedrig, eigentlich aber viergliedrig, da das kleine, zweilappige dritte Glied von dem erweiterten und eckig ausgeschnittenen zweiten fast vollständig umfaßt wird, weshalb das Klauenglied aus dem zweiten zu entspringen scheint. An den Vorderfüßen ist das erste Glied so lang wie alle anderen zusammen (Abb. 68 B). Körperoberfläche graubraun, Flügeldecken mit abwechselnd hell und dunkel behaarten Flecken, die etwa schachbrettartig angeordnet sind. Körperlänge 3–5 mm (Abb. 67 C, 68 B) . . . .
. . . . **Kaffeebohnenkäfer**, *Araecerus fasciculatus* (DEGEER, 1775)
. . . . (**Breitmaulrüßler**, *Anthribidae*)
über alle Küstenländer der Tropen und Subtropen verbreitet, besonders in Kakao- und Kaffeebohnen, aber auch in Mais, Drogen (z. B. Muskatnüssen), trockenem Obst usw., bei uns vor allem mit Kakao- und Kaffeebohnen häufig eingeschleppt, konnte sich aber wegen zu geringer Wärme und Feuchtigkeit nicht einbürgern.

– Fühler ohne eine lockere Keule mit Gliedern, die größer sind als alle anderen Fühlerglieder. Das Pygidium ist groß, breit, gerundet und meistens auffallend gefärbt und oft charakteristisch gezeichnet. Die Hinterschenkel sind mehr oder weniger stark verdickt, oft auf der gefurchten morphologischen Vorderseite (der Unterseite beim laufenden Käfer) gezähnt (Abb. 106 B, C, H); sie werden aber nicht zum Springen verwendet. Halsschild konisch bis glockenförmig (Abb. 68 A) . . . **Samenkäfer,** *Bruchidae* (siehe Tabelle 44)
18. Kopf von dem mehr oder weniger stark aufgewölbten Halsschild kapuzenförmig überdeckt (Abb. 93) 19
– Kopf frei, höchstens in das Halsschild zurückziehbar, Halsschild nicht kapuzenförmig, flach 24
19. Fühler gekämmt (Abb. 94 D) . . . . **Nagekäfer,** *Anobiidae (Ptilinus)* (siehe Tabelle 37)
– Fühler nicht gekämmt 20
20. Fühler gesägt (Abb. 95 B) . . . . **Nagekäfer,** *Anobiidae (Lasioderma)* (siehe Tabelle 37)
– Fühler nicht gesägt 21
21. Fühler mit dicker Endkeule oder einem großen Endknopf (Abb. 69) 22
– Fühler fadenförmig, die 3 Endglieder oft verlängert, locker zusammengefügt, keine Keule bildend 23

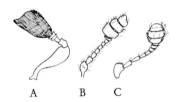

Abb. 69: Fühler A des Borkenkäfers, *Xyloterus domesticus,* B des Speckkäfers, *Dermestes,* C des Backobstkäfers, *Carpophilus hemipterus* (A nach KUHNT, B, C nach REITTER etwas verändert).

22. Fühler gekniet, mit einem eingliedrigen soliden Endknopf, der fast dreieckig ist und einen vorstehenden Winkel hat, und 4gliedriger Geißel (Abb. 69 A) . . . . **Borkenkäfer,** *Scolytidae* (siehe Tabelle 46)
– Fühler mit mehrgliedriger (meist 3gliedriger) Endkeule nicht gekniet (Abb. 91 C, D) . . . . **Bohrkäfer,** *Bostrichidae* (Tabelle 36)
23. Fühler fadenförmig mit dicht zusammenstehenden Einlenkungsstellen. Hinterbrust und Bauchplatte des ersten Hinterleibsringes liegen in der gleichen Ebene. Körper oft rundlich, bisweilen aufgeblasen, nur bei *Ptinus* die Männchen langgestreckt. Hinterhüften ohne Schenkeldecken, Flügeldecken oft dicht behaart **Diebkäfer,** *Ptinidae* (siehe Tabelle 38)
– Fühler mit 3 verlängerten Endgliedern. Ihre Einlenkungsstellen weit auseinanderstehend. Hinterbrust und Bauchplatte des ersten Hinterleibsringes liegen nicht in der gleichen Ebene. Körper langgestreckt. Hinterhüften mit Schenkeldecken . . . . **Nagekäfer,** *Anobiidae* (siehe Tabelle 37)
24. Fühler wenigstens halb so lang wie der Körper, meistens länger 25
– Fühler kürzer als der halbe Körper 26
25. Käfer größer als 2,5 mm . . . . **Bockkäfer,** *Cerambycidae* (siehe Tabelle 43)
– Käfer höchstens 2,5 mm . . . . **Plattkäfer,** *Cucujidae* (siehe Tabelle 32)
26. Winzige, meistens nur unter 1 mm große, rundliche oder ovale Käfer mit von oben kaum sichtbarem Kopf und hinten abgerundeten, den Hinterleib vollständig bedeckenden Flügeldecken . . . . **Faulholzkäfer** *Orthoperidae (= Corylophidae)*

leben an faulenden und schimmelnden Pflanzenstoffen und im Dünger; in Kellern an schimmelnden Wänden besonders der rundliche, rotbraune, stark glänzende, kaum 0,5 mm große *Orthoperus atomarius* (Heer, 1841).
- Käfer größer als 1 mm, meistens über 2 mm 27
27. Seitenrand des Kopfes (Stirnrand, Wange) leistenartig vorspringend, die Ursprungsstelle der Fühler bedeckend und die Augen mehr oder weniger stark einengend (Abb. 102 A), braune bis schwarze Käfer . . . . **Schwarzkäfer**, *Tenebrionidae* (siehe Tabelle 41)
- Seitenrand des Kopfes nicht so erweitert, nicht die Ursprungsstelle der Fühler bedeckend und die Augen nicht einengend 28
28. Seitenränder des Halsschildes mit je 5 oder 6 Zähnchen besetzt (Abb. 83), sehr langgestreckte Käfer . . . . **Plattkäfer**, *Cucujidae* (siehe Tabelle 32)
- Seitenränder des Halsschildes nicht mit 5 bis 6 Zähnchen 29
29. Körper halbkugelig, unten flach. Flügeldecken gelb und schwarz oder rot und schwarz gefleckt oder einfarbig schwarz, gelb, rot, glatt und glänzend (Abb. 70) . . . .
. . . . **Marienkäferchen**, *Coccinellidae*
kommen gelegentlich in die Wohnungen zur Überwinterung, so besonders *Adalia bipunctata* (Linnaeus, 1758) (Körperlänge 3,5–5,5 mm) mit roter Grundfarbe und schwarzer Zeichnung, die sehr stark variiert. Die am häufigsten auftretenden Muster sind in Abb. 69 dargestellt. Die oft in größerer Zahl überwinternden Käfer sollte man in kühle Räume bringen, wo sie überleben, während sie in warmen Räumen bald absterben. Sie sind nicht schädlich, sondern durch Vertilgen von Blattläusen sehr nützlich. Gelegentliches Massenauftreten von *Coccinellidae* (insbesondere *Coccinella septempunctata* Linnaeus, 1758) kann sehr lästig werden (z. B. am Ostseestrand 1973 und 1989), wo kilometerlange, bis zu 0,5 m breite und mehrere Zentimeter hohe Säume toter und verwesender, vom Meer und Wind angetriebener Käfer gebildet wurden.
- Körper nicht halbkugelig und nicht so gefärbt, wenn halbkugelig, dann nicht glatt glänzend, sondern dicht behaart bzw. beschuppt 30

Abb. 70: Die häufigsten Zeichnungsvariationen des Marienkäferchens *Adalia bipunctata*.

30. Flügeldecken bunt gefleckt, mit Querbinden versehen, oder metallisch blau oder rot   31
- Flügeldecken einfarbig braun, gelbbraun bis schwarz 33
31. Die ersten 4 Glieder an allen Tarsen herzförmig erweitert und auf ihrer Unterseite mit queren lappenförmigen Anhängern (Abb. 72 A) 32
- Die ersten 4 Tarsenglieder sind nicht so gebaut, das 1. Glied ist wenigstens lang gestreckt, Flügeldecken nicht metallisch . . . . **Speckkäfer**, *Dermestidae* (siehe Tabelle 29)
32. Halsschild an den Seiten gerandet . . . .
. . . . **Schinkenkäfer**, *Necrobia*, *Corynetes (Cleridae)* (siehe Tabelle 27)
- Halsschild an den Seiten nicht gerandet, sondern gerundet in die Unterseite übergehend . . . . **Buntkäfer**, *Cleridae* (siehe Tabelle 27)
33. 5–10 mm große schwarze Käfer, oft mit weißen Haarflecken und weiß oder goldbraun behaarter Bauchseite; Fühler mit 3gliedriger Keule (Abb. 69 B) . . . .
. . . . **Speckkäfer**, *Dermestidae* (siehe Tabelle 29)

- Gelbe und braune Käfer, wenn schwarz, dann glänzend ohne bunte Haarflecken oder Behaarung, meistens unter 3 mm 34
34. 2,5—7 mm große braune Käfer mit parallelen Seitenrändern der Flügeldecken. Hinterbeine sehr weit von den Mittelbeinen entfernt eingelenkt ....
 .... **Splintholzkäfer,** *Lyctidae* (siehe Tabelle 35)
- Meistens kleinere braune, gelbe bis schwarze Käfer, die anders gestaltet sind 35
35. Mit einem Punktauge auf der Stirn ..... **Speckkäfer,** *Dermestidae* (siehe Tabelle 29)
- Ohne Punktauge auf der Stirn 36
36. Beine mit 3 oder 4 Fußgliedern 37
- Beine in der Regel mit 5 Fußgliedern, nur bei einigen Arten haben die Männchen an den Hinterbeinen 4 Fußglieder 41
37. Hinterbeine mit 3 Fußgliedern. Fühlerkeule 1- bis 3gliedrig. Seitenrand des Halsschildes bogenförmig oder eingebuchtete, meistens gezähnt, besonders an den hinteren Winkeln
 .... **Moderkäfer,** *Latridiidae* (siehe Tabelle 34)
- Hinterbeine mit 4 Fußgliedern, Vorder- und Mittelbeine nie mit 5 Fußgliedern ... 38
38. Fühlerkeule eingliedrig. Oben auf dem Halsschild in den Vorderwinkeln tiefe und große, nach vorn offene Fühlergruben. Beine in seitliche Gruben der Bauchseite einlegbar. Kurz oval, rostrot, kaum wahrnehmbar behaart (Abb. 71 A), Körperlänge 1,2—1,4 mm ....
 .... *Murmidius ovalis* (BECK, 1817) *(Cerylonidae)*
 in Getreide, besonders Reis, Stroh, Heu, Galläpfeln usw., selten.
- Fühlerkeule mehrgliedrig 39
39. Flügeldecken der rot- bis dunkelbraunen Käfer mit jederseits einem gelben Schulterfleck und einem gelben Fleck hinter der Mitte. Fühler mit 4gliedriger Keule (Abb. 72 C). Körperlänge 3,5—4 mm . *Mycetophagus quadriguttatus* MUELLER, 1821 *(Mycetophagidae)*
 im Freien in Baumschwämmen und verpilztem Mulm, in Gebäuden in Heu, Stroh und schimmeligen Lebensmittelvorräten.
- Flügeldecken einfarbig, ohne Flecken. Fühler mit einer 3gliedrigen Keule 40
40. Halsschild neben dem Seitenrand mit einer nach vorn und innen gebogenen, den Vorderrand erreichenden Kiellinie. Rotbraun, mit ziemlich langer, abstehender, gelber Behaarung (Abb. 71 B). Körperlänge 1,5—1,8 mm ....
 .... *Mycetaea hirta* MARSHAM, 1802 *(Endomychidae)*
 in Kellern, auf schimmligem Holz und Stroh häufig.

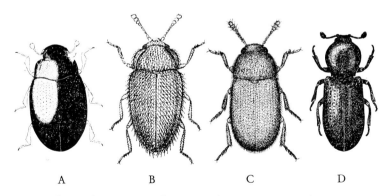

Abb. 71: A. *Murmidius ovalis*, B *Mycetaea hirta*, C *Typhaea sterocorea*, D *Thorictodes heydeni* (A nach HALSTEAD, B, C nach HINTON, D nach LEPESME).

- Halsschild ohne Kiellinie am Seitenrand. Körper länglich oval, flach gewölbt, dicht anliegend behaart. Flügeldecken mit sehr feinen Punktreihen und Längsreihen schräg liegender Haare zwischen der anliegenden Behaarung. Rot bis rotgelb (Abb. 71 C), Körperlänge 2,5–3 mm . . . .
Behaarter Baumschwammkäfer, *Typhaea stercorea* (LINNAEUS, 1758) *(Mycetophagidae)*
in Kellern, an schimmligem Holz und Stroh, in alten strohgedeckten Bauernhäusern und unter Heuböden oft massenhaft in den Zimmern.
41. Fühler fadenförmig. Vorder- und Mitteltarsen 5gliedrig, Hintertarsen 4gliedrig. Halsschild herzförmig, am Hinterrand viel schmäler als die Flügeldecken. Dunkelbraun bis schwärzlich, das vordere Drittel der Flügeldecken und der Halsschild hellbraun bis rotbraun (Abb. 72 D), Körperlänge 3–3,5 mm . . . .
. . . . *Anthicus floralis* (LINNAEUS, 1758) *(Anthicidae)*
an schimmligen pflanzlichen Vorräten, Heu und Stroh.
- Fühler enden in einer Keule. Weibchen immer mit 5, Männchen bei einigen Arten mit 4 Gliedern an den Hinterbeinen 42

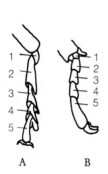
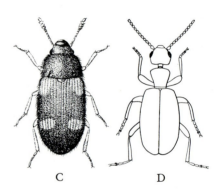

Abb. 72: A Hintertarsen eines Cleriden, B von *Tenebroides mauritanicus*, C *Mycetophagus quadriguttatus*, D *Anthicus floralis* (A, B nach FREUDE u. a., C, D nach HINTON).

42. Die 3 Endglieder der Fühler zu einem scheinbar eingliedrigen Endknopf verschmolzen. Halsschild herzförmig, fast länger als breit, deutlich punktiert, ebenso die Flügeldecken. Fein behaart. Körper flach (Abb. 71 D), Körperlänge 1,3–1,4 mm . . . .
. . . . *Thorictodes heydeni* REITTER, 1875 *(Thorictidae)*
an Reis, Erdnüssen, Weizen, Vogelfutter, Kapoksamen usw. hauptsächlich aus dem indomalaiischen Gebiet eingeschleppt.
- Die 3 Endglieder der Fühler bilden eine 3gliedrige Keule 43
43. Halsschildvorderrand stark ausgebuchtet, Vorderecken vorgezogen. Wenn kleiner als 5 mm, dann Seitenränder dünn ausgezogen und Flügeldecken mit scharfen Rippen (Abb. 73 A) . . . . **Flachkäfer,** *Ostomidae* (siehe Tabelle 30)
- Halsschildvorderrand nicht ausgebuchtet. Flügeldecken ohne Rippen 44
44. Das 1. Tarsenglied ist viel kürzer als das 2., die Sohlenlappen des 3. Tarsengliedes überragen das kleine 4. Die Männchen mit 4 Tarsengliedern an den Hinterbeinen . . . .
. . . . **Plattkäfer,** *Silvanidae* und *Cucujidae* (siehe Tabelle 32)
- Das 1. Tarsenglied ist so lang oder länger als das 2., das 4. so lang oder fast so lang wie das 3. (Abb. 73 B–D) . . . . **Schimmelkäfer,** *Cryptophagidae* (siehe Tabelle 33)

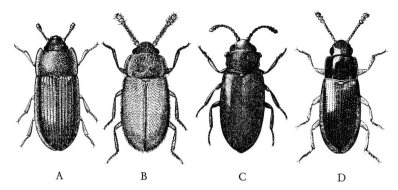

Abb. 73: A *Lophocateres pusillus*, B *Henoticus californicus*, C *Cryptophagus acutangulus*, D *Pharaxonotha kirschi* (nach HINTON).

26. Laufkäfer, Carabidae

Eine sehr gattungs- und artenreiche Gruppe. Die meisten von ihnen leben räuberisch von anderen Insekten und Schnecken. Alle haben kräftige lange Beine mit 5gliedrigen Tarsen, womit sie sehr rasch laufen können. Ihre Flügeldecken sind meistens längs gerippt und in der Naht bisweilen miteinander verschmolzen. Der Kopf ist weit vorgestreckt und meistens schmäler als die Brust, er besitzt kräftige Oberkiefer und fadenförmige Fühler. Die verschiedensten Laufkäfer dringen vereinzelt in die Häuser, besonders in die Kellerräume ein. Als Schädlinge sind sie aber dort kaum zu betrachten. In größerer Menge tritt höchstens *Harpalus rufipes* (DE GEER, 1774) auf; er kann unter Umständen an Sämlingen oder Gemüse schädlich werden. Mit Vorräten, besonders Paranüssen aus Brasilien, wird ein kleiner Laufkäfer, *Somotrichus unifasciatus* (DEJEAN, 1831), häufig eingeschleppt. Er lebt als Räuber von Vorratsschädlingen.

1. Große Laufkäfer, über 20 mm 2
– Kleinere Laufkäfer, unter 17 mm 3
2. Vorderschiene ohne deutlichen Ausschnitt am Innenrand, beide Schienendornen am Ende stehend. Gelenkhöhlen der Vorderbrust nach hinten offen (Abb. 74 A unten). Flügeldecken mit Rippen, Kettenstreifen oder Punktreihen (Abb. 74 C)   *Carabus* LINNAEUS, 1758
   viele Arten, mit goldgrünen, bronzeschwarzen oder schwarzen, violett geränderten Flügeldecken. Kommen nur gelegentlich einzeln in die Hauskeller.
– Vorderschiene mit tiefem Ausschnitt am Innenrand, ein Schienendorn vor ihm, der andere am Ende. Gelenkhöhlen der Vorderbrust nach hinten geschlossen (Abb. 74 A oben). Schwarz, Halsschild herzförmig, Flügeldecken mit gleichmäßig feinen Streifen. Körperlänge 20–40 mm . . . . **Gierkäfer**, *Sphodrus leucophthalmus* (LINNAEUS, 1758)
3. Käfer kleiner als 5 mm. Rotbraun mit einer schwarzen Querbinde auf den Flügeldecken (Abb. 74 D). Körperlänge 3–4,5 mm . . . . *Somotrichus unifasciatus* (DEJEAN, 1792)
   als Räuber verschiedener Vorratsschädlinge durch den Handel verschleppt, wird nach Hamburg regelmäßig mit Paranüssen gebracht.
– Käfer größer als 5 mm, meistens über 10 mm 4

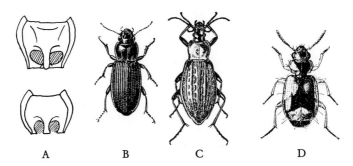

Abb. 74: Vorderbrust von Carabiden, oben mit hinten geschlossenen, unten mit hinten offenen Gelenkhöhlen, für die Hüften der Vorderbeine, B *Harpalus rufipes*, C *Carabus cancellatus*, D *Somotrichus unifasciatus* (A aus REITTER, B aus DIEHL-WEIDNER, C aus EIDMANN, D aus HINTON).

4. Halsschild schlank, länglich, herzförmig, länger oder höchstens ebenso lang wie breit. Schwarz mit blauem Schein. Körperlänge 13–17 mm . . . .
. . . . **Dunkelkäfer**, *Pristonychus terricola* (HERBST, 1783)
– Halsschild breiter als lang 5
5. Flügeldecken mit kaum punktierten Streifen und gewölbten Zwischenräumen. Im 3. dieser Zwischenräume (jeweils von der Flügelnaht an gezählt) zwei eingestochene Punkte. Glänzend schwarz Körperlänge 13–17 mm . . . .
. . . . **Erdbeerlaufkäfer**, *Pterostichus vulgaris* (LINNAEUS, 1758)
– Flügeldecken nicht so gestaltet 6
6. Schläfen hinter den Augen seitlich fein abstehend behaart, Oberseite dicht punktiert. Oberseite dunkelgrün, selten blau, mit feiner schwarzer, aufgerichteter Behaarung, Körperlänge 12–15 mm . . . . *Ophonus obscurus* (FABRICIUS, 1792)
– Schläfen hinter den Augen nicht behaart 7
7. Fußglieder oben behaart. Schwarz, Fühler und Beine gelbrot. Körperlänge 14–16 mm (Abb. 74 B) . . . .
. . . . . **Behaarter Samenlaufkäfer**, *Harpalus (Pseudophonus) rufipes* (DE GEER, 1774)
– Fußglieder oben kahl. Oberseite metallisch grün oder kupferig, bronzefarbig bis schwarz oder blau. Fühler und Beine gelbrot. Spitze der Flügeldecken etwas ausgeschnitten. Körperlänge 9–12 mm . . . . **Schnelläufer**, *Harpalus aeneus* (FABRICIUS, 1775)

27. Buntkäfer, Cleridae

leben meistens räuberisch von Schadinsekten, hauptsächlich von Holzschädlingen. Sie können überall da gefunden werden, wo schon Schädlinge vorhanden sind, nur die Schinkenkäferten können auch an Fleisch- und Wurstwaren und Käse, außerdem auch an Kopra Schäden hervorrufen.

1. Flügeldecken ganz oder zum größten Teil glänzend metallisch grünblau oder matt ro . . . .
– Flügeldecken matt, anders gefärbt, meistens mit bunten Querbinden . . . .

2. Gesamtfärbung der Käfer rot. Halsschild hinten schmäler als vorn, Seitenränder stark gebogen und gekielt, auf den hinteren Zweidrittel der Scheibe ein ovaler Längseindruck. Flügeldecken mit Längsreihe langovaler Punkte. Vordertarsen breit erweitert (Abb. 75 D). Körperlänge 6 mm . . . . *Thaneroclerus buqueti* (LEFEBVRE, 1835)
– Gesamtfärbung der Käfer metallisch blau 3
3. Halsschild und vorderes Viertel der Flügeldecken rot, Körperlänge 4 – 6 mm . . . .
. . . . **Rothalsiger Schinkenkäfer**, *Necrobia ruficollis* (FABRICIUS, 1775)
– Halsschild und vorderes Viertel der Flügeldecken ebenfalls metallisch grün-blau . . . 4
4. Beine rot, Körperlänge 3,5 – 7 mm . . . .
. . . . **Rotbeiniger Schinkenkäfer, Koprakäfer**, *Necrobia rufipes* (DE GEER, 1775)
entwickelt sich in Kopra, oft massenhaft auf Schiffen, besonders wenn sie aus Ost- oder Südasien kommen. Auch in Häuten und Fellen, wo er und seine Larven den Speckkäferlarven nachstellen.
– Beine mit Ausnahme der Fußglieder blau oder schwarz 5
5. Kopf und Halsschild kaum punktiert, Fühler rotbraun (Abb. 75 A). Glänzend blau. Körperlänge 3,5 – 6,5 mm . . . .
. . . . **Blauer Fellkäfer**, *Corynetes* (= *Korynetes*) *coeruleus* (DE GEER, 1775)
hauptsächlich oder ausschließlich Holzinsekt, das als Larve und Imago von Holzschädlingen lebt, besonders von Anobien.
– Kopf und Halsschild stark punktiert, Fühler schwarz oder schwarzbraun (Abb. 75 B, C). Körperlänge 4 – 4,5 mm . . **Blauer Schinkenkäfer**, *Necrobia violacea* (LINNAEUS, 1758)
6. Flügeldecken einfarbig, schwarz, selten mit zwei weißlichen Flecken. Halsschild beim Männchen schwarz, beim Weibchen rot, Körperlänge 6 – 9 mm . . . .
. . . . **Holzbuntkäfer**, *Tillus elongatus* (LINNAEUS, 1758)
– Flügeldecken mit Querbinden 7
7. Flügeldecken braun oder gelb mit einem helleren Schulter- und Spitzenfleck und einer ebenso gefärbten Querbinde in der Mitte 8
– Flügeldecken schwarz mit roter Basis und zwei gelben Querbinden, Körperlänge 7 bis 10 mm . . . . *Thanasimus formicarius* (LINNAEUS, 1758)
8. Die Schulterflecken bilden keine Querbinde (Abb. 75 D). Körperlänge 7 – 12 mm . . . . .
. . . . **Hausbuntkäfer**, *Opilo domesticus* STURM, 1837
– Die Schulterflecken sind lang und schräg gestellt, wodurch sie eine spitzwinklige Querbinde bilden. Körperlänge 9 – 13 mm . . . . *Opilo mollis* (LINNAEUS, 1758)

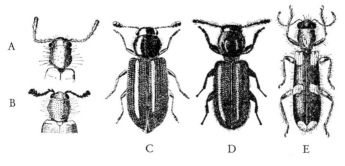

bb. 75: A Kopf und Halsschild von *Corynetes*, B von *Necrobia*, C Blauer Schinkenkäfer, *Necrobia iolacea*, D *Thaneroclerus buqueti*, E Hausbuntkäfer, *Opilo domesticus* (C, D nach KNULL, E nach EPESME).

28. Werftkäfer, Lymexylonidae

1. Halsschild länger als breit, Fühler schnurförmig zur Spitze verjüngt (Abb. 76 A), rotgelb Flügeldecken beim Männchen fast ganz, beim Weibchen nur hinten schwarz; Körperlänge 7–16 mm . . . . **Schiffswerftkäfer**, *Lymexylon navale* (LINNAEUS, 1758
   schädlich an Eichenholz im Freien und auf Lagerstätten; Fraßbild siehe Tabelle 47, Taf. I, C!
   – Halsschild breiter als lang, Fühler kurz gesägt oder gefiedert 2
2. Fühler beim Männchen und Weibchen gleichartig gesägt (Abb. 76 D), Kiefertaster des Männchens äußerst bizarr gestaltet (Abb. 76 B), Weibchen rötlich gelbbraun; Männchen kleiner, mehr oder weniger schwarz; Körperlänge 6–18 mm . . . .
   Gewöhnlicher oder **Sägehörniger Werftkäfer**, *Hylecoetus dermestoides* (LINNAEUS, 1761
   meistens in Laubholz, seltener auch in Nadelholz; Fraßbilder siehe Tabelle 47, Taf. I, A und B!
   – Fühler beim Männchen lang doppelseitig gewedelt (Abb. 76 E), beim Weibchen stark gesägt, Kiefertaster des Männchens einfach (Abb. 76 C); schwarz mit braungelben Flügeldecken. Körperlänge 7–9 mm . . . . *Hylecoetus flabellicornis* (SCHNEIDER, 1791
   selten.

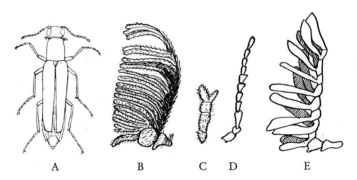

Abb. 76: A Schiffswerftkäfer, *Lymexylon navale*, B, C Kiefertaster der Männchen, B von *Hylecoetus dermestoides*, C von *H. flabellicornis*, D, E Fühler der Männchen, D von *H. dermestoides*, E von *H. flabellicornis* (aus ESCHERICH).

29. Speckkäfer, Dermestidae

1. Fühler ohne Endkeule. Flügeldecke beim Männchen weich und hinten weit klaffend (Abb. 77 A), beim Weibchen fehlend. Körper des Weibchens sackförmig, weichhäutig behaart, graubraun (Abb. 77 B), Körperlänge ♂ 2–3 mm, ♀ 4,2–5,4 mm . . . .
   . . . . *Thylodrias contractus* MOTSCHULSKY, 18??
   sehr selten, in Häusern lebt er von toten Insekten, schädlich in Insektensammlungen, an Seide, an Bucheinbänden. Noch wenig beobachtet. FRANCISCOLO (1975) hat für diese monotypische Gattung eine neue Familie *Thylodriidae* und eine neue Überfamilie der *Bostrychiformia Thylodrioidea* errichtet (Bull. Soc. ent. Ital. 107: 142–146, 0 nova).
   – Fühler mit Endkeule. Flügeldecken normal, Hinterflügel gut entwickelt, kein auffallender Geschlechtsdimorphismus . . . .

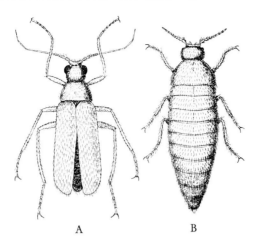

Abb. 77: A Männchen und B Weibchen von *Thylodrias contractus* (Zeichnung von T. SCHLAACK aus RACK).

2. Stirn ohne Punktauge, Käfer größer als 5,5 mm, Fühler 11gliedrig mit einer 3gliedrigen Keule (Abb. 69 B), Körper dicht behaart . . **Speckkäfer**, *Dermestes* LINNAEUS, 1758   3

   an tierischen Produkten, Fellen, Häuten, Därmen, Rauchfleisch, Trockenfisch, Trockeneigelb usw., bisweilen auch in fetthaltigen Pflanzenstoffen, wie Kopra, Kakaobohnen, Schokolade und dergleichen mehr, worin sie sich allerdings nur ausnahmsweise entwickeln können. Zur Verpuppung bohren sich die Larven in festere Gegenstände ein, so in Baumwoll- und Lederballen, oft auch in weiches Holz oder Korken, weshalb man dann darin auch die Käfer finden kann (Tabelle 47).

   – Mit Punktauge auf der Stirn, Käfer in der Regel kleiner als 5,5 mm   10
3. Vorderhälfte der Flügeldecken, gelbbraun behaart, sonst schwarz (Abb. 78). Körperlänge 7–9 mm . . . . **Gemeiner Speckkäfer**, *D. lardarius* LINNAEUS, 1758
   – Flügeldecken einfarbig schwarz bis braun, höchstens mehr oder weniger gleichmäßig mit helleren Haaren besetzt   4
4. Bauchseite weiß, schwach, gelblich getönt oder kreideweiß mit schwarzen Flecken auf jedem Ring. Seiten des Halsschildes weiß behaart.   5
   – Bauchseite gelbbraun   7
5. Die Nahtspitze der Flügeldecken ist dornförmig ausgezogen (Abb. 78). Zeichnung der weißen Bauchseite (Abb. 78). Körperlänge 5,5–10 mm . . . .
   . . . . . . **Dornspeckkäfer**, *D. maculatus* DE GEER, 1774 (= *vulpinus* FABRICIUS, 1781)
   – Die Nahtspitze der Flügeldecken ist nicht dornförmig ausgezogen, sondern normal abgerundet   6
6. Spitzen des letzten Hinterleibsringes auf der Bauchseite schwarz. Bei der Nominatform reicht dieser Fleck nicht bis zur vorderen Grenze des letzten Ringes (Abb. 78), bei der var. *sibiricus* (ERICHSON, 1846), erreicht er diese (Abb. 78). Auf der Bauchseite der übrigen Hinterleibsringe seitlich je ein großer schwarzer Fleck. Körperlänge 6–10 mm . . . . . .
   . . . . **Dornloser Speckkäfer**, *D. frischi* KUGELANN, 1792
   – Spitze des letzten Hinterleibsringes auf der Bauchseite weiß (Abb. 78). Nur in den Vorderecken der Bauchseite der Hinterleibsringe ist je ein schwarzes Fleckchen vorhanden; bei der var. *doemmlingi* MEIER, 1899, kommen dazu noch weitere schwarze Haare, die rechts und links der Mittellinie auf den Hinterleibssegmenten 1–5 noch einen weiteren schwar-

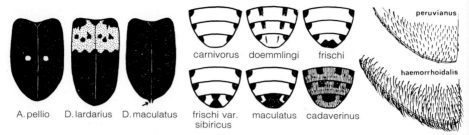

Abb. 78: Flügeldecken von *Attagenus pellio, Dermestes lardarius* und *D. maculatus.* Der Pfeil zeigt auf die Dornen der Flügeldecken. Hinterleibsspitze von der Bauchseite einiger *Dermestes*-Arten. – *cadaverinus = ater.* Spitzen der Flügeldecken von *D. peruvianus* und *D. haemorrhoidalis* mit ihrer Behaarung.

  zen Fleck bilden (Abb. 78). Körperlänge 6,5 – 9 mm . . . .
  . . . . **Weißbauchiger Speckkäfer,** *D. carnivorus* FABRICIUS, 1775
7. Bauchseite mit 4 schwarzen Flecken am Vorderrand eines jeden Hinterleibsringes, wovon auf der letzten Bauchplatte die beiden inneren verschmolzen sein können (Abb. 78). Oberseite schwarz bis schwarzbraun mit dunkler Behaarung; zwischen ihr goldgelbe Haare besonders dicht auf dem Schildchen, häufig auch auf dem Halsschild, nur spärlich auf den Flügeldecken. Körperlänge 7 bis 9 mm . . . .
  . . . . . **Aas-Dornspeckkäfer,** *D. ater* DE GEER, 1774 (= *cadaverinus* FABRICIUS, 1775)
– Bauchseite ohne schwarze Flecken 8
8. Flügeldecken, besonders hinten mit tiefen, furchenartigen Längsstreifen, schwarz, Halsschild und Schultern gelblich behaart, Körperlänge 7 – 9 mm . . . .
  . . . . **Gestreifter Speckkäfer,** *D. bicolor* FABRICIUS, 1781
  <small>Kommt vom Licht angelockt in die Häuser. In Taubenschlägen und Geflügelställen, wo seine Larven Nestlinge, Küken und junge Enten durch Einbohren in die Flügel töten sollen.</small>
– Flügeldecken ohne deutliche Längsstreifen 9
9. Flügeldecken glänzend, dünn einfarbig weißlich gelb behaart (Abb. 78). Unterseite dünn behaart, die Hinterränder der Bauchplatten mit dichtem Haarsaum. Körperlänge 7,5 – 10,1 mm   **Peruvianischer Speckkäfer,** *D. peruvianus* LA PORTE DE CASTELNAU, 1840
– Flügeldecken dicht schwarz behaart, dazwischen lange und kürzere gelbe Haare (Abb. 78). Unterseite dicht behaart, so daß der dichtbehaarte Hinterrand der Bauchplatten wenig auffällt. Körperlänge 6,1 – 8,7 mm . . . .
  . . . . **Zweifarbig behaarter Speckkäfer,** *D. haemorrhoidalis* KÜSTER, 1852
10. Ober- und Unterseite der Käfer dicht mit dreieckigen oder breitovalen Schuppen bedeckt[4] Körperform rundlich bis kurzovale (Abb. 79) . . . .
  . . . . **Kabinett- oder Blütenkäfer,** *Anthrenus* GEOFFROY, 1762 11
  <small>während die Larven an tierischen Produkten leben und dadurch Schädlinge an Wollwaren, Teppichen, Polstermöbeln, Federn und zoologischen Sammlungen (Museumskäfer) werden, finden sich die Käfer vielfach auch im Freien auf Blüten.</small>
– Ober- und Unterseite der Käfer behaart, nur auf der Oberseite bisweilen an weniger Stellen Flecke mit schuppenförmig verbreiterten Haaren zwischen den normalen. . . 17

---

[4] Die Beschuppung variiert sehr stark, weshalb in der folgenden Tabelle nur die typischen Beschuppungsmuster angegeben werden können.

11. Fühler mit einem langgestreckten, gegen die Spitze zu stark verdicktem Endglied
    (Abb. 79 C) 16
 – Fühler mit einer 2- oder 3gliedrigen Endkeule (Abb. 79 A, B) 12
12. Fühler 11gliedrig, mit 3gliedriger ovaler Keule (Abb. 79 A) 13
 – Fühler 8gliedrig mit 2gliedriger Keule (Abb. 79 B). Oberseite schwarz beschuppt mit einzelnen eingesprengten gelben Schuppen. Ein Flecken am Außenrand des Halsschildes, ein kleiner Fleck vor dem Schildchen[5] und drei gebuchtete unscharfe Querlinien auf den Flügeldecken ockergelb beschuppt. Körperlänge 2–3 mm . . . .
    . . . . **Museumskäfer,** *A. (Florilinus) museorum* (LINNAEUS, 1767)
13. Flügelnaht und Seitenränder rot beschuppt, oft auch eine feine Längslinie in der Mitte des Halsschildes rot. Dieser an den Seiten breit weiß beschuppt, in der Mitte schwarz. Flügeldecken schwarz beschuppt, mit drei weißen wellenförmigen Querbinden. Körperlänge 3–4,5 mm (Abb. 79 A und E) . . . .
    . . . . **Teppichkäfer,** *A. (Anthrenus) scrophulariae* (LINNAEUS, 1758)
 – Flügelnaht nicht rot geschuppt 14
14. Schuppen 2,5- bis 4mal so lang wie breit. Augen ohne Ausrandung an ihrem Innenrand. Hinterecken und Hinterrand des Halsschildes weiß beschuppt. Flügeldecken mit drei wellenförmigen weißen Querbinden, Körperlänge 1,7–3,2 mm (Abb. 79 F) . . . .
    . . . . **Wollkrautblütenkäfer,** *A. (Nathrenus) verbasci* (LINNAEUS, 1767)
    jetzt einer der häufigsten Textilschädlinge.
 – Schuppen höchstens zweimal so lang wie breit. Augen am Innenrand unten ausgerandet (Abb. 79 D) 15
15. Vorderbrust oben mit einem nicht oder nur gering erweiterten Rand der Fühlergrube. 1. Glied der Fühlerkeule deutlich kürzer als das 2. Ockergelb mit sehr stark variierenden weißen Querbinden. Körperlänge 2–3,5 mm . . *A. (Anthrenus) fasciatus* HERBST, 1797

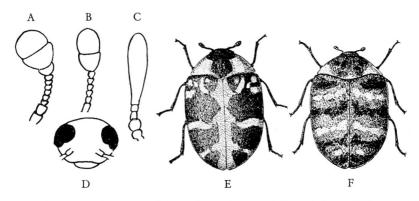

Abb. 79: A Fühler von *Anthrenus scrophulariae*, B von *A. verbasci*, C von *A. fuscus*, D Vorderansicht des Kopfes von *A. pimpinellae* mit den unten ausgerandeten Augen, E Teppichkäfer, *A. scrophulariae*, F. Wollkrautblütenkäfer, *A. verbasci* (D, E nach KEMPER).

---

[5] Schildchen = Dreieck zwischen Hinterrand des Halsschildes und Innenrand der beiden Flügeldecken. – Durch den Flecken vor dem Schildchen unterscheidet sich *A. museorum* leicht von dem ähnlichen *A. fuscus*.

– Vorderbrust oben mit einem sichtbar erweiterten Rand der Fühlergrube. 1. Glied der Fühlerkeule etwa so lang wie das 2. Oberseite im Grund schwarz beschuppt. Halsschild rötlich bis rotgelb und weiß beschuppt, in der Mitte und an den Seiten je ein Fleck schwarz. Auf den Flügeldecken eine breite weiße Querbinde vor der Mitte und zwei weiße Seitenflecke vor der Spitze. Dazu sind ein Basalfleck, der hintere Nahtteil und hinten einige Flecken ziegelrot bis ockergelb beschuppt. Körperlänge 2–4,5 mm . . . .
. . . . *A. (Anthrenus) pimpinellae* FABRICIUS, 1775
Fast nur in Vogel-(Spatzen-)Nestern.
16. Oberseite schwarz beschuppt, fast ohne weiße Schuppen. Ein Flecken am Außenrand des Halsschildes und drei gebuchtete, nicht bis an den Flügelrand reichende Querbinden auf den Flügeldecken ockergelb beschuppt (Fühler siehe Abb. 79 C). Körperlänge 1,7– 2,8 mm . . . . *A. (Helocerus) fuscus* OLIVIER, 1789
– Oberseite heller, Halsschild außen weiß beschuppt mit einem schwarzen, gelb eingefaßten Mittelfleck. Auf den schwarzen Flügeldecken drei durchlaufende Binden aus weißen und gelben Schuppen. Die erste Binde springt an der Naht in spitzem Winkel vor. Am Vorderrand und im Hinterwinkel der Flügeldecken jederseits ein gelber Flecken. Körperlänge 2,5–3 mm . . . . *A. (Helocerus) polonicus* MROCZKOWSKI, 1951
in zoologischen Sammlungen.
17. Flügeldecken schwarzbraun mit je einem weißen Punkt in ihrer Mitte und in der Nähe der Schultern (Abb. 78), Halsschild mit 3 weißen Flecken am Hinterrand. Körperlänge 4–5 mm . . . . **Pelzkäfer,** *Attagenus pellio* (LINNAEUS, 1758)
Käfer oft im Freien, Larven an Pelzen, Teppichen, Wolle, Isoliermaterial aus Wolle oder Haaren usw.
– Flügeldecken einfarbig schwarz bis braun oder mit verwaschenen hellen Querbinden
. . . . 18
18. Die Unterseite des in der Ruhelage senkrecht stehenden Kopfes wird nur basal von der Vorderbrust zu einem kleinen Teil verdeckt. Die Seiten der Vorderbrust haben keine Gruben zur Aufnahme der Fühler 19
– Die Unterseite des in der Ruhelage senkrecht stehenden Kopfes wird von der Vorderbrust bis auf die Oberkiefer vollständig bedeckt. Vorderbrust jederseits mit einer begrenzten Grube zur Aufnahme des Fühlers 21
19. Flügeldecken einfarbig schwarz bis braun, ohne hellere Zeichnung fein schwarz und grau behaart. Das letzte Fühlerglied ist besonders beim Männchen bedeutend länger als die beiden vorhergehenden Glieder zusammen, beim Weibchen ist es kaum länger (Abb. 80 *Attagenus megatoma*). Körperlänge 2,5–5,5 mm . . . .
. . . . **Dunkler Pelzkäfer,** *Attagenus megatoma* (FABRICIUS, 1798)
(= *A. piceus* OLIVIER, 1790 nec THUNBERG, *A. unicolor* BRAHM, 1797)

A. megatoma ist der im Vorratsschutz gebräuchliche Name, nach dem Prioritätsgesetz aber *A. unicolor* wie bei FREUDE, HARDE, LOHSE Bd. 6, 1979. Käfer auf Blüten, Larven an tierischen Stoffen und an Getreide, Getreideprodukten und anderen pflanzlichen Vorräten, besonders in Nordamerika schädlich, in Europa ohne große Bedeutung.
– Ähnlich ist der wahrscheinlich in der äthiopischen Region beheimatete Vorratsschädling *A. smirnovi* ZHANTIEV, 1973, der in Europa erstmalig 1961 in Moskau und seitdem auch in allen nordeuropäischen Ländern, in der Tschechoslowakei und England als Wohnungsschädling an Tapeten, Wollwaren und Getreide mehrmals festgestellt wurde, 1985 auch in Neustrelitz im Dienstzimmer eines Stellwerks und 1989 in Eisenhüttenstadt auf einer Mülldeponie, wohin er mit Bauschutt gekommen sein dürfte. Weitere Ausbreitung der Art in Deutschland erscheint möglich. Für genaue Bestimmung siehe PEACOCK, E. R. 1979: Entomol. Gazette 30: 131–136.

– Flügeldecken mit einer hellen Haarquerbinde vor der Mitte 20
20. Die 3gliedrige Fühlerkeule, deren letztes Glied nicht länger ist als die beiden vorletzten Glieder zusammen, nimmt ein Drittel der ganzen Fühlerlänge ein. Vordertibien mit Dornen am Rand und seitlichem Drittel der Vorderseite. Vorderschenkel mit am Trochanter

schwach oder nicht entwickeltem Kiel. Kutikula unter der Haarquerbinde heller als auf der übrigen Fläche der Flügeldecke. Querbinde daher deutlich. Körperumriß mit ziemlich parallelen Seiten, Verhältnis von Länge: Breite 17–19: 10. Körperlänge 3,6–5,8 mm . . .
Tropischer Pelzkäfer, *Attagenus fasciatus* Thunberg, 1795 (= *gloriosae* Fabricius, 1801)
Nach Mitteleuropa gelegentlich eingeschleppt mit tierischen und pflanzlichen Vorräten, an letzteren aber wahrscheinlich nur von toten Vorratsschädlingen lebend.

– Die 3gliedrige Fühlerkeule ist nicht ganz so lang wie ein Drittel der ganzen Fühlerlänge. Vordertibien mit Dornen am Rand und der seitlichen Hälfte der Vorderseite. Vorderschenkel mit am Trochanter gut entwickeltem, einen kleinen Lappen bildenden Vorderkiel. Kutikula unter der Haarquerbinde nicht deutlich heller als auf der übrigen Flügeldeckenfläche. Querbinde daher oft undeutlich. Körperumriß gedrungener, vor dem hinteren Drittel breiter werdend. Verhältnis Länge:Breite wie 16–18:10. Körperlänge 4,3–5,9 mm . . . . *Attagenus woodroffei* Halstead & Green, 1979
in Finnland, Schweden und Dänemark Plage in zentralbeheizten Häusern. Heimat noch unbekannt, wahrscheinlich in den Tropen oder Subtropen zu suchen. Früher als *A. gloriosae* bezeichnet.

21. Die Fühlergrube auf der Vorderbrust ist hinten nur von einem niedrigen fadenförmigen Kiel begrenzt. Die Endkeule der 11gliedrigen Fühler besteht aus 4 schwarzen Gliedern, wovon das letzte kegelförmig zugespitzt ist. Kopf, Halsschild und Flügeldeckenbasis schwarz, in der basalen Hälfte der Flügeldecken ein schräges, geschwungenes, an der Mittelnaht unterbrochenes rötlichbraunes Querband mit gelblicher Behaarung. Dahinter sind die Flügeldecken dunkelbraun. Körperform langoval, hinter der Mitte etwas breiter. Körperlänge 3–4 mm . **Amerikanischer Wespenkäfer,** *Reesa vespulae* (Milliron, 1939)
In Mittel-, Ost- und Nordeuropa als Schädling in naturwissenschaftlichen Museen aufgetreten, in Samenlagern von Erfurt auch als Samenschädling, in Hamburg im Lager eines Süßwarengeschäftes.

– Die Fühlergrube auf der Vorderbrust ist hinten wenigstens teilweise von einem scharfen Kamm begrenzt . . . . *Trogoderma* Berthold, 1827   22
22. Augen am Innenrand mehr oder weniger ausgebuchtet (Abb. 80 A)   23
– Augen am Innenrand nicht ausgebuchtet (Abb. 80 B).   25
23. Innenrand der Augen deutlich ausgeschnitten (Abb. 80 A). Fühlerkeule beim Männchen schlank. Die Querbinden der Flügeldecken mit Längsbinden verbunden, die auch bei starker Reduktion der Zeichnung ausgebildet sind (Abb. 80). Körperlänge 2–5 mm . . . . *Trogoderma versicolor* Creutzer, 1799
an trocknen tierischen und pflanzlichen Stoffen.

– Innenrand der Augen nur leicht ausgebuchtet. Fühlerkeule beim Männchen gedrungen (Abb. 80). Die Querbinden der Flügeldecken niemals durch Längsbinden verbunden (Abb. 80)   24
24. Fühlerkeule beim Männchen 5- oder 6gliedrig letztes Glied zugespitzt, die hellen Pronotumhaare goldgelb und weiß. Körperlänge (ohne Kopf) 2,0–3,9 mm . . . . *Trogoderma glabrum* (Herbst, 1783)
an Vorräten tierischer und pflanzlicher Herkunft.

– Fühlerkeule beim Männchen 8gliedrig, letztes Glied abgerundet, die hellen Pronotumhaare fast ausschließlich goldbraun. Körperlänge (ohne Kopf) 2,7–4,4 mm . . . . *Trogoderma variabile* Ballion, 1878 (= *parabile* Beal, 1954)
an trocknen pflanzlichen Vorräten in Nordamerika, wo auch noch einige andere sehr ähnliche Arten als Schädlinge auftreten. Es besteht die Gefahr, daß sie nach Europa verschleppt werden.

25. Körper langgestreckt und schmal, Verhältnis der Länge zur Breite größer als 2,1:1. Flügeldecken mit 3 gebogenen, von weißen Haaren gebildeten, mehr oder weniger deutlichen Haarbinden. Körperlänge 2,2–3 mm . . . *Trogoderma angustum* (Solier, 1849–51)

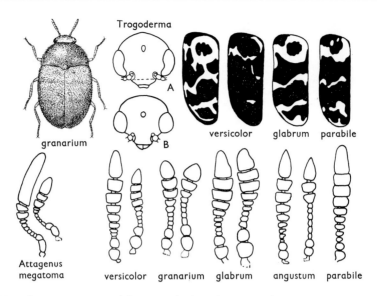

Abb. 80: Trogoderma granarium und die Unterschiede anderer *Trogoderma*-Arten in der Flügeldeckenzeichnung, der Augenform (bei A *T. versicolor* und B *T. granarium*) und den ♂ und ♀lichen Fühlern. Fühler von *Attagenus megatoma* ♂ ♀ (nach HINTON, BEAL, KEMPER & DÖHRING).

aus Südamerika eingeschleppt, eine häufige Wohnungsplage in Berlin, Hamburg, Köln, München, im hessischen Rhein-Main-Gebiet, in den Niederlanden, Norwegen und Dänemark auch als Schädling an tierischen und pflanzlichen Vorräten und in Insektensammlungen.

– Körper kurz und breit. Verhältnis der Länge zur Breite 1,5–1,8:1. Flügeldecken ohne weiße Haarbinden, einfarbig rostbraun oder häufiger mit rostbraunen bis braunen undeutlichen Flecken, fein und gleichfarbig behaart. Kopf und Halsschild oft dunkler bis fast schwarz (Abb. 80). Körperlänge 1,8–3,0 mm . . . .
. . . . **Khaprakäfer,** *Trogoderma granarium* EVERTS, 1898
sehr gefürchteter Vorratsschädling, besonders häufig eingeschleppt in Expellern, Erdnüssen u. dgl., in den Tropen auch schädlich an Getreide, in England an Malz.

30. Flachkäfer, Ostomidae

1. Käfer metallisch grünblau glänzend. Körperlänge 11–18 mm . . . .
. . . . **Blauer Getreidenager,** *Temnochila coerulea* OLIVIER, 1790
in morschem Holz alter Weiden und Föhren, angeblich in Südeuropa auch in Getreide schädlich.
– Käfer braunrot bis schwarzbraun 2
2. Käfer größer als 5 mm, schwarzbraun (Abb. 81 A). Körperlänge 6–11 mm . . . .
. . . . **Schwarzer Getreidenager,** *Tenebroides mauritanicus* (LINNAEUS, 1758)
frißt an Getreidekörnern, Erdnüssen und anderen Vorräten, seine Larve aber auch gelegentlich andere Vorratsschädlinge.

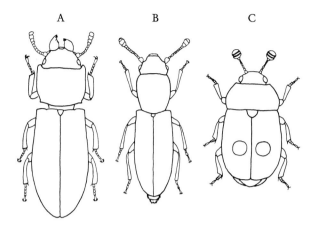

Abb. 81: Umrißzeichnung von A *Tenebroides*, B *Rhizophagus* und C *Nitidula*.

- Käfer kleiner als 5 mm, rotbraun (Abb. 73 A). Körperlänge 2,7—3 mm . . . .
  . . . . **Siamesischer Flachkäfer,** *Lophocateres pusillus* (KLUG, 1832)
  in Getreide, Reis, Mehl u. dgl. schädlich. Selten eingeschleppt.

31. Glanzkäfer, Rhizophagidae und Nitidulidae

Kleine Käfer, deren Flügeldecken den Hinterleib nicht ganz bedecken und deren Fühler in einer 1- bis 3gliedrigen Keule enden (Abb. 69 C).

1. Fühler mit 1gliedriger, knopfförmiger, an der Spitze geringelter Keule. Körper schmal und langgestreckt, braun oder rostrot (Abb. 81 B). Körperlänge 3—4 mm . . . .
   . . . . *Rhizophagus* HERBST, 1793 *(Rhizophagidae)*
   verschiedene Arten unter Baumrinde, wo ihre Larven anderen Insekten nachstellen, vielleicht auch Schimmelfresser. Sie werden mit Brennholz bisweilen in die Keller eingeschleppt. R. *parallelocollis* GYLIENHAL, 1827, an faulem Holz, Weinfässern, Särgen und Leichen, im Frühjahr oft auf Friedhöfen schwärmend.
- Fühler mit 2- bis 3gliedriger Keule. Körper breit oval oder parallelseitig . *Nitidulidae* 2
2. Flügeldecken nur den letzten Hinterleibsring unbedeckt lassend, schwarzbraun bis schwarz mit je einem runden rötlichen Fleck hinter der Mitte (Abb. 81 C), Körperlänge 3—5 mm . . . . . . **Zweipunktiger Glanzkäfer,** *Nitidula bipunctata* (LINNAEUS, 1758)
   in ländlichen Speisekammern und Räucherkaminen an Rauchfleisch, Schinken und Würsten. Immer wieder Neubefall aus dem Freiland möglich, wo er an alten Knochen, Aas u. dgl. lebt.
- Flügeldecken 2 bis 3 Hinterleibsringe unbedeckt lassend (Abb. 82) . . . .
  . . . . **Backobstkäfer,** *Carpophilinae* 3
  werden häufig mit getrocknetem Obst, Drogen und Getreide eingeschleppt. In der vorliegenden Tabelle können nur die regelmäßig eingeschleppten Arten berücksichtigt werden. Über die in den Vorräten auftretenden *Carpophilus*-Arten siehe DOBSON, R. M., in: Bull. ent. Res. Bd. 45, S. 389—403, 1954.
3. Flügeldecken mit sich von der kastanienbraunen Grundfarbe stark abhebenden gelben oder rotgelben Flecken 4

- Flügeldecken pechbraun, kastanienbraun oder rostfarben, einfarbig oder mit verwaschenen Aufhellungen 5
4. Auf jeder Flügeldecke befindet sich nur ein rotgelber Fleck, der schräg neben der Naht steht, ohne den Flügeldeckenhinterrand zu erreichen. Körpergröße 2,5–3,5 mm . . . . *Carpophilus bipustulatus* (HEER, 1841)
   <small>eine mediterrane, in unser Gebiet gelegentlich eingeschleppte Art.</small>
- Auf jeder Flügeldecke befinden sich zwei rotgelbe oder gelbe Flecken: einer an der Schulter und einer im hinteren Nahtwinkel von verschiedenen weiter Ausdehnung nach vorn. Meistens nimmt er den ganzen Flügeldeckenhinterrand ein (Abb. 82). Körperlänge 2–4 mm . . . . *Carpophilus hemipterus* (LINNAEUS, 1758)
   <small>häufig auf getrockneten Feigen, Aprikosen, Pflaumen und anderem Trockenobst aus wärmeren Ländern. Ihm sehr ähnlich ist der in Italien und Griechenland beheimatete *Carpophilus quadrisignatus* ERICHSON, 1843. Bei ihm liegt der gelbe Fleck im Nahtwinkel etwas weiter vorn und dehnt sich nicht bis zum Flügeldeckenhinterrand aus. Körperlänge 2–4 mm</small>
5. Von den Flügeldecken werden die letzten beiden Hinterleibsringe nicht bedeckt 6
- Von den Flügeldecken werden die letzten drei Hinterleibsringe nicht bedeckt 11

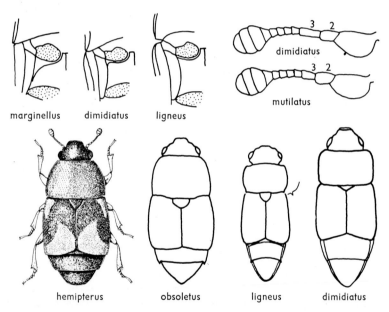

Abb. 82: *Carpophilus hemipterus* L. und die Unterscheidungsmerkmale anderer *Carpophilus*-Arten (nach KEMPER, DOBSON, HINTON, LEPESME). Die ersten drei Figuren zeigen die rechte Seite der Brustsegmente der angegebenen drei Arten, und zwar ist die große Platte zwischen den beiden gepunkteten Flächen (den Hüften oben des Mittel- und unten des Hinterbeins) die rechte Hälfte des Metsternum, die Querplatte davor, in der die Mittelhüfte liegt, die des Mesosternum, die schmale Spange seitlich vom Metasternum das Metepisternum und die Linie, die beide voneinander trennt, die Metepisternalnaht. Zur Artunterscheidung wichtig ist der Verlauf der Linie caudal von der Mittelhüfte (die vordere Begrenzung des Metasternum), wie in der Tabelle beschrieben wird. Die rechte und linke Seite des Käfers wird angegeben bei Ansicht vom Rücken, bei der Bauchansicht wie in diesen Figuren ist die rechte Käferseite links vom Beschauer.

6. Flügeldecken deutlich länger als zusammen breit. Die Linie, die auf dem Metasternum die Mittelhüfte auf der caudalen Seite begrenzt, läuft der Mittelhüfte fast bis zum vorderen Rand des Metepisternum parallel. Halsschild hinten stärker verengt als vorn mit deutlichen Hinterecken (Abb. 82). Braun bis schwarzbraun, Flügeldecken mit ganz verschwommenen helleren Zonen. Körperlänge 2,2–3,5 mm . . . .
. . . . *Carpophilus ligneus* MURRAY, 1864 (= *decipiens* HORN, 1879)
vorwiegend an getrockneten Feigen, Weinbeern, Korinthen usw.
– Flügeldecken höchstens so lang wie zusammen breit 7

7. Die Linie auf dem Metasternum, die die Mittelhüfte auf der caudalen Seite begrenzt, läuft ganz oder etwa nur ⅔ der caudalen Mittelhüftenlänge parallel und biegt dann caudalwärts zur Metepisternalnaht um (Abb. 82, *dimidiatus*) 8
– Die Linie auf dem Metasternum, die die Mittelhüfte nur auf dem median-caudalen Bogen begrenzt, zieht schräg über die Seite des Metasternum zum hinteren Drittel des Metepisternum (Abb. 82). Körper stark glänzend und kräftig punktiert, einfarbig pechbraun, Fühler, Beine und vorderer Teil des Kopfes gelblich rot. Körperlänge 2 bis 3,5 mm . . . .
. . . . *Carpophilus marginellus* MOTSCHULSKY, 1858
fast weltweit an Reis und Getreide in Mühlen verbreitet, in den letzten Jahren mehrfach auch bei uns gefunden. Lästiges Massenauftreten im Umkleideraum eines Industriebetriebes hatte sich im Boden unter dem nicht unterkellerten Raum durch ein defektes Abflußrohr aus der Betriebsküche und die Ansammlung von Küchenabfällen, Fett und warmem Wasser entwickelt (NUSSBAUM & BAHR: Nachrbl. deutsch. Pflanzenschutzd., 43 (4): 74–76. Stuttgart 1991).

8. Die Linie auf dem Metasternum, die die Mittelhüfte auf der caudalen Seite begrenzt, läuft dem ganzen caudalen Mittelhüftenrand parallel bis zum vorderen Ende des Metepisternums. Das Pronotum ist nicht ausgesprochen quer, sein Vorderrand ist nur wenig kürzer als sein Hinterrand (Abb. 82). Das 2. Fühlerglied so lang oder wenig länger als das 3. Schultern der Flügeldecken manchmal etwas rötlich, Körperlänge 2,3–4,5 mm . . . . . .
. . . . *Carpophilus obsoletus* ERICHSON, 1843
an Datteln, Feigen, Kopra, Palmkernen und Getreide.
– Die Linie auf dem Metasternum, die die Mittelhüfte auf der caudalen Seite begrenzt, läuft nur etwa ⅔ der caudalen Mittelhüftenlänge parallel und biegt dann caudalwärts zum vorderen Drittel der Metepisternalnaht um (Abb. 82) 9

9. 3. Fühlerglied deutlich länger als das 2. Kastanienbraun mit rötlichen Beinen und Fühlern. Die Fühlerkeule oft dunkler. Glänzend (Abb. 82). Körperlänge 2–3 mm . . . .
. . . . **Getreidesaftkäfer**, *Carpophilus dimidiatus* (FABRICIUS, 1792)
häufig eingeschleppt mit ölhaltigen Samen wie Erdnüssen, Kopra, Muskatnüssen, Palmkernen, aber auch an Getreide.
– 3. Fühlerglied etwa so lang wie das 2. (Abb. 82 *mutilatus*) 10

10. 8. Fühlerglied nicht ganz halb so breit wie das 9. Körpergröße 2,8–3,5 mm, Oberseite rostfarben, Flügeldecken schmutziggelb . . . . *Carpophilus mutilatus* ERICHSON, 1843
an Datteln und Kopra eingeschleppt.
– 8. Fühlerglied über halb so breit wie das 9. Körpergröße 1,9–2,4 mm, Oberseite kastanienbraun mit helleren Fühlern und Flügeldecken *Carpophilus freemani* DOBSON, 1954
mit Paranüssen nach Hamburg eingeschleppt.

11. Der von den Flügeldecken nicht bedeckte Teil des Hinterleibs ist höchstens so lang wie das Pronotum. Die Hinterleibstergite ohne breite Saumlinie 12
– Der von den Flügeldecken nicht bedeckte Teil des Hinterleibs ist viel länger als das Pronotum, die unbedeckte Hinterleibstergite mit einem breiten, stark abgesetzten Saum
. . . . *Brachypeplus* ERICHSON, 1842

Die oberflächlich an Staphyliniden erinnernden Tiere können mit tropischen Hölzern eingeschleppt werden, so z. B. *B. rubidus* MURRAY, 1859 aus Afrika.

12. Der Seitenrand des Prothorax ist in Seitenansicht vom Vorder- bis Hinterrand gleich hoch oder höchstens vorn etwas höher als hinten. Glänzend kastanienbraun bis schwarz, Vorderbeine gelbbraun, Fühler braunschwarz mit dunklerer Keule. Körperlänge 3 bis 4 mm . . . . *Carpophilus nitidus* MURRAY, 1864
 an getrockneten Bananen aus Westafrika.
– Der Seitenrand des Prothorax ist in Seitenansicht vorn zweimal so hoch wie an der Basis. Die Zunahme erfolgt ziemlich scharf in der Mitte. Glänzend kastanienbraun bis schwarz. Flügeldecken einfarbig oder an der Basis in der Nähe der Schultern mit einem roten Fleck, der auch auf das Schildchen übergreifen kann. Pronotum einfarbig oder häufiger mit roten Flecken an den Vorder- und Hinterecken. Körperlänge 3,0–4,8 mm . . . . *Carpophilus humeralis* (FABRICIUS, 1798)
 außer an Kopra, Getreide, Zwiebeln und anderen trocknen pflanzlichen Vorräten, sehr häufig und schädlich auf den Ananasfeldern von Hawaii.

32. Plattkäfer, Silvanidae und Cucujidae

1. Seiten des Halsschildes jederseits mit 6 vorspringenden Zähnchen (Abb. 83 A, B) . . . . *Silvanidae* 2
– Seiten des Halsschildes glatt 4
2. Halsschild mit drei Rippen. Halsschildseitenzähnchen spitz und etwa gleich kräftig. (Abb. 83 B) 3
– Halsschild ohne Rippen. Halsschildseitenzähnchen abgestumpft, nur der Zahn in der Vorderecke ist schmaler und spitz. Braun bis rotbraun, Flügeldecken manchmal angedunkelt. Körperlänge 3,5–4,5 mm (Abb. 83 A) . *Nausibius clavicornis* (KUGELANN, 1794)
 hauptsächlich mit Zucker oder getrockneten Früchten aus Amerika eingeschleppt.
3. Seitenrand des Kopfes hinter den Augen so lang wie diese (Abb. 83 C). Beim Männchen können die Seiten des Kopfschildes hörnchenförmig hochgebogen sein (var. *bicornis* ERICHSON, 1845). Körperlänge 2,75–3,25 mm . . . . **Getreideplattkäfer**, *Oryzaephilus surinamensis* (LINNAEUS, 1758)
 häufig in Getreide- und Getreideprodukten, aber auch in anderen pflanzlichen Vorräten.

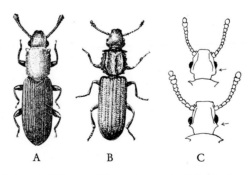

Abb. 83: A *Nausibius clavicornis*, B *Oryzaephilus surinamensis*, C die Köpfe von *O. surinamensis* (oben) und *O. mercator* (unten) A, B nach LEPESME, C nach FREY).

– Seitenrand des Kopfes hinter den Augen springt als ein querer Zahn vor und ist kaum, halb so lang wie das Auge (Abb. 83 D). Körperlänge 3–4 mm ....
.... **Erdnußplattkäfer**, *Oryzaephilus mercator* (FAUVEL, 1889)
wird häufig aus den Tropen eingeschleppt, hauptsächlich mit fetthaltigen Pflanzensamen wie Erdnüssen, Kopra, Muskatnüssen usw.

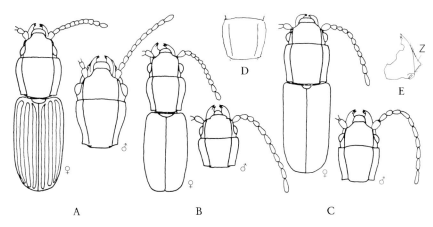

Abb. 84: Umrißzeichnungen von *Cryptolestes* A *ferrugineus*, B *pusillus*, C *turcicus* links Weibchen, rechts Halsschild und Kopf des Männchens, D Halsschild von *C. capensis*, E linker Oberkiefer von *C. ferrugineus* von der Unterseite, z Zahn an seinem Außenrand. (A–C nach LEPESME, E. aus BRÄUER).

4. Halsschild und Kopf jederseits ohne eine dem Seitenrand parallel verlaufende Längslinie
.... Silvanidae 10
– Halsschild und Kopf jederseits mit einer dem Seitenrand parallel verlaufenden Längslinie. Beim Männchen Fühler länger als beim Weibchen. Stark abgeflachte, kleine (2 mm nur selten kaum überschreitende) Käfer (Abb. 84) ....
.... **Leistenkopfplattkäfer**, *Cryptolestes* GANGLBAUER, 1899 *(Cucujidae)* (auch nur als Untergattung von *Laemophloeus* DEJEAN, 1837 aufgefaßt)

Da die Unterscheidung der Arten nach den äußeren Merkmalen nicht immer leicht und oft überhaupt nicht mit Sicherheit möglich ist, ist die Untersuchung der Genitalstrukturen zur Sicherung der Bestimmung nötig. Davon eignen sich besonders beim Männchen die Länge des Apodems des 9. Segments (Abb. 85, Ap), das bis in den 1. Hinterleibsring reichen oder nur den Hinterrand des 2. Hinterleibsrings etwas überragen kann, und die Form des sog. Akzessorischen Sklerits (Abb. 85, Ak) und beim Weibchen die Form des sklerotisierten Teils der Spermatheka (Abb. 85 B). Zur Untersuchung der männlichen Strukturen wird der Hinterleib abgetrennt, eine Minute in verdünnter Kalilauge gekocht (s. S. 4) und anschließend gut ausgewaschen. Er kann ganz oder besser nur die Rückenplatten nach Entfernung der Bauchplatten mit einer feinen Nadel auf einem Objektträger in BERLESE-Gemisch (s. S. 5) eingebettet werden. Bei frisch abgetöteten Weibchen können die Genitalien aus dem Hinterleib herausgedrückt werden, tote müssen in gleicher Weise wie die Männchen präpariert werden. Bestimmungstabellen geben G. BRÄUER im Nachr. bl. f. d. Deutsch. Pflanzenschutzd. DDR 24 (1970): 216–222 und H. J. BANKS in J. Austral. entomol. Soc. 18 (1979): 217–222.

5. Hinterecken des Halsschildes deutlich spitz vorspringend, weil die Seitenränder davor etwas ausgeschweift sind (Abb. 84 A–C). 6
– Hinterecken des Halsschildes stumpf, Seitenränder davor nicht ausgeschweift, nach hinten stark verengt. Seine größte Breite übertrifft nur wenig seine Länge (Abb. 84 D). Fühler

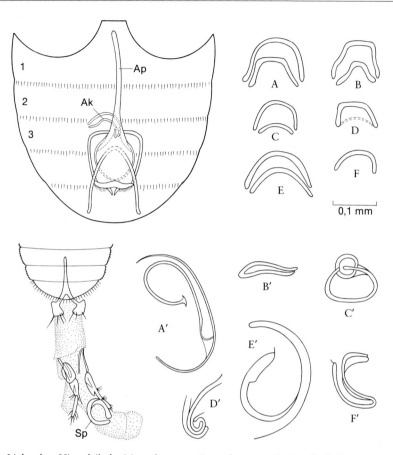

Abb. 85: Links oben Hinterleib des Männchens von *Cryptolestes* mit den für die Artbestimmung wichtigen Spangen (Ak Akzessorisches Sklerit, Ap Apodem des 9. Segments), daneben die Formen von Ak für die einzelnen Arten (A–F); links unten Hinterleib des Weibchens mit den herausgepreßten Ausführgängen der Geschlechtsorgane mit der Lage der Spermatheka, deren Form bei den einzelnen Arten (A′–F′) daneben gezeichnet ist. A, A′ *C. capensis*, B, B′ *C. turcicus*, C, C′ *C. pusilloides*, D, D′ *C. pusillus*, E, E′ *C. ferrugineus* und F, F′ *C. ugandae*. (Nach BRÄER, etwas verändert).

beim Männchen halb so lang wie der Körper, beim Weibchen kürzer. Flügeldecken fast doppelt so lang wie zusammen breit. (Beim Männchen an der Außenseite der Oberkiefer wie bei *C. ferrugineus* ein von der Bauchseite aus sichtbarer dreieckiger Zahn). Beim Männchen reicht das Apodem des 9. Segments bis in das 1. Hinterleibssegment und das Akzessorische Sklerit besteht aus einer halbkreisförmigen äußeren und einer eckig gebogenen inneren Spange (Abb. 85 A), die Spermatheka des Weibchens ist hakenförmig (Abb. 85 A′). Rostrot. Körperlänge 1,6–2 mm . . . . *C. capensis* (WALTL, 1834) vorwiegend in Mühlen und Futtermittelbetrieben. Die Art wurde früher mit *spartii* CURTIS, einem Freilandbewohner vermischt und als *ater* OLIVIER bezeichnet, so auch noch 1967 in FREUDE, HARDER, LOHSE: Die Käfer Mitteleuropas Bd. 7).

6. Fühler kürzer als die halbe Körperlänge, beim Männchen reichen sie nur bis ins basale Drittel der Flügeldecken, beim Weibchen sind sie noch etwas kürzer. Fühlerglieder 4 bis 8 deutlich kürzer als die umgebenden und beim Weibchen nur wenig länger als breit oder (bei var. *emgei* REITTER) in beiden Geschlechtern nicht länger als breit oder sogar etwas quer. Beim Männchen an der Außenseite der Oberkiefer ein von der Bauchseite aus sichtbarer dreieckiger Zahn (Abb. 84 E). Halsschild so lang wie breit, hinten besonders beim Männchen stark verschmälert mit deutlich ausgebildeten Hinterecken (Abb. 84 A). Flügeldecken fast doppelt so lang wie zusammen breit. Beim Männchen reicht das Apodem des 9. Segments bis in das 1. Hinterleibssegment und das Akzessorische Sklerit besteht aus 2 gleichmäßig gebogenen Spangen (Abb. 85 E), die Spermatheka des Weibchens ist halbkreisförmig (Abb. 85 E'). Rostrot. Körperlänge 1,6–2,2 mm . . . . **Rotbrauner Leistenkopfplattkäfer,** *C. ferrugineus* (STEPHENS, 1831) weltweit verbreitet, besonders in Getreide durch Temperaturerhöhung, aber auch durch Fraß sehr schädlich. Hat als primärer Getreideschädling zu gelten.

– Fühler länger als die halbe Körperlänge. Außenseite der Oberkiefer beim Männchen ohne Zahn. 7

7. Fühler überragen die Körperlänge (beim Männchen) oder erreichen sie fast (beim Weibchen). Naht zwischen Kopfschild und Stirn nach vorn gewölbt, also in ihrer Mitte den Mundgliedmaßen am nächsten. Fühlerglieder 4 bis 8 deutlich länger als breit. Halsschild so lang wie breit, nach hinten beim Männchen etwas und beim Weibchen kaum verschmälert mit deutlichen Hinterecken (Abb. 84 C). Flügeldecken fast doppelt so lang wie zusammen breit. Beim Männchen reicht das Apodem des 9. Segments nur etwas über den Hinterrand des 2. Hinterleibssegments und das Akzessorische Sklerit besteht aus einer äußeren eckig gebogenen und einer inneren rund gebogenen Spange (Abb. 85 B) und beim Weibchen ist die Spermatheka eine eng zusammengedrückte Klammer, deren Enden sich fast berühren (Abb. 85 B'). Rostrot. Körperlänge 1,5–2 mm . . . . **Türkischer Leistenkopfplattkäfer,** *C. turcicus* (GROUVILLE, 1876) vorwiegend in Mühlen gemäßigter Klimagebiete.

– Fühler auch beim Männchen die Körperlänge nicht überragend, höchstens erreichend, aber länger als die halbe Körperlänge. Naht zwischen Kopfschild und Stirn nach hinten gewölbt, also in ihrer Mitte von den Mundgliedmaßen am weitesten entfernt 8

8. Zwischenräume zwischen der 1. und 2. und zwischen der 2. und 3. Flügelrippe mit 3 Reihen Borsten, deren Einlenkungsstellen als Punktreihen erscheinen. Beim Männchen reicht das Apodem des 9. Segments bis in das 1. Hinterleibssegment und das Akzessorische Sklerit besteht nur aus einer mondsichelförmigen Spange (Abb. 85 F). Beim Weibchen hat die Spermatheka einen halbkreisförmigen Umriß (Abb. 85 F'). Gelbrot, Körperlänge 1,4–1,7 mm . . . . *C. ugandae* STEEL & HOWE, 1955 bisher auf ostafrikanische Getreideläger beschränkt.

– Zwischenräume zwischen der 1. und 2. und zwischen der 2. und 3. Flügelrippe mit 4 Reihen Borsten, deren Einlenkungsstellen als Punktreihen erscheinen 9

9. Im äußeren lateralen Zwischenrippenraum auf den Flügeldecken stehen die Borsten bzw. Punkte in der äußeren Reihe enger und in der inneren Reihe weiter auseinander als in den beiden mittleren Reihen. Die Flügeldecken etwa doppelt so lang wie zusammen breit, beim Männchen wenigstens 2,65mal und beim Weibchen 2,75mal so lang wie der Halsschild. Dieser ist 1,1–1,2mal so breit wie lang. Beim Männchen reicht das Apodem des 9. Segments fast bis an den Vorderrand des 2. Hinterleibssegments und das Akzessorische Sklerit besteht aus einer halbkreisförmig gebogenen äußeren und einer fast geraden inne-

ren Spange (Abb. 85 C). Beim Weibchen ist die Spermatheka ringförmig (Abb. 85 C'). Gelbrot. Körperlänge 1,8−2,2 mm. . . . .   *C. pusilloides* (STEEL & HOWE, 1952)
Vorratsschädling auf der südlichen Halbkugel, in Westafrika offenbar nach Norden im Vordringen begriffen.
- Im äußeren lateralen Zwischenrippenraum auf den Flügeldecken stehen die Borsten bzw. Punkte in den 4 Reihen alle in ziemlich gleicher Entfernung voneinander. Flügeldecken nur einhalb bis einzweidrittel so lang wie zusammen breit, beim Männchen 2,5mal und beim Weibchen 2,6mal so lang wie der Halsschild. Dieser ist besonders beim Männchen deutlich (1,4mal) breiter als lang (Abb. 84 B). Beim Männchen reicht das Apodem des 9. Segments nur bis an das 2. Hinterleibssegment und das Akzessorische Sklerit hat nur eine einen eckigen Bogen bildende deutliche Spange (Abb. 85 D. Beim Weibchen ist die Spermatheka etwas spiralförmig aufgerollt (Abb. 85 D'). Gelbrot. Körperlänge 1,4−1,7 mm . . . . . .   **Kleiner Leistenkopfplattkäfer**, *C. pusillus* (SCHOENHERR, 1817)
. . . .   (= *minutus* OLIVIER, 1791)
hauptsächlich in den feuchten Tropen verbreitet, in Getreide und besonders auch an Kakaobohnen häufig eingeschleppt.
10. Halsschild so lang wie breit (beim Weibchen), oder viel länger als breit (beim Männchen). Rostrot (Abb. 86 A). Körperlänge 2,5−3 mm . . . .
. . . .   *Cathartus quadricollis* (GUÉRIN, 1829−40) (= *cassiae* REICHE, 1854)
aus den südlichen Vereinigten Staaten von Amerika, wo er als Getreideschädling auftritt, gelegentlich zu uns eingeschleppt.
- Halsschild breiter als lang, mit kleinen, spitzig nach außen vorspringenden Vorderecken (Abb. 86 B). Körperlänge 2−3 mm . . . .
. . . .   **Tropischer Schimmelplattkäfer**, *Ahasverus advena* (WALTL, 1832)
in schimmligen pflanzlichen Vorräten aus den Tropen, bei uns Massenentwicklung in Geflügelmastställen.

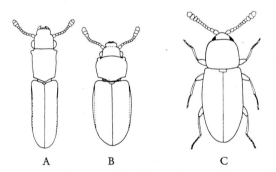

Abb. 86: Umrißzeichnungen von A *Cathartus*, B *Ahasverus*, C *Atomaria* (nach LEPESME, FREUDE HARDE & LOHSE).

33. Schimmelkäfer, Cryptophagidae

umfassen kleine, selten über 3 mm, nie über 5,5 mm lange, oft einander sehr ähnliche Arten die gewöhnlich hell- bis dunkelbraun und länglich oval bis gestreckt, selten rundlicher sind Sie leben mit ihren Larven an modrigen Pflanzenteilen oder schimmeligen tierischen Substan zen, in Pilzen, unter der Rinde und in Höhlen. Viele Arten können gelegentlich in Häuser kommen, wenn dort durch entsprechende Feuchtigkeit (über 85% rel. Luftf.) starke Schimmelbildung möglich ist. Meistens treten sie nur in geringer Zahl auf, oft auch mit Arten aus anderen Familien vergesellschaftet. Nur die regelmäßig in Häusern oder an Vorräten vorkommenden Arten können hier berücksichtigt werden. Für die genaue Artbestimmung ist die Benutzung spezieller Literatur oder Hinzuziehung eines Spezialisten nötig. Die hierher gehörenden Arten sind durch eine dreigliedrige Fühlerkeule und bei den Weibchen fünfgliedrigen Füßen an allen Beinen gekennzeichnet, während bei den Männchen die Hinterbeine viergliedrige Füße haben, nur bei *Pharaxonota* sind sie ebenfalls fünfgliedrig.

Vorderecken des Halsschildes verdickt oder napfförmig abgesetzt und seitlich hervorstehend. Seine Seitenränder mit einem Zähnchen (Abb. 73, 87). Sehr viele nur schwer zu unterscheidende Arten . . . . **Schimmelkäfer,** *Cryptophagus* HERBST, 1792   4
Literatur: BRUCE, N.: Monographie der europäischen Arten der Gattung *Cryptophagus* Herbst mit besonderer Berücksichtigung der Morphologie des männlichen Kopulationsorgans. Acta Zool. Fenn. Bd. 20: 1–167, Helsingfors 1936. – COOMBS, C. W., WOODROFF, G. E.: A revision of the British species of *Cryptophagus* Herbst (Coleoptera: Cryptophagidae). Trans. R. ent. Soc. London Bd. 106: 237–282, London 1955.
– Vorderecken des Halsschildes nicht verdickt oder napfförmig abgesetzt und seitlich hervorstehend 2
2. Seiten des Halsschildes stark und kräftig sägeartig gezähnt, im hinteren Viertel am breitesten und dann scharf winklig verengt. Fühlerglieder 4 bis 8 deutlich länger als breit. Flügeldecken schwächer und feiner als der Halsschild punktiert. Hellrotbraun (Abb. 73 B). Körperlänge 1,7–2,2 mm . . . . . . *Henoticus californicus* (MANNERHEIM, 1843)
an schimmeligen Lebensmitteln aller Art, besonders an Trockenfrüchten, in feuchten Lagerräumen, Mühlen usw. kommt kaum im Freien vor, dort lebt aber in vermoderndem Laub, verpilztem Holz, Kompost usw. der etwa gleichgroße, hell- bis dunkelbraune, sehr ähnliche *H. serratus* (GYLLENHAL, 1808). Er unterscheidet sich durch seine größeren und gleichmäßig gerundet vorgewölbten Augen, gleichmäßig gerundete Seitenränder des Halsschildes, die sich hinten nicht so stark verengt und kaum oder nicht länger als breite Fühlerglieder 4 bis 8.
– Seiten des Halsschildes glatt 3
3. Halsschild mit starker Seitenrandkehle und vor dem verdickten Hinterrand jederseits mit einer innen von einem kurzen Längsstrich begrenzten Eindellung. Flügeldecken mit feinen Punktstreifen, parallelseitig und fast dreimal so lang wie der Halsschild. Glänzend kastanienbraun. Körperlänge 4,0–4,7 mm (Abb. 73 D) . . . . **Mexikanischer Getreidekäfer,** *Pharaxonotha kirschi* REITTER, 1875
(von HINTON in die Familie Erotylidae gestellt). In Getreide aus Amerika gelegentlich nach Europa eingeschleppt. In Versuchen sind aus den an nicht schimmeligen Bohnen, Weizen- und Maiskörnern abgelegten Eiern Larven geschlüpft, die eine Zeitlang von dem von den Käfern erzeugten Fraßmehl gefressen haben, dann aber abgestorben sind.
– Halsschild allmählich sich nach vorn verjüngend, mit glatten, gerundeten Seiten, in derem Rand oder unmittelbar daneben eine feine Seitenrandlinie. Körper wenig dicht behaart, etwas glänzend. Fühler zwischen den Augen am Vorderrand der Stirn eingelenkt, die einen von oben gesehen mehr oder weniger abgerundeten Vorsprung bildet, der nach vorn gegen die Oberlippe ziemlich steil abfällt. Körper entweder gestreckt parallelseitig, länglich oval (Abb. 86 C) oder kurzoval mit seitlich gerundeten Flügeldecken. Körperlänge 1–2,5 mm. Sehr viele, schwer zu unterscheidende Arten, aber ohne große Bedeutung, da sie meistens nicht sehr zahlreich sind . . . . *Atomaria* STEPHENS, 1830
an faulenden Pflanzenstoffen, vielfach in Stroh und auf Strohdächern. Zur Artbestimmung siehe FREUDE, H., HARDE, K. W., LOHSE, G. A.: Die Käfer Mitteleuropas, Bd. 7: 140–157, Krefeld 1967.
4. Flügeldecken mit anliegender oder schräg emporstehender, einfacher Behaarung. Dazwischen sind keine längeren abstehenden Haare eingemengt 5

– Flügeldecken mit anliegender, feiner Behaarung. Dazwischen stehen – manchmal reihenweise – schräg abstehende längere Haare. 17
5. Die erweiterten Vorderecken des Halsschildes sind nach hinten hakenförmig oder in eine feine Spitze ausgezogen 6
– Die erweiterten Vorderecken des Halsschildes sind hinten abgestumpft oder bilden einen rechten Winkel, sie sind niemals nach hinten in eine Spitze ausgezogen 11
6. Das Seitenzähnchen des Halsschildes steht in der Mitte des Seitenrandes 7
– Das Seitenzähnchen des Halsschildes steht hinter der Mitte des Seitenrandes 9
7. Vorderecken des Halsschildes stark verdickt, hakenförmig nach hinten gebogen und gleichzeitig nach hinten zu breiter werdend. 8
– Vorderecken des Halsschildes schwach verdickt, nur als schmales, hinten nicht breiter werdendes, sondern spitzig auslaufendes Leistchen gebildet. Oberseite ziemlich gewölbt. Körperlänge 1,6–2,2 mm . . . . *Cryptophagus distinguendus* STURM, 1845

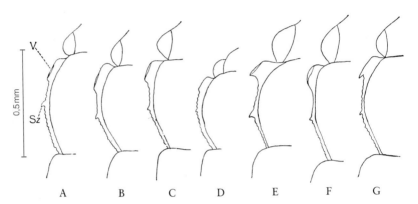

Abb. 87: Halsschild-Seitenrand verschiedener *Cryptophagus*-Arten: A *saginatus*, B *subfumatus*, C *dentatus*, D *scutellatus*, E *acutangulus*, F *cellaris*, G *pilosus* V Vorderecke des Halsschildes, Sz Seitenzähnchen (aus KLIPPEL).

8. Augen sehr groß, grob gefeldert. Oberseite äußerst dicht und fein punktiert, hell behaart. Körperlänge 1,9–2,6 mm (Abb. 73 C und 87 e) . . . *C. acutangulus* GYLLENHAL, 1828
– Augen kleiner, fein gefeldert. Halsschild quer, äußerst gedrängt und doppelt so stark punktiert wie die Flügeldecken. Körperlänge 2,2–2,9 mm . . . .
. . . . *C. postpositus*, SAHLBERG, 1903
9. Augen sehr groß, grob gefeldert (wie 8) . . . . *C. acutangulus* GYLLENHAL, 1828
– Augen klen, fein gefeldert 10
10. Halsschild fast so lang wie breit, viel schmäler als die bauchig erweiterten Flügeldecken. Oberseite dicht punktiert, fein und kurz gelb behaart. Körperlänge 2,2–3 mm . . . . .
. . . . *C. fallax* BALFOUR-BROWN, 1953
– Halsschild quer, so breit wie die Flügeldecken an ihrer Basis. Seine Oberseite gewölbt ziemlich fein weitläufig punktiert; Oberseite hell gelbbraun oder rotbraun. Körperlänge 1,6–2,2 mm . . . . *C. distinguendus* STURM, 1845
11. Das Seitenzähnchen befindet sich vor der Mitte des Seitenrandes 12
– Das Seitenzähnchen befindet sich in der Mitte des Seitenrandes 16

12. Halsschild nicht stärker und nur wenig dichter punktiert als die Flügeldecken, seine Vorderecken kaum verdickt (Abb. 87 d). Körperlänge 1,5 – 1,8 mm . . . .
   . . . . *C. scutellatus* NEWMAN, 1834
   – Halsschild viel stärker und dichter punktiert als die Flügeldecken 13
13. Halsschild sehr gedrängt, doppelt so dicht wie die Flügeldecken punktiert 14
   – Halsschild nur wenig dichter punktiert als die Flügeldecken 15
14. Halsschild nicht schmäler als die Flügeldecken, etwas breiter als lang, die Flügeldecken ziemlich lang gestreckt, bis hinter der Mitte ziemlich parallel (Abb. 87 c). Körperlänge 1,9 – 2,9 mm . . . . *C. dentatus* (HERBST, 1793)
   – Halsschild deutlich schmäler als die Flügeldecken, äußerst gedrängt und stärker punktiert als diese, Seitenzahn knapp vor der Mitte des Halsschildrandes. Körperlänge 2 – 2,7 mm .
   . . . . *C. pseudodentatus* BRUCE, 1936
15. Vorderecken sehr schwach verdickt und kurz, nach vorn nicht vorragend, Vorderrand des Halsschildes gerade abgeschnitten. Halsschild fast dreimal so stark punktiert wie die Flügeldecken (Abb. 87 a). Körperlänge 1,8 – 2,7 mm . . . . . *C. saginatus* STURM, 1845
   – Vorderecken stärker verdickt und länger. Ein Viertel des Seitenrandes einnehmend, nach vorn deutlich vorragend, Vorderrand des Halsschildes dadurch scheinbar ausgeschnitten (Abb. 87 b). Körperlänge 2,1 – 3,2 mm . . . . *C. subfumatus* KRAATZ, 1856
16. Vorderecken deutlich nach vorn vorragend (siehe die vorhergehende Beschreibung) . . . .
   . . . . *C. subfumatus* KRAATZ, 1856
   – Die stark verdickten Vorderecken nicht nach vorn vorragend. Flügeldecken feiner als das Halsschild punktiert, an den Seiten ziemlich gerundet. Körperlänge 1,5 – 2,8 mm
   . . . . *C. scanicus* (LINNAEUS, 1758)
17. Die seitliche Erweiterung der Vorderecken des Halsschildes nach hinten in ein spitzes Zähnchen auslaufend (Abb. 87 g). Körperlänge 2,3 – 3,2 mm   *C. pilosus* GYLLENHAL, 1828
   – Die seitliche Erweiterung der Vorderecken des Halsschildes nach hinten nicht in ein spitzes Zähnchen auslaufend, sondern rechteckig oder stumpf. Das Seitenzähnchen steht in der Mitte des Seitenrandes. Vorderecken stark leistenartig vortretend (Abb. 87 f). Körperlänge 2,2 – 2,8 mm . . . . *C. cellaris* (SCOPOLI, 1763)

34. Moderkäfer, Latridiidae und Merophysiidae

Sehr kleine Käferchen, die hauptsächlich von Schimmelpilzen leben und gemeinsam mit den Schimmelkäfern als Wohnungsplage auftreten. Es gibt zahlreiche Arten, die nur schwer voneinander zu unterscheiden sind.

Literatur: H. E. HINTON: The Lathridiidae of economic importance. Bull. ent. Res. Bd. 32 (1941). S. 191 – 247.

1. Kopf hinter den Augen nicht eingeschnürt. Fühler unter dem Seitenrand der Stirn eingefügt. Halsschild herzförmig. Flügeldecken eiförmig, rötlich-gelb glänzend (Abb. 88 A) . .
   . . . . Merophysiidae 2
   – Kopf hinter den Augen halsartig eingeschnürt (der Halsteil ist kurz und in den Halsschild eingezogen). Fühler frei an den Vorderecken der Stirn eingefügt . . . . . . Latridiidae 4
2. Fühler in beiden Geschlechtern 11gliedrig und mit einer 2gliedrigen Keule. Körperlänge 1 – 1,2 mm . . . . *Holoparamecus (Calytobium) caularum* (AUBÉ, 1843)
   an Reisvorräten, in Mistbeeten und Komposthaufen.

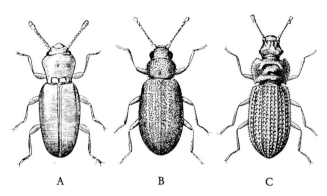

Abb. 88: Latridiidae: A *Holoparamecus depressus*, B *Corticaria pubescens*, C *Metophthalmus serripennis* (aus HINTON)

- Fühler beim Männchen 9- und beim Weibchen 10gliedrig und mit einer 2gliedrigen Keule 3
3. Augen groß, ihre Entfernung von der Fühlerbasis gleich oder weniger wie ihr halber Durchmesser. Halsschild mit einer Eindellung in der Mitte und einem Längsstreifen auf jeder Seite (Abb. 88 A). Körperlänge 1–1,4 mm ....
 ... *Holoparamecus (Holoparamecus) depressus* CURTIS, 1833 (= *kunzei* AUBÉ, 1843)
 in Schokolade, Reis, Mehl, Pilzen
- Augen klein, ihre Entfernung von der Fühlerbasis so groß wie ihr Durchmesser. Halsschild ohne eine Eindellung in der Mitte und ohne Längsstreifen auf jeder Seite beim Hinterwinkel. Körperlänge 1–1,2 mm ....
 .... *Holoparamecus (Holoparamecus) singularis* (BECK, 1817)
 in Reisvorräten und im Freien
4. Halsschildseiten (wenigstens zur Basis hin) gezähnelt oder mehr oder weniger stark gekerbt 5
- Halsschildseiten glatt 6
5. Fühler mit 3gliedriger Keule, Flügeldecken mit zahlreichen sehr feinen Punktstreifen, fein anliegend oder geneigt behaart. Halsschild breiter als lang mit einer medianen rundovalen bis runden Eindellung vor der Basis. Schildchen quer mit einem deutlichen Kiel vor der Spitze (Abb. 88 B). Meistens braungelbe bis rotbraune Arten mit einer Körpergröße zwischen 0,9 bis 2,5 mm .... *Corticaria* MARSHAM, 1802
 oft massenhaft in Neubau-Wohnungen, Kellern, Scheunen und Lagerhäusern. Die zahlreichen Arten sind sehr schwer zu unterscheiden, mit Sicherheit nur am männlichen Kopulationsorgan. Bei Massenauftreten in Häusern sind hauptsächlich die mit 2,3 bis 3 mm Körperlänge größte aller Arten *C. pubescens* (GYLLENHAL, 1827) (Abb. 88 B und die viel kleinere (1,6–2,0 mm) Art *C. fulva* (COMOLLI, 1837) vertreten. Die genaue Artbestimmung muß ein Spezialist machen. – Ähnlich ist die mit Reis gelegentlich importierte *Migneauxia orientalis* REITTER, 1877, deren Fühler aber 10- (nicht 11-)gliedrig und deren 1. und 2. Tarsenglieder fast gleich lang sind (bei *Corticaria* ist das 1. immer deutlich länger als das 2.).
- Fühler mit 2gliedriger Keule, Flügeldecken unbehaart, glatt glänzend, mit je 6 groß und gleichmäßig tief punktierten Längsstreifen, von denen je 2 von rippenartigen Zwischenräumen getrennt werden. Seitenränder von Halsschild, Schultern und Flügeldecken mit Zähnchen bzw. mit einem Haar versehenen Tuberkeln besetzt. Beide Flügeldecken mitein-

ander an der Nahr verwachsen, Hinterflügel rückgebildet. Rotbraun (Abb. 88 C). Körperlänge 1,1−1,4 mm . . . . *Metophthalmus serripennis* (BROUN, 1914)
Zuerst in Neuseeland entdeckt, 1928 erstmalig in England in einem Weinkeller gefunden, 1989 und 1990 auch in mehreren alten Gewölbekellern in Bautzen, hier hauptsächlich in Gesellschaft mit *Cryptophagus saginatus* (1992 Entomol. Nachr. Ber. 36: 134−135).

6. Halsschild mit zwei erhabenen Längskielen, an seinen Seiten mitunter ein feiner farbloser durchsichtiger Wachssaum. 7
− Halsschild ohne Längskiele oder höchstens mit zwei undeutlichen Längskielen auf dem basalen Drittel 11
7. Halsschild im hinteren Drittel sehr tief eingeschnürt. Das 1. und 2. Fußglied fast gleich lang (Abb. 88 C) 8
− Halsschild im hinteren Drittel nur mäßig eingebuchtet. Das 1. Fußglied deutlich kürzer als das 2. (Abb. 89 B) 9
oft häufig in feuchten Wohnungen, Kellern u. dgl.
8. Fühlerkeule 3gliedrig. Flügeldecken höckerig, mit 3 geschlängelten Rippen, die ungleich hoch, stellenweise gebuckelt sind, die 1. weit hinter der Mitte verstärkt und plötzlich verkürzt. Schwarzbraun bis schwarz. Körperlänge 1,5−2 mm . . . .
. . . . *Aridius (= Conionomus) nodifer* (WESTWOOD, 1839)
− Fühlerkeule 2gliedrig. Flügeldecken ohne Höcker. Rostrot, braungelb oder rotbraun. Körperlänge 1,6−1,7 mm . *Cartodere (= Conionomus) constricta* (GYLLENHAL, 1827)
9. Flügeldecken hinten kahnförmig ausgezogen (Abb. 89 A) mit stark erhabener Schulterbeule. Bräunlichgelb. Körperlänge 2,3−2,8 mm . . *Latridius lardarius* (DE GEER, 1775)
− Flügeldecken hinten nicht kahnartig ausgezogen. Schultern nicht deutlich erhaben. . 10
10. Flügeldecken ziemlich glanzlos. Zwischen dem 7. kielförmigen Zwischenraum und dem Seitenrand vorn mit zwei und hinten mit vier Punktreihen. Halsschild nach hinten schwach herzförmig verengt. Rostrot (Abb. 89 B). Körperlänge 1,8−2,2 mm . . . .
. . . . *Thes (= Latridius) bergrothi* REITTER, 1880

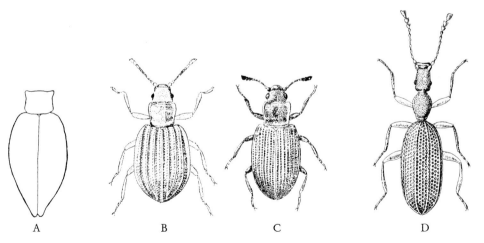

Abb. 89: Latridiidae: A *Latridius lardarius*, B *Thes bergrothi*, C *Latridius (Enicmus) minutus*, D *Adistemia watsoni* (aus HINTON, D Zeichnung von T. SCHLAACK).

- Flügeldecken ziemlich glänzend zwischen dem 7. Zwischenraum und dem Seitenrand auf der ganzen Länge nur mit zwei Punktreihen. Halsschild mit fast parallelen und geraden Seiten. Rotbraun. Körperlänge 1,7–1,9 mm . . . . *Latridius rugicollis* (OLIVIER, 1790)
11. Augen groß, ihre Entfernung vom Fühleransatz kleiner als ihr Durchmesser. Schildchen deutlich und horizontal. Halsschild herzförmig. Vorderecken lappig vorgezogen, sehr dicht gerunzelt. Flügeldecken an der Spitze breit gerundet, grob punktiert gestreift mit ziemlich schmalen Zwischenräumen. Sehr variabel, schwarz bis braun, Halsschild und Flügeldecken meist rostbraun (Abb. 89 C). Körperlänge 1,2–2,4 mm . . . .
. . . . *Latridius (Enicmus) minutus* (LINNAEUS, 1767)
häufig an schimmelnden Pflanzenstoffen, auch in feuchten Häusern, oft zusammen mit anderen *Latridiidae*-Arten.
- Augen klein, ihre Entfernung vom Fühleransatz ein- bis zweimal so groß wie ihr Durchmesser. Schildchen von oben undeutlich zu sehen, gewöhnlich mehr oder weniger senkrecht 12
12. Vorderrand der Bauchplatte des 1. Hinterleibsringes in der Mitte mit dem Metasternum verschmolzen, Vorder- und Mittelhüften berühren sich in der Mitte. Augen gewöhnlich hell, selten schwarz, klein und fast rund. Vorderflügel fast viermal so lang wie der nach hinten stark verschmälerte Halsschild, ohne Schultern, nach hinten zu bis über die Mitte breiter werdend, mit 8 Punktreihen. Sehr langgestreckt, schmal, hell braunrot bis rotbraun (Abb. 89 D). Körperlänge 1,2–1,7 mm . *Adistemia watsoni* (WOLLASTON, 1871)
in Herbarien, Taubennestern, gebrauchten Säcken. Massenauftreten in einer Altbauwohnung nach einem Wasserschaden durch Leitungsbruch unter den nicht lang genug getrockneten Dielen mit Schimmelbelag 4 Monate nach Schadenseintritt (Ent. Nachr. Ber., 35: 61, Leipzig 1991).
- Vorderrand der Bauchplatte des 1. Hinterleibsringes mit dem Metasternum nicht verschmolzen, sondern durch eine deutliche Naht getrennt. Vorder- und Mittelhüften durch einen oft nur engen, aber deutlichen Zwischenraum voneinander getrennt. Flügeldecken mit Reihen großer flacher Punkte. Zwischen 2 oder mehr Punktreihen die Zwischenräume mit erhabenen Rippen (Abb. 90) . . *Dienerella* REITTER, 1882 (= *Cartodere auct.*) 13

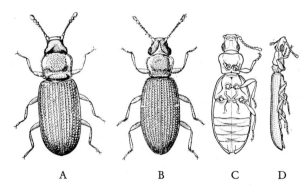

Abb. 90: Hefekäfer, A *Dienerella filiformis*, B–D *D. filum* (A, B nach HINTON, C, D nach DINGLER).

13. Halsschild so breit oder fast so breit wie die Flügeldecken, quer herzförmig 14
- Halsschild viel schmäler als die Flügeldecken. 17

14. Fühlerkeule 2gliedrig. Kopf mit einer tiefen, hinten weiter werdenden Mittelfurche. Halsschild mit einem ovalen Eindruck. Sehr langgestreckt, rotgelb (Abb. 90 B−D). Körperlänge 1,3−1,4 mm . . . . **Hefekäfer**, *D. filum* (Aubé, 1850)
   an schimmelnden Pflanzenstoffen, Grieß usw., häufig in Preß- und Trockenhefe.
− Fühlerkeule 3gliedrig. Kopf ohne Mittelfurche, Halsschild ohne Eindellung 15
15. Augen sehr groß, den ganzen Hinterwinkel des Kopfes einnehmend, so daß keine Schläfen vorhanden sind. Körperänge 1,3−1,4 mm . . . . *D. argus* Reitter, 1882
− Augen klein, Kopf mit gut entwickelten Schläfen 16
16. Die ungeraden Zwischenräume der Flügeldecken fein kielförmig erhaben. Körperlänge 1,3 mm . . . . *D. costulata* Reitter, 1877
   in Drogenhandlungen.
− Alle Zwischenräume auf den Flügeldecken gleichmäßig (Abb. 90 A). Körperlänge 1,2 bis 1,3 mm . . . . *D. filiformis* (Gyllenhal, 1827)
   sehr häufig.
17. Jede Flügeldecke mit 8 Punktreihen. Rostrot oder rostgelb. Körperlänge 1,2 mm . . . . *D. elegans* (Aubé, 1850)
− Jede Flügeldecke mit weniger Punktreihen 18
18. Jede Flügeldecke mit 6 Punktreihen. Rostrot oder gelbrot. Körperlänge 1,3−1,8 mm . . . . *D. elongata* (Curtis, 1830)
− Jede Flügeldecke mit 7 Punktreihen, ohne deutlich ausgeprägte Rippen. Kopf und Halsschild rotgelb, Flügeldecken braun bis dunkelbraun. Körperlänge 1−1,2 mm . . . . *D. ruficollis* (Marsham, 1802)

35. Splintholzkäfer, Lyctidae

In Holz und Wurzeln sich entwickelnde Käfer, die besonders in den Tropen als Holzschädlinge eine Rolle spielen. Bei uns sind nur 2 Arten heimisch von verhältnismäßig geringer wirtschaftlicher Bedeutung. Mit Zunahme der Verwendung tropischer Hölzer werden die tropischen Arten immer häufiger eingeschleppt und auch bei uns schädlich.
Eine ausführliche Bearbeitung der eingeschleppten Arten bringt die Arbeit von S. Cymorek: Die in Mitteleuropa einheimischen und eingeschleppten Splintholzkäfer aus der Familie Lyctidae. − Ent. Blätter Bd. 57 (1961), S. 76−102, auf die in Zweifelsfällen zurückgegriffen werden muß.

1. Oberseite mit kurzen, dicken, gelblichweißen, gekeulten Borsten besetzt. Halsschild mit einem mehr oder weniger tiefen länglich-ovalen Eindruck auf der Mittellinie, der vom Hinterrand bis nicht ganz zum Vorderrand reicht (Abb. 91 B) . . . . **Beschuppter Splintholzkäfer**, *Minthea* Pascoe, 1866
   Die am häufigsten eingeschleppte Art ist *M. rugicollis* (Walker, 1858) (Körperlänge 2−3,5 mm, rotbraun mit häufig etwas heller erscheinenden Flügeldecken, Endglied der Fühlerkeule fast quadratisch und etwa 1½mal so lang wie das vorhergehende) in Holz, Bambus, Elfenbeinnüssen, Maniok- und Derriswurzeln aus allen Tropenländern, Heimat wahrscheinlich Südostasien. *M. obsita* Wollaston (2,5−3,2 mm, rotbraun, Endglied der Fühlerkeule konisch 3mal so lang wie das vorhergehende) kann in Maniokwurzeln aus dem tropischen Afrika und *M. squamigera* (Pascoe, 1866) (Körperlänge 2−3 mm, rotbraun, Endglied der Fühlerkeule parallelseitig, an der Spitze abgerundet, 2½mal so lang wie das vorhergehende) aus dem tropischen Süd- und Mittelamerika eingeschleppt werden.
− Oberseite mit einfacher Behaarung 2
2. Flügeldecken mit durchlaufenden tief eingestochenen Punktreihen und ihnen folgender gereihter Behaarung . . . . *Lyctus* Fabricius, 1792 3

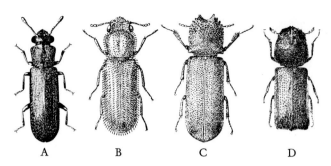

Abb. 91: Lyctidae und Bostrichidae: A *Lyctus brunneus*, B *Minthea rugicollis*, C *Heterobostrychus brunneus*, D *Prostephanus truncatus* (aus LESNE).

- Flügeldecken vollständig verworren punktiert oder nur mit undeutlichen, manchmal etwas in Reihen stehenden, nicht tief eingestochenen Punkten, Behaarung nicht gereiht . . . . *Trogoxylon* LE CONTE, 1861
  Geprägter Splintholzkäfer, *T. impressum* (COMOLLI, 1837) (Körperlänge 3−5,5 mm, braun bis hellbraun, oft mit etwas dunklerem Kopf und Halsschild. Kopf über den Augen mit einem kleinen Zahn, Halsschild fast quadratisch) in Laubholz und Lakritzenwurzeln; in den Ländern um das Mittelmeergebiet beheimatet. *T. parallelopipedum* (MELSHEIMER, 1846) (Körperlänge 2,5−4 mm, rotbraun bis dunkelkastanienbraun, manchmal schwärzlich. Kopf über den Augen ohne Zahn, Halsschild nach hinten konvergierend) in USA einer der häufigsten Laubholzschädlinge, wurde bisher noch nicht nach Mitteleuropa importiert.
3. Vorderschenkel etwas dicker als die Schenkel der Mittel- und Hinterbeine. Neben der Nahtreihe etwa ⅓ der Flügeldeckenbreite ohne Punktreihen, verworren punktiert . . . 4
- Vorderschenkel nicht dicker als die Schenkel der Mittel- und Hinterbeine. Die ganzen Flügeldecken mit Punktreihen 5
4. Kopf mit jederseits 2 Höckern vor dem Auge und der Fühlereinlenkung, die vom Seitenrand des Kopfes und einer seitlichen Aufwölbung des Kopfschildes gebildet werden. Flügeldeckenlänge zur Gesamtlänge wie 6,7−6,9:10. Rotbraun bis (kleine Exemplare) braungelb (Abb. 91 A). Körperlänge 2,5−8 mm . . . . **Brauner Splintholzkäfer**, *Lyctus brunneus* (STEPHENS, 1830)
  häufigster aus den Tropen eingeschleppter Splintholzkäfer, besonders in Limba- und Abachiholz, bei uns in Städten in Ausbreitung begriffen. Kann auch einheimische Laubhölzer befallen. Sein Schadbild sieht dem der Holzwürmer ähnlich. Er zerstört aber das Holz viel rascher und gründlicher.
- Kopf mit jederseits nur einem, von seinem Seitenrand gebildeten Höcker vor dem Auge und der Fühlereinlenkung. Flügeldeckenlänge zur Gesamtlänge wie 6,4:10. Rotbraun bis hellbraun. Körperlänge 1,8−4 mm . . . . **Afrikanischer Splintholzkäfer**, *Lyctus africanus* LESNE, 1907
  viel seltener aus Afrika und Indien eingeschleppt, außer in verschiedenen Laubhölzern auch in Lakritz-, Eibisch- und Ingwerwurzeln.
5. Punktstreifen auf den Flügeldecken vorwiegend doppelreihig. Punkte fein länglich. Schwarzbraun bis (kleine Tiere) hellbraun. Körperlänge 2,5−5,5 mm . . . . **Amerikanischer Splintholzkäfer**, *Lyctus planicollis* LE CONTE, 1858
  häufiger Holzschädling in Laubholz in USA, von dort gelegentlich zu uns eingeschleppt.
- Punktstreifen auf den Flügeldecken (außer dem Nahtstreifen) einreihig. Punkte groß und rund. Einheimische Arten 6
6. Halsschild in der Mitte mit einem tiefen langovalen Eindruck, Seitenränder nach hinten

nur schwach konvergierend. Meistens einfarbig, rotbraun bis schwarzbraun. Körperlänge 2,5–5 mm . . . . **Parkettkäfer,** *Lyctus linearis* (Goeze, 1777) wichtigste mitteleuropäische Art, besonders Schädling an Parkettstäben in Holzlagern und Wohnungen, auch an anderem Laubholz. Nach Nordamerika verschleppt.
– Halsschild in der Mitte mit einem seichten, rinnenförmigen Längseindruck, der oft vor der Basis in einem Pünktchen endet, gelegentlich auch durch eine glatte Längsleiste ausgezeichnet ist. Seitenränder nach hinten deutlich konvergierend. Halsschild und Kopf größtenteils schwarz bis pechbraun. Flügeldecken rotbraun bis schwarzbraun. Körperlänge 4–5,5 mm . . . . **Weichhaariger Splintholzkäfer,** *Lyctus pubescens* Panzer, 1793 seltener als die vorige Art. Vorwiegend in Eichenholz.

36. Bohrkäfer, Bostrichidae

In den Tropen häufige Schädlinge in Bau- und Werkholz. Manche Arten werden oft in Kistenholz, Rohholz und völkerkundlichen Gegenständen aus Holz zu uns eingeschleppt. Andere Arten können an Getreide und anderen Vorräten schädlich werden. Hier können nur die am häufigsten eingeschleppten Arten berücksichtigt werden.

1. Käfer kleiner als 5 mm. Halsschild vorn kugelig rund und gekörnelt. Vordertarsen viel kürzer als die Schienen 2
– Käfer größer als 5 mm. Halsschild vorn grade abgeschnitten, gekerbt oder in zwei Hörner ausgezogen, mit kleinen Zähnchen besetzt 5
2. Halsschild mit zwei flachen Gruben am Hinterrand . . . *Dinoderus* Stephens, 1830   3
   mehrere schwer zu unterscheidende Arten. Am häufigsten werden die folgenden beiden Arten mit Bambus, Wurzeln, Getreide usw. eingeschleppt.
– Halsschild ohne solche Gruben am Hinterrand. 4

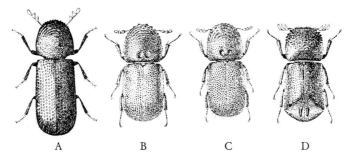

Abb. 92: Bostrichidae: A *Rhizopertha dominica*, B *Dinoderus minutus*, C *D. bifoveolatus*, D *Sinoxylon senegalense* (A aus Hinton & Crampton, B–D Lesne).

3. Halsschildvorderrand beiderseits der Mitte mit 3 bis 4 gut ausgebildeten, spitzen Zähnchen; die folgenden Zähnchenreihen sind u-förmig angeordnet. Flügeldecken vollständig struppig behaart. Körper schwarz mit braunen, am Seitenrand schwarzen Flügeldecken (Abb. 92 B). Körperlänge 2–3,7 mm . . . . *Dinoderus minutus* (Fabricius, 1775)

- Halsschildvorderrand beiderseits der Mitte mit 6 gut ausgebildeten, stumpfen Zähnchen; die folgenden Zähnchenreihen sind halbkreisförmig angeordnet. Flügeldecken oben in der vorderen Mitte kahl, borstige Behaarung nur auf ihrem hinteren Absturz und den dorsal und seitlich angrenzenden Stellen. Körper einfarbig braun (Abb. 92 C). Körperlänge 2–3,3 mm . . . . *Dinoderus bifoveolatus* WOLLASTON, 1858
4. Flügeldecken hinten abgerundet (Abb. 92 A). Halsschild vorn gröber als hinten gekörnt. Schwarzbraun, Körperlänge 2,5–3 mm . . . .
. . . . . **Getreidekapuziner**, *Rhizopertha* (= *Rhyzopertha*) *dominica* (FABRICIUS, 1792)
   in den Tropen und Subtropen sehr schädlich an Getreide, auch an anderen pflanzlichen Vorräten, zu uns oft eingeschleppt.
- Flügeldecken hinten mit einem steilen Absturz, so daß sie von oben betrachtet waagerecht abgeschnitten erscheinen. Flügeldecken stark punktiert (Abb. 91 D). Braun mit roten Fühlern. Körperlänge 2,2–4,3 mm   **Großer Kornbohrer**, *Prostephanus truncatus* HORN, 1878
   Heimat im tropischen und subtropischen Amerika, seit Beginn der 70er Jahre mit Importmais nach West- und Ostafrika verschleppt, wo er sich rasch eingebürgert und weiter ausgebreitet hat, sehr stark an Mais schädlich. Zu uns selten verschleppt.
5. Halsschild an den Vorderenden in kräftige Hörner ausgezogen, die außen gezähnt sind. Dunkelbraun. Körperlänge 7–18 mm . . . . *Bostrychoplites* LESNE, 1899
   mehrere in Afrika verbreitete Arten. Die Hörner sind bei den Weibchen in der Regel schwächer als bei den Männchen ausgebildet. In unseren Raum wurde mit völkerkundlichen Gegenständen (Schnitzereien, Trommeln aus Westafrika) schon öfter *B. cornutus* (OLIVIER, 1790) eingeschleppt.
- Halsschild vorn nicht in Hörner ausgezogen, sondern nur mit kräftigen Zähnen besetzt, die an kleine Hörner erinnern können oder gerade abgeschnitten. 6
6. Flügeldeckenabsturz mit 2 Dornen. Halsschild vorn gerade abgeschnitten. Körper meistens sehr kurz und mit parallelen Seiten (Abb. 92 D). Körperlänge 3,5–9 mm . . . .
. . . . *Sinoxylon* DUFTSCHMID, 1825
   aus Afrika und Südasien in Holz gelegentlich eingeschleppt. Verbreitet mit vielen Arten in den Tropen der Alten Welt.
- Flügeldeckenabsturz ohne Dornen 7
7. Die beiden ersten Glieder der Fühlerkeule becherförmig 8
- Die beiden ersten Glieder der Fühlerkeule nach innen schuhförmig erweitert und sehr porös. Halsschild am Vorderrand geraspelt, beim Männchen an den Vorderecken ein aufgebogener scharfer Dorn, der beim Weibchen fehlt. Körperlänge 10–19 mm. Schwarz.
. . . . *Apate monachus* FABRICIUS, 1775
   aus Afrika und dem Mittelmeergebiet mehrfach im Holz von Kisten und Furnieren eingeschleppt.
8. Halsschild mit kräftigen Zähnen versehen (Abb. 91 C), die nur beim Männchen gut ausgebildet sind. Flügeldecken braun, Halsschild dunkelbraun. Körperlänge 5–11 mm. . . . .
. . . . *Heterobostrychus brunneus* (MURRAY, 1867)
   aus Afrika in Holz eingeschleppt, sehr ähnlich *H. aequalis* (WATERHOUSE, 1884), der gelegentlich aus Südasien kommt.
- Halsschild auch beim Männchen nicht mit kräftigen Zähnen, nur stark gekörnelt. In der Färbung sehr variabel. Halsschild schwarz, Flügeldecken orangerot bis ziegelrot, mitunter auch schwarz. Körperlänge 6–15 mm . . . .
. . . . **Kapuzinerkäfer**, *Bostrichus* (= *Bostrychus*) *capucinus* (LINNAEUS, 1758)
   Schädling in Holzlagern an Eichensplintholz und Faßdauben, in wärmeren Gebieten auch im Freien in Obstbäumen. Selten.

37. Nagekäfer, Anobiidae

Fraßbilder der im verarbeiteten Holz schädlichen Arten siehe Tabelle 47.

1. Fühler innen gesägt oder mit langen astförmigen Fortsätzen (Abb. 94 D und 95 B) . . . 2
– Fühler innen nicht gesägt, die drei letzten Glieder besonders lang. 4
2. Fühler beim Männchen und Weibchen in gleicher Weise schwach gesägt. 3
– Fühler beim Weibchen stark gesägt, beim Männchen mit astförmigen Fortsätzen versehen (Abb. 93 B, 94 D), Käfer walzenförmig, langgestreckt, graubraun, seidenglänzend behaart, Körperlänge 3−5 mm . . . .
. . . **Kammhorn- oder Gekämmter Nagekäfer,** *Ptilinus pectinicornis* (LINNAEUS, 1758)
in Laubholz, bisweilen auch in Nadelholz, besonders in feinporigem Kernholz
3. Käfer gedrungen, fast halbkugelig, rotbraun (Abb. 95 B), Körperlänge 2−4 mm . . . . . .
. . . . **Tabakkäfer,** *Lasioderma serricorne* (FABRICIUS, 1792)
hauptsächlich in Tabakwaren, aber auch in allen anderen trockenen Pflanzenstoffen, besonders Drogen.
– Käfer zylindrisch, dunkelbraun, dicht behaart (Abb. 93 E), Körperlänge 3−5 mm . . . . .
. . . . **Schwammholz-Nagekäfer,** *Priobium* (= *Tripopitys*) *carpini* (HERBST, 1793)
in pilzbefallenem Nadelholz, besonders auf Dachböden.
4. Flügeldecken mit Punktstreifen. 5
– Flügeldecken ohne Punktstreifen 7
5. Halsschild ohne Höcker (Abb. 95 A) rostrot bis braun, Körperlänge 1¾−3¾ mm. . . . . .
. . . . **Brotkäfer,** *Stegobium paniceum* (LINNAEUS, 1761)
in allen möglichen trockenen Pflanzenstoffen, in Backwaren und anderen Mehlprodukten. Der häufigste Schädling im Haushalt, in Drogerien und Apotheken.
– Halsschild mit einem Höcker. 6
6. Höcker des Halsschildes einfach, in der Mitte nicht eingedrückt (Abb. 93 A, 94 A), graubraun, Körperlänge 3−4 mm . . . .
. . . . . . **Gewöhnlicher Nagekäfer, Holzwurm,** *Anobium punctatum* (DE GEER, 1774)
in Bauholz, Möbeln und Kunstgegenständen aus Laub- oder Nadelholz (Taf. IV, B).
– Höcker des Halsschildes durch ein Grübchen geteilt (Abb. 93 D), Hinterecken des Halsschildes mit gelben Haarflecken, braun, Körperlänge 4,4−5 mm . . . .
. . . . **Trotzkopf,** *Dendrobium* (= *Coelostethus*) *pertinax* (LINNAEUS, 1758)
hauptsächlich in von Pilzen befallenem Nadelholz.
7. Oberseite einfach fein anliegend grau behaart, Schildchen (das kleine Dreieck zwischen dem Hinterrand des Halsschildes und den vorderen inneren Ecken der beiden Flügeldecken) mit weißer filzartiger Behaarung. Hinterecken des Halsschildes abgerundet (Abb. 93 F, 94 C), rostrot, Körperlänge 5 mm . . . .
. . . . **Weicher Nagekäfer,** *Ernobius mollis* (LINNAEUS, 1758)
vorwiegend in berindetem Nadelholz, auch in Furnieren verarbeitet.
– Oberseite unregelmäßig graugelb behaart, Schildchen nicht anders behaart, Hinterecken des Halsschildes stark nach außen ausgezogen (Abb. 93 C, 94 B), fleckig graugelb und braun, Körperlänge 5−6 mm . . . .
. . . . . . **Gescheckter Nagekäfer, Totenuhr,** *Xestobium rufovillosum* (DE GEER, 1774)
in Laubholz, besonders wenn es im Eichenkern Pilzbefall zeigt (Taf. IV, B).

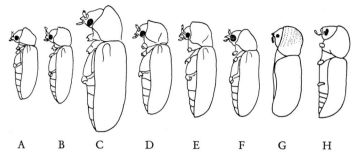

Abb. 93: Seitenansicht der Anobien: A *Anobium punctatum*, B *Ptilinus pectinicornis*, C *Xestobium rufovillosum*, D *Dendrobium pertinax*, E Priobium carpini, F *Ernobius mollis*, G eines Bostrichiden, H eines Scolytiden *(Xyloterus domesticus)* (nach Vité).

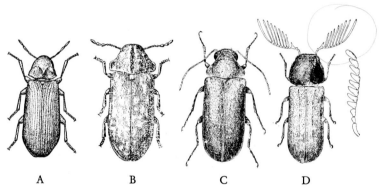

Abb. 94: Anobiidae: A *Anobium punctatum*, B *Xestobium rufovillosum*, C *Ernobius mollis*, D *Ptilinus pectinicornis* ♂, daneben Fühler des ♀ (A aus Schmidt, B Zeichnung von F. Diehl aus Weidner, C, D aus Lepesme).

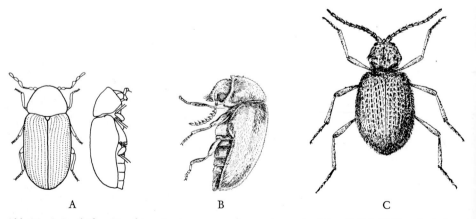

Abb. 95: A Brotkäfer, *Stegobium paniceum* von oben und von der Seite, B Tabakkäfer, *Lasioderma serricorne*, C Australischer Diebkäfer, *Ptinus tectus* (A Original, B nach Runner, C aus Papp).

38. Diebkäfer, Ptinidae

Larven und Käfer leben an verschiedenen pflanzlichen und tierischen Substanzen, besonders Samen, Wolle, toten Insekten usw. Manche sind bei Massenauftreten Hausplagen, besonders in alten Häusern.

HINTON, H. E.: The Ptinidae of economic importance. Bull. ent. Res. Bd. 31 (1941), S. 331–381. – PAPP, CH. S.: An illustrated and descriptive catalogue of the Ptinidae of North America. Deutsch. ent. Zeitschr. N. F. Bd. 9 (1962), S. 367–423.

1. Flügeldecken stark aufgetrieben und glänzend, etwa dreimal so breit wie die Bauchplatten des Hinterleibes 2
– Flügeldecken nicht stark aufgetrieben, behaart, weniger als zweimal so breit wie die Bauchplatten des Hinterleibes 4
2. Kopf, Halsschild und Flügeldecken unbehaart. Trochanter der Hinterbeine fast so lang wie der Schenkel. Flügeldecken glatt, ohne Punktreihen, glänzend braunrot. Fühler, Beine und Bauchseite dicht hellgelb behaart. Seiten des Kopfes unterhalb der kleinen Augen dicht der Länge nach bis unter den Vorderrand des Halsschildes gerieft (Abb. 96 A und 98 A). Körperlänge 2,1–3,2 mm . . . . **Kugel-** oder **Buckelkäfer**, *Gibbium psylloides* (CZENPINSKY, 1778)
weltweit verbreitet, kommt gelegentlich in Bäckereien, Fabrik- und Wohnräumen an allen möglichen Vorräten pflanzlicher und tierischer Herkunft vor. Neuerdings auch Massenauftreten in renovierten alten Wohnhäusern. Nach neueren Erkenntnissen von BELLÉS, X. & HALSTEAD, D. G. H. (J. stored Prod. Res., 21: 151–155. Oxford, New York 1985) ist bei der Artbestimmung besonders eingeschleppter Exemplare zu beachten, daß in den Tropen und USA hauptsächlich *G. aequinoctiale* BOIELDIEU, 1854 vorkommt. Es unterscheidet sich von *G. psylloides* dadurch, daß bei ihm die Fühlergrubenränder beim Zusammenstoßen auf der Mittellinie des Kopfes einen rechten Winkel miteinander bilden (Abb. 96 B), während bei *G. psylloides* dieser Winkel sehr spitz ist (Abb. 96 c). *G. aequinoctiale* ist wärmebedürftiger als *G. psylloides*. Die von HOWE, R. W. & BURGES, H. D. 1952 (Bull. entomol. Res., 43: 153–186. London) ermittelten Temperaturwerte für *Gibbium* wurden an *aequinoctiale* ermittelt, nicht *psylloides*, wie die Autoren angeben! In Südeuropa, der südl. UdSSR, Iran bis zum Malaischen Archipel das etwas kleinere (1,9 bis 2,3 mm), dunklere bis fast schwarze *Gibbium boieldieu* LEVRAT, 1857, bei dem die Längsriefung des Kopfes nur schwach oder nicht ausgebildet ist.
– Kopf und Halsschild filzig behaart, Trochanter der Hinterbeine kürzer als ein Drittel des Schenkels 3
3. Behaarung des Halsschildes so angeordnet, daß eine breite, seichte Mittelfurche und jederseits ein schwacher Höcker entsteht. Der Filzkragen der Flügeldecken auf jeder Seite

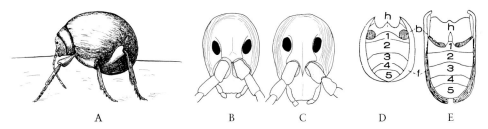

Abb. 96: Ptinidae. A *Gibbium psylloides* von der Seite gesehen, B und C Kopfkapsel von vorn, in Aufsicht auf den hinteren Rand der Fühlergruben von B *G. psylloides* und C von *G. aequinoctiale* (Skizzen nach rasterelektronenmikroskopischen Aufnahmen bei BELLÉS & HALSTEAD 1985). D Bauchseite von Brust und Hinterleib bei *Niptus* und E bei *Ptinus fur* (nach KUHNT). *b* Ansatzstelle der Hinterbeine, *f* Flügeldecken, *h* Hinterbrust (Metasternit), 1–5 Hinterleibsringe.

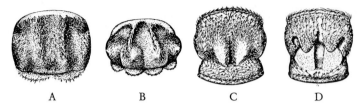

Abb. 97: Halsschild von A *Mezium affine*, B *M. americanum*, C *Ptinus fur*, D *P. raptor* (aus HINTON).

    ganzrandig (Abb. 97 A, 98 B). Körperlänge 2,3−3,5 mm . . . .
. . . . **Kapuzenkugelkäfer**, *Mezium affine* BOIELDIEU, 1856
selten eingeschleppter Drogenschädling.
− Behaarung des Halsschildes so angeordnet, daß eine breite, sehr tiefe, sich nach vorn verjüngende Mittelfurche und jederseits ein breiter, sehr ausgeprägter Höcker entsteht. Der Filzkragen der Flügeldecken auf jeder Seite einmal stark eingebuchtet (Abb. 97 B). Körperlänge 1,5−3,5 mm . . . . **Amerikanischer Kapuzenkugelkäfer**,
Mezium americanum LAPORTE DE CATELNAU, 1840
Ihm sehr ähnlich, aber mit einem auf jeder Seite mehrmals eingebuchteten Filzkragen der Flügeldecken ist der 2,8−3,2 mm große **Gefurchte Kapuzenkugelkäfer**, *Mezium sulcatum* FABRICIUS, 1781.

    Beide können gelegentlich eingeschleppt werden. Ersterer gilt als weltweit verbreitet, letzterer kommt in den Mittelmeerländern und auf den atlantischen Inseln Kanaren, Madeira und Azoren vor. Sie entwickelten sich in Tabaksaat, Paprika, Opium und Getreide.

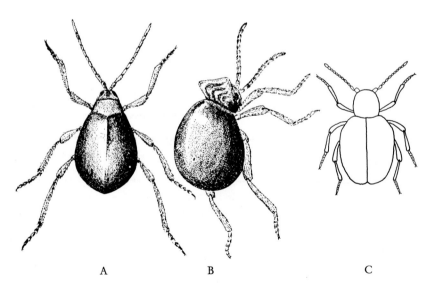

Abb. 98: A *Gibbium psylloides* von oben, B *Mezium affine* von der Seite, C *Sphaericus gibbioides* (aus PAPP).

4. Halsschild vor der Basis nicht ringförmig eingeschnürt, höchstens seitlich mehr oder weniger verjüngt 5
- Halsschild vor der Basis ringförmig eingeschnürt. Flügeldecken mit Punktstreifen. Bauchseite fast so breit wie die Flügeldecken 6
5. Flügeldecken rundoval, unregelmäßig punktiert, wie der Halsschild dicht mit anliegenden hellgraubraunen Schuppen und Haaren bedeckt. Bauchfläche nur wenig mehr als halb so breit wie die Flügeldecken (Abb. 98 C). Körperlänge 1,3−2,7 mm . . . .
. . . . *Sphaericus gibbioides* BOIELDIEU, 1854
selten an Samen, Blattdrogen (Pfefferminz- und Fingerhutblättern), Paprika, Rosinen. Neuerdings mehrfach in Küchenschränken.
- Flügeldecken breitoval, mit Punktstreifen, die von den Schuppen verdeckt werden. Schuppen und Haare auf Kopf, Halsschild und Flügeldecken bräunlichgrau mit mehr oder weniger deutlichen schwarzen Flecken, von denen je einer nahe der Naht an der Basis der Flügeldecken charakteristisch ist. Die langen aufstehenden Haare sind graubraun und an der Schulter schwarz (Abb. 97 A). Körperlänge 2−3,9 mm . . . .
. . . . **Chilenischer Diebkäfer,** *Trigonogenius globulus* SOLIER, 1849
in Lagerhäusern und Mühlen, an Getreide, Kakao und anderen Samen, auch schon massenhaft in Häusern und Apotheken aufgetreten.
6. Abstand der Einlenkungsstellen beider Fühler voneinander halb so groß oder größer als die Länge des 1. Fühlergliedes. Bauchseite des 3. Brustringes (Abb. 96 D, h) kürzer als die Bauchplatte des 2. Hinterleibsringes 7
- Abstand der Einlenkungsstellen beider Fühler voneinander weniger als ein Viertel der Länge des 1. Fühlergliedes. Bauchseite des 3. Brustringes (Abb. 96 E, h) gewöhnlich so lang oder länger als die Bauchplatte des 2. Hinterleibsringes 8
7. Flügeldecken mit tiefen Furchen und groben und deutlich sichtbaren, nicht von Haaren verdeckten Punktstreifen. Rost- oder gelbbraun, dicht fein und kurz behaart (Abb. 99 B). Körperlänge 1,5−2,5 mm . . . . *Tipnus unicolor* (PILLER, 1783)
gelegentlich in Getreidelagern, in finsteren Stallungen, Holzlagern usw.
- Flügeldecken ohne oder nur mit ganz flachen Furchen und feinen, ganz von den Haaren bedeckten Punktstreifen. Haare auf der Oberseite einheitlich messinggelb. Schenkel an der Spitze keulenförmig verdickt. Schildchen, groß, deutlich von oben zu sehen (Abb. 99 C). Körperlänge 2,6−4,6 mm . . . . . **Messingkäfer,** *Niptus hololeucus* (FABRICIUS, 1836)
Der in seiner Gestalt an eine Spinne erinnernde Käfer entwickelt sich an pflanzlichen Stoffen, besonders in Stroh, Spreu, getrockneten Pflanzen, im Füllmaterial von Zwischendecken. Die Käfer werden durch Massenauftreten in alten Häusern lästig, sie fressen an pflanzlichen und tierischen Stoffen, schädlich auch an Textilien, in denen sie sich aber nicht entwickeln.
8. Schildchen klein, fast senkrecht, undeutlich. Trochanter des Hinterbeins erreicht den Flügelrand. Halsschild mit großen, flachen, vielfach zusammenfließenden Punkten. Auf den Flügeldecken Punktstreifen mit großen, ziemlich tiefen Punkten, die ein Viertel bis ein Drittel so breit sind wie die Zwischenräume und in der Längsrichtung 2−3 Durchmesser voneinander entfernt sind. Dunkelrotbraun (Abb. 100 A). Körperlänge 1,9−2,8 mm . . .
. . . . **Japanischer Diebkäfer,** *Eurostus hilleri* (REITTER, 1877) (= *Pseudeurostus,*
Niptus hilleri, oft auch fälschlich *helleri* geschrieben)
eine ostasiatische Art, die nach England und Nordamerika verschleppt zum Vorratsschädling wurde und auch schon auf einem Speicher in Hamburg vorkam. Sie könnte auch in Mitteleuropa schädlich werden.
- Schildchen groß, sehr deutlich und in derselben Ebene wie die Flügeldecken liegend. Trochanter des Hinterbeins erreicht den Flügelrand nicht 9
9. Flügeldecken beim Männchen langgestreckt, etwa doppelt so lang wie zusammen breit, fast parallelseitig, mit deutlich ausgeprägter Schulter (Abb. 100 B), beim Weibchen ohne

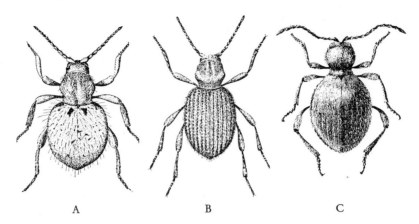

Abb. 99: Ptinidae: *Trigonogenius globulus*, B *Tipnus unicolor*, C *Niptus hololeucus* (A, B aus HINTON, C aus GRASSÉ).

Schulter, vom Schildchen an sind ihre Außenseite gleichmäßig in breitem Bogen gerundet (Abb. 100 C); Hinterflügel beim Männchen vorhanden, beim Weibchen verloren . . 11
- Flügeldecken bei Männchen und Weibchen gleich gestaltet, kurz oval, nicht doppelt so lang wie zusammen breit, aber trotzdem mit deutlicher Schulter (Abb. 95 C). Auch beim Weibchen sind die Hinterflügel vorhanden, wenn sie auch bei den einzelnen Individuen verschieden stark reduziert sein können 10
10. Hell- bis kastanienbraun mit dichter gelblichbrauner bis grauweißer Behaarung. Die Streifen zwischen den Punktreihen auf den Flügeldecken sind anliegend behaart und außerdem mit einer Reihe etwas schräg abstehender Borstenhaare besetzt. Halsschild mit 4 stumpfen, wenig vorstehenden Höckern. Der ganze Käfer ist einfarbig und besitzt keine hellen Binden oder Flecken (Abb. 95 C). Körperlänge 2,5 bis 4 mm . . . .
. . . . **Australischer Diebkäfer,** *Ptinus (Gynopterus) tectus* BOIELDIEU, 1856
    aus Australien, Tasmanien und Neuseeland stammend, etwa seit Anfang dieses Jahrhunderts durch den Handel über die gemäßigten und kalten Zonen der Erde verschleppt. Jetzt ist er in Europa in Häusern und an Vorräten die häufigste *Ptinus*-Art. Seine Larven leben an allen möglichen Stoffen pflanzlicher und tierischer Herkunft, die Käfer werden in Wohnungen oft durch Massenauftreten lästig. Sie sind sehr kältetolerant, kommen sogar in Kühlräumen vor und entwickeln sich auch in Vogelnestern.
- Dunkelbraun mit rotgoldner Behaarung, die in der Halsschildabschnürung und an der Flügeldeckenbasis verdichtet ist. Weiße Haare befinden sich auf dem Halsschild und der Flügeldecken, wo sie einen Schulterfleck und einige kleine runde Flecken hinter der Mitte bilden. Die Streifen zwischen den Punktreihen sind nicht anliegend behaart, sondern nur mit einer einzigen Reihe abstehender Haare versehen. Körperlänge 2,6 bis 3,1 mm . . .
. . . . *Ptinus (Gynopterus) exulans* ERICHSON, 1842
    ist wahrscheinlich weit verbreitet und wird nach Mitteleuropa nur selten eingeschleppt, ohne sich hier eingebürgert zu haben.
11. Halsschild mit einem Paar auffallender Haarpolster auf seiner hinteren Hälfte 12
- Halsschild ohne auffallende Haarpolster auf seiner hinteren Hälfte 13
12. Die goldgelben, bürstenförmig aufgerichteten Haarpolster sind groß und flächig, fast so breit wie lang. Sie liegen an der Basis der beiden Längswülste und werden von einer glatten Mittelfurche voneinander getrennt, die sich fast bis zum Halsschildvorderrand

erstreckt. Seitlich vor ihnen liegt je eine glatte Grube (Abb. 97 D). Die Flügeldecken sind beim Männchen ziemlich anliegend und beim Weibchen mäßig lang abstehend behaart. Sie haben an der Schulter und hinter der Mitte je einen quer gestellten Fleck aus lockeren hellen Schuppen. Körpergröße 2,5 bis 4 mm . *Ptinus (Cyphoderes) raptor* STURM, 1837 meistens in Häusern an Drogen, Getreide und Mehl, gelegentlich auch im Freien. Er entwickelt sich auch in Bienenwaben, wo sich seine Larven vom Larvenfutter der Bienen (Pollen) ernährt. Dadurch verhungert die Bienenmade. Die Käferlarven durchbohren auch die Wachswände, um an den Pollenvorrat der Nachbarzelle zu gelangen.

– Die nach hinten gerichteten hellen Haare der beiden Haarpolster auf dem Halsschild bilden auf den beiden Längswülsten je einen schmalen, nicht deutlich begrenzten Kamm, der viel länger als breit ist. Diese hellen Linien laufen nach hinten zusammen (Abb. 97 C). Beim Männchen sind die Flügeldecken rotbraun mit schräg gestellten Borsten in den Streifen zwischen den Punktreihen und mit verstreuten weißen Schuppenhaaren, die sich zu 2 schwachen hellen Querbinden verdichten können, die eine hinter der Schulter und die andere hinter der Mitte. Beim Weibchen sind die Flügeldecken dunkler, graubraun und die beiden Querbinden deutlicher ausgebildet. Die Querbinden sind in der Mitte um die Flügelnaht unterbrochen (Abb. 100 B und C). Körperlänge 2 bis 4,3 mm . . . . **Kräuterdieb**, *Ptinus (Ptinus) fur* LINNAEUS, 1758
in Mitteleuropa früher die häufigste und schädlichste in Häusern vorkommende Art. Jetzt ist sie viel seltener und weniger schädlich als der Australische Diebkäfer. Sie entwickelt sich an vielen Vorräten pflanzlicher und tierischer Herkunft, auch in Vogelnestern.

13. Flügeldecken mit weißen Schuppenquerbinden. 14
– Flügeldecken ohne helle Schuppenbinden 16
14. Mitte der 2. Hinterleibsbauchplatte mit runden oder schwach ovalen Punkten. Spitzensporn der Mittel- und Hinterschiene beim Männchen sehr lang und stark gekrümmt. Beim Männchen hat das Halsschild nur kleine Seitenwülste, die nicht über den Seitenrand hervortreten, beim Weibchen ist es ziemlich gerundet. Körper rostrot, dicht gelblich behaart, die Querbinden sind nur schwach entwickelt, unscharf umgrenzt und oft auch in Flecken aufgelöst. Körperlänge 1,8 bis 3 mm . . . . **Kleiner Diebkäfer**, *Ptinus (Ptinus) pusillus* STURM, 1837
kommt oft mit dem Kräuterdieb zusammen vor, kaum schädlich.

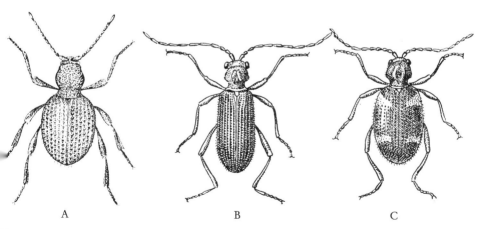

Abb. 100: Ptinidae: A *Eurostus hilleri*, B, C *Ptinus fur* ♂ und ♀ (A aus PAPP, B, C aus DIEHL & WEIDNER).

- Mitte der 2. Hinterleibsbauchplatte mit ovalen bis langgestreckten (oft 2- bis 3mal so lang wie breit) Punkten. 15
15. Die aufgerichteten Haare auf allen Streifen zwischen den Punktreihen der Flügeldecken gleich lang. Mittel- und Hinterschienen mit nur schwer sichtbarem, fast fehlendem Endsporn. Die Schuppenflecken auf den Flügeldecken sind vorn gewöhnlich zu 3 und hinten zu 2 Längsflecken aufgelöst. Körper rotbraun, selten schwärzlich, die ganze Oberseite ist gelblich behaart. Körperlänge 2,2 bis 3,5 mm . . *Ptinus (Ptinus) bicinctus* STURM, 1837
kommt oft mit dem Kräuterdieb zusammen in Schuppen und Geflügelställen vor. Bisher ist er noch nicht schädlich geworden.
- Die aufgerichteten Haare in den Streifen 1, 3, 5 und 7 zwischen den Punktreihen der Flügeldecken sind zum großen Teil doppelt so lang wie in den anderen Streifen. Die Punktreihen sind vor allem auf den Flügeldecken des Weibchens nur halb bis zweidrittel so breit wie die dazwischenliegenden Streifen. Die hellen Querflecken sind beim Männchen wenig auffallend, beim Weibchen hinter den Schultern umfangreicher. Hellbraun, Weibchen oft dunkler. Körperlänge 2,2 bis 4 mm . . . . **Behaarter Diebkäfer**, *Ptinus (Ptinus) villiger* REITTER, 1884
ist bisher nur an vom Menschen stark beeinflußten Stellen gefunden worden, über Schädlichkeit ist nichts bekannt.
16. Männchen und Weibchen vorhanden. Flügeldecken beim Weibchen mit kräftigen Punktreihen, die fast so breit sind wie die Streifen zwischen ihnen. Die aufstehenden Haare auf den Streifen verhältnismäßig lang und fein. Halsschild nicht warzig, netzförmig skulpturiert mit groben Punkten. Männchen hellbraun bis gelb, Weibchen hellbraun. Körperlänge 2,3 bis 3,2 mm . . **Gelbbrauner Diebkäfer**, *Ptinus (Ptinus) clavipes* PANZER, 1792
(= *testaceus* OLIVIER, 1790, *brunneus* DUFTSCHMID, 1825, *hirtellus* STURM, 1837)
er lebt ähnlich wie der Kräuterdieb, mit dem er auch zusammen auftritt und schadet ebenso wie an vieler Vorräten pflanzlicher und tierischer Herkunft. Er kommt auch im Freiland an Blüten und Laubbäumen vor.
- Männchen fehlt. Flügeldecken beim Weibchen mit sehr feinen Punktstreifen, die viel schmäler als die Streifen zwischen ihnen sind; die Streifen sind mit einer Reihe aufstehender Börstchen besetzt. Glänzend dunkelbraun. Körperlänge 3 bis 4,5 mm . . . . **Dunkelbrauner Diebkäfer**, *Ptinus (Ptinus) clavipes f. mobilis* MOORE, 1957
(= *latro* auct. nec FABRICIUS, 1775 – *latro* FABRICIUS = *fur* LINNAEUS)
Diese Weibchen sind triploid (mit 27 Chromosomen, während die normalen *clavipes*-Weibchen nur 18 haben) und gynogenetisch, d. h. die von ihnen parthenogenetisch (ohne Befruchtung) abgelegten Eier, entwickeln sich nur weiter, wenn die Weibchen vorher mit normalen Männchen von *clavipes* oder in geringerem Grad auch von *P. pusillus* kopuliert haben, aber ohne daß das Sperma die Eier befruchtet. Aus den so abgelegten Eiern entstehen nur *mobilis*-Weibchen.

39. Engdeckenkäfer, Oedemeridae

Fraßbilder im Holz siehe Tabelle 47:14 und 15.

1. Käfer dunkelbraun, fein grau behaart, Flügeldecken lang mit parallelen Seiten. Fühler lang, Körperlänge 18−20 mm (Abb. 101 A) . . *Calopus serraticornis* (LINNAEUS, 1758)
Larven leben in altem morschen Holz, in Dachbalken u. dgl.
- Käfer rotgelb mit schwarzer Flügeldeckenspitze, Unterseite zum größten Teil schwarz (Abb. 101 B). Körperlänge 9−13 mm **Scheinbock**, *Nacerda melanura* (LINNAEUS, 1758)
Larven leben besonders in Holz, das periodisch von Meer- oder Flußwasser befeuchtet wird, in Hafenanlagen und Kähnen oder Schuten, daher besonders häufig.

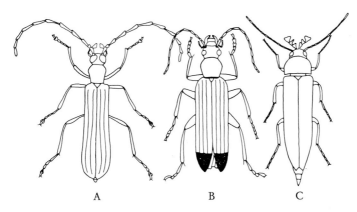

Abb. 101: Umrißzeichnungen von A *Calopus serraticornis*, B *Nacerda melanura*, C *Serropalpus barbatus*.

40. Düsterkäfer, Serropalpidae

Fraßbilder im Holz siehe Tabelle 47:15.

– Käfer lang und schmal, braun, mit langen, fadenförmigen, die Mitte des Körpers erreichenden Fühlern. Die Kiefertaster sind dick und stark gesägt, ihr Endglied ist breit, fast messerförmig. Die langen, zur Spitze leicht verschmälerten Flügeldecken haben feine seichte Streifen bald mit, bald ohne deutliche Punktreihen (Abb. 101 C). Körperlänge 8–18 mm . . . . *Serropalpus barbatus* (SCHALLER, 1783)
in Nadelholzkonstruktionen von Neubauten.

41. Schwarzkäfer, Tenebrionidae

Meist schwarze oder braune Käfer. Die Ursprungsstelle ihrer Fühler wird von dem leistenartig verbreiterten Seitenrand ihres Kopfes verdeckt (Abb. 102 A). Vorder- und Mittelbeine mit 5, Hinterbeine mit 4 Fußgliedern. Sie führen eine nächtliche Lebensweise und halten sich tagsüber an dunklen Orten versteckt. Sie selbst und ihre Larven leben hauptsächlich von pflanzlichen Stoffen, besonders von Getreide und seinen Produkten, verschmähen aber auch tierische Stoffe nicht. Die meisten von ihnen dürften allerdings erst in bereits geschädigtem (feucht gewordenem oder von anderen Getreideschädlingen befallenem) Getreide auftreten.

1. Käfer 1 cm oder größer. 2
– Käfer viel kleiner als 1 cm 7
2. Käfer auf der Rücken- und Bauchseite tiefschwarz, Flügeldecken miteinander verwachsen, hinten sehr stark zugespitzt (Abb. 102 B) . . . . . Totenkäfer, *Blaps* FABRICIUS, 1775   3
in Kellern, Stallungen, Holzlagern und anderen finsteren Orten, Abfallfresser, in Wohnungen ekelerregend. Jetzt selten.

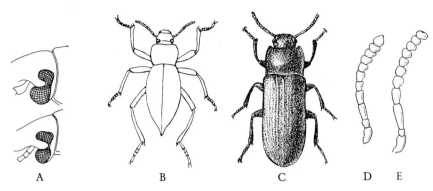

Abb. 102: A Kopf von *Alphitobius diaperinus* (oben) und *A. laevigatus* (unten) von der Seite gesehen, B *Blaps*, C *Tenebrio molitor*, D Fühler von *T. molitor* und E von *T. obscurus* (aus HINTON & CRAMPTON, SCHRÖDER, WEBER, LEPESME).

- Käfer auf der Rückseite braun bis braunschwarz, auf der Bauchseite rotbraun. Flügeldecken nicht miteinander verwachsen, hinten abgerundet (Abb. 102 C) . . . .
  . . . . Mehlkäfer, *Tenebrio* LINNAEUS, 1758   6
3. Sehr große Tiere. Körperlänge 32–38 mm. Haftläppchen zwischen den Krallen dreieckig zugespitzt. Beim Männchen auf der Bauchseite zwischen den beiden ersten Hinterleibsringen mit einer goldgelb behaarten Grube (Bürstenfleck) . . . .
  . . . . Riesentotenkäfer, *Blaps gigas* (LINNAEUS, 1767)
  mediterrane, in unser Gebiet gelegentlich eingeschleppte Art.
- Kleinere Tiere. Körperlänge 20–31 mm. Haftläppchen zwischen den Krallen dreieckig bis halbkreisförmig abgerundet oder am Ende breit abgestutzt.   4
4. Beim Männchen zwischen dem 1. und 2. Hinterleibsring auf der Bauchseite ein rostroter Bürstenfleck, Beine gedrungen. Schenkel an ihrem unteren Ende schwach keulenförmig verdickt 5
- Bauchseite des Hinterleibs ohne einen Bürstenfleck. Beine schlank und dünn, Schenkel etwa gleich dick bleibend, nur an ihrem oberen Ende etwas verjüngt. Körperlänge 20–24 mm. . . . . Gewölbter Totenkäfer, *Blaps mucronata* LATREILLE, 1804
5. 4.–7. Fühlerglied nicht oder kaum länger als breit. Körper kurz und breit. Körperlänge 20–27 mm. . . . . *Blaps lethifera* MARSHALL, 1802
  kommt auch im Freien unter trockenwarmen Steinen vor.
- 4.–7. Fühlerglied beträchtlich länger als breit. Körper langgestreckt, ziemlich schmal. Körperlänge 20–31 mm . . . Gemeiner Totenkäfer, *Blaps mortisaga* (LINNAEUS, 1758)
6. Oberseite fettglänzend, letztes Fühlerglied so lang wie breit. Körperlänge 13–17 mm (Abb. 102 C, D) . . . . Gemeiner Mehlkäfer, *Tenebrio molitor* LINNAEUS, 1758
  in Wohnungen, Mühlen, Mehlhandlungen, Bäckereien und Lagerräumen, auch in Taubennestern und morschem und von anderen Insekten befallenem Holz häufig. Schädlich an Getreide- und Getreideprodukten, allerdings auf den Getreidespeichern wegen seiner langen Entwicklungszeit (1–2 Jahre) nur von untergeordneter Bedeutung, auch an anderen trockenen Pflanzenstoffen (Tabak). Seine Larven leben auch räuberisch von anderen Insekten, z. B. Hausbocklarven, und von getrocknetem Fleisch der mumifizierten Leichen kleiner Wirbeltiere (Mäuse und Ratten nach Bekämpfungsmaßnahmen, Taubennestlinge), können deshalb auch zur Skelettierung kleiner Wirbeltiere benutzt werden. Als Futter für insektenfressende Vögel, Reptilien und Amphibien sind sie im Handel unter dem Namen **Mehlwürmer**.

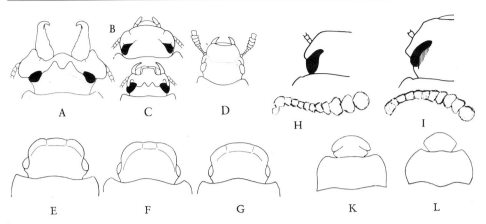

Abb. 103: Tenebrionidae. Kopf und Halsschild A von *Gnatocerus cornutus* Männchen, B Weibchen, C *Echocerus maxillosus* Männchen, D *Latheticus*, E *Palorus depressus*, F *P. subdepressus*, G *P. ratzeburgi*; H linke Kopfseite und darunter Fühler von *Tribolium castaneum*, I von *T. confusum* (Wulst über dem Auge schraffiert); Kopf und Halsschild von K *Alphitobius diaperinus* und L *A. laevigatus* (E–G nach LEPESME 1944).

- Oberseite matt, letztes Fühlerglied breiter als lang (Abb. 102 E). Körperlänge 14–18 mm . . . . **Dunkler Mehlkäfer,** *Tenebrio obscurus* FABRICIUS, 1792
  bei uns mehr im Freien unter der Rinde morscher Baumstümpfe, auch in Stallungen und Kellern, in den Vereinigten Staaten von Amerika öfter als Lagerschädling festgestellt.
7. Käfer zweifarbig: Grundfarbe rostrot, Scheitel, Basis und zwei Querbinden der Flügeldecken schwarz. Fühler lang, zur Spitze leicht verdickt (Abb. 104 A). Körperlänge 2,2–2,5 mm . . **Zweibindiger Pilzschwarzkäfer,** *Alphitophagus bifasciatus* (SAY, 1823)
  meist unter der Rinde verpilzter Holzstöcke, aber auch in dumpf gewordenen Getreideladungen, besonders auf Schiffen.
- Käfer einfarbig rotbraun bis schwarzbraun. 8
8. Ecken des Vorderrandes des Kopfes stark vorgezogen, die Männchen besitzen in der Mitte der Stirn zwei am Ende gekrümmte Hörner, ihre Kiefer ragen vorne weit vor (Abb. 103 A und C) 9
- Kopf anders gestaltet. 10
9. Seitenrand des Kopfes viel breiter als die Augen (Abb. 103 A, B) Körperlänge 3,5 bis 4,5 mm . . . . **Vierhornkäfer,** *Gnatocerus* (= *Gnathocerus*) *cornutus* (FABRICIUS, 1798)
  in Getreide und seinen Produkten.
- Seitenrand des Kopfes so breit oder etwas schmäler als die Augen (Abb. 103 C). Körperlänge 3,5–4,5 mm . . . . . **Schmalhornkäfer,** *Echocerus maxillosus* (FABRICIUS, 1801)
  nach Europa mit Getreide gelegentlich eingeschleppt, noch nicht eingebürgert.
10. Kopf sehr groß, fast so breit wie der Halsschild, am Vorderrand breit ausgebuchtet, Fühler mit deutlich abgesetzter 5gliedriger Keule. Halsschild fast so breit wie die Flügeldecken, wenig breiter als lang, am Vorderrand am breitesten. Flügeldecken parallel mit feinen Punktstreifen, über zweimal so lang wie zusammen breit (Abb. 103 D, 104 B). Körperlänge 2,5 mm . . . . **Rundköpfiger Reismehlkäfer,** *Latheticus oryzae* WATERHOUSE, 1880/82
  mit Auslandsgetreide, besonders Reis, und Tapiokamehl gelegentlich eingeschleppt.

– Kopf deutlich schmäler als der Halsschild, am Vorderrand nicht ausgebuchtet 11
11. Hinterfüße kurz, 1. (basales) Fußglied kaum länger als das 2.; das Klauenglied mindestens so lang wie die 3 vorhergehenden zusammen. Fühler kurz, zur Spitze unwesentlich verbreitet, Kopf am Vorderrand durch eine tiefe Querfurche zwischen den Fühlern wulstig aufgeworfen. Flügeldecken mit einfachen Punktstreifen (Abb. 104 C) . . . .
. . . . **Kleinäugiger Reismehlkäfer,** *Palorus* Mulsant, 1854   12
– Hinterfüße lang, 1. Fußglied mindestens so lang wie die beiden folgenden zusammen; das Klauenglied kaum so lang wie die 3 vorhergehenden zusammen   14
12. Der wulstig aufgetriebene Seitenrand des Kopfschildes zieht halbkreisförmig zum Innenrand der Augen und erreicht nahezu die Mitte des Augenrandes, wo er mit diesem zu einer scharfen Kante verschmilzt (Abb. 103 F). Körperlänge 2–3 mm . . . .
. . . . *Palorus subdepressus* (Wollaston, 1864)
in Auslandsgetreide.
– Der Seitenrand des Kopfschildes ist weniger scharf abgegrenzt und endet als stumpfes Höckerchen vor dem Innenrand der Augen.   13

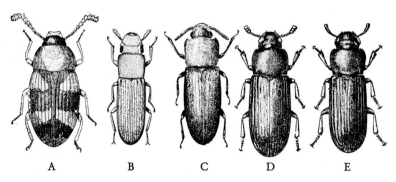

Abb. 104: A *Alphitophagus bifasciatus,* B *Latheticus oryzae,* C *Palorus depressus,* D *Tribolium castaneum,* E *T. confusum* (A aus Hinton & Crampton, B, C aus Lepesme, D, E aus Hinton).

13. Halsschild stark und dicht punktiert, in der Mitte nicht schwächer als an den Seiten (Abb. 103 E). Körperlänge 3 mm . . . . *Palorus depressus* (Fabricius, 1790)
Nach Gebien kein Vorratsschädling, sondern nur im Freien.
– Halsschild weniger stark und dicht, an den Seiten viel dichter als in der Mitte punktiert (Abb. 103 G). Körperlänge 2,8–3 mm . . . . . . *Palorus ratzeburgi* (Wissman, 1848)
14. Hinterrand des Halsschildes gerade oder kaum gebogen. Flügeldecken mit punktierten Längslinien, zwischen ihnen außen je ein feiner Kiel, der in den inneren Zwischenräumen fehlt. Körper schmal, zylindrisch . . . . . **Reismehlkäfer,** *Tribolium* M'Leay, 1825   15
– Hinterrand des Halsschildes beiderseits tief ausgebuchtet. Flügeldecken mit einfachen punktierten Längslinien ohne Kielchen dazwischen. Körper flach und oval . . . .
. . . . **Getreideschimmelkäfer,** *Alphitobius* Stephens, 1832 20
15. Hellrotbraun bis rotbraun, Körpergröße selten über 4 mm   16
– Dunkelbraun bis schwarz, Körpergröße in der Regel über 4, meistens 5 mm   17
16. Fühler mit deutlich abgesetzter dreigliedriger Keule, ohne lidartigen Wulst über den Augen (Abb. 103 H), Augen von der Kopfleiste soweit durchdrungen, daß zwischen ihrem Hinterende und dem Augenhinterrand die Breite von 3 Facetten bleibt (Abb. 102 A oben).

Die Längskiele auf den Flügeldecken fehlen jederseits der 3 inneren Zwischenräume. Einfarbig hellrotbraun. Körperlänge 2,3−4,4 mm (Abb. 104 D) . . . .
. . . . **Rotbrauner Reismehlkäfer**, *Tribolium castaneum* (HERBST, 1797)
in bereits beschädigtem Getreide und anderen pflanzlichen Vorräten aus den Tropen, besonders in Expellern, Erdnüssen, Kopra, Muskatnüssen usw., häufigster eingeschleppter Vorratsschädling.

− Fühler mit allmählich größer werdenden Endgliedern, die eine mehr oder weniger deutliche 5- bis 6gliedrige Keule bilden, über den Augen eine lidartige Verdickung der Kopfkapsel (Abb. 103 J, schraffiert), Augen von der Kopfleiste soweit durchdrungen, daß zwischen ihrem Hinterende und dem Augenhinterrand die Breite von nur einer Facette bleibt (Abb. 102 A unten). Die Längskiele auf den Flügeldecken fehlen jederseits nur dem ersten inneren Zwischenraum ganz, in den folgenden beiden Zwischenräumen sind sie nur hinten entwickelt. Hellrotbraun, Kopf und Halsschild vielfach dunkler bis pechbraun. Körperlänge 2,6−4,4 mm (Abb. 104 E) . . . .
. . . . . **Amerikanischer Reismehlkäfer**, *Tribolium confusum* JACQUELIN DU VAL, 1868
in bereits beschädigtem Getreide, Getreideprodukten und anderen pflanzlichen Vorräten, besonders im Mehl als Mühlenschädling, auch in Mitteleuropa weit verbreitet.

17. Fühler mit deutlich abgesetzter dreigliedriger Keule (wie Abb. 103 H)   18
− Fühler mit allmählich größer werdenden Endgliedern, die eine mehr oder weniger deutliche 5- bis 6gliedrige Keule bilden (wie Abb. 103 J)   19
18. Länge der Flügeldecken zur Breite wie 1,7 bis 1,8:1. Halsschild 1,5mal so breit wie lang, Schildchen breit; mäßig glänzend dunkelbraun bis schwarz, Fühler dunkelbraun bis schwarz. Körperlänge 3,9−5 mm . . . .
. . . . **Schwarzbrauner Reismehlkäfer**, *Tribolium madens* (*Charpentier*, 1825)
nur in Europa, hier hauptsächlich im Osten, z.B. als Mühlenschädling in Jugoslawien, aber auch häufig im Freiland.

− Länge der Flügeldecken zur Breite wie 1,8 bis 1,9:1. Halsschild schmäler und weniger gewölbt, Schildchen schmäler; dunkelbraun mit helleren Fühlern und Beinen. Körperlänge 4−5 mm . . . . *Tribolium audax* HALSTEAD, 1969
nur in Nordamerika, Vorratsschädling, aber häufig im Freien unter der Rinde und in Brutzellen solitärer Bienen. Vor 1969 als *T. madens* bezeichnet.

19. Punkte auf der Kopfmitte zwischen den Augen kleiner als eine Augenfacette und meistens rund, selten etwas oval, sich nicht gegenseitig berühren. Augen von der Kopfleiste soweit durchdrungen, daß zwischen ihrem Hinterrand und dem Augenhinterrand die Breite von 2 oder 3 Facetten bleibt. Dunkelrot, Körperlänge 3,59−5,08 mm . . . .
. . . . *Tribolium anaphe* HINTON, 1949
an Erdnüssen, Kakaobohnen und anderen Vorräten, bisher nur aus Westafrika bekannt, auch schon mehrmals nach England verschleppt.

− Punkte auf der Kopfmitte zwischen den Augen so lang wie eine Augenfacette, oval, tendieren zum Zusammenfließen mit den dahinter stehenden Punkten, wodurch eine Art Strichelung entsteht. Augen von der Kopfleiste soweit durchdrungen, daß zwischen ihrem Hinterrand und dem Augenhinterrand die Breite von 1 oder 2 Facetten bleibt. Dunkelkastanienbraun, glänzend, Fühler, Mund und Beine rotbraun bis rot, Körperlänge 5−5,5 mm . . . . **Großer Reismehlkäfer**, *Tribolium destructor* UYTTENBOOGAART, 1934
an Pflanzensamen und Getreideprodukten, in Skandinavien und in Ostdeutschland ein weit verbreiteter Lebensmittelschädling.

20. Glänzend schwarz bis braun. Halsschild hinten am breitesten mit basal ziemlich parallelen, weiter vorn etwas einwärts gebogenen Steinen (Abb. 103 K). Augen von der Kopfleiste soweit durchdrungen, daß zwischen ihrem Hinterende und dem Augenhinterrand noch eine Breite von 3 oder 4 Facetten bleibt (Abb. 102 A oben). Punktstreifen auf den

158 Gliederfüßer, Arthropoda

Flügeldecken hinten furchenartig tief eingedrückt. Körperlänge 5–6 mm . . . .
. . . . . . **Glänzender Getreideschimmelkäfer,** *Alphitobius diaperinus* (PANZER, 1797)
in feucht und dumpfig gewordenem Getreide, oft massenhaft in den Ställen von Geflügelfarmen.
– Mattschwarz. Halsschild in der Mitte am breitesten, zur Spitze und zur Basis sich allmählich verengend, seine Seiten daher nach vorn und hinten etwas einwärts gebogen (Abb. 103 L). Augen von der Kopfleiste fast vollständig durchdrungen, so daß zwischen ihrem Hinterende und dem Augenhinterrand nur noch die Breite einer Facette bleibt (Abb. 102 A unten). Punktstreifen der Flügeldecken hinten nur seicht (nicht furchenartig) eingedrückt. Körperlänge 4,5–5 mm . . . .
. . . . **Mattschwarzer Getreideschimmelkäfer,** *Alphitobius laevigatus* (FABRICIUS, 1781)
seltener als die vorige Art mit schimmeligen Vorräten nach Europa aus den Tropen eingeschleppt.

42. Blatthornkäfer, Scarabaeidae

In dieser Familie gibt es keine eigentlichen Vorrats- oder Materialschädlinge und regelmäßige Hausbewohner. Doch können mit Blumenerde oder als Blumendünger verwendeten Hornspänen *Trox*-Arten, besonders *Trox scaber* (LINNAEUS, 1758). Körperlänge 5–8 mm, schwarz bis schwarzbraun, Fühler 10gliedrig mit 3gliedrigem Fächer, Flügeldecken mit 10 deutlich eingedrückten, groben Längsstreifen; die dazwischenliegenden Zwischenräume mit flachen länglichen und gereihten Borstenflecken oder mit sehr kleinen Borstentüpfelchen) in die Wohnungen eingeschleppt werden.
Von Ende Juni bis Anfang August können während der Abenddämmerung die **Brach-, Juni-** oder **Sonnwendkäfer,** *Amphimallon solstitiale* (LINNAEUS, 1758) (Körperlänge 14–18 mm, gelbbraun, Flügeldecken mit kräftigen glatten Rippen und Reihen großer langer Wimperborsten, Halsschild oft dunkler, beborstet. Fühler 9gliedrig mit 3gliedrigem Fächer) beleuchtete Balkone oder Zimmer oft in solcher Anzahl anfliegen, daß sie lästig werden. Betroffen werden davon in der Regel Häuser in unmittelbarer Nähe von großen Rasenplätzen, da sich ihre Larven (Engerlinge) (Abb. 66) von Graswurzeln ernähren.
In Kompost und faulendem Holz, gelegentlich auch in verrottendem Sägemehl (in Tischlereien und Räuchereien) kann sich der **Nashornkäfer,** *Oryctes nasicornis* (LINNAEUS, 1758) entwickeln. Körperlänge 20–40 mm, dunkelkastanienbraun, glänzend, Kopf verhältnismäßig klein, mit einem beim Männchen großen, beim Weibchen kleinen Horn. Halsschild beim Männchen hinter der Mitte mit großer, leistenförmiger, höckeriger Erhebung, die dem Weibchen fehlt. Bei ihm ist der Halsschild vor der Mitte eingedrückt. Steht unter Naturschutz.

43. Bockkäfer, Cerambycidae

Meistens mittelgroße bis große, kräftige Tiere mit langen bis sehr langen, kräftigen, fadenförmigen, gegen die Spitze zu sich verjüngenden Fühlern und scheinbar 4gliedrigen Tarsen (in Wirklichkeit sind sie 5gliedrig, doch ist das 4. Glied so klein und zwischen den Lappen des 3. Gliedes verborgen, daß es nur als ein kleines gliedartiges Knötchen an der Basis des Klauengliedes bei genauer Untersuchung gefunden wird). Der Körper ist langgestreckt, mehr oder weniger abgeflacht, bis walzenförmig. Die nachfolgend aufgeführten Käfer entwickeln sich alle im Holz, das in der Regel bereits außerhalb des Hauses befallen wurde. Als Hausinsekt im

Bockkäfer, Cerambycidae 159

engeren Sinn, das sich ununterbrochen im Haus fortpflanzen kann, hat nur der Hausbockkäfer zu gelten. Die Flugzeit aller Käfer fällt in die Zeit von Ende Juni bis Mitte August, doch kommen im Haus durch Einwirkung des dort herrschenden künstlichen Klimas Abweichungen vor. Auffallend sind die großen Schwankungen in der Körperlänge, die von dem Nährwert des Holzes bestimmt werden, das der Larve als Nahrung zur Verfügung stand. In der Tabelle werden die bisher festgestellten Grenzwerte angegeben. Fraßbilder siehe in Tabelle 47!

<small>Gute Bilder der meisten Arten finden sich in fast allen Büchern über Käfer und Forstinsekten, farbige besonders in VITE, J. P. 1953: Die holzzerstörenden Insekten Mitteleuropas. Tafelband. Musterschmidt, Göttingen.</small>

1. Flügeldecken verkürzt, die häutigen Hinterflügel ragen unter ihnen vor 2
 - Flügeldecken bedecken den Hinterleib und die häutigen Hinterflügel vollständig. . . . 3
2. Die Flügeldecken reichen beim ♂ etwa bis zur Mitte des Hinterleibs, beim ♀ etwas darüber hinaus. Fühler beim ♂ körperlang, beim ♀ etwas kürzer. Schenkel allmählich keulenförmig verdickt. Körperfarbe hell bis dunkel schwarzbraun. Fühler, Beine, Halsschild und Kopf mitunter heller braun oder rötlichgelb (Abb. 105 A). Körperlänge 3–6 mm . . . . Nathrius (= Leptidea) brevipennis (MULSANT, 1839) schlüpft aus ungeschälten Weidenruten und daraus hergestellten Geflechten, wohl immer wieder aus dem Mittelmeergebiet eingeschleppt.
 - Die Flügeldecken reichen nicht ganz bis zur Körpermitte, sind hinten abgerundet und klaffen etwas auseinander. Gewöhnlich haben sie eine helle, weißliche, schräg stehende, nach vorn auslaufende Längsrippe. Halsschild fast doppelt so lang wie breit, mit 2 Längsschwielen und einem flachen länglichen Höcker in der Mitte des hinteren Drittels. Schwarz bis braunrot. Körperlänge 6–16 mm . . . . Kleiner Wespenbock, Molorchus (Caenoptera) minor (LINNAEUS, 1758) schlüpft aus berindeten Stämmen und Ästen von Kiefern und Fichten, die zu Pfählen oder Brennholz verarbeitet sind.
3. 3–8 mm große, hell- oder dunkelbraune, fein grauseidig behaarte Käfer mit einem sehr langen, schlanken Halsschild (Abb. 105 B) . . . . Weidenböckchen, Gracilia minuta (FABRICIUS, 1781) schlüpfen aus berindeten Weidenruten und den davon hergestellten Korbgeflechten, können auch in Sammlungen von berindetem Holz Schaden tun. Entwicklungszeit 1–2 Jahre.
 - Käfer größer als 10 mm 4

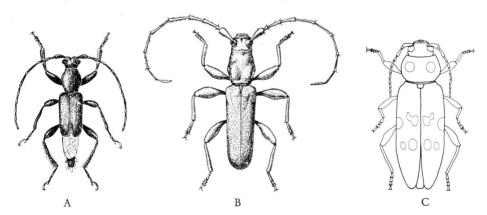

Abb. 105: A Nathrius brevipennis, B Gracilia minuta, C Hausbockkäfer, Hylotrupes bajulus (A aus LEPESME, B Zeichnung von F. DIEHL).

Gliederfüßer, Arthropoda

4. Fühler viel länger als der Körper. Kopf senkrecht abfallend. Letztes Glied des Kiefertasters zugespitzt 5
- Fühler etwa körperlang oder kürzer. Kopf schräg geneigt. Letztes Glied des Kiefertasters abgestutzt 8
5. Fühler beim ♂ 5mal so lang wie der Körper, beim ♀ doppelt so lang. Letzteres mit einer langen zapfenförmigen Legeröhre. Braun, mit feiner hellbrauner oder graubrauner Behaarung. Auf den Flügeldecken 2 schräggestellte dunkle Querbindungen, von denen die hintere deutlicher ist als die vordere. Körperlänge 12−20 mm ....
   .... **Zimmermannsbock**, *Acanthocinus aedilis* (LINNAEUS, 1758)
   entwickelt sich unter Kiefernrinde und schlüpft gelegentlich in Neubauten aus baumkantigem Holz, auch in Brennholz.
- Fühler beim ♂ mehr als doppelt so lang wie der Körper, einfarbig, beim ♀ etwas länger als der Körper, die einzelnen Glieder vom 3. ab hell geringelt. Flugloch und Larvengangquerschnitt siehe Schema 6 in Tabelle 47! 6
6. Schildchen dicht und gleichmäßig gelblichweiß behaart. Schwarz, beim ♂ auf den Flügeldecken mit undeutlichen, beim ♀ meist mit vielen weißlichen Haarflecken. Körperlänge 21−35 mm .... **Schneiderbock**, *Monochamus sartor* (FABRICIUS, 1787)
   schlüpft in Neubauten aus Fichtenholz. Die Larve entwickelt sich zuerst unter der Rinde, dringt dann aber in das Splintholz ein. Entwicklung 1jährig.
- Schildchen nicht gleichmäßig behaart, sondern es bleibt eine Stelle unbehaart 7
7. Die unbehaarte Stelle des Schildchens ist der ganze Mittelstreifen. Schwarz. Behaarung der Flügeldecken beim ♀ weißgelbe Flecke, die vor allem beim ♂ oft fehlen. Körperlänge 15−24 mm .... **Schusterbock**, *Monochamus sutor* (LINNAEUS, 1758)
   Lebensweise wie bei der vorhergehenden Art, auch in Tanne.
- Die behaarte Stelle des Schildchens ist nur ein etwa halbkreisförmiger Fleck in der Mitte an der Basis. Behaarung der Flügeldecken in meistens ockergelben, aber auch weißgrau bis gelblichen Flecken. Körperlänge 12−25 mm ....
   .... **Kiefernbock**, *Monochamus galloprovincialis* (OLIVIER, 1795)
   schlüpft aus Kiefernholz in Neubauten, Kisten und Grubenholz. Seine Larve entwickelt sich unter der Rinde, dringt dann ins Holz bis zum Kern vor. Beim Schlüpfen kann der Käfer auch den Inhalt der Kisten beschädigen, da er sich in ihn hineinfrißt, bis er stirbt. Entwicklung 1 bis seltener 2 Jahre.
8. Käfer 25−60 mm groß. Seitenrand des Halsschildes mit unregelmäßigen feinen Zähnchen besetzt, hinter der Mitte mit einem kräftigeren Zahn. Halsschild beim ♀ auf der ganzen Oberfläche stark und grob runzelig, beim ♂ ist es fein und dicht punktiert, matt mit Ausnahme von 2 größeren und einigen kleineren unregelmäßigen erhabenen glänzenden Stellen. Rot- bis pechbraun. .... **Mulmbock**, *Ergates faber* (LINNAEUS, 1758)
   lebt im Erdluft-Bereich von verbautem Nadelholz, an Fachwerkbauten, Pfählen, Telegraphenstangen usw. Entwicklung mehrjährig (Taf. II,E).
- Käfer gewöhnlich unter 25 mm. 9
9. Kopf hinter den Augen halsförmig eingeschnürt. Halsschild am Vorderrand deutlich verengt, glockenförmig. Halsschild und Flügeldecken beim ♀ hellrot, beim ♂ Halsschild schwarz, Flügeldecken braungelb. Körperlänge 10−19 mm ....
   .... **Rothalsbock**, *Leptura rubra* (LINNAEUS, 1758)
   häufiges Waldinsekt, kann sich aber auch in ständig feucht gehaltenem Bauholz entwickeln, das aus Nadelholz besteht, z. B. in Telegraphenstangen, in Fensterbrettern und Bodenschwellen von Häusern in Waldnähe.
- Kopf hinter den Augen nicht halsartig eingeschnürt. Seine Seiten verlaufen parallel . 10
10. 2. Fühlerglied fast halb so lang wie das 3., länger als breit, Fühler kurz, die Mitte der Flügeldecken nicht wesentlich überragend. Braun oder schwarz gefärbte Arten ... 11
- 2. Fühlerglied ringförmig, nicht halb so lang wie breit 13

11. Augen klein (mit bloßem Auge eben noch sichtbar), fein facettiert, Halsschild glatt, an den Seiten gerundet, einfarbig schwarz oder Flügeldecken ganz oder nur an den Seitenrändern braun. Körperlänge 8–23 mm . . . . **Düsterbock**, *Asemum striatum* (LINNAEUS, 1758)
   in Nadel-, besonders Kiefernholz, mitunter in Neubauten aus dem Bauholz schlüpfend.
   – Augen groß (mit bloßem Auge sehr gut sichtbar), grob facettiert, Halsschild mit je einer breiten, flachen Längsgrube auf jeder Seite der Mittelrinne, die oft undeutlich und nicht durchgehend ist 12
12. Augen mit einigen Härchen zwischen den Facetten, hell- bis dunkelbraun. Körperlänge 10–30 mm. . . . . **Grubenhalsbock**, *Criocephalus rusticus* (LINNAEUS, 1758)
    Larven vorwiegend in Kiefernholz, auch in verbautem Holz in Neubauten (Taf. III, A).
    – Augen kahl, dunkelbraun bis schwarz. Körperlänge 13–25 mm . . . .
    . . . . *Criocephalus tristis* (FABRICIUS, 1787)
    seltener als die vorgehende Art. Biologie ähnlich.
13. Flügeldecken mit andersfarbigen Querbinden 14
    – Flügeldecken einfarbig, ohne Querbinden 17
14. Flügeldecken braun bis schwarz mit 2 mehr oder weniger deutlichen weiß behaarten Fleckenquerbinden, Hals schwarz glänzend, weiß behaart, mit 2 glänzenden Höckern. Auf der Bauchseite schiebt sich ein breiter Fortsatz der Vorderbrust zwischen die Hüften der Mittelbeine (Abb. 105 C). Körperlänge 7–25 mm, Männchen kleiner als Weibchen . .
    . . . . **Hausbockkäfer**, *Hylotrupes bajulus* (LINNAEUS, 1758)
    auf Dachböden ist seine Larve der gefährlichste Zerstörer von verbautem Nadelholz, seltener in Möbeln, im Freien in Telegraphenmasten, Holzpfählen u. dgl. Entwicklung im verbauten Holz 3 bis 10 und mehr Jahre (Taf. II, A–D).
    – Flügeldecken braunschwarz oder braun mit gelben Binden. 15
15. Die Innenränder der Fühlereinlenkungsstellen sind ebenso weit voneinander entfernt wie die Innenränder der Augen. Schmächtige Käfer mit gelben Querbinden auf den Flügeln . .
    . . . . *Clytus* LAICHARTING, 1784
    bei uns häufig *C. arietis* (LINNAEUS, 1758), der sich in verschiedenen Laubhölzern entwickelt und gelegentlich mit Brennholz in die Keller kommt.
    – Die Innenränder der Fühlereinlenkungsstellen liegen näher aneinander als die Innenränder der Augen 16
16. Halsschild breiter als lang. Fühler dick und kräftig. die einzelnen Glieder an der Spitze etwas eckig erweitert. Halsschild am Vorderrand und in der Mitte mit manchmal unterbrochener Querbinde, Flügeldecken mit 5 gelben Querbinden, von denen die erste gewöhnlich in einen Fleck hinter dem Schildchen und je einem Fleck an den Seiten unter der Schulter aufgelöst ist. Körperlänge 9–20 mm . . . .
    . . . . **Gemeiner Eichenwidderbock**, *Plagionotus arcuatus* (LINNAEUS, 1758)
    in Eichenholz, auch in Parkettstäben schädlich.
    – Halsschild länger als breit, wie die Flügeldecken zum größten Teil gelb behaart, so daß die schwarze Grundfarbe nur als Zeichnung erscheint. Charakteristisch ist die an ein umgekehrtes Y erinnernde schwarze Zeichnung auf der Halsschildmitte. Die schwarze Zeichnung der Flügeldecken besteht aus einem mittleren, an einen zweiseitigen Haken erinnernden Teil, der seitlich von je einem nach außen offenen Bogen flankiert wird und einer nur an der Naht unterbrochenen schwarzen Querbinde vor der Spitze. Körperlänge 10–15 mm. . . . . **Bambusbohrer**, *Chlorophorus annularis* (FABRICIUS, 1787)
    mit Bambus häufig aus Ostasien eingeschleppt. Die Larven leben darin weiter und die Käfer schlüpfen noch nach der Verarbeitung.
17. Flügeldecken violett oder blau schillernd, metallglänzend 18
    – Flügeldecken nicht metallglänzend und nicht violett oder blau gefärbt, höchstens braun mit einem violetten Schimmer 19

18. Halsschild ebenso blau gefärbt wie die Flügeldecken, runzelig, Flügeldecken grob punktiert. Körperlänge 10–15 mm . . . .
. . . . **Blauer Scheibenbock,** *Callidium violaceum* (LINNAEUS, 1758)
   Larve in Bauholzvorräten und Dachstühlen von Neubauten, wo sie unter der Rinde lebt und zur Verpuppung einen Hakengang im Holz anlegt. Nach Beseitigung der Rinde stirbt der Befall in der Regel aus.
– Halsschild ganz oder zum Teil rot. Körperlänge 8–14 mm . . . .
. . . . **Veränderlicher Scheibenbock,** *Phymatodes testaceus* (LINNAEUS, 1758)
   Larven in Vorratshölzern aus Eiche und unter der Rinde gefällter Eichen, bisweilen im Brennholz.
19. Flügeldecken und Halsschild leuchtend rot, fein behaart. Körperlänge 8–12 mm . . . . .
. . . . **Roter Scheibenbock,** *Pyrrhidium sanguineum* (LINNAEUS, 1758)
   Larve in Laubholz unter der Rinde, Verpuppung im Holz. Gelegentlich in Drechsler- und Stellmacherwerkstätten. Kaum mehr zu erwarten, weil die Art, die vorwiegend lichte Alteichenbestände besiedelt, sehr selten geworden ist.
– Flügeldecken und Halsschild braun oder rotgelb 20
20. Flügeldecken rotgelb glänzend. Körperlänge 8–14 mm . . . .
   . . . . **Veränderlicher Scheibenbock,** *Phymatodes testaceus* (LINNAEUS, 1758) (siehe 18)
– Flügeldecken braun, bisweilen mit einem violetten Schimmer, Halsschild und Beine rotgelb. Körperlänge 7–11 mm . **Brauner Scheibenbock,** *Phymatodes lividus* (ROSSI, 1794)
   im südwestlichen Mitteleuropa und Frankreich Larven schädlich in den aus Edelkastanienruten hergestellten Weinfaßreifen.

44. Samenkäfer, Bruchidae (= Lariidae)

Die wirtschaftlich wichtigen Samenkäfer leben als Freilandschädlinge in den Samen von Leguminosen. Die Weibchen kitten ihre Eier an die Samen an oder legen sie frei in den Hülsen ab. Die ausschlüpfenden Larven bohren sich in die noch nicht reifen Samen ein, die aber dadurch in ihrem Wachstum nicht gestört werden und reifen. Die erwachsenen Larven verpuppen sich bei den einen Arten außerhalb der Samen in der Hülse oder auch außerhalb von ihr in einem eiförmigen Kokon, bei anderen Arten aber in den reifen Samen, wobei sie bei der Anfertigung der Puppenwiege die Samenschale von innen her annagen und dabei ein kreisrundes durchscheinendes «Fenster» herstellen, das beim Schlüpfen der Käfer wie ein Deckel abgesprengt wird. Dadurch entsteht ein sehr charakteristisches Schadbild (Abb. 106 A). Das Schlüpfen der Käfer erfolgt meistens erst nach der Ernte auf dem Lager. Die meisten Arten müssen zur Fortpflanzung wieder auf das Feld. Nur wenige können auch an die lagernden Samen ihre Eier ablegen, wodurch während der Lagerzeit mehrere Käfergenerationen entstehen, wenn die Lagertemperatur entsprechend hoch ist. In Mitteleuropa wird sie allerdings für diese Arten, deren Heimat in wärmeren Ländern liegt, normalerweise nicht erreicht. Nur *Acanthoscelides obtectus* hat als Vorratsschädling bei uns eine größere Bedeutung erlangt. Zu diesen potentiellen Vorratsschädlingen gehören auch an Erdnüssen *Caryedon serratus*, an *Viciae*-Arten *Bruchidius incarnatus*, an *Phaseolus*-Arten *Zabrotes subfasciatus* und an *Viciae*- und *Phaseolae*-Arten die *Callosobruchus*-Arten. Wenn diese auch alle bisher in Mitteleuropa als Vorratsschädlinge noch keine Bedeutung erlangt haben, so sollen sie doch ebenso wie die in Mitteleuropa vorkommenden und häufigsten ausländischen Freilandschädlinge in der folgenden Bestimmungstabelle berücksichtigt werden, weil sie mit Hülsenfrüchten eingeschleppt werden können, die für die Ernährung der Menschen eine immer größere Bedeutung als Eiweißlieferanten erhalten und die gewohnte Nahrung für viele bei uns lebende Ausländer sind.

Übersicht über die Hülsenfrüchtler, in deren Samen sich die hier erwähnten Samenkäfer entwickeln, mit ihren wissenschaftlichen, deutschen, englischen und französischen Namen

Leguminosae (= Fabales), Hülsenfrüchtler, legumes, legumineuses
Papilionaceae (= Fabaceae), Schmetterlingsblütler

Viciae
Cicer arietinum, Kichererbse, chickpea, pois chiche
Lens culinaris (= *esculenta*), Linse, lentil, lentille
Pisum sativum, Erbse, garden pea, pois
Vicia faba, Puffbohne, (Pferde-, Sau-, Viehbohne, Große oder Breite Bohne), broad bean, fève

Phaseolae
Cajanus cajan (= *indicus*), Strauchbohne (Straucherbse), pigeon pea, pois du Congo
Glycine max (= *Soja hispida*), Sojabohne, soya, soya
Kersingiella geocarpa, Erdbohne
Lablab purpureus (= *vulgaris*, *Dolichos lablab*), Helmbohne, dolichos bean
Phaseolus coccineus (= *multiflorus*), Feuerbohne
Phaseolus lunatus, Mondbohne (Kaperbse), butter bean, lima bean
Phaseolus vulgaris, Garten-, Feldbohne (Gewöhnliche Bohne, Speisebohne), common bean, French bean, haricot
Vigna aconitifolia, akonitblätterige Bohne, moth bean
Vigna angularis, adzuki bean
Vigna mungo, Mungobohne, black gram, haricot mungo
Vigna radiata (= *Phaseolus aureus*), green gram
Vigna (= *Voandzeia*) *subterranea*, Erderbse, bambara groundnut, pois de terre
Vigna unguiculata, Kuhbohne, cowpea, haricot dolique

Coronilleae
Arachis hypogaea, Erdnuß, ground nut, arachide

Die Samenkäfer sind meistens kleine, in den Tropen auch mittelgroße Käfer mit nach vorn schnauzenförmig verlängertem Kopf und meistens vorquellenden, an ihrem Vorderrand mehr oder weniger stark ausgebuchteten Augen (Abb. 68 A). Die vor der Augenausbuchtung sitzenden Fühler sind gewöhnlich mehr oder weniger stark gesägt, bei den Männchen ausgeprägter als bei den Weibchen (Abb. 106 E, F). Bei den Männchen mancher Arten sind die Fühler gekämmt, d. h. die Vorderecken mehrerer Fühlerglieder sind lamellenförmig verlängert (Abb. 106 P). Die Flügeldecken bedecken das Hinterleibsende (Pygidium) nicht vollständig (Abb. 68 A, P). Dieses ist durch seine Behaarung charakteristisch gefärbt und bisweilen auch gezeichnet. Die Hinterschenkel sind sehr stark oder nur etwas verbreitert, bei letzteren die Vorderseite (d. i. beim laufenden Käfer die Unterseite) oft gefurcht. Auf jeder Seite der Furche kann die Kante kurz vor der Schenkelspitze (also vor der Einlenkungsstelle der Schiene) zu einem mehr oder weniger deutlichen Zahn ausgezogen sein (Abb. 106 B, C, H), dessen Ausbildung zur Artbestimmung verwendet werden kann.

Die Larven der Samenkäfer besitzen nach dem Schlüpfen aus den Eiern sechs schwach entwickelte Brustbeine (Abb. 111 D), die sie in den folgenden im Innern der Samen lebenden Stadien verlieren (Abb. 111 C). Bei Arten, die sich außerhalb der Samen verpuppen, z. B. bei *Caryedon*, werden sie aber im letzten Larvenstadium wieder ausgebildet (Abb. 111 E).

Über die Lebensweise der wichtigsten Arten berichten sehr ausführlich A. HOFFMANN, V. LABEYRIE, A. S. BALACHOWSKY in A. S. BALACHOWSKY: Entomologie appliquée à l'agriculture, Traité, T. 1 Coléoptères 1. Vol., Paris 1962, S. 434–494. Über neuere Forschungsergebnisse siehe auch: SINGH, S. R., H. F. VAN EMDEN, T. A. TAYLOR (Edit.): Pest of grain legumes: ecology and control. 454 + XI Seiten, Academic Press Inc., London 1978. – SOUTHGATE, B. J.: Biology of the Bruchidae. Ann. Rev. Entomol. **24**: 449–473, 1979. – LABEYRIE, V. (Edit.): The ecology of bruchids attacking legumes (pulses). Proc. int. Symp. Tours (Fr. nee), 16.–19.4. 1980. Ser. Entomol. **19**, XIV + 233 Seiten, The Hague-Boston-London 1981.

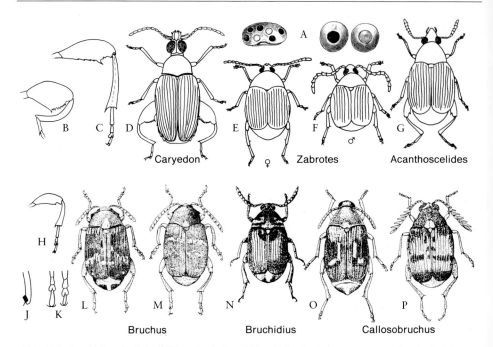

Abb. 106: Bruchidae: A Schadbilder durch Bruchidae links in Bohnensamen, rechts in Erbsen mit Schlupflöchern vor und nach Absprengen des von der Samenschale gebildeten «Fensters» oder Deckels. B Hinterschenkel und -schiene von *Caryedon,* C Hinterbein von *Acanthoscelides.* D–G Umrißzeichnungen von D *Caryedon serratus,* E ♀ und F ♂ von *Zabrotes subfasciatus,* G *Acanthoscelides obtectus.* H Hinterbein von *Bruchus*; J Mittelbein des ♂ von *B. signaticornis,* K Enden des Hinterfußes von *B. emarginatus* (links) und *B. pisorum* (rechts). L *Bruchus pisorum,* M *B. rufimanus,* N *Bruchidius incarnatus,* O *Callosobruchus maculatus,* P *C. chinensis* (A aus DIEHL & WEIDNER; L, M, O, P aus GOŁEBIOWSKA & NAWROT; N aus VARSCHALOWITSCH).

1. Hinterschienen stark gebogen, Hinterschenkel nicht ganz doppelt so lang wie breit, auf der Unterseite mit einem gezähnten Kiel (Abb. 106, B), Augen vorquellend und kaum ausgerandet . . . . **Pachymerinae** 2
– Hinterschienen ziemlich gerade, Hinterschenkel länger als ihre doppelte Breite (Abb. 106, C, H). 6
2. Seitenkiele des Halsschilds in seiner ganzen Länge deutlich ausgebildet. Körperlänge 9–19 mm 3
– Seitenkiele des Halsschilds unvollständig, nur hinten entwickelt. Hinterschenkel auf der Unterseite vor der Spitze mit einem Kamm, der aus einem langen Zahn und dahinter 8 bis 10 kleinen Zähnchen (Abb. 106 B) besteht. Körperlänge nicht mehr als 10 mm. 4
3. Hinterschienen am Ende mit zwei ungleich langen Sporen, Hinterschenkel mit einem Zahn vor der Mitte, Kante davor einfach, dahinter mit 12 bis 16 Zähnchen . . . .
. . . . *Caryoborus* SCHÖNHERR, 1833

Die Arten dieser Gattung leben im tropischen Süd- und Zentralamerika in den Samen von Palmen. Mit Steinnüssen (Corozo-, Tumaco- odr Sabadillanüssen), die Samen von *Elephantusia (Phytelephas) macrocarpa,* die zur Herstellung von Knöpfen verwendet wurden, wurde in früheren Zeiten der **Steinnußkäfer,** *Caryoborus chiriquensis* SHARP, 1885 häufig eingeschleppt. Die Larven liegen in erbsen- bis bohnengroßen Höhlungen der Steinnüsse und verzehren

sie trotz ihrer Härte völlig. Der Käfer wurde daher im Handel als «flying dust» bezeichnet. Er ist rötlichbraun. Die Hinterschenkelkante trägt nur 12 Zähnchen, die Fühler sind bei Männchen und Weibchen gleich. Körperlänge 11 mm
– Hinterschienen ohne Sporne. Fühler vom 5. Glied an gesägt. Glieder 2 bis 4 mit einem Eindruck an ihrer Basis. Hinterschenkel mit einem großen Zahn nahe seiner Spitze, die Kante vor ihm ist nicht, dahinter stark erhaben und gezähnelt . . . .
. . . . *Pachymerus* THUNBERG, 1805

Die Arten dieser Gattung leben im tropischen Amerika in Samen von Palmen, nur *P. cardo* (FÅHRAEUS in SCHÖNHERR, 1839) hat sich auch in Westafrika (Nigeria) eingebürgert, wo er in den Samen der Ölpalme *(Elaeis guineensis)* schädlich wird. *P. nucleorum* (FABRICIUS, 1767) wurde ins Rheinland mit einer Halskette aus Palmensamen eingeschleppt.

4. Rotbraun, gelblich behaart, mit verwaschenen schwarzen Flecken auf den Flügeldecken, die regelmäßig verteilt sind. Beine und Fühlerbasis rot, vom 5. Fühlerglied an gesägt und dunkelbraun bis ganz schwarz. Körperlänge 3 – 7 mm (Abb. 106 B, D) . . . .
. . . . **Erdnußsamenkäfer**, *Caryedon serratus* (OLIVIER, 1790) (= *C. gonager*, FABRICIUS, 1798, *C. fuscus* auct. nec GOEZE, 1777)

Erdnußschädling. Sowohl im Freiland als auch auf dem Lager an geschälten Erdnüssen und häufiger an Erdnüssen in der Schale, besonders in Nigeria und dem Sudan. Er wird damit auch nach Europa verschleppt, wo er sich aber auf dem Lager nicht dauernd halten kann. Verpuppung außerhalb der Samen, oft auch außerhalb der Hülsen, in einem rundovalen, seidenartigen Kokon, der in Jutesäcken leicht verschleppt werden kann. Er entwickelt sich auch in den Samen von Caesalpinoideae *(Tamarindus, Piliostigma, Bauhinia, Cassia)* sowie von Mimosoideae *(Acacia*-Arten, z. B. Gerberschoten «Bablah» von *A. arabica)* in allen Tropenländern. Bei der bisher nur aus Israel und dem Iran bekannt gewordenen ssp. *palaestinicus* SOUTHGATE, 1976, fehlen die Flecken auf den Flügeldecken oder häufen sich, wenn sie vorhanden sind, in ihrem Spitzenteil. Diese Unterart lebt offenbar nur in den Samen von *Acacia tortilis, A. spirocarpa* und *Prosopis farcata*, ist aber als potentieller Erdnußschädling anzusehen.

– Braungelb, Flügeldecken einfarbig, ohne dunkle Flecken, Körperlänge 7 – 10 mm. An Sennesschoten *(Folliculi Sennae Alexandriae)* 5

5. Dunkel braungelb bis gelbrot mit heller goldener Behaarung, oberes Drittel oder obere Hälfte jeden Fühlergliedes etwas dunkler, Spitzen der Hinterschenkel pechschwarz. Schildchen fast quadratisch. Pygidium (Hinterleibsende) beim Männchen an der Spitze mit einem medianen Ausschnitt, beim Weibchen mit gerundeter Spitze, hellgolden behaart. Körperlänge 7 – 10 mm . . . . *Caryedon pallidus* (OLIVIER, 1790)

Nur in Westafrika (Nigeria, Senegal) verbreitet, hauptsächlich an *Cassia obtusifolia*, vielleicht kein Schädling an Sennesschoten, wie früher angenommen.

– Hell braungelb mit sehr heller goldener bis silberner Behaarung. Fühler und Beine ebenso gefärbt und einfarbig. Hinterschenkel manchmal etwas dunkler. Schildchen deutlich länger als breit. Pygidium beim Männchen mit gerundeter Spitze, beim Weibchen mit einem medianen Höcker nahe seiner Spitze. Seine Haut ist dunkel bis heller braungelb und dunkler gefleckt mit sehr langer, sehr heller goldner und silberner Behaarung. Körperlänge 8,5 – 9,5 mm . . . . *Caryedon sudanensis* SOUTHGATE, 1971

nur im Nilbecken des Sudan verbreitet, vorwiegend an *Cassia senna* (= *Cassia acutifolia* + *C. angustifolia*), der Schädling an *Folliculae Sennae*.

6. Hinterschienen mit 2 beweglichen langen, roten Enddornen. Hinterschenkel ohne Zähnchen. Augen quellen nur wenig aus dem Kopf vor, Kopf daher hinter ihnen nicht halsartig eingeschnürt. Männchen einfarbig grau oder braungelb oder schachbrettartig mit abwechselnd helleren und dunkleren, grauen und braunen Flecken. Weibchen oliv- bis dunkelbraun und schwarz mit mehr oder weniger breiter, oft in Flecken aufgelöster weißer Querbinde in der Mitte der Flügeldecken. Pygidium graugelb mit weißem Längsstrich. Körperlänge ♀ 1 – 2 mm, ♂ 1,6 – 3 mm (Abb. 106 E, F) . . . .
. . . . . **Brasilbohnenkäfer**, *Zabrotes* (= *Spermophagus*) *subfasciatus* (BOHEMAN, 1833)
(Amblycerinae)

Vorwiegend an *Phaseolus vulgaris* und *Ph. lunatus*, aber auch an anderen Hülsenfrüchten wie *Vigna unguiculata* und *V. subterranea*. ZACHER hat im Laboratorium seine Entwicklung auch in Samen von *Viciae*-Gattungen erreicht, aber nur bei hoher Sterblichkeit im Larvenstadium (z. B. in Erbsen 43–77%, in Sojabohnen 94,5 bis über 99,7% und in Puffbohnen 96 bis fast 97%), weshalb er für diese Wirtspflanzen kaum von Bedeutung sein dürfte. Beheimatet in Mittelamerika und dem nördlichen Südamerika, fast in allen tropischen Ländern eingebürgert. Er wird auch nach Europa häufig verschleppt, ist aber zu wärmebedürftig, um sich halten zu können.

– Hinterschienen ohne bewegliche Enddornen. Augen stark vorquellend, Kopf daher dahinter halsartig eingeschnürt . . . . **Bruchinae** 7
7. Der Seitenrand des Halsschildes ist glatt 15
– Der Seitenrand des Halsschildes etwa in der Mitte mit einem kleinen Zahn (Abb. 106 L, M). Hinterschenkel vor der Spitze meistens mit einem Zahn, dahinter ausgeschnitten (Abb. 106, H) . . . . *Bruchus* LINNAEUS, 1758

Hierher gehören zahlreiche Arten, die schwer zu unterscheiden sind, noch dazu, da oft tropische und subtropische Arten eingeschleppt werden. Auf dem Lager können sie sich alle nicht vermehren. Sie müssen zur Fortpflanzung die Leguminosen auf dem Feld befallen. Wenn sich auch die einzelnen Arten in den Samen verschiedener *Viciae*-Arten entwickeln können, so haben die meisten von ihnen doch einen Vorzugswirt, in dem sie gewöhnlich gefunden werden und wirtschaftliche Bedeutung erlangen. Es dürfte den praktischen Anforderungen genügen, wenn die Arten nach ihren Vorzugswirten, soweit diese der menschlichen Ernährung dienen, mit ihren charakteristischen Merkmalen vorgestellt werden. Eine Vollständigkeit der Arten, die möglicherweise eingeschleppt werden können, wurde nicht angestrebt, auch die Arten, die in Samen von Futterleguminosen auf den Speicher kommen können, wurden nicht berücksichtigt. Gegebenenfalls muß ihre Bestimmung durch einen Spezialisten erfolgen.

8. In Linsen, *Lens culinaris* 9
– In anderen *Viciae*-Arten 11
9. Pygidium ohne zwei scharf umrandete haarlose Flecken, Zeichnung nur durch hellere und dunklere graue Behaarung 10
– Pygidium mit zwei scharf umrandeten, haarlosen, kreisrunden dunklen Flecken. Letztes Fühlerglied (wenigstens unten) rot, beim Männchen die vorhergehenden Glieder gelb, beim Weibchen schwarz. Sicherstes Merkmal beim Männchen auf der Innenseite der Mittelschiene eine schwarze Lamelle vor dem langen Enddorn (Abb. 106 J). Außerdem sind die Vorderschienen stark verbreitert. Flügeldecken schwarz mit einer schräg gestellten hellen Fleckenbinde hinter der Mitte. Körperlänge 2,5–3,7 mm . . . . *Bruchus signaticornis* GYLLENHAL, 1833

Hauptschädling im mittleren und südlichen Frankreich, in Nordafrika auch an anderen Leguminosen.

10. Halsschild doppelt so breit wie lang. Mittelbeine von den Schenkeln bis zu den Fußgliedern ganz rotbraun. Vorderbeine ebenfalls ganz rotbraun. Fühler in beiden Geschlechtern schwarz mit roter Basis. Flügeldecken und Halsschild dicht graubraun behaart mit weißen Haaren durchsetzt, die bei Stücken mit gut erhaltener Behaarung eine Längsbinde entlang der Flügelnaht bis hinter die Mitte und dann eine schräg gestellte Querbinde bilden. Dazu kommt noch ein kleiner weißer Fleck vor ihr in der Mitte des 3. Zwischenraums. Körperlänge 3–3,8 mm . . . . *Bruchus ervi* FRÖLICH, 1799

Hauptschädling in Vorderasien und den Ländern um das östliche Mittelmeer. Kommt auch in Erbsen vor.

– Halsschild kaum breiter als lang. Mittelbeine mit schwarzen Schenkeln und rotbrauner Schienen und Fußgliedern. Vorderbeine ganz rotbraun. Fühler schwarz mit roter Basis. Halsschild und Flügeldecken dicht grau behaart mit zahlreichen länglichen weißgrauen Gitterflecken dazwischen, die in und hinter der Mitte je eine angedeutete Querbinde bilden können. Schulterbeule und ein Fleck in dem vorderen Flügeldeckendrittel auf dem 2. und 5. Zwischenraum sind schwarz. Körperlänge 2,5–3,5 mm . . . . **Linsenkäfer**, *Bruchus lentis* FRÖLICH, 1799

Hauptschädling im östlichen Europa, in den Mittelmeerländern und Kleinasien. Auch in Erbsen.

11. In Gartenerbsen, *Pisum sativum* 12
– In Dicken Bohnen, *Vicia faba* 14

12. Halsschild fast doppelt so breit wie lang 13
- Halsschild an seiner breitesten Stelle kaum breiter als lang, an seiner schmalsten Stelle so breit wie lang, sein Seitenzähnchen ist weit vor der Mitte gelegen und von vorn betrachtet kräftig. Die Fühlerbasis und der größte Teil der Vorderschenkel und Schiene rotbraun, Schenkelbasis, Schienenspitze und Fußglieder aber schwarz, Mittelbeine vollständig schwarz. Halsschild grau und gelblich behaart, Flügeldecken dicht grau behaart mit einem schwarzen Fleck im vorderen Drittel im 3. bis 5. Zwischenraum und einer dunklen, durch helle Behaarung mehrmals unterbrochenen Querbinde in der Mitte. Körperlänge 3-5 mm . . . . *Bruchus affinis* FRÖLICH, 1799
  in Südeuropa und Südasien, auch in *Lathyrus-*, *Vicia-*, *Cajanus-* und *Lablab*-Arten.

13. Klauenglied der Hinterfüße doppelt so lang wie das zweilappige 3. Fußglied (Abb. 106 K rechts). Oberseite hellbraun behaart mit einem hellen Fleck auf dem Halsschild vor dem Schildchen, je einen vor der Mitte der Flügeldecken und dahinter seitlich eine schräg gestellte Querbinde. Das Pygidium ist weiß behaart und hat 2 tiefschwarze, große ovale Flecken vor der Spitze, wodurch die weiße Behaarung als eine gebogene Querbinde erscheint. Vorderbeine mit schwarzen Schenkeln, aber rotbraunen Schienen und Fußgliedern; Mittelbeine mit schwarzen Schenkeln und schwarzer Schienenbasis, aber rotbraunen Schienenspitzen und Fußgliedern. (Abb. 106 L). Körperlänge 4—5 mm) . . . . **Erbsenkäfer**, *Bruchus pisorum* (LINNAEUS, 1758)
   Bedeutendster Erbsenschädling. Heimat wahrscheinlich Vorderasien, von da über fast alle erbsenanbauende Länder verschleppt. In Mitteleuropa im Freiland selten.

- Klauenglied der Hinterfüße dreimal so lang wie das zweilappige 3. Fußglied (Abb. 106 K links). Färbung und Zeichnung sehr ähnlich der von *B. pisorum*, aber die Vorderbeine, also auch ihre Schenkel, ganz rotgelb. Körperlänge 3—4 mm . . . . *Bruchus emarginatus* ALLARD, 1868
  in Südeuropa, Nordafrika und Syrien, auch in Kichererbsen und wilden Wicken.

14. 3,5—5 mm großer Käfer. Unterseite stark gelblich braun behaart. Oberseite mit gelblicher und weißer fleckiger Behaarung, bisweilen auch gleichmäßig grau (häufig hinter dem Schildchen eine rötlichgelbe Längsmakel); Flügeldecken vor der Mitte deutlich quer eingedrückt; Mittelschienen beim Männchen dicker als beim Weibchen, gebogen und etwas gedreht, auf ihrer Hinterseite mit einer tiefen Längsfurche, innen an ihrer Spitze ein kurzer Endsporn (Abb. 106 M) . . . **Pferdebohnenkäfer**, *Bruchus rufimanus* BOHEMAN, 1833
   von Mitteleuropa und dem Mittelmeergebiet bis Ostsibirien und Japan verbreitet, nach Nordamerika und dem Kapland verschleppt; befällt auch noch Linsen, Erbsen und wilde *Vicia*-Arten.

- 2—3,5 mm großer Käfer. Unterseite kurz grau behaart. Oberseite mit einzelnen weißen Haarsprengeln, meistens nur ein Längsfleck hinter dem Schildchen, dazu an der Flügeldeckenbasis je ein kleines Fleckchen im 3. Zwischenraum und im 5. dahinter und außerdem vor und hinter der Mitte im 3. Zwischenraum. Auf dieser Höhe können auch 2 Querbinden aus helleren Fleckchen angedeutet sein. Mittelschienen beim Männchen innen über dem Endsporn mit einem spitzen Zähnchen . . . . **Saubohnenkäfer**, *Bruchus atomarius* (LINNAEUS, 1761)
  in Europa, Sibirien und Persien. Auch an Erbsen, Linsen und wilden Wicken.

15. Hinterschenkel auf der Innenseite mit einem starken Zahn vor der Spitze, dazwischen noch 2 sehr kleine Zähnchen (Abb. 106 C). Halsschildhinterrand in der Mitte nur wenig vorgezogen und nicht anders gefärbt als der ganze Halsschild. Oberseite gelbgrün, Hinterleibsende (Pygidium) gelbrot behaart (Abb. 68 A, 106 G). Körperlänge 2—5 mm . . . . **Speisebohnenkäfer**, *Acanthoscelides obtectus* (SAY, 1831)

in Speisebohnen aus wärmeren Ländern in unser Gebiet eingeschleppt, wo er sich auch auf den Speichern fortpflanzen kann. Seit 1939 im Gefolge der kriegsbedingten Kleingärten in immer stärkerem Maß auch bei uns als Freilandschädling aufgetreten. Dann aber im Freiland wieder ganz verschwunden.

– Hinterschenkel ohne Zahn oder nur mit einem Zahn auf der Innen- und/oder Außenseite vor der Spitze, dazwischen aber kein weiterer Zahn (Abb. 106 H) 16

16. Der lappenförmig vorgezogene Halsschildhinterrand ist hinten abgerundet oder abgestutzt und ebenso wie der übrige Halsschild gefärbt (Abb. 106 N) . . . .
. . . . *Bruchidius* SCHILSKY, 1905

Die hierher gehörenden Arten sind Freilandschädlinge an den Samen von Leguminosen, besonders in wärmeren Ländern. Nur einige können sich auch auf dem Lager fortpflanzen, so z.B. *B. incarnatus* (BOHEMAN, 1833) in den Mittelmeerländern. Er wird auch gelegentlich mit Saubohnen, Erbsen, Linsen und Kichererbsen nach Mitteleuropa verschleppt. Normalerweise tritt hier ab Oktober Winterruhe ein, aber nicht, wenn die Bohnen infolge starken Befalls warm geworden sind. Die Flügeldecken des Käfers sind rötlich graubraun mit gelbgrauer Fleckenzeichnung, die Fühler schwach gesägt, schwarz, ihre letzten Glieder aber rotbraun. Körperlänge 3–3,8 mm.

– Der lappenförmig vorgezogene Hinterrand des Halsschildes ist aufgetrieben, längsgefurcht, hinten eingeschnitten und oft auffallend heller behaart als der übrige Halsschild (Abb. 106 O, P) . . . . *Callosobruchus* PIC, 1902

Die hierzu gehörenden Arten sind in den Tropen und Subtropen die größten Schädlinge an Hülsenfrüchten. Sie vermehren sich auf dem Lager stärker als im Freiland. Sie können auch nach Mitteleuropa verschleppt werden, wo sie aber auch auf dem Speicher keine geeigneten Klimabedingungen vorfinden. Ihr Entwicklungsoptimum liegt zwischen 28° und 32°C bei 93% relativer Luftfeuchte. In den Mittelmeerländern haben sich aber die folgenden beiden Arten eingebürgert. An ihrer Behaarung und die davon gebildete Zeichnung sind frisch geschlüpfte Individuen leicht zu bestimmen. In der Praxis werden aber meistens alte Exemplare vorgelegt, bei denen die Behaarung mehr oder weniger stark abgerieben ist, weshalb zur Bestimmung weniger auffällige morphologische Merkmale benutzt werden müssen.

17. Fühler beim Männchen gekämmt (vom 4. bis 10. Glied stark ausgezogen) und dunkel, beim Weibchen stark gesägt, ganz braungelb oder die Glieder 4 bis 11 dunkelbraun bis schwarz. Flügeldecken kaum länger als zusammen breit, rotbraun mit schwarzen und weißen Haarflecken. Die schwarzen bilden besonders auf den Schultern, etwa in der Mitte der Flügeldeckenlänge und an ihrer Spitze unterbrochene Querbinden, von denen die letzte den Hinterrand vollständig schwärzen kann, die weißen zwischen dem 2. und 3. Streifen je einen langgestreckten rechteckigen Fleck, der vorn und hinten von einem kürzeren schwarzen begrenzt wird, und vor und hinter der schwarzen Mittelbinde unterbrochene Querbinden, die bei älteren Tieren oft abgerieben sind. Halsschild rotbraun mit 2 dicht weißbehaarten, langgestreckt dreieckigen Flecken auf dem aufgebeulten Hinterrandlappen. Auf dem Schildchen dahinter ein weißbehaarter viereckiger Fleck. Pygidium vorwiegend weiß und silbrig behaart (Abb. 106 P). Körperlänge 2,2–3,5 mm . . . . . .
. . **Kundekäfer, Chinesischer Bohnenkäfer,** *Callosobruchus chinensis* (LINNAEUS, 1758)

Hauptschädling an *Vigna unguiculata*, beheimatet in den Tropen und Subtropen Asiens, verschleppt in die meisten tropischen und subtropischen Länder einschließlich der Mittelmeerländer. Auch schädlich an *V. angularis V. mungo, V. radiata, Cicer arietum, Cajanus cajan, Pisum sativum, Lens culinaris*; kann sich aber nicht in *Phaseolus vulgaris* entwickeln.

– Fühler in beiden Geschlechtern nicht gesägt, an der Basis gelbbraun und vom 5. Glied an schwarz. Der Halsschild ist schwarz und spärlich golden behaart, die weiße Behaarung auf dem Hinterrandlappen ist klein und dreieckig. Die Flügeldecken sind deutlich länger als zusammen breit, braun und mit 4 mehr oder weniger großen Flecken an den Seiten und an der Spitze. Das Pygidium ist beim Männchen schwarz oder gelbbraun mit schwarzen Seiten und hell behaarter Mittellinie, beim Weibchen gelbbraun mit weiß behaarter Mittellinie, die sich weiter ausdehnen kann. Die Beine sind hellgelbbraun, doch kommt auch eine Form mit schwarzen vor. Bei der «typischen», flugträgen, aber sehr fruchtbaren Form ist der Halsschild 1,3mal so breit wie lang und seine Seiten gleichmäßig gerundet bei frisch geschlüpften Männchen sind die Flügeldecken auf der Spitzenfläche wie auf ihrer übrigen Oberfläche mit hellbraunen Borsten besetzt, bei der «aktiven», flugtüchtigen, aber weniger fruchtbaren Form ist der Halsschild 1,5mal so breit wie lang; seine Seiten sind etwas konvex vorgewölbt und bei den frisch geschlüpften Männchen sind die Flügeldecken auf der Spitzenfläche mit Reihen abstehender weißer Borsten besetzt. Die Körpergröße beträgt bei der typischen Form ♂ 2,55 und ♀ 3,04, bei der aktiven Form ♂ 3,12 und ♀ 3,13 mm. Auch die Ausbildung der männlichen Kopulationsorgane ist bei beiden Formen verschieden (Abb. 106 O) . **Vierfleckiger Bohnenkäfer,** *Callosobruchus maculatus* (FABRICIUS, 1775) [= *Pachymerus quadrimaculatus* (FABRICIUS, 1792)]

<small>Hauptschädling an *Vigna unguiculata*; beheimatet in den Tropen und Subtropen der Alten Welt, verschleppt nach Amerika, Australien und in die Mittelmeerländer. Auch an *V. aconitifolia, V. angularis, V. mungo, V. radiata, V. subterranea, Cajanus cajan, Glycine max, Kersingiella geocarpa* und *Lablab purpureus, Lens culinaris, Cicer arietum, Pisum sativum* ausnahmsweise.</small>

45. Rüsselkäfer, Curculionidae

1. Fühler gekniet: Das 1. Fühlerglied, der «Schaft», ist bedeutend länger als jedes andere Fühlerglied, bisweilen fast so lang als alle anderen Fühlerglieder zusammen. Von diesen werden die ersten 4 bis 7 dünneren als «Geißel» und die letzteren verdickten als «Keule» bezeichnet, die auch kompakt sein kann. Schaft und Geißel bilden einen Winkel miteinander (Abb. 68 D–G). 2
— Fühler nicht gekniet. Das 1. Fühlerglied ist kaum länger als die beiden folgenden zusammen. Der Rüssel ist spitz, gerade oder gebogen und bei den meisten Arten so lang wie der Kopf und der zylindrische bis konische Halsschild zusammen. Nur kleine Käfer mit einer Körperlänge zwischen 1,2–4,5 mm (Abb. 67 B, 68 C) . . . . **Spitzmäuschen,** *Apion* HERBST, 1797
<small>Von den bisher über 1000 beschriebenen Arten kommen etwa 140 in Mitteleuropa vor. Sie alle sind Freilandtiere, die sich in verschiedenen Teilen lebender Pflanzen entwickeln. Einige zerstören auch die Samen von Schmetterlingsblütlern (*Papilionaceae* oder *Fabaceae*); handelt es sich dabei um angebaute Arten, können sie unter Umständen mit den Samen eingelagert werden. Andere können auch mit dem von ihnen befallenem Kleeheu als Larven oder Puppen in die Scheunen gebracht werden, wenn der Klee in voller Blüte gemäht wurde. Die ausgeschlüpften Käfer können einige Tage nach der Einlagerung in Massen an den Scheuenwänden gefunden werden, wo sie nach einem Ausweg ins Freie suchen. Die *Apion*-Arten sind Freilandschädlinge, als Vorratsschädlinge spielen sie keine Rolle. Zu ihrer Bestimmung benutze man die Tabellen von DIECKMANN 1977 (Beitr. Entomol., 27:7–143. Berlin) und FREUDE, HARDE, LOHSE Bd. 10, 1981.</small>

2. Rüssel dick, kurz und kaum länger als breit, an seinem Vorderrand in der Mitte dreieckig oder halbrund ausgeschnitten, an seiner Spitze durch seitliche lappenförmige Wülste verbreitert. Die Fühler sind nahe der Rüsselspitze eingelenkt. Ihr Schaft reicht nach rückwärts an den Kopf gelegt über die Augen hinaus. Die Fühlergruben sind von oben vollständig sichtbar. Die rundlichen Augen sind in Seitenansicht des Kopfes viel schmäler als der Rüssel hoch und stehen im oberen Teil des Kopfes (Abb. 68 D, H). Die Flügeldecken sind vorn gerundet (bilden also keine eckige Schulter), so daß sie zusammen die Gestalt eines vorn abgerundeten und hinten etwas zugespitzten Eies haben. Jede Flügeldecke besitzt zehn Längsfurchen 3
— Rüssel dünn, viel länger als breit, mehr oder weniger stark gebogen, gewöhnlich stielrund; wenn er gegen die Spitze zu etwas verbreitert ist (wie bei den *Cossoninae*), so erfolgt die Verbreiterung nicht durch Wülste, sondern ganz allmählich spatelförmig. Augen mehr

elliptisch als rund und an ihrer breitesten Stelle fast so groß wie der Rüssel in Seitenansicht hoch (Abb. 68 E−G) 4
3. 9−10,5 mm lange, schwarze Käfer mit stark, fast runzelig punktiertem Rüssel, auf dessen Oberseite in der Mitte eine Furche mit vom Vorderrand nach hinten konvergierenden Seiten. Der zylinderförmige Halsschild ist grob gekörnt, wobei die einzelnen Körner wie Perlen ausgebildet sind, auch die Längsfurchen der Flügeldecken sind ebenso wie die erhabenen Zwischenräume stark gekörnt. Die Oberseite ist sehr fein und wenig dicht, auf den Flügeldecken etwas fleckig goldbraun behaart. Alle Schenkel haben auf dem Innenrand einen glatten Zahn (Abb. 68 H) Körperlänge 8−10 mm . . . .
. . . . . **Gefurchter Lappenrüßler,** *Otiorhynchus (Dorymerus) sulcatus* FABRICIUS, 1775

<small>Die flugunfähigen, nachtaktiven Käfer dringen gelegentlich massenhaft in Häuser ein, wo sie durch ihr Herumkrabbeln lästig erscheinen. Sie sind weder Gesundheits- noch Vorrats- oder Materialschädlinge, werden aber als ekelerregend empfunden. Sie kommen aus benachbarten Anpflanzungen von Ziersträuchern wie Azaleen, Rhododendron, Cotoneaster u. dgl., an deren Wurzeln ihre Larven fressen. Mit diesen Pflanzen werden sie auch in Vorgärten, Innenhöfe und Dachgärten verschleppt, wo ein oder zwei Jahre nach der Anpflanzung eine Massenvermehrung stattfinden kann, weil sich die Weibchen parthenogenetisch fortpflanzen und bis zu 1000 Eier legen. Die Käfer haben eine Lebensdauer bis zu 17 Monate, normalerweise überwintern die erwachsenen Larven.</small>

− 4−6 mm lange, glänzend schwarze oder schwarzbraune Käfer mit braunroten Fühlern und Beinen. Rüssel oben ohne auffallende Furche. Halsschild grob gekörnt; die Körner sind in der Mitte zu mehreren, in der Anordnung variablen Längsschwielen zusammengeflossen. Die Flügeldecken mit je zehn Punktstreifen und runzeligen oder raspelartig gekörnten Zwischenstreifen. Alle Schenkel mit einem Dorn, dessen Innenrand am Vorderschenkel nicht glatt ist. Am Hinterschenkel ist er dornförmig spitzig. Die Oberseite des Käfers ist einfach, fein und sehr kurz behaart. Körperlänge 4−6 mm . . . .
. . . . **Erdbeerwurzelkäfer,** *Otiorhynchus (Tournieria) ovatus* (LINNAEUS, 1758).

<small>Diese Art wird im Stadtgebiet noch häufiger als die vorhergehende gefunden und hat ähnliche Lebensweise, bevorzugt aber auch Nadelholzarten. Die Käfer können vielleicht auch in Häuser eindringen, wie auch noch andere *Otiorhynchus*-Arten, die in Städte eingeschleppt wurden. Bestimmungstabellen dafür geben DIECKMANN, 1980 (Beitr. Entomol. 30: 145−310) und FREUDE, HARDE, LOHSE Bd. 10, 1981.</small>

4. 7,5 bis 14 mm große, dunkelbraune bis fast schwarze Rüsselkäfer mit unregelmäßigen von ockergelben Schuppenhaaren gebildeten Flecken und Querbinden auf Halsschild und Flügeldecken und gelbfleckig behaartem Bauch; Rüssel etwa so lang wie der Halsschild, schwach gebogen, mit langer Fühlergrube und nahe der Spitze eingelenktem Fühler (Abb. 68 E). Die Käfer werden gelegentlich in Anzahl in Blockhäusern angetroffen. . . . .
. . . . **Großer Brauner Rüsselkäfer,** *Hylobius abietis* LINNAEUS, 1758

<small>Ein häufiger durch Fraß der Käfer an meist 3−6 Jahre alten Kiefern und Fichten, aber auch anderen Nadelbäumen und einigen Laubbaumarten sehr gefährlicher Schädling. Die Käfer werden besonders in frisch errichtete Blockhäuser wahrscheinlich durch den Holzgeruch gelockt, können aber dort keinen Schaden verursachen.</small>

− Unter 6 mm große Rüsselkäfer 5
5. Flügeldecken kaum länger als der Halsschild. Fühler dicht vor dem Auge eingelenkt (Abb. 68 F). Rüssel beim Männchen kürzer als beim Weibchen. Kleine rot- bis schwarzbraun gefärbte Käfer mit tiefer grubenförmiger Punktierung auf dem Halsschild und kräftig gestreiften Flügeldecken. Vorratsschädlinge, vorwiegend an Getreide und Getreideprodukten 6
− Flügeldecken bedeutend länger als der Halsschild. Fühler weiter von den Augen entfernt eingelenkt. Larven entwickeln sich im Holz (Tabelle 47: 23) . . . .
. . . . **Bohrrüssler,** *Cossoninae* 9

<small>leben in abgestorbenem feuchten, meist pilzbefallenen Nadel- und Laubholz im Freien in Baumstöcken, aber auch in anbrüchigen Teilen lebender Bäume, in Zaunpfählen und anderem technisch genutzten Holz, in Gebäuden besonders in feuchten Kellern, Erdgeschoßwohnungen, Fenster- und Türenumrahmungen, Fußbodendielen, Hafenkonstruktionen, die ständig befeuchtet werden, Abstützholz in Bergwerken usw. Sowohl Käfer als auch Larven</small>

zerfressen das Splintholz, wobei ihre Fraßgänge ineinander übergehen und ein unregelmäßiges, an Anobienfraß erinnerndes Bild geben. Die Käfer verlassen bei einigen Arten das Holz nicht, so lang es für die Fortpflanzung geeignet ist. Begattung und Eiablage erfolgen im Holz, dessen Oberfläche daher auch keine Fluglöcher aufweist. Die Fraßgänge sind unregelmäßig, mit oft geschlängelt angeordnetem Kot und Bohrmehl gefüllt. Die Schäden sind technischer Natur, aber meistens ohne wirtschaftliche Bedeutung, weil sich in dem für die Käfer geeigneten Holz fast immer gleichzeitig auch Pilze entwickeln, die bedeutend gefährlicher als die Käfer sind. In der Nomenklatur wird FOLWACZNY (1973: Entomol. Bätter, **69**: 65–180) gefolgt, die im angewandten Schrifttum gewöhnlich gebrauchten Synonyme werden in Klammern beigefügt. Es muß damit gerechnet werden, daß auch andere Arten der *Cossoninae* in gleicher Weise wie die hier genannten in technisch genutztem Holz auftreten und schädlich werden.

6. Käfer einfarbig rotbraun bis fast schwarz, etwas glänzend (nach dem Schlüpfen aus den Körnern, in denen sie sich entwickelt haben, noch eine Zeitlang hellbraun). 7
– Käfer mit roten Flecken auf den Flügeldecken, und zwar auf jeder Flügeldecke ein Fleck hinter der Schulter und ein weiterer vor ihrer Spitze 8
7. Rüssel von oben gesehen auch beim Männchen länger als der halbe Halsschild, vor der Basis über der Einlenkungsstelle der Fühler deutlich verbreitert, Kopf hinter den Augen kurz. Halsschild mit scharf begrenzten, langgezogenen, tiefen Grubenpunkten. Flügeldecken mit kleineren, in Längsreihen angeordneten Grubenpunkten. Zwischenräume zwischen den Punktreihen sind glatt und fast ebenso breit wie diese. Nur der Raum zwischen dem ersten Punktstreifen und der Flügelnaht ist punktiert. Hinterflügel wird nicht ausgebildet. Körperlänge einschließlich des rüsselförmig ausgezogenen Kopfes 3,8–5,1, ohne ihn 2,7–3,7 mm (Abb. 107 A). . . . . **Kornkäfer,** *Sitophilus* (= *Calandra*) *granarius* (LINNAEUS, 1758)

Die Körpergröße ist außer von Temperatur und Feuchtigkeit auch von der Größe der Nahrung abhängig, in der sich die Larve entwickelt hat. Der Käfer kann sich in Körnern von Weizen, Roggen, Hafer, Gerste, Mais, geschältem Reis, Teigwaren, in Eicheln und Buchweizen ernähren und fortpflanzen, jedoch in Mehl, Kleie und Schrot davon nur ernähren; an Erbsen, Bohnen, Lupinen, Süßlupinen, Mandeln, Erdnüssen und Sojabohnen kann er etwas fressen, stirbt dann aber gewöhnlich bald, Kakaobohnen, ungebrannte Kaffeebohnen und ungeschälten Reis befrißt er nicht.

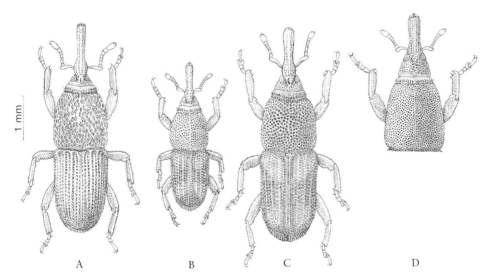

Abb. 107: Sitophilus-Arten: A Kornkäfer, *S. granarius*, B Reiskäfer, *S. oryzae*, C Maiskäfer, *S. zeamais*, D Tamarindenfruchtrüßler, *Sitophilus linearis*, Kopf- und Halsschild (Zeichnungen von U. FRERICHS).

- Rüssel von oben gesehen auch beim Weibchen nur halb so lang wie der Halsschild, verbreitert sich zur Basis hin allmählich ohne besondere Erweiterung über der Fühlereinlenkungsstelle (Abb. 107 D). Halsschild sehr dicht fein punktiert gleichmäßig, Flügeldekken mit je 14 gleichartig punktierten, dicht gestellten Punktreihen, ohne breite Zwischenräume. Rotbraun, nur manchmal die Scheibe des Halsschildes und die Flügeldecken an Naht und Rändern etwas verdunkelt. Körperlänge ohne Rüssel 2,5–3,5 mm . . . .
. . . . **Tamarindenfruchtrüßler**, *Sitophilus linearis* (HERBST, 1795)
Vorratsschädling an Tamarindenfrüchten, Batate und frischem (und getrocknetem?) Obst in den Tropen, gelegentlich nach Mitteleuropa eingeschleppt.
8. Körperlänge ohne Rüssel in der Regel unter 3 mm, maximale Halsschildbreite unter 1 mm. Eingestochene Punkte auf dem Halsschild länglich elliptisch, zwischen ihnen eine deutliche mediane punktfreie Zone. Zahl dieser Punkte in der Mittellinie vom Vorder- bis Hinterrand weniger als 20. Flügeldecken mattbraun; die roten Flecken oft undeutlich (Abb. 107 B). Zuverlässigstes Kennzeichen beim Männchen die glatte, einfach konvexe Oberseite des Aedeagus (Begattungsorgans) seine gerade Spitze (Abb. 108 C) und eine gerundete Spitze des herzförmigen Sklerit, das ihn mit dem Apodem verbindet, und beim Weibchen sind die Gabelspitzen des y-förmigen 8. Sternit breit gerundet (Abb. 108 A)[6]. . .
. . . . **Reiskäfer**, *Sitophilus oryzae* (LINNAEUS, 1763)
Flugfähige Rassen können in warmen Ländern das Getreide bereits auf dem Feld befallen. In Mitteleuropa häufig eingeschleppt, wenigstens in der ehemaligen DDR inzwischen heimisch und häufiger als der Kornkäfer.
- Körperlänge ohne Rüssel über 3 mm, maximale Halsschildbreite über 1 mm. Eingestochene Punkte auf dem Halsschild ziemlich kreisrund, ohne punktfreie Zone in der Medianen. Anzahl der Punkte in der Mittellinie vom Vorder- bis zum Hinterrand mehr als 20.

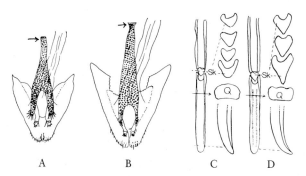

Abb. 108: A y-förmiger 8. Sternit (punktiert) des Weibchens von *Sitophilus oryzae* und B von *S. zeamais*, C männliches Kopulationsorgan von *Sitophilus oryzae* und D von *S. zeamais*, jeweils links Aedeagus von oben gesehen, rechts unten seine Spitze von der Seite, darüber Q = Querschnitt durch ihn, darüber Sk = 4 bzw. 3 verschiedene Umrisse des herzförmigen Sklerits zur Darstellung seiner Variabilität. (Nach FLOYD & NEWSOM 1959, FREY 1962, HALSTEAD 1964)[6].

---

[6] Für die Präparation der Genitalorgane werden mit einer Präpariernadel die letzten Bauchplatten geöffnet und der ganze Genitalapparat herausgezogen. Am besten dafür eignen sich frisch abgetötete Tiere. Bereits trockene Käfer muß man vorher in Wasser (12–24 Stunden) oder auf feuchtem Quarzsand (24–48 Stunden) aufweichen. Die Präparation erfolgt auf einem Objektträger in einem Tropfen Wasser unter dem Binokular.

Flügeldecken glänzend braun, die roten Flecken meistens deutlich begrenzt (Abb. 107 C). Zuverlässigste Kennzeichen beim Männchen die gefurchte Oberseite des Aedeagus, seine hakenförmige Spitze (Abb. 108 D) und eine spitzwinklige Spitze des langgestreckten herzförmigen Sklerit. Beim Weibchen sind die Gabelspitzen des y-förmigen Sternit scharf zugespitzt (Abb. 108 B)[6] ...... **Maiskäfer,** *Sitophilus zeamais* MOTSCHULSKY, 1855
Flugfähig. Befällt in warmen Ländern das Getreide bereits auf dem Feld. Zu uns häufig eingeschleppt.

9. Rüssel an der Spitze (von der Einlenkungsstelle der Fühler an) schaufelförmig verbreitert, bei ♂ und ♀ nicht auffallend verschieden (Abb. 109 C); Körperlänge wenigstens 4 bis 6 mm. 10
– Rüssel zylindrisch bis konisch, ziemlich gleichbreit oder zur Spitze zu etwas verbreitert, beim ♀ länger als beim ♂ 11
10. Halsschild mit Mittelkiel auf der basalen Hälfte, beiderseits davon mit kräftig punktiertem Eindruck. Scheibe fein punktiert, an den Seiten kräftiger. Zwischenräume der Punktstreifen auf den Flügeldecken nicht breiter als diese. Dunkelbraun bis schwarz. Körperlänge 4,5–5 mm .... *Cossonus linearis* (FABRICIUS, 1775)
in feuchtem Laubholz.
– Halsschild ohne deutlichen Mittelkiel, der Kielansatz setzt sich nur in einer punktfreien Fläche bis zur Halsschildmitte fort. Scheibe fein und weitläufig gleichmäßig punktiert. Zwischenräume der Punktstreifen auf den Flügeldecken breiter als diese. Schwarz oder dunkelbraun. Körperlänge 4,5–6 mm .... *Cossonus parallelepipedus* (HERBST, 1795)
in feuchtem Holz, z. B. an unterirdisch verlegten hölzernen Wasserleitungsröhren.
11. Rüssel beim ♀ 3×, beim ♂ 2× so lang wie breit 12
– Rüssel beim ♀ höchstens eineinhalbmal so lang wie breit, beim ♂ sogar kürzer als breit 13
12. Halsschild an den Seiten gerundet, am Vorderrand nur wenig schmäler als am Hinterrand, deutlich schmäler als beide Flügeldecken zusammen breit. Diese sind oval, hinten geschlossen, mit abgerundeten Schulterecken und deutlich vertieften Punktstreifen. Zwischenräume mit feiner Punkt- und deutlicher Haarreihe. Schildchen nicht sichtbar.

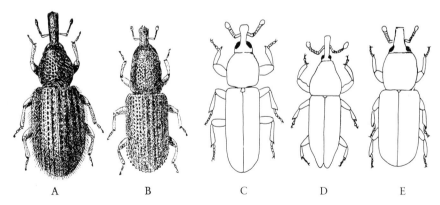

Abb. 109: Cossoninae: A *Pselactus spadix*, B *Hexarthrum exiguum*, C *Cossonus* sp., D *Pentarthrum huttoni*, E *Stereocorynes truncorum* (A, B aus VOSS, 1955 b, C–E in Anlehnung an FREUDE, HARDE, LOHSE 1983).

Schwarzbraun, glänzend, Fühler und Tarsen heller rötlichbraun (Abb. 109 A). Körperlänge 2,8−4 mm.. . . . . *Pselactus spadix* (HERBST, 1795)
neigt zur Rassenbildung. Schädlich in feuchtem verbautem Nadelholz in Gebäuden und Hafenanlagen.
— Halsschild konisch, am Vorderrand weniger als halb so breit wie am Hinterrand (Abb. 109 D) und so breit als die beiden, vorn parallelseitigen Flügeldecken zusammen; diese verjüngen sich nach hinten und klaffen in der Mitte auseinander, mit kräftigen Längsstreifen. Schildchen sichtbar. Rot- bis dunkelbraun. Körperlänge 2,7−4 mm . . . . *Pentarthrum huttoni* WOLLASTON, 1873
besonders in feuchtem Laubholz, in Kellern, in naßfaulen Fußbodenbrettern, Scheffeln und Weinfässern.

13. Kopf hinter den seitenständigen, kräftig vorgewölbten Augen konisch verbreitert; Halsschild konisch, länger als breit; Rüssel kürzer oder so lang wie breit, so breit wie der Kopf zwischen den Augenvorderrändern, oberseits abgeflacht. Flügeldecken mit groben Punktstreifen. 3,5−5 mm große Arten, mit der Lupe betrachtet auf der Oberseite kahl erscheinend 14
— Kopf kugelig mit nicht oder kaum vorgewölbten, mehr nach vorn als nach der Seite gerichteten Augen; Halsschild im Umriß eiförmig, am Vorder- und Hinterrand schmäler als in der Mitte. Rüssel beim ♀ um die Hälfte oder ein Drittel länger als breit. Flügeldecken mit kräftigen Punktstreifen. 2,8−3,4 mm große Arten 15

14. Halsschild mit etwas länglichen, kräftigen Punkten, die an den Seiten dichter stehen, wodurch sie runzlig punktiert erscheinen. Flügeldecken mit stumpfen, kielförmig erhabenen Zwischenräumen mit jeweils feiner deutlicher Punktreihe; der 7. Zwischenraum ist hinten und der 9. vollständig stärker kielförmig erhaben und vor der Spitze miteinander verbunden. Pechschwarz, Beine heller. Körperlänge 4−5 mm . . . . *Rhyncolus (Eremotes) elongatus* (GYLLENHAL, 1827)
technischer Schädling von im Freien verwendetem Kiefern-, Fichten- und Lärchenholz, z. B. in Schindeln und Brettern auf einer Umfassungsmauer oder in Pfählen besonders im Erde-Luft-Bereich, auch in Laubholz in ähnlicher Beschaffenheit.
— Halsschild fein und dicht, gleichmäßig punktiert. Flügeldecken mit schwach gewölbten Zwischenräumen mit jeweils sehr feinen Punktreihen. Sie sind nicht schmäler als die groben Punktstreifen. Der 9. Zwischenraum ist zur Spitze etwas, der 7. überhaupt nicht kielförmig erhaben. Rotbraun bis pechschwarz. Körperlänge 3−4,5 mm . . . . *Rhyncolus (Eremotes) chloropus* LINNAEUS, 1758) (= *ater* LINNAEUS, 1758)
Lebensweise und Schädlichkeit wie die vorige Art, mit der sie auch vergesellschaftet auftritt. Häufiger als diese.

15. Zwischenräume zwischen den kräftigen Punktstreifen auf den Flügeldecken gegen die Seiten zu und hinten nach außen feinkielig und im hinteren Teil fein raspelartig mit spitzen Kerbzähnchen versehen. Halsschild kräftig und dicht punktiert, aber nicht oder nicht deutlich lederartig genarbt, daher glänzend; ziemlich parallelseitig. Fühlergeißel 6gliedrig. Einfarbig rotbraun (Abb. 109 B). Körperlänge 2,4−3,5 mm . . . . **Grubenholzkäfer**, *Hexarthrum (Rhyncolus) exiguum* (BOHEMAN, 1838) (=*culinaris* auct.)
in Grubenholz, feuchten Sperrholzverkleidungen, Fußbodenbrettern und Holzhäusern aus Laub- und Nadelholz.
— Zwischenräume zwischen den kräftigen Punktstreifen auf den Flügeldecken schmal und mit einer äußerst feinen Punktreihe, aber ohne Kerbzähnchen. Halsschild etwa so lang wie breit, nach vorn stärker verengt, am Hinterrand nicht ganz so breit wie die Flügeldecken zusammen, dicht und ziemlich fein punktiert. Fühlergeißel 7gliedrig. Dunkelbraun, Fühler und Tarsen heller (Abb. 109 E). Körperlänge 2,8−3 mm . . . . *Stereocorynes (Rhyncolus) truncorum* (GERMAR, 1824)
Schädlich in Gebäuden an feuchten Balken und Fußbodendielen.

46. Borkenkäfer, Scolytidae

Als Materialschädlinge kommen in Mitteleuropa nur 3 Arten der Gattung *Xyloterus* ERICHSON, 1863 (= *Trypodendron*) in Frage, die sich folgendermaßen unterscheiden.

1. Fühlerkeule am Ende zugespitzt (Abb. 69 A), Halsschild ganz schwarz oder zum Teil rotgelb, Flügeldecken rotgelb, an der Spitze beiderseits gefurcht. Körperlänge 3,5 mm . . .
 . . . . Buchennutzholzborkenkäfer, *Xyloterus domesticus* (LINNAEUS, 1758)
– Fühlerkeule am Ende abgerundet. . . . . – 2
2. Flügeldecken an der Spitze nicht gefurcht, sondern grob punktiert, gestreift an den Seiten etwas ungeordnet. Körperlänge 3,5 mm . . . .
 . . . . Eichennutzholzborkenkäfer, *Xyloterus signatus* (FABRICIUS, 1787)
 in harten Laubhölzern.
– Flügeldecken fein punktiert, auch an den Seiten regelmäßig. Gelbbraun mit dunklen Längsstreifen (Abb. 110 A). Körperlänge 3,5 mm . . . .
 . . . Gemeiner oder Linierter Nutzholzborkenkäfer, *Xyloterus lineatus* (OLIVIER, 1795)
 Brutgänge in Nadelhölzern (Abb. 110 B).

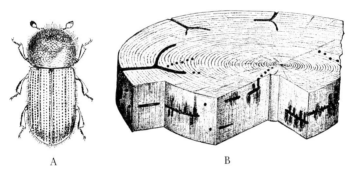

Abb. 110: Scolytidae: A Linierter Nutzholzborkenkäfer, *Xyloterus lineatus*, B seine Brutgänge im Nadelholz. Auf der Querschnittfläche drei Brutbilder mit je zwei Brutröhren, außerdem einige angeschnittene Leitersprossen, Bruthöhlen oder Larvengänge. Auf der längsgespaltenen Fläche sind teils radiäre Eingangsröhren und Leitergänge, teils in der Richtung der Jahresringe oder diese kreuzende Leitergänge zu erkennen (A aus ESCHERICH, B aus ECKSTEIN).

47. Übersicht über die wichtigsten Insektenschäden an Bau- und Werkholz nach den Fraßbildern (Tafel I bis IV)

Fraßschäden an Bau- und Werkholz werden hauptsächlich von Käferlarven, seltener auch von den Vollkerfen verursacht. Sie sind zum Teil so charakteristisch, daß man danach oft nicht nur die Gattung, sondern sogar die Art des Schädlings bestimmen kann. Die Fraßbilder im Holz sind beständig und daher auch dann noch vorhanden, wenn die Insekten das Holz bereits verlassen haben. Weil manche Insekten nur frisches Holz vor der Verarbeitung befallen, das ausgetrocknete verbaute Holz aber nicht mehr zur Fortpflanzung benutzen können, andere aber gerade im verbauten Holz weiterhin Generationen erzeugen können, ist es für die Praxis wichtig, schon am Fraßbild abschätzen zu können, ob es von bereits ausgestorbenem Befall herrührt und daher Bekämpfungsmaßnahmen nicht angebracht sind, oder ob es auf noch lebenden Befall hindeutet und weitere Untersuchungen nötig macht. Da die Fraßschäden auch von Ameisen und Holzwespen herrühren können, sind auch diese in der nachfolgenden Tabelle mit berücksichtigt. Mit Importhölzern können häufig faunenfremde Holzschädlinge eingeschleppt werden, so besonders Termiten (Tabelle 9), Splintholzkäfer (Tabelle 35), Bohrkäfer (Tabelle 36) und Bockkäfer, für deren genaue Bestimmung Spezialliteratur benutzt wer-

Übersicht über die wichtigsten Bauholzschädlingsgruppen nach Fraßbild und Larvenformen

	Hausbockkäfer	Nagekäfer	Holzwespen
Beschaffenheit der Oberfläche des befallenen Holzes	unversehrt oder nur selten von ovalen Fluglöchern durchbrochen	von zahlreichen kleinen runden Fluglöchern durchbohrt	unversehrt oder nur selten von einem kreisrunden Flugloch durchbrochen
Die Fraßgänge verlaufen	dicht unter der Oberfläche, die meistens nur noch eine millimeterdicke Schicht ist	unregelmäßig verschlungen im Innern des Splintholzes	hauptsächlich in unregelmäßigen Spiralen um die Markröhren des Holzes ziehend.
Der Querschnitt der Fraßgänge ist	oval	rund	rund
Das Bohrmehl	füllt die Fraßgänge aus und rieselt nur aus Rissen im Holz heraus. Kot walzenförmig, an den Enden gerade abgeschnitten	wird aus den Bohrlöchern ausgeworfen; es ist weiß; mehlartig. Kot unregelmäßig walzenförmig, an den Enden zugespitzt, oder brotlaibförmig	wird in den Fraßgängen festgedrückt wie von den Bockkäfern; es ist hellgelblich, fein gekörnt
Gestalt der Larven			

den muß. Die häufigsten Schäden an Bauholz rühren bei uns von den in der folgenden Übersichtstabelle zusammengestellten drei Insektengruppen her, von denen der Hausbock und Arten der Nagekäfer sich in verarbeitetem Holz, ersterer nur von Nadelbäumen, letztere auch in dem von Laubbäumen, fortpflanzen können und daher die größte wirtschaftliche Bedeutung haben, während die Holzwespen und andere Bockkäfer nur in Neubauten auftreten, in die sie als Larven oder Puppen im Holz eingebaut wurden, nach dem Schlüpfen aber ins Freie streben, weil sie sich am verbauten Holz nicht weiter fortpflanzen können. Dasselbe gilt von den Borkenkäfern (Tabelle 46), Werftkäfern (Tabelle 28) und Düsterkäfern (Tabelle 40), während die Bohrrüssler (Tabelle 45: 5, 9 ff.) sowie die Engdeckenkäfer (Tabelle 39) nur in feuchtem Holz leben und nur geringe wirtschaftliche Bedeutung haben, weil solche Hölzer gewöhnlich auch von Pilzen befallen sind, die viel schädlicher als die Käfer werden. In Importhölzern (Limba, Abachi) und Eiche erzeugen die Splintholzkäfer (Tabelle 35) ähnliche Fraßbilder wie der Gewöhnliche Nagekäfer, doch zerstören sie das Splintholz noch stärker, so daß von ihm nur eine pulverförmige Masse zurückbleibt.

1. Das Holzinnere durchziehen große unregelmäßige Hohlräume ohne Fraßmehl. Besonders das Frühholz der Jahresringe ist entfernt, während das härtere Spätholz, wenn es nicht pilzgeschädigt ist und querlaufende Äste stehen geblieben sind. 2
— Das Holz, besonders der Splint, wird von Fraßgängen mit rundem oder ovalem Querschnitt durchzogen. 3
2. Starke Balken in Blockhäusern und Pfähle, die mit dem Erdboden in Verbindung stehen, sind ausgehöhlt, indem das weichere Frühholz als konzentrische Ringe von unten nach oben (u. U. bis in 10 m Höhe) vollständig entfernt ist, während die härteren Spätholzschichten (und querlaufende Äste) erhalten bleiben und konzentrisch ineinandersteckende Hohlzylinder bilden. Die Hohlräume sind Nestkammern eines Ameisennestes, besitzen aber in ihrer ganzen Länge keine Querwände, sind allerdings in ihrer durchgehenden Länge verschieden, indem die Zahl der Gänge von der Nestanlage nach oben hin abnimmt. Die Nestanlage bleibt in frischem, gesundem Holz auf das Kern- oder Reifholz beschränkt, das Splintholz wird nur selten ausgefressen. Die Hohlräume sind weder mit Fraßmehl noch mit Kot gefüllt (Taf. III, B). Ist das Holz bereits von Pilzen befallen, z. B. von *Lenzites*, bleiben die Spätholzschichten nicht so verschont und die Gänge verlaufen unregelmäßiger. Der Eingang zum Nest liegt in Bodennähe und ist oft nur eine kleine Öffnung, durch die die Arbeiterinnen ein- und auslaufen und weiße Nagespäne aus dem Nest herausschaffen. In Häusern im Wald können durch die Ameisen Stützbalken bis zur Einsturzgefahr geschwächt werden. Es wird das Holz besonders von Nadelbäumen, insbesondere Fichte und Kiefer, selten von Laubbäumen befallen . . . .
. . . . **Roßameisen**, *Camponotus* (Tabelle 22: 7)
— Im Mauerwerk liegende Balkenköpfe bilden die Ausgangsstelle für die Zerstörung des gesamten Holzkörpers durch ähnliche, aber bedeutend kleinere Fraßgänge bis zur Baufälligkeit. Die Balken können, müssen aber nicht bereits von holzzerstörenden Pilzen befallen sein. . . . . **Rotrückige Hausameise**, *Lasius brunneus* (Tabelle 22: 11)

   L. emarginatus nistet gern in von Pilzen oder Insekten geschädigtem Bauholz und wird dadurch zum Anzeiger von verborgenem Holzschädlingsbefall.

3. Die Wände der Fraßgänge sind durch abgestorbene Ambrosiapilze) schwarz. 4
— Die Wände der Fraßgänge sind von der Farbe des umgebenden Holzes. 6
4. Einfache radial oder tangential verlaufende, meist geschlängelte, aber nie gegabelte oder mit Seitengängen bzw. -nischen versehene, vollkommen bohrmehlfreie Gänge mit einem runden Querschnitt von etwa 2 mm Durchmesser auf seiner ganzen Länge von etwa 20 cm in Laub (besonders Eichen- und Buchen-) und Nadel- (besonders Fichten- und Tannen-)

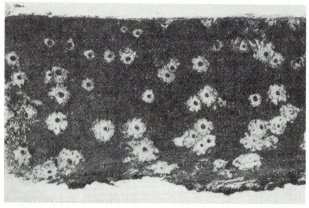

Tafel I: A, B *Hylecoetus dermestoides*: A Larvengänge in Fichtensplint (zum Teil nachgeschnitten), B Bohrmehlhäufchen um die Larvengänge an der Innenseite der Rinde. C *Lymexylon navale*: Larvengänge in Eichenholz. (A aus Koch, B und C aus Escherich).

Die wichtigsten Insektenschäden an Bau- und Werkholz 179

Tafel II: A–D *Hylotrupes bajulus*: Käfer über Flugloch, B Bohrmehl mit Kotballen stark vergrößert, C Längsschnitt durch den Splintteil eines Balkens mit Larvengängen (a mit Bohrmehl, b mit rippelmarkenähnlichen Fraßspuren an den Wänden, o die vom Larvenfraß verschonte dünne Außenseite des Balkens), D Querschnitt durch einen befallenen Kiefernbalken. E *Ergates faber*: im Erd-Luft-Bereich von Larvengängen zerstörter Eichenpfahl, teilweise mit Fraßspänen gefüllt (sp), p Puppenwiege. A und C etwas natürliche Größe, D und E stark verkleinert. (Archiv Entomol. Abt. Zool. Mus. Univers. Hamburg).

A

B

0 2cm

0 2cm

C

Tafel III: Fraßbilder von A *Criocephalus* im Querschnitt durch einen Kiefernstamm, B *Camponotus* im Querschnitt durch einen Fichtenstamm, C *Sirex juvencus* im Längsschnitt durch einen Kiefernstamm (Fraßgänge fest mit Fraßmehl zugestopft). (A und B aus BECKER 1949, C Archiv Entomol. Abt. Zool. Mus. Univers. Hamburg).

Die wichtigsten Insektenschäden an Bau- und Werkholz 181

Tafel IV: A *Anobium punctatum*: Befall des Fußes eines Möbelstücks von der Außenseite mit den runden Fluglöchern, im Längs- und Querschnitt. B *Xestobium rufovillosum*: Fraß in einem Eichenbalken. Archiv Entomol. Abt. Zool. Mus. Hamburg).

holz. Befall kann so stark sein, daß das Holz zur Verwendung als Nutzholz nicht mehr geeignet ist (Taf. I, A)............ **Gewöhnlicher** oder **Sägehörniger Werftkäfer,** *Hylecoetus dermestoides* (Tabelle 28:2; 48:12)

Eiablage an stehende (kränkelnde) oder frisch gefällte Stämme, Larven bohren sich selbst ins Holz ein und schaffen das Bohrmehl rückwärts kriechend aus dem Einbohrloch heraus. Dazu wird der zuerst englumige Einbohrgang immer mehr erweitert, so daß schließlich der ganze Larvengang gleichweit ist. Die erwachsene überwinterte Larve schiebt sich im Larvengang rückwärts bis nahe an die Holzoberfläche und legt hier eine 15–20 mm lange und 4–5 mm hohe Puppenwiege an. Die Ausfluglöcher für den Käfer sind kreisrund und haben einen Durchmesser von 3–4 mm. Das von den Larven ausgeworfene Bohrmehl kann um das Auswurfloch ein trichterförmiges Häufchen auf der dem befallenen Holz anliegenden Innenseite der Borke oder auf der Schnittfläche gestapelter, befallener Bretter bilden (Taf. I, B).

– Radiär eindringende Gänge, meistens bald in zwei den Jahresringen folgende, in gleicher Ebene liegende Arme gegabelt, von denen nach oben und unten kurze zylindrische Gänge senkrecht abgehen (Leitergänge). Es sind von Käfern gebohrte Gangsysteme, die als Brutröhren dienen, die kurzen Gänge sind Larvengänge bzw. Puppenhöhlen. Sie sind deshalb nur kurz, weil sie nur Ruheplätze sind. Die Larven ernähren sich von den an den Gangwänden wachsenden Ambrosiapilzen. 5

5. Brutgänge in Nadelholz; Einbohrloch 1–1,5 mm im Durchmesser (Abb. 110 B) . . . . **Gemeiner Nutzholzborkenkäfer,** *Xyloterus lineatus* (Tabelle 46)

– Brutgänge in Laubholz; Einbohrloch 1,5–2 mm im Durchmesser . . . . **Buchen-** und **Eichennutzholzborkenkäfer,** *Xyloterus domesticus* und *X. signatus* (Tabelle 46)

6. Gänge kurz, dringen fast senkrecht höchstens bis 20 mm in das Holz ein, Querschnitt rund, nicht mit Bohrmehl oder Kotballen gefüllt 7

– Gänge sind lang und mit Bohrmehl und Kot mehr oder weniger dicht ausgefüllt 8

7. Gänge sehr kurz und dünn, stehen meistens zu mehreren dicht beieinander und werden zusammen auf der Oberfläche von einem dichten, filzartigen Gespinst bedeckt . . . . Puppenwiegen von *Nemapogon*-Arten (siehe Tabelle 59: 11 ff.)

meistens in morschem Holz, als Holzschädlinge unbedeutend.

– Gänge mit einem Querschnitt von etwa 0,7 mm, im Holz gewöhnlich nur bis 20 mm, in weicheren Substanzen z. B. Kork, Textilien, Lederballen bis zu 50 mm lang . . . . von den erwachsenen Larven der **Speckkäfer** (*Dermestes*-Arten) angelegte Puppenwiegen. (Tabelle 29:2; 50:1 ff.

besonders in Balken, Dielen und Stauholz in Lagerräumen für Häute und andere tierische Produkte. – Ähnliche aber kleinere Gänge können gelegentlich auch in Kork oder weichem Holz von Diebkäfern, Ptinidae (Tabelle 38 angelegt werden.

8. Fluglöcher auf der Holzoberfläche länger als breit, etwa oval . . . . **Bockkäfer,** *Cerambycidae* (Tabelle 43 und 58)

1 *Hylotrupes bajulus* (links mit glatten Rändern hauptsächlich in Freilandbauholz, rechts mit ungelmäßigen Rändern besonders in Holz unter Dach); 2 *Callidium violaceum, Phymatodes testace* 3 *Callidium aeneum*; 4 *Criocephalus rusticus, C. tristis*; 5 *Ergates faber*.

– Fluglöcher auf der Holzoberfläche etwa kreisrund 12

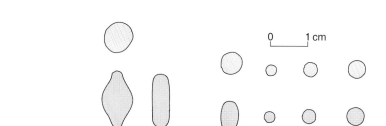

6 *Monochamus sartor, M. sutor, M. galloprovincialis* (bei letzterem meistens etwas kleiner); 7 *Leptura rubra*; 8 *Anobium punctatum* (größter Durchmesser, meist kleiner; oft finden sich zwischen den Fluglöchern noch viel kleinere, ebenfalls runde von *Spathius*) 9 *Calopus, Serropalpus, Dendrobium, Xestobium, Sirex*; 10 *Urocerus* (diese variieren wie die von *Sirex* in der Größe sehr stark).

Schemata der Flugloch- und Gangquerschnitte bei ausgewachsenen Larven häufiger holzzerstörender Insekten in natürlicher Größe zur Erleichterung der Bestimmung von Fraßbildern (nach BECKER 1949).

9. Ränder des Flugloches gewöhnlich unregelmäßig gezackt, weil sich der schlüpfende Käfer durch die von der das Flugloch vorbereitenden Larve stehengelassene, papierdünne Holzhaut hindurchzwängt (Schema 1 und 5) 10
– Ränder des Flugloches sind glatt (Schema 2, 3, 4) 11
10. Größter Durchmesser des Flugloches 6–10 mm, nur in verbautem Nadelholz, vorwiegend im Holz der Dachkonstruktionen von Häusern, seltener in Zaunpfählen, Telegrafenstangen usw. Larvenfraß hauptsächlich in den rindennahen Holzbereichen, in Balken dicht unter der Oberfläche, die gewöhnlich nur noch als millimeterdicke Schicht stehen bleibt. In Kiefer- und Lärchenholz wird nur der Splint, der Kern aber kaum zerstört. Bei Fichte und Tanne wird auch das innere Reifholz zerfressen. Die Larvengänge haben einen querovalen Querschnitt, können aber in den eiweißreicheren äußeren Schichten platzförmig erweitert sein. Sie sind mit einem Gemisch von feinem staubförmigen Bohrmehl, einzelnen Spänen und holzfarbenen, walzenförmigen Kotballen von einem Durchmesser-Längenverhältnis von 1:2 bzw. 2,5 gefüllt. Die Fraßgangwände zeigen in trockenem Holz rippelmarkenähnliches Muster. Befall von Möbeln und Baukonstruktionen im unteren Teil des Gebäudes sind seltener (Schema 1, Taf. II, A–D) . . **Hausbockkäfer,** *Hylotrupes bajulus*
– Größter Durchmesser des Flugloches 20–25 mm hauptsächlich im Erde-Luftbereich von Pfählen, Telegrafenmasten usw. und in Fachwerkholz in feuchtem Mauerwerk. Besonders in Kiefernholz durchziehen die sehr großen Fraßgänge mit ovalem Querschnitt von bis zu 25 × 15 mm dicht das Splintholz, die mit Spänen, Holzmehl und walzenförmigen Kotballen mit einem Durchmesser-Längenverhältnis von 1:2,5 gefüllt sind (Schema 5, Taf. II, E) . . . . **Mulmbock,** *Ergates faber*
11. Fraßgänge nur zwischen Rinde und Splint, der oberflächlich gefurcht wird. Nur die erwachsene Larve bohrt sich zur Verpuppung etwas tiefer in Form eines Hakenganges ins Holz ein. Fraßmehl besteht aus braunen und hellen Kotballen. Nur in Neubauten an baumkantigem Holz, gelegentlich auch mit Brennholz für offene Kamine in die Häuser

eingeschleppt. Der Befall hat im Freien stattgefunden, an trockenes Holz werden keine Eier abgelegt. Flugloch Schema 2 und 3. . . . .
. . . . **Blauer Scheibenbock,** *Callidium violaceum* und verwandte Arten.
- Fraßbild wie bei *Hylotrupes* (siehe oben unter 10), aber die Larvengänge durchziehen häufig das Kernholz (Taf. III, A), lebender Befall nur in frisch verbautem Holz. Darin können sich ältere Larven in 1 bis 2 Jahren zum Käfer entwickeln, auch wenn sein Wassergehalt unter 25% sinkt. Eilarven können sich dann aber nicht mehr entwickeln, weshalb der Befall nach genügender Austrocknung in der Regel bald ausstirbt . . . .
. . . . **Grubenhalsbock,** *Criocephalus rusticus, C. tristis.*
Die schlüpfenden Käfer verursachen oft sekundären Schaden durch Durchbohren von Fußbodenbelägen oder Kisteninhalt.
12. Durchmesser der Fluglöcher 4–7 mm, nur in Nadelholz   13
- Durchmesser der Fluglöcher kleiner als 4 mm, wenn sie 4 mm erreichen, dann linsenförmige Kotballen im Fraßmehl; auch in feuchtem Holz ohne Fluglöcher   16
13. Nur in ständig immer wieder befeuchtetem Holz wie z. B. in Holzbrückenkonstruktionen, Hafeneinbauten, Holzpfählen im Erd-Luft-Bereich, Bauholz, das durch einen Wasserablauf ständig befeuchtet wird u. dgl.   14
- Nur in Neubauten im frischen Bauholz   15
14. Flugloch kreisrund mit einem Durchmesser von 5–7 mm, nur in Nadelholz, oft in Verbindung mit Pilzbefall *(Lenzites)*; die im Querschnitt ovalen Fraßgänge durchziehen das Holz nach allen Richtungen und sind mit verhältnismäßig viel feinem Nagemehl, Spänen und an beiden Enden gerundeten und dadurch fast kugelig erscheinenden Kotwalzen angefüllt. Dieser Inhalt ist in sich fest zusammengepreßt, läßt sich allerdings leicht zerkrümeln und haftet den Gangwänden nur locker an. Nur in Häusern und Blockhütten in Waldgebieten gelegentlich schädlich (Schema 7) . . . . **Rothalsbock,** *Leptura rubra*
Ähnliches Fraßbild zeigt der **Waldbock,** *Spondylis buprestoides* (LINNAEUS, 1758), doch haben seine Fluglöcher einen Durchmesser von 6–9 mm. Er hat keine wirtschaftliche Bedeutung, zumal sich seine Larven am besten in pilzzerstörtem Holz entwickeln.
- Fluglöcher rundlich, etwas in die Länge gezogen, meistens in Nadelholz, gelegentlich auch in Laubholz, das periodisch befeuchtet wird, wie z. B. in Hafeneinbauten oder Holzbrücken durch die Gezeiten, in Lastkähnen der Flußschiffahrt, kaum in Häusern. Die großen Fraßgänge folgen den Frühholzschichten; sie sind angefüllt mit langen, groben, zu einem Knäuel verflochtenen Nagespänen und unregelmäßig rundlichen, scheiben- bis kegelförmigen Kotballen . . . . . . **Scheinbock,** *Nacerda melanura* (Tabelle 39; Abb. 112 D)
15. Der Querschnitt der Fluglöcher variiert von 4–7 mm entsprechend der großen Variabilität der Imagines in ihrer vom Nahrungsangebot abhängigen Körpergröße. Larvengänge mit Bohrmehl so fest zugestopft, daß es auch aus angeschnittenen Gängen an Brettern nicht herausfällt und der Befall dadurch leicht übersehen wird (Schema 9 und 10, Taf III, C) . . . . **Holzwespen,** *Siricidae* (Tabelle 18
- Das Fraßbild ist von dem vorhergehend beschriebenen nicht zu unterscheiden, wird abe von Käferlarven hervorgerufen. . . . . *Serropalpus barbatus* (Tabelle 40
Ein ähnliches Fraßbild zeigt auch *Calopus serraticornis* (Tabelle 39), doch kommt er nur selten vor.
16. Fraßgänge fast nur auf die Rinde von Nadelholz beschränkt, Kot aus braunen ode holzfarbenen, linsenförmigen, bei kleineren Larven bisweilen eiförmigen bis kugeligen dann aber immer braunen Ballen bestehend. Das Splintholz wird nur 1–3 mm tief ange griffen. Befall von baumkantigem Bauholz in Neubauten ist von geringer Bedeutung, da e von selbst aufhört, wenn die Rindenstücke abgefallen sind und der Käfer trockenes un unberindetes Holz nicht mit Eiern belegt. Unangenehme Schäden entstehen aber, wenn

befallenes Holz mit lebenden Larven als Mittelschicht von Sperrholzplatten mit Deckfurnieren aus Edelhölzern verwendet und vor allem zu Möbeln verarbeitet wird. Die Käfer schlüpfen dann aus den «Edelholzplatten» aus, indem sie diese mit ihren 2–3 mm großen Fluglöchern durchbohren . . . . **Weicher Nagekäfer**, *Ernobius mollis*. (Tabelle 37: 7).
– Fraßgänge nicht unter der Rinde, sondern im Innern des Holzes 17
17. Ein streckenweise vollständig gerade verlaufender Gang, der an der Oberfläche haarfein beginnt, dringt – allmählich eine Weite von 1,5–2 mm erreichend – in radialer Richtung in das Holz ein bis zur Stammitte in den Kern. Von ihm zweigen nach oben und unten im Frühholz verlaufende sekundäre Gänge ab von 1–6 cm Länge, die blind enden und dicht mit Bohrmehl vollgestopft sind, während in dem Hauptgang das Bohrmehl nur pfropfenartig auf mehrere Millimeter abgelagert ist. Die erwachsene Larve kehrt zum Ausgangspunkt ihres Fraßganges wieder zurück, wo sie sich dicht unter der Oberfläche verpuppt. Nur in Eichenholz. Fluglochdurchmesser 1,5–2,5 mm. Bis zum Schlüpfen der Käfer bleibt der Schaden verbogen (Taf. I, C) . . . .
. . . . **Schiffswerftkäfer**, *Lymexylon navale* (Tabelle 28; Abb. 112 B)
– Die im Querschnitt ziemlich runden Larvengänge folgen den Frühholzschichten der Jahresringe; Kernholz bleibt in der Regel verschont 18
18. Die Larvengänge sind mit einem feinen pulverartigen Bohrmehl fast völlig ohne feste Partikel fest verstopft 19
– Die Larvengänge enthalten Bohrmehl und charakteristisch geformte Kotballen . . . 20
19. Nur in Laubholz, auch in ausländischem wie Abachi und Limba, in Schnitt- und Sperrholz auf Holzlagern und in Möbelstücken. Das ganze Splintholz kann in Bohrmehl verwandelt sein, aber eine papierdünne Oberflächenschicht bleibt vom Larvenfraß immer verschont. Sie wird oft von zahlreichen rundlichen (mit ausgefransten Rändern unregelmäßig erscheinenden) Fluglöchern mit einem Durchmesser um 1 mm durchbrochen . . . .
. . . . **Splintholzkäfer**, *Lyctidae* (Tabelle 35).
– In hartem Laubholz und Tannenholz, in Tischlerholz, Furnieren, Geräten und Möbeln. Das feine Bohrmehl ist in den Larvengängen so fest zusammengepreßt, daß es sich nur schwer entfernen läßt und daher bei der Holzverarbeitung leicht übersehen werden kann. Fluglöcher 1–1,5 mm im Durchmesser . . . .
. . . . **Gekämmter Nagekäfer**, *Ptilinus pectinicornis* (Tabelle 37: 2).
20. Fluglöcher 4 mm im Durchmesser in feuchtem, meist pilzbefallenen Laubholz, nur sehr selten in Nadelholz. Spielte als Bauholzzerstörer in früheren Zeiten, wo Eichenbalken für Fachwerkbauten verwendet wurde, eine bedeutend größere Rolle als jetzt. Kotballen flachlinsenförmig mit einem Durchmesser von fast 1 mm (Taf. IV, B) . . . .
. . . . **Gescheckter Nagekäfer**, *Xestobium rufovillosum* (Tabelle 37: 7 b).
– Fluglöcher kleiner als 4 mm im Durchmesser oder sehr selten bis ganz fehlend trotz eines starken inneren Befalls 22
22. In trockenem Bau- und Werkholz aller Art: in Möbeln, Treppen, Türen- und Fensterumrahmungen, Holzdielen, Holzverschlägen, Holzplastiken, Bauholz in Wohnhäusern und Wirtschaftsgebäuden, in feuchteren und kälteren Räumen lieber als in trocknen und wärmeren, selten auf dem Dachstuhl mit *Hylotrupes* zusammen, weil dessen optimale Entwicklungstemperatur von *Anobium* nicht mehr vertragen wird, in Laub- und Nadelholz. Bei starker Zerstörung der Frühholzschichten in letzterem kann es zu einem Auseinanderfallen der Spätholzschichten kommen, die von Löchern durchbohrt sind. Das Bohrmehl besteht hauptsächlich aus eiförmigen, an beiden Enden zugespitzten Kotballen und nur wenig ungefressenem Holzmehl. Das Kernholz bleibt verschont. Die Holzoberfläche weist oft sehr viele Fluglöcher mit einem Durchmesser von 1–2,5 mm auf, dazwischen

finden sich oft noch bedeutend kleinere Fluglöcher von Parasitoiden, vor allem von dem häufigen *Spathius exarator* (Tabelle 19:9). Bei Erschütterung fällt aus den Fluglöchern häufig Bohrmehl heraus, das sich auf dem Boden in kleinen Häufchen ansammelt und den Befall verrät; es wird nicht von den Larven ausgestoßen (Schema 8, Taf. IV, A). . . . .
. . . . **Gewöhnlicher Nagekäfer,** *Anobium punctatum* (Tabelle 37: 6).
– In feuchtem und meistens auch pilzbefallenem Bauholz 23
23. Fluglöcher 2−3 mm im Durchmesser. Kotballen länglich, vierkantig, an einem Ende schmäler, leicht zugespitzt. Sekundäre Schädlinge ohne große wirtschaftliche Bedeutung, weil sie nur soweit im Holz fressen, wie der Pilzbefall reicht, der schon allein die Holzfestigkeit vermindert hat (Schema 9) . . **Schwammholz-Nagekäfer,** *Priobium carpini* und **Trotzkopf,** *Dendrobium pertinax* (Artunterscheidung nur an den Käfern Tabelle 37).
– Fluglöcher sehr selten, trotz starken inneren Befalls, wenn vorhanden in geringer Zahl und kleiner als 2 mm. Die Holzoberfläche bleibt trotz starkem Befall unversehrt. Fraßbild wie bei Anobium, Kot eiförmig bis kugelig, charakteristisch ist, daß mehrere Kotballen perlschnurartig zusammenhängen und daß noch die glasigen eiförmigen Kotballen der Käfer dazukommen, die monatelang leben, das Holz fressen und nicht verlassen, solange es noch zur Fortpflanzung geeignet ist . . . . **Bohrrüßler,** *Cossoninae* (Tabelle 45: 9 ff.)

48. Bestimmungstabellen für die Käferlarven

Die Bestimmung der Käferlarven ist nur unvollkommen möglich. Zum Teil sind sie noch nicht genügend bekannt, zum Teil sind die Unterschiede nur durch sehr genaue Untersuchungen festzustellen, die Präparate von den Mundwerkzeugen nötig machen. Die vorliegenden Tabellen beschränken sich daher nur auf die Larven der häufigsten Arten, soweit sie durch verhältnismäßig einfache Untersuchungen bestimmt werden können. Eine genauere Tabelle für alle als Vorratsschädlinge vorkommenden Käferfamilien findet sich in H. E. HINTON: A monograph of the beetles associated with stored products, Bd. 1, S. 12−16, London (British Museum) 1945. Weitere fortführende Literatur wird bei den einzelnen Familien angegeben.

1. Larven ohne Beine 2
– Larven mit Beinen 7
2. Larven langgestreckt, weiß oder gelblich, mit braunen Mundwerkzeugen. Kopf in die Vorderbrust ziemlich weit eingezogen 3
– Larven nicht langgestreckt, kurz und dick, mehr oder weniger bauchwärts gekrümmt, weiß, weichhäutig. Kopf wenigstens zum Teil braun 4
3. Mittel- und Hinterbrust viel schmäler als die stark erweiterte Vorderbrust. Hinterleibsringe sehr schlank (Abb. 112 A) . . . . **Prachtkäfer,** *Buprestidae*
   unter der Rinde frisch gefällter und lebender Bäume. Keine eigentlichen Vorrats- und Materialschädlinge.
– Mittel- und Hinterbrust ebenso breit oder fast ebenso breit wie die Vorderbrust. Hinterleibsringe verjüngen sich ganz allmählich nach hinten etwas (Abb. 127). In Holz oder unter der Rinde . . . . **Bockkäfer,** *Cerambycidae* (siehe Tabelle 58)
4. Larven leben im Holz 5
– Larven leben in Pflanzensamen 6
5. Nur in feuchtem Holz (hölzerne Wasserleitungsrohre, Grubenholz). Fraßbild ähnlich wie bei Pochkäferfraß . . . . **Bohrrüßler,** *Cossoninae (Curculionidae)*
– Fraßbild ein typischer Leiterfraß (Abb. 110) . . . . **Borkenkäfer,** *Scolytidae*
6. Larven mit langen, weichen Haaren (Abb. 111 A), in Kakao- und Kaffeebohnen, in Mus-

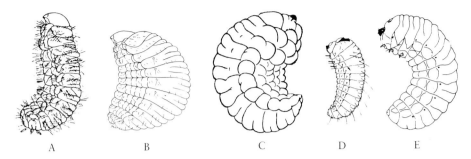

Abb. 111: Beinlose Käferlarven A von *Araecerus fasciculatus*, B *Sitophilus granarius* und C *Zabrotes subfasciatus*, D erstes und E letztes Larvenstadium von *Caryedon serratus* mit kurzen Beinen, die dazwischenliegenden Stadien dagegen sind wie C beinlos. (A und C nach ZACHER, B nach LEPESME, D und E nach PREVETT).

    katnüssen und vielen anderen pflanzlichen Produkten aus feuchten Tropenländern . . . .
. . . . **Kaffeebohnenkäfer,** *Araecerus fasciculatus* (DE GEER, 1775) *(Anthribidae)*
– Larven fast nackt, nur mit kurzen, oft schwer auffindbaren Borsten . . . .
. . . . **Rüsselkäfer,** *Curculionidae* und **Samenkäfer,** *Bruchidae*
    a) in Getreidekörnern und Teigwaren . . . . **Korn-, Reis-** und **Maiskäfer,** *Sitophilus*-Arten (Abb. 111 B).
    b) in Hülsenfrüchten . . . . **Samenkäfer,** *Bruchidae* (Abb. 111 C). Die behaarten Eilarven besitzen 3 Paar Brustbeine und bei den Arten, die sich außerhalb der Samen verpuppen auch das letzte Larvenstadium (Abb. 111 D und E).
7. Larven langgestreckt 8
– Larven mehr oder weniger bauchwärts zusammengekrümmt, oft sind auch die letzten Körperringe besonders dick, meistens weiß, mit braunem Kopf und spärlichen Haaren oder Dörnchen (Abb. 121) 25
8. Larven mit dunklen (schwarzen oder braunen), kräftigen, langen Haaren oder bunt mit behaarten Warzen und dornförmigen oft verzweigten Fortsätzen 9
– Larven mit dünner spärlicher Behaarung oder fast ganz unbehaart 10
9. Larven in Getreide oder an Getreidesäcken, braun behaart, auf den letzten Hinterleibsringen mit merkwürdigen Pfeilhaaren (Abb. 116 D). *Trogoderma*-Arten (siehe Tabelle 50)
– Larven leben an tierischen Substanzen (Haaren, Federn, Wolle und Wollstoffen, Därmen, Fellen, Leder usw.). Sie sind schwarz oder braun behaart (Abb. 114 A) . . . .
. . . . **Speckkäfer,** *Dermestidae* (siehe Tabelle 50)
10. Vorderbrust am breitesten, die Larve verjüngt sich nach hinten zu allmählich (Abb. 112 B, C). Kopf in die Vorderbrust ziemlich weit eingezogen. Larven weiß oder gelblichweiß, Kopf ganz oder teilweise braun, wenig behaart. Im Holz 11
– Vorderbrust nicht breiter, bisweilen sogar schmäler als die übrigen Körperringe, Larven oft schwach gefärbt, mit feiner Behaarung oder fast unbehaart 15
11. Vorderbrust kapuzenartig (Abb. 112 B, C) 12
– Vorderbrust nicht kapuzenartig 13
12. Larven mit einem an der Spitze zweiteiligen und seitlich mit Zähnchen versehenem Schwanzfortsatz (Abb. 112 C). Bei jungen Larven ist das Hinterleibsende gerade abgestutzt und mit zwei langen Dornen bewaffnet . . . . *Hylecoetus (Lymexylonidae)*
– Larven mit einem zylindrischen, nach oben aufgetriebenen Hinterleibsfortsatz (Abb. 112 B) . . . . **Schiffswerftkäfer,** *Lymexylon (Lymexylonidae)*

188 Gliederfüßer, Arthropoda

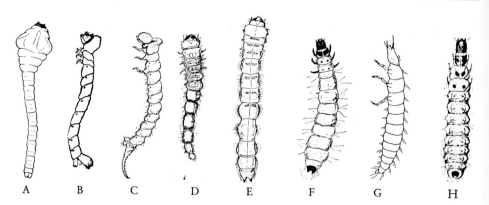

Abb. 112: Käferlarven: A Buprestide, B *Lymexylon*, C *Hylecoetus*, D *Nacerda*, E *Calopus*, F *Tenebroides*, G *Dienerella*, H *Thaneroclerus* (aus Weber, Escherich, Weidner, Dingler).

13. 1. bis 7. Hinterleibsring mit Kriechwülsten auf dem Rücken (Abb. 127) . . . .
 . . . . **Bockkäfer**, *Cerambycidae* (siehe Tabelle 58)
– 6. und 7. Hinterleibsring ohne Kriechwülste auf dem Rücken 14
14. Hinterleibsende rund (Abb. 112 D). In von Wasser zeitweilig überflutetem Holz . . . . . .
 . . . . *Nacerda melanura* (Linnaeus, 1758)
– Hinterleibsende mit zwei Hakenfortsätzen: in altem Holz von Hausdächern und Zaunpfählen (Abb. 112 E) . . . . *Calopus serraticornis* (Linnaeus, 1758)
15. Vorderbrustring kapuzenartig (Abb. 112 B, C) 12
– Vorderbrustring nicht kapuzenartig 16
16. Hartschalige hell- bis dunkelbraune, wenig behaarte Larven 17
– Weichhäutige, weißliche oder zart gefärbte, dünn behaarte Larven. 19
17. Larven, abgeplattet mit kräftigen langen Beinen, weit vorragenden Kiefern und langen Hinterleibsanhängen. Beine bestehen aus 6 Gliedern (Coxa, Trochanter, Femur, Tibia, Tarsus, Praetarsus) (Abb. 66). In Kellern und anderen Orten . . . **Laufkäfer**, *Carabidae*
– Larven fast drehrund, mit kurzen, aus 5 Gliedern (Coxa, Trochanter, Femur, Tibiotarsus, Praetarsus) bestehenden Beinen und nicht hervorragenden Kiefern. Hinterleibsende ohne Anhänge, höchstens schwach gegabelt 18
18. Hinterleibsende in eine kräftige Spitze ausgezogen oder in zwei, von denen jede wieder mehr oder weniger stark gegabelt ist . . . .
 . . . . **Drahtwürmer** (= *Larven der Schnellkäfer*), *Elateridae*
in morschem Holz, bisweilen auch mit Feldfrüchten in die Keller eingeschleppt. Zu ihnen gehören verschiedene Pflanzenschädlinge.
– Hinterleibsende abgestumpft, mit 2 oder ohne Dornen . . . .
 . . . . **Schwarzkäfer**, *Tenebrionidae* (siehe Tabelle 57)
19. Hinterleibsende einfach abgerundet, ohne Dornen 20
– Hinterleibsende mit 2 oder 4 Dornen 21
20. Larven gelblichweiß mit bräunlichen Rückenplatten auf Brust- und Hinterleibsringen und auffallend großem, keulenförmigen 2. Fühlerglied, auf das nur ein sehr kleines, ringförmiges letztes Glied folgt (Abb. 118 b, b'). Sehr fein behaart. Hinterleibsende gerundet ohne auffallende Anhänge. Der ausstülpbare Enddarm dient als Nachschieber . . . .
 . . . . **Plattkäfer**, *Silvanidae* (siehe Tabelle 52)

– Larven ohne braune Rückenspangen (Abb. 112 G), in Hefe und schimmelnder oder modernen Substanzen . . . . **Moderkäfer**, *Latridiidae* (siehe Tabelle 54)
21. Larven mit 4 Hinterleibsdornen (Abb. 117). An Backobst, anderen Pflanzstoffen und Rauchfleisch . . . . **Glanzkäfer**, *Nitidulidae* (siehe Tabelle 51)
– Larven mit 2 Hinterleibsdornen 22
22. Kleine Larven, gewöhnlich unter 5 mm. 24
– Große Larven, gewöhnlich über 5 mm, in Getreide, Kopra oder in allen Stoffen, die bereits von anderen Insekten befallen sind, auch in Häuten und Rauchfleisch 23
23. Larven schmutzigweiß mit schwarzem Kopf und je 2 schwarzen Punkten auf dem Rücken der Brustringe (Abb. 112 F). Bis 19 mm lang . . . .
. . . . **Schwarzer Getreidenager**, *Tenebroides mauritanicus* (LINNAEUS, 1758)
– Larven hellrot oder weißlich, einfarbig oder mit braunroten violetten Flecken oder vier roten Flecken auf jedem Körperring oder einfarbig, im Leben rot, in Alkohol weiß, mit je 2 dunkelbraunen Platten auf dem Rücken der Brustringe (Abb. 112 H) . . . .
. . . . **Buntkäfer**, *Cleridae* (siehe Tabelle 49)
24. Nur an verschimmelten Vorräten oder in Räumen mit Schimmelrasen an den Wänden (Abb. 120 C) . . . . **Schimmelkäfer**, *Cryptophagidae* (siehe Tabelle 53)
– In Getreide und anderen Vorräten . . . . **Plattkäfer**, *Cucujidae* (siehe Tabelle 52)
25. Brustbeine 4gliedrig, 1. Brustring stark aufgetrieben, Hinterleibsring viel dünner und eingekrümmt (Abb. 121 A) . . . . **Bohrkäfer**, *Bostrichidae*
– Brustbeine 3- oder 5gliedrig, Brustringe und Hinterleibsringe annähernd gleich dick . 26
26. Larven im Holz 27
– Larven in anderen pflanzlichen und tierischen Substanzen (Abb. 121 C) . . . .
. . . . **Brot-, Tabak- und Diebkäfer**, *Anobiidae und Ptinidae* (siehe Tabelle 56)
27. Brustbeine 3gliedrig. Atemloch des 8. Hinterleibsringes ist viel größer (etwa fünfmal so groß) als die Atemlöcher der vorhergehenden Hinterleibsringe (Abb. 121 B) . . . .
. . . . **Splintholzkäfer**, *Lyctus (Lyctidae)*
– Brustbeine 5gliedrig. Atemlöcher aller Hinterleibsringe sind etwa gleich groß (Abb. 121 C) . . . . **Nagekäfer**, *Anobiidae* (siehe Tabelle 55)

49. Buntkäfer, Cleridae

1. Kopf mit einer hellen Y-Naht auf der Dorsalseite. Hinterende mit einer dunkelbraunen Chitinplatte mit 2 kleinen Höckern. Kopf und Halsschild dunkelbraun, auf dem Rücken von Meso- und Metathorax je 2 kleine dunkelbraune Platten, Körperfarbe rosenrot (bleicht in Alkohol rasch aus) (Abb. 112 H). Körperlänge der erwachsenen Larve 9,5–10,5 mm . . . . *Thaneroclerus buqueti* (LEFEBVRE, 1835)
– Kopf ohne Y-Naht auf der Dorsalseite. Hinterende mit 2 deutlichen Haken (Abb. 113) 2
2. Larven einfarbig, hellrot oder weißlich. Kopf dunkler 3
– Larven gefleckt von braunroten-violetten Flecken oder gelblichweiß mit vier roten Flekken auf jedem Segment 5
3. Hinterleibshaken von der Seite gesehen häkchenförmig nach oben gebogen, gleichmäßig nach hinten zugespitzt ohne Auswuchs (Abb. 113 D). 5 Augen auf jeder Seite in zwei schiefen Reihen mit drei vorderen und zwei in der hinteren. Farbe der erwachsenen Larven rot, der jüngeren weißlich. Körperlänge 16 mm und noch etwas größer . . . . . .
. . . . *Thanasimus formicarius* (LINNAEUS, 1758)

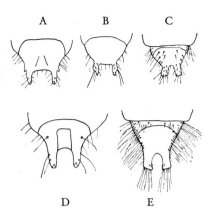

Abb. 113: Larven von Cleriden, Hinterleibsende A von *Tillus elongatus*, B *Necrobia violacea*. C *Corynetes coerulans*, D *Thanasimus formicarius*, E *Opilo domesticus* (nach Kemner).

– Hinterleibshaken von der Seite gesehen nach hinten gleich dick bleibend oder dicker werdend, an den Spitzen abgestumpft 4
4. Hinterleibshaken an der Spitze abgerundet (Abb. 113 C), auf der Oberseite mit einem unerheblichen Höcker. Weiß, 2 Augen auf jeder Seite, ein größeres vorderes und ein kleineres hinteres. . . . . **Blauer Fellkäfer**, *Corynetes coeruleus* (De Geer, 1775)
– Hinterleibshaken etwas abgerundet, nach oben-innen in eine Spitze auslaufend. 5 Augen auf jeder Seite in zwei Querreihen mit 3 in der vorderen und 2 in der hinteren. Gelbweiß oder grauweiß. (Die roten Flecken sind verwischt.). . . . . . *Opilo mollis* (siehe auch 6)
5. Hinterleibshaken breit voneinander getrennt, an der Spitze aufwärts gebogen mit einem schief abstehenden Zapfen außen (Abb. 113 A). 3 Augen in einer Schrägreihe. Körper dünn behaart, beinahe nackt, mit zwei seitlichen braunroten Längsstrichen auf jedem Hinterleibssegment . . . . **Holzbuntkäfer**, *Tillus elongatus* (Linnaeus, 1758)
– Hinterleibshaken außen ohne Seitenauswüchse. Körper mehr oder weniger stark behaart. 6
6. Hinterleibshaken nähern sich einander an der Basis und divergieren nach hinten. An der Spitze sind sie abgestoßen oder abgerundet mit einer ein- und aufwärts gerichteten Spitze. Alle Körperteile lang und dicht behaart 7
– Hinterleibshaken an der Basis weit voneinander getrennt (weiter als die Haken selbst lang sind), nach hinten zugespitzt, an der Mitte mit einer Ausbuchtung, die zwei längere Borsten trägt (Abb. 113 B). Körperlänge etwa 10 mm . . . . *Necrobia*-Arten
7. Rückenseite dicht gefleckt mit blauvioletten Flecken, jedes Segment mit vier roten Punkten in einer Querreihe. Bauchseite gelbweiß. Hinterleibshaken von der Seite gesehen schief abgeschnitten. (Aufsicht siehe Abb. 113 E) . . . . **Hausbuntkäfer**, *Opilo domesticus* (Sturm, 1837)
– Hinterleib gelbweiß mit vier ausgebreiteten roten Flecken auf jedem Segment. Hinterleibshaken mehr gerundet. . . . . *Opilo mollis* (Linnaeus, 1758)

50. Speckkäfer, Dermestidae

1. Auf dem 9. Hinterleibsring 2 kräftige Analdornen (Urogomphi), die allerdings bei den Junglarven noch klein sind und auch noch nicht ihre charakteristische Form haben. Rücken- und Bauchplatten sind auf jedem Hinterleibssegment miteinander verschmolzen und bilden am 10. Hinterleibssegment einen einheitlichen dunklen Ring, an den anderen haben sie aber auf der Unterseite eine helle Mittellinie, die auf den einzelnen Ringen verschieden breit sein kann (Abb. 115 H, K). Auf der Rückenseite findet sich hinter dem Vorderrand der Hinterleibssegmente 3 bis 10 gewöhnlich eine Reihe charakteristische runde, herz-, flaschen- oder kelchförmige Chitinplättchen. Larven langgestreckt, borstig und struppig behaart (Abb. 114 A). Für die Artbestimmung sind wenigstens 12 mm lange Larven nötig 2
– Auf dem 9. Hinterleibsring keine Analdornen 8

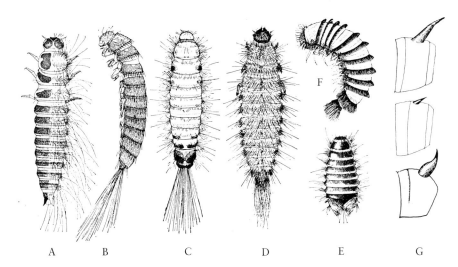

Abb. 114: Larven von Dermestiden: A *Dermestes maculatus*, mit nur auf der rechten Seite gezeichneter Behaarung, B *Attagenus pellio*, C *Trogoderma angustum*, D *Trogoderma granarium*, E *Anthrenus verbasci*, F *Thylodrias contractus*, G Analdornen in Seitenansicht der Larve von *Dermestes ater* (oben), einer jungen (Mitte) und einer alten Larve von *D. maculatus* (unten), (A–C, E–G aus KORSCHEFSKY, D aus MILES).

2. Analdornen mit ihrer Spitze nach hinten gerichtet, Spitze gerade oder nach unten gebogen (Abb. 114 G oben, 115 B, D, L). Bei den ersten Larvenstadien von *D. maculatus* sind die Dornen fast gerade und nach hinten gerichtet (Abb. 114 G Mitte). Erst bei seinen letzten Larvenstadien sind sie nach oben vorn gerichtet 3
– Analdornen mit ihrer Spitze nach oben und vorne gerichtet (Abb. 114 G unten) 6
3. Die Rückenhaut der 4. bis 9. Hinterleibsringe bei den erwachsenen Larven mit einer Reihe kleiner rundlicher, herzförmiger oder dreieckiger zahnförmiger Chitinplättchen besetzt (Abb. 115 A, rt) 4

– Die Rückenhaut der 4. bis 9. Hinterleibsringe bei den erwachsenen Larven ohne solche Chitinplättchen (Abb. 115 N). Analdornen gerade nach hinten gerichtet (Abb. 114 G oben). Körperlänge 14–17 mm . . . . *Dermestes ater* DE GEER, 1774

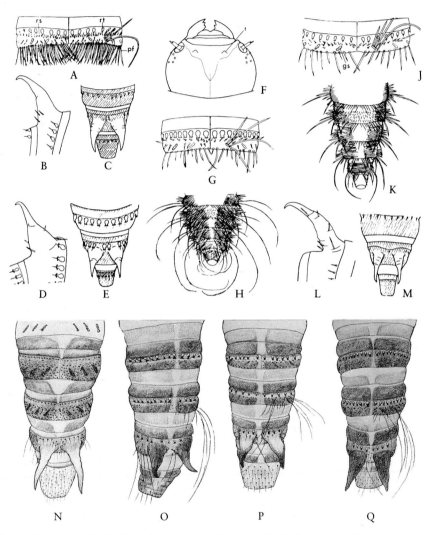

Abb. 115: Larven von Speckkäfern, *Dermestes* A–C *lardarius*, D–H *haemorrhoidalis*, I–M *peruvianus*. A, G, I Hinterleibsring in Rückenansicht, B, D L, Enddorn des 9. Hinterleibsringes von der Seite, C, E, M 8.–10. Hinterleibsring in Rückenansicht, F Kopfkapsel von oben, H, L die letzten Hinterleibsringe von der Bauchseite (nach PEACOCK). N–Q Hinterleibsenden der Larven von *Dermestes* N *ater*, O *carnivorus*, P *frischi* und Q *maculatus* (nach KNOCHE). *gs. pf* = Hinterrandbehaarung, *rs* nur bei *D. lardarius* auftretende Reihe kurzer Fiederhaare, *rt* flaschen- oder herzförmige Plättchen am Segmentvorderrand.

4. Die Behaarung am Hinterrand der Hinterleibsringe besteht auf der Rückenseite aus dicht stehenden, etwa gleich langen Haaren (Abb. 115 A, pf), hinter den Plättchen am Vorderrand der Hinterleibsringe 3 bis 8 (am besten ausgebildet auf 5 bis 7) folgt eine Reihe kurzer Fiederhaare (Abb. 115 A, rs). Stirn ohne kleine Höcker auf jeder Seite. Rötlichbraun bis dunkelbraun mit bräunlicher Behaarung. Körperlänge 12−15 mm . . . . *Dermestes lardarius* LINNAEUS, 1758
− Die Behaarung am Hinterrand der Hinterleibsringe besteht auf der Rückenseite aus abwechselnd kurzen und langen Haaren (Abb. 115 G, J, gs), hinter den Plättchen am Vorderrand folgt keine Reihe kurzer Fiederhaare. Stirn mit einem kleinen Höcker auf jeder Seite (Abb. 115 F, t), der allerdings auch nur sehr wenig ausgebildet sein kann und dann nur durch einen dunkleren Fleck markiert wird. 5
5. Analdornen an der Basis knotig verstärkt. Sie stehen enger aneinander als einer von ihnen an der Basis breit ist (Abb. 115 D und E). Die Plättchen am Vorderrand der Hinterleibsringe 3 bis 10 sind rundlich bis oval mit 2 kelchartig auseinandergehenden Lappen, zwischen denen häufig eine Borste steht (Abb. 115 D, E, G). Die helle Mittellinie auf der Bauchseite ist auf dem 6. Hinterleibsring nicht breiter als die Länge von einem Körperring, auf den folgenden Hinterleibsringen 7 und 8 wird sie noch schmäler (Abb. 115 H). Die langen Haare auf der Bauchseite der letzten Hinterleibsringe sind meistens länger als 2 Körperringe. Dunkelbraun mit brauner Behaarung und hellen Häuten zwischen den Körperringen. Körperlänge 12−14 mm . . . *Dermestes haemorrhoidalis* KÜSTER, 1852
− Analdornen von der Basis bis zur Spitze sich allmählich gleichmäßig verjüngend. Sie stehen etwa so weit auseinander wie einer von ihnen an der Basis breit ist (Abb. 115 L, M). Die Plättchen am Vorderrand der Hinterleibsringe klein, flaschenförmig (Abb. 115 J) und oft fehlend, besonders auf den Hinterleibsringen 9 und 10. Die helle Mittellinie auf der Bauchseite ist auf dem 6. Hinterleibsring bedeutend breiter als die Länge von einem Körperring, auf dem 7. etwa so breit und auf dem 8. nicht so breit wie die Länge des Körperrings (Abb. 115 K). Die langen Haare auf der Bauchseite der letzten Hinterleibsringe sind meistens so lang oder nicht viel länger als ein Körperring. Hellbraun, Körperlänge 14−17 mm. . . . . *Dermestes peruvianus* LA PORTE DE CASTELNAU, 1840
6. Die Rückenschilder der Brustsegmente an den Seiten mit einem breiten hellen Band über dem wenigstens am 1. Segment noch ein heller Fleck steht. Letzte Hinterleibsringe Abb. 115 O. Körperlänge 14−15 mm . . . . . . *Dermestes carnivorus* FABRICIUS, 1775
− Rückenschilder an den Seiten nur wenig aufgehellt, der helle Fleck über dem hellen Band fehlt 7
7. Die Analdornen an der Basis schwach knotig verdickt, auf halber Höhe mit einer leichten Einkerbung. Brustsegmente und Hinterleibsringe mit einem hellen, bis zum Hinterleibsende breit bleibenden Rückenstreifen (Abb. 115 P). Körperlänge bis 14−16 mm . . . . *Dermestes frischi* KUGELANN, 1792
− Die Analdornen sind an der Basis nicht verdickt und verjüngen sich gleichmäßig, ohne Einkerbung (Abb. 114 A, G unten 115 Q). Brustsegmente und Hinterleibsringe mit einem hellen Rückenstreifen, der auf den hinteren Segmenten schmäler wird und sich schließlich in Flecke auflöst. Körperlänge der erwachsenen Larven bis 14−16 mm (über die ersten Larvenstadien siehe 2) . . . . *Dermestes maculatus* DE GEER, 1774
8. Hinterleib mit Büscheln von Pfeilhaaren (Abb. 116 A−G) zwischen der normalen Behaarung 9
− Hinterleib ohne Pfeilhaare 20
9. Pfeilhaarpolster des Abdomens auf einer vollständig membranösen Partie in einem Ausschnitt des hinteren Seitenrandes der Tergite 5, 6 und 7. Tergit 8 ohne Pfeilhaarpolster,

Körper gedrungen, von oben gesehen fast eiförmig, etwas abgeplattet und dort am breitesten, wo das letzte Körperdrittel beginnt (Abb. 114 E) 10
- Pfeilhaardrittel des Abdomens auf deutlich sklerotisierter Partie des hinteren Seitenrandes der Tergite. Sie sind vom 6. Segment an dicht und kräftig entwickelt. Tergit 8 mit Pfeilhaarpolster. Körper langgestreckt, walzenförmig, mit einem kräftigen Borstenschwanz am Hinterende (Abb. 114 C und D) 15
10. Behaarung des ganzen Körpers schwarzbraun bis schwarz 11
- Behaarung auf der Oberseite braun, auf der Bauchseite gelblichweiß. Pfeilhaare siehe Abb. 116 E−G. Drei schwer zu unterscheidende Arten 13
11. Pfeilhaarspitze kurz, breit und schwärzlich (Abb. 116 C). Die graubraunen Segmente meist mit heller Mittellinie und schwarzbrauner Behaarung. Körperlänge bis zu 5 bis 6 mm . . . . *Anthrenus pimpinellae* Fabricius, 1775
- Pfeilhaarspitzen mit lang ausgezogener Spitze (Abb. 116 A und B) 12

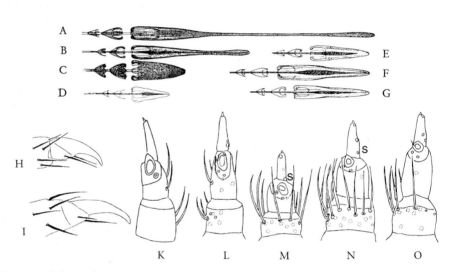

Abb. 116: Pfeilhaare der Larven von *Anthrenus* A *scrophulariae* (0,70 mm), B *fasciatus* (0,35 mm), C *pimpinellae* (0,15 mm), E *verbasci* (0,15 mm), F *museorum* (0,24 mm), G *fuscus* (0,20 mm) und D *Trogoderma angustum* (0,10 mm); letztes Fußglied mit Klaue von H *Reesa vespulae*, I von *Trogoderma granarium*; K linker Fühler der Larve von *R. vespulae* in Dorsalansicht; rechte Fühler in Dorsalansicht der Larven von *Trogoderma* L *angustum*, M *versicolor*, N *glabrum*, O *variabile* (A−D aus Korschefsky 1944, H−O aus Sellenschlo 1986). s = Sinnespore.

12. Der untere verdickte Teil der Pfeilhaarspitze etwa ⅓ seiner Gesamtlänge (Abb. 116 A). Olivbraun mit schwarzbrauner Behaarung. Erwachsen 5−6 mm lang . . . . *Anthrenus scrophulariae* (Linnaeus, 1758)
- Der untere verdickte Teil der Pfeilhaarspitze etwa die Hälfte seiner Gesamtlänge (Abb. 116 B). Dunkelbraun mit schwarzbrauner bis schwärzlicher Behaarung. Erwachsen 4−5 mm lang . . . . *Anthrenus fasciatus* Herbst, 1797
13. 2. Fühlerglied etwa 3mal so lang wie das 3. Pfeilhaare wie Abb. 116 F. Erwachsen 4−5 mm lang . . . . *Anthrenus museorum* (Linnaeus, 1758)

– 2. Fühlerglied etwa doppelt so lang wie das 3. 14
14. Behaarung rötlichbraun, Kopf vorherrschend dicht anliegend behaart. Pfeilhaare wie
    Abb. 116 G. Vorwiegend im Freien. Erwachsen 3–4 mm lang . . . .
    . . . . *Anthrenus fuscus* OLIVIER, 1789
– Behaarung hellbraun, Kopf vorherrschend abstehend behaart. Pfeilhaare wie Abb. 116 E
    (Abb. 114 E). Erwachsen 4–5 mm lang. Häufigste Art in Wohnungen . . . .
    . . . . *Anthrenus verbasci* (LINNAEUS, 1758)
15. Das letzte Fußglied (siehe Abb. 8 Praetarsus) trägt unter der Klaue 2 gleichlange Borsten,
    die fast bis zur Klauenspitze reichen (Abb. 116 H) 16
– Das letzte Fußglied trägt unter der Klaue nur eine lange und eine kurze, etwa halb so lange
    Borste (Abb. 110 I). 17
16. Die Borsten auf dem basalen Glied der 3gliedrigen Fühler sind kurz, nicht halb so lang wie
    das folgende Fühlerglied (Abb. 116 L). Die Spitzen der winzig kleinen (0,086–0,510 mm)
    Pfeilhaare sind kurze Kegel, etwa 3mal so lang wie an ihrer Basis breit (Abb. 116 D). Die
    großen Borsten, die mit zahlreichen spiralig umlaufenden spelzen- oder granenartig ausge-
    bildeten Schüppchen besetzt sind, sind auf den Rückenplatten der Hinterleibsringe 6 bis 8
    in einer nicht ganz regelmäßigen Querreihe angeordnet. Die langgestreckten Larven mit
    einem kräftigen Borstenschwanz am Hinterende erreichen erwachsen eine Körperlänge
    bis zu 7 mm, sie sind hellbraun mit gelbbrauner Behaarung (Abb. 114 C) . . . .
    . . . . *Trogoderma angustum* (SOLIER, 1849–51)
– Die Borsten auf dem basalen Glied der 3gliedrigen Fühler sind etwas länger als die Hälfte
    des folgenden Fühlerglieds (Abb. 116 K). Die Spitzen der winzig kleinen Pfeilhaare sind
    langgestreckter, etwa 4mal so lang wie an ihrer Basis breit. Die großen Borsten auf den
    Rückenplatten der Hinterleibsringe 6 bis 8 sind in einer Querreihe ausgerichtet. Bei
    oberflächlicher Betrachtung sind die Larven im Habitus kaum von der vorhergehenden
    Art zu unterscheiden. Erwachsen erreichen sie höchstens 6 mm . . . .
    . . . . **Amerikanischer Wespenkäfer**, *Reesa vespulae* (MILLIRON, 1939)
17. Rückenplatte des 8. Hinterleibsringes mit einer Quernaht im vorderen Drittel 18
– Rückenplatte des 8. Hinterleibsringes ohne eine solche Quernaht. Mandibeln von der
    Seite gesehen mit einem Zahn unterhalb der Spitze. Larven gelb bis bräunlich, erwachsen
    4–4,5 mm (Abb. 114 D) . . . . . . **Khaprakäfer**, *Trogoderma granarium* EVERTS, 1898
    fast ausschließlich in Erdnüssen, Expellern und seltener Getreide aus Übersee eingeschleppt. In der letzten Larven-
    haut liegt die Puppe.
18. Die Borsten auf dem basalen Glied der 3gliedrigen Fühler sind ziemlich gleichmäßig
    rundherum auf dem ganzen Glied verteilt (Abb. 116 M, N). 19
– Die Borsten auf dem basalen Glied der 3gliedrigen Fühler stehen nur auf der zur Mittelli-
    nie hin gerichteten Seite des basalen Gliedes (Abb. 116 O). Die erwachsenen Larven sind
    orange- bis rotbraun mit dunkelbraunen Rückenplatten der letzten Hinterleibsringe und
    erreichen eine Körperlänge von 5–7 mm ohne Borstenschwanz . . . .
    . . . . *Trogoderma variabile* BALLION, 1878
19. Die 9–11 Borsten auf dem basalen Fühlerglied überragen das 2. Fühlerglied deutlich, die
    untere Sinnespore auf dem 3. Fühlerglied liegt direkt auf seinem unteren Rand
    (Abb. 116 M). Die gelben bis bräunlichen Larven erreichen eine Körperlänge von
    5–6 mm ohne Borstenschwanz . . . . *Trogoderma versicolor* CREUTZER, 1799
    heimische Art an trocknen tierischen und pflanzlichen Stoffen, vorwiegend im Freien, nur selten an Vorräten.
– Die 12 oder mehr Borsten auf dem basalen Fühlerglied ragen nicht über das 2. Fühlerglied
    hinaus, die untere Sinnespore auf dem 3. Fühlerglied liegt über seinem unteren Rand, etwa
    im basalen Viertel oder Fünftel seiner Länge (Abb. 116 N). Der Vorderteil der Larven

(Brust- und die ersten 5 Hinterleibsringe) dunkelgrau, bei manchen Tieren hellgelb mit grauen Seiten oder Flecken . . . . *Trogoderma glabrum* (HERBST, 1783)
20. Larvenkörper anliegend behaart, mit einem sehr langen Borstenschwanz, der etwa halb so lang wie der Körper ist. Lebhafte Larven, die sich bei Berühren totstellen. Erwachsen etwa 12 mm ohne Borstenschwanz lang (Abb. 114 B) 21
– Larvenkörper mit jeweils einem dichtgestellten und abstehenden Borstenkranz an den Hinterrändern aller Segmente. Sehr kleine (5–6 mm lange) braune Larven mit gelbbrauner Behaarung, die sich asselartig zusammenkrümmen können (Abb. 114 F) . . . .
. . . . *Thylodrias contractus* MOTSCHULSKY, 1839
selten als Wohnungslästling.
21. Goldgelb bis hellbraun mit goldgelber Behaarung und ebensolchen Schuppen auf Brust- und Hinterleibssegmenten . . . . **Pelzkäfer**, *Attagenus pellio* (LINNAEUS, 1758)
häufiger Schädling an Pelzen und Wolle.
– Braun bis dunkelbraun, ohne Schuppen auf Brust- und Hinterleibsringen . . . .
. . . . **Dunkler Pelzkäfer**, *Attagenus megatoma* (FABRICIUS, 1798)
vor allem in Amerika Getreideschädling, bei uns ohne große Bedeutung.

51. Glanzkäfer, Nitidulidae

Der 9. Hinterleibsring (der letzte, der bei Ansicht vom Rücken zu sehen ist) ist in 2 Spitzen ausgezogen, vor denen 2 weitere spitze Dornen oder Höcker stehen.
Diese Merkmale hat auch die Larve des **Mexikanischen Getreidekäfers**, *Pharaxonotha kirschi* REITTER, 1875. Bei ihr sind die beiden Hinterleibsspitzen wie bei *Nitidula bipunctata* am Ende nach oben gebogen. Die erwachsene Larve ist etwa 8,5 mm lang und 1,4 mm breit, grau, jedes Segment mit einer dunkleren Querzone auf der Mitte des Rückens und mit deutlichen haartragenden Höckern an jeder Seite.

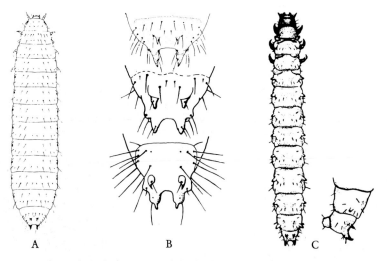

Abb. 117: A Larve des Backobstkäfers, *Carpophilus hemipterus*, von der Rückenseite, B Hinterleibsende von oben, in der Mitte von *C. mutilatus*, unten von *C. dimidiatus* C Larve von *Nitidula bipunctata* von oben und ihr Hinterende von der Seite (nach KEMPER, HINTON, SANDERS).

1. Die Spitzen des 9. Hinterleibsringes sind nach oben gerichtet (Abb. 117 C). Im 1. Larvenstadium, dessen Kopfkapsel, Rückenplatten und Stigmentspitzen grau bis graubraun gefärbt sind, tragen die beiden Enddornen je 3 mit einem Knopf abschließende Borsten, die bei der ersten Häutung verloren gehen. Beim 2. Stadium sind die Rückenplatten rotbraun gefärbt und im 3. (letzten) Stadium gelbweiß, weshalb sie sich kaum von der Körperfarbe abheben. Auf dem Halsschild sind 2 schwach rotbraune Flecken. Die Stigmen sind gestielt. Körperlänge der erwachsenen Larve 7−8 mm . . . . Zweipunktiger Glanzkäfer, *Nitidula bipunctata* (LINNAEUS, 1758)
− Die Spitzen des 9. Hinterleibsringes sind nach hinten gerichtet 2
2. Die beiden hinteren Abdominaldornen verjüngen sich zur Spitze hin ziemlich gleichmäßig (Abb. 117 B oben und Mitte). 3
− Die beiden hinteren Abdominaldornen verjüngen sich plötzlich vor der Spitze (Abb. 117 B unten), Erwachsen 5−6 mm lang . . . . Getreidesaftkäfer, *Carpophilus dimidiatus* (FABRICIUS, 1792)
3. Der Zwischenraum zwischen den beiden hinteren Abdominaldornen weit und gerade abgeschnitten. Ihre Innenränder fast parallel (Abb. 117 B oben). Erwachsen 6−7 mm lang . . . . Backobstkäfer, *Carpophilus hemipterus* (LINNAEUS, 1758)
− Der Zwischenraum zwischen den beiden letzten Abdominaldornen gerundet, ihr Innenrand nach hinten stark divergierend (Abb. 117 B Mitte) . . . . *Carpophilus mutilatus* ERICHSON, 1843

52. Plattkäfer, Silvanidae und Cucujidae

1. Hinterleibsende abgerundet. An jedem Körpersegment mit Ausnahme der beiden letzten können neben einer spangenförmigen sklerotisierten Rückenplatte eine weniger stark sklerotisierte prae- und posttergale Zone unterschieden werden. Das 3. Fühlerglied ist bedeutend kleiner als das außerordentlich große keulenförmige 2. Glied (Abb. 118 B und B′). . . . . *Silvanidae* 2
− Hinterleibsende mit 2 Dornen endend, die eine Gabel bilden. Das 3. Fühlerglied ist schwächer, aber nicht bedeutend kürzer als das 2. Glied (Abb. 119) . . . . . . *Cucujidae* 6
2. Die mit den jederseits 6 Punktaugen verbundenen Pigmentflecken sind deutlich in 2 Gruppen angeordnet, und zwar 4 oberhalb und 2 unterhalb der Einlenkungsstelle des Fühlers (Abb. 118 B). Die gezähnte Spitze der Oberkiefer verjüngt sich von der Basis zur Spitze gleichmäßig (wenigstens bei *Ahasverus* und *Cathartus*), die Rückenplatten der Brustringe zeigen meistens keine dunkleren Flecken. 3
− Die mit den jederseits 6 Punktaugen verbundenen Pigmentflecken sind nicht in Gruppen angeordnet, sondern stehen mehr oder weniger gleichweit voneinander entfernt (Abb. 118 B′). Die gezähnte Spitze des Oberkiefers erscheint im Umriß viereckig (Abb. 118 C′), die Rückenplatten der Brustringe mit 2 hell- bis dunkelbraunen Flecken (Abb. 118 A′) und der Hinterrand der Hinterleibsringe 2 bis 7 mit wenigstens 2 Paar langen Haaren (Abb. 118 D′ und E′). 5
3. Die Rückenplatten der Hinterleibsringe 3 oder 5 bis 8 sind in der Mitte durch einen von vorn nach hinten an Größe zunehmenden hellen Fleck unterbrochen. Am Hinterrand der Rückenplatte des 9. Hinterleibsringes sitzt ein Paar kleiner Papillen, wovon jede 2. kurze Borsten trägt. Der Vorderrand der posttergalen Zone wird durch 6 in gleichem Abstand voneinander stehende, kurze Borsten gekennzeichnet. An den Seiten tragen die Brustringe

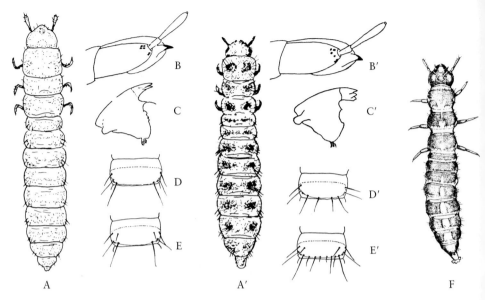

Abb. 118: Larven der Silvanidae. A–C, E *Ahasverus advena*, D *Cathartus quadricollis*, F *Nausibius clavicornis*; A′–D′ *Oryzaephilus surinamensis*, E′ *O. mercator*. – A, A′, F Habitusbilder von der Rückseite, B, B′ Kopf in Seitenansicht, C, C′ linke Mandibel, D, E, D′, E′ Rückenseite eines Hinterleibssegments. (A, A′ nach Lepesme, B–E′ nach Cutler, F nach Breese & Wise).

3 und die Hinterleibsringe 4 oder 5 mittellange aufgerichtete Borsten (Abb. 118 F). Körperlänge bis 5,5 mm . . . . *Nausibius clavicornis* (Kugelann, 1794)
– Die Rückenplatten der Hinterleibsringe 3 bis 8 sind nicht durch einen hellen Fleck unterteilt. Der Hinterrand der Rückenplatten der Hinterleibsringe 2 bis 7 trägt nur je eine Borste an seinen Ecken (Abb. 118 D und E). 4
4. Hinter dem Vorderrand der sklerotisierten Rückenplatte der Hinterleibsringe 2 bis 7 sitzt jederseits ein Paar lange Borsten, wovon die inneren kürzer als die äußeren sind (Abb. 118 E). Körperlänge bis 3 mm . . . . *Ahasverus advena* (Waltl, 1832)
– Hinter dem Vorderrand der sklerotisierten Rückenplatte der Hinterleibsringe 2 bis 7 sitzt jederseits nur eine (die äußere) lange Borste (Abb. 118 D). Körperlänge bis 3 mm . . . . *Cathartus quadricollis* (Guérin, 1829–1840)
5. Hinter dem Vorderrand der sklerotisierten Rückenplatte der Hinterleibsringe 2 bis 7 sitzt jederseits 1 Paar Borsten, wovon das innere kürzer als das äußere ist, am Hinterrand sind 8 lange Borsten verschiedener Größe, das äußerste Paar ist das längste und das innerste das kürzeste (Abb. 118 E′). Körperlänge 2,5 bis 2,8 mm . . . . **Erdnußplattkäfer**, *Oryzaephilus mercator* (Fauvel, 1889)
– Hinter dem Vorderrand der sklerotisierten Rückenplatte der Hinterleibsringe 2 bis 7 sitzt jederseits nur eine Borste in der äußersten Ecke und am Hinterrand nur 4 große Borsten (Abb. 118 D′). Körperlänge 2,5–2,8 mm . . . . **Getreideplattkäfer**, *Oryzaephilus surinamensis* (Linnaeus, 1758)
6. Analöffnung von einem nach vorn offenen Ring umgeben (Abb. 119 G). Abstand zwischen den Spitzen der Hinterleibsdornen gewöhnlich größer als die Länge eines Dornes.

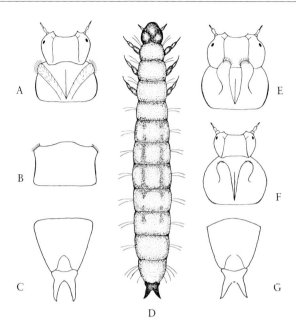

Abb. 119: Larven von *Cryptolestes* A−C *ferrugineus*, D, F, G *pusillus*, E *turcicus*; A, E, F Kopf und 1. Brustsegment von der Bauchseite, auf dem 1. Brustsegment die Ausführgänge der Seidendrüsen, B 1. Brustsegment in Rückenansicht, C und G letztes Körpersegment von der Bauchseite. (Nach BISHOP und D nach DAVIS, Zeichnung A. LABORIUS).

Die Öffnungen der Seidendrüsen auf der Unterseite des 1. Brustringes nach vorn außen gerichtet und von der Oberseite aus nicht zu sehen (Abb. 119 D, F) . . . .
. . . . **Kleiner Leistenkopfplattkäfer,** *Cryptolestes pusillus* (SCHÖNHERR, 1817)
− Analöffnung von einem vollständig geschlossenen Ring umgeben (Abb. 119 C). Abstand zwischen den Spitzen der Hinterleibsdornen gewöhnlich geringer als die Länge eines Dornes. 7
7. Der Mittelstrich auf der Bauchseite des 1. Brustringes ist dunkler gefärbt als die Kopfkapsel und fast so dunkel wie die beiden auf der Kopfunterseite sichtbaren Streifen. Die Spitzen der Seidendrüsen auf der Bauchseite des 1. Brustringes reichen mit ihrer Öffnung bis zu den Seitenrändern und sind in den Vorderecken des 1. Brustringes mit ihren Borsten deutlich vom Rücken her zu sehen (Abb. 119 A, B) . . . .
. . . . . . **Rotbrauner Leistenkopfplattkäfer,** *Cryptolestes ferrugineus* (STEPHENS, 1831)
− Der Mittelstrich auf der Bauchseite des 1. Brustringes ist undeutlich, nur wenig dunkler als die Kopfkapsel und annähernd so dunkel wie die beiden Streifen auf der Kopfunterseite. Die freiliegende Spitze der Seidendrüsen ist nach vorn gerichtet und von der Rückenseite aus nicht sichtbar (Abb. 119 E) . . . .
. . . . **Türkischer Leistenkopfplattkäfer,** *Cryptolestes turcicus* (GROUVELLE, 1876)

53. Schimmelkäfer, Cryptophagidae und ähnlich lebende Arten aus anderen Familien

1. Mit fächerförmigen Haaren, die an den Körperseiten der Larve gestielt sind (Abb. 120 D oben und Mitte). Sie sind auf den Hinterleibsringen 1−8 in 3 und auf dem 9. in 2 Querreihen angeordnet. Die Hinterleibsspitzen sind nur klein und schwer zu sehen (Abb. 120 B) . . . . *Mycetaea hirta* (MARSHAM, 1802) *(Endomychidae)*
   − Mit einfachen Haaren (Abb. 120 C) 2
2. Lippentaster eingliedrig . . . . *Atomaria* sp. *(Cryptophagidae)*
   − Lippentaster zweigliedrig 3
3. Kopf jederseits mit einem Punktauge. Kopf etwas dunkler als der gelblichweiße Körper, Mandibel und die gut ausgebildeten Hinterleibsspitzen dunkelbraun. Letztere sind am spitzen Ende etwas nach oben gebogen. Die Rückenplatten der Hinterleibsringe mit 3 Paar langen in einer Querreihe angeordneten Borsten. Hinter dem mittleren Borstenpaar steht ein Paar kurze Borsten. Erwachsen Larve etwa 5 mm lang und 1,04 mm breit . . . . *Anthicus floralis* (LINNAEUS, 1758) *(Anthicidae)*
   − Kopf jederseits mit mehreren (bis 5) Punktaugen. 4
4. Oberkiefer mit einer Prostheca (einem beweglichen Anhang unterhalb des Zahnteils) (Abb. 120 F oben und Mitte 5
   − Oberkiefer ohne Prostheca (Abb. 120 F unten). Weiß bis hellbraun, Hinterleibsspitzen immer dunkler. Kopf mit 5 Punktaugen, allerdings sind die dunklen Flecken, worauf sie liegen, oft miteinander verschmolzen. Mit langen Borsten besetzt. Erwachsen 4−4,5 mm lang und 0,8 mm breit . . . .
   Behaarter Baumschwammkäfer, *Typhaea stercorea* (LINNAEUS, 1758) *(Mycetophagidae)*

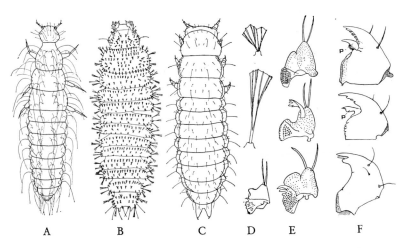

Abb. 120: Larven von A *Latridius*, B *Mycetaea*, C *Cryptophagus*. D oben zwei Fächerhaare von *Mycetaea*, unten Mandibel von *Corticaria fulva*, E (von oben nach unten) Mandibel von *Latridius minutus, Dienerella filum, Aridius nodifer*, F (von oben nach unten) rechter Oberkiefer von *Henoticus, Cryptophagus* und *Thyphaea* (nach KLIPPEL, HINTON), p Prostheka.

5. Prostheca auf der Unterseite in der basalen Hälfte mit spitzen Nadeln besetzt (Abb. 120 F oben). Ziemlich breite Larven, erwachsen 3 mm lang und 1,04 mm breit, mit schwach ovalem Umriß, bleichgelb bis ganz weiß, die Hinterleibsspitzen dunkelbraun. Kopf mit 4 Punktaugen auf jeder Seite. Die Borsten von verschiedener Länge sind auf den Brustringen in 3, auf den Hinterleibsringen in 2 Querreihen angeordnet . . . .
. . . . *Henoticus californicus* (MANNERHEIM, 1843) *(Cryptophagidae)*
– Prostheca auf der Unterseite glatt (Abb. 120 F, Mitte). Hinterleibsspitzen mehr oder weniger senkrecht nach oben gebogen. Nicht ganz so breit wie die vorhergehende Art. Erwachsen etwa 2,8 – 3 mm lang bei einer Breite von 0,8 – 0,9 mm. Gelblichweiß mit braunen Hinterleibsspitzen. Behaarung verschieden lang auf den Körperringen in 2 Querreihen angeordnet (Abb. 120 C). . . . . . **Schimmelkäfer**, *Cryptophagus* sp. *(Cryptophagidae)*

54. Moderkäfer, Latridiidae

1. Rückenseite mit oft sehr langen, schlanken, im Querschnitt runden Borsten 3
Rückenseite mit zahlreichen kurzen, mehr oder weniger abgeflachten, schuppenartigen Fächerborsten (ähnlich Abb. 120 D) 2
2. Alle Haare der Brust und der ersten 8 Hinterleibsringe auf dem Rücken und an der Seite sind Fächerhaare; Oberkiefer siehe Abb. 120 D unten   *Corticaria fulva* (COMOLLI, 1837)
– Einige Seitenhaare auf der Brust und den ersten 8 Hinterleibsringen sind lang und rund im Querschnitt, die übrigen sind Fächerhaare . .   *Corticaria pubescens* (GYLLENHAL, 1827)
3. Eine lange Borste am oberen Drittel des 2. Fühlergliedes, Oberkiefer ohne Zähne am Spitzenteil, mit oder ohne Zähne am Basalteil (Abb. 120 E oben und unten) 5
– Ohne lange Borste an der Spitze des 2. Fühlergliedes, Oberkiefer mit Zähnen am Spitzenteil (Abb. 120 E Mitte) 4
4. Der Dorn des 2. Fühlergliedes entspringt auf seiner Spitze. Oberkiefer mit 4 großen und 2 kleineren Zähnen (Abb. 120 E Mitte). . . . .   *Dienerella filum* (AUBÉ, 1850)
– Der Dorn des 2. Fühlergliedes entspringt etwa ⅓ vor seiner Spitze. Oberkiefer mit 5 großen Zähnen. . . . .   *Dienerella filiformis* (GYLLENHAL, 1827)
5. Borsten der Rückenseite sehr lang und stark gebogen, die der Hinterleibsringe häufig mehr als doppelt so lang wie die Ringe. Oberkiefer mit 3 Zähnen am basalen Teil (Abb. 120 E unten). . . . .   *Aridius nodifer* (WESTWOOD, 1839)
– Borsten der Rückenseite nur mäßig lang und schwach gebogen, die der Hinterleibsringe nie doppelt so lang wie die Ringe. Oberkiefer ohne Zähne am basalen Teil (Abb. 120 E oben). . . . .   *Latridius (Enicmus) minutus* (LINNAEUS, 1767)

55. Im Holz lebende Nagekäfer, Anobiidae (Tabelle 47, Taf. IV)

Die weißen Larven haben 3 Brust- und 10 Hinterleibsringe. Der 2. und 3. Brustring sowie die ersten 8 Hinterleibsringe sind auf der Rückenseite in 2 Falten geteilt. Jeweils die erste davon ist besonders mit zahlreichen Dörnchen besetzt (Abb. 121 C), außerdem finden sich noch vielfach solche Dörnchen auch an den Seiten und auf der Bauchseite der letzten beiden Ringe.

E. A. PARKIN: The larvae of some wood-boring Anobiidae (Coleoptera). – Bull. Ent. Res. Bd. 24 (1933), S. 33 – 68.

 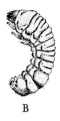 

A   B   C

Abb. 121: Larven, A Bostrichidae, b Lyctidae, C Anobiidae (nach ZACHER, LEPESME, PARKIN).

1. Außer den auf dem Rücken der ersten 8 Hinterleibsringe vorhandenen Dörnchen finden sich noch weitere auch an den Seiten der Hinterleibsringe (1) 2−6, und zwar auf einer Falte, die zwischen der Bauchplatte und den Rückenplatten liegt. Bis 7 mm Körperlänge. Im weichen Holz toter Laubbäume, Gartenpfählen, gelegentlich auch im Nadelholz . . . .
. . . **Kammhorn-** oder **Gekämmter Nagekäfer,** *Ptilinus pectinicornis* (LINNAEUS, 1758)
Fraßbild ähnlich dem von *Anobium punctatum,* doch haben die Kotballen meistens keine ausgezogenen Spitzen. Selten in Möbeln.
− Dörnchen nicht auf der Seite der Hinterleibsringe 2
2. 9. Hinterleibsring ohne Dörnchen. Körperlänge 5−7 mm. In Laub- und Nadelholz . . . .
. . . . . . **Gewöhnlicher Nagekäfer, Holzwurm,** *Anobium punctatum* (DE GEER, 1774)
häufigster Schädling in Möbeln und Bauholz. Kotballen eiförmig, wobei das schlankere Ende oder beide Enden zu einer feinen Spitze ausgezogen sind. Fluglochdurchmesser etwa 2 mm.
− 9. Hinterleibsring mit Dörnchen 3
3. Dunkler gefärbte Partie der Stirn fast doppelt so breit wie lang, dreieckig oder halbkreisförmig. Körperlänge 8 mm. In der Rinde von Nadelhölzern . . . .
. . . . **Weicher Nagekäfer,** *Ernobius mollis* (LINNAEUS, 1758)
nur in Neubauten an Holz, an dem die Rinde nicht entfernt wurde. Fraßgänge fast nur auf die Rinde beschränkt. Kot aus braunen oder holzfarbenen, linsenförmigen, bei kleineren Larven bisweilen eiförmigen bis kugeligen, dann aber immer braunen Ballen bestehend. Fluglochdurchmesser 2−3 mm. Technisch ohne Bedeutung, außer wenn in Furnieren verarbeitet.
− Dunkler gefärbte Partie der Stirn, nur auf die Mitte beschränkt 4
4. 9. und 10. Hinterleibsring bis zu den Afterwülsten mit Dörnchen besetzt. In pilzbefallenem Laubholz, Flugloch 3−4 mm. Größte Anobienlarve bis zu 11 mm lang. . . . .
. . . **Totenuhr** oder **Gescheckter Nagekäfer,** *Xestobium rufovillosum* (DE GEER, 1774)
in feuchtem Bauholz zusammen mit Pilzen oft sehr starke Zerstörungen hervorrufend. Kotballen brotlaibförmig.
− 10. Hinterleibsring ohne Dörnchen. Körperlänge 8 mm . . . .
. . . . **Schwammholz-Nagekäfer,** *Priobium carpini* (HERBST, 1793)
in verbautem pilzbefallenen Nadelholz, seltener im Freiland in trocknen Laub- und Nadelholzstämmen. Kotballen in der Längsachse zusammengedrückt und gekrümmt, so daß sie eine konkave und eine konvexe Breitseite haben; sie sind am vorderen Ende deutlich dicker als am hinteren und andeutungsweise viergekantet. Flugloch 3 mm. − Ein ähnliches Fraßbild zeigt auch der **Trotzkopf** *Dendrobium pertinax* (LINNAEUS, 1758).

56. Diebkäfer und nicht im Holz lebende Nagekäfer, Ptinidae und Anobiidae

1. An der Afteröffnung befindet sich ein kleiner rotbrauner Fleck 2
− Afteröffnung ohne solchen Fleck 7

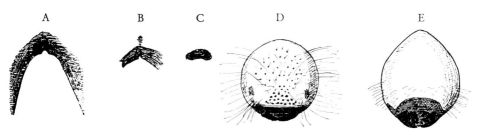

Abb. 122: Brauner Fleck vor der Afteröffnung der Larve von A *Ptinus fur*, B *Niptus hololeucus*, C *Ptinus tectus*, Kopf der Larve D des Tabakkäfers, *Lasioderma serricorne* und E des Brotkäfers, *Stegobium paniceum*.

2. Der braune Fleck an der Afteröffnung ist langgestreckt v-förmig (Abb. 122 A) . . . .
   . **Diebkäfer**, *Ptinus fur* (LINNAEUS, 1758) und andere in Mitteleuropa beheimatete Arten
   Artunterscheidung durch sehr feine Merkmale besonders in der Beborstung möglich. Siehe MANTON, S. M.: Larvae of the Ptinidae associates with stored products. Bull. ent. Res. Bd. 35 (1945), S. 341–365 und HALL, D. W. & HOWE, R. W.. a revised key to the larvae of the Ptinidae associated with stored products. Bull. ent. Res. Bd. 44 (1953), S. 85–96.
– Der braune Fleck an der Afteröffnung ist kleiderbügelförmig (Abb. 122 B und C) . . . 3
3. Klauen mit einem lappigen Fortsatz (Empodium) (Abb. 123 B, C) 4
– Klauen ohne solchen lappigen Fortsatz (Abb. 123 A). Afterfleck Abb. 122 B. Körperlänge bis 5–7 mm . . . . **Messingkäfer**, *Niptus hololeucus* (FALDERMANN, 1836)
4. Klauen außer der Borste auf der Vorderseite mit 2–3 weiteren Borsten auf der Rückseite .
   . . . . *Trigonogenius globulus* SOLIER, 1849
– Klauen außer der Borste auf der Vorderseite ohne weitere Borsten 5
5. Vorderrand der Oberlippe leicht konkav (Abb. 123 D oben). Körperlänge bis durchschnittlich 3,5 (2,5–4,4) mm. . . . **Kugelkäfer**, *Gibbium psylloides* (CZENPINSKI, 1778)
– Vorderrand der Oberlippe gerade oder konvex (Abb. 123 D unten) 6
6. In der Mitte des Vorderrandes der Unterlippe, zwischen den beiden Lipptentastern nur 1 Paar kräftige Borsten (Abb. 123 E oben); der lappige Klauenfortsatz sehr klein . . . . .
   . . . . *Tipnus unicolor* (PILLER, 1783)

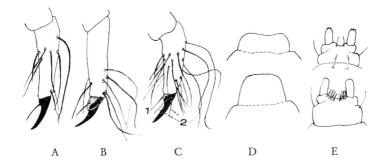

Abb. 123: Diebkäferlarven: A–C Fußglied von A *Niptus hololeucus*, B *Ptinus villiger*, C *Trigonogenius globulus*. Schwarz Klaue, punktiert Empodium, *1* vordere, *2* hintere Klauenborsten. – D Umriß der Oberlippe (ohne Beborstung) von *Gibbium psylloides* und darunter von *Tipnus unicolor*. – E Unterlippe von *Tipnus unicolor* und darunter von *Ptnius tectus* (nach MANTON).

– In der Mitte des Vorderrandes der Unterlippe, zwischen den beiden Lippentastern mit 4 Paar kräftigen Borsten (Abb. 122 E, unten). Afterfleck Abb. 122 C . . . .
. . . . **Australischer Diebkäfer**, *Ptinus tectus* Boieldieu, 1856
7. Kopf von vorn gesehen rund, lang behaart, mit kleinen braunen Flecken und Wärzchen (Abb. 122 D). Körperlänge bis 4 mm . . . .
. . . . **Tabakkäfer**, *Lasioderma serricorne* (Fabricius, 1792)
– Kopf von vorn gesehen oval, oben zugespitzt, kurz und wenig behaart, ohne braune Flecken und Wärzchen (Abb. 122 E). Körperlänge bis 5 mm . . . .
. . . . **Brotkäfer**, *Stegobium paniceum* (Linnaeus, 1761)

57. Schwarzkäfer, Tenebrionidae

Ausführliche Beschreibungen der Larven finden sich in Korschefsky, R.: Bestimmungstabellen der bekannten deutschen Tenebrioniden- und Alleculiden-Larven. Arb. physiol. angew. Ent. Bd. 10 (1943), S. 58–68 und van Emden, F. I.: Larvae of British beetles. VI. Tenebrionidae. – Entomol. monthly Mag. Bd. 83 (1947), S. 154–171 und Bd. 84 (1948), S. 10.

1. 1. Beinpaar größer als die beiden anderen (Abb. 124). Letzter Hinterleibsring breit abgerundet, mit einer Spitze versehen und auf dem ganzen Seitenrand mit kleinen Dörnchen, so daß er einen gezähnelten Eindruck macht (Abb. 125 A oben). Große dicke Larven. Erwachsen bis zu 35 mm lang . . . . **Totenkäfer**, *Blaps*-Arten
– 1. Beinpaar nicht größer als die beiden anderen. 2

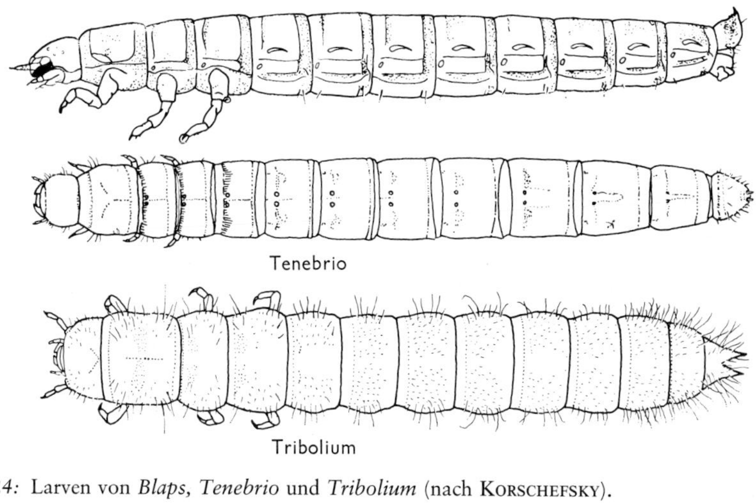

Abb. 124: Larven von *Blaps, Tenebrio* und *Tribolium* (nach Korschefsky).

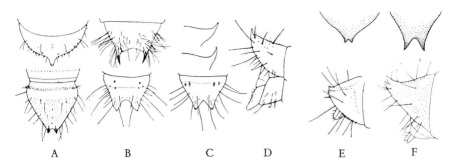

A B C D E F

Abb. 125: Hinterleibsende der Larven von A *Blaps,* darunter *Tenebrio molitor,* B *Latheticus oryzae,* darunter *Tribolium madens,* C oben dasselbe von der Seite bei *T. madens* und *T. castaneum,* unten von oben von *T. castaneum,* D von der Seite von *Alphitophagus bifasciatus,* E *Palorus ratzeburgi* und F *Palorus subdepressus,* (oben) vom Rücken und (unten) von der Seite gesehen (nach van EMDEN, HALSTEAD).

2. Bis 28 mm lange Larven. Letzter Hinterleibsring auf dem Rücken mit einer Reihe kurzer Borsten an seiner Basis und mit je 2 dornenförmigen Borsten an der Seite vor jedem der beiden nach oben gerichteten Dornen 3
– Bedeutend kleinere Larven. Letzter Hinterleibsring auf dem Rücken ohne dornförmige Borsten. 4
3. Atemlöcher oval und der Seitenkante des Rückenschildes stark genähert. Letzter Hinterleibsring breiter als lang. 2. Fühlerglied 3mal so lang wie breit (Abb. 124, 125 A unten) . . . . **Mehlkäfer,** *Tenebrio molitor* LINNAEUS, 1758
<small>Mehlwurm, wie er als Singvogelfutter käuflich ist, in Getreide und Getreideprodukten, aber auch in Holzmulm.</small>
– Atemlöcher rundlich und weiter von der Seitenkante der Rückenschilder entfernt. Letzter Hinterleibsring nicht breiter als lang. 2. Fühlerglied 4mal so lang wie breit. Die Tergite, besonders die vorderen und hinteren, schwarzbraun *Tenebrio obscurus* FABRICIUS, 1792
4. Der letzte Hinterleibsring ist gegabelt. Die beiden Spitzen sind mehr oder weniger dornenartig ausgezogen 5
– Der letzte Hinterleibsring ist in eine dornförmige Spitze ausgezogen, die aufwärts gebogen ist 11
5. Die Hinterleibsspitzen sind sehr groß, nicht viel kürzer als der übrige letzte Hinterleibsring. Die Basis einer Spitze nimmt etwa ⅓ der größten Breite des Ringes ein (Abb. 124 *Tribolium* und Abb. 125 B unten, C) 6
– Die Hinterleibsspitzen sind viel kürzer als der übrige letzte Hinterleibsring. Die Basis einer Spitze nimmt weniger als ⅓ der größten Breite des Ringes ein 9
6. Die beiden Spitzen des letzten Hinterleibsringes berühren sich fast oder ganz. Larven bis 8 mm lang (Abb. 125 C oben und unten). 7
– Die beiden Spitzen des letzten Hinterleibsringes stehen etwa um die Breite einer Spitze auseinander (Abb. 125 B unten und C Mitte). Larven bis 10 mm 8
7. Oberlippe seitlich am Vorderrand mit je 2 Borstenfeldern besetzt . . . . **Rotbrauner Reismehlkäfer,** *Tribolium castaneum* (HERBST, 1797)
– Oberlippe schwach und gleichmäßig beborstet . . . . **Amerikanischer Reismehlkäfer,** *Tribolium confusum* JACQUELIN DU VAL, 1868

8. 3. Fühlerglied kürzer als der Ausschnitt am Innenrand des 2. Fühlergliedes. 1. Fühlerglied fast drei Viertel so lang wie das 2. . . . .
. . . . Schwarzbrauner Reismehlkäfer, *Tribolium madens* (CHARPENTIER, 1825)
— 3. Fühlerglied länger als der Ausschnitt am Innenrand des 2. Fühlergliedes. 1. Fühlerglied etwa halb so lang wie das 2. . . . .
. . . . Großer Reismehlkäfer, *Tribolium destructor* UYTTENBOOGAARD, 1933
9. Bei Betrachtung des letzten Hinterleibsringes von oben lassen sich die Spitzen des gegabelten Hinterleibsendes im Umrißbild nicht oder kaum erkennen, nur in Seitenansicht erscheinen sie als kleine, nach oben gerichtete Spitzen (Abb. 125 E, F). Bis 6 mm lange Larven 10
— Bei Betrachtung des letzten Hinterleibsringes von oben sind die Hinterleibsspitzen im Umrißbild sehr auffallend (Abb. 125 B oben). Sie erscheinen als kräftige lange Dornen, 3- bis 4mal so lang wie an ihrer Basis breit. Während bei den erwachsenen Larven diese Spitzen weit auseinanderstehen, liegen sie bei jungen Larven dicht beieinander . . . . . .
. . . . . . Rundköpfiger Reismehlkäfer, *Latheticus oryzae*, WATERHOUSE, 1880—1882
10. Die Seiten des 9. Hinterleibsringes sind in ihrem Verlauf von seinem Vorderrand bis zur Basis der kleinen, tuberkelförmigen, nach oben gebogenen Spitzen im Profil gesehen gerade oder schwach konvex (Abb. 125 E) . . . . . *Palorus ratzeburgi* (WISSMAN, 1848)
— Die Seiten des 9. Hinterleibsringes sind in ihrem Verlauf von seinem Vorderrand bis zur Basis der stumpfen, deutlicheren Spitzen im Profil gesehen konkav (Abb. 125 F) . . . . . .
. . . . *Palorus subdepressus* (WOLLASTON, 1864)
11. Auf dem Rücken des letzten Hinterleibsringes stehen 3 Paar sehr lange kräftige Borsten (Abb. 125 D). Gelbe, bis 6—7 mm lange Larven . . . .
. . . . Zweibindiger Pilzschwarzkäfer, *Alphitophagus bifasciatus* (SAY, 1823)
— Auf dem Rücken des letzten Hinterleibsringes stehen keine 3 Paar lange Borsten, dagegen sind an den Seiten mehrere kräftige Dornen vor der dornförmigen Spitze. 12
12. An den Seiten des letzten Hinterleibsringes stehen nur 2 Paar Dornen (Abb. 126 B und E). Bleich rötlichgelbe, 9—10 mm lange Larven . . . .
. . . . Vierhornkäfer, *Gnatocerus cornutus* (FABRICIUS, 1798)
— An den Seiten des letzten Hinterleibsringes stehen bedeutend mehr Dornen 13
13. Bauchseite der Körperringe am Seitenrand mit je 7—10 kräftigen, oft ungleich langen Borsten, auf der Rückenseite kräftig sklerotisiert und die Hinterleibsringe zweifarbig. Endstachel kräftig, von einem ausgedehnten Dornenfeld umgeben (Abb. 126 A und C).

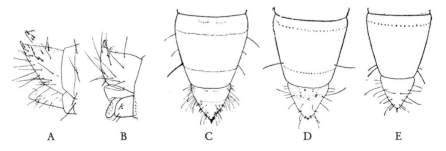

Abb. 126: Hinterleibsende der Larven von A. *Alphitobius diaperinus* von der Seite und C von oben, über A das von *A. laevigatus*, D dasselbe von oben, B von *Gnatocerus cornutus* von der Seite und E von oben (nach VAN EMDEN, KORSCHEFSKY).

Larven bis 15 mm lang..
..... **Glänzender Getreideschimmelkäfer**, *Alphitobius diaperinus* (PANZER, 1797)
- Bauchseite der Körperringe am Seitenrand mit je 2 Borsten. Auf der Rückenseite wenig stark sklerotisiert, kaum zweifarbig. Endstachel meist kürzer als die wenigen umgebenden Dornen (Abb. 126 über A; D). Larven bis 12 mm lang....................
.... **Mattschwarzer Getreideschimmelkäfer**, *Alphitobius laevigatus* (FABRICIUS, 1781)

58. Bockkäfer, Cerambycidae (Abb. 127)

Ausführliche Beschreibungen der Larven und Puppen der europäischen und mit Nutzholz häufig eingeschleppten Bockkäferarten gibt E. J. DUFFY in «A monograph oft the immature stages of British and imported timber beetles (Cermabycidae),» (British Museum, Natural History, London 1953).
Zur Bestimmung muß die Kopfkapsel aus dem 1. Brustsegment herauspräpariert werden. Dazu muß der Muskel durchschnitten werden, der an der Vereinigung der Stirnnähte ansetzt.

1. Die Kopfkapsel ist breiter als lang (Abb. 128 A und C) oder ebenso lang wie breit (Abb. 128 B).. 2
- Die Kopfkapsel ist viel länger als breit mit parallelen oder nach hinten konvergierenden Seiten (Abb. 128 D). Beine fehlen................................ *Lamiinae*
  Diese Unterfamilie der Bockkäfer enthält kaum bautechnisch wichtige Larven. Nur die Larven des **Zimmermannsbocks**, *Acanthocinus aedilis* (LINNAEUS, 1758) und der *Monochamus*-Arten können gelegentlich einmal in Bauholz vorkommen, wenn es frisch verarbeitet ist. Sie unterscheiden sich dadurch voneinander, daß die Kriechwülste auf den Abdominalringen bei *Monochamus* aus kleinen runden Warzen bestehen, während sie bei *Acanthocinus* von größeren Flächen zusammengesetzt werden.
2. Die Innenränder der Seitenteile der Kopfkapsel berühren sich nur in einem Punkt und divergieren dann sehr stark nach hinten (Abb. 128 A)............ *Lepturinae*

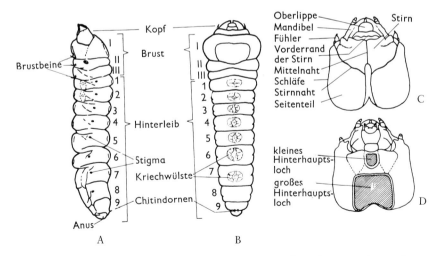

Abb. 127: Bockkäferlarve A von oben, B von der Seite und Kopfkapseln C von oben und D von unten gesehen (nach DUFFY).

208 Gliederfüßer, Arthropoda

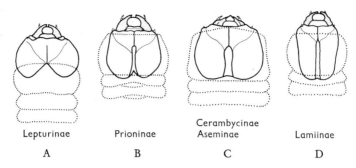

Abb. 128: Kopfkapseln der Unterfamilien der Bockkäfer.

Die häufigsten Arten leben unter der Rinde von Laub- und Nadelbäumen und furchen das Splintholz nur oberflächlich, ohne zu schaden. Andere leben in Stöcken oder feuchtem Holz ohne bautechnische Bedeutung. Gelegentlich kommen nur die Larven des **Rothalsbocks**, *Leptura rubra* (LINNAEUS, 1758) in feuchtem, verbauten Holz (Fensterbrettern, Türschwellen im Freien, die durch tropfendes Regenwasser stark angefeuchtet werden, feuchtem Fachwerkholz, Telegrafenstangen, Zaunpfählen u. dgl.) in Waldnähe vor. Sie sind ausgezeichnet durch Warzenreihen auf den Kriechwülsten der Hinterleibsringe (Abb. 130 A). Sie besitzen keine Chitindornen auf dem 9. Hinterleibssegment. Körperlänge bis 33 mm (Tabelle 47: 14).

– Die Innenränder der Seitenteile der Kopfkapsel verlaufen fast in ihrer ganzen Länge parallel zueinander (Abb. 128 B und C) 3
3. Hinterhauptsloch zweigeteilt (Abb. 127 D). 5
– Hinterhauptsloch nicht zweigeteilt (Abb. 130 B) 4
4. Kriechwülste mit Wärzchen besetzt (Abb. 130 B), auf dem 9. Hinterleibssegment 2 nahe beieinanderstehende und divergierende Chitindornen . . . .
   . . . . **Düsterbock**, *Asemum striatum* (LINNAEUS, 1758)
   in abgestorbenen Nadelhölzern, in Bauholz gelegentlich schädlich.
– Kriechwülste ohne Wärzchen, auf dem 9. Hinterleibssegment 2 kleine Chitindörnchen, die etwa dreimal so weit voneinander entfernt sind wie an ihrer Basis breit. Körperlänge bis 34 mm . . . . **Grubenhalsbock**, *Criocephalus rusticus* (LINNAEUS, 1758)
   vorwiegend in frisch gefälltem Kiefernholz. Die Fraßgänge verlaufen zuerst unter der Borke, dringen dann aber tiefer ins Holz bis zum Kern ein. Das Bohrmehl, mit dem sie ausgefüllt werden, wird bei fortschreitender Austrocknung hart. Gelegentlich auch in Neubauten im verbauten Holz (Tabelle 47: 11; Taf. III, A).
5. Die Seitenteile der Kopfkapsel vorn in einem längeren Stück verwachsen und hinten stark divergierend, so daß der Hinterrand eingekerbt erscheint (Abb. 127 C, 128 B) *Prioninae*
   Die hierher gehörenden Arten leben in altem, mulmigem Holz, in feuchten Fachwerken und in Pfählen an der Luft-Boden-Zone der **Mulmbock**, *Ergates faber* (LINNAEUS, 1758). Vorderrand des Kopfes gezähnelt mit 6 deutlichen zahnförmigen Zacken. Kriechwarzen auf der Dorsalseite mit je 2, auf der Ventralseite mit je 1 Querfurche. Körperlänge 60–65 mm.
– Die Seitenteile der Kopfkapsel in ganzer Länge verwachsen, hinten nicht divergierend, der Hinterrand daher gerade oder nur schwach bogenförmig (Abb. 128 C).   *Cerambycinae* 6
6. Larven in ungeschälten Weidenruten 7
– Larven in Bau- und Werkholz 8
7. Larven ohne Beinstummel . . . . *Nathrius brevipennis* (MULSANT, 1839)
– Larven mit kleinen Beinen . . . . **Weidenböckchen**, *Gracilia minuta* (FABRICIUS, 1781)
8. Larven in Nadelholz 9
– Larven in Laubholz 10
9. Fraßgänge nur zwischen Rinde und Splint mit Kot aus braunen und weißen Ballen gemischt. Zur Verpuppung wird ein Hakengang in das Splintholz gefressen. Gewöhnlich

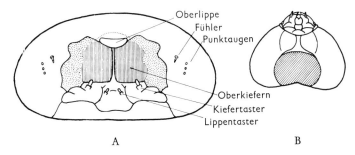

Abb. 129: A Kopf der Hausbockkäferlarve von vorn, B Kopfkapsel von *Asemum* von der Unterseite (nach DUFFY).

nur an baumkantigem Holz in Neubauten. Larve mit 1 Paar Punktaugen, die sehr schlecht zu erkennen sind. Körper fein rötlich gelb zerstreut beborstet. Körperlänge 10–18 mm . .
. . . . **Blauer Scheibenbock,** *Callidium violaceum* (LINNAEUS, 1758)
gelegentlich auch *Phymatodes*-Arten, die aber Laubholz vorziehen (Tabelle 47:11).
— Fraßgänge ausschließlich im verbauten Holz, hauptsächlich im Dachstuhl, selten in unteren Stockwerken und Möbelstücken, dicht unter der Oberfläche unter Schonung einer nur millimeterdicken Außenschicht, die sich bisweilen durch das in die Gänge festgedrückte, aus zylindrischen Kotballen bestehende Bohrmehl etwas kissenförmig aufwölbt und bei kräftiger Berührung aufreißt, so daß das helle Bohrmehl herausrieselt. Fraßgänge vorwiegend im Splint, selten im Kernholz. Dort sind sie nur eng, im Splint oft weiter. Fluglöcher oval mit einem Längsdurchmesser von 0,5–1 cm und gewöhnlich unregelmäßig gefransten Rändern, Larve mit 3 Paar Punktaugen (Abb. 129 A), gefelderten Kriechwülsten (Abb. 130 C), ohne zerstreute goldbraune Beborstung. Körperlänge bis 24 mm . . . . . .
. . . . **Hausbockkäfer,** *Hylotrupes bajulus* (LINNAEUS, 1758)
größter Schädling am Bauholz auch in alten Häusern, nur selten in Neubauten, gelegentlich auch in Telegrafenmasten und Zaunpfählen (Tabelle 47:10; Taf. I, A–D).

10. Kopf mit 3 Paar Punktaugen. Kriechwülste mit einer tiefen Querfurche (Abb. 130 D). In Eichenholz, vor allem Parkettstäben . . . .
. . . . **Gemeiner Eichenwidderbock,** *Plagionotus arcuatus* (LINNAEUS, 1758)
— Kopf mit einem Paar Punktaugen. In Eichenholz, Buchen- und anderem Laubholz. Fraßgänge meistens nur unter der Borke, selten in den Splint tiefer eindringend. Zur Verpuppung wird ein Hakengang in den Splint angelegt . . . .
. . . . **Roter Scheibenbock,** *Pyrrhidium sanguineum* (LINNAEUS, 1758),
Veränderlicher Scheibenbock, *Phymatodes testaceus* (LINNAEUS, 1758) und verwandte Arten, alle von geringer wirtschaftlicher Bedeutung.

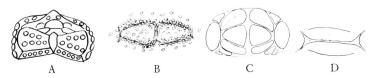

Abb. 130: Kriechwülste von Bockkäferlarven: A *Leptura rubra,* B *Asemum striatum,* C *Hylotrupes bajulus,* D *Plagionotus arcuatus* (aus WEIDNER).

59. Schmetterlinge, Lepidoptera

Die als Vorratsschädlinge auftretenden Schmetterlinge gehören (mit Ausnahme des Heuspanners, *Sterrha inquinata*) zu den sogenannten Kleinschmetterlingen, die in der Volkssprache gewöhnlich als «Motten» bezeichnet werden. Dieses ist ein Sammelname, der nichts über die Zugehörigkeit der Art zu einer bestimmten Schmetterlingsfamilie aussagt. Im fortpflanzungsfähigen Stadium (Falter) sind bei vielen Arten die feinen charakteristischen Flügelzeichnungen nur schwer zu erkennen, besonders bei älteren, schon «abgeflogenen» Exemplaren, wie man sie in der Praxis meistens zu sehen bekommt. Bei solchen wurde ein mehr oder weniger großer Teil der die Zeichnung bildenden, nur lose auf der Flügelfläche eingelenkten, kleinen, bunt gefärbten Schuppen durch die Bewegungen der Falter abgerieben. Das erfolgt auch, wenn man die Flügel mit dem Finger berührt, wodurch ein staubartiger Farbfleck auf dem Finger zurückbleibt. Zur Bestimmung der Falter ist daher neben der Untersuchung der Flügelform das artcharakteristische Flügelgeäder zu studieren (Abb. 132, 136, 137, 139, 140), wozu die Adern in ihrem ganzen Verlauf durch Abbürsten der Schuppen mit einem feinen Haarpinsel sichtbar gemacht werden müssen. Zur Artbestimmung müssen auch oft die Hinterleibsanhänge der Männchen herangezogen werden (Abb. 131 B, 134, 135 rechts, 141). Davon sind vor allem die großen plattenförmigen, unregelmäßig ovalen bis fast dreieckigen Valven von Bedeutung, zwischen denen die haken- oder spangenförmigen, charakteristisch geformten paarigen Skeletteile und der unpaare, röhrenförmige Aedeagus (sprachlich richtiger, aber nur selten gebraucht Aedoeagus) liegen. In letzterem ist der weichhäutige, handschuhfingerförmig ausstülpbare Penis enthalten, der die Fortsetzung des Ausführganges der Geschlechtsdrüsen darstellt. Durch ihn wird das Sperma in die Begattungsöffnung des Weibchens eingeführt. Die Valven und die übrigen paarigen Skelettstücke, von denen der Uncus die Afteröffnung oben und der Gnathos unten umgeben, sind Klammerorgane, mit denen sich das Männchen am Hinterleib des Weibchens während der Begattung festhält. Die Weibchen haben zwei Geschlechtsöffnungen, die eine am Ende der Legeröhre, die aus dem Hinterleibsende herausgestreckt werden kann, und eine zweite, das Ostium bursae auf der Bauchseite am oder hinter dem 8. Hinterleibsring, durch welches bei der Begattung der Penis eindringt und durch den Ductus bursae das in eine Sekrethülle eingepackte Sperma in die Begattungstasche (Bursa copulatrix) schiebt. Die Form und die oft mit Zähnchen oder Platten (Signum) versehene

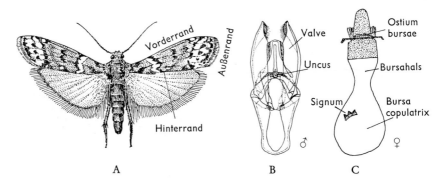

Abb. 131: A Mehlmotte, *Ephestia (Anagasta) kuehniella*, B männlicher und C weiblicher Begattungsapparat der Dörrobstmotte, *Plodia interpunctella* (A aus DIEHL-WEIDNER, B, C nach RICHARDS).

Auskleidung von Ductus und Bursa ermöglichen eine sichere Artbestimmung (Abb. 131 C, 135, 141). Da die Bursa im Hinterleib liegt, muß sie herauspräpariert werden. Zu diesem Zweck wird der Hinterleib abgebrochen und in 10%iger Kalilauge aufgehellt (s. S. 4). Auch die Hinterleibsanhänge werden für die Untersuchung am besten ebenso vorbereitet, dann können die Valven ganz auseinandergelegt und der Aedeagus herausgenommen werden.

Ausführliche Bearbeitung der vorratsschädlichen Schmetterlinge bei CORBET, A. S. & TAMS, W. H. T.: Keys for the identification of the Lepidoptera infesting stored food products. Proc. Zool. Soc. London (B) Bd. 113 (1943, S. 55–148).
– Siehe ferner für Tineidae: PETERSEN: Beitr. Ent. Bd. 19 (1969), S. 311–388 und für *Ephestia*: RICHARDS & THOMPSON: Trans. Ent. Soc. London, Bd. 80 (1932), S. 169–250 und HEINRICH, C.: American moths of the subfamily Phycitinae. – U. S. Nat. Mus. Bull. 207 (1956), S. 1–581.

1. Hinterflügel langgestreckt, zugespitzt oder lanzettförmig, so breit oder schmäler als die ebenfalls lanzettförmigen Vorderflügel. Durch lange Fransen am Flügelhinterrand wird bisweilen ein am Saum breiter Flügel vorgetäuscht. Die Fransen am Hinterflügel sind lang, etwa so lang wie die halbe Flügelbreite (Abb. 133 obere Reihe und *Nemapogon*, 136, 137) 2
– Hinterflügel breit, dreieckig, nicht lanzettförmig, Fransen kurz, bei weitem nicht so lang wie die halbe Flügelbreite (Abb. 131, 133: *Plodia* und *Ephestia*) 24
2. Kopf oben zwischen den Fühlern struppig behaart. Lippentaster kurz, ziemlich stumpf, gerade oder fast gerade, horizontal gerichtet oder nach unten hängend (Abb. 132) . . . . **Motten,** *Tineidae* 3
– Kopf oben zwischen den Fühlern glatt beschuppt (Abb. 13 b *Endrosis*) 20
3. Basales Drittel des Vorderflügels schwarzbraun, der Rest des Vorderflügels dagegen scharf abgesetzt schmutzigweiß, an der Spitze etwas verdunkelt. Spannweite 12–24 mm (Abb. 133) . . . . **Tapetenmotte,** *Trichophaga tapetzella* (LINNAEUS, 1758)
Raupen in Pelzwerk, Wollstoffen, Federn und ähnlichen tierischen Produkten.
– Vorderflügel mehr einheitlich gefärbt, nicht in zwei stark verschieden gefärbte Zonen geteilt 4
4. Vorderflügel und Körper einfarbig strohgelb, fettig glänzend, Hinterflügel graugelb. Spannweite 12–16 mm (Abb. 133). . **Kleidermotte,** *Tineola bisselliella* (HUMMEL, 1823)
Raupen an Pelzen, Wolltextilien und allen tierischen Produkten. Die herumfliegenden Falter sind meistens Männchen und Weibchen nach der Eiablage. Ihr Wegfangen dämmt die Vermehrung der Motten nicht ein. Sie sind nur ein Zeichen für das verborgene Vorhandensein dieses Schädlings.
– Vorderflügel nicht einfarbig, mit verschiedenen gefärbten Schuppen, die eine deutliche Zeichnung bilden oder den ganzen Flügel gescheckt erscheinen lassen 5

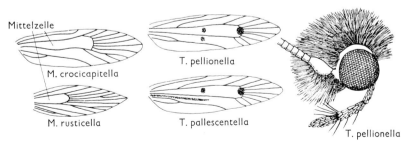

Abb. 132: Vorderflügel der *Monopis*- und *Tinea*-Arten, Aderung und bei *Tinea* Eintragung der dunklen Flecken, Kopf der Pelzmotte *Tinea pellionella*.

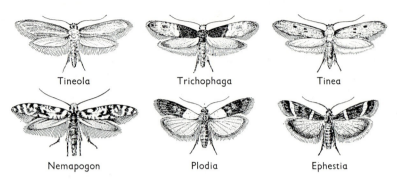

Abb. 133: Die wichtigsten Motten: Kleidermotte, *Tineola bisselliella*, Tapetenmotte, *Trichophaga tapetzella*, Pelzmotte, *Tinea pellionella*, Kornmotte, *Nemapogon granellus*, Dörrobstmotte, *Plodia interpunctella*, Speichermotte, *Ephestia elutella* (aus DIEHL-WEIDNER).

5. Vorderflügel mit einem deutlich umrissenen durchscheinenden weißlichen Fleck in der Mitte. 6
– Vorderflügel ohne einen solchen Fleck 9
6. Vorderflügel mit einem gelben Streifen längs des Innenrandes 7
– Vorderflügel ohne gelben Längsstreifen am Innenrand. 8
7. Hinterflügel dunkelgrau, mit violettem oder kupferigem Schimmer. Grundfarbe der Vorderflügel dunkelpurpurbraun, sein Vorderrand ist über dem Glasfleck weißlich bestäubt und zeigt gegen die Spitze zu 4–5 weißliche Häkchen. Spannweite 11–14 mm . . . . . .
. . . . *Monopis ferruginella* (HÜBNER, 1810–13)
  entwickelt sich an Wollstoffen aller Art und auch an getrockneten Pflanzenstoffen, hauptsächlich im Freien oder an feuchten Örtlichkeiten.
– Hinterflügel weißlichgrau. Grundfarbe des Vorderflügels stark mit gelb untermischt (Flügelgeäder Abb. 132). Spannweite 14–16 mm . *Monopis crocicapitella* (CLEMENS, 1859)
  entwickelt sich an Textilien, Sämereien und getrockneten Pflanzenstoffen in feuchter Umgebung.
8. Die Mittelzelle reicht im Vorderflügel bis zur Flügelmitte (Abb. 132 wie bei *M. crocicapitella*). Der Vorderflügel ist ziemlich einfarbig braungrau, am Vorderrand fein gelb. Spannweite 12–16 mm. . . . . *Monopis imella* (HÜBNER, 1810–13)
  an tierischen und getrockneten pflanzlichen Stoffen in feuchter Umgebung, in Weinkellern.
– Die Mittelzelle endet im Vorderflügel weit vor der Mitte (Abb. 132). Der Vorderflügel ist violettschwärzlich, um den Glasfleck etwas gelblich aufgehellt. Spannweite 16 bis 20 mm
. . . . Fellmotte, *Monopis rusticella* (HÜBNER, 1796)
  an Wollsachen vorwiegend in Kellern, Schuppen und im Freien.
9. Vorderflügel weiß und braun bis schwarz gescheckt (Abb. 133). Spannweite 10 bis 14 mm
. . . . 10
– Vorderflügel nur mit einem bis einigen wenigen schwarzen Punkten oder Längsstreifen auf gelbem bis grauem Untergrund. 16
10. Männchen (Abb. 134)[7]. 11
– Weibchen (Abb. 135)[7] 14

---

[7] Bestimmungsschlüssel nach den Genitalien nach G. PETERSEN in Beiträge zur Entomologie, Berlin, Bd. 3 (1953), S. 577–600 und Bd. 7 (1957), S. 55–176.

Schmetterlinge, Lepidoptera 213

Das Ende des Hinterleibs eines Männchens von *Nemapogon cloacellus* in Seitenansicht nach Entfernung von Haaren und Schuppen. Der Aedeagus ist nicht eingezeichnet. Für die Bestimmung ist die Form der Valva (senkrecht schraffiert) und des Gnathos (ganz schwarz) von Bedeutung. Darunter sind die Begattungsorgane der Männchen der vier Nemapogon-Arten ausgebreitet und vom Rücken her betrachtet.

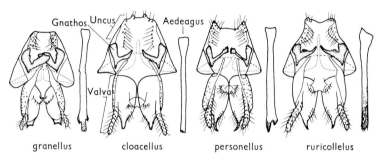

Abb. 134: Männlicher Begattungsapparat der *Nemapogon*-Arten (nach PETERSEN).

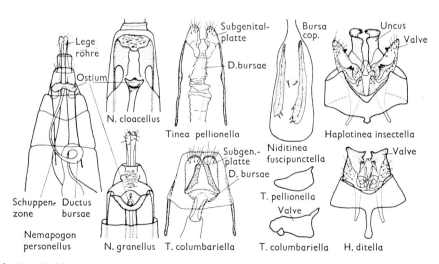

Abb. 135: Weibliche Begattungsorgane von *Nemapogon-*, *Tinea-*, *Niditinea-* und männliche Begattungsorgane von *Haplotinea*-Arten (nach PETERSEN).

11. Valven hinten kräftig sklerotisiert und fast gerade abgeschnitten oder an den Ecken in kleine Spitzen vorgezogen. Innenschenkel des Gnathos plump und keulenförmig. Uncus ohne tiefen Einschnitt und ohne deutliche Vorwölbung. Aedeagus am Ende flossenartig verbreitert, mit zwei spitzen Zähnen **Kornmotte**, *Nemapogon granellus* (LINNAEUS, 1758 entwickelt sich in Fruchtkörpern des Hausschwamms, in Getreide, getrockneten Speisepilzen, Äpfeln, Datteln usw., Samen von Forstbäumen, Flaschenkorken.
   − Valven hinten zu einer Spitze ausgezogen. 12
12. Innenschenkel des Gnathos an der Spitze gezähnt. Größe und Anzahl der Zähne ist individuell sehr verschieden. Valven am Hinterrand außen abgerundet, innen in ein stark sklerotisiertes, gebogenes, spitzes Horn ausgezogen. Uncus im flachen Bogen oder tief trapezförmig bis dreieckig ausgeschnitten. Aedeagus an der Spitze mit einem großen, ziemlich stumpfen Zahn . . . . **Roggenmotte**, *Nemapogon personellus* PIERCE & METCALFE, 1934 (= *Tinea secalella* ZACHER, 1938) entwickelt sich in Getreide und trocknen Pilzen.
   − Innenschenkel des Gnathos endet in einer einfachen Spitze, ist nicht gezähnt 13
13. Innenschenkel des Gnathos in der Mitte mit grobkörniger Aufwölbung. Valven hinten nahezu ein spitzwinkliges Dreieck bildend, dessen Spitze in ein stark sklerotisiertes gebogenes Hörnchen ausläuft. Uncus deutlich stumpfwinklig eingeschnitten. Aedeagus an der Mündung sehr klein raspelförmig gezähnt . . *Nemapogon ruricollelus* (STAINTON, 1849) diese Art ist hier aufgenommen, weil sie wahrscheinlich oft mit anderen Arten, besonders *N. cloacellus*, verwechselt wird.
   − Innenschenkel des Gnathos glatt. Valven hinten in einen schwach sklerotisierten, stumpfen Fortsatz ausgezogen. Uncus mit einem mehr oder weniger deutlichen Einschnitt zwischen zwei oft sehr deutlichen Vorwölbungen. Aedeagus einfach, röhrenförmig ohne Zahn . . . . **Schleusenmotte**, *Nemapogon cloacellus* (HAWORTH, 1828 (= *Tinea infimella* HERRICH-SCHÄFER, 1851 nur in feuchtem Getreide, Pilzen, Flaschenkorken, in Weinkellern.
14. Der Ductus bursae bildet nach der mit kleinen Chitinplättchen ausgekleideten Schuppenzone eine ringförmige Schleife, bevor er in die Bursa copulatrix mündet. Das Ostium bursae ist brillenförmig mit zwei langen, nach hinten gerichteten Borsten . . . . *Nemapogon personellus* (PIERCE & METCALFE, 1934
   − Der Ductus bursae bildet keine ringförmige Schleife 15
15. Ostium bursae kräftig sklerotisiert, etwa sechsmal so breit wie der Ductus bursae, buchtig gebogen . . . . *Nemapogon granellus* (LINNAEUS, 1758
   − Ostium bursae schwach sklerotisiert, klein, becherförmig, kaum breiter als der Ductus bursae . . . . *Nemapogon cloacellus* (HAWORTH, 1838
16. Vorderflügel mit einem schwarzen Punkt auf der Querader, einem von der Wurzel kommenden schwarzen Längsstreifen und einem weiteren schwarzen Punkt in der Flügelmitte über dem der Spitze zugekehrten Ende des Längsstreifens. Der Längsstreifen kann auch bis auf einen Punkt reduziert sein, der dann dem Punkt in der Flügelmitte gegenüberliegt Es können aber auch der Längsstreifen und der Punkt in der Flügelmitte ganz fehlen . 1
   − Vorderflügel ungleichmäßig punktiert 1
17. Auf dem Vorderflügel ist der Längsstreifen ausgebildet (Abb. 132) 1
   − Auf dem lehmgelben Vorderflügel ist der Längsstreifen zu einem Punkt reduziert oder fehlt ganz. Auch der Punkt über ihm kann fehlen, dagegen ist immer der Punkt auf der Querader sehr deutlich entwickelt (Abb. 132). Hinterflügel hellgrau gelblich schillernd (Abb. 133). Spannweite ♂ 9−13 mm. ♀ 11−17 mm . . . . **Pelzmotte**, *Tinea pellionella* LINNAEUS, 175

sie entwickelt sich an tierischen und pflanzlichen Stoffen, vor allem an Wollstoffen, Pelzen und Federn. Die Raupen leben in Säcken, die sie auf ihren Wanderungen mit sich im Zimmer herumtragen. In ihrer Verbreitung ist sie auf gemäßigte und kühle mediterrane Gebiete beschränkt. Nach Nordamerika, Australien und Neuseeland wurde sie verschleppt. Es gibt noch andere sehr ähnliche Arten mit ähnlicher Lebensweise, die nur durch Untersuchung der Genitalien bestimmt werden können. Hier sind besonders zu nennen die hellere und auf ihren Vorderflügeln schärfer gezeichnete *T. flavescentella* HAWORTH, 1828, die besonders in Westeuropa verbreitet ist, die dunklere *T. dubiella* STAINTON, 1859, die in Europa weit verbreitet ist, aber auch nach Nordamerika und Australien verschleppt wurde, und die beiden äußerlich nicht zu unterscheidenden *T. translucens* MEYRICK, 1917 mit einem Verbreitungszentrum in den altweltlichen feuchten Tropen, aber in Häusern fast weltweit verschleppt, und *T. murariella* STAUDINGER, 1859 hauptsächlich im Mittelmeergebiet, nach Osten bis zum Sudan und nach Norden bis Rumänien und Südfrankreich vorgedrungen. Für die genaue Bestimmung dieser Arten wird auf die Arbeiten von PETERSEN: «Die Genitalien der paläarktischen Tineiden», Beitr. z. Ent. Bd. 7, 1957, S. 55–176 und besonders von G. S. ROBINSON: «Clothes-moths› of the *Tinea pellionella* complex: a revision of the world's species (Lepidoptera: Tineidae).» Bull. Brit. Mus. (Nat. Hist.) (Ent. s.) Bd. 38, 1979, S. 57–128 verwiesen. Dort finden sich auch Angaben über die Biologie dieser Motten, soweit sie bekannt ist. Wenn nur der Punkt auf der Querader vorhanden und nur schwach ausgebildet ist, kann die **Taubenmotte**, *T. columbariella* WOCKE, 1877 (Spannweite 8–15 mm) vorliegen. Die Weibchen unterscheiden sich durch ihre lyraförmige Subgenitalplatte und ihre Bursa, die kein Signum besitzt, von denen der Pelzmotte, bei denen die Genitalplatte nach hinten vorragt und innen je einen kleinen Vorsprung besitzt (Abb. 135), die Bursa copulatrix hat zwei Signa. Beim Männchen haben die Valven vor der Spitze an der Innenseite einen distal abgerundeten kleinen Anhang, der bei *T. pellionella* fehlt (Abb. 135). Sie kommt hauptsächich in Vogelnestern vor, wurde aber auch als Schädling an Bettfedern gemeldet. Daran soll aber *T. flavescentella* häufiger sein.

18. Vorderflügel über 8 mm lang, gelblichgrau mit scharf und deutlich hervortretendem Längsstreifen, da die schwärzliche Bestäubung am Vorder- und Hinterrand fehlt. Hinterflügel gelblichgrau. Spannweite 19–21 mm ... *Tinea pallescentella* (STAINTON, 1851)
«The large pale clothes moth» der Engländer ist bei uns nur selten gefunden worden. Sie entwickelt sich in Wollstoffen, trocknen Häuten, ausgestopften Bälgen und anderen Keratinsubstanzen, aber auch in gelagertem Getreide. Wahrscheinlich ist sie keine europäische, sondern eine neotropische Art, die nach Europa in den letzten 140 Jahren mit gesalzenen Schaffellen aus Patagonien eingeschleppt wurde. Ihre Raupe spinnt sich einen Sack, worin sie aber nur während der Häutung bleibt. Nach Erhärten ihres Hautpanzers verläßt sie ihn wieder.

– Vorderflügel bis 8 mm lang, gelblichbraun, auch am Vorder- und Innenrand schwärzlich bestäubt, der dunkle Streifen daher undeutlich. Hinterflügel hellgrau, gelblich schimmernd, Spannweite 10–15 mm   **Nestermotte**, *Niditinea fuscipunctella* (HAWORTH, 1828)
in Nestern von Tauben, trocknen Früchten, Erbsen, toten und verwesenden tierischen und pflanzlichen Stoffen. Bei uns häufig, in England «the brown-dotted clothes moth». Sie ist eindeutig an der Bursa copulatrix (Abb. 135) zu erkennen, die zwei langgestreckte, nach dem Ende zu etwas verbreiterte Platten besitzt.

19. Vorderflügel dunkelbraun und bräunlichgelb, gemischt, mit einigen dunklen Punkten und gelben Häkchen am Vorderrand vor der Spitze. Hinterflügel dunkelgrau, stark violett schimmernd. ♀ viel dunkler als ♂. Spannweite 14–18 mm. Beim ♂ Valven ventral verwachsen und mit kräftigen Zahnbildungen versehen, Uncus aus zwei sehr dunkel pigmentierten Armen bestehend, die distal gewunden und gezähnt sind (Abb. 135). Beim ♀ Ostium bursae unter einer kräftigen, nach hinten buchtig vorgezogenen Subgenitalplatte
.... *Haplotinea insectella* (FABRICIUS, 1794 (= *Tinea misella* ZELLER, 1839)
in Insektensammlungen, Getreide, Erbsen.

– Vorderflügel dunkelbraun, stark bestäubt mit dunkelbraunen Schuppen, so daß die Zeichnung nicht klar erscheint. Nur durch Genitaluntersuchung von der vorhergehenden Art zu unterscheiden. Beim ♂ Valven distal gerade abgeschnitten, innen mit einem Zahn. Besonders charakteristisch sind zwei sklerotisierte Stäbe mit einer ringförmigen Schleife. Der zweispitzige Uncus wird bei der Ventralansicht des Kopulationsapparates vollkommen von den Valven verdeckt (Abb. 135). Beim ♀ Ostium bursae einfach, von charakteristischen Chitinverdickungen umgeben. Anfang des Ductus bursae verdickt und wie mit kleinen Platten besetzt .... *Haplotinea ditella* (PIERCE & DIAKANOFF, 1938)
in Getreide, Kümmelsamen und anderen trocknen pflanzlichen Stoffen.

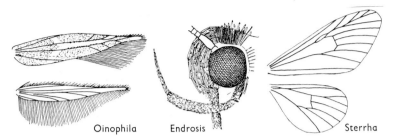

Abb. 136: Vorder- und Hinterflügel von *Oinophila v-flavum*, Kopf von *Endrosis sarcitrella*, Vorder- und Hinterflügel von *Sterrha inquinata*.

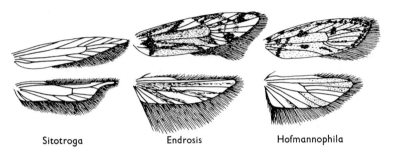

Abb. 137: Vorder- und Hinterflügel von *Sitotroga cerrealella*, *Endrosis sarcitrella* und *Hofmannophila pseudospretella*.

20. Lippentaster klein, nach unten gerichtet. Flügel sehr schmal, Vorderflügel braun mit gelber Zeichnung von der Form eines querliegenden V in der Mitte, dessen Spitze zur Flügelspitze hin gerichtet und vorgezogen ist, oft bis zu dem ebenfalls gelben, vor der Spitze liegenden Punkt (Abb. 136). Spannweite 10–12 mm . . . .
. . . . **Weinkellermotte,** *Oinophila v-flavum* (HARWORTH, 1828) *(Oinophilidae)*
In Weinkellern häufig, wo die Raupe die Algen an den Weinfässern abweidet.
- Lippentaster kräftig, sichelförmig aufwärts gebogen und vorn zugespitzt (Abb. 136) . 21
21. Hinterflügel hinter der Spitze eingezogen (Abb. 137: *Sitotroga*) 22
- Hinterflügel hinter der Spitze nicht eingezogen (Abb. 137) Oecophoridae . . . .
. . . . **Palpenmotten,** Gelechiidae 2.
22. Vorderflügel ohne Zeichnung, trüb lehmgelb, schwarz bestäubt, besonders um die Falte und an der Spitze. Hinterflügel grau (Abb. 137). Spannweite 10–19 mm . . . .
. . . . **Getreidemotte,** *Sitotroga cerealella* (OLIVIER, 1789)
die Raupe entwickelt sich in einem Getreidekorn, vor allem Mais, Weizen, Sorghum, Gerste, ungeschältem Reis kommt aber auch an Hülsenfrüchten, Kastanien und Sämereien vor.
- Vorderflügel staubig braungrau mit 4 schwärzlichen, durch helle Zwischenräume getrennten Längsstrichen in der Falte, vor der Spitze mit einem kurzen tiefschwarzen Querstrich und außerdem mit dunklen Schuppen an der Wurzel und Spitze. Spannweite 12–17 mm. . . . . **Kartoffelmotte,** *Phthorimaea operculella* (ZELLER, 1873)
nur an importierten Kartoffeln.

23. Kopf und Brust kreideweiß beschuppt. Vorderflügel grau, dunkler gefleckt. Hinterflügel weißgrau (Abb. 137). Spannweite 15–19 mm . . . . **Kleistermotte**, *Endrosis sarcitrella* (LINNAEUS, 1758) (= *lacteella* SCHIFFERMÜLLER & DENIS, 1775)
  in Wespen- und Vogelnestern, in Getreide aller Art, besonders, wenn die Lagerräume feucht sind.
– Kopf und Brust nicht weiß beschuppt. Vorderflügel bronzefarben mit drei schwarzen Flecken auf der Mitte und mehreren solchen Flecken am Saum. Spannweite 20 mm (Abb. 137) . . . . **Samenmotte**, *Hofmannophila pseudospretella* (STAINTON, 1849)
  in Vogelnestern und feuchten Vorräten aller Art, in Polstermöbeln in feuchten Wohnungen.
24. Vorderflügel schmal, gewöhnlich mit einem konvexen, selten konkaven Außenrand. Hinterflügel breiter als die Vorderflügel (Abb. 131 A, 138 C, 139, 140) . . . . **Zünsler**, Pyraloidea 25
– Vorderflügel etwa so breit wie der Hinterflügel, letzterer gerundet (Abb. 136). Flügel ledergelb, braun bestäubt, mit schwärzlichen, am Vorderrand verdickten Querstreifen und meist sehr breitem, verwaschenem Mittelschatten. Die Wellenlinie ist vorn breit verwaschen, fleckartig begrenzt. Fransen gelblich, mit großen schwärzlichen Punkten auf den Aderenden, Vorderflügellänge 7–10 mm . . . . . . **Heuspanner**, *Sterrha inquinata* (SCOPOLI, 1763) [= *Acidalia herbariata* (FABRICIUS, 1798)] (**Spanner**, Geometridae)
  an trocknen Pflanzen und Heu; Raupen schädlich an getrockneten Heilkräutern, Weizenkörnern und in Herbarien.
25. Grundfarbe des Vorderflügels aus wenigstens zwei verschiedenen Farbtönen bestehend 26
– Grundfarbe des Vorderflügels einheitlich ohne deutliche Zeichnung oder mit schmalen dunklen oder hellen, meistens gezackten Querbinden oder auffallenden Punktzeichnungen. 27
26. Grundfarbe an der Flügelbasis und an der Flügelspitze braunviolett, in der Mitte des Flügels hell ockergelb. Zwei geschwungene weißliche Querlinien. Hinterflügel weißlich grau mit zwei weißen Querstreifen. Flügellänge 8–14 mm (Abb. 138 C) . . . . **Mehlzünsler**, *Pyralis farinalis* (LINNAEUS, 1758)
  entwickelt sich in Mühlen, Bäckereien, Getreidelagern, Speichern und Ställen an Getreide, Mehl, Stroh, Samen. In alten bäuerlichen Betrieben, jetzt nicht mehr von Bedeutung.
– Basishälfte des Vorderflügels hellgrau bis ockergelb, Spitzenhälfte rotbraun bis rot (mit blauen Querlinien, die bei abgeflogenen Tieren kaum zu sehen sind) (Abb. 133). Flügellänge 7–9 mm. Beim ♀ Ductus bursae sehr kurz, nur etwas länger als breit. Signum

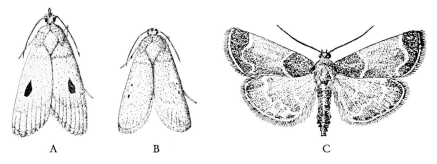

Abb. 138: *Aphomia gularis*, Samenzünsler, A Weibchen, B Männchen, C Mehlzünsler, *Pyralis farinalis* aus LIEBERS und BOGDANOV-KATJKOV).

besteht aus 3−8 Zähnchen (Abb. 131 C), ♂ Kopulationsapparat siehe Abb. 131 B . . . . .
. . . . **Dörrobstmotte**, *Plodia interpunctella* (HÜBNER, 1813)
<small>an Trockenobst, Nüssen, Mandeln, Erdnüssen, seltener Getreide.</small>

27. Vorderflügel durch zwei scharf gezackte dunkle Querlinien in drei Felder geteilt, deren mittleres beim ♀ einen schwarzen und beim ♂ einen gelben Fleck oder eine starke Aufhellung zeigt. 28
− Vorderflügel zeigt breite, verschieden gefärbte Querbinden oder mehrere zickzackförmige Linien, die sich vom Untergrund oft wenig deutlich abheben oder sind fast ohne Zeichnung 29
28. Vorderflügel graublau, graubraun bis ockerbraun mit einem großen schwarzen rundlichen oder ovalen Fleck in der Mitte, der mehr oder weniger hell gesäumt ist (♀) oder an seiner Stelle mit einem schmalen elfenbeinfarbigen Dreieck mit zwei kleinen schwarzen Flecken an seinem äußeren Rand (♂) (Abb. 138 A, B). Flügellänge 10−14 mm . . . . . .
. . . . **Samenzünsler**, *Aphomia* (= *Paralispa*) *gularis* (ZELLER, 1877)
<small>an trocknen Pflanzensamen aller Art, besonders an Nüssen, Mandeln, Getreide, Erdnüssen, Pflaumen usw. Zu uns eingeschleppt aus Ostasien und den Mittelmeerländern.</small>
− Vorderflügel rötlichbraun mit weißlicher Wurzel, die sich bis zur Mitte, am Innenrand noch weiter zur Spitze hin erstreckt, Kopf und Prothorax weißlich (♂) oder Vorderflügel rotbraun mit einem schwarzen Punkt in der Mitte, oft noch ein gleichfarbiger Strich davor (♀). Hinterflügel hellgrau mit dunklerem Saum. Vorderflügellänge 8−20 mm (♀ größer als ♂) . . . . **Hummelmotte**, *Aphomia sociella* (LINNAEUS, 1758)
<small>Da die Raupen gesellig in Nestern von Hummeln und Wespen, mitunter auch von Vögeln leben und sich in großer Zahl in einem aus sehr zähem Gewebe bestehendem Gespinstballen verpuppen, kommen die Falter oft auch in größerer Zahl plötzlich in Häusern vor. Sie sind aber keine Schädlinge.</small>
29. Vorder- und Hinterflügel violett mit gelben Fransen, Vorderflügel am Vorderrand mit zwei gelben Flecken, die sich in einer feinen Querbinde fortsetzen. Hinterflügel mit zwei gelben Querbinden. Flügellänge 9−10 mm . . . .
. . . . **Heuzünsler**, *Hypsopygia costalis* (FABRICIUS, 1775)
<small>an Heu, Raupen, besonders an Klee- und Luzerneheu schädlich.</small>
− Falter anders gezeichnet und gefärbt 30
30. Im Vorderflügel fehlt der Radiusast r_5 (Abb. 139) 35
− Im Vorderflügel ist der Radiusast r_5 vorhanden (Abb. 140). 31
31. Im Hinterflügel trägt der Cubitusstamm oberseits eine Haarbürste. Im Vorderflügel ist die Axillaris (Abb. 140, ax) an der Basis gegabelt. Labialpalpen beim ♂ klein und verborgen, beim ♀ bedeutend größer, vorgestreckt oder hängend 32
− Im Hinterflügel trägt der Cubitusstamm oberseits keine Haarbürste. Im Vorderflügel ist r_5 mit r_4 gestielt. Rüssel fehlt 34
32. Außenrand des Vorderflügels konvex 33
− Außenrand des Vorderflügels konkav (Abb. 140), beim ♀ weniger als beim ♂, bisweilen fast gerade. Vorderflügel aschgrau, gegen den Vorderrand bräunlich verdunkelt, nur am Innenrand hellgelb, mit großen rotbraunen Flecken. Saumlinie dunkel, Fransen rotgrau. Hinterflügel beim ♂ grau mit schwarzbraunem Saum, beim ♀ gelblichweiß. Vorderflügellänge 10−15 mm. . . . . . **Große Wachsmotte**, *Galleria mellonella* (LINNAEUS, 1758)
<small>Raupe in Bienenstöcken am Wachs schädlich.</small>
33. Vorderflügel grau, entlang der Adern schwärzlich bestäubt. Innenrand oft heller. Hinterflügel hellgrau. Flügelspannweite 14−24 mm (♂ kleiner als ♀). Der Vorderflügel ist sehr stark zugespitzt, r_3, r_4 und r_5 sind gestielt, m_2 fehlt, m_3 und cu_1 entspringen aus einem Punkt (Abb. 140). . . . . **Reismotte**, *Corcyra cephalonica* (STAINTON, 1866)

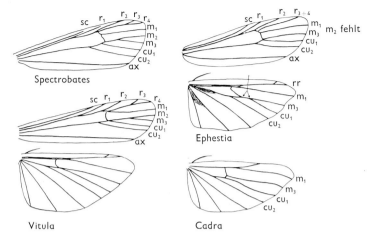

Abb. 139: Vorderflügel von *Ectomyelois ceratoniae*, Vorder- und Hinterflügel von *Vitula bombylicolella* und *Ephestia elutella* und Hinterflügel von *Ephestia (Cadra) cautella*.

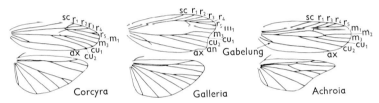

Abb. 140: Vorder- und Hinterflügel von *Corcyra ephalonica*, *Galleria mellonella*, *Achroia grisella* (fast alle Flügelgeäder-Zeichnungen nach Corbet & Tams).

Besonders in den Tropen verbreitet, zu uns häufig eingeschleppt, an geschältem Reis, aber auch an anderem Getreide aller Art, Erdnüssen, Trockenobst, Zwieback usw.
– Vorderflügel einfarbig braungrau, Hinterflügel hellgrau mit geradem, beim ♀ bis etwas konkavem Außenrand. Alle Flügel glänzen fettig. Vorderflügellänge beim ♂ 7–9 mm, beim ♀ 9,5–12 mm. Im Vorderflügel fehlt r_2; m_2 und m_3 sind gestielt (Abb. 140) . . . . .
. . . . **Kleine Wachsmotte**, *Achroia grisella* (Fabricius, 1794)
schädigt hauptsächlich Bienenwaben, gelegentlich auch an Trockenfrüchten und toten Insekten.

34. Hinterflügel grau. Vorderflügel braungrau, mit gelblichen und dunkleren Zeichnungen und je einer zickzackförmig verlaufenden, dunkel eingefaßten und oft sehr undeutlichen Querbinde vor und hinter der Mitte. Flügellänge 14–16 mm . . . .
. . . . **Fettzünsler**, *Aglossa pinguinalis* (Linnaeus, 1758)
Raupen in Gespinströhren unter Abfällen von Holz, Streu, faulendem Stroh in Ställen, auch an toten Insekten und feuchtem Leder. Ihre Vorliebe für Fett ist wohl mehr Sage als Wirklichkeit.
– Hinterflügel weißlich gelb, Vorderflügel kupferrot und gelblich gemischt mit zwei gezähnten, undeutlich helleren, gelblichen Querbinden. In der Flügelmitte zwei undeutliche Makeln. Flügellänge 9–12 mm . . . .
. . . . *Aglossa caprealis* (Hübner, 1800–1809) (= *cuprealis* auct.)
Raupe in Gespinströhren unter Holzabfällen, Heu, Stroh, Getreide, Pflanzensamen und anderen Pflanzenstoffen, auch an toten Insekten, immer an feuchten Stellen.

35. Im Vorderflügel ist die Media dreiästig (Abb. 139 links); m_2 und m_3 sind lang gestielt   36
 - Im Vorderflügel ist die Media zweiästig (m_1 und m_3, m_2 fehlt) (Abb. 139 rechts). Die Unterscheidung der hierher gehörenden Arten erfolgt am besten an den Begattungsorganen (Abb. 141). Die Gattung *Ephestia* wurde 1956 in 3 Gattungen aufgeteilt: *Anagasta*, *Ephestia* und *Cadra*. Diese Gattungsnamen wurden auch in der Vorratsschutzliteratur immer mehr benutzt. Seit 1964 zeigt sich bei den Taxonomen immer mehr die Tendenz, diese Gattungsnamen doch nur als Bezeichnungen für Untergattungen von *Ephestia* zu benutzen, und in neuerer Zeit hat sich in der Vorratsschutzliteratur wieder allgemeiner *Ephestia* durchgesetzt 37
36. Kopf, Thorax und Vorderflügel blaugrau, Hinterflügel weißlich. Auf den Vorderflügeln zwei hellgrau, zickzackförmig verlaufende, braun begrenzte Querlinien. Im Saum eine Reihe dunkler Punkte. Flügelgeäder Abb. 139. Vorderflügellänge 8–10 mm. Beim ♀ Bursa copulatrix eiförmig mit einem langen und schmalen Ductus bursae und einem ovalen, mit feinen Zähnchen besetztem Signum . . . .
 . . . . . . **Johannisbrotmotte**, *Ectomyelois* (= *Spectrobates*) *ceratoniae* (ZELLER, 1839)
 aus dem Mittelmeergebiet mit getrockneten Feigen, Datteln, Eßkastanien, Johannisbrot usw. eingeschleppt. An Datteln und Johannisbrot sind die Raupen oft sehr schädlich, wenn sie reif noch am Baum hängen.
 - Kopf, Thorax und Vorderflügel grau, eine schwarze, gezackte Querlinie kurz vor der Flügelmitte, eine zweite weniger deutlich vor dem Saum. Auf der Querader ein dunkler Strich. Hinterflügel hellgrau, mit dunkler Saumlinie. Flügelgeäder Abb. 139. Vorderflügellänge 8–11,5 mm. Beim ♀ Bursa copulatrix etwa halb so lang wie der Ductus bursae, Signum länglich oval, aus ein bis zwei kleinen Platten bestehend . . . .
 . . . . . . *Vitula bombylicolella* (AMSEL, 1955) (= *Vitula edmandsi serratilineella* auct.)
 in Nordamerika ein Schädling an getrockneten Früchten wie Feigen, Rosinen, Pflaumen, Äpfeln usw. und in Bienenstöcken, nach Hamburg und Schleswig-Holstein verschleppt, hier auch in Nestern von Hummeln in der Stadt angetroffen, fliegend mehrfach an Schaufenstern.
37. Beim ♂ an der Wurzel des Vorderflügels ein unter dem umgeschlagenen Vorderrand verborgener Haarpinsel; beim ♀ Legeröhre kurz, nur wenig vorstreckbar. 8. Hinterleibsring breiter als lang. 38
 - Beim ♂ und ♀ Vorderflügel ohne solche Falte am Vorderrand. Legeröhre langgestreckt. 8. Hinterleibsring viel länger als breit. Im Vorderflügel ist von beiden Punkten am Zellenende, etwa in der Mitte des Flügels wenigstens der untere strichförmig (Abb. 131), beide sind oft durch eine feine Linie miteinander verbunden, wodurch eine halbmondartige Zeichnung entsteht. Grundfarbe des Vorderflügels immer mit blaugrauem oder rötlichgrauem Ton, die beiden Querlinien sind an den einander zugekehrten Seiten dunkel, an den abgekehrten oft heller, am Saum eine deutliche Reihe dunkler Punkte. Spannweite 20–22 mm. Beim ♀ Ductus bursae vor der Einmündung in die Bursa mit vielen kleinen plattenartigen Chitinzähnchen, die spiralig angeordnet erscheinen. Signum besteht aus 0–6 Höckern. Beim ♂ fingerförmiger Fortsatz der verstärkten Seite (Costa) der Valve schwach und unmittelbar vor ihrer Rundung (Abb. 141) . . . .
 . . . . **Mehlmotte**, *E. (Anagasta) kuehniella* (ZELLER, 1879)
 bei uns seit ihrer Einschleppung aus Nordamerika in den siebziger Jahren des vorigen Jahrhunderts eingebürgert. Die Raupen leben an Mehl, Kleie, Schrot, Getreide, Nüssen. In Mühlen besonders durch Zuspinnen der Mahlgänge schädlich. Heimat vielleicht das Mittelmeergebiet oder Zentralamerika (?).
38. Im Hinterflügel sind die Adern m_3 und cu_1 kurz gestielt (Abb. 139 rechts). Beim ♂ mit je einem dichten und fast immer gelben Haarbusch auf der Basis der Anal- und Cubitalader des Hinterflügels. Vorderflügel braungrau oder blaugrau, etwas glänzend, helle Querstreifen dunkel gesäumt und kaum gezackt (Abb. 133). Spannweite 14–17 mm. Beim ♀ Ductus bursae von der Einmündung in die Bursa an zur Hälfte mit kräftigen Chitinzahnplätt-

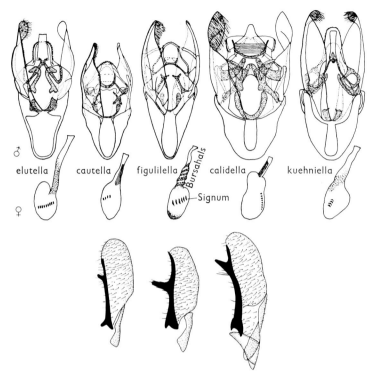

Abb. 141: Männliche und weibliche Begattungsorgane der *Ephestia*-Arten (siehe auch Abb. 131 B und C), untere Reihe Seitenansicht einer Valve mit der schwarz gezeichneten Costa von *E. cautella, E. figulilella* und *E. calidella* (nach RICHARDS).

chen besetzt. Signum besteht aus 7–11 Zähnchen. Beim ♂ verstärkte Seite der Valve (Costa) ohne fingerförmigen Fortsatz (Abb. 141) . . . .
. . . . **Speichermotte,** (= **Heu-** oder **Tabakmotte**), *E. (Ephestia elutella* (HÜBNER, 1796) an trocknen pflanzlichen Stoffen, getrockneten Früchten, Nüssen, Mandeln, Trockengemüse, Drogen, Tabak, an Kakao nur in Schokoladefabriken, wo der Befall wohl durch Nüsse erfolgt oder auf Lagern in Europa, aber wahrscheinlich nie mit Kakao aus den Tropen importiert. Daher ist der Name «Kakaomotte» irreführend.
– Im Hinterflügel sind die Adern m_3 und cu_1 nicht gestielt (Abb. 139). Beim ♂ nur ein dichter gelber Haarbusch auf dem Hinterflügel, und zwar auf der Basis der Analader   39
39. Beim ♂ ist der Spitzenbüschel der Vorderrandfaltenbehaarung des Vorderflügels sehr lang. Beim ♀ ist die Rückenplatte des 8. Hinterleibssegments gleichmäßig sklerotisiert. Ein Fächer besonders gestalteter Schuppen entspringt von einer sklerotisierten Spange der Zwischenmembran zwischen dem 7. und 8. Hinterleibsring. Vorderflügel gelblich hellgrau mit sehr undeutlichen Querlinien, die vor der Flügelmitte zieht vom Vorderrand schief zum Zellhinterrand und von dort senkrecht zum Innenrand. Hinterflügel weißlich. Vorderflügellänge 6–8,5 mm. Beim ♀ Bursahals mit einer aus vielen Chitinplättchen zusammengesetzten Spirale. Signum besteht aus 4–8 geflügelten Zähnchen. Am vorderen (oralen) Ende des ovalen Bursasackes ein Feld mit kräftigen Chitinplättchen. Beim ♂ ist

der fingerförmige Fortsatz der Costa der Valve sehr lang und steht in der Mitte der Costa (Abb. 141) . . . . **Feigenmotte,** *E. (Cadra) figulilella* (GREGSON, 1871)
bei uns nur eingeschleppt an trocknen Feigen, Rosinen, Aprikosen, Datteln, Johannisbrot, Mandeln.
– Beim ♂ ist der Spitzenbüschel der Vorderrandfaltenbehaarung des Vorderflügels nicht sehr lang. Die Costa der Valve zeigt vor ihrem Ende einen kräftigen, kurzen konischen Fortsatz. Beim ♀ ist die Rückenplatte des 8. Hinterleibsringes membranös mit stärker sklerotisierten Seiten und Vorderrand. Ein Fächer besonders gestalteter Schuppen ist nur schwach entwickelt und sitzt besonders bei *E. cautella* sehr locker, weshalb er bei unvorsichtiger Präparation leicht verloren geht. Der Bursahals ist mit 3–6 Chitinlängsleisten versehen 40
40. Die dunkle Querlinie vor der Mitte des Vorderflügels ist, wenigstens stellenweise, gezähnt. Im Vorderflügel sind beide Punkte am Zellenende isoliert und punktförmig. Grundfarbe des Vorderflügels gelblich- bis bräunlichgrau. Hinterflügel weißlich mit helleren Adern und dunkleren Fransen. Vorderflügellänge 8–10 mm. Beim ♀ ist die Bursa copulatrix langgestreckt, mit chitiniger Wandverstärkung in ihrer hinteren (analen) Hälfte. Signum besteht aus 6–12 Zähnchen (Abb. 141) . . . .
. . . . **Rosinenmotte,** *E. (Cadra) calidella* (GUÉNÉE, 1845)
bei uns nur eingeschleppt, besonders an Johannisbrot, Feigen, Rosinen und Datteln.
– Die dunkle Querlinie vor der Mitte des Vorderflügels ist gerade, also nicht gezähnt. Sie steht senkrecht auf dem Innenrand. Grundfarbe des Vorderflügels braungrau, Hinterflügel hellgrau. Vorderflügellänge 7–9 mm. Beim ♀ Bursa oval nur mit feinen Chitinzahnplättchen besetzt. Das Signum besteht aus 2–8 Zähnchen (Abb. 141) . . . . –
. . . . **Tropische Speichermotte, Dattelmotte,** *E. (Cadra) cautella* (WALKER, 1863)
besonders an öl- und fetthaltigen Pflanzenprodukten, wie Kopra, Kakaobohnen, Baumwollsamen, Erdnüssen usw., wird zu uns mit Rohkakao häufig eingeschleppt. Sie ist die eigentliche Kakaomotte.

60. Bestimmungsschlüssel für die Schmetterlingsraupen
(Abb. 142)

(Die Körperlängenangaben beziehen sich auf erwachsene Raupen)

1. Die Bauchfüße sind nur durch kleine Wärzchen, die Brustfüße durch kurze Häkchen angedeutet. Die Raupe ist zylindrisch, an den Enden kaum zugespitzt, ziemlich unbeholfen, ganz gelblichweiß mit rotbrauner Kopfkapsel, schwarzen Mundwerkzeugen, kurzen Fühlern und 6 Punktaugen auf jeder Seite. Körperlänge 4,8 bis 6 mm. Die erwachsenen Raupen der Männchen sind kleiner als die der Weibchen und an den als dunkelrote Flecke auf dem 4. und 5. Hinterleibsring durchschimmernden Hoden zu erkennen. Je eine Raupe ist in einem Getreidkorn eingeschlossen . . . . **Getreidemotte,** *Sitotroga cerealella* (OLIVIER, 1789)
Nur die frisch geschlüpften 0,945 mm langen Raupen finden sich außerhalb der Getreidekörner. Sie haben normal entwickelte Brust- und Bauchfüße, sind orangerot mit etwas dunklerem Kopf und haben 4 sehr lange Borsten am letzten Hinterleibsring, die ihnen bei der Fortbewegung behilflich sind.
– Die Bauchfüße gut ausgebildet 2
2. Außer den Nachschiebern (Bauchfüße am letzten Hinterleibsring) befinden sich Bauchfüße auch noch am 2.–6. Hinterleibsring (Abb. 142) 3
– Außer den Nachschiebern befinden sich Bauchfüße nur noch am 6. Hinterleibsring. Die

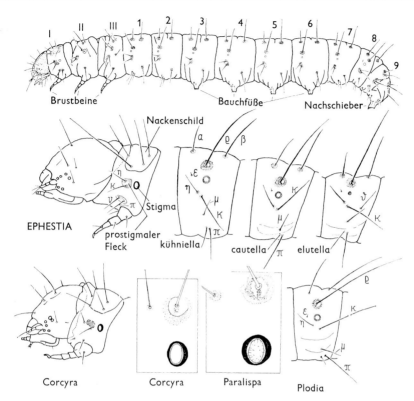

Abb. 142: Zünslerraupen. Oben: Habitusbild einer *Ephestia.* Darunter: Kopf mit 1. Brustring und 8. Hinterleibsring der *Ephestia*-Arten. Unten: Kopf und 1. Brustring von *Corcyra cephalonica,* Stigmen von *Corcyra cephalonica* und *Paralispa* = *Aphomia gularis,* 7. Hinterleibsring von *Plodia interpunctella* (hauptsächlich nach HINTON). I–III Brust- und 1–9 Hinterleibsringe, kleine griechische Buchstaben. Bezeichnungen für die Körperborsten.

HINTON: The larvae of the Lepidoptera associated with stored products. Bull. ent. Res. Bd. 34 (1943), S. 163–212. – HINTON: The larvae of the species of Tineidae of economic importance. Bull. ent. Res., Bd. 47 (1956), S. 251–346. – AITKEN, A. D.: A key to the larvae of some species of Phycitinae (Lepidoptera, Pyralidae) associated with stored products, and of some related species. Bull. ent. Res., Bd. 54 (1963), S. 175–188. – PETERSEN: Beiträge zur Insektenfauna der DDR: Lepidoptera – Tineidae. Beitr. ent. Bd. 19 (1969), S. 311–388.

Fortbewegung der Raupe ist «spannend» (Abb. 143). Braune, 17–20 mm groß werdende Raupe mit schwarzer Rücken- und Seitenlinie an trockenen Pflanzen, Heu, Tee und Kräutern, in Herbarien. . . . . **Heuspanner,** *Sterrha inquinata* (SCOPOLI, 1763)
3. Bauchfüße sind Klammerfüße (Abb. 144 C). Diese haben eine zweilappige bewegliche Sohle, die nur am äußeren Rand mit einwärts gebogenen Häkchen versehen sind. Meistens Raupen von mehreren cm Länge, bunt gefärbt, mit mehreren farbigen Längsstreifen 4
– Bauchfüße sind Kranzfüße (Abb. 144 B). Sie besitzen eine ungegliederte, kreisförmige Sohle, die von einem geschlossenen Kranz von oft ungleich langen Haken besetzt ist.

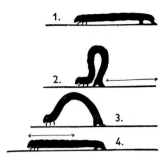

Abb. 143: Kriechbewegung einer Spannerraupe (nach WEBER). Der nur von den Bauchfüßen festgehaltene Körper wird lang vorgestreckt, bis die Brustbeine auf der Unterlage Halt gefunden haben. Nun lassen die Bauchfüße los und der Körper wird unter bogenförmiger Krümmung so nach vorn gezogen, daß die Bauchfüße ganz dicht hinter den Brustbeinen festfassen können, während der Körper einen hohen Bogen bildet. Jetzt lassen die Brustbeine wieder los, der Körper streckt sich nach vorn und dieselbe Bewegung beginnt von neuem.

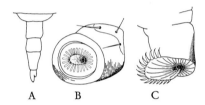

Abb. 144: A Brustbein, B Kranz- und C Klammerfuß von Schmetterlingsraupen (B, C nach SEIFERT).

  Kleinere Raupen, einfarbig, meistens zart getönt (weißlich, gelblich oder rötlich) ohne Längsstreifen oder dunkelbraun mit einem einzigen Längsstreifen auf der Mitte des Rückens 5
4. Raupen braungrau, oben mit breiter, weißlicher Mittellinie und weißlichen feineren Nebenlinien. Jeder Körperring mit großen schwarzen Punktwarzen. Fußlinie weißlich, oben schwarz gesäumt. Atemlöcher schwarz. Nackenschild und Afterklappe schwarzbraun mit drei weißlichen Strichen. Kopf rotbraun. Körperlänge 4–5 cm . . . .
. . . . **Quecken- oder Weizeneule**, *Apamea sordens*
(HUFNAGEL, 1767) [= *Parastichtis (= Hadena) basilinea* (FABRICIUS)]
  Raupen mit Getreide in die Speicher eingeschleppt, wo sie meistens bald absterben.
– Raupen schwarzbraun bis schwarz mit schmutziggrüner Unterseite und gelben oder orangen Längslinien, über der seitlichen gelben Längslinie ist bei den erwachsenen Raupen auf jedem Körperring ein schwarzer Mondfleck zu sehen. Körperlänge 3–4 cm. Die Raupen werden mit Bananen und Tomaten zu uns eingeschleppt, in die sie große Löcher fressen . . . . . **Ägyptische Baumwollraupe**, *Spodoptera (= Prodenia) litura* (FABRICIUS, 1775)
5. Raupen an Stoffen tierischer Herkunft 6
– Raupen an Stoffen pflanzlicher Herkunft. 21
6. Raupen an Bienenwachs . . . . **Wachsmotten** 7
– Raupen an Haaren, Fellen, Pelzen, Federn, Wollstoffen, toten Insekten, Horn usw. . . 8

7. Raupe spindelförmig, in der Mitte am breitesten. Kopf mit 4 Punktaugen auf jeder Seite. Die beiden Beine des 1. Brustringes sind dicht nebeneinander eingelenkt. Nackenschild braun. Haken der Bauchfüße verhalten sich zueinander wie 2:3 oder 4:5. Hell gelbbraun oder graubraun. 22–25 mm Körperlänge . . . .
. . . . **Große Wachsmotte,** *Galleria mellonella* (LINNAEUS, 1758)
– Raupe zylindrisch, in der Mitte nicht am breitesten, Kopf ohne Punktaugen. Zwischen den Beinen des 1. Brustringes ein größerer Zwischenraum. Nackenschild schwarzbraun, in der Mitte fast schwarz, der Rand ist heller. Haken der Bauchfüße verhalten sich zueinander wie 1:3. Weiß oder hellgrauweiß. Körperlänge 16 mm . . . .
. . . . **Kleine Wachsmotte,** *Achroia grisella* (FABRICIUS, 1794)
8. Kopf mit Punktaugen 10
– Kopf ohne Punktaugen. 9
9. Raupe lebt in einer Röhre mit rauher und unregelmäßiger Oberfläche, die in oder auf dem Nährmaterial festgesponnen ist, das fast immer aus trocknem Material tierischer Herkunft besteht (gelegentlich auch aus Sojabohnenmehl) (Abb. 145 A). Kopf gelbbraun mit meist deutlich dunklerem, manchmal fast schwarzem Hinterrand. Nackenschild hell- oder gelbbraun. Körperlänge 7–9 mm . . **Kleidermotte,** *Tineola bisselliella* (HUMMEL, 1823)
– Raupe in einem dorsoventral abgeplatteten, 6–9 mm langen, vorn und hinten offenen Köcher, den sie mit sich herumträgt (Abb. 145 B). Kopf dunkelbraun mit dunklerem Vorderrand; das zweiteilige Nackenschild und die Seitenplatten der Vorderbrust so dunkel wie der Kopf. Sehr ähnlich der Raupe der Pelzmotte, von der sie sich nur durch das Fehlen des jederseitigen Punktauges unterscheidet . . . .
. . . . **Taubenmotte,** *Tinea columbariella* WOCKE, 1877

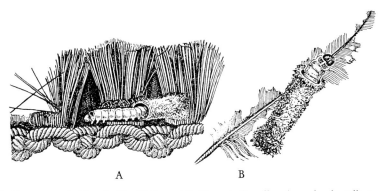

Abb. 145: Raupe von A *Tineola bisselliella* und B *Tinea pellionella* oder *columbariella* (aus DIEHL-WEIDNER).

10. Kopf mit einem Punktauge auf jeder Seite 11
– Kopf mit mehr Punktaugen auf jeder Seite 15
11. Borsten $\varkappa$ und η der ersten sieben Hinterleibssegmente in einer nahezu senkrechten Linie angeordnet; $\varkappa$ steht direkt hinter dem Stigma (Abb. 146 A). 12
– Borsten $\varkappa$ und η der ersten sieben Hinterleibssegmente in einer mehr oder weniger waagerechten Linie angeordnet; $\varkappa$ liegt beträchtlich unter dem Stigma (Abb. 146 B) 14

12. Grundglied des Fühlers wenigstens so lang wie das zweite Glied. Die beiden Borsten π entspringen auf den ersten 8 Hinterleibssegmenten immer auf getrennten Flecken. Kopf hell- bis leicht dunkelbraun mit dunkleren Flecken; Bauchfüße mit mehr als 25 (27–37) Haken. Körperlänge 9–11 mm . . . .
. . . . **Tapetenmotte**, *Trichophaga tapetzella* (LINNAEUS, 1758)
– Grundglied des Fühlers kürzer als das zweite Glied. Die beiden Borsten π entspringen auf den ersten 7 Hinterleibssegmenten immer auf einem gemeinsamen Flecken (Abb. 146 A)
. . . . 13
13. Auf dem 8. Hinterleibsring nur eine Borste π. Bauchfüße in der Regel mit 22–25 Haken. Kopf braun bis rötlichbraun. Körperlänge 9–11 mm . . . .
. . . . *Monopis rusticella* (HÜBNER, 1796)
in Wolltextilien Schädling, häufig in Vogelnestern.
– Auf dem 8. Hinterleibsring zwei Borsten π. Bauchfüße in der Regel mit 18–20 Haken. Kopf braun bis rötlichbraun. Körperlänge 6–7,5 mm . . . .
. . . . *Monopis ferruginella* (HÜBNER, 1810–1813)
kein eigentlicher Schädling, hauptsächlich in Vogelnestern und Taubenschlägen, zuweilen an Wolltextilien im Freien.

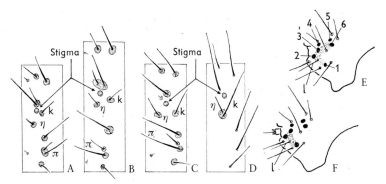

Abb. 146: Beborstungsschema des 7. Hinterleibsringes der Raupen von A *Monopis rusticella*, B *Tinea pellionella*, D *Endrosis sarcitrella* und C des 8. Hinterleibsringes von *Haplotinea diletella*, E Punktaugen an der Kopfkapsel von *Nemapogon cloacellus* und F *N. granellus* (nach PETERSEN, D nach HINTON). 1–6 Punktaugen, L Borsten hinter Punktauge 2.

14. Borsten π auf den ersten 9 Hinterleibssegmenten lang. Haut zwischen den Flecken, auf denen die Borsten entspringen auf Thorax und Abdomen mit dicht stehenden kleinen zarten Härchen, ohne zahlreiche Tuberkeln. Kopf dunkelbraun mit einem fast schwarzen Streifen in der Höhe des Punktauges. Bauchfüße mit 28–31 Haken. Körperlänge 7–12 mm . . . . **Nestermotte**, *Niditinea fuscipunctella* (HAWORTH, 1828)
– Borsten π auf den ersten 9 Hinterleibssegmenten sehr kurz. Haut zwischen den Flecken mit dicht stehenden, mikroskopisch kleinen Tuberkeln, ohne kleine Härchen. Kopf dunkelbraun. Bauchfüße mit 28–31 Haken. Körperlänge 6,5–8,5 mm (Abb. 145 B, 146 B) . .
. . . . **Pelzmotte**, *Tinea pellionella* LINNAEUS, 1758
im Raupensack wie die Taubenmotte an Wolltextilien, Federn und Pelzen schädlich.
15. Kopf mit nur 2 deutlichen Punktaugen auf jeder Seite 16
– Kopf jederseits mit mehr als 2 Punktaugen 18

16. Borsten ϰ und η stehen auf den Hinterleibssegmenten weit auseinander in einer waagerechten Linie weit unterhalb des Stigmas (Abb. 146 C) 17
- Borsten ϰ und η stehen auf den Hinterleibssegmenten eng beieinander (Abb. 146 D), Raupe gelblichweiß, mit gelbbraunem Kopf. Körperlänge bis 12 mm . . . .
. . . . **Kleistermotte**, *Endrosis sarcitrella* (LINNAEUS, 1758)
   häufig in Vogelnestern, auch an Wollstoffen schädlich, aber nur in feuchter Umgebung, außerdem an pflanzlichen Vorräten.
17. Borsten π auf dem 8. Hinterleibsring auf getrennten Flecken entspringend (Abb. 146 C). Beide Punktaugen gleich gut entwickelt. Körperlänge 12–14 mm . . . .
. . . . *Haplotinea ditella* (PIERCE & DIAKONOFF, 1938)
   wohl nur noch an pflanzlichen Stoffen, kaum mehr an tierischen Stoffen, die wohl die ursprüngliche Nahrung waren.
- Borsten π auf dem 8. Hinterleibsring auf einem gemeinsamen Fleck entspringend. Das hintere Punktauge oft undeutlich oder sehr klein. Kopf hell- bis dunkelbraun. Haut des Hinterleibs mit dicht stehenden, kleinen Härchen. Körperlänge 12–14 mm . . . .
. . . . *Haplotinea insectella* (FABRICIUS, 1794)
   selten an tierischen Stoffen, in Insektensammlungen, meistens in pflanzlichen Stoffen, gelegentlich in Hühnerställen.
18. Kopf mit 4 (mitunter auch 5) Punktaugen auf jeder Seite. Nackenschild farblos. Kopf bräunlich. Raupe wachsartig weiß mit tiefen Ringeinschnitten, schwach behaart. Bis 16 mm lang . . . . . . **Samenmotte**, *Hofmannophila pseudospretella* (STAINTON, 1849)
   in einem Sack von weißem Gespinst, der mit Teilen der Nahrung beklebt ist, in trockenen Pflanzenstoffen und Getreide, aber auch an tierischen Produkten, z. B. dem Leder von alten Bucheinbänden, besonders häufig in Polstermöbeln in feuchten Wohnungen. In den Wintermonaten verlassen sie die Raupen, um Verstecke zur Verpuppung aufzusuchen.
- Kopf mit 6 Punktaugen auf jeder Seite 19
19. Raupen (erwachsen 22–27 mm lang) gelbbraun mit rotbraunem Kopf, braunem Nacken- und Afterschild und dunklen Warzen. Gesellig lebend, dichte Gespinste herstellend. Verpuppung in spindelförmigen Kokons, die dicht beieinander liegen. Gewöhnlich in Wespen- oder Hummelnestern, gelegentlich aber auch an anderen Stellen in alten Häusern . .
. . . . **Hummelmotte**, *Aphomia sociella* (LINNAEUS, 1758)
- Raupen (erwachsen 20–35 mm lang) in der Färbung sehr variabel, dunkler, grau, braun bis fast schwarz. In Gespinströhren unter Abfällen an Holz, Streu usw., angeblich auch Käse, Talg, Speck und Schmalz. 20
20. Oberkiefer ohne einen kleinen Zahn vor dem großen Spitzenzahn, Außenrand ausgebuchtet. Dunkelgrau, sehr variabel. Körperlänge 20–35 mm . . . .
. . . . **Fettzünsler**, *Aglossa pinguinalis* (LINNAEUS, 1758)
   in Gespinströhren unter Holzfällen, Heu, Stroh, Getreide, Pflanzensamen usw., auch an toten Insekten und feuchtem Leder. Ihre Vorliebe für Fett ist wohl mehr Sage als Wirklichkeit.
- Oberkiefer mit einem kleinen Zahn vor dem großen Spitzenzahn. Außenrand gerundet. Hellbraun bis schwarz, oft mit einem Bronzeglanz. Körperlänge etwa 25 mm . . . .
. . . . *Aglossa caprealis* (HÜBNER, 1800–1809)
   Lebensweise wie die vorhergehende Art.
21. Raupen an frischen Pflanzenstoffen (lagernden Äpfeln oder Kartoffeln) 22
- Raupen an trockenen oder modernden Pflanzenstoffen 24
22. In Äpfeln. 23
- In Kartoffeln: Graue Raupen mit rötlicher Brust. Erwachsen 14–16 mm groß, fressen Gänge und Plätze zwischen Schale und Fleisch der Kartoffelknollen, oft gehen sie auch tiefer ins Fleisch der Knolle hinein. Sie sind mit krümeligem Kot und faulenden Kartoffel-

teilchen angefüllt und scheinen schwärzlich durch die hellere Schale hindurch . . . .
. . . . **Kartoffelmotte**, *Phthorimaea operculella* (ZELLER, 1873)
kommt in fast allen tropischen und subtropischen Ländern im Freien vor, kann sich aber auch in Kartoffellagern fortpflanzen, bei uns nur selten eingeschleppt.

23. Fleischrote Raupen mit schwarzem Kopf und vielen dunkelbraunen Punkten, auf denen je ein Härchen steht, erwachsen 7 mm lang (Abb. 147 D). Die befallenen Äpfel zeigen anfangs grünliche, später dunkler werdende Flecke mit einem kleinen Loch in der Mitte, um das sich durch Vertrocknen ausgetretenen Apfelsaftes ein weißlicher Niederschlag gebildet hat. Es führt in einen größeren Hohlraum unter der Schale. Viele unregelmäßige schmale Gänge durchziehen das Fruchtfleisch (Abb. 147 B). Die befallenen Äpfel haben einen bitteren Geschmack . . . . . . **Apfelmotte**, *Argyresthia conjugella* ZELLER, 1839
frißt auch in lagernden Äpfeln weiter und verpuppt sich zwischen ihnen.

– Weißliche bis fleischrote Raupen, regelmäßig schwarz punktiert mit dunklen Rückenplatten, nach unten weißlich werdend. Kopf braun mit dunkleren Flecken. Nacken- und Afterschild heller. Erwachsen 15−20 mm lang (Abb. 147 C). Sie fressen breite Gänge in das Fruchtfleisch bis ins Kerngehäuse, die teilweise mit feuchtem krümeligen Kot gefüllt sind. Gewöhnlich nur ein ins Kerngehäuse hineinführender und ein zweiter aus diesem wieder herausführender Gang vorhanden (Abb. 147 A) . . . .
. . . . **Apfelwickler** oder **Apfelmade**, *Laspeyresia (Cydia) pomonella* (LINNAEUS, 1758)
kommt mit befallenen Äpfeln oft in die Lagerräume, wo sie sich außerhalb der Äpfel in einem festen, schwer benetzbaren Kokon verpuppt, der durch Nagsel vom Holz der Gestelle oder Pappe der Kästen usw. verstärkt wird.

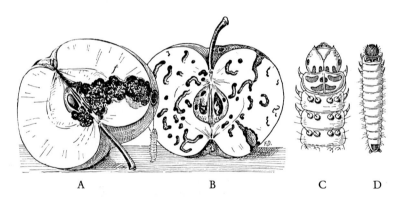

Abb. 147: Apfelmottenraupen und ihre Schäden an Äpfeln: A, C *Laspeyresia pomonella*, B, D *Argyresthia conjugella* (aus DIEHL-WEIDNER).

24. An Getreide, Mehl und anderen trockenen pflanzlichen Vorräten 25
– In Flaschenkorken oder in Weinkellern an Algen und Schimmelbelag 40
25. Kopf mit 5−6 Punktaugen auf jeder Seite 26
– Kopf mit weniger als 5 Punktaugen auf jeder Seite 38
Kopf ohne Punktaugen hat die Raupe der **Kleidermotte** *Tineola bisselliella* (siehe 9), die auch in Sojabohnenmehl und Brötchen ausnahmsweise gefunden wurde.
26. Wenigstens die vorderen Punktaugen liegen auf einem dunklen Fleck 27
– Die Punktaugen liegen nicht auf einem dunklen Fleck 29

27. Der dunkle Augenfleck erstreckt sich über die ganze Zone der Punktaugen (Abb. 146 E). Körperlänge 7−10,3 mm. . . . **Schleusenmotte,** *Nemapogon cloacellus* (HAWORTH, 1828)
   ursprünglich in Baumschwämmen, gelegentlich als Vorratsschädling an Getreide, Trockenobst, pflanzlichen Drogen bei feuchter Lagerung.
− Der dunkle Augenfleck erstreckt sich nicht über das 3. und 4. Punktauge hinaus (Abb. 146 F) 28
28. Die Borste hinter dem 2. Punktauge (Abb. 146 F, l) ist von ihm etwa so weit entfernt wie die Durchmesserlänge des Punktauges. Kopf dunkelbraun bis rötlich oder gelbbraun. Bauchfüße mit 19−21 Krallen. Körperlänge 7−10 mm . . . .
   . . . . **Kornmotte,** *Nemapogon granellus* (LINNAEUS, 1758)
   ursprünglich in Bauchschwämmen, sekundär Vorratsschädling an Getreide, wo sie besonders auf bäuerlichen Speichern und bei feuchter Lagerung durch ihre starke Spinntätigkeit schadet und an anderen pflanzlichen Vorräten; in Häusern auch in den Fruchtkörpern des Hausschwammes.
− Die erste Borste hinter dem 2. Punktauge deutlich weiter entfernt als die Durchmesserlänge dieses Punktauges. Da auch dieses Merkmal sehr schwankt, weshalb es nicht immer ganz sicher ist, sind die Raupen von denen der vorhergehenden Art nicht immer zu unterscheiden. Körperlänge 7−10 mm . . . .
   . . . . **Roggenmotte,** *Nemapogon personellus* (PIERCE & METCALFE 1934)
   Lebensweise wie bei der vorhergehenden Art, spielt, soweit bis jetzt ersichtlich, vorwiegend in Skandinavien eine größere Rolle als *N. granellus*.
29. Die beiden Borsten η und ϰ vor dem Atemloch des 1. Brustringes stehen bei Betrachtung der Raupe von der Seite nebeneinander oder etwas schräg zueinander (Abb. 142, *Corcyra*) 30
− Die beiden Borsten η und ϰ vor dem Atemloch des 1. Brustringes stehen bei Betrachtung der Raupe von der Seite senkrecht übereinander (Abb. 142, *Ephestia*) 31
30. Raupe gelblich-weiß oder grauweiß, Behaarung, Kopf und Nackenschild rotbraun. Umrandung der Stigmen auf den Körpersegmenten etwa gleich dick (Abb. 142, *Paralispa*). Rücken- und Seitenborsten der ersten 7 Hinterleibsringe mit Dörnchen. Körperlänge 25−30 mm. . . . . **Samenzünsler,** *Aphomia* (= *Paralispa*) *gularis* (ZELLER, 1877)
   in trockenen pflanzlichen Vorräten, besonders in Nüssen und Mandeln. Verpuppung in einem sehr zähen und dicken Gespinst, in der Regel mehrere Raupen dicht beieinander.
− Raupe weiß, Behaarung, Kopf und Nackenschild rotbraun. Umrandung der Stigmen auf den Körpersegmenten am Hinterrand bedeutend dicker als am Vorderrand (Abb. 142 *Corcyra*). Rücken- und Seitenborsten der ersten 7 Segmente ohne deutliche Dörnchen. Erwachsen 15 mm . . . . **Reismotte,** *Corcyra cephalonica* (STAINTON, 1866)
31. Raupen hellbraun bis schwarz mit rotbraunem Kopf. Die Stirn ist ⅓ so lang wie die Entfernung ihres Vorderrandes vom Scheitel. Die Grenzen der Schläfen berühren die mittlere Kopfnaht in einem Punkt, der 3mal so weit vom Scheitel als von der Stirn entfernt ist. Die Haken der Bauchfüße gehören zwei verschiedenen Größenordnungen an, und zwar sind die langen 4mal so lang wie die kurzen. Körperlänge 15−17 mm . . . .
   . . . . **Heuzünsler,** *Hypsopygia costalis* (FABRICIUS, 1775)
   in Heu.
− Raupen weiß, gelblich- oder schmutzigweiß bisweilen mit grünlichem oder rötlichem Schimmer 32
32. Kopf ohne Scheitelnaht (Abb. 148 A). Das Stigma auf dem 8. Hinterleibsring ist etwa so groß wie die Fläche, die von dem Ring an der Basis der Borste ϱ des gleichen Segments umschlossen wird. Die Borsten ϱ auf den Hinterleibssegmenten 1−7 werden nicht von einem dunklen Ring oder Halbring umgeben. Körperfarbe rosenholzrot. Kopf und Nackenschild bräunlich, Afterschild hell. Körperlänge 13−16 mm . . . .

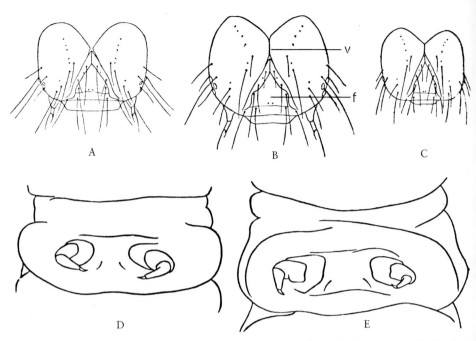

Abb. 148: Raupen von A *Ectomyelois ceratoniae*, B *Ephestia calidella*, C *Plodia interpunctella*, Kopf von oben, D 3. Brustring von *Ephestia figulilella* und E von *Ephestia calidella* von der Bauchseite mit den Borsten σ zwischen den Bauchbeinen. (Nach AITKEN), V Scheitelnaht, F Stirn.

       Johannisbrotmotte, *Ectomyelois (= Spectrobates) ceratoniae* (ZELLER, 1839)
- Kopf mit Scheitelnaht (Abb. 148 B und C) 33
33. Rückenhaare (α und β) auf den Hinterleibsringen 1—8 ohne schwarze Punkte an ihrer Basis (Abb. 142 *Plodia*). Die Stirn ist etwa ⅔ so lang wie die Entfernung ihres Vorderrandes vom Scheitel (Abb. 148 C). Körper je nach Nahrung reinweiß, hellrosa, gelblich oder grünlich, der Kopf, der geteilte Nacken- und der Afterschild braun. Körperlänge 10—13 mm. . . . . **Dörrobstmotte**, *Plodia interpunctella* (HÜBNER, 1813)
- Rückenhaare (α und β) auf den Hinterleibsringen 1—8 mit schwarzen Punkten an ihrer Basis (Abb. 142 *Ephestia*). Die Stirn ist (außer bei *Anagasta*) nur ½ mal so lang wie die Entfernung ihres Vorderrandes vom Scheitel (Abb. 148 B) 34
34. Die Borste ε ist auf dem 8. Hinterleibssegment 2—3,5mal so weit entfernt wie der horizontale Durchmesser des Stigma (Abb. 142 *kühniella*) 35
- Die Borste ε ist auf dem 8. Hinterleibssegment etwa so weit entfernt wie der horizontale Durchmesser des Stigma (Abb. 142 *cautella*) 36
35. Das Stigma auf dem 8. Hinterleibssegment ist so groß oder etwas größer als die Fläche, die von dem Ring an der Basis der Borste ϱ umschlossen wird (Abb. 142 *kühniella*). Die Borste ε entspringt oft auf einem dunkel pigmentierten Punkt. Raupen weiß, bisweilen rosa oder grünlich, mit braunem Kopf, Nacken- und Afterschild. Die Stirn ist fast so lang wie bei *Plodia*. Körperlänge 15—20 mm . . . . **Mehlmotte**, *Ephestia (Anagasta) kuehniella* (ZELLER, 1879

- Das Stigma auf dem 8. Hinterleibssegment ist deutlich kleiner, etwa ⅔ oder weniger so breit wie die Fläche, die von dem Ring an der Basis der Borste ϱ umschlossen wird (Abb. 142 *elutella*). Die Borste ε steht nie auf einem dunkel pigmentierten Punkt . . . . .
. . . . **Speichermotte**, *Ephestia (Ephestia) elutella* (Hübner, 1796)
36. Die hinteren Rückenborsten (β) auf jedem Abdominalsegment sind nur 2−2,5mal so lang wie die vorderen (α) (Abb. 142 *cautella*). Das Stigma des 7. Hinterleibssegments ist etwa so groß wie das des 6. Frisch geschlüpfte Raupen sind manchmal blaßrötlich, doch ohne daß diese Farbe in Streifen angeordnet ist. Nach dem Aufkochen erscheint die Haut in der Regel geschwärzt. Körperlänge 12−14 mm . . . .
. . . . **Tropische Speichermotte**, *Ephestia (Cadra) cautella* (Walker, 1863)
− Die hinteren Rückenborsten (β) auf jedem Abdominalsegment 3−3,5mal so lang wie die vorderen (α). Die Stigmengröße des 7. Abdominalsegments liegt zwischen der des 6. und 8. Segments 37
37. Auf der Bauchseite des Metathorax ist die Entfernung der beiden zwischen den Hüften gelegenen Borsten σ voneinander 2mal oder weniger so breit wie ihre jeweilige Entfernung von der Hüfte (Abb. 148 D). Frisch geschlüpfte Raupen mit blaßroten Längsstreifen . . . .
. . . . **Feigenmotte**, *Ephestia (Cadra) figulilella* (Gregson, 1871)
− Auf der Bauchseite des Metathorax ist die Entfernung der beiden zwischen den Hüften gelegenen Borsten σ voneinander in der Regel wenigstens 3 bis 5mal so weit wie bis zum Hüftenrand (Abb. 148 E). Frisch geschlüpfte Larven sind oft gleichmäßig rötlich gefärbt ohne Streifung . . . . **Rosinenmotte**, *Ephestia (Cadra) calidella* (Guénè, 1845)
38. Kopf mit 2 Punktaugen auf jeder Seite . . . . *Endrosis sarcitrella* (siehe 16)
− Kopf mit 4 Punktaugen auf jeder Seite 39
39. Vor dem Atemloch des 1. Brustringes 3 Borsten in einer waagerechten Linie angeordnet, wenn man die Raupe von der Seite betrachtet . . . .
. . . . *Hofmannophila pseudospretella* (siehe 18)
− Vor dem Atemloch des 1. Brustringes 2 Borsten, von denen bei Betrachtung der Raupe von der Seite die zweite schräg unter der ersten steht. Raupen weißgrau mit rotbraunem Kopf. Körperlänge 20−25 mm . . . . . **Mehlzünsler**, *Pyralis farinalis* (Linnaeus, 1758)
40. Nackenschild von gleicher Farbe wie der Kopf oder heller 41
− Nackenschild schwarzbraun, Kopf braun . . . .
. . . . **Kellermotte**, *Dryadaula pactolia* Meyrick, 1902
41. Nackenschild heller als der Kopf 42
− Nackenschild an den dunkelsten Stellen genauso gefärbt wie der Kopf 43
42. Nackenschild im vorderen Drittel farblos, im folgenden Teil honiggelb, Kopf rotbraun, von oben gesehen quadratisch, Körperlänge 12 mm . . . .
. . . . **Weinkellermotte**, *Oinophila v-flavum* (Haworth, 1828)
− Nackenschild farblos, schmutzigweiß, Kopf rotbraun . . . .
. . . . *Hofmannophila pseudospretella* (siehe 18)
43. An den Bauchfüßen abwechselnd große und kleine Häkchen . . . .
. . . . *Endrosis sarcitrella* (siehe 16)
− Häkchen an den Bauchfüßen gleich groß . . . . *Nemapogon* (siehe 27)

61. Zweiflügler, Diptera

Die Zweiflügler sind von allen anderen Insekten leicht dadurch zu unterscheiden, daß sie, bis auf einige flügellose Arten (*Pupipara*, Bienenlaus), nur 1 Paar Flügel haben. Das 2. (hintere)

Flügelpaar ist zu 2 kleinen, löffel- oder trommelstockförmigen Schwingkölbchen (Schwinger oder Halteren) rückgebildet. Die Larven sind in der Regel fußlos, ein Teil der Larven (Maden) besitzt auch keinen eigentlichen Kopf, sondern nur ein mit Mundhaken versehenes Vorderende. Die in Häusern vorkommenden Maden sind fast alle weißlich oder grau und leben in feuchter Umgebung oder im Wasser. Die meisten Larven der in Wohnungen auftretenden Mücken und Fliegen entwickeln sich außerhalb. Viele Arten zeigen eine starke Bindung an den Menschen und seine Wohnstätten, sie sind **synanthrop**. Als Vorratsschädlinge haben die

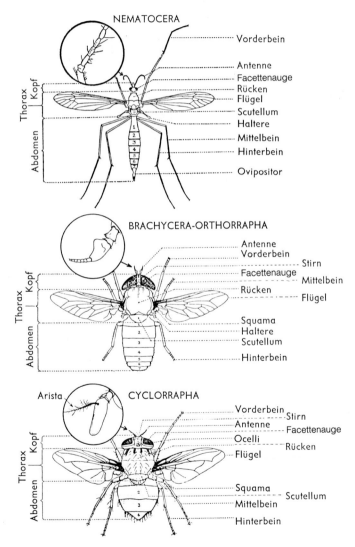

Abb. 149: Die Unterordnungen der Diptera (nach Colyer). Oben *Tipula*; Mitte *Tabanus*; unten *Calliphora*.

Zweiflügler nur eine geringe Bedeutung, als hygienische Schädlinge sind sie sehr wichtig, in erster Linie als Überträger pathogener Organismen, wobei die Übertragung meistens mechanisch erfolgt. Nur sehr wenige Arten stellen in unserem Gebiet Zwischenwirte von Krankheitserregern dar. Manche werden auch durch Massenauftreten in Wohnungen äußerst lästig. Materialschädlinge gibt es unter den Zweiflüglern nicht. Es sind 2 Hauptgruppen zu unterscheiden:

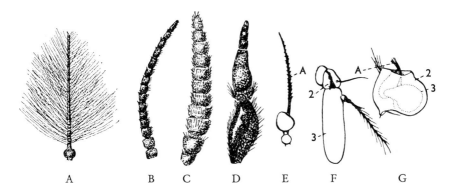

Abb. 150: Verschiedene Bautypen der Dipterenfühler: A–C Nematocera; A *Chironomus*-Männchen, B *Anisopus*, C *Simulium*, D *Brachycera Cyclorrhapha: Haematopota* E–G Orthorrhapha: E *Phora*, F *Calliphora*, G *Melophagus*, 2 und 3 = 2. und 3. Fühlerglied, A Arista (nach Martini und Weber).

1. Fühler meistens lang und schlank, mit 6–39 gleichgestalteten Gliedern, die nicht miteinander verschmolzen sind (Abb. 150 A–C). Lippentaster mit deutlich sichtbaren, nach unten hängenden Gliedern (Abb. 151 C und 152). Meistens schlanke, langbeinige Zweiflügler (Abb. 149) . . . . **Mücken**, *Nematocera* (Tabelle 62)
– Fühler gedrungen und meistens kurz, in der Regel mit 3 sehr verschieden gestalteten Gliedern, zu denen bei den *Orthorrhapha* noch einige weitere kleine, miteinander verschmolzene Endglieder dazukommen können (Abb. 150 D–G). Lippentaster gewöhnlich nur mit einem sichtbaren Glied (Abb. 149) . . . . **Fliegen**, *Brachycera* (Tabelle 63)

62. Mücken, Nematocera

1. Brustabschnitt auf dem Rücken mit einer v-förmigen Naht (Abb. 151 A) 2
– Brustabschnitt auf dem Rücken ohne v-förmige Naht (Abb. 151 B) 3
2. Kopf mit Punktaugen. Kleine langbeinige Mücken, Körperlänge 5–7 mm . . . .
. . . . **Wintermücken**, *Trichoceridae*
<small>Da ihre Larven an faulenden Pflanzenstoffen, z. B. Kartofffeln und Gemüse, leben, findet man die Mücken oft in größerer Zahl vom Oktober bis in den Frühling in Kellern. Sie tanzen an warmen Wintertagen in der Sonne.</small>
– Kopf ohne Punktaugen und schnauzenförmig verlängert (Abb. 151 C). Sehr große (13 bis 30 mm), schlanke Mücken mit außerordentlichen langen Beinen, die leicht abbrechen (Abb. 149, *Nemotocera*) . . . . **Erdschnaken**, *Tipulidae*

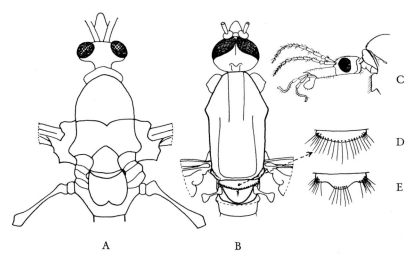

Abb. 151: Kopf und Brust von A *Tipula* und B *Anopheles*, C Kopf der *Tipula* von der Seite, D Schildchen von *Anopheles* und E von *Aëdes* (A nach COLYER, B, D, E nach PEUS, C nach LINDNER).

Die Larven leben im Erdboden von Gärten, Wiesen und Feldern oder in morschem Holz. Sie können sich auch in der Grasnarbe von Hausgärten in Massen entwickeln. Die Mücken findet man gelegentlich in Häusern, besonders in feuchten Kellerräumen.

3. Mücken mit gedrungenem, behaartem, fliegenähnlichem Körper, Fühler unter den Augen nahe der Mundöffnung eingelenkt, kurz, mit bis zu 11 gleichartigen Gliedern. Facettenaugen beim Männchen sehr groß, beim Weibchen bedeutend kleiner (Abb. 152 A, B). Männchen schwarz, Weibchen auch rotbraun. Körperlänge etwa 5–15 mm . . . .
. . . . **Haarmücke**, *Bibionidae*

Bei der artenreicheren Gattung *Bibio* GEOFFROY, 1762 ist die Spitze der Vorderschenkel krallen- oder schnabelförmig verlängert, während sie bei *Dilophus* MEIGEN, 1803 von einem Kranz kegelförmiger Dornen besetzt ist (Abb. 152 D und E). Außerdem besitzt *Dilophus* 2 Dornenreihen auf der Vorderseite des Thorax. Die Mücken, die beim Fliegen ihre Beine lang nach unten hängen lassen, entwickeln sich in Komposterde oder gedüngten Gartenbeeten und bilden oft im Frühjahr (z. B. die **Märzfliege**, *Bibio marci* (LINNAEUS, 1758) oder andere Arten im Herbst bis in den Oktober hinein große Schwärme, die oft auch in der Stadt auffallen. Sie dringen dabei auch in die Häuser ein.

– Mücken mit gestrecktem und schmalem Körper, viel zierlicher oder viel kleiner als eine Stubenfliege 4

4. Fühler pfriemenförmig (Abb. 150 B). Flügel braungefleckt. Die Adern bilden in der Mitte der Flügelfläche eine allseits geschlossene Discoidalzelle (Abb. 153 A, d) 5

– Fühler mit mehreren Haaren versehen, Fühlerglieder voneinander deutlich abgesetzt. Flügel ohne Discoidalzelle 6

5. Die Ursprungsstellen der an der Discoidalzelle entspringenden Adernäste M_1 und M_2 sind etwas voneinander entfernt (Abb. 153 A). Flügellänge 5–7,5 mm . . . .
. . . **Fensterpfriemenmücke**, *Anisopus* (= *Rhyphus*, *Phryne*) *fenestralis* (SCOPOLI, 1763)

häufig an Fenstern, besonders in Kellern während der kälteren Jahreszeit. Larven in faulenden Pflanzenstoffen, z. B. angefaulten Kartoffeln, Steckrüben u. dgl., auch im Tropfkörper von Kläranlagen. Harmlos, bisweilen Massenvermehrung.

– Die Ursprungsstellen der an der Discoidalzelle entspringenden Adernäste M_1 und M_2 liegen dicht beieinander (Abb. 153 B). Flügellänge 4–6,5 mm . . . .

.... *Anisopus punctatus* (FABRICIUS, 1787)
Lebensweise wie die vorige Art, aber seltener.
6. Punktaugen vorhanden (Abb. 152 C)......................... 7
– Punktaugen fehlen.. 8
7. Körper breit, glänzend. Augen hinter der Fühlerbasis jochartig gekrümmt, ohne Verschmälerung zusammenstoßend. Fühler und Beine kurz und dick. Flügeladerung Abb. 153 C, D. Körperlänge 1,5 – 3 mm .... **Dungmücken**, *Scatopsidae*
entwickeln sich bisweilen in ungeheuren Mengen in Müllgruben, faulenden Kartoffeln, Rüben, Schweinefutter, in Aborten und an Fäkalien, oft auch in Blumentopferde in Zimmern, so besonders *Scatopse notata* (LINNAEUS, 1758). An faulenden Kartoffeln *Rhexoza zacheri* ENDERLEIN, 1936.
– Körper langgestreckt, matt, dunkel gefärbt, meistens schwarz. Augenverbindung hinter der Fühlerbasis sehr schmal stegartig (Abb. 152 C). Fühler und Beine lang und zart. Körperlänge 1 – 8 mm .... **Trauermücken**, *Sciaridae*
Ihre Larven entwickeln sich an faulenden Pflanzenteilen und greifen von da aus auch lebendes Pflanzengewebe an. Sie leben in Blumentöpfen und können auch Kakteen schädlich werden. Auch in faulenden Kartoffeln, Zwiebeln u. dgl. und in Champignonzuchten. Artbestimmung noch unsicher.

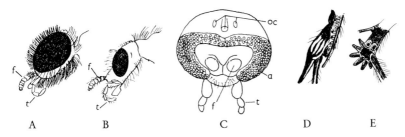

Abb. 152: Kopf von A dem Männchen, B dem Weibchen von *Bibio*, C von *Sciara*; Spitze des Vorderschenkels mit Schienenbasis D von *Bibio* und E *Dilophus*, *a* Facettenaugen, *f* Fühler bzw. in C Fühlereinlenkungsstelle, *oc* Punktaugen, *t* Taster (nach LINDNER, HENNIG und COLYER).

8. Sehr kleine schmetterlingsartige Mücken mit meistens sehr breiten Flügeln, deren Spitze scharf gewinkelt ist (Abb. 154). Flügelqueradern finden sich nur dicht an der Flügelbasis (Abb. 155 A – C). Flügel und Fühler sind dicht behaart. Flügellänge 1,5 – 3,5 mm .... **Schmetterlingsmücken**, *Psychodidae* 9
– Mücken nicht schmetterlingsartig. Flügel an der Spitze nicht scharf gewinkelt, sondern abgerundet.. 11
9. Flügelader R_5 entspringt wenigstens ¼ der Flügellänge von der Flügelbasis entfernt. Der Stamm der radialen Gabel (R_{2+3}) entspringt aus R_4 weit distal der Mündung des sehr kurzen Cu (Abb. 155 A). Ein langer Stechrüssel ist vorhanden. Gelbgraue Mücken von 2 – 2,5 mm Länge. Die Flügel werden leicht gehoben («wie bei Engelchen») getragen (Abb. 154 A) .... **Pappatacimücke**, *Phlebotomus papatasii* (SCOPOLI, 1786)
Nur in Südeuropa, halten sich tagsüber in dunklen Winkeln der Wohnungen auf. Nachts stechen die Weibchen die Menschen und können dabei Krankheiten übertragen. Die Stiche sind sehr quälend. Die Larven leben in feuchten Steinplatten, Schutthaufen usw. von Insektenresten und vom Kot der Asseln, Insekten und Eidechsen.
– Flügelader R_5 entspringt nahe der Flügelbasis. Der Stamm der radialen Gabel (R_{2+3}) entspringt aus R_4 basalwärts der Mündung des langen Cu (Abb. 155 B, C) 10
10. Flügelader R_5 erreicht den Flügelrand etwas hinter der Flügelspitze (Abb. 155 B). Glieder der Fühlergeißel faßförmig mit fingerförmigen, eigentümlich durchsichtigen Sinnesorga-

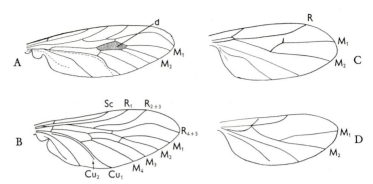

Abb. 153: Flügelgeäder von A *Anisopus fenestralis*, B *A. punctatus*, C *Scatopse notata*, D *S. fuscipes* MEIGEN, d = Discoidalzelle in A nur zur Kennzeichnung schraffiert, *Cu* Cubitus, *M* Media, *R* Radius, *Sc* Subcosta.

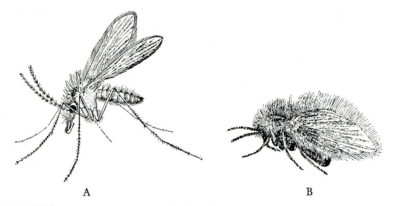

Abb. 154: A *Phlebotomus papatasii*, B *Psychoda* (nach LENGERSDORF und MANNHEIMS).

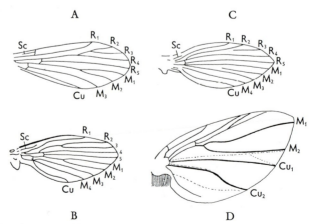

Abb. 155: Flügelgeäder von A *Phlebotomus*, B *Pericoma*, C *Psychoda*, D *Simulium*. Adern wie Abb. 153.

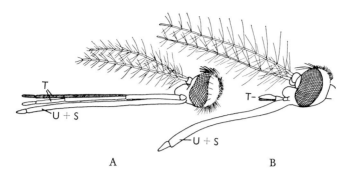

Abb. 156: Unterschiede zwischen *Anopheles* und *Culex*-Weibchen. A Kopf von *Anopheles*, B von *Culex*; S Stechborsten, T Kiefertaster, U Unterlippe (siehe auch Abb. 9) (nach GRÜNBERG).

nen (Ascoiden). Flügelhaltung flach. Die Flügel erscheinen dem bloßen Auge hell und dunkel gefleckt. Flügellänge 2–3,5 mm . . . . *Pericoma* WALKER, 1856
an feuchten Orten, häufiger im Freien als in Häusern, dort in Badezimmern, Aborten und Kellern.

– Flügelader R_5 erreicht den Flügelrand genau in der Flügelspitze (Abb. 155 C). Wenigstens die ersten Glieder der Fühlergeißel basal verdickt zur Spitze zu halsförmig ausgezogen, mit dreiästigen durchsichtigen Sinnesorganen (Ascoiden). Flügelhaltung dachförmig (Abb. 154 B). Dem bloßen Auge einheitlich gefärbt erscheinende Mücken. Flügellänge 1,5–2,5 mm . . . . *Psychoda* LATREILLE, 1796
in Aborten und Badezimmern, an den Ausgüssen von Wasserleitungen häufig, da sich ihre Larven in faulenden und modernden Vegetabilien und Detritus entwickeln, auch an Tropfkörpern von Kläranlagen und im Kot von Rindern und Pferden auf Misthaufen. Bei Beunruhigung springen sie seitlich weg. Keine Krankheitsüberträger, da sie nicht stechen. Bestimmungstabelle für die Arten: H. F. JUNG: Deutsche Ent. Zeitschr., N. F., Bd. 3, S. 97–257, 1956.

11. Wenigstens 6 mm lange Mücken mit langem Rüssel von etwa ½ Körperlänge. Flügel beschuppt. Die Flügelrandader verläuft fast in gleicher Dicke um den ganzen Flügel. Die Ader M gabelt sich nahe der Flügelspitze (Abb. 157). Fühler beim Weibchen nur sehr fein und kurz behaart, beim Männchen kräftiger und quirlförmig behaart. Nur die Weibchen stechen, die Männchen lecken Pflanzensaft. . . . . **Stechmücken**, *Culicidae* 12

– Keine bis sehr kleine Mücken (weniger als 1–4 mm) mit stechenden Mundwerkzeugen im weiblichen Geschlecht oder fast stechmückengroße Mücken mit schlecht entwickelten,

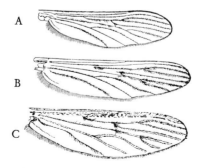

Abb. 157: Flügelgeäder von A *Culex pipiens*, B *Anopheles maculipennis* und C *Culiseta annulata*.

nicht stechenden Mundwerkzeugen. Flügel nicht beschuppt. Die Flügelrandader reicht nur bis zur Spitze, die Ader M ist bei den größeren Mücken nicht gegabelt, bei den kleinen bereits nahe der Basis gegabelt (Abb. 155 D, 159 A, B) 15

12. Hinterleib ohne Schuppen. Schildchen (Abb. 151 D) gleichmäßig gerundet, mit einer ununterbrochenen Reihe großer Borsten. Taster des Weibchens etwa so lang wie der Stechrüssel (Abb. 156 A). Sitzstellung mit von der Unterlage gerade abgestrecktem Hinterleib (Abb. 169 b). Körperlänge etwa 6 mm . . . .
. . . . **Malariamücke,** *Anopheles* Meigen, 1818   13
— Hinterleib unten und oben beschuppt. Schildchen (Abb. 151 E) dreilappig mit drei gesonderten Gruppen von Borsten besetzt. Taster des Weibchens kürzer als der Stechrüssel (Abb. 156 B). Sitzstellung mit der Unterlage zugeneigtem Hinterleib (Abb. 169 a) . . 14

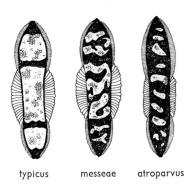

typicus   messeae   atroparvus

Abb. 158: Eier von *Anopheles maculipennis*-Rassen (nach Peus).

13. An vier Stellen auf der Mitte der Flügelfläche stehen die Schuppen dichter, so daß hier vier dunkle Flecken entstehen, am dunklen Fransensaum ein ziemlich breiter cremefarbener Abschnitt (Abb. 157 B) . . . . *Anopheles maculipennis* (Meigen, 1818)
Die Weibchen fliegen in der Dämmerung oder nachts in die Gebäude, um am Vieh oder Menschen Blut zu saugen. Hier findet auch die Überwinterung statt. Brutplätze in stehenden Gewässern mit sauberem Wasser und reichem, lockeren Pflanzenbewuchs, unter Umständen kilometerweit von den Gebäuden entfernt. In Mitteleuropa kommen 3 Rassen vor, die sich nur anhand von Färbung und Struktur der Oberfläche der Eier unterscheiden lassen (Abb. 158). Es gehören Eier mit 2 schmalen, dunklen, ziemlich scharf begrenzten Querstreifen nahe den Eipolen zu *typicus* Hackett & Missiroli, 1935, mit 2 dunklen Querstreifen in der Höhe der Schwimmkammerenden und dazwischen unregelmäßig verteilten dunklen Flecken und Streifen zu *messeae* Falleroni, 1926, und mit regellos verteilten dunklen Streifen und Flecken zu *atroparvus* van Thiel, 1935. Zur Eiablage müssen die trächtigen Weibchen in kleinen, mit feuchtem Fließpapier ausgelegten Käfigen oder Glasröhrchen gehalten werden, bis sie abgelegt haben. Für die Übertragung der Malaria ist *atroparvus* am wichtigsten.

— Alle Flügeladern sind gleichmäßig mit dunklen Schuppen besetzt, so daß auf der Flügelfläche keine dunklen Flecken entstehen. Rücken des Brustabschnitts dunkel mit breitem, hellgrauen, in der Längsrichtung verlaufendem Mittelstreifen . . . .
. . . . *Anopheles bifurcatus* (Meigen, 1818) [= *claviger*, (Meigen, 1804)]
das Weibchen sticht im Freien in schattigem Gelände auch am Tag Wild, Haustiere und Mensch. Selten kommt es in Häuser und Ställe. Brutstätten stehende und schwach fließende, kühle Gewässer. Die Bedeutung als Malariaüberträger nimmt in Südeuropa zu.

14. Flügel mit dunklen Flecken (Abb. 157 C). Beine weiß und dunkelbraun geringelt. Körper schwarzgrau mit weißen bis bräunlichen Querbinden. Der beim Flug entstehende Summ-

ton ungleichmäßig. Körpergröße 7 mm . . . .
. . . . *Culiseta* (= *Theobaldia*) *annulata* (Schrank, 1776)
Quälgeist in den Wohnungen. Überwinterung in Kellern und ähnlichen Schlupfwinkeln. Brutstätten kleine Wasseransammlungen, wie Brunnen, Regentonnen, Wasserbecken usw. in Hausnähe.
- Flügel ohne dunkle Flecken (Abb. 157 A). Beine nicht geringelt. Körper bräunlichgrau mit helleren Bändern quer über den Hinterleib. Der beim Flug entstehende Summton gleichmäßig. Körperlänge 6 mm . . . . **Gemeine Stechmücke,** *Culex pipiens* Linnaeus, 1758
Lebensweise ähnlich wie bei der vorigen Art. Man kann 2 Rassen unterscheiden:
1. *C. pipiens* Linnaeus, 1758: Die Querbinden des Abdomens sind beim Weibchen vom 4. Segment an an den Seiten und mitunter auch in der Mitte verschmälert. Die Sternite zeigen auffallende Anhäufung schwarzer Schuppen in der Mitte und an den Seiten. Am Knie und an der Tibiaspitze sind je ein deutlicher heller Fleck.
2. *C. pipiens molestus* Forskål, 1775: Die Querbinden des Abdomens sind beim Weibchen immer gleich breit. Die Sternite sind einheitlich hell beschuppt. Die hellen Flecken an Knie und Tibiaspitze fehlen häufig.
Hierher gehören auch noch die Waldmücken *Aëdes* in mehreren (etwa 35) Arten und *Mansonia richardii* Ficalbi, 1899, die reine Freilandmücken sind und dort oft recht unangenehme Mückenplagen verursachen können.
15. Plumpe Mücken, grau oder tiefschwarz, oft silbern oder golden behaart mit auffallenden breiten Flügeln und verdickten Beinen. Die Flügeladern Cu$_1$ und Cu$_2$ entspringen getrennt an der Flügelbasis (Abb. 155 D, 159 C). Körperlänge etwa 4 mm . . . .
. . . . **Kriebelmücken,** *Simuliidae*
nur die Weibchen stechen den Menschen, und zwar nur im Freien von den frühen Morgenstunden bis zum Sonnenuntergang. Nach dem Abfliegen der Mücke tritt aus der Stichwunde stets ein Bluttröpfchen aus. Die Stiche von *Boophthora erythrocephala* (De Geer, 1776) z. B. können bei Massenauftreten beim Zusammenwirken verschiedener Faktoren Todesfälle bei Rindern auf der Weide herbeiführen. Die einzelnen Arten sind sehr schwer zu unterscheiden. Eine Bestimmungstabelle gibt Friederichs in Zeitschr. angew. Entomol. Bd 8, S. 31–92, 1921. Die Larven leben im fließenden Wasser.
- Schlanke Mücken mit schmalen Flügeln und schlanken Fühlern und Beinen. Die Flügeladern cu$_1$ und cu$_2$ gabeln sich erst kurz vor dem Flügelrand (Abb. 159) 16
16. Flügelader m$_1$ gabelt sich nicht, m$_2$ fehlt vollständig (Abb. 159 A). Mücken höchstens von der Größe einer Stechmücke oder kleiner. Fühler beim Weibchen mit wenigen abstehenden Haaren, beim Männchen büschelförmig behaart. Beim Sitzen werden ihre Vorderbeine, die nicht auf die Unterlage aufgesetzt werden, von jedem Luftzug bewegt, wodurch sie zu zucken scheinen . . . . **Zuckmücken,** *Chironomidae*
harmlose, den Menschen nicht stechende Mücken, die mit Stechmücken oft verwechselt werden. Die Männchen bilden Riesenschwärme besonders in Wassernähe, in dem sich ihre Larven entwickeln.

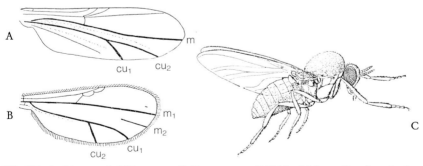

Abb. 159: Flügelgeäder von A *Chironomus*, B *Ceratopogon*, C Habitusbild von *Simulium* (in A und B sind die Adern, auf die es bei der Bestimmung ankommt, dick gezeichnet. Es entspricht daher die Aderdicke nicht den natürlichen Verhältnissen. C aus Friederichs). Nach internationalem Brauch werden jetzt die Flügellängsadern mit großen Buchstaben bezeichnet wie in Abb. 153, die Flügelqueradern aber mit kleinen, so in Abb. 159 rm und mcu.

- Flügelader M gabelt sich in der Nähe des Flügelrandes oder M_2 steht nicht in Verbindung mit M_1 (Abb. 159 B). Sehr kleine Mücken, mitunter kleiner als 1 mm . . . .
. . . . **Bartmücken,** *Ceratopogonidae*
Die Weibchen einiger Arten stechen in den Abend- und Nachtstunden sehr empfindlich, andere Arten saugen Insekten aus. Gelegentlich kann man sie an Fenstern finden, meistens sind sie im Freien anzutreffen. Ihre Larven leben im Wasser, die von einigen Arten auch in faulenden Vegatabilien, z. B. Steckrüben, so die von *Forcipomyia ciliata* WINNERTZ, 1852.

63. Fliegen, Brachycera

1. Letztes Fühlerglied mit einer auffallenden Arista (Fühlerborste), die glatt, gefiedert, verzweigt oder pinselförmig sein kann (Abb. 149 unten, 150 E−G). 3
- Letztes Fühlerglied ohne Arista; es läßt seine Zusammensetzung aus mehreren Geißelgliedern erkennen (Abb. 149 Mitte, 150 D) oder ist ganz einheitlich (Abb. 160 A) . . . .
. . . . *Orthorrhapha* 2

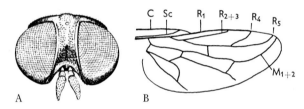

Abb. 160: *Scenopinus fenestralis*, A Kopf des Weibchens mit Fühlern, B Flügelgeäder (nach KRÖBER).

2. Fliegen etwa 4,5−6,5 mm groß; mit 2 Haftläppchen (Abb. 8 Pulvillus) am letzten Tarsenglied jeden Beines; Kopf halbkugelig, beim Männchen mit sich auf dem Scheitel berührenden Augen, beim Weibchen mit getrennten Augen (Abb. 160 A). Zwischen ihnen die dreigliedrigen Fühler, deren letztes Glied sehr groß und einheitlich ist und seitlich einen ovalen Eindruck aufweist. Brustabschnitt schwarz bis braun, mit Bronzeton, ohne Borsten; Rücken (Mesonotum) zart graugelb behaart. Hinterleib schwarz. In der Ruhe werden die schwach rauchigen Flügel über dem Hinterleib parallel übereinandergelegt. Die schwarzbraune Aderung der Flügel zeigt Abb. 160 B . . . .
Fensterfliege, *Scenopinus* LATREILLE, 1802 (= *Omphrale* MEIGEN, 1800) *(Scenopinidae)*
Die häufigste Art *S. fenestralis* (LINNAEUS, 1761) kommt in Gebäuden an geschlossenen Fenstern vor. Ihre Larven leben räuberisch von Insektenlarven in Polstermöbeln, unter Teppichen und in Schmutzecken, auch in Vogelnestern. Im Freien werden die Fliegen kaum gefunden.
- Fliegen etwa 5−25 mm groß; mit 3 Haftläppchen (Abb. 8 Pulvillus + Arolium) am letzten Tarsenglied jeden Beines; die Augen berühren sich beim Männchen meistens auf dem Scheitel und nehmen dann den ganzen Kopf ein; bei den Weibchen sind sie stets weit voneinander getrennt. Das letzte Glied der dreigliedrigen Fühler läßt seine Zusammensetzung aus mehreren Gliedern noch erkennen; es ist an der Basis zu einem Höcker ausgezogen *(Tabanus)* (Abb. 149 Mitte) oder gleichmäßig gerundet (Abb. 150 D). Die Fliegen treten nur im Freien auf und stechen den Menschen empfindlich. Noch mehr quälen sie

das Vieh auf der Weide, das manche Arten zur Blutaufnahme dem Menschen vorziehen. Nur die Weibchen saugen Blut, das zur Entwicklung ihrer Eier nötig ist. Aus der Wunde fließt meistens ein Bluttröpfchen aus. Die Männchen nehmen kein Blut, sondern Nektar aus Blüten als Nahrung auf. . . . . **Bremsen,** *Tabanidae*

Am bekanntesten sind die **Regenbremsen** *Haematopota pluvialis* (LINNAEUS, 1761) und *H. italica* MEIGEN, 1803, graue bis schwarzgraue, 5–13 mm große Fliegen, die den Menschen an gewitterschwülen, regnerischen Tagen stechen, während die durch gelbgrün und rot schillernde Augen und durch schwarzbindige Flügel ausgezeichnete **Blindbremsen** *Chrysops* MEIGEN, 1803 und die größeren **Viehbremsen** wie z. B. *Tabanus* LINNAEUS, 1758 und *Hybomitra* ENDERLEIN 1922 im Sonnenschein aktiv sind. Sie sind gute Flieger, finden sich überall, wo Vieh auf der Weide gehalten oder getrieben wird, und folgen auch den Viehtransporten. Dadurch kommen sie auch in die Bahnhöfe und Veranden von Gasthöfen und selbst mitten in die Großstadt. So konnte *T. bovinus* LOEW, 1858 mitten in Hamburg am Bornplatz, in der Nähe des Schlacht- und Viehhofs gefangen werden. Die Bremsenlarven entwickeln sich in feuchter Erde unter Moos und anderem Pflanzenwuchs, die einiger Arten auch im Wasser, und ernähren sich wahrscheinlich hauptsächlich von Fliegenlarven, Würmern oder Schnecken. – Biologie siehe EICHLER, 1980.

3. Das letzte Fühlerglied wird von dem kapselartig gestalteten 2. Fühlerglied umschlossen, Arista pinselförmig (Abb. 150 G). Die kleinen Fühler liegen in Gruben der Kopfkapsel. Stark abgeflachte Fliegen. Wenn sie mit Blut vollgesogen sind, ist der Hinterleib stark aufgetrieben. Flügel oft mehr oder weniger stark rückgebildet oder später abfallend. Manche Arten ganz flügellos, erinnern dann in ihrem Aussehen an Spinnen, haben aber nur 6 Beine. Saugen auf Säugetieren und Vögeln Blut, gelegentlich auch am Menschen . . . . **Lausfliegen,** *Pupipara* (siehe Tabelle 64)
– Das letzte Fühlerglied wird nicht vom 2. Fühlerglied umschlossen, sondern ist bedeutend größer als dieses. Arista nicht pinselförmig (Abb. 149 unten, 150 E, F) . . . . **Tönnchenfliegen,** *Cyclorrhapha* 4

4. Große Fliegen (15 mm) von bienenartigem Aussehen mit schwarzem, an der Basis rotgelb gezeichneten Hinterleib. Mesonotum braun, mit graugelber Behaarung. Schildchen gelblich. Fühlerborste nackt. Die 3. Flügellängsader (Abb. 161 A $R_4 + R_5$) mit einem vorn offenen, engen Bogen. Zwischen dieser Ader und der Media (M) eine unvollkommene Faltenlängsader, die vena spuria. Augen mit 2 parallelen Streifen . . . . **Schlammfliege** *Eristalis (= Eristalomyia) tenax* (LINNAEUS, 1758) (*Syrphidae*) in Häusern gelegentlich an den Fenstern. Ihre Larven, die Rattenschwanzlarven, leben in Abwässern, Jauchegruben, Aborten u. dgl.

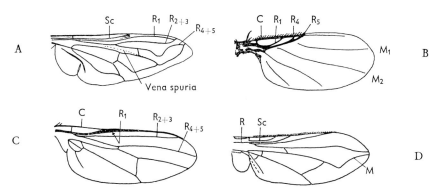

Abb. 161: Flügelgeäder von *A Eristalis tenax*, B *Megaselia*, C *Piophila*, D *Lucilia*. Adern wie Abb. 153.

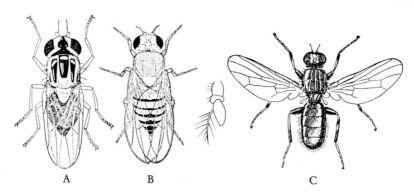

Abb. 162: A *Thaumatomyia notata*, B *Drosophila melanogaster*, daneben stark vergrößerter Fühler, C *Piophila casei*, (A aus Peus, B aus Hesse-Doflein, C Graham-Smith in Martini).

– Fliegen nicht von bienenartigem Aussehen, ohne Schwarz-Gelb-Zeichnung auf dem Hinterleib 5
5. Flügelgeäder charakterisiert durch das Fehlen aller Queradern mit Ausnahme der Wurzelquerader und eine sehr starke Verdickung der Vorderrandadern Costa, Subcosta und Radius an der Flügelbasis. Erstere mit kräftigen Borsten versehen (Abb. 161 B). Die 3 oder 4 Längsadern in der Flügelfläche sind sehr blaß. Brust oben buckelartig hochgewölbt. Kleine bis sehr kleine grauschwarze, bräunliche bis gelbliche Fliegen, die sehr rasch und ruckweise herumlaufen . . . . **Buckelfliegen,** *Phoridae*
hierher gehören zahlreiche Gattungen und Arten, die an faulenden Stoffen leben, so in faulenden Kartoffeln und Gemüse im Keller, in Aborten, an Aas und Leichen, auch in Grüften, z. B. *Phora, Conicera, Aphiochaeta* und *Megaselia*.

– Flügelgeäder nicht mit außergewöhnlicher Verdickung von Costa, Subcosta und Radius 6
6. Kleine (2 mm) gelbglänzende, fast nackte Fliegen mit 3 glänzenden schwarzen Längsstreifen auf dem Rücken (Abb. 162 A). Augen grün, im Tod dunkel . . . .
. . . . **Halmfliege,** *Thaumatomyia notata* (Meigen, 1830) (*Chloropidae*)
tritt im Herbst und Frühjahr oft in ungeheuren Scharen in gewissen Häusern mitunter jahrelang immer wieder auf. Die Larven leben räuberisch von Wurzelläusen, den Virginogenien von Blasenläusen (*Pemphigidae*) im Erdboden, z. B. der Salatwurzellaus, *Pemphigus bursarius* (L). Im Erdboden verpuppen sie sich auch. Die Häuser dienen den Fliegen als Winterquartier. Sie suchen sie im Winter mit dicken Bäuchen auf und verlassen sie im Frühjahr mit eingefallenen. Ein Teil der Puppen überwintert im Boden und bildet eine 2. Generation im Frühjahr.

– Nicht so auffallend gefärbte Fliegen 8
8. Rücken des Brustabschnittes mit einer deutlichen vollständig durchgehenden Quernaht und deutlichen hinteren Seitenwülsten vor dem Schildchen. Flügelschüppchen sehr groß, die Halteren verdeckend (Abb. 163 B). 2. Flügelglied mit einem Spalt (Abb. 150 F) . . . . .
. . . . **Calyptrata** 16
– Rücken des Brustabschnittes ohne durchgehende Quernaht (sie ist nur an den Seiten angedeutet) und ohne hintere Seitenwülste vor dem Schildchen. Flügelschüppchen verkümmert, die Halteren deshalb nicht verdeckt (Abb. 163 A). 2. Fühlerglied ohne Spalt . . .
. . . . **Acalyptrata** 9
9. Kleine (3,5–4,5 mm) glänzend schwarze Fliegen mit kugeligem Kopf und roten Augen. 3. Fühlerglied kurz und rund mit nackter Arista. Costa gebrochen nahe der Mündung, der vollständig ausgebildeten Subcosta, die sehr dicht am 1. Radiusast liegt (Abb. 161 C).

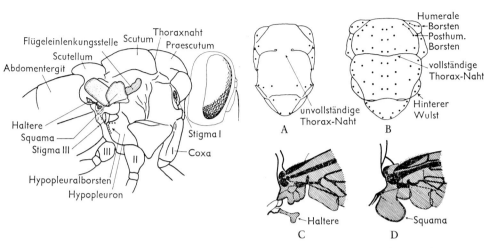

Abb. 163: Unterschiede zwischen Acalyptrata (A, C) und Calyptrata (B, D), A, B Thoraxrücken, C, D Seite des Thorax mit Flügelwurzel und Haltere, die in D von der Squama verdeckt wird. Daneben Thorax einer calyptraten Fliege in Seitenansicht. Eingezeichnet sind nur die Borsteneinlenkungsstellen, auf die in der Bestimmungstabelle hingewiesen wird (nach COLYER verändert).

Thoraxrücken mit 3 Längsreihen, feiner Börstchen. Hinterleib langgestreckt mit ziemlich parallelen Seiten (Abb. 162 C)   **Käsefliege,** *Piophila casei* (LINNAEUS, 1758) (*Piophilidae*)
Larven springend an Käse, Schinken, Rauchfleisch usw.
- Kleine (2–3,5 mm), rötlichgelbe, gelbe bis graue Fliegen. 3. Fühlerglied kurz und rund mit gefiederter Arista, die an der Spitze gegabelt ist. Costa mit 2 Unterbrechungen, einmal in der Nähe der Humeralquerader und zum 2. Mal nahe an der Mündung des 1. Radiusastes. Die Subcosta ist nur in ihrem basalen Stück entwickelt. Hinterleib kurz und rundlich (Abb. 162 B) . .   **Tau-** und **Essigfliegen,** *Drosophila* FALLÉN, 1823 (*Drosophilidae*)   10
oft sehr lästig in Konditoreien, Obstläden, an Obsttorten, Obstsäften, Essig, Wein u. dgl. Für die Artbestimmung siehe BURLA, H., 1951: Systematik, Verbreitung und Ökologie der *Drosophila*-Arten der Schweiz. – Revue Suisse, Zool., Bd. 58, S. 23–175.
10. Rücken des Brustabschnittes gelb, rötlichgelb oder gelbbraun   11
- Rücken des Brustabschnittes braun oder grau   13
11. Rücken des Brustabschnittes mit 3 schwarzen Längsstreifen, von denen der mittlere hinten gegabelt ist. Hinterleib gelb, mit schwarzen, in der Mitte unterbrochenen Hinterrandbinden. Körperlänge 2 mm . . . .   *Drosophila buszkii* COQUILLETT, 1901
besonders im Herbst in den Häusern, an Küchenabfällen, faulendem Obst usw., im Sommer häufiger an Waldrändern.
- Rücken des Brustabschnittes ohne schwarze Zeichnung. Hinterleibsringe mit in der Mitte nicht unterbrochenen Querbinden oder ganz schwarz oder gelb mit einer mittleren schwarzen Längsbinde   12
12. Der ganze Brustabschnitt und die Beine gelb. Hinterleib beim Männchen oben tiefschwarz, beim Weibchen gelb oder dunkelbraun mit schwarzen Querbinden, die auf den hinteren Ringen immer breiter werden, bisweilen auch mit schwarzer Längsbinde. Der 6. Ring meistens ganz schwarz. Mitunter kommen auch Weibchen mit ganz gelbem Hinterleib vor. Körperlänge 2 mm . . . .   *Drosophila fenestrarum* FALLÉN, 1823
im Freiland und in Häusern.

– Der Rücken des Brustabschnittes glänzend rötlich gelb, seine Seiten und die Beine blaßgelb. Hinterleib glänzend schwarz mit rötlichgelben Vorderrändern beim Männchen auf den ersten 3 und beim Weibchen auf den ersten 5 Ringen. Körperlänge 2 mm . . . .
. . . . **Kleine Essigfliege,** *Drosophila melanogaster* MEIGEN, 1830
(= *fasciata* MEIGEN = *ampelophila* SCHINER)
in Häusern, an Obstabfällen und Komposthaufen, auch im Freien in Obstgärten.
13. Hinterleibsringe oben gelb mit einer in der Mitte breit unterbrochenen dunkelbraunen Hinterrandbinde. Rücken des Brustabschnittes graubraun, jede Borste mit einem dunkelbraunen Fleck an der Basis 14
– Hinterleibsringe einfarbig dunkelbraun oder glänzend schwarzbraun mit teilweise gelben Vorderrandbinden und schmaler gelber Mittellinie 15
14. Flügelgeäder braun, der 1. Abschnitt der Flügelrandader (Costa) nach der Spitze zu schwarz. Wangen in ihrer größten Breite gleich ¼ des größten Augendurchmessers. Körperlänge 2,9–3,4 mm . . . . *Drosophila repleta* WOLLASTON, 1858
in Küchen, Ställen und Kellern.
– Flügelgeäder gelblich, die ersten Abschnitte der Flügelrandader nach der Spitze zu hell. Wangen in ihrer größten Breite gleich ⅓ des größten Augendurchmessers. Körperlänge 3–3,4 mm . . . . *Drosophila hydei* STURTEVANT, 1921
in Häusern, mehr aber an Fallobst und im Freien an Ufern und am Waldrand.
15. Rücken des Brustabschnittes rötlichbraun, wenig glänzend, mit dunklem, braunen Schildchen. Hinterleib des Männchens glänzend schwarzbraun, die ersten 4 Ringe oben mit gelben Vorderrandlinien, die in der Mitte am breitesten sind und die dunklen Hinterrandbinden dort mehr oder weniger vollständig unterbrechen. Beim Weibchen ist er oben gelb und jeder Ring hat eine breite, dunkelbraune Hinterrandbinde, die auf den ersten 4 Ringen in der Mitte schmal gelb unterbrochen ist. Körperlänge 3–4 mm . . . .
. . . . **Große Essigfliege,** *Drosophila funebris* (FABRICIUS, 1778)
häufigste Art in Häusern, wo sie auch überwintert.
– Rücken des Brustabschnittes dunkel graubraun, mit gleichfarbigem Schildchen. Hinterleib oben dunkelbraun. Körperlänge 2–3 mm . . . . *Drosophila ambigua* POMINI, 1940
in Weinkellern.
16. Vor dem Stigma des 3. Brustsegments sind auf dem Hypopleuron kräftige Borsten in einer bogenförmigen Reihe angeordnet. Die konvexe Seite dieses Bogens ist dem Stigma zugekehrt (Abb. 163, Hypopleuralborsten) . . . . **Schmeißfliegen,** *Calliphoridae* 17
– Vor dem Stigma des 3. Brustsegments befinden sich keine solche Borsten auf dem Hypopleuron, doch können auf ihm in mehr oder weniger regelmäßiger Anordnung kleine Haare vorhanden sein . . . . *Muscidae* 24
Hierher gehören viele, oft einander sehr ähnliche Arten, die nur bei eingehendem Studium der ganzen Familie auseinandergehalten werden können. Es muß auf die Spezialliteratur verwiesen werden, so KARL, O.: Zweiflügler oder Diptera. III. Muscidae. In DAHL, F.: Die Tierwelt Deutschlands, G. Fischer-Verlag, Jena 1928 und vor allem HENNIG, W.: Muscidae, in LINDNER, E.: Die Fliegen der paläarktischen Region Bd. 7, 1 u. 2. Hälfte, E. Schweizerbartsche Verlagsbuchhandlung, Stuttgart 1955–1964. Hier können nur die häufigsten und wichtigsten Arten berücksichtigt werden.
17. Die posthumeralen Borsten (Abb. 163 B) sind so lang oder länger als die vor der Thoraxnaht gelegenen praesuturalen Borsten. Die Fühlerborste an der Spitzenhälfte nackt, sonst kurz behaart (Abb. 164 A). Beine mit zerstreut stehenden Borsten. Stirn des Männchens immer schmäler als beim Weibchen. Große hellgraue Fliegen mit langgestrecktem, hinten zugespitzten Hinterleib, der mit dunklen und hellschimmernden Schillerflecken besetzt ist; auf dem Rücken des Brustabschnitts schwarze Längsstriche, Augen im Leben ziegelrot. Körperlänge 8–16 mm . . . . **Fleischfliege,** *Sarcophaga* MEIGEN, 1826

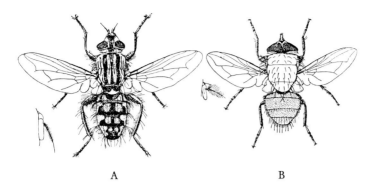

Abb. 164: Fleischfliege, *Sarcophaga*, und Schmeißfliege, *Calliphora*, daneben jeweils der Fühler im Profil (nach GRAHAM-SMITH in MARTINI).

etwa 40 Arten, die nur durch Untersuchung der männlichen Kopulationsorgane unterschieden werden können. Die Lebensweise der einzelnen Arten ist noch wenig geklärt. Ein Teil von ihnen lebt parasitisch in anderen Insekten, andere entwickeln sich in Kot und Leichen bzw. Fleisch. Die Fliegen suchen auch Fleisch bisweilen zum Saftlecken auf, aber auch menschliche Fäkalien und Wiederkäuerkot. *S. carnaria* (LINNAEUS, 1758) legt statt Eier bereits Larven ab. Sie und *S. haemorrhoidalis* (FALLÉN, 1816) kommen am häufigsten in die Häuser. Bestimmungsschlüssel siehe DAY, C. D.: British Tachinid flies. (Sonderdruck aus: The North Western Naturalist Bd. 21 und 22, 1946–1947) Arbroath 1948.

– Die posthumeralen Borsten sind kürzer als die praesuturalen Borsten. Fühlerborste bis an die Spitze lang gefiedert (Abb. 164 B). Hinterleib eiförmig, Beine verhältnismäßig kurz. Oft metallisch blaue oder grüne Fliegen 18
18. Färbung metallisch glänzend goldgrün oder blau ohne hellere Bestäubung. Radialstamm auf der Flügeloberseite nackt oder nur außerordentlich fein behaart. Körperlänge etwa 1 cm . . . . **Goldfliege,** *Lucilia* ROBINEAU-DESVOIDY, 1830   19
– Färbung schwarz oder schmutzig dunkelgrün oder schwarzblau   20
19. Subcostales Sklerit (eine Chitinplatte auf der Flügelunterseite an der Basis der Subcosta (Abb. 161 D, Sc) mit feiner anliegender Behaarung. Körperlänge 5–11 mm . . . .
      . . . . **Fischgoldfliege,** *Lucilia (Phaenicia) sericata* (MEIGEN, 1826)
   vorwiegend in der Nähe des Menschen, besonders häufig auf Mülldeponien und Zeltplätzen, günstiger Überträger infektiöser Darmerkrankungen; kann beim Menschen eine Myiasis hervorrufen.
– Subcostales Sklerit mit einer oder mehreren hochstehenden Borsten . . . *Lucilia caesar* (LINNAEUS, 1758), *L. illustris* (MEIGEN, 1826) und *L. ampullacea* (VILLA, 1922)
   von diesen 3 Arten sind nur die Männchen durch Untersuchung der äußeren Geschlechtsorgane zu unterscheiden. Sie leben wohl mehr im Freien als in Hausnähe. Man verwechsle *Lucilia* nicht mit goldgrünen Musciden (siehe 29)! Unterschied allein die Hypopleuralborsten (siehe 17).
20. Rücken des Brustabschnittes außer der Beborstung mit deutlicher rostgelber, bisweilen silberiger, filzartiger Behaarung. Hinterleib aschgrau, schwarz gewürfelt. Körperlänge 8 mm . . . . *Pollenia rudis* (FABRICIUS, 1786)
   sitzt besonders gern an sonnigen Mauern, kommt oft in großer Zahl zur Überwinterung in die Häuser.
– Rücken des Brustabschnittes außer der Beborstung fast nackt   21
21. Brust matt, Hinterleib glänzend, blau mit weißlichen Schillerflecken. Körperlänge 9 bis 13 mm . . **Schmeißfliege, Blauer Brummer,** *Calliphora* ROBINEAU-DESVOIDY, 1830   22
– Brust und Hinterleib schwach glänzend, dunkelblau oder blaugrün. Radialstamm (Abb. 161 D, R) auf der Flügeloberseite mehr oder weniger kräftig, meist einreihig behaart oder beborstet   23

22. Hinterkopfbehaarung (Abb. 165 A, h), rot, Backen (b) schwarz, rot behaart . . . .
   . . . . Calliphora vomitoria (LINNAEUS, 1758)
   fliegt mit scharfem Summton, vom Frühjahr bis Spätherbst, kommt nur selten in die Häuser.
— Hinterkopfbehaarung schwarz, Backen rötlichgelb, schwarz behaart . . . .
   . . . . Calliphora vicina (ROBINEAU-DESVOIDY, 1830) (= erythrocephala MEIGEN, 1826)
   findet sich gewöhnlich im Haus.
23. Hinterleib metallisch grün. Flügelschüppchen einschließlich Rand und Fransen weißlich.
   1. Bruststigma hellbraun bis gelb. Körperlänge 7–9,5 mm . . . .
   . . . . Glanzfliege, *Phormia regina* (MEIGEN, 1826)
   Aasfliege, kommt auch an Fleisch vor.
— Hinterleib metallisch blaugrün. Flügelschüppchen stark bräunlich angeraucht mit dunklem Rand und dunklen Fransen. 1. Bruststigma dunkelbraun bis schwarz. Körperlänge 7,5–11 mm . . . . *Protophormia terraenovae* (ROBINEAU-DESVOIDY, 1830)
   Aasfliege, die häufig in die Wohnungen eindringt.
24. Kopf mit einem langen, dünnen, nach vorn getragenen Stechrüssel (Abb. 165 B, st) . 25
— Kopf mit einem dicken, kurzen, fleischigen, stempelförmigen Saugrüssel (Abb. 165 A, s)
   27
25. Kiefertaster ganz kurz. Im Aussehen einer Stubenfliege sehr ähnlich. Körperlänge 6 bis 7 mm (Abb. 166 B) . . . . **Wadenstecher**, *Stomoxys calcitrans* (LINNAEUS, 1758)
   sticht den Menschen, aber noch mehr das Vieh. Die Larven entwickeln sich in Pferdemist und Kuhdung. Vorkommen in Stallungen, sehr häufig auf dem Land, kaum mehr in der Stadt. Im Herbst besonders in Zimmern.

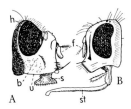

Abb. 165: Kopf im Profil von A *Calliphora* und B *Stomoxys*, *b* Backen, *f* Fühler, *h* Hinterkopf, *s* Saugrüssel, *st* Stechrüssel.

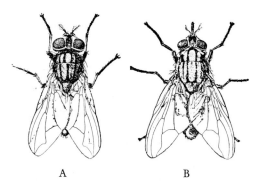

Abb. 166: A Stubenfliege, *Musca domestica*, B Wadenstecher, *Stomoxys calcitrans* (nach SCHLÜTER-MAAS).

– Kiefertaster fast so lang wie der Rüssel. Körperlänge nur 3,5−4,5 mm 26
26. Kiefertaster gelb . . . .
. . . . . . **Kleine Stechfliege,** *Haematobosca* (= *Haematobia*) *stimulans* (MEIGEN, 1824)
Lebensweise ähnlich wie bei *Stomoxyx calcitrans*
– Kiefertaster dunkelgrau . . . .
. . . . **Kuhfliege,** *Haematobia* (= *Siphona, Lyperosia*) *irritans* (LINNAEUS, 1758)
sticht nur ausnahmsweise in der Nähe von Weidevieh den Menschen und kommt nicht in die Zimmer, sondern sammelt sich im Freien um die Köpfe des Viehs, besonders an der Hornbasis an (Hornfliege).
27. Fliege goldgrün 28
– Fliege anders gefärbt 30
28. Beugung der Media winklig . . . . *Orthellia caesarion* (MEIGEN, 1838)
Lebensweise ähnlich wie bei den *Lucilia*-Arten.
– Beugung der Media bogenförmig. Körperlänge 5−6 mm . . . .
. . . . **Aasfliege** *Pyrellia cadaverina* (LINNAEUS, 1758)
Lebensweise ähnlich wie bei den *Lucilia*-Arten.
29. Fliegen am ganzen Körper blauschwarz glänzend 30
– Fliegen anders gefärbt 31
30. Kiefertaster schwarz . . . . *Ophyra leucostoma* (WIEDMANN, 1817)
an Tierleichen, verdorbenen eiweißreichen Lebensmitteln, wie faulen Eiern, an Menschenkot. Larven leben räuberisch von mit ihnen vergesellschafteten anderen Fliegenlarven.
– Kiefertaster gelb, Körperlänge 6−6,5 mm . . . .
. . . . **Deponiefliege,** *Ophyra aenescens* (WIEDEMANN, 1830)
Heimat Nordamerika, seit 1968 auch in Deutschland, wo sie sich schon weit verbreitet und eingebürgert hat, besonders auf Mülldeponien. Lebensweise wie die vorige Art. Da sich ihre Larven von anderen Fliegenlarven ernähren, können sie zur Vorbeuge von Fliegenplagen ausgesetzt werden.
31. Analader erreicht den Flügelrand 32
– Analader erreicht den Flügelrand nicht 33
32. Fliege kontrastreich grau-schwarz gezeichnet . *Anthomyia pluvialis* (LINNAEUS, 1758)
auf Blüten häufig, saugt auch an Jauche, Schweiß und aus Wunden fließendem Blut.
– Fliegen nicht so gezeichnet, mehr oder weniger graubraun . . . .
. . . . *Paregle radicum* (LINNAEUS, 1758)
lebt an keimhaltigen Substanzen, z. B. Menschenkot, und hat daher als Überträger von Krankheiten Bedeutung
33. Media mehr oder weniger aufgebogen 34
– Media nicht aufgebogen 39
34. Media winklig gebogen, Schildchen einfarbig grau, Beine schwarz 35
– Media bogenförmig, Schildchen an der Spitze rötlich. In Aussehen und Größe der Stubenfliege ähnlich. 36
35. Die Augen berühren sich beim Männchen auf der Stirn, beim Weibchen ist die schwarze Stirnschwiele zwischen den Augen schmal und fast parallel und die Hinterleibsbasis nicht gelb. Körperlänge 4,5−7,5 mm . . . . . . **Stallfliege,** *Musca autumnalis* DE GEER, 1776
häufig in Ställen
– Die Augen berühren sich beim Männchen nicht auf der Stirn, beim Weibchen ist die schwarze Stirnschwiele zwischen den Augen breit ausgebuchtet, fast die Augen berührend und die Hinterleibsbasis gelb (Abb. 166 A, 167 B). Körperlänge 7−8 mm . . . .
. . . . **Große Stubenfliege,** *Musca domestica* LINNAEUS, 1758
findet sich viel häufiger auf faulendem Obst als auf Kot und Kadavern. Ihre Rolle als Krankheitsüberträger wird offenbar wenigstens bei uns etwas über schätzt.
36. Alle Schienen und die Endabschnitte der Mittel- und Hinterschenkel braungelb. Kiefertaster gelb; Körperlänge 8−9 mm . . . . *Muscina stabulans* (FALLÉN, 1816)

findet sich vorwiegend an sonnigen Mauern und Baumstämmen, ausgesprochen synanthrop, auch auf Märkten und in Lebensmittelhandlungen. Wichtigster Keimüberträger auf faulendem Obst.
- Alle Schienen und Schenkel schwarz 37
37. Kiefertaster schwarz . . . . *Muscina assimilis* (FALLÉN, 1823)
- Kiefertaster rotgelb 38
38. Untere Squama sehr breit, mit dem Innenrand dem Seitenrand des Cutellums dicht anliegend . . . . *Muscina pascuorum* (MEIGEN, 1826)
- Untere Squama zungenförmig am Ende abgerundet *Muscina pabulorum* (FALLÉN, 1817)
39. Analader kurz, leicht geschwungen und plötzlich abbrechend 40
- Analader länger gerade und allmählich auslaufend. 42
40. Hinterleib mit Fleckenpaaren. 2-4 mm große graue Fliegen . . . . *Azelia*-Arten
- Hinterleib ohne Fleckenpaare. Mittelschiene auf der Innenseite zumindest in der Endhälfte mit dichter, kurzer, senkrecht abstehender, samtartiger Behaarung. Kopf halbkugelig, der von den Augen fast vollständig eingenommen wird. Hinterleib platt grau wie eine Stubenfliege aussehend, nur kleiner und die Media ohne Ausbuchtung. Körperlänge 5-7 mm 41
41. Hinterleib an der Basis teilweise durchscheinend gelb (Abb. 167 A) . . . . **Kleine Stubenfliege**, *Fannia canicularis* (LINNAEUS, 1758) in Zimmern wie die Stubenfliege.
- Hinterleib schwarz, graugelb gebändert . . . . **Latrinenfliege**, *Fannia scalaris* (FABRICIUS, 1794)

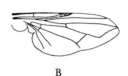

A   B

Abb. 167: A Kleine Stubenfliege, *Fannia canicularis* (aus GRAHAM-SMITH in MARTINI), B Flügel der Stubenfliege *Musca domestica*.

42. Hinterschiene mit einer Rückenborste. Von Stubenfliegengröße, aber ohne gelbe Hinterleibsfärbung. Männchen mit auffälliger Höckerung und Zähnelung auf den Vorderschienen. . . . . *Hydrotaea dentipes* (FABRICIUS, 1805) wahrscheinlich wichtiger Keimüberträger, da sehr häufig auf Kot vom Menschen, Schwein und Hund, auf toter Tieren, Innereien, faulenden Eiern, jauchigen Kartoffeln usw. Larven zoophag.
- Hinterschiene ohne Rückenborste . . . . *Mydaea*- und *Helina*-Arten

64. Lausfliegen, Pupipara

Flache, von oben nach unten zusammengedrückte Fliegen, die als blutsaugende Schmarotzer auf Vögeln und Säugetieren leben. Die Flügel werden vielfach rückgebildet oder nach de

Begattung und Auffindung des Wirtes vom Weibchen abgeworfen. Ihre beiden Eierstöcke besitzen nur je eine Eiröhre, in denen abwechselnd immer nur ein Ei heranreift. Die ganze Larvenentwicklung erfolgt im Hinterleib des Weibchens, wobei das Nährmaterial von paarig verästelten Drüsen geliefert wird. Eine vollentwickelte Larve wird von der Fliege abgelegt. Bald verpuppt sie sich, ein fast kugeliges Tönnchen bildend. Aus Vogelnestern aber auch von Haustieren kommen die Lausfliegen in die Häuser, wo sie bisweilen auch die Menschen stechen. Die in der folgenden Tabelle genannten Arten gehören in die Brachyceren-Familie *Hippoboscidae*. Die Arten der verwandten *Nycteribiidae* leben ektoparasitisch nur an Fledermäusen. Sie sind flügellos, ihr Kopf ist auf den Rücken des Thorax gelegt und ihre langen Beine geben ihnen ein spinnenartiges Aussehen.

1. Flügel normal, Tiere flugfähig 2
– Flügel rückgebildet, ganz fehlend oder abgerissen, so daß nur noch die Stummel zu erkennen sind 4
2. Fügel mit 7 Längsadern (Abb. 168 C) 3
– Flügel nur mit 3 Längsadern außer der Flügelrandader. Körperlänge etwa 4 mm . . . . . .
. . . . **Hirschlausfliege**, *Lipoptena cervi* (LINNAEUS, 1758)
   Männchen oder junge Weibchen. Letztere werfen später die Flügel ab. Auf Reh und Hirsch. Beim Zerwirken dieses Wildes belästigen sie auch den Menschen. Im Wald setzen sie sich bisweilen im Haar des Menschen fest.
3. Füße mit zweizähnigen Klauen (Abb. 168 B), Punktaugen und im Flügel die Analader fehlen (Abb. 168 D). Körperlänge 7–9 mm . . . .
. . . . **Pferdelausfliege**, *Hippobosca equina* LINNAEUS, 1758
   auf Pferd und Rind, seltener auch auf Hund.
– Füße mit dreizähnigen Klauen (Abb. 168 A), Punktaugen und Analader (Abb. 168 C) vorhanden . . . . **Vogelausfliege**, *Ornithomyia* LATREILLE, 1802   7
4. Füße mit zweizähnigen Klauen (Abb. 168 B) 5
– Füße mit dreizähnigen Klauen (Abb. 168 A) 6

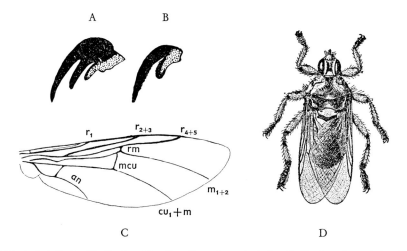

Abb. 168: A dreizähnige Kralle einer Vogelausfliege, B zweizähnige Kralle einer Säugetierlausfliege, C Flügelgeäder der Vogelausfliege, *Ornithomyia avicularia*, D Pferdelausfliege, *Hippobosca equina* (nach KEMPER, EICHLER und aus WEBER). Adern wie Abb. 159. Die 7 Längsadern sind: 1. die Ader am Vorderrand des Flügels (Flügelrandader), 2. r_1, 3. r_{2+3}, 4. r_{4+5}, 5. m_{1+2}, 6. $cu_1 + m$, 7. an.

5. Flügel fehlen vollständig, auch die Schwingkölbchen fehlen. Körperlänge vollgesogener Männchen 4,9−6,8 mm und Weibchen 6,0−6,9 mm, hungernder Männchen 4,4 bis 6,1 mm und Weibchen 5,1−6,7 mm . . . .
. . . . Schaflausfliege, *Melophagus ovinus* (LINNAEUS, 1758)
auf Schafen, die sie bei Massenauftreten erheblich schwächen und zum Abmagern bringen. Der von ihnen hervorgerufene Juckreiz veranlaßt die Schafe, sich an Baumstämmen und Pfählen zu reiben, wodurch Hautwunden entstehen können und damit Eingangspforten für Infektionen. Ihre Stichstellen erscheinen auf gegerbtem Leder als helle Flecke und mindern seinen Wert. Tot in geschorener Wolle erschweren sie deren maschinelle Weiterverarbeitung.
− Schwingkölbchen vorhanden unregelmäßige Reste der abgerissenen Flügel vorhanden . .
. . . . Hirschlausfliege, *Lipoptena cervi* (LINNAEUS, 1758)
siehe unter 2.
6. Flügel dreieckig, ungefähr so lang wie der Hinterleib, etwa dreimal so lang wie breit. Punktaugen fehlen. Körperlänge vollgesogener Männchen 7,4−9,1 mm und Weibchen 8,0−9,9 mm, stark hungernder Männchen 6,3−7,7 mm und Weibchen 6,9−8,1 mm . . .
. . . . Mauerseglerlausfliege, *Crataerina pallida* (LATREILLE, 1812)
nur auf Mauersegler, kommt öfter auch in die Wohnungen und sticht dort Menschen. Kann vom Laien leicht mit Wanzen verwechselt werden.
− Flügel schmal und zugespitzt, viel länger als der Hinterleib, etwa siebenmal so lang wie breit. Punktaugen vorhanden. Körperlänge 4−5 mm . . . .
. . . . Schwalbenlausfliege, *Stenepteryx hirundinis* (LINNAEUS, 1758)
auf Mehlschwalben, gelegentlich auch auf Rauchschwalben.
7. Kleinere Arten, Körperlänge (ohne Flügel) etwa 4,5−5,5 mm 8
− Größere Art, Körperlänge etwa 6 mm, Flügellänge deutlich mehr als 5,5 mm, Flügelgeäder schwärzlich r_1, mündet in die Flügelrandader viel näher der Flügelbasis als rm von ihr liegt (Abb. 168 C) . . . . *O. avicularia* (LINNAEUS, 1758)
auf sehr vielen verschiedenen, meistens einzeln nistenden Vogelarten, kaum in Häusern anzutreffen.
8. Analader höchstens dreimal so lang wie die Radiomedialquerader (rm). Nur auf Schwalben. . . . . *O. biloba* DUFOUR, 1827
− mcu viermal so lang wie rm. Auf verschiedenen Vogelarten . *O. fringillina* CURTIS, 1836

65. Fliegen- und Mückenlarven

Ausführliche Beschreibung der Dipterenlarven gibt HENNIG, W.: Die Larvenform der Dipteren. 3 Teile. Berlin (Akademie Verlag) 1948−1952.

1. Kopf vollständig vorhanden oder sein hinterer Teil mit einem tiefen Längsschnitt. Die Kiefer bewegen sich horizontal (Abb. 170, 172, 173, 174) . . . . . . **Mückenlarven** 2
− Kopf fehlt, die Mundwerkzeuge, die sich parallel zueinander bewegen, sind haken- oder sichelförmig. Die meisten Larven sind kopfwärts zugespitzt (Abb. 175) **Fliegenlarven** 14
2. Larven leben im Wasser und schwimmen. 3
− Larven leben an feuchten oder trockenen Orten, schwimmen nicht. 5
3. Die Larven leben in reinem oder schwach verunreinigtem Wasser mit Vegetation, also in verkrauteten Wassergräben, Tümpeln usw. . . . .
. . . . **Stechmückenlarven** der Gattungen *Aëdes*, *Anopheles* und *Mansonia*
Die *Anopheles*-Larve hält sich im Gegensatz zu allen anderen Stechmückenlarven, waagerecht an der Wasseroberfläche (Abb. 169 d), die *Mansonia*-Larve bohrt mit ihrem Atemloch Wasserpflanzen an, um aus ihnen Atmungssauerstoff zu entnehmen. Die *Aëdes*-Larven hängen mit ihrem Atemrohr an der Wasseroberfläche wie die Larven der nächsten Gruppe.

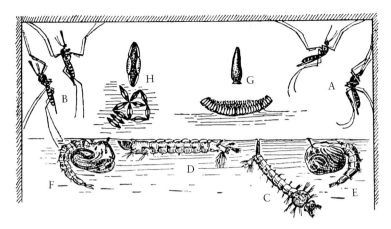

Abb. 169: Unterschiede zwischen der Gemeinen Stechmücke, *Culex pipiens* (A, C, E, G) und der Malariamücke, *Anopheles* (B, D, F, H) in A, B Sitzstellung der Imagines, C, D Larven, E, F Puppen und G, H Eiablagen (aus Diehl-Weidner).

– Die Larven leben in Wasser von Regenfässern, kleinen künstlichen Wasserstellen in der Nähe der Häuser, Brunnen, Abwassergräben und u. U. sogar Jauchegruben. Sie hängen von der Wasseroberfläche herab und besitzen ein wohlentwickeltes langes Atemrohr (Abb. 169 c) 4
4. Atemrohr auf der Bauchseite mit mehreren Haarbüscheln (Abb. 70 A und B) . . . .
. . . . *Culex pipiens* Linnaeus, 1758

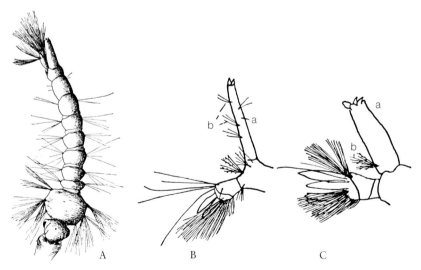

Abb. 170: A *Culex*-Larve. Hinterende der Larven von B *Culex*, C *Culiseta*, *a* Atemrohr, *b* Borstenbüschel der Bauchseite (A nach Grünberg, B, C nach Natvig).

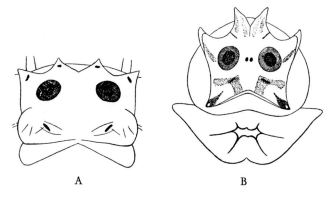

Abb. 171: Stigmenfeld der Larven von A *Tanyptera* und B *Tipula* (aus HENNIG).

- Atemrohr auf der Bauchseite nur mit einem Haarbüschel an oder nahe an seiner Basis (Abb. 70 C). . . . . *Culiseta annulata* (SCHRANK, 1776)
5. Larven 11- bis 12gliedrig mit derber brauner Haut, werden erwachsen 3−4 cm lang. Am Hinterende besitzen sie sechs merkwürdige gestaltete Randlappen (Abb. 171) . . . . **Erdschnaken**, Tipulidae 6
- Viel kleinere Larven, ohne solche Randlappen am Hinterende und mit zarter Haut. . . 7
6. Randlappen gut ausgebildet (Abb. 171 B). Larven leben in der Erde . . . . *Tipula*-Arten
- Randlappen schwach ausgebildet (Abb. 171 A). Larven holzbohrend . . . . *Tanyptera atrata* (LINNAEUS, 1758)
7. Hinterende mit zwei Paar sehr langer Borsten (Abb. 172). Fühler keulenförmig . . . . *Phlebotomus papatasii* (SCOPOLI, 1786)
- Hinterende ohne lange Borsten. 8
8. Ende des Hinterleibs mit einem deutlichen Atemrohr, auf dem die beiden Atemlöcher liegen, aber ohne Schwimmfächer wie bei den Culicidenlarven 9
- Ende des Hinterleibes ohne Atemrohr oder jedes Atemloch liegt auf einem eigenen stielartigen Fortsatz 10
9. Auf dem Rücken der Brust- und Hinterleibsringe befinden sich je 2−3 (insgesamt 26) in der Mitte geteilte Skleritplatten. Um die Atemlöcher am Hinterleibsende sind jederseits zwei sehr lang behaarte Skleritplatten vorhanden, so daß jederseits zwei fächerförmige

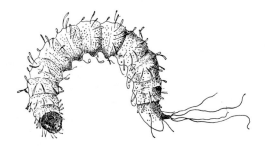

Abb. 172: Larve von *Phlebotomus papatasii* (nach NEWSTEAD).

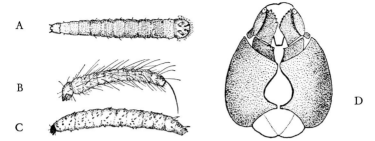

Abb. 173: Larven von A *Scatopse*, B, C von *Bibio* (B im ersten Stadium, C erwachsen), D Kopfkapsel von *Sciara* von unten (A–C nach LINDNER, D aus HENNIG).

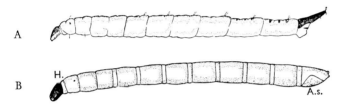

Abb. 174: Larven von A *Psychoda*, B *Anisopus punctatus* A.s. Afterschild, H Halsring (aus HENNIG).

    Schwanzanhänge erscheinen. Körperborsten lang und kräftig. Braune bis schwärzliche Larven in faulenden Kartoffeln u. dgl. . . . . *Pericoma* WALKER, 1856
– Skleritplatten nur auf dem Rücken der hinteren Körperringe (daher weniger als 26). Keine fächerförmigen Schwanzanhänge. Körperborsten spärlich, fein und kurz (Abb. 174 A). Grauweiße Larven in Ausgüssen, Aborten usw. . . . . *Psychoda* LATREILLE, 1796
10. Jedes Atemloch des Hinterleibsendes befindet sich auf einem stielartigen Fortsatz des 8. Hinterleibsringes. Körper mit Borsten und Dornen besetzt (Abb. 173) . . . .
. . . . **Dungmücken,** *Scatopsidae*
in faulenden Kartoffeln und Gemüse.
– Die hinteren Atemlöcher sind nicht merklich über die Oberfläche des hinteren Körperringes hervorgehoben 11
11. Die frisch geschlüpften Larven sind lang behaart (Abb. 173 B), die erwachsenen besitzen auf jedem Körperring 6 kleine, hörnchenförmige Fortsätze (Abb. 173 C) . . . .
. . . . **Haarmücken,** *Bibionidae*
in Komposterde.
– Larven nur kurz und spärlich beborstet, ohne hörnchenförmige Fortsätze 12
12. Atemlöcher befinden sich nur auf dem 1. Brust- und dem 8. Hinterleibsring. Langgestreckt, wurmförmige Larven. Brust- und Hinterleibsringe mit einer Scheingliederung, indem sich zwischen je zwei aufeinanderfolgenden Ringen ein bedeutend schmälerer Ring einschiebt. Auf dem letzten Hinterleibsring eine große Skleritplatte, unter der eine Drüse liegt (Abb. 174 B). 13
– Atemlöcher befinden sich auf dem 1. Brust- und den ersten 7 Hinterleibsringen. Körper

weiß mit schwarzem Kopf, dessen seitliche Abschnitte sich in zwei Punkten auf der Unterseite berühren (Abb. 173 D) . . . . **Trauermücken**, *Sciaridae*
in Blumentopferde.
13. Letzter Hinterleibsring in 5 Ringe aufgeteilt . . . .
. . . . **Fensterpfriemenmücke**, *Anisopus fenestralis* (SCOPOLI, 1763)
– Letzter Hinterleibsring in 2 Ringe aufgeteilt (Abb. 174 B) . . . .
. . . . *Anisopus punctatus* (FABRICIUS, 1787)
in faulenden Pflanzenstoffen.
14. Larven mit langen seitlichen, dornförmigen Fortsätzen (Abb. 175 B) . . . .
. . . . **Kleine Stubenfliege**, *Fannia*
– Larven ohne solche Fortsätze. 15

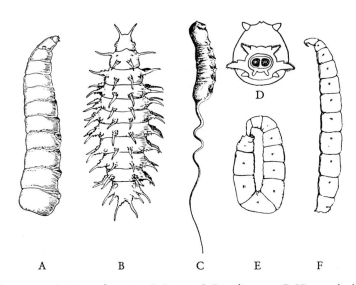

Abb. 175: Larven von A *Musca domestica*, B *Fannia*, C *Eristalis tenax*, D Hinterende der Larve von *Drosophila*, E, F Larven von *Piophila casei*, E in Sprungstellung, F gestreckt. Die Larve springt durch Abschnellen ihres Körpers von der Unterlage, indem sie ihr Vorder- und Hinterende gleich schnalzenden Fingern gegeneinander bewegt (A, B aus MARTINI, C–F aus SCHRÖDER).

15. Larven mit einem langen, schwanzartigen Fortsatz (Abb. 175 C) . . . .
. . . . **Rattenschwanzlarven, Schlammfliegen**, *Eristalis tenax* (LINNAEUS, 1758)
in ländlichen Abortgruben, Misthaufen u. dgl. auch in kotreichen Gewässern.
– Larven ohne schwanzartigen Fortsatz 16
16. Larven bindfadenförmig, weiß, sehr beweglich . . . .
. . . . **Fensterfliege**, *Scenopinus fenestralis* (LINNAEUS, 1761)
lebt an staubigen Orten in Wohnungen und Vogelnestern wahrscheinlich von anderen Insekten oder Milben.
– Larve gedrungen, hinten breiter als vorne. Das Hinterende ist eine schief oder senkrecht stehende Scheibe, auf der die (2) Atemlochplatten liegen (Abb. 175 A) 17
17. Die Atemlochplatten liegen auf der Oberfläche der die Scheibe überragenden Zapfen 18
– Die Atemlochplatten sind nicht erhöht 19

18. Das Hinterende der Larve besitzt mehrere Fleischzapfen (Abb. 175 D). Larven an gärenden Früchten, Wein, Fruchtsäften u. dgl. . . . . **Essigfliege**, *Drosophila*
- Das Hinterende hat nur zwei Zapfen, auf denen je eine Atemlochplatte liegt (Abb. 175 E, F). Die Larven können springen und leben in Käse, Schinken, Speck, Fisch usw. . . . .
. . . . **Käsefliege**, *Piophila casei* (Linnaeus, 1758)
19. Die drei schlitzförmigen Öffnungen einer Atemlochplatte sind gerade (Abb. 177 A, F)   20
- Die drei schlitzförmigen Öffnungen einer Atemlochplatte sind mehr oder weniger stark gewunden (Abb. 177 B–E), mindestens schwach sichelförmig gebogen (Abb. 177 G).   25
20. Hintere Atemlochplatten in einer tiefen Grube. Der die Atemlochplatte umschließende Ring ist nicht ganz geschlossen (Abb. 176 A, 177 A) . . . . . **Fleischfliege**, *Sarcophaga*
- Hintere Atemlochplatten nicht in einer tiefen Grube   21
21. Der die Atemlochplatte umschließende Ring ist nicht ganz geschlossen wie auf Abb. 177 A
. . . . *Phormia*
- Der die Atemlochplatte umschließende Ring ist vollständig geschlossen   22
22. Auf der inneren Seite des die Atemlochplatte umschließenden Ringes wird von ihm eine Narbe eingeschlossen (Abb. 177 F)   23
- Die Narbe wird nicht von dem Ring eingeschlossen, sondern sie liegt innerhalb der von ihm umschlossenen Platte genauso wie die schlitzförmigen Öffnungen .   *Protocalliphora*
Larven saugen Blut an den Nestlingen in Schwalben- und Sperlingsnestern.
23. Papillen der Scheibe des Körperendes nach hinten gerichtet, weshalb die Scheibe, von hinten betrachtet, einen geraden Rand hat (Abb. 176 C) . . . . *Pollenia*
- Papillen der Scheibe teilweise auch nach außen gerichtet, den Rand der Scheibe überschneidend (Abb. 176 B)   24

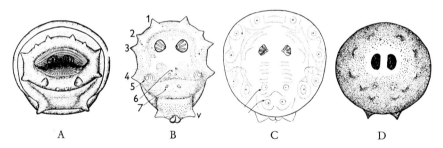

Abb. 176: Hinterenden der Larven von A *Sarcophaga*, B *Calliphora*, C *Pollenis rudis*, D *Musca autumnalis* (aus Hennig).

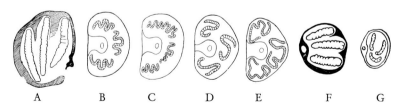

Abb. 177: Stigmenplatten von A *Sarcophaga*, B *Musca domestica*, C *M. autumnalis*, D *Stomoxys calcitrans*, E *Haematobia irritans*, F *Calliphora*, G *Muscina stabulans* (aus Hennig).

24. Vor der Mundöffnung zwischen den Mundhaken ein zusätzliches nagelförmiges Skelettstück . . . . *Calliphora*
– Vor der Mundöffnung kein solches nagelförmiges Skelettstück . . . . *Lucilia*
25. Die schlitzförmigen Öffnungen sind nur schwach gebogen (Abb. 177 G) . . . . *Muscina*
– Die schlitzförmigen Öffnungen sind stark gerundet . . . .
. . . . *Stomoxys, Haematobia* und *Musca* (Unterscheidung nach Abb. 170 B–E)

66. Flöhe, Siphonaptera (= Aphaniptera)

Insekten mit seitlich zusammengedrücktem Körper (Abb. 178), von gelber, rotbrauner bis schwarzer Farbe, mit einem Stechrüssel und mit als Sprungbeine ausgebildeten Hinterbeinen. Die Männchen sind gewöhnlich kleiner als die Weibchen. Die Flöhe leben als Blutsauger auf Menschen, Säugetieren und Vögeln. Dabei sind nur wenige Arten auf das Blut einer einzigen Wirtsart angewiesen, um sich fortpflanzen zu können, wie dieses beim Kaninchenfloh der Fall ist, dessen Weibchen sogar nur nach Blutsaugen bei trächtigen Kaninchenweibchen fortpflanzungsfähig werden. Die meisten Flöhe haben einen Hauptwirt und mehrere verwandtschaftlich und biologisch mehr oder weniger nahestehende Nebenwirte; bei einigen Floharten erfahren mehrere Wirtsarten keine besondere Bevorzugung. Hungrige Flöhe saugen gelegentlich auch an anderen von ihnen sonst nicht beachteten Wirten Blut nur zur Stillung ihres Hungers,

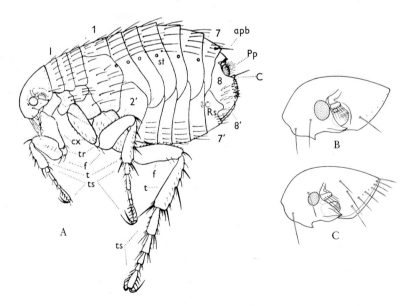

Abb. 178: A Weibchen des Menschenflohs, *Pulex irritans*, B sein Kopf stärker vergrößert, C Kopf des Pestflohs, *Xenopsylla cheopis* (nach Peus 1938). *I* erstes Thorakalsegment, *1, 7, 8* erstes usw. Abdominaltergit, *2' 7' u. 8'* zweites usw. Abdominalsternit, *apb* Antepygidialborste, *Pp* Pygidialplatte, *C* Cercus (paarig, nur einer eingezeichnet), *Rs* Receptaculum seminis, *st* Stigma (Atemöffnung) des 5. Tergits (die Stigmen des 2.–7. Tergits sind jeweils von der vorhergehenden Rückenplatte überdeckt), *cx* Hüfte, *tr* Schenkelring, *f* Schenkel, *t* Schiene, *ts* Tarsen.

so z. B. Vogelflöhe an Säugetieren und Menschen. Sie können sich aber bei solcher Ernährung nicht vermehren. Alle Flöhe legen Eier, normalerweise nicht auf ihre Wirte, sondern an den Aufenthaltsorten ihrer Wirte, an ihren Nist- und Schlafplätzen, die am Menschen saugenden Arten auch in Fußbodenritzen, unter Dielen, Matten, Teppichen, sowie in und unter Betten und Polstermöbeln und an anderen Stellen, wo sich leicht Schmutz ansammelt. Dort leben auch die madenförmigen Flohlarven (Abb. 181). Sie ernähren sich von trockenen organischen Stoffen, meistens tierischer Herkunft (Kotbröckchen der Imagines, von diesen während des Blutsaugens ausgeschiedene, noch nicht verdaute und später eingetrocknete Bluttröpfchen, Bröckchen von Hautexkreten und Exsudaten ihrer Wirte), aber auch von Schimmelpilzen. Die an den von den Larven bewohnten Stellen herrschenden ökologischen Bedingungen sind entscheidend für die Entstehung von Massenvermehrung und Flohplagen. Diese können in Häusern außer in Schlaf- und Wohnzimmern auch von Haustierställen, Schlafplätzen von Hunden, Katzen und Fledermäusen, im Haus überwinternden Igeln, von Tauben- und Schwalbennestern ihren Ausgang nehmen, im Freien von Vogelnistkästen, deren Nestinhalt bei der Reinigung im Frühjahr auf Komposthaufen geworfen wurde (Nistkastenreinigung im Herbst ist besser!). Sterben die Haustiere oder werden sie weggegeben, kann noch lange Zeit danach eine für den Menschen recht lästige Flohplage entstehen.

Literatur: PEUS, F., 1938: Die Flöhe. Bau, Kennzeichen und Lebensweise, hygienische Bedeutung und Bekämpfung der für den Menschen wichtigen Floh-Arten. – Hygienische Zoologie, Bd. 5, 106 S., 29 Abb. (PAUL SCHÖPS) Leipzig. – PEUS, F., 1967–1972: Zur Kenntnis der Flöhe Deutschlands I–IV. – Deutsche entomol. Z. (N. F.), **14**: 81–108; 1967; Zool. Jb. Syst., **95**: 571–633, 1968; **97**: 1–54, 1970; **99**: 408–504, 1972. – VATER, G. u. A., 1984–1985: Flöhe (Siphonaptera) beim Menschen. I und II. – Angew. Parasitol., **25**: 148–156, 1984; **26**: 27–38, 1985.

1. Flöhe mit Stachelkämmen am Hinterrand des 1. Brustringrückens und bei manchen Arten auch am Unterrand des Kopfes. 3
– Flöhe ohne Stachelkämme (Abb. 178) 2
2. Von den beiden auf dem Vorderkopf vor dem Auge stehenden Borsten ist die hintere oben vor dem Auge eingesetzt (Abb. 178 C). Körperlänge ♂ 1,4–2 mm, ♀ 1,9–2,7 mm . . . .
. . . . **Pestfloh**, *Xenopsylla cheopis* (ROTHSCHILD, 1903)
  lebt auf Ratten in warmen Ländern und kann durch den Schiffsverkehr in Hafenstädte eingeschleppt werden. Im Hamburger Hafen wurde er z. B. von 1900–1941 auf 93,8% von 148 469 Ratten und Mäusen auf 9624 Schiffen aus pestverdächtigen Ländern gefunden. Er ist der wichtigste Übertrager der Beulenpest von Ratten auf die Menschen in den Tropen, die eigentlich eine Nagetierkrankheit ist und durch den Pestbazillus *(Pasteurella pestis)* hervorgerufen wird.
– Von den beiden auf dem Vorderkopf vor dem Auge stehenden Borsten ist die hintere unter dem Auge eingesetzt (Abb. 178 B). Körperlänge sehr variierend 2–4 mm . . . .
. . . . **Menschenfloh**, *Pulex irritans* LINNAEUS, 1758)
  Hauptwirte in Europa neben dem Haushund auch Fuchs und Dachs, Nebenwirte Mensch, Hauskatze, Hausschwein, Schaf, Kaninchen, Igel und Marderarten. Er ist die einzige Flohart, die beim Menschen auch ohne Anwesenheit eines Hauptwirtes dauerhafte Populationen bilden kann. Nach neueren Anschauungen war er wahrscheinlich in früheren Jahrhunderten der Hauptüberträger der in manchen Jahren verheerend epidemisch auftretenden Beulenpest, durch die ganze Siedlungen entvölkert wurden. Wenn er jetzt auch bedeutend seltener geworden ist, wie er von Anfang des 20. Jahrhunderts war, so ist er doch noch nicht ausgestorben, wie häufig behauptet wird. Massenauftreten ist außer in Wohnungen und Versammlungsräumen für viele Menschen (Kino, Theater, Kasernen, Barackenlager usw.) in neuerer Zeit auch in Schweine- und Schafställen besonders bei moderner Massenhaltung möglich. Unter Umständen kann er sich auch im Freien entwickeln auf Müllhalden, in Gärten bei Düngung mit Mist oder tierischen Abfällen.
3. Flöhe mit einem jederseits aus 2 bis 8 Stacheln gebildeten Kamm auf der Unterseite des Kopfes (Abb. 179 C, D) und einem Stachelkamm am Hinterrand des Rückens des 1. Brustringes (Abb. 179 A, B, F, G) 5
– Flöhe ohne Kopfkamm, nur mit einem Stachelkamm am Hinterrand des Rückens des 1. Brustringes (Abb. 179 E). 4

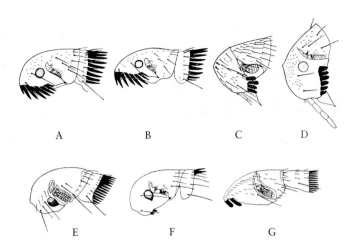

Abb. 179: Kopf und 1. Brustring von A *Ctenocephalides canis*, B *C. felis*, E *Ceratophyllus gallinae*, F *Archaeopsylla erinacei*, G *Ischnopsyllus hexactenus*, C Kopf von *Leptopsylla segnis* und D von *Spilopsyllus cuniculi* (A–D aus PEUS 1938, E–G aus PEUS 1953).

4. Der Kamm des Brustringes besteht aus insgesamt 18 (jederseits 9) Stacheln. Körperlänge 1,25–2 mm . . . . **Europäischer Rattenfloh**, *Nosopsyllus fasciatus* (BOSC, 1800)

Hauptwirte wahrscheinlich die beiden Rattenarten, aber ebenfalls häufig an Langschwanzmäusen und Wühlmäusen, wobei allerdings Meldungen von letzteren, besonders von der Feldmaus *(Microtus arvalis* L.) Verwechslungen mit *N. paganus* PEUS, 1940 sein können. Er gilt als potentieller Pestüberträger im gemäßigten Klimagebiet, ist aber für den Menschen nicht sehr gefährlich, da er diesen nur selten sticht.

– Der Kamm des Brustringes besteht aus insgesamt 22 bis 32 (jederseits 11–16) Stacheln (Abb. 179 E) . . . . **Vogelflöhe**, *Ceratophyllus* CURTIS, 1832

An oder in Häusern kommen mehrere nur schwer voneinander unterscheidbare Arten vor, von denen am häufigsten der sogenannte **Hühnerfloh** *C. gallinae* (SCHRANK, 1802) dem Menschen durch seine Stiche lästig wird. Er ist der verbreitetste Vogelfloh in Mitteleuropa und ursprünglich ein Waldtier, das die Nester kleiner Vögel (rund 75 Arten) besiedelt, die in Nischen, Halbhöhlen oder Höhlen nisten. Fast in allen Nistkästen kommt er vor, in besonders großer Zahl häufig bei Meisen (100 bis über 5000 Exemplare in einem Nest!). Wenn bei der Reinigung der Nistkästen im Frühjahr das Nistmaterial unbedacht im Garten weggeworfen, statt verbrannt wird, verlassen die schon fertig entwickelten Flöhe ihren Puppenkokon und springen vorübergehende Warmblütler, auch den Menschen zur Nahrungsaufnahme an. Es können so längere Zeit andauernde Floplagen entstehen und den längeren Aufenthalt im Garten vergällen. Außerdem hat der Floh in Hühnerställen, besonders unter modernen Haltungsbedingungen eine optimale Entwicklungsstätte gefunden, wo er sich in großer Menge entwickeln und sehr lästig werden kann. Auch bei zahmen und verwilderten Haustauben kommt er vor, oft vergesellschaftet mit dem **Taubenfloh**, *C. columbae* (GERVAIS, 1844), der allerdings in seiner Entwicklung auf die Haustaubennistsstätten beschränkt ist, aber durch den Menschen sehr stark stechen kann, besonders bei der Reinigung von den von verwilderten Haustauben besiedelten Dachböden. Auch in Haussperlingsnestern kann der Hühnerfloh vorkommen. In ihnen lebt aber vorwiegend der sogenannte **Finkenfloh**, *C. fringillae* WALKER, 1856, der fast nur beim Haussperling (und Star) vorkommt; auf anderen Kleinvögeln ist er nur Gelegenheitsparasit, mit Finken hat er aber trotz seines Namens nichts zu tun. Diese drei Floharten sind nur an der Form ihrer Genitalsegmente mit Sicherheit zu unterscheiden (Abb. 180). Die Zahl der Stacheln am Hinterrand des 1. Brustringes schwankt bei *C. columbae* jederseits von 11–12, bei *C. gallinae* von 13–15 und bei *C. fringillae* von 14–15; ihre Körperlänge beträgt entsprechend ♂ 2,5, ♀ 3,2, ♂ 3, ♀ 3,3 und ♂ 2,2, ♀ 3 mm.

Als sehr häufiger Bewohner der Mehlschwalbennester ist noch der **Mehlschwalbenfloh**, *C. hirundinis* (CURTIS, 1826) zu nennen, der nur selten in Rauchschwalbennestern und nie bei anderen Vögeln gefunden wird. Mit einer Körperlänge von 2,5 mm ist er kleiner als die anderen genannten Arten. Sein Rückenkamm hat jederseits 14–16 Stacheln.

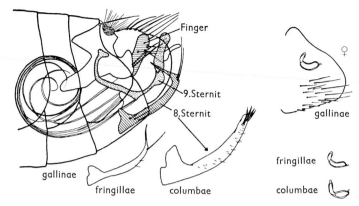

Abb. 180: Unterschiede der häufigsten im Haus vorkommenden Vogelflöhe nach den männlichen und weiblichen Genitalsegmenten. Beim Männchen ist es die Form des 9. Sternits, beim Weibchen die des im Hinterleib durchscheinenden Receptaculum seminis.

5. Der Stachelkamm auf der Kopfunterseite besteht nur aus 2 bis 3 Stacheln auf jeder Seite   6
 – Der Stachelkamm auf der Kopfunterseite besteht jederseits aus wenigstens 4 bis maximal 8 Stacheln   7
6. Die Stacheln des Kopfkammes sind groß, langgestreckte Platten mit abgerundeter Spitze. Kopf und Vorderbrust sehr langgestreckt; Augen fehlen (Abb. 179 G). Der Brustabschnitt und der Hinterleib haben am Hinterrand von mindestens 5 Körperringen Stachelkämme. . . . . **Fledermausflöhe**, *Ischnopsyllidae*
<small>auf Fledermausschlafplätze beschränkt, stechen nur sehr selten den Menschen. Ohne hygienische Bedeutung. Etwa 10 Arten.</small>
 – Die meistens 2, seltener 3 Stacheln des Kopfkammes sind nur kleine und konische Zähnchen, dazu kommt noch ein kleines Zähnchen am hinteren unteren Rand der Fühlergrube (Abb. 179 E); der Rückenkamm des Vorderbrustringes besteht aus 1 bis gewöhnlich 3 Stacheln auf jeder Seite. Körperlänge beim ♂ 2,5, beim ♀ 3 mm . . . . **Igelfloh**, *Archaeopsylla erinacei* (BOUCHÉ, 1835)
<small>ist auf den Igel beschränkt, kommt nur selten auf anderen Tieren als Irrgast vor. Fast auf jedem Igel leben zahlreiche Flöhe, in Häusern überwinternde Igel bringen auch die Flöhe mit, die allerdings den Menschen wenig belästigen.</small>
7. Der Kopfkamm besteht nur aus 4–6 stumpfen Stacheln, die nach hinten gerichtet sind (Abb. 179 C und D)   8
 – Der Kopfkamm besteht aus 7–9 spitzen Stacheln, die nach unten gerichtet sind und die ganze Wangenlänge einnehmen (Abb. 179 A und B)   9
8. Rückenkamm des 1. Brustringes mit 6–7 Stacheln auf jeder Seite, Augen gut entwickelt, Stirn mit einem kleinen Höcker, Kopf nur mit wenigen langen Haaren (Abb. 179 D). Körperlänge 1,4–2 mm . . . . . . **Kaninchenfloh**, *Spilopsyllus cuniculi* (DALE, 1878)
<small>kommt nur auf Wildkaninchen vor, auf Hauskaninchen in gewöhnlicher Stallhaltung kann er nicht existieren, sie werden als vollwertiger Wirt nur dann angenommen, wenn sie in einem Freigehege mit Wildkaninchen zusammen gehalten werden und sie die von diesen gegrabene Nestbaue für ihren eigenen Wurf benutzen. Meldungen über Flöhe auf Hauskaninchen dürften andere Arten gewesen sein.</small>
 – Rückenkamm des 1. Brustringes mit 11 Stacheln auf jeder Seite, Augen rudimentär, fast farblos, Kopf dicht mit langen gelben Haaren besetzt (Abb. 179 C). Körperlänge 1,5–2,5 mm . . . . **Hausmausfloh**, *Leptopsylla segnis* (SCHÖNHERR, 1816)

in erster Linie Floh der Hausmaus und der Hausratte, wenn diese mit der Hausmaus zusammen vorkommt, seltener der Wanderratte. Er kann sich unter mitteleuropäischen Klimabedingungen nur innerhalb menschlicher Siedlungen halten, im wärmeren Mittelmeerklima dagegen kommt er auch weitab von menschlichen Siedlungen vor und dann auch auf Freilandmuriden. Er ist auch der Floh der weißen Laboratoriumsmäuse, in deren nicht oft genug gesäuberten Käfigen er zu Massenvermehrung neigt. Für den Menschen hat er kaum Bedeutung.

9. Der 1. Zahn des Kopfkammes ist nicht ganz halb so lang wie der 2. Der Kopf ist von der Seite gesehen nicht doppelt so lang wie hoch (Abb. 179 A). Körperlänge 1,5 – 3 mm . . . . **Hundefloh**, *Ctenocephalides canis* (CURTIS, 1826)

Hauptwirte sind der Haushund, Fuchs und Wolf, Nebenwirte u. a. auch Mensch, Hauskatze, Hauskaninchen; Erzeuger von Flohplagen in der ersten Hälfte des 20. Jahrhunderts, wo er häufiger als *P. irritans* wurde, während er nach 1960 allmählich als Flohplagenerreger immer seltener und vom Katzenfloh weit übertroffen wurde.

– Der 1. Zahn des Kopfkammes ist so lang wie der 2. Der Kopf ist von der Seite gesehen doppelt so lang wie hoch (Abb. 179 B). Körperlänge 1,5 – 3,2 mm . . . . **Katzenfloh**, *Ctenocephalides felis* (BOUCHÉ, 1835)

Hauptwirt ist die Hauskatze, Nebenwirte Haushund, Mensch, Ratten und Langschwanzmäuse, Hauskaninchen. Immer häufiger Flohplagenerreger, stellt höhere Ansprüche an die Temperatur als der Hundefloh, daher in seiner Entwicklung in Mitteleuropa an die menschlichen Siedlungen gebunden. Bei Fehlen von Hauskatzen kann er sich am Menschen allein wahrscheinlich nicht dauerhaft halten.

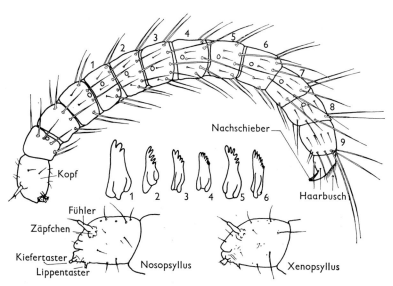

Abb. 181: Flohlarve oben Habitusbild, unten Köpfe von *Nosopsyllus* und *Xenopsyllus*. In der Mitte: Mandibeln von 1 *Pulex irritans*, 2 *Xenopsyllus cheopis*, 3 *Ctenocephalides canis*, 4 *Nosopsyllus fasciatus*, 5 *Ceratophyllus gallinae*, 6 *Leptopsylla segnis* (nach BACOT und RIDGEWOOD).

67. Flohlarven (Abb. 181)

1. Kiefertaster (Abb. 181) vorne verbreitert, die 3 Zäpfchen am Grund des Fühlers warzenförmig, an ihrer Spitze abgestumpft 2
– Kiefertaster (Abb. 181) vorne verjüngt, die 3 Zäpfchen am Grund des Fühlers spitzig . 4

2. Der 9. Hinterleibsring trägt 8 Paar lange Haare, von denen 4 Paar auf der Rückenplatte stehen; der Oberkiefer mit drei Zähnchen (Abb. 181) . . . .
. . . . **Menschenfloh**, *Pulex irritans* LINNAEUS, 1758
– Der 9. Hinterleibsring trägt 7 Paar lange Haare, von denen 3 Paar auf der Rückenplatte stehen, der Oberkiefer mit 5–6 Zähnchen (Abb. 181) 3
3. Nachschieber an der Spitze ziemlich stumpf (Abb. 181) . . . .
. . . . **Pestfloh**, *Xenopsylla cheopis* (ROTHSCHILD, 1903)
– Nachschieber an der Spitze spitzig und ziemlich klein . . . . . . **Hunde-** und **Katzenfloh**, *Ctenocephalis canis* (CURTIS, 1826) und *felis* (BOUCHÉ, 1835)
4. Oberkiefer mit 6 Zähnchen (Abb. 181), nur in Vogelnestern, Taubenschlägen und Hühnerställen . . . . **Vogelfloh**, *Ceratophyllus* spp.
– Oberkiefer mit 11 (gelegentlich 7) Zähnchen (Abb. 181, 4 und 6), nicht in Vogelnestern   5
5. Haarbusch (Abb. 181) über den Nachschiebern besteht aus 7 und 4 Paar Haaren . . . . .
. . . . **Europäischer Rattenfloh**, *Nosopsyllus fasciatus* (BOSC, 1800)
– Haarbusch über den Nachschiebern besteht aus 5–7 und 3–4 Paar Haaren . . . .
. . . . **Hausmausfloh**, *Leptopsylla segnis* (SCHÖNHERR, 1816)

V. Spinnentiere, Chelicerata (Arachnida) (Abb. 182)

In den menschlichen Wohnräumen und in Lagerräumen kommen bei uns folgende Ordnungen der Spinnentiere vor:

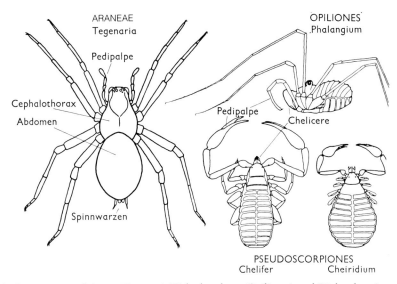

Abb. 182: Bautypen von Spinnen (Araneae), Weberknechten (Opiliones) und Bücherskorpionen (Pseudoscorpiones).

68. Bücherskorpione, Pseudoscorpiones

Diese sind durchweg kleine bis ½ cm große Tierchen mit 4 Paar Laufbeinen und einem Paar krebsartiger Scheren (Abb. 182). Sie leben einzeln und machen Jagd auf allerlei Insekten und Milben. Sie laufen mit großer Geschwindigkeit sowohl vorwärts als auch rückwärts und seitwärts. Im Freien leben sie in Moos und unter Baumrinde. Oft findet man sie auch an Stubenfliegen angeheftet.

69. Weberknechte, Opiliones

(Abb. 182), kommen ebenfalls häufig an Mauerwänden, in Kellern und auf Speicherräumen vor. Sie haben aber keine wirtschaftliche oder hygienische Bedeutung. Hauptsächlich leben sie von toten Insekten.

70. Echte Spinnen, Araneae

leben häufig in den Wohnungen und sind nützlich, indem sie von Insekten aller Art, besonders aber auch von Stubenfliegen leben. Die **Mauerspinne**, *Dictyna civica* (LUCAS, 1850) *(Dictynidae)*, die ähnlich wie *Amaurobius* (C. L. KOCH, 1837) *(Amaurobiidae)* flächenartige Netze an Mauern anlegt, von denen aus eine austapezierte Wohnröhre in Mauerrisse eindringt, wird durch den Bau dieser Wohnröhren bei Massenauftreten (MADEL zählte an einer Fassade eines dreistöckigen Hauses 2500 Nester) durch Abbröckeln von Rauhputz schädlich. Die in unseren Häusern lebenden Spinnen sind nicht giftig und werden daher unberechtigt gefürchtet. Durch ihre Spinntätigkeit machen sie sich unangenehm bemerkbar.

Zur Artbestimmung kann empfohlen werden HEIMER, ST., NENTWIG, W.: Spinnen Mitteleuropas. Ein Bestimmungsbuch. 543 S., 244 Taf. P. Parey, Hamburg u. Berlin 1991.

71. Acari, Milben

bearbeitet von GISELA RACK

Meist unter ½ mm große Tiere, die in Futter- und Nahrungsmitteln, Polstermöbeln und Wohnungen oft in großen Mengen auftreten und dann außerordentlich lästig fallen. Zecken und einige wenige andere Milbenarten stechen auch den Menschen; außerdem können verschiedene Arten Allergien hervorrufen. Die Möglichkeit, daß Nahrungsmittel, Wohnungen usw. vermilben, ist fast immer gegeben, da viele Milben sowohl Wanderstadien besitzen, die sich von Insekten transportieren lassen, als auch im Körperbau stark reduzierte Dauerformen, sogenannte Hypopen, ausbilden können, mit deren Hilfe sie ungünstige Lebensbedingungen, wie zum Beispiel große Trockenheit oft jahrelang überstehen (Abb. 184). Sind die Lebensbedingungen für sie günstig, kommt es meist zu einer starken Vermehrung, die besonders bei denjenigen Arten, die sich durch eine rasche Generationsfolge, hohe Nachkommenschaft oder Parthenogenese auszeichnen, zu einer für den Menschen recht unangenehmen Massenpopulation führen kann. Die meisten Milben legen Eier. Aus diesen schlüpft die sechsbeinige Larve,

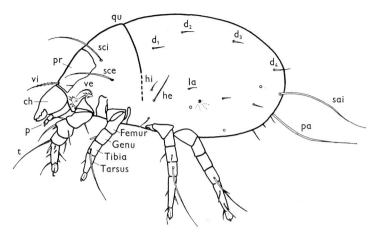

Abb. 183: Bautypus der Mehlmilbe, *Acarus siro*, Weibchen von der Seite gesehen. *ch* Kiefer, *p* Kiefertaster, *pr* Propodosomatalschild, *qu* Querfurche, *t* Tasthaar, alle übrigen Buchstaben bezeichnen Borsten, die in der Bestimmungstabelle genannt werden. Femur – Schenkel, Genu – Knie, Tarsus = Fuß, Tibia = Schiene (nach HUGHES, verändert).

die sich dann zur achtbeinigen Nymphe häutet. Bis zum geschlechtsreifen Tier können bis zu drei nicht selten ganz verschieden aussehende Nymphenstadien durchlaufen werden. Männchen und Weibchen unterscheiden sich oft sehr; bei einigen Arten gibt es außerdem zwei bis drei verschieden aussehende Männchentypen.

Das System der Milben mußte aufgrund ständig neuer Erkenntnisse vielfach geändert werden, so wurde z. B. die Ordnung Acari zur Klasse, Unterordnungen zu Ordnungen erhoben, Namen mußten geändert werden usw. Bezugnehmend auf die allgemein bekannte Einteilung der Milben nach KAESTNER sind es ausschließlich Vertreter der Unterordnungen Parasitiformes, Trombidiformes und Sarcoptiformes, die als Parasiten von Mensch und Haustieren, als Woh-

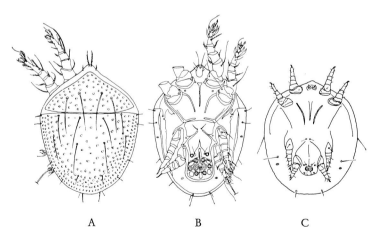

Abb. 184: Mehlmilbe, *Acarus siro*, Wandernymphe (Hypopus), A Rückenseite, B Bauchseite; C *Acarus immobilis*, Dauernymphe (Hypopus) Bauchseite (nach GRIFFITHS, HUGHES).

nungs- und Vorratsschädlinge sowie deren Feinde vorkommen. Zu den Parasitiformes gehören z. B. die Zecken *(Argas, Ixodes, Dermacentor, Rhipicephalus)*, die Vogel- und Rattenmilben *(Dermanyssus, Ornithonyssus)* und der Bienenparasit *Varroa*, sowie einige Räuber und Schimmelfresser *(Androlaelaps, Haemogamasus, Proctolaelaps, Lasioseius* und *Ameroseius)*. Die Trombidiformes sind mit den Gattungen *Neotrombicula, Acarapis, Cheyletiella, Pyemotes, Bryobia, Balaustium, Cheletomorpha, Acaropsellina* und *Cheyletus* vertreten. Fast alle reinen Vorratsschädlinge gehören zur Unterordnung Sarcoptiformes. Es sind die Gattungen *Gohieria, Chortoglyphus, Carpoglyphus, Glycyphagus, Lepidoglyphus, Histiogaster, Thyreophagus, Suidasia, Caloglyphus, Rhizoglyphus, Lardoglyphus, Acarus, Aleuroglyphus, Tyrolichus, Tyrophagus* und *Tyroborus*. Auch die Hausstaubmilben und die Horn- oder Moosmilben gehören zu den Sarcoptiformes.

Die Milben sind wegen ihrer Kleinheit und der Fülle schwer zu unterscheidender Arten nicht leicht zu bestimmen. Am besten stellt man mikroskopische Präparate in einem Spezialeinbettmittel, dem sogenannten BERLESE-Gemisch, her (siehe S. 5). In wenigen Fällen genügt eine Schnelluntersuchung der Milben in 50%iger Milchsäure, in der man die Tiere unter dem Deckglas auf dem Objektträger vorsichtig erhitzt hat. In den meisten Fällen wird man sich an einen Spezialisten wenden müssen. Ausführliche Bestimmungsschlüssel sind zu finden in HUGHES, A. M.: The mites of stored food and houses. – Techn. Bull. Minist. Agric. Fish. Food, No. 9, S. 1–400, London 1976 für die an Vorräten schädlichen und in Wohnungen durch ihr Massenauftreten lästigen Milben und BABOS, S.: Die Zeckenfauna Mitteleuropas. 410 S., Akadémiai Kiadó, Budapest 1964 oder ZUMPT, F.: Zecken, Ixodoidae in BROHMER u.a. (Hrsg.): Die Tierwelt Mitteleuropas, Spinnentiere, 3, (4): 135–142. Quelle & Meyer, Leipzig 1960 für die Zecken.

72. Parasitisch lebende Milben

Es werden hier die **Krätzmilbe** des Menschen, *Sarcoptes scabiei* LINNAEUS, die **Räudemilben** der Haustiere und die **Haarbalgmilben** des Menschen und der Haustiere nicht behandelt, weil sie Krankheitserreger und darum ausschließlich von human- und tiermedizinischer Bedeutung sind.

1. Sechsbeinige Larven 2
– Achtbeinige Nymphen und Erwachsene 4

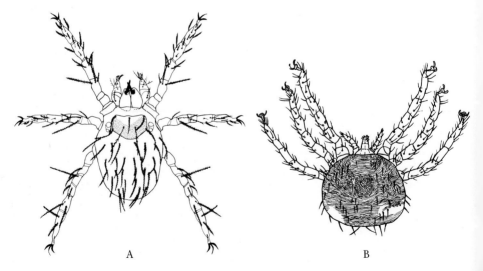

Abb. 185: A Herbstmilbe, *Neotrombicula autumnalis*, Larve Rückenseite, B Hühnerzecke, *Argas persicus*, Larve Rückenseite (nach KEPKA, SCHULZE).

2. Die Larven sind winzig klein, 0,2–0,3 mm lang, orangerot bis blaßgelb mit kräftigen Mundwerkzeugen und gefiederten Körperhaaren. Auf dem Rücken des Körpers befindet sich vorn ein kleines, fast 5eckiges Schild mit abgerundeten Ecken. Es trägt 2 feine, lange Sinneshaare und 5 gefiederte, kurze Haare. Seitlich des Schildes sitzt auf einer Platte je 1 Augenpaar (Abb. 185 A) . . . .
. . . . Herbst- oder **Erntemilbe**, *Neotrombicula autumnalis* (SHAW, 1790) kommt in mehreren Unterarten vor, die vor allem an der verschiedenen Anzahl der gefiederten Rückenhaare unterschieden werden. Am häufigsten tritt *N. autumnalis autumnalis* auf. Sie ist in ganz Europa verbreitet und kommt bevorzugt in Gärten, an Waldrändern, auf Kulturwiesen, Äckern, Badeplätzen usw. vor. In einigen Gegenden ist sie besonders häufig, jedoch immer lokal begrenzt (Trombidiose-Herde). In Deutschland waren solche Herde im Gegensatz zu Österreich und der Schweiz verhältnismäßig selten, sie befanden sich hauptsächlich in Süddeutschland; in der letzten Zeit haben sie offensichtlich zugenommen und sind auch aus Norddeutschland als Plageerreger bekanntgeworden.
Die Larven findet man von Frühling bis Herbst, besonders zahlreich in den Monaten August und September, vor allem nach einem trockenen, heißen Sommer. Sie halten sich auf dem Erdboden auf und klettern von da auf Gräser und niedrige Pflanzen, weniger auf hohes Gebüsch. Dort warten sie zusammengedrängt und reglos auf einen geeigneten Wirt, vorzugsweise Kleinsäuger und Vögel, werden sofort aktiv, sobald ein Wirt die Pflanze berührt und klettern an ihm hoch. Auch der Mensch wird im Freien befallen; er schleppt sie von da in die Wohnungen ein. Sie verursachen durch ihre Saugtätigkeit bei ihm nesselartige, ungemein juckende, papulöse Ausschläge, die besonders in der Bettwärme unerträglich sein können. Da der Mensch für die Herbstmilben Fehlwirt ist, lassen sie bald wieder los und können dann im Fußbodenstaub der Wohnungen festgestellt werden.
− Die Larven sind größer, wenigstens 0,6 mm lang und lassen bei Rückenansicht an ihrem Vorderende deutlich als «Köpfchen» abgegrenzte Mundwerkzeuge erkennen. Sie überfallen ihre Wirte (Hühner, Tauben, Hunde) nur in geschlossenen Räumen (Ställen, Dachboden, Wohnungen) 3
3. Die Larven sind schrotkugelähnlich rundlich mit einer sie charakterisierenden Dorsalplatte mitten auf dem Rücken (Abb. 185 B). Die Körperlänge beträgt 0,72–0,94 mm. Sie befallen Tauben oder Hühner, an denen sie mehrere Tage lang Blut saugen und halten sich in Verstecken auf. . . . . *Argas* (siehe auch 7)
− Die Larven sind langgestreckt, mit einem Schild auf dem vorderen Teil des Körpers, 0,8–1,0 mm Körperlänge. Leben in Hundeställen in Verstecken oder Lagerstätten von Hunden, an denen sie Blut saugen . . . .
. . . **Braune Hundezecke**, *Rhipicephalus sanguineus* (LATREILLE, 1804) (siehe auch 9 b)
4. Nur an Honigbienen parasitierende Milben 5
− An Menschen, Haustieren, Hausgeflügel und Stubenvögeln blutsaugende Milben . . . 6
5. Körper der braunen Milben ist breiter als lang (Weibchen 1,7 mm breit, 1,3 mm lang), Rücken vollständig mit einem Schild bedeckt, der wie auch große Teile der Unterseite dicht mit zahlreichen kurzen Borsten besetzt ist (Abb. 186 A, B). Männchen etwas rundlicher und kleiner (0,8 mm lang) . . . . *Varroa jacobsoni* OUDEMANS, 1904
Gefährlicher Ektoparasit der Honigbiene und ihrer Brut, der die Bienenvölker zum Aussterben bringen kann. Die Milbe stammt aus Ostasien und hat sich in den letzten Jahrzehnten rasch nach Westen ausgebreitet. Anfang 1977 wurde sie zum ersten Mal in Deutschland gefunden, jetzt ist sie fast überall vorhanden und kommt in oft großer Individuenzahl in vielen Bienenvölkern vor. – Die Milbe kann verwechselt werden mit der **Bienenlaus:** Auf Honigbienen, insbesondere den Königinnen kann auch eine 1–1,5 mm große braune, abgeflachte, im Umriß etwa eiförmige Fliege vorkommen, die **Bienenlaus**, *Braula coeca* NITZSCH, 1818 *(Braulidae)* (Abb. 186 C). Mit ihren kammartigen Klammerorganen an den kräftigen Beinen kann sie gewandt in der pelzartigen Behaarung der Biene herumlaufen. Bei der Fütterung der Königin nimmt sie einen Teil von dem Futter für sich ab oder sie setzt sich auf den Kopfschild der Arbeiterinnen, kratzt mit den Vorderbeinen an deren Mundfeld, bis sie die Zunge herausstrecken und leckt dann den darauf haftenden Nahrungsbrei ab. Sie ist also kein echter Parasit, sondern ein Tischgenosse (Kommensale) oder Diebparasit. Sie legt ihre Eier an die Unterseite der Wabendeckel, von deren Wachs sich ihre 1–2 mm großen weißen Larven ernähren.
− Körper der vorwiegend weißlichen Milben ist länger als breit und mit nur wenigen, aber langen bis sehr langen Haaren (Schleppaaren) versehen. Mit bloßem Auge nicht mehr

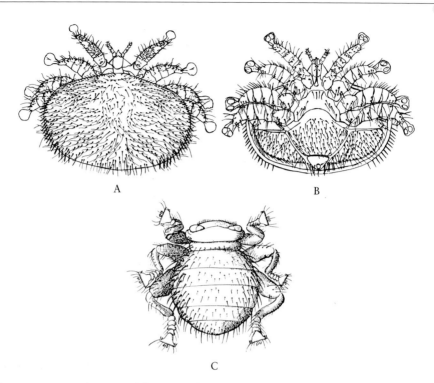

Abb. 186: *Varroa jacobsoni*, Weibchen, A Rückenseite, B Bauchseite (nach Haragsim & Samšiňák), B Bienenlaus, *Braula coeca* (Diptera) in gleicher Vergrößerung wie A und B (Zeichnung B. Mannheims).

erkennbare Milben von nur 0,1 – 0,18 mm Länge und breit-spindelförmiger Körpergestalt (Abb. 187). Sie saugen das Blut der Bienen, indem sie als im Pelz der Biene sitzende «Außenmilben» durch die Intersegmentalhäute oder als die Haupttracheenstämme der Brust bewohnende «Innenmilben» durch die Tracheenwand stechen . . . ./ . . . . . .
. . . . **Tracheenmilbe, Bienenmilbe,** *Acarapis woodi* (Rennie, 1921)
<small>Die Innenmilben machen die Bienen durch Blutentzug flugunfähig, die Sammelbienen können darum keine Nahrung mehr eintragen, weshalb das Volk durch Verhungern ausstirbt. Die Außenmilben, die nicht gleichzeitig mit den Innenmilben auftreten, wurden als eigene biologische Art oder nur als besondere Form betrachtet.
Außer diesen Krankheiten erregende Milben können in den Bienenvölkern wenigstens 0,3 mm große, weißliche Milben mit langen Schlepphaaren auftreten, die nicht parasitisch auf den Bienen leben, sondern sich von Pollen und Honig oder Schimmelpilzen ernähren. Sie können nach Tabelle 73 bestimmt werden.</small>

6. Über 2,5 mm große Milben mit einem mit Widerhaken besetzten Rüssel oder Saugrohr (Hypostom) zwischen den 4gliedrigen Tastern (Palpen) (Abb. 189 A, r) 7
– Höchstens bis 1,3 mm große, meistens viel kleinere Milben ohne mit Widerhaken besetztem Rüssel 10
7. Mundwerkzeuge liegen auf der Bauchseite, sind in Rückenansicht nicht zu sehen. Der im Umriß eiförmige, lederartige Körper besitzt kein Rückenschild, ist scheibenförmig abgeplattet und hat einen scharfkantigen Rand, der durch Querstriche in Zellen geteilt ist. Beim hungernden Tier ist er leicht hochgebogen, beim vollgesogenen etwas aufgewölbt . .
. . . . **Lederzecken,** *Argasidae*

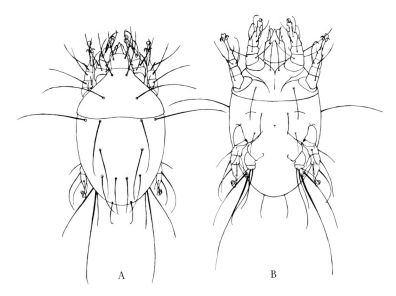

Abb. 187: Bienenmilbe, *Acarapis woodi*, Weibchen, A Rückenseite, B Bauchseite (aus SCHAARSCHMIDT).

Häufigste Art ist die **Taubenzecke**, *Argas reflexus* (FABRICIUS, 1794) (Abb. 188 A, B), sie ist rotbraun, erwachsen 5,5 bis 11 m lang (die sechsbeinigen, rundlichen Larven mit vorn vorragenden Mundwerkzeugen sind nüchtern 0,72 bis 0,94 mm lang; siehe unter 3 und Abb. 185 B). Früher fand man die Taubenzecke in Deutschland vorwiegend nur in Ställen von Brieftauben, in den letzten Jahren wurden häufig Massenvermehrungen auf von Stadttauben besiedelten Dachböden mehrgeschössiger Mietshäuser beobachtet, von wo aus Erwachsene und ältere Nymphen nachts in die darunterliegenden Wohnungen eindringen, um an den Menschen Blut zu saugen. Die Stiche werden oft nicht sofort von den befallenen Menschen bemerkt, können aber heftige allergische Reaktionen hervorrufen. Taubenzecken werden in Wohnungen leicht für Bettwanzen gehalten.

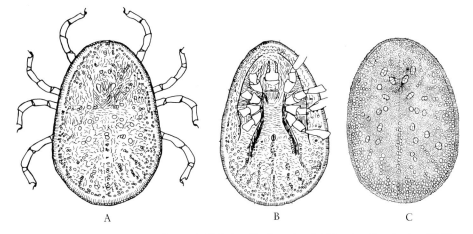

Abb. 188: Taubenzecke, *Argas reflexus*, A Weibchen Rückenseite, B Männchen Bauchseite; C Hühnerzecke, *Argas persicus* Weibchen Rückenseite (nach SCHULZE).

Von der Taubenzecke ist nur an der etwas anderen Felderung des Randes der Rückenseite und oft ihrem unsymmetrischen Umriß die **Hühnerzecke**, *A. persicus* LATREILLE, 1796 (Abb. 188 C) zu unterscheiden, die nur im südlichen Mitteleuropa vereinzelt nachgewiesen ist. Sie lebt vorwiegend in Geflügelställen und saugt an Hühnern, Enten und Gänsen.

– Mundwerkzeuge liegen vorn am Körper, ein deutlich abgegrenztes «Köpfchen» (Capitulum) bildend, vom Rücken her gut sichtbar (Abb. 189). Rücken des Körpers mit einem Schild, der beim Männchen die ganze Rückenfläche bedeckt, bei Weibchen, Nymphe und Larve nur einen kleinen Abschnitt des Rückens hinter dem Köpfchen . . . .
. . . . **Schildzecken**, *Ixodidae* 8

8. Rückenschild ohne Augen (Abb. 190 A), Hüften des 1. Beinpaares innen nach hinten in einen langen Dorn ausgezogen (Abb. 189 B, *hü* 1), beim Weibchen kein Außendorn, beim

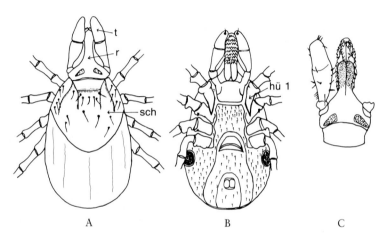

Abb. 189: Holzbock, *Ixodes ricinus*, Weibchen, A Rückenseite, B Bauchseite, C «Köpfchen» (Capitulum), *hü* 1 Hüfte des 1. Beinpaares mit charakteristischem Dorn, *r* Saugrohr (Hypostom), *sch* Schild, *t* Taster (Palpus) (nach HOFFMANN, SCHULZE).

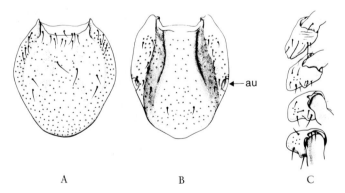

Abb. 190: Ixodes ricinus, A Schild des Weibchens; *Rhipicephalus sanguineus,* Weibchen, B Schild, C Hüften (Coxen), *au* Auge (aus BABOS).

Männchen höchstens angedeutet, Hüften ohne Längseinschnitt. Je nach Entwicklungs- und Sättigungsgrad ca. 1,5 bis 14 mm groß, gelblichbraun, rotbraun oder graubraun . . .
. . . . **Holzbock**, *Ixodes ricinus* (LINNAEUS, 1758)

aber auch andere Arten der Gattung *Ixodes* treten als blutsaugende Außenparasiten an Wild, Haussäugetieren und am Menschen auf. Der Befall erfolgt meistens im Freien, wo die Zecken an Gräsern und niederem Gestäuch, bevorzugt in Sumpfwäldern, Moor- und Heidegegenden, hängen. Sie können Überträger von durch Arboviren (Flavi-Viren) hervorgerufene Erkrankungen des Zentralnervensystems, der sogenannten Frühsommer-Meningoenzephalitis (FSME) bei Tieren und auch dem Menschen sein, außerdem als Überträger von Bakterien, der *Borrelia burgdorferi* (Spirochaeta) gefährlich werden, da die Bakterien Entzündungen von Hirnhaut, Herzmuskel und Gelenken, die sogenannte Lyme-Disease oder Zecken-Borreliose verursachen können. Die Zecken bleiben 3–5 Tage festgesaugt und lassen sich dann zu Boden fallen. Eine gute Übersicht über die von Zecken übertragenen Krankheiten vermittelt HORST, H. (Hrsg.): Einheimische Zeckenborreliose (Lyme-Krankheit) bei Mensch und Tier. 200 S. perimed Fachbuch-Verl.-Ges. Erlangen 1991.

— Rückenschild mit Augen (Abb. 190 B, *au*), Hüften des 1. Beinpaares innen nicht in einen auffällig langen Dorn ausgezogen, mit einem Längseinschnitt (Abb. 190 C, 191 C) . . .   9

9. Schild mit weißem Pigment und dunklen Flecken verziert. Basis des Köpfchens (Capitulum) der erwachsenen Tiere viereckig (Abb. 192 C), der Larven und Nymphen an den Seiten spitz (Abb. 191 A) . . . . *Dermacentor*

In Mitteleuropa nur die **Schafzecke**, *D. marginatus* (SULZER, 1776) (Abb. 191) und die **Auzecke**, *D. reticulatus* (FABRICIUS, 1774). Vorkommen von *D. marginatus*, der häufigsten Art, meist herdartig, vornehmlich im Süden Mitteleuropas (bis zum Main und etwas weiter nördlich), in trockenrasigem Brachland, das als Schafweide genutzt wird. Wirte sind Wiederkäuer, insbesondere Schafe, aber auch andere Säugetiere. Der Mensch wird ebenfalls angegriffen. Gelegentlich durch Hunde, die in einem Herdgebiet herumgestreift waren, in Wohnungen eingeschleppt.

— Schild nicht mit weißem Pigment und dunklen Flecken verziert, Basis des Köpfchens der erwachsenen Tiere sechseckig (Abb. 192 B). Körperfarbe braun bis rotbraun. Das Weibchen kann eine Körperlänge von 11 mm und eine Körperbreite von 7 mm erreichen . . . .
. . . . **Braune Hundezecke**, *Rhipicephalus sanguineus* (LATREILLE, 1804)

ist über alle warmen Länder der Erde verbreitet. Hauptwirt ist der Hund, relativ selten wird hauptsächlich von erwachsenen Tieren auch der Mensch befallen. Sie wird aus dem Mittelmeerraum nach Mittel-, West- und Nordeuropa eingeschleppt. Während sie in ihren warmen Ursprungsländern im Freiland lebt und sich vermehrt, kann sie in kältere Regionen verschleppt, im Freien nicht überleben. Seit über 20 Jahren wird immer öfter in Mittel-, West- und Nordeuropa, meist in größeren Städten beobachtet, daß sie sich in Wohnungen nicht nur längere Zeit halten, sondern auch weiterentwickeln kann. Es muß somit als sicher angenommen werden, daß sich einzelne Stämme von

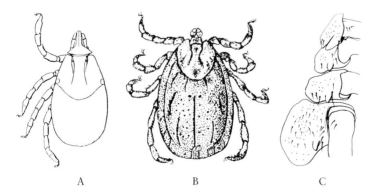

Abb. 191: Schafzecke, *Dermacentor marginatus*, A Nymphe, Rückenansicht (aus SCHULZE), B Weibchen, Rückenansicht (aus ZUMPT), C Hüften (Coxen) des Weibchens (aus BABOS).

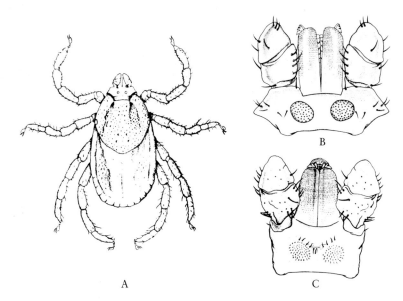

Abb. 192: A Braune Hundezecke, *Rhipicephalus sanguineus*, nüchternes Weibchen, Rückenansicht (aus POMERANCEV), B «Köpfchen» (Capitulum) des Weibchens, Rückenansicht; C Schafzecke, *Dermacentor marginatus*, «Köpfchen» des Weibchens, Rückenansicht (aus BABOS).

Rh. sanguineus nach Einschleppung aus ihren ursprünglichen Verbreitungsgebieten in die kühleren Regionen an die Raumbedingungen in den Wohnungen anpassen und einen sogenannten Hausstamm darstellen können. Die weitere Verschleppung in Mitteleuropa erfolgt vor allem durch Hunde aus Tierheimen oder Tierpraxen.

10. Kiefertaster kräftig entwickelt, mit Kralle *(kr)*, alle Beine mit Empodium *(e)*, Rücken- und Bauchseite deutlich gerieft, alle Entwicklungsstadien farblos bis gelblich, Weibchen 0,54 mm lang und 0,3 mm breit . . . .   **Pelzmilben,** *Cheyletiella* CANESTRINI, 1886   11

Parasiten von Hunden, vor allem Welpen, von Hauskatzen und Hauskaninchen. Stechen auch den Menschen und verursachen einen stark juckenden Hautausschlag, wenn befallene Haustiere länger auf dem Arm oder Schoß gehalten werden.

– Kiefertaster nicht auffällig gestaltet 13

11. Weibchen auf der Rückenseite mit 1 großen, trapezförmigen Schild und 2 kleinen, runden Schildern (Abb. 193 A). Sinnesorgan auf dem Knie (Tibia) des 1. und 2. Beinpaares herzförmig (Abb. 193 B, C, *si*) . . . . . **Hundepelzmilbe,** *Cheyletiella yasguri* SMILEY, 1965

– Weibchen auf der Rückenseite nur mit 1 großen, trapezförmigen Schild. Sinnesorgan *si* nicht herzförmig (Abb. 193 C) 12

12. Sinnesorgan *si* meist konisch bis eiförmig (Abb. 193 C) . . . .
. . . . **Katzenpelzmilbe,** *Cheyletiella blakei* SMILEY, 1965

– Sinnesorgan *si* mehr oder weniger kreisförmig (Abb. 193 C) . . . .
. . . . **Kaninchenpelzmilbe,** *Cheyletiella parasitivorax* (MÉGNIN, 1878)

13. Kleine, nur 0,2 bis 0,3 mm lange, spindelförmige Milben, eigentliche Parasitoide von Holz oder Vorräte bewohnenden Insekten. Weibchen schwillt kugelförmig an (Abb. 194 C). . .
. . . . *Pyemotes* AMERLING, 1862

mehrere Arten, leben an Insektenlarven, z. B. denen vorratsschädlicher Kleinschmetterlinge, vorratsschädlicher und holzzerstörender Käfer sowie einiger Hymenopterenarten. Beim Aussaugen des Wirtes schwillt der Hinterleib des

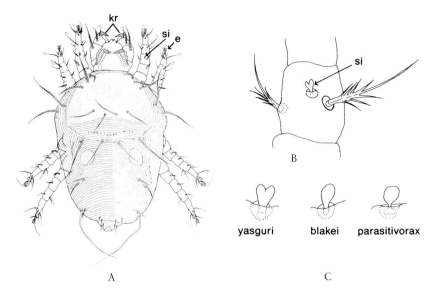

Abb. 193: Hundepelzmilbe, *Cheyletiella yasguri*, Weibchen, A Rückenansicht, *e* Empodium, *kr* Kralle des Kiefertasters (Palpus), *si* Sinnesorgan, B Knie vom 1. Bein mit Sinnesorgan vergrößert, C Sinnesorgan *si* von *Ch. yasguri*, *Ch. blakei* und *Ch. parasitivorax* (nach RACK, SMILEY).

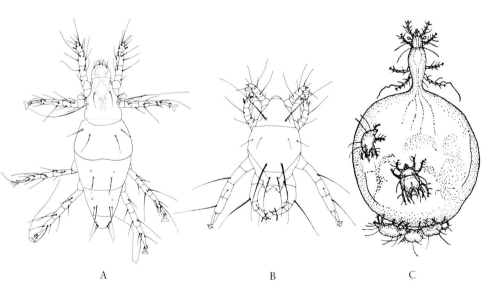

Abb. 194: Kugelbauchmilbe, *Pyemotes*, A Weibchen Rückenansicht, B Männchen Rückenansicht, C trächtiges Weibchen mit 5 Männchen, Rückenansicht (aus RACK, HERFS).

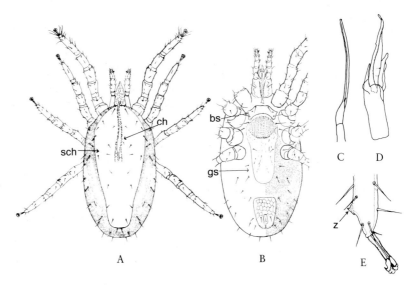

Abb. 195: Rote Vogelmilbe, *Dermanyssus gallinae,* Weibchen, A Rückenansicht, B Bauchseite, C Chelicere (Kiefer) vergrößert; D Männchen Chelicere, E Fußende vom 4. Bein, *bs* Brustschild, *gs* Genitalschild, *ch* Cheliceren, *sch* Rückenschild, *z* Zahn (nach JOHNSTON, EVANS & TILL).

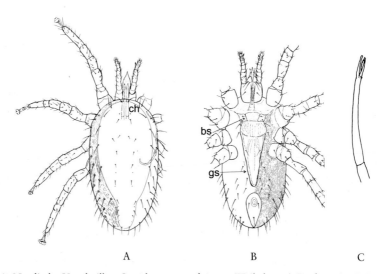

Abb. 196: Nordische Vogelmilbe, *Ornithonyssus sylviarum* Weibchen, A Rückenseite, B Bauchseite, C Rattenmilbe, *O. bacoti* Weibchen, Chelicere vergrößert, *bs* Brustschild, *ch* Cheliceren, *gs* Genitalschild (aus JOHNSTON, EVANS & TILL).

Weibchens kugelförmig an und kann bis 2 mm groß werden. Die Männchen halten sich auf dem Hinterleib des trächtigen Weibchens auf (Abb. 194 C). Am bekanntesten sind die **Kugelbauchmilbe**, *P. ventricosus* (NEWPORT, 1850) und die **Getreidekrätzmilbe**, *P. tritici* (LA GRÈZE-FOSSAT & MONTANÉ, 1851). Sie greifen auch den Menschen an, wenn z. B. Lagerarbeiter mit befallenem Getreide hantieren oder wenn sich in Wohnräumen Trockenblumensträuße, Dekorationsgras etc. befinden. Vor allem letztere Art ist äußerst aggressiv und kann eine heftige Dermatitis mit starkem Juckreiz hervorrufen. Da der Mensch Fehlwirt ist, fallen die Milben bald wieder ab.

- Größer als 0,3 mm (0,6 bis 1 mm lang), nicht spindelförmig, Weibchen nicht kugelförmig angeschwollen, Körper eiförmig, mit fein gefältelter Haut und einem Schild auf dem Rücken, nüchtern weiß, vollgesogen dunkelrot, ursprünglich Vogel- und Rattenparasiten 14

14. Cheliceren beim Weibchen lang, stilettförmig (Abb. 195 C), beim Männchen kürzer, scherenförmig (Abb. 195 D), Weibchen mit 2 Paar Brust- (= Sternal-)borsten auf dem Brust- (= Sternal-)schild, Genitalschild am hinteren Rand breit abgerundet (Abb. 195 B, *bs*, *gs*), Männchen an den Füßen des 3. und 4. Beinpaares mit einem zahnförmigen Fortsatz (Abb. 195 E, *z*)..................... *Dermanyssus* DE GEER, 1778

insbesondere die **Rote Vogelmilbe**, *D. gallinae* (DE GEER, 1778) (Abb. 195), ein obligatorischer Blutparasit von Geflügel (Hühner, Gänse, Tauben), aber auch Zier- und Wildvögeln, der bei Nahrungsmangel auch Säugetiere und den Menschen befällt, dabei heftig juckende Stichstellen hinterläßt. Sie kommt vor allem in Großstädten nicht selten als unangenehmer Parasit in Dachwohnungen vor. Grund der Plagen sind meist auf dem Dachboden befindliche Nester von Amseln, Spatzen usw. Vor allem in Nestern von Stadttauben können die Milben in großen Individuenzahlen vorkommen. Werden es zu viele oder haben die natürlichen Wirte ihr Nest verlassen, wandern die Milben weg und suchen Menschen zum Blutsaugen auf, sie können so zwar ihren Hunger stillen, sich aber nicht fortpflanzen.

Ähnlich verhält sich auch die **Schwalbenmilbe**, *D. hirundinis* (HERMANN, 1804), sie ist als Plageerreger des Menschen bisher jedoch seltener beobachtet worden.

- Cheliceren beim Weibchen am Ende mit einer kleinen aber deutlichen Schere (Abb. 196 C), normalerweise mit 3 Paar, ausnahmsweise mit 2 Paar Brust- (= Sternal-) borsten auf dem Brust- (= Sternal-)schild, Genitalschild nach hinten zu sich deutlich verjüngend (Abb. 196 B, *gs*), Männchen an den Füßen des 3. und 4. Beinpaares ohne zahnförmigen Fortsatz .... *Ornithonyssus* SAMBON, 1928

häufiger Blutparasit von Hofgeflügel und Wildvögeln ist die **Nordische Vogelmilbe**, *O. sylviarum* (CANESTRINI & FANZAGO, 1877), die 2 Paar Brustborsten hat. Sie kann bei starkem Befall das Geflügel sehr schädigen und den Menschen beim Hantieren mit befallenen Vögeln ebenfalls stechen. Im Gegensatz zur Roten Vogelmilbe findet die Entwicklung der Nordischen Vogelmilbe vollständig am Wirt statt.

Ferner gehört in die Gattung die **Tropische Rattenmilbe**, *O. bacoti* (HIRST, 1913) (3 Paar Brustborsten), hauptsächlicher Parasit von Nagetieren, insbesondere Ratten, der ebenfalls den Menschen angreifen kann. Plagen können z. B. in Laboratorien, in denen Ratten gezüchtet werden, entstehen und unangenehm werden. Bestimmung aller Arten von *Dermanyssus* und *Ornithonyssus* kann erfolgen nach EVANS, G. O., TILL, W. M.: Studies on the British Dermanyssidae (Acari: Mesostigmata). Part II. Classification. – Bull. Brit. Mus. (Nat. Hist.) (Zool.) 14 (5): 109–370. London 1966.

73. Durch Massenauftreten in Wohnungen und Vorräten lästige oder schädliche Milben, die keine Blutsauger sind, und ihre Feinde

Wenn Milben als Vorratsschädlinge im allgemeinen nicht eine so große Rolle spielen wie z. B. die Insekten, so kann doch der Schaden, den sie in manchen Fällen verursachen, erheblich sein, die Herstellung und Lagerung mancher Produkte gefährden oder große Mengen von Produkten ungenießbar machen. Einige Milben treten wohl in fast allen Wohn- und Lagerräumen sowie in vielen Vorräten auf, werden aber wegen ihrer Kleinheit und oft unscheinbaren Färbung (meist schmutzig-weiß, schwach gelblich oder farblos) in der Regel nicht entdeckt, schaden auch weiter nicht, solange ihre Anzahl gering bleibt. Nicht selten treten sie jedoch bei einer Massenvermehrung in so ungeheuren Scharen auf, daß die befallenen Produkte zu «leben» scheinen oder daß die Gefäße, in den sich die vermilbten Vorräte befinden, wie von einer sich bewegenden Staubschicht überzogen sind. Die befallenen Nahrungs-, Genuß-, Futtermittel und dergleichen werden durch Milbenkot, Häute und die vielen lebenden Milben stark verunreinigt, erfahren durch die Fraßtätigkeit hohe Gewichtsverluste, Samen verlieren ihre Keimfähigkeit, da die Keime z. B. von der Mehlmilbe bevorzugt angegriffen werden. Viele Produkte werden durch starken Milbenbefall unansehnlich und ungenießbar, so daß der wirtschaftliche Schaden oft erheblich ist. Etliche Produkte sind durch ihre normale Beschaffenheit schwer milbenfrei zu halten, z. B. Trockenobst wie Rosinen, Feigen, Datteln, Trockenpflaumen, Succade, Orangeat usw., auch bestimmte Futtermittel, die viel Feuchtigkeit enthalten. Der geringste Milbenbefall kann sich dort selbst in frischer Ware in kurzer Zeit verheerend auswirken. Er führt zu zahllosen Reklamationen der Händler und Käufer, macht Silo- und andere Lagerungen problematisch.

Zu den vorratsschädlichen Milben gesellen sich meist sehr bald räuberische Milben, die sich nun ihrerseits aufgrund der reichlich vorhandenen Beute sehr zahlreich entwickeln und ebenfalls zur Verunreinigung der Vorräte beitragen. Sie sind meist nicht in der Lage, die Massenpopulationen vorratsschädlicher Milben oder kleiner Insekten zu dezimieren. Einige der sogenannten Räuber können sich offensichtlich auch von den Vorräten ernähren.

Die Artenzahl der in Vorräten vorkommenden Milben, der Schädlinge sowie der Räuber ist im Verhältnis zu den parasitischen oder im Boden vorkommenden Milben nicht sehr groß, aber doch zu groß, um in Kürze alle erwähnen zu können. Es sollen darum hier nur die häufigsten genannt und dargestellt werden.

1. Auf der Oberseite der Schiene des 1. und 2. Beinpaares ein langes, peitschenförmiges Tasthaar, das fast immer die Fußspitze überragt (Abb. 183, *t*, 207 B *t*) 9
 - Auf der Oberseite der Schiene des 1. und 2. Beinpaares kein langes, peitschenförmiges Tasthaar 2
2. Kiefertaster außerordentlich kräftig entwickelt, stark hervorragend, erinnern an Fangbeine (Abb. 197, 198) . . . . *Cheyletidae* 3
 - Kiefertaster nicht auffällig gestaltet 7
3. Mit Augen, Vorderbeine sehr lang, an der Spitze ohne Krallen und ohne Empodium, Körperfarbe rötlich, Körperlänge 0,3 – 0,6 mm (Abb. 197 B) . . . .
 . . . . *Cheletomorpha lepidopterorum* (Shaw, 1794)
 ursprünglich von Shaw an den Flügeln eines kleinen Schmetterlings, danach gelegentlich wieder an den Flügeln von Motten, z. B. der Samenmotte, *Hoffmannophila pseudospretella* (Stainton) oder kleiner Eulenfalter, z. B. der Hausmutter, *Noctua pronuba* Linnaeus festgeheftet gefunden, nicht selten in großer Individuenzahl (100 Exemplare und mehr). Tritt oft zusammen mit vorratsschädlichen Milben auf.
 - Ohne Augen, Vorderbeine nicht abnorm lang, an der Spitze mit paarigen Krallen . . . 4
4. Endglied des Kiefertasters mit 1 kammförmigen Borste (Abb. 198 B, *kb*). Körper orangerot, etwa 0,5 – 0,6 mm groß. Männchen oft mit stark verlängerten Kiefertastern (Abb. 198 C) . . . . *Acaropsellina docta* (Berlese, 1886)
 in Vorräten als Räuber kleiner Insekten und Milben sowie deren Eier.
 - Endglied des Kiefertasters mit 2 kammförmigen Borsten (Abb. 199 A, *kb*) 5
5. Kralle des Kiefertasters am Grunde meist mit 3 Höckern (Abb. 199 C), Sinneskolben am Endglied des 1. Beinpaares schmal, etwa nur halb so lang wie die dicht daneben stehende Borste (Abb. 199 F, *si*). Körper gelblich, 0,34 – 0,45 mm lang . . . .
 . . . . *Cheyletus trouessarti*, Oudemans, 1902
 Lebensweise wie bei der vorher genannten Art.
 - Kralle des Kiefertasters am Grunde mit 1 oder 2 Höckern 6

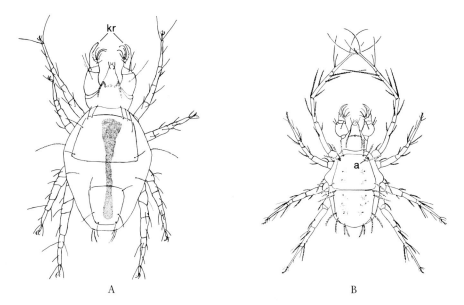

Abb. 197: A Getreideraubmilbe, *Cheyletus eruditus* Weibchen, Rückenseite, B *Cheletomorpha lepidopterorum* Weibchen, Rückenseite, *a* Auge, *kr* Krallen der Kiefertaster (aus RACK, VOLGIN).

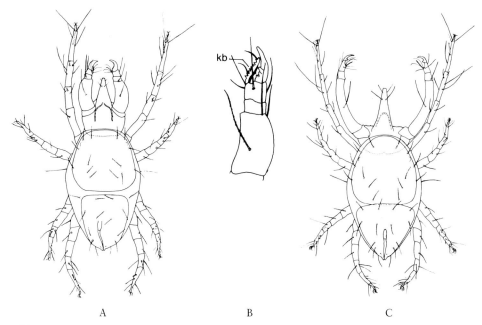

Abb. 198: *Acaropsellina docta*, Männchen Rückenseite, B rechter Kiefertaster, C heteromorphes Männchen Rückenseite, *kb* kammförmige Borste (aus RACK, nach HUGHES).

6. Kralle des Kiefertasters am Grunde meist mit 1 Höcker (Abb. 199 B), Sinneskolben am Endglied des 1. Beinpaares an der Basis deutlich verdickt (Abb. 199 E, *si*), Femur des 4. Beinpaares mit 1 Borste, Körper gelblich, 0,3 – 0,6 mm lang . . . .
. . . . *Cheyletus malaccensis* OUDEMANS, 1903
<small>Lebensweise wie bei der vorher genannten Art.</small>

– Kralle des Kiefertasters am Grunde meist mit 2 Höckern (Abb. 199 A), Sinneskolben am Endglied des 1. Beinpaares zylindrisch, schlank, etwa 3mal so lang wie die dicht daneben stehende Borste (Abb. 199 D, *si*). Femur des 4. Beinpaares mit 2 Borsten, Körper farblos, rautenförmig, 0,45 – 0,62 mm lang (Abb. 198 A) . . . .
. . . . **Getreideraubmilbe**, *Cheyletus eruditus* (SCHRANK, 1781)
<small>häufigste in Vorräten vorkommende Cheyletidenart, lebt hauptsächlich räuberisch von Modermilben und kleinen Insekten.</small>

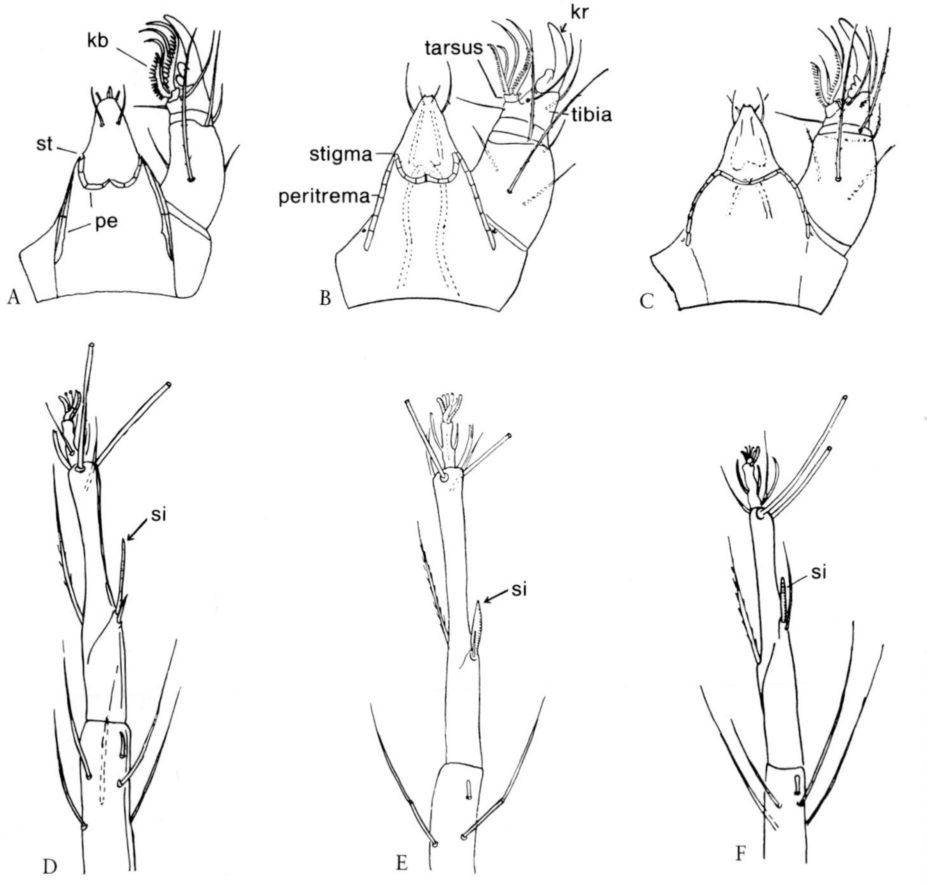

Abb. 199: A–C Gnathosoma mit jeweils rechtem Kiefertaster, D–F Füße der 1. Beine von: A, D *Cheyletus eruditus* Weibchen, B, E *Ch. trouessarti* Weibchen, C, F *Ch. malaccensis* Weibchen, *kb* kammförmige Borste, *st* Stigma (Atemöffnung), *pe* Peritrema (Atemröhre), *si* Sinneskolben (nach HUGHES).

7. Ganz blutrote Milben oder wenigstens vorderer Teil des Körpers und Beine rot. Milben, die vom Freien in großen Massen in die Häuser eindringen. 8
– Heller gefärbte Milben, weißlich, gelblich, zart rosabraun oder bräunlich, meist wird der ganze Körper von einem Rückenschild bedeckt, Haut glatt, Kiefer meist kurz scherenförmig (Abb. 200 A, *che*). Milben, die sich in Häusern in Massen entwickeln können . . . . .
. . . . freilebende *Gamasina*

Vertreter verschiedenster Familien und Gattungen, teils Räuber, teils Schimmelfresser. Letztere treten oft in ungeheuren Massen auf, bevorzugt in Häusern mit Heuböden oder Strohdächern und in Neubauten; sie fallen dann außerordentlich lästig. Hierzu gehören z. B.: *Androlaelaps casalis* (BERLESE, 1887) (= *Haemolaelaps molestus* OUDEMANS, 1929), 0,5–0,74 mm, meist in ländlichen Häusern mit Strohdächern oder Wohnungen unter Heuböden (Abb. 200); *Haemogamasus pontiger* (BERLESE, 1903), 0,7–1 mm und *Proctolaelaps hypudaei* (OUDEMANS, 1902), ca. 0,4 mm, beide besonders an Holzleisten und -rahmen in Neubauten, sowie *Lasioseius penicilliger* (BERLESE, 1916), ca. 0,55 mm, außerdem *Ameroseius plumosus* (OUDEMANS, 1902), 0,35–0,45 mm und *A. plumigerus* (OUDEMANS, 1930) (Abb. 201 A), 0,35–0,40 mm, von denen letztere in noch feuchten Neubauten am häufigsten Wohnungsplagen hervorruft.

8. Vorderer Rückenrand in vier, je ein blattförmiges Haar tragende Lappen ausgezogen, Hautleisten stark ausgebildet, Körperseiten stark gekielt. Beine und vorderer Teil des Körpers rot, sonst hellbraun bis schmutzig braunrot, braungrün, selten grün, mit nur wenigen blattförmigen Haaren auf dem Rücken, 0,6–0,84 mm groß (Abb. 202 A) . . . .
. . . . **Grasmilbe**, *Bryobia cristata* (DUGÈS, 1834)

Pflanzensaftsauger, Massenvermehrung auf jungem Zierrasen, der direkt bis an Hausfronten mit südlichen Lagen angelegt ist. Von da dringen sie zu Tausenden in die Wohnhäuser, nicht selten bis zum Dachgeschoß ein.

– Vorderer Rückenrand nicht in vier Lappen ausgezogen, Körper ohne Hautleisten, blutrot, dicht behaart, 0,8–0,9 mm groß (Abb. 202 B) . . . .
. . . . **Mauermilbe**, *Balaustium murorum* (HERMANN, 1804)

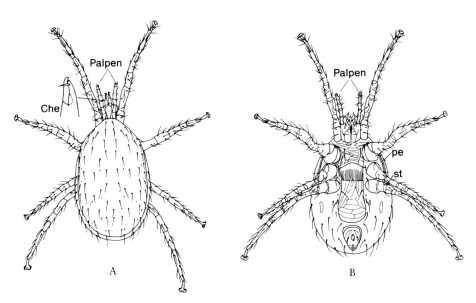

Abb. 200: *Androlaelaps casalis*, Weibchen, A Rückenansicht, B Bauchseite, *che* Chelicere, *pe* Peritrema (Atemröhre), *st* Stigma (Atemöffnung) (nach HUGHES).

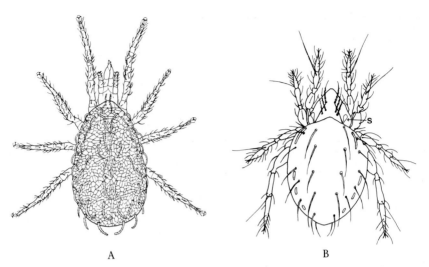

Abb. 201: A *Ameroseius plumigerus* Weibchen Rückenseite, B Hornmilbe, *Phauloppia lucorum* Weibchen Rückenseite, s kolbenförmiges Sinnesorgan (nach Rack, Hughes).

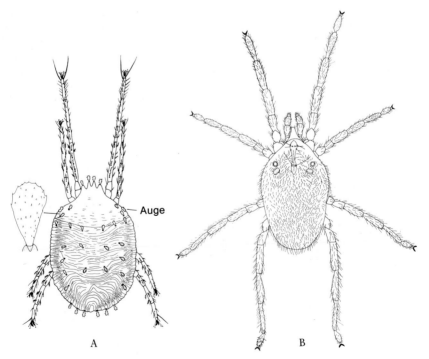

Abb. 202: A Grasmilbe, *Bryobia cristata* Weibchen Rückenseite, B Mauermilbe, *Balaustium murorum* Weibchen Rückenseite (A aus Rack, B Zeichnung Sabine Toussaint).

Durch Massenauftreten in Wohnungen und Vorräten lästige oder schädliche Milben 279

kann im Sommer, hauptsächlich im Monat Juni, zu einer großen Plage werden. Die Milben dringen vor allem in Flachdachbauten gelegentlich in so großer Zahl in die Räume ein, daß die in ihnen wohnenden oder arbeitenden Menschen stark belästigt werden.

9. Körper mit einem harten Chitinpanzer oder mindestens gut sklerotisiert, braun oder bräunlich. 10
— Körper ohne Chitinpanzer, schwach sklerotisiert, farblos bis leicht gelblich 11
10. Meist mit kräftigem, harten Chitinpanzer, daher mit wenigen Ausnahmen braun bis schwarz gefärbt, käferartig, auf der Rückenseite vorn zwei deutliche, meist kolbenförmige Sensillen (Abb. 201 B, s) . . . . **Horn-** oder **Moosmilben,** *Oribatei*
in Häusern, vor allem auf dem Dachboden, an den Dachsparren, aber auch auf Fensterbrettern kommt gelegentlich in ungeheurer Zahl, in dicken Schichten *Phauloppia lucorum* (C. L. Koch, 1840) (Abb. 201 B) vor, wenn die Entwicklungsbedingungen für die Milbe günstig sind. Sie ist häufig zu finden in Moosen und Flechten an Mauern, auf Dächern und in Dachrinnen sowie an mit Flechten und Moosen bewachsener Baumrinde. Größe etwa 0,6–0,8 mm. Gelegentlich rufen auch andere Moosmilbenarten Plagen in Häusern hervor, oder sie werden gemeinsam mit *Ph. lucorum* lästig, sind dann aber meist zahlenmäßig unterlegen. Zu nennen wären insbesondere *Trichoribates trimaculatus* (C. L. Koch, 1836) und *Humerobates fungorum* (Linnaeus, 1758).
— Körper gut sklerotisiert, daher rosabraun, Haut der Ober- und Unterseite grubig, Basis der Beinglieder mit deutlichen Längsrippen (Abb. 203), Körpergröße etwa 0,4 mm. . . . . *Gohieria fusca* (Oudemans, 1902)
häufig in großer Zahl in Mehl, Reis, Kleie und Getreidevorräten.
11. Körperhaut meist glatt, höchstens fein genoppt oder gefeldert, Vorderende des Rückens wenigstens mit 1 Paar Vertikalborsten (vergl. Abb. 183, *ve, vi*). 13
— Körperober- und unterseite deutlich gerieft, Vorderende des Rückens ohne Vertikalborsten . . . . **Hausstaubmilben,** *Pyroglyphidae* 12
verschiedene Gattungen und Arten, die alle mit Vögeln und Säugetieren, einschließlich Mensch, vergesellschaftet sind oder in Futtervorräten vorkommen. In Häusern findet man sie im Staub der Fußböden, Teppichböden, Teppichen, Polstermöbel, Matratzen, Bettwäsche usw. Reichliches Nahrungsangebot, günstige Temperatur- und Feuchtigkeitsverhältnisse in den Wohnungen begünstigen nicht nur ihre starke Entwicklung, sondern auch bestimmter Schimmelpilzarten, mit denen sie in wechselseitiger Beziehung stehen. Als Nahrung dienen Hautschuppen von Mensch und Tier. Im Bett, auf Polstermöbeln und auf dem Fußboden finden die Milben Schuppen in reichlicher Menge, denn der Mensch verliert pro Tag 0,7–1,4 Gramm Hautschuppen. Die Schuppen können aber

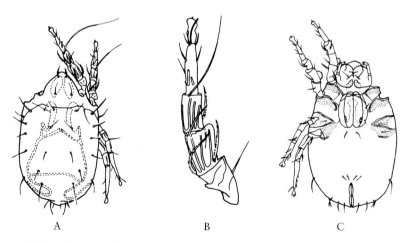

Abb. 203: *Gohieria fusca*, Weibchen, A Rückenansicht, B 1. Bein Rückenansicht, C Bauchansicht (nach Hughes).

so, wie sie vom Menschen abgegeben werden, von den Milben nicht verdaut werden, der Fettanteil ist für sie sogar giftig. Die Milben sind darum auf Mikroorganismen angewiesen, die die Schuppen vorverdauen. Es sind einige Schimmelpilzarten, die das tun und die immer zusammen mit ihnen vorkommen. Die vorverdaute, halbflüssige Masse sammelt sich außerhalb der Pilzhyphen an und wird von den Milben aufgenommen. Die Milben können Allergien hervorrufen. Das Allergen stammt offensichtlich von den Schimmelpilzen, wird von den Milben mit der Nahrung aufgenommen, im Darm gespeichert und mit dem Kot ausgeschieden. Durch Einatmen des Kotes – vor allem beim Bettenmachen – kann es zu Hausstauballergien in Form von Bronchialasthma, Rhinitis und auch Hautrötungen kommen. In Mitteleuropa sind es hauptsächlich zwei Arten der Gattung *Dermatophagoides* BOGDANOV, 1864, die im Hausstaub fast jeder Wohnung leben.

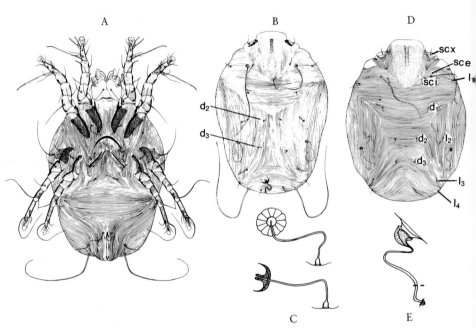

Abb. 204: Hausstaubmilben, *Dermatophagoides pteronyssinus* Weibchen, A Bauchseite, B Rücken, C Receptaculum seminis; *D. farinae* Weibchen, D Rücken, E Receptaculum seminis (aus FAIN, HUGHES).

12. Rückenhaut des Weibchens zwischen den Borsten d_2 und d_3 längsgestreift (Abb. 204 B), Receptaculum seminis blumenähnlich (Abb. 204 C), Körperlänge des Weibchens 0,28–0,35 mm (Abb. 204 A) . *Dermatophagoides pteronyssinus* (TROUESSART, 1897)
   in Mitteleuropa häufigste Art im Haus- und Bettenstaub.
 - Rückenhaut des Weibchens zwischen den Borsten d_2 und d_3 quergestreift (Abb. 204 D), Receptaculum seminis schüssel- bis krugähnlich (Abb. 204 E), Körperlänge des Weibchens 0,26–0,40 mm . . . . *Dermatophagoides farinae* HUGHES, 1961
   in Futtermitteln und Hausstaub, in letzterem in Mitteleuropa jedoch seltener als vorher genannte Art.
13. Auf dem Rücken befindet sich zwischen dem 2. und 3. Beinpaar eine Querfurche (siehe Abb. 183, *qu*), Männchen mit Tarsal- und meistens auch Analsaugnäpfen (Abb. 217 B, C, *ts, as*). 17
 - Auf dem Rücken befindet sich zwischen dem 2. und 3. Beinpaar keine Querfurche, Männchen meistens ohne Tarsal- und Analsaugnäpfe 14

Durch Massenauftreten in Wohnungen und Vorräten lästige oder schädliche Milben 281

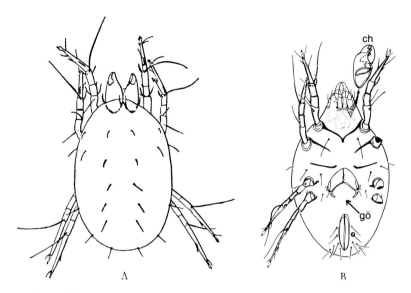

Abb. 205: *Chortoglyphus arcuatus*, Weibchen, A Rückenseite, B Bauchseite, *gö* Geschlechtsöffnung, *ch* Chelicere vergrößert (nach HUGHES, KRANTZ).

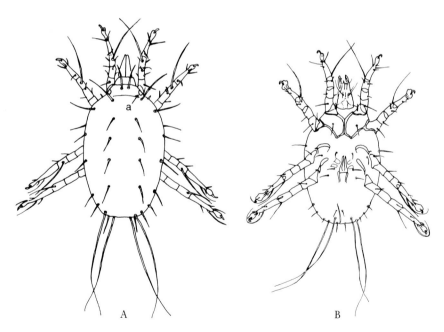

Abb. 206: Backobstmilbe, *Carpoglyphus lactis*, A Weibchen, Rückenseite, B Männchen, Bauchseite, *a* augenähnliches Gebilde (nach HUGHES).

14. Körperborsten lang, deutlich gefiedert, Körperoberfläche von winzigen Papillen bedeckt, daher matt, nicht glänzend, Weibchen am Hinterende mit einem zapfenförmigen Anhang (Kopulationsröhre) (Abb. 207 A, *ko*), Männchen stets ohne Anal- und Tarsalsaugnäpfe
.... 16
– Die meisten Körperborsten kurz, glatt, Körperoberfläche nicht von winzigen Papillen bedeckt, Weibchen am Hinterende ohne zapfenförmigen Anhang 15
15. Alle Körperborsten kurz, Kiefer groß und kräftig, Genitalregion der Weibchen ungewöhnlich breit (Abb. 205 B, *gö*), auf dem Vorderkörper keine augenähnlichen Gebilde, Körperfarbe rosa, Männchen mit Anal- und Tarsalsaugnäpfen, Körpergröße Männchen 0,25–0,3 mm, Weibchen 0,35–0,4 mm (Abb. 205) ....
.... *Chortoglyphus arcuatus* (TROUPEAU, 1879)

schädlich in den verschiedensten gespeicherten Produkten pflanzlicher Herkunft wie Weizen, Roggen, Hafer, Gras- und Rotkleesaat, Hühnerfutter, Mohnsamen, Sojaabfällen, Mehlrückständen, Streu und Häcksel.

– 4 Borsten am Körperhinterende sehr lang, Genitalregion der Weibchen normal, alle Entwicklungsstadien haben am Körpervorderende jederseits ein augenähnliches Gebilde (Abb. 206 A, *a*), Männchen (Abb. 206 B) ohne Anal- und Tarsalsaugnäpfe, Körper farblos, glasig, Körpergröße Weibchen 0,38–0,42 mm, Männchen 0,38–0,4 mm ....
.... **Backobstmilbe**, *Carpoglyphus lactis* (LINNAEUS, 1758)

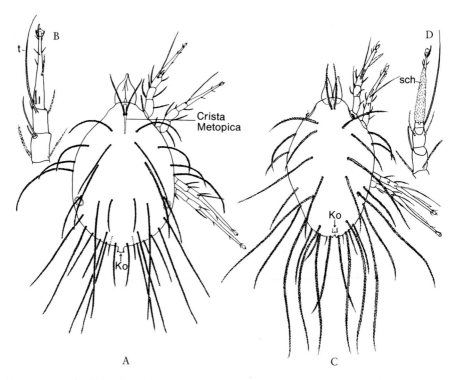

Abb. 207: A Hausmilbe, *Glycyphagus domesticus*, Weibchen, Rückenseite, B rechtes 1. Bein Rückenansicht; C Pflaumenmilbe, *Lepidoglyphus destructor*, Weibchen, Rückenseite, D rechtes 1. Bein Bauchansicht, *ko* Kopulationsröhre, *sch* Schuppe, *t* Tasthaar (nach HUGHES).

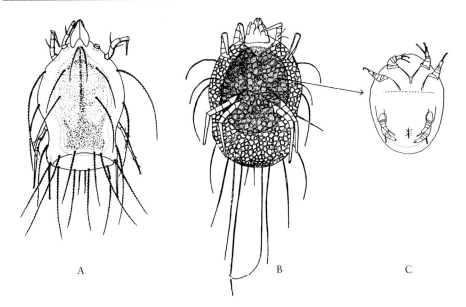

Abb. 208: A *Glycyphagus domesticus*, Protonymphenhaut Rückenansicht mit Dauernymphe (Hypopus) im Innern; B *Lepidoglyphus destructor*, Protonymphenhaut Bauchseite mit Dauernymphe (Hypopus) im Innern, C Dauernymphe frei (nach Hughes).

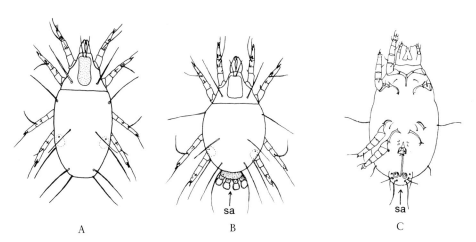

Abb. 209: Essig- oder Karpfenschwanzmilbe, *Histiogaster carpio*, A Weibchen, B Männchen Rückenansicht; C *Thyreophagus entomophagus*, Männchen, Bauchseite, *sa* Schwanzanhang (nach Türk & Türk, Hughes).

die unter dem englischen Namen dried fruit mite bekannte und gefürchtete Milbe ist ein weltweit verbreiteter und großer Schädling an Trockenfrüchten wie Pflaumen, Rosinen, Pfirsichen, Aprikosen, Feigen, Bananen, Datteln und anderen Früchten, auch in Pflaumen- und Tomatenmus, Honig, Honigwaben usw. Die Vermilbung von Trockenpflaumen hat in den letzten Jahrzehnten offensichtlich zugenommen und ist zu einem Problem für Importeure und Pflaumenmus herstellende Industrie geworden. Wandernymphen treten nur sehr selten auf.

16. Endglied der Beine ohne lange, dichtbehaarte Schuppe (Abb. 207 B), Mitte des Vorderrückkens mit einer Längsleiste (Crista metopica) (Abb. 207 A), Körperfarbe weißlich, Körpergröße Weibchen 0,4 – 0,75 mm, Männchen 0,32 – 0,4 mm, Protonymphenhaut mit Dauernymphe (Hypopus) im Innern ist mehr oder weniger glatt (Abb. 208 A) . . . .
. . . . Hausmilbe, *Glycyphagus domesticus* (DE GEER, 1778)
in Vorratslagern sowie in Heu, Stroh, Vogelnestern und Wohnungen. Sie lebt und entwickelt sich in allen möglichen trockenen pflanzlichen und tierischen Stoffen, in Heuabfällen, Honigwaben, trockenen Früchten usw., vor allem wenn die Produkte modrig geworden sind. Bei viel Feuchtigkeit und Vorhandensein einiger bestimmter Schimmelpilzarten kann es in Wohnungen auf Matratzen, Polstermöbeln und an den Wänden zu einer Massenentwicklung und großen Plage kommen. Bei empfindlichen Personen können die Milben Allergien hervorrufen. Dauernymphen treten häufig auf.

– Endglied der Beine mit langer, dichtbehaarter Schuppe (Abb. 207 D, *sch*), Mitte des Vorderrückens ohne Längsleiste (Crista metopica) (Abb. 207 C), Körper weißlich, Körperlänge des Weibchens 0,4 – 0,56 mm, des Männchens 0,35 – 0,5 mm, Protonymphenhaut mit Dauernymphe deutlich gefeldert (Abb. 208 B) . . . .
. . . . Pflaumenmilbe, *Lepidoglyphus destructor* (SCHRANK, 1781)
eine der häufigsten vorratsschädlichen Milben, die oft vergesellschaftet mit *Acarus siro, Cheyletus eruditus* und *Ch. malaccensis* vorkommt. Man findet sie in modrig gewordenen pflanzlichen und tierischen Produkten wie Hafer, Roggen, Weizen, Gerste, auch in Leinsamen, Reis, Trockenfrüchten, Heu, Stroh, getrockneten Tierhäuten, in Nestern von Hummeln, Nagetieren usw. Auch sie ist wie die Hausmilbe auf das Vorhandensein von viel Feuchtigkeit und Schimmelpilzen angewiesen, kann sich jedoch von einer größeren Anzahl verschiedener Schimmelpilzarten ernähren, was ihr eine größere Verbreitung ermöglicht. Dauernymphen treten häufig auf.

17. Hinterende des Männchens mit einem deutlich sklerotisierten, plattenförmigen oder vierteiligen Anhang (Abb. 209 B, C), beim Männchen und Weibchen ist die Rückenbeborstung unvollständig, es fehlen die Borsten *sci, hi, d₁, d₂ und la* (vgl. Abb. 183) 18
– Hinterende des Männchens ohne Schwanzanhang, beim Männchen und Weibchen ist die Rückenbeborstung vollständig. 19

18. Anhang des Männchens am Hinterende rund, glatt (Abb. 209 C, *sa*), Körper milchig-weiß bis gelblich gefärbt, länglich oval, bis 0,6 mm lang und 0,27 mm breit . . . .
. . . . *Thyreophagus entomophagus* (LABOULBÈNE, 1852)
an Getreide und Getreideprodukten, an getrockneten Pflanzen für medizinische Zwecke etc.

– Anhang am Hinterende des Männchens vierteilig, fächerförmig (Abb. 209 B, *sa*), farblos, Körpergröße 0,45 – 0,52 mm . . . .
. . . . Essig- oder **Karpfenschwanzmilbe**, *Histiogaster carpio* (KRAMER, 1881)
früher oft in großen Mengen an den zur Essigbereitung benutzten Eichenhobelspänen. Gelegentlich in großer Zahl an bereits verschimmelten Nüssen.

19. Das Borstenpaar *ve* gut ausgebildet, es inseriert nahe der vorderen Ecke des Propodosomatalschildes (vgl. Abb. 183, *pr*), ungefähr in gleicher Höhe wie die Borsten *vi* (Abb. 219 C, *ve, vi*), Männchen stets mit Anal- und Tarsalsaugnäpfen (Abb. 217 B, C, *as, ts*) 24
– Das Borstenpaar *ve* rudimentär oder fehlend, wenn vorhanden, dann inseriert es am Propodosomatalschild fast in der Mitte der Seitenränder, deutlich hinter den Borsten vi (Abb. 211 D, *ve, vi*), Analsaugnäpfe können beim Männchen fehlen 20

20. Körperoberfläche mit feinem Schuppenmuster oder längsgestreifter Felderung (Abb. 210), zwei auffällig lange Borsten am Körperhinterende, Analsaugnäpfe können beim Männchen fehlen. 21

- Körperoberfläche meist glatt und glänzend, am Körperhinterende mindestens 4 sehr lange Borsten oder es sind nur kurze Borsten vorhanden, Männchen stets mit Anal- und Tarsalsaugnäpfen. 22
21. Körperoberfläche fein längsgestreift und gleichzeitig gefeldert (Abb. 210 B), Männchen ohne Analsaugnäpfe, Körpergröße des Weibchens, 0,27–0,34 mm (Abb. 210 A) . . . . *Suidasia nesbitti* HUGHES, 1948
in Weizenkleie und verschiedenen anderen Kleien und an Reis.
- Körperoberfläche ohne Längsstreifung, die Haut ist mehr rund-schuppenförmig gefältelt (Abb. 210 C), Männchen mit 2 großen, flachen Analsaugnäpfen, Körpergröße des Weibchens 0,29–0,36 mm . . . . *Suidasia medanensis* OUDEMANS, 1924
in Reiskleie, Erdnüssen, Erbsen etc.

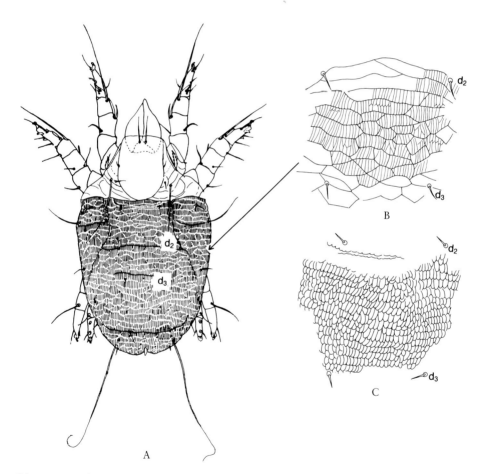

Abb. 210: A *Suidasia nesbitti*, Weibchen Rückenseite, B Hautoberfläche zwischen den Rückenborsten d_2 und d_3; C *S. medanensis*, Weibchen, Hautoberfläche zwischen den Rückenborsten d_2 und d_3 (A nach HUGHES, B C aus RACK).

22. Beine sehr kurz und dick, mit mehreren breiten Dornen versehen, Borste *ba* am Fuß des 1. Beinpaares in einen Dorn umgewandelt (Abb. 211 A, *ba*) ....
.... **Wurzelmilben,** *Rhizoglyphus* 23
- Beine länger und nicht so dick, Dornen länglicher und schmäler, Borste *ba* am Fuß des 1. Beinpaares nicht in einen Dorn umgewandelt (Abb. 211 B, *ba*) ....
.. Arten der Gattungen *Cosmoglyphus* und *Caloglyphus*, z. B. *Caloglyphus mycophagus* (MÉGNIN, 1874) (Abb. 211 C).

<small>ungefähr 0,4−0,7 mm große, farblose Milben. Verschiedene, schwer voneinander zu unterscheidende Arten, die in modrigem Getreide, Kopra, Erdnüssen, Paranüssen, Kleie usw. vorkommen können.</small>

23. Rückenborsten *sci* winzig, weniger als ¹/₁₀ der Länge der Borsten *sce* (Abb. 212 B), Körper gedrungen, glatt, glänzend, farblos, Beine rötlichbraun, Körperlänge 0,45−1 mm .....
.... **Kartoffelwurzelmilbe,** *Rhizoglyphus robini* (CLAPARÈDE, 1869)
(= *Rh. solani* OUDEMANS, 1924)

<small>an verrottenden Pflanzen, insbesondere Kartoffeln, Speisezwiebeln und den verschiedensten Blumenzwiebeln. Wandernymphen und heteromorphe Männchen treten häufig auf.</small>

- Rückenborsten *sci* länger, etwa ⅓ der Länge der Borsten *sce* (Abb. 212 A), Körper glänzend, farblos, Beine rötlichbraun, Körperlänge 0,65−0,75 mm ....
.... *Rhizoglyphus echinopus* (FUMOUZE & ROBIN, 1868)
(= *Rh. callae* OUDEMANS, 1924 sensu HUGHES)

<small>an Zwiebeln von Narzissen, Freesien, Tulpen, Hyazinthen, Knollen von Gladiolen usw. Wandernymphen und heteromorphe Männchen treten auf.</small>

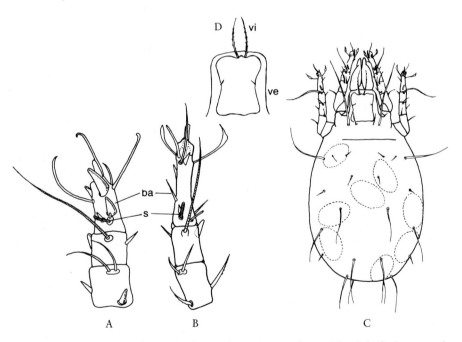

Abb. 211: A *Rhizoglyphus robini*, Männchen, rechtes 1. Bein Rückenansicht; *Caloglyphus mycophagus,* B Männchen, rechtes 1. Bein Rückenansicht, C Weibchen mit Eiern, Rückenansicht, D Schild des Vorderkörpers vergrößert, *vi* und *ve* innere und äußere Vertikalborsten, *s* Sinneskolben, *ba* Borste am Fuß des 1. Beines (nach HUGHES).

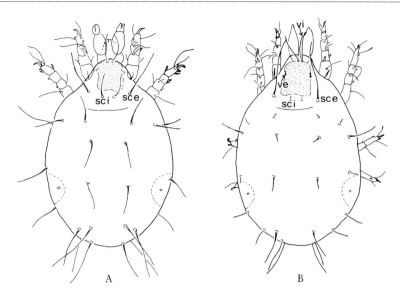

Abb. 212: Wurzelmilben, Weibchen, Rückenansichten von A *Rhizoglyphus echinopus*, B *Rh. robini*, *sci* und *sce* innere und äußere Scapularborsten, *vi* und *ve* innere und äußere Vertikalborsten (nach MANSON).

24. Alle Beine der Weibchen mit je 2 Krallen, bei den Männchen endet das 3. Beinpaar nicht in 2 Krallen, sondern in 2 großen Dornen (Abb. 213 D) . . . . *Lardoglyphus* 25
– Alle Beine der Weibchen nur mit 1 Kralle, bei den Männchen ist das 3. Beinpaar wie bei den Weibchen ausgestaltet 26
25. Rückenborstenpaar d_4 dreimal so lang wie d_3, 1. und 2. Beinpaar des Männchens mit 2 Krallen (Abb. 213 B), Körper glatt, kremfarben, etwa 0,4–0,6 mm lang, Borsten auf dem Rückenschild der Wandernymphe einfach (Abb. 214 A) . . . .
. . . . *Lardoglyphus zacheri* OUDEMANS, 1927
  vor allem in eiweißhaltigen, tierischen Produkten wie Knochen, Häuten, Fellen, Schlachterabfällen, Fischmehl, Trockenfisch, getrockneten Wasserinsekten, sogenannten Muscas, die als Fischfutter gehandelt werden etc.
– Rückenborsten d_4 und d_3 ungefähr gleich lang, 1. und 2. Beinpaar des Männchens mit 1 Kralle (Abb. 215 A), in Färbung und Größe der vorher genannten Art ähnlich, Körper nur etwas rundlicher, Borsten auf dem Rückenschild der Wandernymphe deutlich verdickt (Abb. 216 A) . . . . *Lardoglyphus konoi* (SASA & ASANUMA, 1951)
  Vorkommen wie vorher genannte Art.
26. Hinterende der Weibchen und Männchen mit 4 langen Schlepphaaren (Abb. 183 und 217 B, *pa, sai*), beim erwachsenen Männchen Schenkel des 1. Beinpaares auf der Unterseite mit einem auffälligen, starken Fortsatz (Abb. 217 A, *f*) 27
– Hinterende der Weibchen und Männchen mit mehr als 4 langen Schlepphaaren (Abb. 219, 220), beim erwachsenen Männchen Schenkel des 1. Beinpaares ohne auffälligen, starken Fortsatz 28
27. Ventraler Dorn *s* an den Fußspitzen der 1. und 2. Beine des Weibchens etwa so lang wie die Krallen, deutlich dick und nach außen gekrümmt (Abb. 218 A), Rückenborsten der Wandernymphe lang (Abb. 184 A), Körpergröße der erwachsenen Milben: Männchen

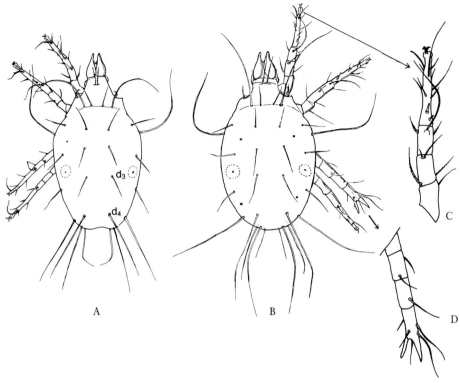

Abb. 213: *Lardoglyphus zacheri*, Rückenansichten von A Weibchen, B Männchen, C Männchen rechtes 1. Bein, D rechtes 3. Bein, d_3 und d_4 3. und 4. Rückenborstenpaar (nach Hughes).

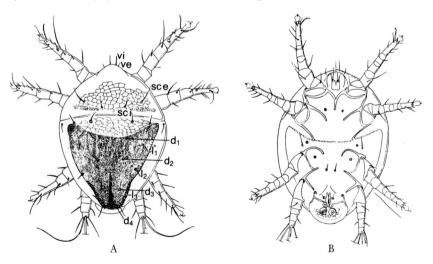

Abb. 214: *Lardoglyphus zacheri*, Wandernymphe (Hypopus), A Rückenansicht, B Bauchansicht (aus Hughes).

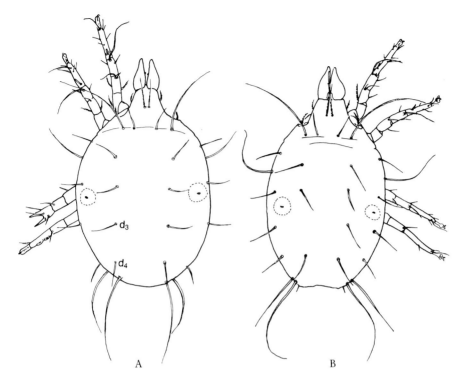

Abb. 215: *Lardoglyphus konoi*, A Männchen, B Weibchen, Rückenansichten, d_3 und d_4 3. und 4. Rückenborstenpaar (nach Hughes).

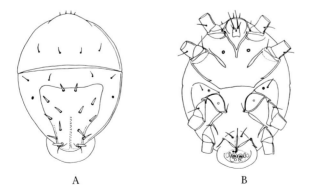

Abb. 216: *Lardoglyphus konoi*, Wandernymphe (Hypopus), A Rücken-, B Bauchansicht (aus Hughes).

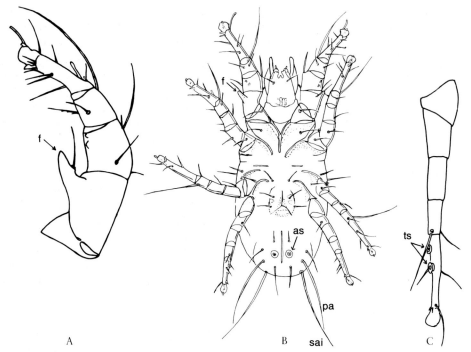

Abb. 217: Mehlmilbe, *Acarus siro*, Männchen, A rechtes 1. Bein vergrößert, B Bauchansicht, C linkes 4. Bein Seitenansicht, *f* Fortsatz, *as* Analsaugnäpfe, *ts* Tarsalsaugnäpfe, *pa* Postanalborsten, *sai* innere Sacralborsten (aus HUGHES).

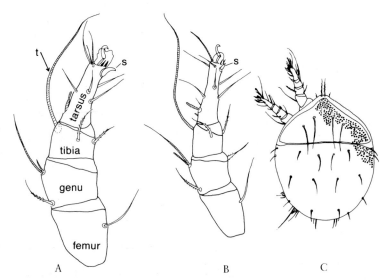

Abb. 218: Mehlmilbe, *Acarus siro*, A Weibchen 1. Bein; *Acarus farris*, B Weibchen 1. Bein, C Wandernymphe (Hypopus) Rückenansicht, *s* dornförmige Borste am Fußende, *t* Tasthaar (nach GRIFFITHS, HUGHES).

0,32−0,46 mm, Weibchen 0,35−0,65 mm . . **Mehlmilbe,** *Acarus siro* LINNAEUS, 1758
[= *Tyroglyphus* oder *Aleurobius farinae* (LINNAEUS, 1758)]
ein reiner Vorratsschädling, der in den verschiedensten Getreidesorten und -produkten, aber auch an anderen stärkehaltigen Vorräten, ferner an Heu, Käse usw. sehr häufig vorkommt und vor allem als Getreideschädling gefürchtet ist; denn im Gegensatz zu anderen in Getreide und Getreideprodukten lebenden Milben schädigt die Mehlmilbe nicht nur das fertige Mehl, zerbrochene oder bereits geschädigte Getreidekörner, sondern sie greift auch reife, gesunde Weizenkörner an, bohrt sich an der Stelle, an der der Embryo liegt, in das Korn ein, frißt zuerst den Embryo, dann auch den ganzen Inhalt des Korns, bis nur noch die Samenschale übrigbleibt. Vorkommen und Massenentwicklung der Mehlmilbe in Getreide sind nicht nur von der relativen Luftfeuchte streng abhängig, sondern vor allem auch von dem Wassergehalt der Körner. Stark vermilbte Lebensmittel können gesundheitliche Schäden bei Mensch und Tier hervorrufen und sind daher als Lebens- und Futtermittel ungeeignet.

− Ventraler Dorn *s* an den Fußspitzen der 1. und 2. Beine des Weibchens kleiner, nur etwa ½ so lang wie die Krallen (Abb. 218 B), Rückenborsten der Wandernymphe kurz (Abb. 218 C), Körpergröße der erwachsenen Milben: Männchen 0,36 mm, Weibchen 0,5 mm. . . . . *Acarus farris* (OUDEMANS, 1905)
ist sozusagen die «Wildform» von *A. siro*, die auch im Freien zu finden ist, außerdem in Neubauten, auf Heuböden, aber nur sehr selten in Getreide und Getreideprodukten. Ähnlich leben noch andere Arten z. B. *A. immobilis* GRIFFITHS, 1964, eine Art, die eine unbewegliche Dauernymphe (Abb. 184 C) ausbilden kann, die ihr das Überstehen ungünstiger Umweltbedingungen (Trockenheit, Begasung) ermöglicht.

28. Die inneren Rückenborsten *sci* sind kürzer als die äußeren Rückenborsten *sce*, Beine und Mundwerkzeuge rötlich braun, Körper weiß, Körperlänge: Männchen 0,48−0,55 mm, Weibchen 0,58−0,67 mm (Abb. 219 A) . . . *Aleuroglyphus ovatus* (TROUPEAU, 1878)

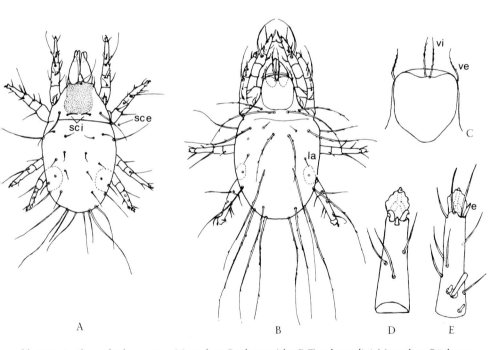

Abb. 219: A *Aleuroglyphus ovatus*, Männchen, Rückenansicht; B *Tyroborus lini*, Männchen, Rückenansicht, C Schild am Vorderkörper, vergrößert, D Fuß des 1. Beines Bauchansicht, E Fuß des 1. Beines Rückenansicht, *e* dornförmige Borste an der Fußspitze, *la, sci, sce, vi* und *ve* Borstenbezeichnungen (vgl. Abb. 183) (nach HUGHES).

oft in großen Mengen in Kleie, Mehl, Hühnerfutter, getrockneten Fischprodukten usw., außerdem nachgewiesen in Mäuse- und Maulwurfnestern.
- Die inneren Rückenborsten *sci* sind länger als die äußeren Rückenborsten *sce*, Beine und Mundwerkzeuge meist wie der Körper farblos 29
29. Die Rückenborste *la* ist mehr als doppelt so lang wie die Rückenborste d_1 (Abb. 220 A), Körper farblos, Beine und Mundwerkzeuge bräunlich, Körpergröße: Männchen 0,45–0,55 mm, Weibchen 0,50–0,70 mm   **Käsemilbe**, *Tyrolichus casei* OUDEMANS, 1910
auf Käse, in Getreide, feuchtem Mehl, Früchtebrot usw. Wurde in den Gegenden um Altenburg zur Käsebereitung gezüchtet.
- Die Rückenborste *la* etwa genauso lang wie die Rückenborste d_1 (Abb. 220 B) 30
30. Borste *e* auf der Rückenseite der Fußspitzen des 1. Beinpaares nadelförmig, auf der Bauchseite der Fußspitzen 5 Dornen, von denen die 3 mittleren verdickt sind (Abb. 220 C, D) . .
 . . . . **Modermilben**, *Tyrophagus*
viele verschiedene, schwer voneinander zu unterscheidende Arten. Häufigste Art in Vorräten ist *Tyrophagus putrescentiae* (SCHRANK, 1781), deren Männchen 0,28–0,35 mm und deren Weibchen 0,32–0,45 mm lang sind. Die Milbe ist meist farblos, seltener leicht bräunlich. Sie ist weltweit verbreitet, kommt in Mitteleuropa jedoch nicht im Freien vor. Man kann sie insbesondere in Leinsamen, getrocknetem Ei, in Erdnüssen, Käse, Schinken, Heringsmehl, Kopra, ferner in getrockneten Bananen, Weizen, Hafer, Gerste und Mehl finden. Auch Kürbiskerne, Salami-Würste, getrocknete Aprikosen, getrocknete Pilze, Reis, Cayennepfeffer, Weizenkleie und vieles andere können stark von ihr befallen und ungenießbar gemacht werden. Sie tritt öfters in Laboratorien, in denen parasitische Pilze, z. B. Fußpilze, auf Agar-Agar-Böden gezüchtet werden, als unangenehmer Schädling auf und kann gelegentlich in noch sehr feuchten Neubauten zur Plage werden. Auch in Insektenzuchten und Bienenstöcken ist sie oft in großer Zahl zu finden, in letzteren nicht selten einen Befall der Bienen mit der **Tracheenmilbe** *Acarapis woodi* vortäuschend, da die **Modermilben** bis ins Innere von toten Bienen eindringen. Wander- oder Dauernymphen sind bisher nicht beobachtet worden.

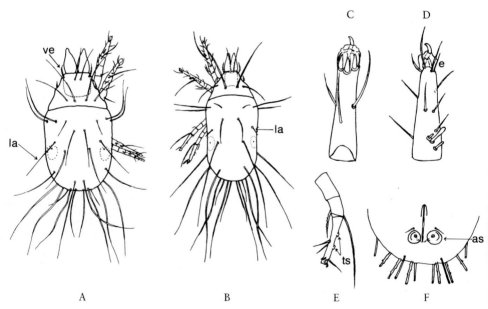

Abb. 220: A Käsemilbe, *Tyrolichus casei*, Weibchen, Rückenseite; B Modermilbe, *Tyrophagus putrescentiae*, Weibchen, Rückenseite, C und D Fuß des 1. Beines in Bauch- und Rückenansicht, E Männchen, 4. Bein, F Männchen Körperhinterende, Bauchseite, *as* Analsaugnäpfe, *ts* Tarsalsaugnäpfe, *e, la, ve* Borstenbezeichnungen (vgl. Abb. 183 und Text) (nach HUGHES).

– Borste *e* auf der Rückenseite der Fußspitzen des 1. Beinpaares dornförmig, auf der Bauchseite 3 Dornen (Abb. 219 D, E), Körper farblos, Körpergröße: Männchen 0,35–0,47 mm, Weibchen 0,40–0,65 mm (Abb. 219 B) . . . . *Tyroborus lini* OUDEMANS, 1924
hauptsächlich in Leinsamen, aber auch in altem Mehl, Weizen, in Vogel- und Hühnerfutter.

Anhang

Sachregister
der charakteristischen Aufenthaltsorte der Schädlinge und der von ihnen befallenen Objekte und Lebewesen

Im Rahmen dieses Buches, das der Bestimmung der im Haus vorkommenden schädlichen Tiere dient, ist es nicht möglich, auf die Vielfalt ihres Vorkommens bis in alle Einzelheiten einzugehen. Viele von ihnen können auch nicht überall und nicht immer im Haus gefunden werden, sondern zeigen charakteristische ökologische Ansprüche, auf die in diesem Sachverzeichnis hingewiesen werden soll. Die unter einem Stichwort gegebenen Seitenzahlen weisen auf Arten hin, die an gleichen Stellen im Haus vorkommen und unter Umständen auch miteinander eine Lebensgemeinschaft bilden können oder auch die gleiche Nahrung haben. Durch diese Hinweise soll in Ergänzung zu den Bestimmungstabellen die richtige Unterscheidung ähnlich lebender Arten erleichtert werden. Dabei konnte allerdings keine Vollständigkeit der Möglichkeiten angestrebt werden, sondern es wurden nur die erfahrungsgemäß häufigen berücksichtigt.

Aas (Kadaver, Leichen) '25, 94, 101, 127, 242, 245, 246, 247
Abort, Jauche, -gruben 237, 242, 247, 251, 254
Abwasser (gräben) 241, 251
Apotheke 145, 149, siehe auch Drogen
Aquariumpflanze *(Cryptocoryne)* 67
– -raum 42
Ausguß aus Wasserleitung 129, 237

Bäckerei (Konditorei) 40, 41 (Gärkammer), 44, 101, 104, 147, 217, 243
Backobst (Dörr-, Trockenobst) 127, 130, 215, 218, 219, 221, 229, 284
  Äpfel 214, 220
  Aprikosen 128, 222, 284, 292
  Bananen 130, 284, 292
  Datteln 129, 214, 220, 222, 284
  Feigen 128, 129, 220, 222, 284
  Früchtebrot 292
  Korinthen 129
  Pfirsiche 284
  Pflaumen 128, 220, 284 (-mus)
  Rosinen 149, 220, 222, 284
  Weinbeeren 129
Backwaren 145
  Brot 22, 41
  Brötchen 228

Zwieback 219
Badeanstalt 101
– -zimmer 19, 40, 237
Balkon 17, 158
– -kasten 42, 98
– -pflanzen siehe Zimmerpflanzen
Baumwollballen 121
Bergwerkschacht 25
Betten (-staub, -wäsche, Matratze) 22, 42, 86, 279, 280, 284
Bienenstock, -waben (Honigwaben) 151, 218, 219, 220, 265, 266, 284
Bilder (gerahmte) 30, 86
Bleiplatten 88
Blumendünger (aus Hornspänen) 158
– -erde 38, 42, 66, 158, 235
– -topf 35, 37, 38, 235
– -zwiebeln 19, 286
Blutsauger 54–66, 85, 86, 235–240, 241, 247, 248–250, 256–260, 264–273
– an Hausgeflügel
  Enten 58, 60, 62
  Gänse 58, 60, 62, 273
  Hühner 60, 61, 62, 85, 86, 258, 265, 268, 273
  Tauben 16, 58, 60, 61, 62, 86, 258, 265, 266, 273
– an Haustieren (Vieh) 238, 241, 246, 247

Sachregister

Esel 62
Hund 57, 65, 240, 257, 260, 265, 269
Kaninchen 65, 257, 259, 260, 270
Katze 57, 251, 260, 270
Pferd 57, 62, 249
Rind 62, 63, 65
Schaf 57, 65, 250, 257, 269
Schwein 62, 257
Ziege 57 (und Angoraziege), 65
– am Menschen 62, 66, 85, 86, 235, 238, 239, 240, 241, 246, 247, 249, 250, 256, 260, 264, 265, 267, 269, 270, 273
Brunnen 239, 251
Bücher 53, 120
Buchweizen 171

Dachboden 12, 13, 14, 18, 105
– -vorsprung 105, 106
Drechslerwerkstatt 162
Drogen (Arznei- und Gewürzdrogen), Heilkräuter 145, 148, 149, 217, 221, 229, 284
  Cayennepfeffer *(Fructus Capsici)* 292
  Derriswurzeln *(Radix Derridis)* 141
  Eibischwurzeln *(Radix Althaeae)* 142
  Fenchel *(Fructus Foeniculi)* 94
  Fingerhutblätter *(Folia Digitalis)* 149
  Galläpfel *(Gallae)* 115
  Ingwerwurzeln *(Rhizoma Zingiberis)* 142
  Koriandersamen *(Fructus Coriandri)* 94, 270, 273
  Kümmel *(Fructus Carvi)* 215
  Lakritzen-(= Süßholz-)wurzeln *(Radix Liquiritiae)* 142
  Leinsamen *(Semen Lini)* 284, 293
  Lorbeerblätter *(Folia Lauri)* 82
  Mohnsamen *(Semen Papaveris)* 282
  Muskatnuß *(Semen Myristicae)* 112, 129, 131, 157
  Opium (geronnener Milchsaft von *Papaver somniferum*) 148
  Paprika *(Fructus Capsici)* 148
  Pfefferminzblätter *(Folia Menthae piperitiae)* 149
  Sennesschoten *(Folliculae Sennae)* 165
  Tamarinden *(Pulpae Tamarindorum)* 165, 172
Drogerie 145
Dunghaufen 37

Eichenhobelspäne zur Essigbereitung 284
Eier (faule) 247, 248
Eipulver (Trockeneigelb) 121, 292
Elfenbeinnüsse siehe Steinnüsse
Expeller siehe Ölfrüchte

Fabrikationsräume 147
Fäkalien siehe Kot
Federn 122, 187, 211, 215, 225 (Abb.), 226
Felle siehe Häute
Fett 129, 219, 227
Fisch (getrockneter) 48, 121, 287
Fischmehl 287, 292 (Heringsmehl)
Flachdach 35, 279
Fledermausschlafplätze 86
Fleisch (frisches, faules) 12, 35, 245
– (getrocknetes) 48
– und Wurstwaren 35, 118, 119
  Därme 121, 187
  Innereien 248
  Knochen 287
  Rauchfleisch 121, 127, 243
  Schinken 127, 243, 292
  Schlachtabfälle 287
  Schmalz 227
  Talg 227
  Wurst 35, 118, 127, 292
Früchtebrot siehe Backobst
Fußbodenbelag: Linoleum 88
Fußbodenfüllung 38, 129
Fußpilzkulturen auf Agar-Agar 292
Futtermittel 280, 291
  Expeller siehe Ölfrüchte
  Fischfutter (Muscas) 287
  Fischmehl 287, 292
  Hühnerfutter 282, 293
  Manjokwurzeln 141
  Schweinefutter 235
  Sojaabfälle 282
  Stubenvogelfutter 154, 205 (Mehlwurm), 293
  Tapiokaprodukte 155
Futtermittelbetriebe 132
Fußbodenfüllung 38

Gastwirtschaft 101
Geflügelstall siehe Hühnerstall
Gemüse (frisches, eingelagertes) 18, 19, 20, 22, 25, 35, 38, 233, 253
– (importiertes) 44
– (trockenes) 221
  Beta-Rüben 73
  Champignon 39
  Futterrüben 73
  Gurken 19, 76
  Kohl 18, 73
  Kohlrüben 18, 19
  Kürbis 18, 19
  Möhren 18, 73
  Petersilie 73
  Porree 73

Rüben 19
Salat 19, 73
Schnittlauch 73
Sellerie 73
Speisepilze (getrocknete) 19, 138, 214, 292
Speisezwiebeln 73, 286
Tomaten 224
Genußmittel
   Kaffeebohnen 112, 186
   Kakaobohnen (Rohkakao) 112, 121, 134, 157, 186, 221, 222
   Schokolade 121, 137, 221
   Tabak 154, 221
Gerberschoten (Früchte von *Acacia arabica*) 165
Getreide (eingelagertes, frisches bis faules und schimmliges) 52, 115, 124, 126, 127, 129, 130, 133, 144, 148, 149, 155, 156, 157, 214–220, 222, 224, 227, 229, 284, 291, 292
   Gerste 216, 284, 292
   Hafer 282, 284, 292
   Mais 112, 144, 216
   Malz 126
   Reis 115, 116, 129, 137, 138, 155, 216, 219, 284, 285
   Roggen 282, 284
   Sorghum 216
   Weizen 116, 216, 217, 145, 154, 284, 292
Getreideprodukte 124, 145, 154, 284, 291
   Grieß 141
   Häcksel 282
   Kleie 220, 285, 292
   Mehl 40, 138, 217, 220, 282, 291, 292
   Mehlprodukte 145
   Schrot 220
   Spreu 149
   Stroh 115, 116, 217, 219
   Teigwaren 171
Gewächshaus 18, 19, 21, 48, 101, 184
Graben 14
Großküche siehe Küchen
Gruft 242

Haare (Borsten, Bürsten, Pinsel) 54, 124, 187, 215
Hausgarten 13, 35, 39, 103
Haushalt 145
Hausschwamm-Fruchtkörper 214, 229
Hausstaub 279
Hausterrasse 104
Häute und Felle (frische und gesalzene) 119, 121, 187, 211, 215, 225, 284, 287
– gegerbte: Leder 121, 187, 219, 227, 250
– gegerbte: Pelze 124, 196, 211, 215, 225, 226
– (Säugetier- und Vogelbälge) 215

Herbarium 140, 159, 217
Heu 115, 116, 217, 218, 219, 227, 284, 291
Heuboden 116
Hochhaus 12, 17
Holz 48–50, 87–90, 103, 107, 119, 120, 121, 141–146, 152, 153, 154, 158–162, 170, 173–186 (Taf. I–IV), 201–202, 207–209
–, baumkantiges (berindetes) 145, 162, 183, 184, 186
–, faulendes 127, 158
–, feuchtes 152 (periodisch befeuchtet), 173, 174, 184, 188, 208
–, frisch verbautes 153, 160, 161, 162, 207, 208
–, insektenbefallenes 107, 119, 154
–, morsches 107, 152, 154, 182
–, pilzbefallenes 88, 145, 170, 177, 184, 185, 202
   Abachi 142, 185
   Bambus 141, 143, 161
   Buche 175, 209
   Edelkastanie 162
   Eiche 120, 143, 144, 145, 162, 175, 185, 209
   Fichte 88, 89, 90, 159, 160
   Kiefer 88, 89, 90, 159, 160, 161, 174, 208
   Lärche 89, 174
   Laubholz 88, 103, 120, 142, 145, 161, 173, 174, 175, 182, 184, 209
   Limba 142, 185
   Nadelholz 103, 145, 170, 174, 182, 184, 208
   Tanne 88, 89, 120, 150, 185
   Tropenhölzer 130, 141–144
   Weidenruten 159, 208
Holzlager 149, 153
Holzwerkstücke:
   Balken(köpfe) 88, 103, 177, 182
   Blockhaus (Holzhaus) 170, 174, 177
   Bodenschwellen 160
   Brennholz 18, 127, 159, 160, 161, 162
   Dachbalken 161, 162, 183
   Fachwerk 160, 208
   Faßdauben 144
   Fensterumrandung 160, 170, 174, 182, 185
   Furniere 145, 185, 202
   Fußbodenbretter (Dielen) und -leisten 170, 174, 182, 185
   Grubenholz 170, 186
   Hafenkonstruktionen 152, 174, 184
   Holzwolle 54
   Kistenbretter 88, 89, 160
   Korbgeflechte 144, 159
   Kork 121, 182, 214
   Möbelholz 145, 185, 202
   Parkettstäbe 103, 143, 161, 209

Pfähle und Pfosten 98, 103, 107, 160, 170, 174, 183, 208, 209
Regal 88
Sägemehl 158
Sarg 127
Schiffaufbauten 48
Schindel 174
Schnitzerei 144, 185, 208, 209
Sperrholz 174
Stauholz 182
Telegrafenmasten 160, 161, 183
Türumrandungen, -schwellen 170, 208
Wasserleitungsröhren (aus Holz) 173
Weinfaß 127, 174, 216
- -reifen 162
Horn 225
Hotel 44, 86
Hühnerställe (Geflügelmastställe) 13, 85, 86, 122, 134, 152, 158, 180, 258, 268, 273
Hülsenfrüchte (Leguminosen) 163 (Systematik) 166, 216
 Adzukibohne 168, 169
 Akonitblätterige Bohne 169
 Erbse 166, 167, 168, 169, 171, 255
 Erdbohne 169
 Erderbse 166, 169
 Erdnüsse siehe Ölfrüchte
 Feuerbohne 162
 Green Gram 168, 169
 Helmbohne 167, 169
 Kichererbse 168, 169
 Kuhbohne 166, 168, 169
 Linse 166, 167, 168, 169
 Lupine 171
 Mondbohne 166
 Mungobohne 168, 169
 Pferdebohne 162, 166, 169
 Puffbohne 166, 167
 Radiata Bohne 163
 Saubohne siehe Puffbohne
 Sojabohne 169, 171, 178
 Speisebohne 162, 166, 168
 Strauchbohne 167, 168, 169
 Süßlupine 171
 Wicke 167
Hummelnester 218, 220, 227, 284

Insekten (tote, auch in Sammlungen) 120, 126, 147, 215, 219, 225, 227, 235, siehe auch Naturaliensammlung
Isoliermaterial aus Wolle und Haaren 124

Jauchegrube siehe Abort

Kadaver siehe Aas
Kahn siehe Schute
Kapok (Ceibawolle, Pflanzendunen) als Polstermaterial verwendete Haare der Innenseite der Kapselfrüchte von Bombaceae 116
Kartoffeln 18, 19, 20, 22, 25, 35, 37, 72, 73, 74, 216, 228, 233, 234, 235, 242, 248, 253, 286
Käse 12, 291, 292 (Altenburger Milbenkäse)
Keimkasten 37
Keller und Kellerwohnung 12, 13, 14, 18, 19, 21, 35, 37, 38, 53, 73, 115, 139, 153, 212, 237, 239, 242, siehe auch Gemüse, Kartoffeln, Obst, Schimmelbildungen
Kläranlage 23, 237
Kleider 22, 66, 88
Kletterpflanzen als Hausbewuchs 20
Kompost 42, 135, 137, 158, 234, 244, 253
Konzertgarten 80
Kot (Exkremente, Fäkalien)
 - von Asseln 235
 von Eidechsen 235
 - von Hunden 248
 - von Insekten 235
 - von Menschen 245, 247, 248
 - von Pferden 237, 246
 - von Rindern 237, 245, 246
 - von Schweinen 248
 - von Wiederkäuern 245
Krankenhaus 101
Kübelpflanzen siehe Zimmerpflanzen
Küche 19, 25 (-schrank), 149, 244
Küchenabfälle 129, 243
Kühlhaus 15, 150

Laboratorium 273, 287
Lager(häuser bzw. -räume) 44, 53, 85, 110, 135, 138, 149, 217, 228
Lebens-(Nahrungs)mittel 44, 104, 115, 135, 157, 262, 291
Lehmmörtel 98
Leichen siehe Aas
Leuchtende Tiere 22
Lichtreklame 17
Lichtschacht 13
Lüftungsschlitze 17

Magazin 40
Mahlgang 220, siehe auch Mühle
Margarinefabrik 42
Marmelade (Pflaumenmus) 42, 222
Massenauftreten im Strohdach 23, 116, 135, 277
- in Wohnhäusern 147, 149, 150, 279 siehe auch Neubauten

Masseneinwanderung aus dem Freiland in die Häuser, meistens zur Überwinterung   25, 35, 38, 39, 48, 95, 100, 101, 102, 103, 114, 239, 242, 245
Mauern (-spalten und -hohlräume)   12, 17, 101, 103, 106, 107, 262
Mehlhandlung   154, siehe auch Mehl unter Getreideprodukte
Milch   12
Mistbeet, -haufen   37, 137, 237, 254
Mörtel   107
Mühle   17, 34, 36, 47, 53, 103, 105, 107, 109, 121, 127, 129, 149, 171, 132, 133, 135, 137, 154, 171, 174, 217, 220
Müllbehälter   13
Mülldeponie (-platz)   41 (Scherbelberg), 44, 45, 245, 247
Museum siehe Naturaliensammlung

Naturaliensammlung   39, 53, 120, 124, 159
Neubauten   35, 38, 52, 53, 88, 89, 91, 138, 153, 160, 161, 162, 183, 277, 291
Nistplätze in und an Häusern
– von Ameisen   100–104
– von Bienen   107
– von Termiten   49
– von Wespen, solitären   97, 98
– – , sozialen   104–106

Obst (frische Früchte), eingelagert   18, 19, 20, 22, 25, 172, 243, 244, 247, 248, 255
– , importiert   44, 45, 81
 Ananas   130
 Äpfel   227, 228
 Bananen   48, 224
 Citrus   82
– -produkte (Essig, Fruchtsaft, Wein)   243, 255
Öl   12
Ölfrüchte (-samen) und Expeller   42, 126, 157, 195
 Baumwollsamen   222
 Erdnüsse   42, 85, 116, 126, 129, 131, 157, 162, 165, 171, 218, 219, 222, 286
 Kopra   42, 118, 119, 121, 130, 131, 157, 222, 286, 292
 Leinsamen siehe Drogen
 Palmkerne   129

Papier   40, 88
Papierkorb   13
Parasiten der Honigbiene   265, 266
Parasiten von Mensch und Haustieren siehe Blutsauger
Parasitoide von Hausinsekten (im Verzeichnis der wissenschaftlichen Namen, S. 299 ff., hinter dem Gattungs- bzw. Artnamen mit [P] bezeichnet)   90–100, 110:
 Fliegen   91, 94, 95, 96, 100, 110
 Holzinsekten   90, 92, 93, 99, 270
 Schaben   90
 Vorratsschädlingen   92, 93, 95, 96, 97, 98, 99, 100, 270
Pflanzenstoffe, faulende (modernde, schimmelnde)   25, 37, 41, 114, 134, 135, 140, 141, 219, 233, 234, 235, 242, 254, 282, 284, 286
– , trockne   125, 126, 147, 212, 215, 221, 222, 224, 227
Plastikfolien   13
Polstermöbel   54, 122, 216, 225 (Abb.), 227, 240, 262, 284
Produkte tierischer Herkunft ohne nähere Bezeichnung   120–125, 147, 149, 211, 212, 224, 227

Räuber von Hausinsekten (im Verzeichnis der wissenschaftlichen Namen, S. 299 ff., hinter dem Gattungs- bzw. Artnamen mit [R] bezeichnet)   12, 21, 30, 85, 86, 98, 110, 114, 117, 119, 126, 190, 261, 264, 274, 275, 276
Räucherei (-kamin)   127, 158
Regentonne   239, 251
Rostpilze *(Uredinales)*   68
Ruine   12
Rußtaupilze   78, 79, 81

Säcke, gebrauchte   140, 187
Samen   40, 125, 131, 147, 149, 157, 216, 217, 218, 219, siehe auch Drogen und Schalenobst
 Apfelkerne   94
 Birnenkerne   94
 Eicheln   171
 Forstbaumsamen   214
 Grassamen   282
 Kleesamen   94, 282
 Kürbiskerne   292
 Nadelholzsamen   94
 Tabaksaat   148
Schalenobst (Nüsse)   218, 220, 221, 229, 284
 Aprikosenkerne   94
 Erdnüsse siehe Ölfrüchte
 Johannisbrot   220, 222
 Kastanien (eßbare)   216, 220
 Mandeln   94, 171, 218, 221, 222, 229
 Paranüsse   41, 117, 129, 286
 Pflaumenkerne   94, 218
 Walnüsse   94
Schaufenster   220
Scheune   13, 85, 138
Schiff   14, 44, 45, 48, 155

Schimmelbildungen (durch zu hohen Feuchtigkeitsgehalt der Luft oder der eingelagerten Vorräte sind für Auftreten von Lästlingen und Vorratsschädlingen mehr verantwortlich als die Art der Vorräte) 34–40, 51–54, 134–141, 115, 116, 127, 158, 200, 201, 206, 207, 284, 286, 292
Schlafplatz für Fledermäuse 12, 86
Schokoladenfabrik 221
Schuppen 152, 212
Schute 14, 152
Schutthaufen 235
Seife 88
Siel 14
Speicher 14, 38, 224, 262
Speise- (Vorrats-)kammer 14, 103, 127
Stall 13, 14, 44, 52, 149, 153, 217, 219, 246, 247, 270, siehe auch Hühner- und Taubenstall
Steinnüsse, Elfenbeinnüsse (Samen von *Elephantusia [Phytelephas] macrocarpa*) 42, 164, 141
Stellmacherwerkstatt 167
Streu 219, 282

Tapete 52, 53, 86, 124
Taubenstall (-schlag) 86, 122, 140, 154, 215, 226, 258, 267, 273
Telegrafenstange 160, 161, 183, 209
Terasse 104
Terrarium 101
Textilien 13, 44, 123, 149, 211, 212, 226
  Gardinen 40
  Kleiderstoffe 88
  Kunstseide 40
  Teppich 88, 122, 124
  Wäsche 66, 88, 279
  Wollstoffe (-textilien, -waren) 13, 122, 147, 211, 212, 215, 225, 226, 227
Tierhaus, -heim siehe Stall
Tischlerei 158
Treibhaus 38, siehe auch Gewächshaus
Treppe 103
Trocken- (Preß-)hefe 141
Trockenobst siehe Backobst
Trockenpilze 19, 138, 214, 292

Veranda 103
Vektoren (Überträger von Krankheitserregern) 247, 248
– von Anämie (infektiöse) der Pferde 60
  Beulenpest 257, 258
  Darmkrankheiten durch Bakterien 245
  Europäischem Rückfallfieber 66
  Fleckfieber 66
  Frühsommer-Meningoencephalitis

(FSME) 269
  Geflügelcholera 60
  Geflügelvirose 60
  Gurkenkernbandwurm 57
  Lyme-Krankheit 269
  Malaria 238
  Pappatacifieber 235
  Pflanzenkrankheiten 74
  Wolhynischem Fieber 66
  Zecken-Borreliose 269
Vogelnest (Quelle für Schädlingsplagen) 16–18, 53, 106, 124, 150, 151, 217, 218, 226, 227, 240, 249, 250, 258, 273
  Mauerseglernest 18, 250
  Mehl- und Rauchschwalbennest 17, 85, 250, 258, 273
  Meisennest 258
  Spatzen-(Sperling-)nest 17, 124, 258
  Stadttaubennistplatz 16, 38, 140, 154, 258, 267
  Starkobel 258
  Stuben-(Zier-)vogelkäfig 267

Wachs 218, 224, siehe auch Bienenwaben
Warmhaus 48, siehe auch Gewächshaus
Warmwasseraquarium 67
Wasserbecken 239
Weinkeller 139, 214, 216
Winterquartier in Häusern 12–16, 22, 95, siehe auch Masseneinwanderung
Wohnhaus, fernbeheiztes 101, 164
Wohnung, renoviert 147, 149, 150, siehe Schimmelbildungen

Zigarettenfabrik 53 (Dampfraum)
Zimmerpflanzen 66–83, siehe auch Blumendünger, Blumenerde, Blumentopf
  Adiantum spp. (Filicales, Adiantaceae) 68, 75
  Adventsstern siehe *Euphorbia*
  Agave spp. (Agavaceae) 81, 82
  Ageratum houstonianum (Lobeliaceae) 68
  Aloe spp. (Liliaceae) 81
  Alpenveilchen siehe *Cyclamen*
  Amaranthus spp. (Amaranthaceae) 71
  Amaryllidaceae 71
  Ampelkraut siehe *Zebrina*
  Anthurium spp. (Araceae) 70, 71, 74
  Apfelsinenbäumchen siehe *Citrus aurantium*
  Araceae, Aronstabgewächse 83
  Aralie siehe *Fatsia*
  Asparagus sprengeri (Liliaceae) 74–77, 81, 82
  Aspidistra elatior (Liliaceae) 71, 83
  Azalea indica (Ericaceae) 68, 70, 75
  Begonia spp. (Begoniaceae) 70, 71, 74–76

Blausternchen siehe *Ageratum*
Bromeliaceae 79, 82, 83
Cactaceae 78, 79, 83
Calceolaria intergrifolia (Scrophulariaceae) 75
Calla siehe *Zantedeschia*
Camillia japonica (Theaceae) 79
Chamaerops humilis (Palmae) 82
Chlorophytum comosum (Liliaceae) 81
Citrus aurantium (Rutaceae) 79, 82
Citrus medica (Rutaceae) 79, 82
Clivia miniata (Amaryllidaceae) 78
Codiaeum variegatum var. *pictum* (Euphorbiaceae) 70
Cryptocoryne (Araceae) 67
Cyclamen persicum (Primulaceae) 71, 74, 75
Dracaena spp. (Agavaceae) 70
Drachenlilie siehe *Dracaena*
Dreimasterblume siehe *Tradescantia*
Edelpelargonie siehe *Pelargonium grandifolium*
Efeu siehe *Hedera helix*
Erica spp. (Ericaceae) 77
Euphorbia pulcherrima (Euphorbiaceae) 74, 83
Farne siehe Filiciales
Fatsia japonica (Auraliaceae) 70, 81
Ficus elastica (Moraceae) 70, 78, 79, 82
Filiciales 71, 75, 81, 83
Flamingoblume siehe *Anthurium*
Fleißiges Lieschen siehe *Impatiens*
Frauenhaarfarn siehe *Adiantum*
Fuchsia spp. (Onagraceae) 68, 74–76
Fuchsschwanz siehe *Amaranthus*
Gloxinien siehe *Sinningia*
Goldtüpfelfarn siehe *Phlebodium*
Grünlilie siehe *Chlorophytum*
Gummibaum siehe *Ficus*
Hedera helix (Araliaceae) 74, 79
Heliotropium arborescens (= *peruvianum*) (Boraginaceae) 68
Heliotropium corymbifolium (= *corymbosum*) (Boraginaceae) 68
Hibiscus roseosinensis (Malvaceae) 79
Howea (= *Kentia*) (Palmae) 70
Immergrün, Rosenfarbiges siehe *Vinca*
Impatiens holstii sultani (Balsaminaceae) 74
Kakteen siehe Cactaceae
Kalla siehe *Zantedeschia*
Kamellie siehe *Camellia*
Kentia (Palmae) 70
Kreuzkraut siehe *Senecio*

Laurus nobilis (Lauraceae) 79, 82
Leberbalsam, Mexikanisches siehe *Ageratum*
Lorbeerbaum siehe *Laurus*
Marantaceae 82
Mimosaceae 82
Musaceae 82
Myrtus communis (Myrtaceae) 76
Nephrolepis cordifolia (Filicales, Nephrolepidaceae) 68
Nephrolepis exaltata (Filicales, Nephrolepidaceae) 68
Nerium oleander (Apocynaceae) 74, 78, 79
Oleander siehe *Nerium*
Orchidaceae 68, 71, 79, 82
Palmae 78, 79, 82
Pandanus spp. (Pandanaceae) 70
Pantoffelblume siehe *Calceolaria*
Paradiesvogelblume siehe *Strelitzia*
Pelargonium grandiflorum (Geraniaceae) 68, 74–76
Pelargonium peltatum (Geraniaceae) 74–76
Phoenix lourëiri (= *roebelenii*) (Palmae) 70, 82
Primula spp. (Primulaceae) 74–76
Proteaceae 82
Roseneibisch, Chinesischer siehe *Hibiscus*
Schraubenbaum oder -palme siehe *Pandanus*
Schwertfarn siehe *Nephrolepis*
Senecio cruentus (Stammform der Zinerarien: *S. hybridus*) (Compositae) 73–77
Sinngrün, Rosenfarbiges siehe *Vinca*
Sinningia hybrida (Ausgangsform *S. speciosa*) (Gesneriaceae) 74–76
Strelitzia reginae (Musaceae) 82
Streptocarpus (Hybriden) (Bignoniaceae) 74–76
Tillandsia spp. (Bromeliceae) 70, 101
Tradescantia spp. (Commelinaceae) siehe auch *Zebrina*
Vinca rosea (Apocynaceae) 74, 75
Wunderstrauch siehe *Codiaeum*
Zantedeschia (= *Calla*) *aethiopica* (Araceae) 70, 74, 75
Zebrina pendula (früher zu *Tradescantia* gestellt) (Commelinaceae) 70
Zierspargel siehe Asparagus
Zinerarien siehe *Senecio*
Zitronenbäumchen siehe *Citrus medica*
Zwergpalme siehe *Chamaerops*
Zucker 40, 104, 108, 130

Verzeichnis der wissenschaftlichen Namen für die Schädlinge und ihre Feinde

Letztere, die unter Umständen zur biologischen Regelung von Vorratsschädlingen und Hausungeziefer eingesetzt werden können, sind hinter ihrem Namen durch ein [P] als Parasitoide und durch ein [R] als Räuber gekennzeichnet. Die Bezeichnungen für Gattungen und Arten sind mit kursiver und für höhere Taxa mit normaler Schrift gedruckt. Seitenzahlen mit einem * verweisen auf eine Abbildung auf dieser Seite, eingeklammerte Zahlen hinter den Seitenzahlen auf die Ordnungszahlen im 4. Verzeichnis (S. 314 ff.), worunter der dazugehörende englische (bzw. amerikanische) oder französische Vulgärname (common name) zu finden ist. Die französischen Namen werden von den englischen durch einen Schrägstrich getrennt, ist nur ein französischer im Verzeichnis 4 aufgeführt, so steht vor dem Schrägstrich ein Gedankenstrich.

Abgrallaspis cyanophylli   83
Acalyptrata   242, 243*
Acanthocinus aedilis   160, 207
Acanthoscelides obtectus   112*, 164*, 166 (9, 33, 156/79, 84, 86)
Acarapis woodi   264, 266, 267*, 292
Acari   262
Acarospellina docta [R]   264, 274, 275*
Acarus   264
– *farris*   291
– *immobilis*   263*, 291
– *siro*   263*, 290*, 291 (228, 230, 258)
Acheta domesticus   33, 43*, (297/276)
Achroia grisella   92, 219*, 225 (325)
Acidalia herbariata   217
Acrididae   44
Aculeata   87*, 97, (–/414)
Adalia bipunctata [R]   114*
Adephaga   109*
Adistemia watsoni   139*, 140
Aëdes   234*, 250
Agelenidae   98
Aglossa caprealis (nicht *cuprealis*)   219, 227 (377)
– *pinguinalis*   219, 227
Ahasverus advena   99, 134*, 197, 198*, (232/175, 564)
Aleochara [P]   110
Aleurobius farinae   291
Aleuroglyphus ovatus   264, 291*
Aleyrodina   32, 68, 72, 77 (583)
Allaiulus londinensis   25
Alphitobius diaperinus   156, 154*, 155*, 158, 206*, 207 (324/400, 535)
– *laevigatus*   154*, 155*, 158, 206*, 207 (46, 259/401)
Alphitophagus bifasciatus   155, 156*, 205*, 206 (555)
Amaurobiidae   262

Amaurobius   262
Amblycerinae   165
Ameroseius plumigera   277, 278*
– *plumosus*   277
Amphimallon solstitiale   158
Anacridium aegyptium   43*, 44 (310)
Anagasta siehe *Ephestia kuehniella*
Anaticola anseris   58*, 62
– *crassicornis*   62 (494)
Anatoecus adustus   60
– *cognatus*   60
– *dendatus*   60
– *discludus*   60
– *icterodes*   58*, 60
Androlaelaps casalis   277*
Anisochrysa carnea [R]   30*
Anisolabis maritima   41
Anisopteromalus calandrae [P]   96*, 97
Anisopus   233*
– *fenestralis*   234, 236*, 254
– *punctatus*   236*, 253*, 254
Annelida   66
Anobiidae   93, 113, 145, 189, 201, 202* (183, 241/576)
Anobium punctatum   93, 145, 146*, 181* (158, 212, 572)
Anopheles   183*, 185, 186, 202, 234*, 237*, 238, 250, 251*
– *atroparvus*   238*
– *bifurcatus*   238
– *claviger*   238
– *maculipennis*   237*, 238 (215, 343)
– *messeae*   238*
– *typicus*   238*
Anoplura   55, 61
Anthicidae   116, 200
Anthicus floralis   116*, 200
Anthocoridae [R]   85
Anthomyia pluvialis   247

Anthrenus 122
- *fasciatus* 123, 194* (592/242)
- *fuscus* 123*, 124, 194*, 195
- *museorum* 123, 124, 194* (378)
- *pimpinellae* 123*, 194*
- *polonicus* 124
- *scrophulariae* 123*, 194* (105/470)
- *verbasci* 123*, 191*, 194*, 195* (89, 557/10, 12, 13)
Anthribidae 112, 187
Aonidia lauri 78, 82 (–/148)
Apamea sordens 224
Apate monachus 144 (42)
Aphaniptera 256
Aphididae 31, 33, 67, 72
Aphidina 67, 68, 72
Aphidula nasturtii 74*, 77 (88/439)
Aphiochaeta 241
Aphis gossypii 76
- *nasturtii* 77
Aphomia gularis 217*, 218, 223*, 229 (306/365, 399, 449)
- *sociella* 218, 227
Apidae 97
Apion 110*, 112*, 169
Apis mellifera (= *mellifica*) 107*, 108* (292/1)
Apocrita 86
Apodemus siehe *Sylvaemus*
Apodidae 18
Apodiformes 18
Apus apus 18
Arachnida 261
Araecerus fasciculatus 110*, 112*, 187* (17, 153/81)
Araneae 261*, 262 (509)
Archaeopsylla erinacei 258*, 259
Arctosiphon malvae 76
Argas persicus 264*, 265, 267*, 268
- *reflexus* 16, 267* (238, 353)
Argasidae 266 (508/541)
Argyresthia conjugella 228* (15)
Aridius nodifer 139, 200*, 201
Arrhopalites caecus 39
Arrostelus flavipes [R] 85
Arthropleona 34, 36
Arthropoda 19
Aseminae 208*
Asemum striatum 161, 208, 209*
Aspidiotus hederae 82 (387/149)
- *unisexualis* 82
Atomaria 134*, 135, 200
Attagenus 124
- *fasciatus* 125 (–/130)
- *gloriosae* 125

- *megatoma* 124, 126*, 196
- *pellio* 122*, 124, 191*, 196 (93/22, 25, 120)
- *piceus* 124
- *smirnovi* 124
- *unicolor* 124 (43, 410/23, 24, 128)
- *woodroffei* 125
Auchenorrhyncha 72
Aulacorthum (siehe auch *Neomyzus*)
- *geranii* 76
- *pelargonii* 76 (248, 396)
- *solani* 75
Auplopus carbonarius 98
Aves 16
Azelia 248.

Balaustium murorum 264, 277, 278*
Bethylidae [P] 34, 97, 98
Bibio 235*
- *marci* 234 (515)
Bibionidae 234, 253
Blaniulidae 25
Blaniulus guttulatus 24*, 25 (511)
Blaps 109*, 153, 154*, 204*, 205* (–/423)
- *gigas* 154
- *lethifera* 154
- *mortisaga* 154
- *mucronota* 154 (–/139)
Blatta orientalis 44*, 45, 47* (389/55)
Blattariae 32, 33, 44 (174)
Blattella germanica 45, 46*, 47* (173, 249/54)
Boophthora erythrocephala 239
Borrelia burgdorferi 269
- *recurrentis* 66
Bostrichidae (Bostrychidae) 111, 113, 143*, 189, 202* (589)
Bostrichus capucinus 144
Bostrychiformia 120
Bostrychoplites 144
Bourletiella 36*
- *signata* 39
Bovicola
- *bovis* 56*, 57 (113)
- *caprae* 55*, 56*, 57 (254)
- *equi* 57
- *limbatus* 55*, 57
- *ovis* 57 (481)
Bovicolidae 56*, 57
Brachycaudus
- *cardui* 77 (539/436)
- *helichrysi* 77 (319)
- *lateralis* 77
Brachycera 232*, 233*, 240
Brachydesmus superus 25
Brachymeria fonscolombei [P] 94

– *minuta* [P]   93*, 94
– *podagrica* [P]   94
Brachypeplus rubidus   129, 130
Bracon hebetor [P]   92*, 93
Braconidae [P]   92*, 93
Braconinae [P]   93
Braula coeca   265, 266*
Braulidae   265
Bruchidae   96, 97, 113, 162, 164* (440)
Bruchidius   168, 187
– *incarnatus*   162, 164*, 168
Bruchinae   166
Bruchobius laticeps [P]   96*
Bruchophagus gibbus   94
Bruchus   164*, 166
– *affinis*   166
– *atomarius*   166
– *emarginatus*   164*, 166
– *ervi*   166
– *lentis*   166 (321/85)
– *pisorum*   164*, 166 (395/87)
– *rufimanus*   164*, 166 (68/83)
– *signaticornis*   166
Bryobia cristata   277, 278* (146/364)
Buprestidae   186, 188*

Cadra siehe *Ephestia calidella, cautella, figulilella*
Caenoptera   159
Calandra siehe *Sitophilus*
Callidium violaceum   162, 182*, 184, 209 (–/336)
Callimomidae   94
Calliphora   233*, 245*, 246*, 255*, 256 (56, 57/371)
– *erythrocephala*   246
– *vicina*   91, 110, 246
– *vomitoria*   246
Calliphoridae   95, 244 (56, 57)
Callosobruchus   162, 168
– *chinensis*   164*, 168 (33, 170/80)
– *maculatus*   164*, 169 (236/77)
Caloglyphus mycophagus   264, 286
Calopus serraticornis   152, 153*, 183*, 188*
Calyptrata   242
Calytobium   137
Campanulotes bidentatus compar   61* (501)
Camponotidae   101
Camponotus   102*, 177, 180* (103)
– *herculaneus*   103 (460)
– *ligniperda*   103
Cantharidae   109*
Carabidae   109*, 117, 118*, 188
Carabus   117
– *cancellatus*   118*

Carcinophoridae   41
Carnivora   13
Carpoglyphus lactis   264, 281* (205/3, 359)
Carpophilinae   127
Carpophilus   97 (–/565)
– *bipustulatus*   128
– *decipiens*   129
– *dimidiatus*   128*, 129, 196*, 197 (169/108, 129)
– *freemani*   129
– *hemipterus*   113*, 128*, 196*, 197 (204/123)
– *humeralis*   130
– *ligneus*   128*, 129
– *marginellus*   128*, 129
– *mutilatus*   128*, 129, 196*, 197
– *nitidus*   130
– *obsoletus*   128*, 129
– *quadrisignatus*   128
Cartodere (Conionomus) constricta   139
Cartodere auct. siehe *Dienerella*   140, 188*
Caryedon   163, 164*
– *fuscus*   165
– *gonager*   165
– *palaestinicus*   165
– *pallidus*   165
– *serratus*   162, 165, 187* (277/82)
– *sudanensis*   165
Caryoborus chiriquensis   164
Cathartus cassiae   134
– *quadricollis*   134*, 197, 198* (513)
Cephalonomia [P]   99*
– *tarsalis* [P]   99
– *waterstoni* [P]   99
Cerambycidae   33, 111, 113, 158, 182, 186, 188, 207
Cerambycinae   208*
Cerataphis orchidearum   68
Ceratophyllus   258, 261
– *columbae*   258, 259*
– *fringillae*   258, 259*
– *gallinae*   258*, 259*, 260* (211)
– *hirundinis*   258
Ceratophysella   37
Ceratopogon   239*
Ceratopogonidae   240
Cerobasis guestfalicus   54
Cerosipha gossypii   76 (349, 438)
Cerylonidae   115
Chaetanaphothrips orchidii   69*, 71 (30, 388)
Chaetospila elegans [P]   95, 96*
Chalcididae [P]   94
Chalcidoidea   91
Chalcidoma muraria   107
Cheiridium [R]   261*

Cheletomorpha lepidopterorum [R] 264, 274, 275*
Cheicerata [R] 261
Chelifer [R] 261*
Cheyletidae 274
Cheyletiella 264, 270
- *blakei* 270, 271*
- *parasitivorax* 270, 271*
- *yasguri* 270, 271*
Cheyletus eruditus [R] 264, 275*, 276*
- *malaccensis* [R] 276*
- *trouessarti* [R] 274, 276*
Chilognatha 22, 23
Chilopoda 22
Chironomidae 239
Chironomus 233*, 239*
Chiroptera [R] 12
Chlorophorus annularis 161
Chloropidae 242
Chloropulvinaria floccifera 79 (100/151)
Chortoglyphus arcuatus 264, 281*, 282
Chrysididae 97
Chrysis 97
Chrysomphalus dictyospermi 82 (–/420)
Chrysopa carnea [R] 30
- *vulgaris* [R] 30
Chrysoperla carnea [R] 30*
Chrysops 241
Chthonolasius umbratus 103
Cimex columbarius 16, 28*, 86 (404)
- *hemipterus* 28*, 86
- *lectularius* 28*, 29*, 86(34/441)
- *pipistrelli* 28*, 86
- *rotundatus* 86
Cleridae 111, 114, 116*, 118, 189
Clethriomys glareolus 15
Clytus arietis 161
Coccina 32, 68, 72, 77 (477)
Coccinella septempunctata [R] 114
Coccinellidae 114
Coccus hesperidum 79, 80*, 81 (507)
Coelosthetus 145
Coleoptera 31, 32, 108
Collembola 33, 34 (512)
Colletes daviesanus 107
Coloceras damicornis fahrenholzi 61*
Colpocephalum turbinatum 58
Columba livia 16 (469)
Columbicola columbae 61*, 62 (496)
Conicera 241
Conionomus constrictus siehe *Cartodere* 139
- *nodifer* siehe *Aridius* 139
Corcyra cephalonica 93, 99, 218, 219*, 223*, 229 (466/452)

Corticaria 138
- *fulva* 138, 200*, 201
- *pubescens* 138*, 201
Corylophidae 113
Corynetes coeruleus [R] 114, 119*, 190*
Cosmoglyphus 286
Cossoninae 169, 170, 186
Cossonus linearis 112*, 173*
- *parallelepipedus* 173
Cothonaspis boulardi 91
Crabro quadricinctus 98
- *vagus* 98
Crabronidae 98
Crataerina pallida 250
Creophilus maxillosus [R] 110*
Criocephalus rusticus 161, 180*, 182*, 184, 208
- *tristis* 161, 182*, 184
Crocidura leucodon 13
- *russula* 12
- *suaveolens* 12
Cryptolestes 131, 199 (176)
- *ater* 132
- *capensis* 132*
- *ferrugineus* 99, 131*, 132*, 133, 199* (474/546)
- *minutus* 134
- *pusilloides* 132*, 134
- *pusillus* 99, 131, 132*, 134, 199* (38, 226)
- *spartii* 132
- *turcicus* 99, 131*, 132*, 133, 199* (–/551)
- *ugandae* 132*, 133
Cryptophagidae 116, 189, 200, 201
Cryptophagus 135, 200*, 201
- *acutangulus* 117*, 136*
- *cellaris* 136*, 137
- *dentatus* 136*, 137
- *distinguendus* 136
- *fallax* 136
- *pilosus* 136*, 137
- *postpositus* 136
- *pseudodentatus* 137
- *saginatus* 136*, 137, 139
- *scanicus* 137
- *scutellatus* 136*, 137
- *subfumatus* 136*, 137
Cryptotermes 50*
- *brevis* 48
Ctenocephalides canis 258*, 260*, 261 (198)
- *felis* 258*, 260, 261 (111)
Ctenolepisma lineatum 41
Cuclotogaster heterographus 59*, 62
Cucujidae 113, 114, 130, 131, 189, 197
Culex 27*, 251*

– *molestus* 239
– *pipiens* 237*, 239, 251* (385)
Culicidae 237* (368)
Culiseta annulata 237*, 239, 251*, 252
Curculionidae 111, 169, 186, 187
Cyclorrhapha 232*, 233*, 241, 242*
Cydia pomonella 228
Cylindroiulus teutonicus 25
Cynipoidea (Cynipidae) [P] 91
Cyphoderes 151

Damalinia 57
Delichon urbica 17
Dendrobium pertinax 145, 146*, 183*, 186,202
Dendrolasius fuliginosus 103
Dermacentor 264, 269
– *marginatus* 269*, 270*
– *reticulatus* 269 (383)
Dermanyssus gallinae 16, 264, 272*, 273 (37, 136, 418)
– *hirundinis* 273
Dermaptera 31, 33
Dermatophagoides farinae 280*
– *pteronyssinus* 280*
Dermestes 113*, 121, 182
– *ater* 122*, 191*, 192*
– *bicolor* 122 (–/188)
– *cadaverinus* 122*
– *carnivorus* 122*, 192*, 193
– *doemmlingi* 121, 122*
– *frischi* 121, 122*, 192*, 193 (320/118, 190, 196)
– *haemorrhoidalis* 122*, 192*, 193 (–/187)
– *lardarius* 121, 122*, 192*, 193 (28, 281, 309/ 125, 192)
– *maculatus* 121, 122*, 191*, 193 (290, 320, 525/189, 194, 196)
– *peruvianus* 122*, 192*, 193 (–/193)
– *sibiricus* 121, 122*
– *vulpinus* 121
Dermestidae 34, 114, 115, 187
Deroceras agreste 18*, 19 (224, 274/308, 327, 332, 398)
– *reticulatum* 19 (224, 274/308, 329, 331, 398)
Devorgilla 92
Diaspidae 68, 79, 80*, 81, 83 (19)
Diaspis boisduvali 82
– *bromeliae* 82 (406)
– *coccois* 82
– *echinocacti* 82 (424/147)
Dictyna civica 262
Dictynidae 262
Dicyrtoma 36*
– *fusca* 39

Dicyrtomidae 39
Dienerella 140, 188*
– *argus* 141
– *costulata* 141
– *elegans* 141
– *elongata* 141
– *filiformis* 140*, 141, 201 (–/121)
– *filum* 140*, 141, 200*, 201
– *ruficollis* 141
Dilophus 234, 235*
Dinoderus bifoveolatus 143*, 144 (471/571)
– *minutus* 143* (29, 502/573)
Diplopoda 22, 24*
Diptera 231
Dipylidium caninum 57
Dolichoderidae 101
Dolichovespula media 106
– *norwegica* 104
– *saxonica* 105*, 106
– *sylvestris* 105*, 106
Dormerus 170
Dorypteryx domestica 30, 52*
– *pallida* 52
Drosophila 91, 243, 254*, 255 (240, 413)
– *ambigua* 244
– *ampelophila* 244
– *busckii* 243
– *fasciata* 244
– *fenestrarum* 243
– *funebris* 244
– *hydei* 244
– *melanogaster* 91, 242*, 244 (265)
– *repleta* 244
Drosophilidae 243 (220, 500, 568)
Dyradaula pactolia 231
Dysaulacorthum vincae 74*, 75

Echocerus maxillosus 155* (495)
Ectobius lapponicus 46*, 48
– *panzeri* 48
– *silvestris* 48
Ectomyelois ceratoniae 220, 230 (58/447)
Elateridae 188
Eliomys quercinus 14* (493)
Empicoris culiciformis [R] 84*, 85, 86
– *vagabundus* [R] 85
Endomychidae 115, 200
Endrosis lacteella 217
– *sarcitrella* 216*, 217, 226*, 227, 231 (585)
Enicmus minutus 139, 201
Entomobrya 36*
– *albocincta* 38
– *marginata* 38
– *nivalis* 38

Entomobryidae 37
Entomobryomorpha 37
Eomenacanthus stramineus 59*, 60
Ephestia 92, 93, 95, 98, 99, 211
– calidella 221*, 222, 230*, 231 (–/450)
– cautella 219*, 221*, 222, 223*, 231 (5, 138, 202, 203/445)
– elutella 212*, 219*, 221*, 223*, 231 (94, 138, 177, 544/451)
– figuliella 221*, 222, 230*, 231 (455/444, 446)
– kuehniella 210*, 220, 221*, 223*, 230 (348/358, 443)
Eremotes 174
Ergates faber 160, 179*, 182*, 183, 208 (–/391)
Ericaphis ericae 76
Erinaceus europaeus 13 (286/289)
– roumannicus 13
Eristalis tenax 241*, 254* (206/458)
Eristalomyia 241
Ernobius mollis 145, 146*, 185, 202 (506/575)
Erotylidae 135
Euborellia annulipes 41
– peregrina 41
Eucoilinae [P] 91*
Eurostus hilleri (nicht helleri) 149, 151*
Eurytoma amygdali 94
Eurytomidae 94
Evania appendigaster [P] 90*
Evaniidae [P] 90

Fannia 95, 254*
– canicularis 248* (323, 333)
– scalaris 248 (318/373)
Felicola subrostratus 56*, 57 (112)
Figites anthomyiarum [P] 91
– scutellaris [P] 91
– striolatus [P] 91
Figitidae [P] 91*
Florilinus 123
Folsomia fimetaria 36*, 37
Forcipomyia ciliata 240
Forficula auricularis 42* (209/397)
Forficulidae 42
Fromicidae 101
Fromicoidea 34, 97, 100 (–/235)

Gallacanthus cornutus 59*, 60
Galleria mellonella 92, 95, 218, 219*, 225 (35, 316, 577/533)
Gallipeurus heterographus 62 (135)
Gamasina 277
Ganaspis subnuda 91
Gastropoda 18

Gelechiidae 216
Geometridae 217
Geophilidae 22
Geophilus carpophagus 22, 23*
Gibbium aequinoctiale 147*
– boieldieni 147
– psylloides 147*, 148*, 203* (63, 304, 357, 485/430)
Gliridae 13
Glis glis 14* (465, 493)
Glomeridae 25
Glomeris 24* (218)
Glycyphagus domesticus 264, 282*, 283*, 284 (243/245)
Gnat(h)ocerus cornutus 155*, 206* (69/119)
Gohieria fusca 264, 279*
Goniocotes 55*, 61
– gallinae 59*
– hologaster 61 (229)
Gonoides dissimilis 61 (71)
– gigas 60 (311)
Gracilia minuta 159*
Gymnaspis achmeae 78, 82
Gynopterus 150

Hadena basilinea 224
Haematobia irritans 274, 255*, 256
Haematobosca stimulans 247
Haematopinus asini 62, 64* (296, 521)
– eurysternus 62, 64* (486)
– macrocephalus 62
– suis 62, 64* (291, 405)
Haematopota 233*
– italica 241
– pluvialis 241 (454)
Haemodipsus ventricosus 64*, 65 (453)
Haemogamasus pontiger 264, 277
Haemolaelaps molestus 277
Haplotinea ditella 213*, 215, 226*, 227
– insectella 213*, 215, 227
Harpalus aeneus 118
– rufipes 117, 118* (517)
Hedychrum 97
Helina 248
Heliothrips haemorrhoidalis 69*, 71 (48, 253, 272)
Helocerus 124
Hemiberlesia rapax 83 (269)
Hemiptera 72
Hemipteroidea 72
Henoticus californicus 117*, 135, 200, 201
– serratus 135
Hercinothrips bicinctus 69*, 71 (31, 503)
– femoralis 69*, 71 (32, 522)

Heterobostrychus aequalis 144
– *brunneus* 142*, 144 (64)
Heteroptera 31, 33, 72, 83
Hexapoda 25
Hexarthrum culinaris 174
– *exiguum* 173*, 174
Hippobosca equina 249* (233, 295)
Hippoboscidae 249
Hirundinidae 16
Hirundo rustica 16
Histiogaster carpio 264, 283*, 284
Hofmannophila pseudospretella 216*, 217, 227, 231, 274 (74, 478/534)
Hohorstiella lata 60, 61*
Holepyris hawaiiensis [P] 99*
Holokartikos crassipes 57
Holoparamecus caularum 137
– *depressus* 138*
– *kunzei* 138
– *singularis* 138
Homoptera 72
Humerobates fungorum 279
Hybomitra 241
Hydrotaea dentipes 248
Hylecoetus 187, 188*
– *dermestoides* 120*, 178*, 182
– *flabellicornis* 120*
Hylobius abietis 112*, 170
Hylotrupes bajulus 159*, 161, 179*, 183, 185, 209* (300/101)
Hymenoptera 31, 34, 86
Hypogastrura 34*, 35 (–/366)
– *armata* 37
– *manubrialis* 37
– *purpurescens* 37
– *ripperi* 37
Hypogastruridae 37
Hypoponera punctatissima 101, 102*
Hypsopygia costalis 218, 229 (257)

Ibalia leucospoides [P] 91*
Ibaliidae [P] 91
Ichneumonidae [P] 92
Idechthis canescens [P] 92
Idiopterus nephrolepidis 75 (221)
Illinoia azaleae 75
Insectivora 12, 13
Iridomyrmex humilis 102*, 104 (18)
Ischnopsyllidae 259
Ischnopsyllus hexactenus 258*
Isopoda 20
Isoptera 29, 33 (582)
Isotoma notabilis 36*, 37
Isotomidae 37

Isotomurus palustris 36*, 37
Iulidae 24
Iuloidea 24*, 25
Ixodes ricinus 264, 268*, 269 (110, 484, 556)
Ixodidae 268 (282)

Kalotermes flavicollis 49, 50* (537)
Kalotermitidae 48, 49, 50
Kleidotoma marshalli [P] 91
Korynetes 119

Labia minor 42
Labiidae 42
Lachesilla quercus 52*
– *pedicularia* 52
Laemophloeus 131
Lamiinae
Lardoglyphus konoi 264, 287, 289*
– *zacheri* 287, 288*
Lariidae 162
Lariophagus distinguendus [P] 96*, 97
Lasioderma serricorne 97, 145, 146, 203*, 204 (140, 543/154, 317, 376)
Lasioseius penicilliger 264, 277
Lasius 101, 102*
– *brunneus* 103, 177
– *emarginatus* 103, 177
– *fuliginosus* 100, 103
– *niger* 103 (246)
– *umbratus* 103
Laspeyresia pomonella 228* (152/107)
Latheticus oryzae 155*, 156*, 205*, 206 (335)
Lat(h)ridiidae 115, 137, 189, 201
Lat(h)ridius 200*, 201
– *bergrothi* 139
– *lardarius* 139*
– *minutus* 139*, 140, 200*, 201
– *rugicollis* 140
Lecaniidae 79, 80*, 81
Lepidocyrtus 36*
– *curvicollis* 39
– *cyaneus* 39
– *lanuginosus* 39
Lepidoglyphus destructor 264, 282, 283, 284 (523/363)
Lepidoptera 29, 32, 210
Lepikentron ovis 56*, 57
Lepinotus inquilinus 52*, 53*, 54
– *patruelis* 54
– *reticulatus* 52*, 53*, 54
Lepisma saccharina 40* (67, 490, 497/185, 231, 411)
Lepismatidae 33
Lepismodes inquilinus 41 (225/538)

Leptidea 159
Leptopsylla segnis 258*, 259, 260*, 261
Leptura rubra 160, 183*, 184
Lepturinae 207, 208*
Leucophaea maderae 48 (341/51)
Leucothrips nigripennis 69*, 71 (223)
Limacidae 18 (498)
Limax flavus 19 (527, 594/263, 330)
– *maximus* 18* (115, 213, 247, 250, 268, 313, 510/262, 328)
Limothrips cerealium 30*
– *denticornis* 30*
Linognathus ovillus 65* (482)
– *setosus* 64*, 65 (199)
– *stenopsis* 65* (255, 520)
– *vituli* 64*, 65* (338)
Lipeurus caponis 59*, 61
Lipoptena cervi 249, 250 (184)
Liposcelis spp. 51*, 53 (61, 117, 163/21)
Lithobiidae 22
Lithobius 23*
– *forficatus* 22
– *melanops* 22
Lophocateres pusillus 117*, 127 (487)
Lucilia 95, 241*, 245, 256 (271)
– *ampullacea* 245
– *caesar* 245 (57)
– *illustris* 245
– *sericata* 110, 245 (480)
Lumbricus 66
Lyctidae 115, 141, 185, 189, 202* (421)
Lyctocoris campestris 84*, 85, 86
Lyctus 141
– *africanus* 142
– *brunneus* 142* (75, 160/570)
– *linearis* 142
– *planicollis* 142
– *pubescens* 143
Lygaeidae 84
Lymexylon navale 120*, 178*, 185, 187, 188* (–/191)
Lymexylonidae 110, 120, 187
Lyperosia irritans 247

Macrosiphon solani 73, 74*, 76 (415/434)
Mallophaga 55 (40)
Malorchus minor 159
Mammalia 11
Mansonia richardsii 239, 250
Marava arachidis 42*
Martes foina 13 (407/234)
Masonaphis azaleae 75
Megachile centuncularis 107*
Megalothorax minimus 39

Megarhyssa leucographa [P] 92
Megaselia 241*, 242
Megastigmus 94
Mellinus arvensis [R] 98
Melophagus ovinus 233*, 250 (483)
Menacanthus cornutus 60
– *pallidulus* 60
– *stramineus* 60 (134)
Menopon gallinae 59*, 60 (237, 419)
Menoponidae 58
Merophysiidae 137
Metophthalmus serripennis 138*, 139
Mezium affine 148* (–/425)
– *americanum* 148* (293)
– *sulcatum* 148
Microbracon [P] 93
Microtus arvalis 258
Migneauxia orientalis 138
Minthea obsita 141, 142*
– *rugicollis* 141
– *squamigera* 141
Monochamus 207
– *galloprovincialis* 160, 183*
– *sartor* 160, 183*
– *sutor* 160, 183*
Monomorium floricola 101
– *pharaonis* 101, 102* (334, 403, 462)
Monopis crocicapitella 211*, 212
– *ferruginella* 212, 226
– *imella* 212
– *rusticella* 211*, 212, 226*
Muridae 12
Murmidius ovalis 115 (354)
Mus 11*
– *domesticus* 15*, 95, 96
– *musculus* 15 (301)
– *spicilegus* 15
Musca domestica 96, 246*, 247, 248*, 254*, 255*, 256 (299/374)
– *autumnalis* 247, 255*
Muscidae 95, 244
Muscidifurax raptor [P] 96
Muscina assimilis 248
– *pabularum* 248
– *pascuorum* 248
– *stabulans* 95, 247, 255*, 256 (219)
Mustela putorius 13
Mustelidae 13
Mycetaea hirta 115*, 200* (278)
Mycetophagidae 115, 116, 200
Mycetophagus quadriguttatus 115, 116*
Mydaea 248
Myopsocnema annulata 52*, 54
Myriapoda 21

Myrmicidae   100
Myzodes persicae   74* (394, 542)
Myzus ascolonicus   73
– *ornatus*   76 (390)
– *persicae*   74
– *portulacae*   76 (569)

Nacerda melanura   152, 153*, 184, 188* (580)
Nasonia vitripennis [P]   96
Nathrenus   124
Nathrius brevipennis   159*, 208
Nausibius clavicornis   130, 198* (–/562)
Necrobia   114, 119*, 190
– *ruficollis*   119 (464/380)
– *rufipes*   119 (164, 463/195, 381)
– *violacea*   119*, 190* (–/382)
Nectarosiphon ascalonicus   73
Neelidae   39
Neelus minimus   39
Nemapogon   92, 182, 211, 231
– *cloacellus*   213*, 214, 226*, 229 (167)
– *granellus*   212*, 213*, 214, 226*, 229 (214, 370, 588/531)
– *personellus*   213*, 214, 229
– *ruricollelus*   213*, 214
Nematocera   232, 233*
Nemeritis canescens [P]   92*
Neocolpcephalum turbinatum   58
Neomyzus circumflexus   75 (326, 369/435, 437)
Neotrombicula autumnalis   264*, 265 (283)
Niditinea fuscipunctella   213*, 215, 226 (73/532)
Niptus   147*
– *hilleri*   149
– *hololeucus*   149, 150*, 203* (256, 595/428)
Nitidula bipunctata   127*, 196*, 197
Nitidulidae   110, 189, 196
Noctua pronuba   274
Nomarchus   25
Nosopsyllus fasciatus   258, 260*, 261 (216, 457)
Nycteribiidae   249

Oeciacus hirundinis   85
Oecophoridae   216
Oedemeridae   111, 152
Oinophila v-flavum   216*, 231
Oinophilidae   126
Ommatoiulus   125
Omphrale fenestralis   240
Oniscoidea   20
Oniscus asellus   20*, 21 (200)
Onchiuridae   37
Onychiurus   34*, 36*
– *armatus*   37

Ophioninae [P]   92
Ophonus obscurus   118
Ophyra aenescens   95, 247
– *leucostoma* [R]   91, 247
Opiliones   261* (284, 578)
Opilo   111
– *domesticus* [R]   119*, 190*
– *mollis* [R]   119, 190
Orchesella   36*
– *cincta*   37
Organothrips bianchii   47
Oribatei   279
Ornithomyia   249
– *avicularia*   249*, 250
– *biloba*   250
– *fringillina*   250
Ornithonyssus bacoti   264, 272*, 273 (554)
– *sylviarum*   272*, 273 (384)
Orthoperidae   113
Orthoperus atomarius   114
Orthorrhapha   232, 240
Orthellia caesarion   247
Oryctes nasicornis   158
Oryzaephilus bicornis   130
– *mercator*   130*, 131, 198* (350/488, 559)
– *surinamensis*   99, 130*, 198* (475/489, 560)
Oscines   17
Osmia bicornis   107
– *rufa*   107
Ostomidae   111, 116
Otiorhynchus   66, 112*, 170
– *ovatus*   170
– *sulcatus*   112*, 170
Oulocrepis dissimilis   59*, 61
Oxychilus cellarius   18* (116/287, 596)

Pachymerinae   164
Pachymerus cardo   165
– *nucleorum*   165
– *quadrimaculatus*   169
Palorus   156
– *depressus*   155*, 156*
– *ratzeburgi*   155*, 156, 205*, 206 (499)
– *subdepressus*   155*, 156, 205*, 206 (186)
Panchlora exoleta   48 (270)
– *nivea*   48
– *viridis*   48
Paralispa gularis   217, 223 (= Aphomia), 229
Parasitiformes   263
Parastichtis basilinea   224
Paravespula germanica   105*, 106 (–/567)
– *rufa*   104
– *vulgaris*   105*, 106 (–/239)
Paregle radicum   247

Parthenothrips dracaenae 69*, 70 (201, 392)
Passer domesticus 17 (210)
– *montanus* 17
Pediculus capitis 63*, 66 (285)
– *humanus* 63*, 66 (59)
Pemphigidae 242
Pemphigus bursarius 242
Pentarthrum huttoni 173*, 174
Pentatomidae 83
Pericoma 237, 253
Periplaneta americana 45, 46*, 47* (8/50, 166)
– *australasiae* 45, 46*, 47* (26)
Peripsocidae 52
Peripsocinae 52*
Phaenicia 245
Phalangium 261*
Pharaxonotha kirschi 117*, 135, 196 (352)
Phauloppia lucorum 278*, 279
Philopteridae 58
Phlebotomus papatasii 235, 236*, 252*
Phora 233*, 243
Phoridae 242
Phormia regina 255 (41)
Phryne 239
Phthiraptera 33, 54
Phthorimaea operculella 216, 228 (417/528)
Phymatodes lividus 162
– *testaceus* 162, 182*, 209 (–/337)
Pimplinae [P] 92
Pinnaspis aspidistrae 83 (20, 222)
Piophila 241*, 254*, 255
– *casei* 110, 242*, 243 (133, 347/375)
Piophilidae 243
Plagionotus arcuatus 161, 209*
Planipennia 30
Planococcus citri 78, 80*, 81 (144, 159/150)
Plastonoxus munroi [P] 99
– *westwoodi* [P] 98, 99*
Plodia interpunctella 93, 210*, 211, 212*, 218, 223*, 230* (305/448)
Ploiariola 85
Podura 34
Poduromorpha 36
Polistes 105*
– *gallicus* 105
– *nympha* 105
Pollenia rudis 245, 255*
Polydesmidae 25
Polydesmoidea 25
Polydesmus 24*
– *coriaceus* 25
– *denticulatus* 25
– *inconstans* 25
Polyphaga 109*, 110

Polyplax serrata 63
– *spinulosa* 63
Polyxenus lagurus 23, 24*
Pompilidae 98
Ponera coarctata 101, 102
Poneridae 101
Porcellio dilatatus 20*, 21
– *laevis* 20*, 21
– *scaber* 20*, 21 (476/145)
Priobium carpini 145, 146*, 185, 202
Prioninae 208*
Pristonychus terricola 118
Proctolaelaps hypdaei 264, 277
Prodenia litura 224
Proglyphidae 279 (4)
Proisotoma minuta 36*, 37
Prolabia 42
Prostaphanus truncatus 142*, 144 (315)
Proterandria 25
Protocalliphora 255
Protophormia terranovae 96, 246
Pselactus spadix 173*, 174
Pselaphognatha 23
Pseuderostus hilleri 149
Pseudococcidae 78, 80*, 81 (346)
Pseudococcus adonidum 78, 80*, 81
– *gahani* 78 (142)
– *maritimus* 78 (266)
Pseudophonus 118 (62)
Pseudoscorpiones 62, 217 (62, 217)
Pseudovespula omissa 106
Psocidae 52*
Psocoptera 30, 31, 34, 51* (367)
Psoquilla marginepunctata 52*
Psychoda 236*, 237, 253*
Psychodidae 235
Psyllipsocus ramburi 52, 53*
Pteromalidae [P] 93, 95
Pterostichus vulgaris 118 (516)
Pteroxanium kelloggi 52*
Pthirus pubis 62, 63* (171)
Ptilinus 113
– *pectinicornis* 145, 146*, 185, 202
Ptinidae 113, 147, 189, 202
Ptinus bicinctus 152
– *brunneus* 152
– *clavipes* 152 (76)
– *exulans* 150
– *fur* 147*, 148*, 151*, 203* (161, 584/427, 432)
– *hirtellus* 152
– *latro* 152
– *mobilis* 152
– *pusillus* 151

– *raptor* 148*, 151
– *tectus* 146*, 150, 203*, 204 (27/426, 431)
– *testaceus* 152
– *villiger* 152, 203* (280)
Pulex irritans 256*, 257, 260*, 261 (303/433)
Pupipara 33, 241, 248 (340, 540)
Putorius putorius 13 (412/442)
Pycnoscelis surinamensis 46*, 48 (–/53)
Pyemotes [P] 264, 270, 271* (422/2, 244)
– *tritici* [P] 273 (518)
– *ventricosus* [P] 273
Pyralis farinalis 217*, 231 (344, 505/358)
Pyraloidea 217
Pyrellia cadaverina 247
Pyroglyphidae 279 (298)
Pyrrhidium sanguineum 162, 209
Pyrrhocoris apterus 83, 84*

Raglius vulgaris 84
Rattus alexandrinus 14
– *ater* 14
– *intermedius* 14
– *norvegicus* 14, 15* (114, 386, 456)
– *rattus* 14, 15* (47, 302, 456)
Reduvius personatus [R] 84*, 85, 86
Reesa vespulae 125, 194*, 195
Reticulitermes 49*, 50* (519)
– *flavipes* 48
– *lucifugus* 49
– *santonensis* 49
Rhabdepyris zeae [P] 99*, 100
Rhaphigaster nebulosa 83, 84*
Rhexoza zacheri 235
Rhinotermitidae 48, 50
Rhipicephalus sanguineus 264, 265, 268*, 269, 270* (72)
Rhizoglyphus 264, 286
– *callae* 286
– *echinopus* 286, 287* (92/416)
– *robini* 286*, 287* (468)
– *solani* 286
Rhizopertha dominica 95, 97, 143*, 144 (322/102, 563)
Rhizophagidae 110, 127
Rhizophagus parallelocollis 127
Rhopalomyzus ascalonius 73, 74* (479)
Rhopalosiphoninus latysiphon 73, 74* (91)
Rhynchota 72
Rhyncolus ater 174
– *chloropus* 174
– *culinaris* 174
– *elongatus* 174
– *exiguum* 174
– *truncorum* 174

Rhyphus 234
Rhyssa persuasoria [P] 92
Rhyzopertha siehe *Rhizopertha*
Ricketsia prowazekii 66
Rochalimaea quintana 66
Rodentia 12

Saissetia 80
– *coffeae* 80*, 81
– *hemispharica* 81
– *oleae* 81 (143)
– *palmae* 81 (288)
Saltatoria 31, 43
Sarcophaga 245*, 255* (275)
– *carnaria* 245
– *haemorrhoidalis* 245
Sarcophagidae 94, 95, 244
Sarcoptes scabiei 264
Sarcoptiformes 263
Scarabaeidae 109*, 111
Scatopse 253*
– *fuscipes* 236*
– *notata* 235, 236
Scatopsidae 235, 253
Scenopinidae 240
Scenopinus fenestralis 240*, 254
Schizophyllum sabulosum 24*, 25
Sciara 235*, 253*
Sciaridae 235, 254
Scirtothrips longipennis 69*, 71 (36, 339)
Sciuridae 13
Sciurus vulgaris 13
Scleroderma domesticum [P] 99*
Scolytidae 113, 175*, 186
Scutigera coleoptrata [R] 21, 23*
Scutigeridae 23
Seira 36*
– *domestica* 39
Serropalpidae 111
Serropalpus serratus 111, 153*, 183*, 184
Silvanidae 116, 130, 131, 188, 197
Simuliidae 239 (44)
Simulium 233*, 236*, 239
Sinella 34*, 36*
– *coeca* 38
Sinoxylon senegalense 143*, 144
Siphona irritans 247
Siphonaptera 33, 256
Siphonophora solanifolii 73
Sirex 88*, 91, 92, 183* (591)
– *cyaneus* 88*, 89
– *juvencus* 88*, 89, 180* (252/491)
– *noctilio* 88*, 89
Siricidae 33, 87, 88*, 184

Sitophilus 95, 97, 112*, 171*, 187 (168)
– *granarius* 171*, 187* (49, 260, 261/97, 122, 124)
– *linearis* 171*, 172
– *oryzae* 99, 171*, 172* (467/99, 127)
– *zeamais* 171*, 172*, 173 (342/98, 126)
Sitotroga cerealella 95, 216*, 222 (11/6, 356)
Sminthurinae 39
Sminthurinus 36*
– *niger* 39
Solenius 98
Solenopotes capillatus 63, 64* (90)
Somotrichus unifasciatus [R] 109*, 117, 118*
Soricidae 12
Spalangia [P] 95, 96*
– *cameroni* 95
– *nigroaenea* 95
Spalangiidae [P] 95
Spathiinae [P] 92
Spathius exarator [P] 92, 183, 186
Spectrobates ceratoniae siehe *Ectomyelois*
Spermophagus 165
Sphaericus gibboides 148*, 149
Sphecidae 98
Sphodrus leucophthalmus 117
Spilopsyllus cuniculi 258*, 259
Spodoptera litura 224
Spondylis buprestoides 184
Staphylinidae 110
Staphylinus ater [R] 110
Stegobium paniceum 97, 145, 146*, 203*, 204 (38, 66, 207, 208/155, 574)
Stenepteryx hirundinis 250
Stenocrotaphus gigas 59*, 60
Stenomalina muscarum [P] 93*, 95
Stereocorynes truncorum 173*, 174
Sternorrhyncha 66, 72
Sterrha inquinata 210, 216*, 217, 223
Stomoxys calcitrans 95, 246*, 255*, 256 (39, 514/372)
Strongylosoma pallipes 25
Strongylosomidae 25
Suidasia 264
– *medanensis* 285*
– *nesbitti* 285*
Supella longipalpa 46*, 47* (70/52)
– *supellectilium* 47
Sylvaemus 11*
– *agrarius* 15
– *flavicollis* 15*
– *sylvaticus* 16 (590)
Symphypleona 34, 35, 36
Symphyta 86, 87*
Syntomaspis druparum 93*, 94 (16)

Syrphidae 241
Systola coriandri 94
– *foeniculi* 95

Tabanidae 241
Tabanus bovinus 232*, 240, 241
Tanyptera atrata 252*
Tapinoma melanocephalum 104
Tegeneria 261*
Temnochila coerulea [R] 126
Tenebrio 154, 204* (–/536)
– *molitor* 154*, 205* (345, 593/561)
– *obscurus* 155, 205 (181)
Tenebrionidae 109*, 111, 114, 153, 188, 204 (524)
Tenebroides mauritanicus 116*, 126, 127*, 188*, 189 (60, 66, 581/95)
Terebrantia (Thysanoptera) 70
Terebrantes (Hymenoptera) 34, 87*, 90
Tetramorium caespitum 100* (393)
Tetranychidae 68
Thanasimus formicarius [R] 119, 189, 190*
Thasnatophilus lapponicus 48
– *rugosus* 48
Thaneroclerus buqueti [R] 119*, 188*, 189
Thaumatomya notata 242* (267)
Theobaldia annulata 239
Theocolax formiciformis [P] 93*
Thermobia domestica 41
Thes bergrothi 139*
Thorictidae 116
Thorictodes heydeni 115*, 116
Thripidae 70
Thylodrias contractus 34, 110, 120, 121*, 191*, 196
Thylodrioidea (Thylodriidae) 120
Thyreophagus entomophagus 264, 283*, 284
Thyhanoptera 29, 66, 70
Tillus elongatus [R] 119, 190*
Tinea columbariella 213*, 215, 225*
– *dubiella* 215
– *flavescentella* 215
– *infimella* 214
– *misella* 215
– *murariella* 215
– *palescentella* 211*, 215 (314)
– *pellionella* 211*, 212*, 213*, 214, 215, 225*, 226* (109/529)
– *secalella* 214
– *translucens* 215
Tineidae 211
Tineola bisselliella 211, 212*, 225*, 228 (157, 579/361, 530)
Tipnus unicolor 149, 150*, 203*

Tipula 232*, 234*, 252* (172)
Tipulidae 233, 252
Torymidae 94
Tournieria 170
Tremex 88
Trialaurodes vaporariorum 68 (273)
Tribolium 156, 204* (227/402)
– *anaphe* 157
– *audax* 157 (7)
– *castaneum* 99, 155*, 156*, 157, 205* (461, 473/550)
– *confusum* 100, 155*, 156*, 157, 205 (162/545, 547)
– *destructor* 157, 206 (–/264, 548)
– *madens* 157, 205*, 206 (45/549)
Trichoceridae 233 (587)
Trichodectes canis 56*, 57 (197)
Trichodectidae 56*, 57
Trichodectoidea 55
Trichogramma [P] 95
– *evanescens* [P] 93*, 95
– *minutus* [P] 95
Trichogrammatidae [P] 95
Trichophaga tepetzella 211, 212*, 226 (106, 526, 586/360)
Trichoribates trimaculatus 279
Trigonogenius globulus 149, 150*, 203* (–/429)
Trinotum 55*, 58
– *anserinum* 58*
– *querquedulae* 58 (312)
Tripopitys carpini 145
Trogium pulsatorium 52*, 53* (61)
Trogoderma 97, 187
– *angustum* 125, 126*, 191*, 194*, 195
– *glabrum* 125, 126*, 194*, 196
– *granarium* 126*, 191*, 194*, 195 (307/552)
– *parabile* 125, 126*
– *variabile* 125, 194*, 195
– *versicolor* 125, 126*, 194*, 195
Trogoxylon impressum 142
– *parallelopipedum* 142
Trombidiformes 263 (137, 459/14, 409, 472)
Trox 66, 158
– *scaber* 158

Trypodendron 175
Typhaea stercorea 115*, 116, 200* (279/379)
Tyroborus lini 264, 291*, 293
Tyroglyphus farinae 291
Tyrolichus casei 264, 292* (132/141, 362)
Tyrophagus putrescentiae 264, 292* (165)

Uchida pallidulus 59*, 60
Urocerus 88*, 91, 92, 183*
– *augur* 88*, 89
– *fantoma* 88*, 89
– *gigas* 88*, 89 (408/492)
– *taiganus* 88*, 89
– *tardigradus* 89

Varroa jacobsoni 264, 265, 266*
Venturia siehe *Nemeritis*
Vespa crabro 105*, 106 (251/96)
– *crabro germana* 106
Vespidae 97
Vitula bombylicolella 219*, 220
– *emandsi seratilineella* 220

Werneckiella equi 56*, 57 (294)
Willowsia 36*
– *buski* 38
– *nigromaculata* 39

Xenopsylla cheopis 256*, 257, 260*, 261 (553)
Xeris spectrum 88
Xestobium rufovillosum 145, 146*, 181*, 183*, 185, 202 (182)
Xiphidra 88
Xylocopa violacea 107 (104)
Xylocoris flavipes [R] 84*, 85
Xyloterus domesticus 113*, 175
– *lineatus* 175*, 182
– *signatus* 175, 182

Zabrotes subfasciatus 162, 164*, 165, 187* (–/78, 351)
Zonitidae 18
Zygentoma 40

Verzeichnis der deutschen Tiernamen

Zahlen mit * verweisen auf eine Abbildung auf der Seite

Aasdornspeckkäfer 122
Aasfliege 247
Aaskäfer 48
Ackerschnecke, Genetzte 19
–, Graue 19
Ährenmaus 15
Ameisen 32, 34, 97, 100, 176
–, Argentinische 104
Ameisenwespchen 34, 98
Amseln 273
Angoraziege 57
Apfelmade 228
Apfelmotte 228
Apfelwickler 228
Assel 20
Auzecke 269
Azaleenblattlaus 75

Backobstkäfer 113*, 127, 196*, 197*
Backobstmilbe 282
Bambusbohrer 161
Bananenschabe, Grüne 48
Bandfüßer 25
Bartmücken 239
Baumschwammkäfer, Behaarter 116, 200
Baumwanze 83
Baumwollraupe, Ägyptische 224
Begonienthrips 71
Bettwanze 28*, 29*
–, Geflügelte 84*, 85, 86
–, Tropische 86
Bienen 97, 107, 265, 266
Bienenlaus 265, 266*
Bienenmilbe 266*
Bilche 13
Blasenfüßer 70
Blasenläuse 242
Blatthornkäfer 111, 158
Blattläuse 67, 72, 100
Blattschneiderbiene 107*
Blattwespen 86
Blindbremsen 241
Blindspringer 37
Blumenwanzen 85
Blütenameise, Braunrote 101
Blütenkäfer 122

Bockkäfer 33, 111, 113, 158, 176, 177, 182, 186, 188, 207*, 208*, 209*
Bodentermiten 49*
Bohnenkäfer, Vierfleckiger 169
–, Chinesischer 168
Bohrkäfer 111, 113, 143, 176
Bohrrüßler 170, 177, 186
Borkenkäfer 113*, 175, 177, 186
Brachkäfer 158
Brackwespen 92
Brandmaus 15
Brasilbohnenkäfer 165
Braunbandschabe 44, 46*, 47
Breitmaulrüßler 110*, 112*
Bremsen 241
Brotkäfer 144, 145*, 189, 204
Brummer, Blauer 245
Buchennutzholzborkenkäfer 175, 182
Bücherlaus 51*, 53
Bücherskorpion 19, 261*, 262
Buckelfliege 242
Buckelkäfer 147
Buntkäfer 111, 114, 118, 189

Charlottenlaus 73
Chrysanthementhrips 71

Dachratte 14
Dachs 257
Dattelmotte 222
Deckelschildlaus 68, 79, 80*, 81
Deponiefliege 247
Diebkäfer 147, 189, 202, 203
–, Australischer 146*, 150, 204
–, Behaarter 152
–, Chilenischer 149
–, Dunkelbrauner 152
–, Gelbbrauner 152
–, Japanischer 149
–, Kleiner 151
Dohle 16
Doppelfüßer 22
Dornspeckkäfer 121
Dörrobstmotte 210*, 212*, 218, 230
Drahtwürmer 188
Drazänenthrips 70

Drüsenameisen 101
Dungmücken 66, 235, 253
Dunkelkäfer 118
Düsterbock 208
Düsterkäfer 111, 153, 161, 177

Egelschnecke 18
–, Große 18
Eichennutzholzborkenkäfer 175, 182
Eichenwidderbock 161, 209
Eichhörnchen 13
Engdeckenkäfer 152, 177
Ente 58, 62
Erbsenkäfer 167
Erdbeerlaufkäfer 118
Erdbeerwurzelkäfer 170
Erdläufer 22
Erdnußohrwurm 42
Erdnußplattkäfer 131, 198
Erdnußsamenkäfer 165
Erdschnaken 233, 252
Erdwanze 84
Erntemilbe 265
Erzwespen 91, 96
Esel 62
Esellaus 62
Essigälchen 19
Essigfliege 243, 255
–, Große 244
–, Kleine 244
Essigmilbe 284

Faltenwespen 97
Farnblattlaus 75
Farnthrips 71
Faulholzkäfer 113
Federlinge 33, 55
Feigenmotte 222, 231
Feldheuschrecken 44
Feldmaus 258
Feldsperling 17
Feldspitzmaus 13
Feldwanze, Große 83, 84*
Feldwespe 105*
Fellkäfer, Blauer 119, 190
Fellmotte 212
Felsentaube 16
Fensterfliege 240, 254
Fensterpfriemenmücke 234, 254
Fettzünsler 219, 227
Feuerwanze 83, 84*
Fichtenholzwespe, Blaue 89
–, Gelbe 89
–, Schwarze 88

Filzlaus 62, 63*
Finkenfloh 258
Fischchen 40
Fischgoldfliege 245
Flachkäfer 111, 116, 126
–, Siamesischer 127
Flaumlaus 59*, 61
Fledermäuse 12, 86, 249, 259
Fledermausfliegen 249
Fledermausflöhe 259
Fledermauswanze 12, 86
Fleischfliege 240, 244, 245*, 255
Fliegen 233, 240
– Larve 32, 91, 250
– Puparium 95, 96
–, Schwarze 71
–, Weiße 68
Flöhe 33, 256
Flohlarve 32, 260
Florfliege 30*
Flügellaus 59*, 61
Fransenflügler 29, 30*, 66, 70
Fuchs 257, 260

Gallwespen 58*
Gans 58, 60, 62, 273
Gänsefederlinge 58*
Gartenschläfer 14*
Gartenspitzmaus 12
Gelbfußtermite 48*
Gelbhalsmaus 15*
Gelbhalstermite 49
Getreidekäfer, Mexikanischer 135, 196
Getreidekapuziner 144
Getreidekrätzmilbe 273
Getreidemotte 216, 222
Getreidenager, Blauer 126
–, Schwarzer 126, 189
Getreideplattkäfer 130, 198
Getreideraubmilbe 276
Getreidesaftkäfer 129, 156, 197
Getreideschimmelkäfer, Glänzender 158, 207
–, Mattschwarzer 158, 207
Gewächshauslaus, Gefleckte 75
–, Gepunktete 76
Gewächshausschabe 48
Gewächshausschmierlaus 78
Gewächshausthrips, Brauner 71
–, Gebänderter 70
–, Schwarzer 71
Gewitterfliege 30
Gierkäfer 117
Glanzfliege 246
Glanzkäfer 110, 127, 189, 196

–, Zweipunktiger 127, 197
Glattwespe 98
Gleichringler 37
Gliederfüßer 19
Goldfliege 245
Goldwespen 97
Grabwespen 98
Grasmilbe 277
Grillen 31, 33
Grubenhalsbock 161, 184, 208
Grubenholzkäfer 174
Gurkenbandwurm 57
Gurkenblattlaus 76

Haarlinge 33, 55
Haarmücken 66, 234, 253
Halmfliege 242
Hausameise, Rotrückige 103, 177
Hausbockkäfer 99, 107, 159*, 161, 176*, 177, 183, 209*
Hausbuntkäfer 119, 190
Haushund 57, 65, 249, 257, 260, 265, 269, 270
Hauskaninchen 65, 257, 259, 260, 270
Hauskatze 57, 257, 260, 270
Hausmarder 13
Hausmaus 11, 15*, 63, 86, 260
Hausmausfloh 259
Hausmilbe 282*, 284
Hausmutter 274
Hausratte 14, 15*, 260
Hausrotschwanz 16
Hausschabe 45
Hausschwein 62, 257
Haussperling 16, 258
Hausspitzmaus 12
Hausspringschwanz 39
Hausstaubmilben 279, 280*
Haustaube 16, 58, 60, 61, 62, 256, 266 (Brieftaube), 273, 258
Haustierläuse 64*
Hautflügler 31, 86
Hefekäfer 141
Heimchen 33, 43*
Herbstmilbe 264*
Heumotte 221
Heuschrecken 31, 43
–, Ägyptische 43*, 44
Heuspanner 210
Heuzünsler 218, 229
Hirsch 249
Hirschlausfliege 249, 250
Holzameisen 101
–, Glänzendschwarze 103
Holzbiene 107

Holzbock 268*, 269
Holzbuntkäfer 119, 190
Holzläuse 51
Holzwespen 33, 87, 88*, 176, 184
Holzwurm 145
Honigbiene 107*, 108*, 264, 266
Hornfliege 247
Hornisse 105*, 106
Hornmilben 279
Huhn 60, 61, 62, 86, 258, 265, 268, 273
Hühnerfederlinge 59*
Hühnerfloh 258
Hühnerkopflaus 59*
Hühnerlaus, Braune 59*, 61
–, Große 59*, 60
Hühnerzecke 264*, 267, 268
Hummelmotte 218, 227
Hundefloh 260, 261
Hundehaarling 56*, 57
Hundelaus 64*, 65
Hundepelzmilbe 270, 271*
Hundertfüßer 22
Hundezecke, Braune 270*, 271*
Hungerwespe 90*

Igel 13, 257
Igelfloh 13, 259
Iltis 13
Insekten (Bauplan) 26*
Insektenfresser 12

Johannisbrotmotte 220, 230
Junikäfer 158

Kabinettkäfer 122
Käfer 31, 108, 109* (Bauplan)
Käferlarven 32, 109*, 186
Kaffeebohnenkäfer 110*, 112*
Kakaomotte 221
Kammhorn-Nagekäfer 145, 202
Kaninchen 65, 257, 259
Kaninchenfloh 259
Kaninchenlaus 64*, 65
Kaninchenpelzmilbe 270, 271*
Kapuzenkugelkäfer, Amerikanischer 148
–, Gefurchter 148
Kapuzinerkäfer 144
Karpfenschwanzmilbe 284
Kartoffel(blatt)laus, Gestreifte 73, 74*, 76
–, Große 73, 76
Kartoffelmotte 216, 228
Kartoffelwurzelmilbe 286
Käsefliege 91, 243, 255
Käsemilbe 292*

Katzenfloh 260, 261
Katzenhaarling 56*, 57
Katzenpelzmilbe 270, 271*
Kellerassel 21
Kellerglanzschnecke 18
Kellerlaus 73, 74*
Kellermotte 231
Kellerschnecke 19
Khaprakäfer 126, 196
Kieferläuse 55
Kiefernbock 160
Kiefernholzwespe, Blaue 89
Kleiderlaus 63*, 66
Kleidermotte 211, 212*, 228
Kleistermotte 217, 227
Knotenameise 100*
Kopflaus des Huhns 59*, 62
– des Menschen 63*, 66
Koprakäfer 119
Kornbohrer, Großer 144
Kornkäfer 171*, 187
Kornmotte 212*, 214, 229
Körperlaus des Huhns 59*, 60
Kotwanze 84*, 85, 86
Krätzemilbe 264
Kräuterdieb 151
Krebstiere 20
Kreuzdornblattlaus 74*, 77
Kriebelmücken 239
Küchenschabe 44, 45
Kugelbauchmilbe 271*
Kugelkäfer 147, 203
Kugelspringer 39
Kuhfliege 247
Kundekäfer 168
Kurzbinden-Gewächshausthrips 71
Kurzdeckenkäfer 110*
Kurzspringer 37

Laboratoriumsmaus (weiße) 86, 260 siehe auch Hausmaus
Laboratoriumsratte siehe Ratte
Landasseln 20
Langbinden-Gewächshausthrips, Brauner 71
Langschwanzmäuse 258, 260
Lappenrüßler, Gefurchter 170
Lapplandschabe 48
Latrinenfliege 248
Laufkäfer 109*, 117, 188
Laufspringer 37
Läuse, Echte 33, 55
Lausfliegen 33, 241, 248
Lauskerfe 54
Lederzecken 266

Leistenkopfplattkäfer 131
–, Kleiner 134, 199
–, Rotbrauner 133, 199
–, Türkischer 133, 199
Linsenkäfer 166
Lorbeerschildlaus 82

Madeiraschabe 48
Maikäfer 109*
Maiskäfer 171*, 173, 187
Malariamücke 238, 251*
Marder 257
Marienkäferchen 114*
Märzfliege 234
Mäuse 11
Mauerassel 21
Mauerbiene 107
Mauermilbe 277
Mauersegler 17, 18, 250
Mauerseglerlausfliege 250
Mauerspinne 262
Mehlkäfer, Dunkler 155
–, Gemeiner 154, 205
Mehlmilbe 263*, 274, 290*, 291
Mehlmotte 210, 220, 230
Mehlschwalbe 16, 17, 85, 250, 258
Mehlschwalbenfloh 258
Mehlwurm 154
Mehlzünsler 217*, 231
Meisen 258
Menschenfloh 256*, 257, 261
Messingkäfer 149, 150*, 203
Milben 262
Moderkäfer 115, 189, 201
Modermilbe 276, 292*
Moosmilben 279
Mörtelbiene 107
Motten 210, 211
Mottenschildläuse 32, 68, 72, 77, 80*, 81
Mücken 233, 250
Mückenwanze 84*, 85, 86
Mulmbock 160, 183, 208
Museumskäfer 123

Nacktschnecken 18
Nagekäfer 113, 145, 176*, 177, 189, 201, 202
–, Gekämmter 145, 185, 202
–, Gescheckter 145, 185, 202
–, Gewöhnlicher 145, 186, 202
–, Weicher 145, 185, 202
Nagetiere 11*, 12
Napfschildläuse 79, 80*, 81
Nashornkäfer 158
Nestermotte 215, 226

Netzflügler 30
Nutzholzborkenkäfer, Gemeiner 182
–, Linierter 175*

Ofenfischchen 41
Ohrwurm, Gemeiner 42*
Ohrwürmer 31, 33, 41, 42*
Oleanderschildlaus 82
Orchideenthrips 71

Palmenthrips 70
Palpenmotten 216
Pappatacimücke 235
Parkettkäfer 143
Pelargonienlaus 76
Pelzkäfer 124, 196
–, Dunkler 124, 196
–, Tropischer 125
Pelzmilbe 270
Pelzmotte 212*, 214, 226
Pestfloh 276*, 277, 261
Pferd 57, 62, 249
Pferdebohnenkäfer 167
Pferdehaarling 57
Pferdelaus 62
Pferdelausfliege 249*
Pfirsichblattlaus, Grüne 74*
Pflanzensauger 66, 72
Pflaumenlaus, Große 77
–, Kleine 77
Pflaumenmilbe 282*, 284
Pharaoameise 101, 102*
Pilzschwarzkäfer, Zweibindiger 155, 206
Pinselfüßer 23
Plattkäfer 113, 114, 116, 188, 189
Prachtkäfer 186

Queckeneule 224

Rasenameise 100
Ratten 63, 86, 257, 258, 273
Rattenfloh, Europäischer 258
Rattenmilbe, Tropische 272*, 273
Rattenschwanzlarve 254
Rauchschwalbe 16, 85, 250, 258
Räudemilbe 264
Raupen 32, 210, 222
Regenbremse 241
Regenwurm 19, 66
Reh 249
Reiskäfer 171*, 172, 187
Reismehlkäfer 156
–, Amerikanischer 157, 205
–, Großer 157, 206

–, Kleinäugiger 156
–, Rotbrauner 157, 205
–, Rundköpfiger 155, 206
–, Schwarzbrauner 157, 206
Reismotte 218, 229
Riesenholzwespe 89
Riesentotenkäfer 154
Rind 57, 62, 63, 65, 249
Rinderhaarling 56*, 57
Rinderlaus, Borstige 63, 64*
–, Kurzköpfige 62, 64*
–, Kurznasige 62, 64*
–, Langköpfige 64*, 65
Ringelwürmer 66
Roggenmotte 214, 229
Röhrenläuse 31, 33, 67, 72
Rosinenmotte 222, 231
Roßameise 103, 177, 180*
Rote Spinne 68
Rötelmaus 11, 15
Rothalsbock 160, 184, 208
Rüsselkäfer 110*, 111, 169, 187
–, Großer Brauner 170

Saftkugler 25
Salatwurzellaus 242
Samenkäfer 112*, 113, 162, 163, 187
Samenlaufkäfer, Behaarter 118
Samenmotte 217, 227, 274
Samenzünsler 217*, 218, 229
Sandlaus 57
Sandschnurläufer 25
Saubohnenkäfer 167
Säugetiere 11, 12
Schaben 32, 33, 44
–, Amerikanische 44, 45, 46*, 90
–, Austral[asiat]ische 45, 46*
–, Deutsche 44, 45, 46*
–, Lappländische 46*
–, Orientalische 44*, 90
–, Surinamensische 46*
Schaf 57, 65, 257, 269
Schaflaus 65
Schaflausfliege 65 (unter Schaflaus), 250
Schaftlaus 59*, 60
Schafzecke 269*
Scheibenbock, Blauer 162, 184, 209
–, Brauner 162
–, Roter 162, 209
–, Veränderlicher 162
Scheinbock 152, 184
Schiffswerftkäfer 120*, 185, 187
Schildläuse 32, 68, 72, 77, 80*, 81
Schildzecken 268

Schimmelkäfer 116, 134, 135, 189, 200, 201
Schimmelplattkäfer, Tropischer 134
Schinkenkäfer 114
–, Blauer 119*
–, Rotbeiniger 119
–, Rothalsiger 119
Schlammfliege 241, 254
Schleiereule 16
Schleusenmotte 214, 229
Schlupfwespen, Echte 92
Schmalhornkäfer 155
Schmeißfliegen 244, 245*
Schmetterlinge 29 siehe auch Raupen
Schmetterlingsmücken 235
Schmierläuse 32, 78, 82
Schnabelkerfe 66
Schnecken 18
Schneiderbock 160
Schnelläufer 118
Schnellkäfer 188
Schnurfüßer 25
Schuppenameise 101, 102*
Schusterbock 160
Schwalbenlausfliege 250
Schwalbenmilbe 273
Schwalbenwanze 85
Schwammholz-Nagekäfer 144, 186, 202
Schwarzkäfer 111, 114, 153, 188, 204
Schweinelaus 62, 64*
Seidenbiene 107
Siebenschläfer 14*
Silberfischchen 40
Silbermundwespe 98
Sonnwendkäfer 158
Spanner 217, 224*
Speckkäfer 113*, 114, 115, 119, 120, 121, 182, 187, 191
–, Dornloser 121
–, Gemeiner 121
–, Gestreifter 122
–, Peruvianischer 122
–, Weißbauchiger 122
–, Zweifarbigbehaarter 122
Speichermotte 221, 231
–, Tropische 222, 231
Speisebohnenkäfer 167
Spinnen 261*, 262
–, Echte 19
–, Rote 68
Spinnenassel 23
Spinnenläufer 23
Spinnenspringer 39
Spinnentiere 261
Spinnmilben 68

Spitzmäuschen 110*, 169
Spitzmäuse 11*, 12
Splintholzkäfer 115, 141, 176, 185, 189
–, Afrikanischer 142
–, Amerikanischer 142
–, Beschuppter 141
–, Brauner 142
–, Geprägter 142
–, Weichhaariger 143
Springschwänze 33, 34, 66
Stachelameisen 101
Stadttauben siehe Straßentauben
Stallfliege 247
Star 258
Stäubläuse 30, 31, 34, 51*, 66
Stechfliege, Kleine 247
Stechimmen 97
Stechläuse 55
Stechmücken 32, 87, 237, 250
–, Gemeine 239, 251*
Steinkriecher, Brauner 22
–, Gemeiner 22
Steinläufer 22
Steinmarder 13
Steinnußkäfer 164
Stinkwanzen 83
Straßentauben 16, 60, 61, 62, 85
Stubenfliege, Große 91, 246*, 247, 248*
–, Kleine 248*, 254
Surinamschabe 48

Tabakkäfer 145, 146*, 204
Tabakmotte 221
Tamarindenfruchtrüßler 171*, 172
Tannenholzwespe 88
Tapetenmotte 211, 212*, 226
Tarothrips 67
Taubeneckkopf, Großer 61*
–, Kleiner 61*
Taubenfloh 258
Taubenlaus, Große 60, 61*
–, Kleine 58
Taubenmotte 225
Taubenwanze 16, 86
Taubenzecke 16, 267*
Taufliege 243
Tausendfuß, Getüpfelter 25
Tausendfüßer 20, 21
Teppichkäfer 123*
Termiten 29, 33, 48, 176
Tönchenfliegen 241
Totenkäfer 153, 204
–, Gemeiner 154
–, Gewölbter 154

Totenuhr 145, 202
Tracheenmilbe 266, 292
Trauermücken 66, 235, 254
Trockenholztermiten 48, 50*
Trotzkopf 145, 202
Türkentaube 16

Viehbremse 241
Vierhornkäfer 155, 206
Vögel 16
Vogelflöhe 258, 261
Vogelausfliege 249*
Vogelmilbe, Nordische 272*, 273
–, Rote 16, 272*, 273

Wachsmotte, Große 218, 225
–, Kleine 219, 225
Wadenstecher 246
Waldbock 184
Waldmaus 16
Waldschabe 48
Waldwespe 106
Wanderfalke 16
Wanderratte 11, 14, 15*, 260
Wanzen 31, 33
Weberknechte 19, 261*, 262
Wegameise, Schwarzgraue 103
Wegwespen 98
Weidenböckchen 208
Weinkellermotte 216, 231
Weiße Fliegen 68
Weißzahnspitzmäuse 12

Weizeneule 224
Werftkäfer 120, 177
–, Gewöhnlicher 120, 182
–, Sägehörniger 120, 182
Wespe, Deutsche 106
–, Gemeine 106
–, Mittlere 106
–, Parasitische 87
–, Sächsische 106
Wespenbock, Kleiner 159
Wespenkäfer, Amerikanischer 125, 196
Wildkaninchen 257, 259
Wimperspitzmäuse 12
Wintermücken 233
Wohnungsfischchen 33, 40
Wolf 260
Wollkrautblütenkäfer 123*
Wolläuse 78
Wurzelmilben 286

Zecken 19
Ziege 57, 65
Ziegenhaarling 56*, 57
Ziegenlaus 65
Zikaden 72
Zimmermannsbock 160, 207
Zitrusschmierlaus 78
Zuckmücken 239
Zünsler 217
Zweiflügler 31, 231
Zwergspringer 39
Zwiebellaus 73, 74*

Verzeichnis der wichtigsten englischen und französischen Vulgärnamen (common names)

Die zu einem wissenschaftlichen Namen gehörenden Vulgärnamen findet man durch Aufsuchen der Ordnungszahlen dieses Verzeichnisses im Verzeichnis der wissenschaftlichen Namen (S. 299 ff.), wo sie hinter den Seitenzahlen eingeklammert angegeben sind.

1. abeille   *Apis mellifera*
2. acarien de la fièvre prurigineuse   *Pyemotes*
3. acarien du pruneau   *Carpoglyphus lactis*
4. acariens de poussière de maison   *Proglyphidae*
5. almond moth   *Ephestia cautella*
6. alucite des céréales   *Sitotroga cerealella*
7. American black flour beetle   *Tribolium audax*
8. American cockroach   *Periplaneta americana*
9. American seed beetle   *Acanthoscelides obtectus*
10. amourette   *Anthrenus verbasci*
11. Angoumois grain moth   *Sitotroga cerealella*
12. anthréne a bandes   *Anthrenus verbasci*
13. anthréne du buillon blanc   *Anthrenus verbasci*
14. août, aôutat   *Trombiculidae*
15. apple fruit moth   *Argyresthia conjugella*
16. apple seed chalcid   *Syntomaspis druparum*
17. areca nut weevil   *Araecerus fasciculatus*
18. Argentine ant   *Iridiomyrmex humilis*
19. armored scales   *Diaspididae*
20. aspidistra scale   *Pinnaspis aspidistrae*
21. atropos de livres   *Liposcelis*
22. attagène de peaux   *Attagenus pellio*
23. attagène foncé des fourrures   *Attagenus unicolor*
24. attagène noire   *Attagenus unicolor*
25. attagène pelletier   *Attagenus pellio*
26. Australian cockroach   *Periplaneta australasiae*
27. Australian spider beetle   *Ptinus tectus*
28. bacon beetle   *Dermestes lardarius*
29. bamboo powder-post beetle   *Dinoderus minutus*
30. banana rust thrips   *Chaetanaphothrips orchidii*
31. banana (silvering) thrips   *Hercinothrips bicinctus*
32. banded greenhouse thrips   *Hercinothrips femoralis*
33. bean weevil   *Acanthoscelides obtectus, Callosobruchus chinensis*
34. bed bug   *Cimex lectularius*
35. bee moth   *Galleria mellonella*
36. begonia thrips   *Scirtothrips longipennis*
37. bird mite   *Dermanyssus gallinae*
38. biscuit beetle   *Cryptolestes pusillus, Stegobium paniceum*
39. biring house fly   *Stomoxys calcitrans*
40. biting lice   *Mallophaga*
41. black blow fly   *Phormia regina*
42. black borer   *Apate monachus*
43. black carpet beetle   *Attagenus unicolor*
44. black flies   *Simuliidae*
45. black floor beetle   *Tribolium madens*
46. black fungus beetle   *Alphitobius laevigatus*
47. black ratt   *Rattus rattus*
48. black tea thrips   *Heliothrips haemorrhoidalis*
49. black weevil   *Sitophilus granarius*
50. blatte américaine   *Periplaneta americana*
51. blatte de Madère   *Leucophaea maderae*
52. blatte des meubles   *Supella longipalpa*
53. blatte de Surinam   *Pycnoscelis surinamensis*
54. blatte germanique   *Blattella germanica*
55. blatte orientale   *Blatta orientalis*
56. blow bottles   *Calliphoridae*
57. blow flies   *Calliphoridae, Lucilia caesar*
58. blunt-winged knot-horn   *Ectomyelois ceratoniae*
59. body louse   *Pediculus humanus*
60. bolting cloth beetle   *Tenebroides mauritanicus*
61. book louse   *Liposcelis sp., Trogium pulsatorium*
62. bookscorpions   *Pseudoscorpiones*
63. bowl beetle   *Gibbium psylloides*
64. boxwood borer   *Heterobostrychus brunneus*

65. bran bug *Mehlkäfer* (keine spezielle Art)
66. bread beetle *Stegobium paniceum, Tenebroides mauritanicus*
67. bristletail *Lepisma saccharina*
68. broad been weevil *Bruchus rufimanus*
69. broad-horned flour beetle *Gnatocerus cornutus*
70. brown-banded cockroach *Supella longipalpa*
71. brown chicken louse *Goniodes dissimilis*
72. brown dog tick *Rhipicephalus sanguineus*
73. brown-dotted clothes moth *Niditinea fuscipunctella*
74. brown house moth *Hofmannophila pseudospretella*
75. brown powder post beetle *Lyctus brunneus*
76. brown spider beetle *Ptinus clavipes*
77. bruche a quatre taches *Callosobruchus maculatus*
78. bruche brésilienne *Zabrotes subfasciatus*
79. bruche couverte *Acanthoscelides obtectus*
80. bruche de Chine (= chinoise) *Callosobruchus chinensis*
81. bruche de grains de café *Aracerus fasciculatus*
82. bruche des arachnides *Caryedon serratus*
83. bruche des féves (= de la féve) *Bruchus rufimanus*
84. bruche des haricots *Acanthoscelides obtectus*
85. bruche des lentilles *Bruchus lentis*
86. bruche du haricot *Acanthoscelides obtectus*
87. bruche du pois *Bruchus pisorum*
88. buckthorn aphid *Aphidula nasturtii*
89. buffalo carpet beetle *Anthrenus verbasci*
90. buffalo louse *Solenopotes capillatus*
91. bulb and potato aphid *Rhopalosiphoninus latysiphon*
92. bulb mite *Rhizoglyphus echinopus*
93. cabinet beetle *Attagenus pellio*
94. cacao(-bean) moth *Ephestia elutella*
95. cadelle *Tenebroides mauritanicus*
96. calabrone *Vespa crabro*
97. calandre du blé *Sitophilus granarius*
98. calandre du mais *Sitophilus zeamais*
99. calandre du riz *Sitophilus oryzae*
100. camellia scale *Chloropulvinaria floccifera*
101. capricorne de maisons (= domstique) *Hylotrupes bajulus*
102. capucin des grains *Rhizopertha dominica*
103. carpenter ant *Camponotus*
104. carpet bee *Xylocopa violacea*
105. carpet beetle *Anthrenus scrophulariae*
106. carpet moth *Trichophaga tapetzella*
107. carpocapse *Laspeyresia pomonella*
108. carpophile des grains *Carpophilus dimidiatus*
109. case-bearing (= making) clothes moth *Tinea pellionella*
110. castor-bean tick *Ixodes ricinus*
111. cat flea *Ctenocephalides felis*
112. cat louse *Felicola subrostrata*
113. cattle-biting louse *Bovicola bovis*
114. cellar rat *Rattus norvegicus*
115. cellar slug *Limax maximus*
116. cellar snail *Oxychilus cellarius*
117. cereal psocis *Liposcelis divinatorius*
118. charançon africain du lard *Dermestes haemorrhoidalis*
119. charançon cornu de ceréales *Gnatocerus cornutus*
120. charançon de la fourrure *Attagenus pellio*
121. charançon de la levure *Dienerella filiformis*
122. charançon des graniers *Sitophilus granarius*
123. charançon des magasins *Carpophilus hemipterus*
124. charançon du blé *Sitophilus granarius*
125. charançon du lard *Dermestes lardarius*
126. charançon du mais *Sitophilus zeamais*
127. charançon du riz *Sitophilus oryzae*
128. charançon foncé de la fourrure *Attagenus unicolor*
129. charançon foncé des magasins *Carpophilus dimidiatus*
130. charançon tropical de la fourrure *Attagenus fasciatus*
131. checked beetles *Cleridae*
132. cheese mite *Tyrolichus casei*
133. cheese skipper *Piophila casei*
134. chicken body louse *Menacanthus stramineus*
135. chicken head louse *Gallipeurus heterographus*
136. chicken mite *Dermanyssus gallinae*
137. chigger *Trombiculidae*
138. chocolate moth *Ephestia cautella, E. elutella*
139. churchyard beetle *Blaps mucronata*
140. cigarette beetle *Lasioderma serricorne*
141. ciron de fromage *Tyrolichus casei*
142. citrophilous mealybug *Pseudococcus gahani*
143. citrus black scale *Saissetia oleae*

144. citrus mealybug *Planococcus citri*
145. cloporte des murs *Porcellio scaber*
146. clover mite *Bryobia cristata*
147. cochenille des cactées *Diaspis echinocacti*
148. cochenille du larier *Aonidia lauri*
149. cochenille du lierre *Aspidiotus hederae*
150. cochenille farineuse de l'orange *Planococcus citri*
151. cochenille flocconeuse *Chloropulvinaria floccifera*
152. codling moth *Laspeyresia pomonella*
153. coffee-bean weevil *Araecerus fasciculatus*
154. coléoptère des cigarettes *Lasioderma serricorne*
155. coléoptère des drogueries *Stegobium paniceum*
156. common bean weevil *Acanthoscelides obtectus*
157. common clothes moth *Tineola bisselliella*
158. common furniture beetle *Anobium punctatum*
159. common mealybug *Planococcus citri*
160. common powder-post beetle *Lyctus brunneus*
161. common spider beetle *Ptinus fur*
162. confused flour beetle *Tribolium confusum*
163. cook louse *Liposcelis*
164. copra beetle *Necrobia rufipes*
165. copra mite *Tyrophagus putrescentiae*
166. coquerelle des caves *Periplaneta americana*
167. cork moth *Nemapogon cloacellus*
168. corn billbugs *Sitophilus*
169. corn sap-beetle *Carpophilus dimidiatus*
170. cowpea weevil *Callosobruchus chinensis*
171. crab louse *P(h)thirus pubis*
172. crane fly *Tipula*
173. croton bug *Blattella germanica*
174. cucarachas *Blattariae*
175. cucujide de grains *Ahasverus advena*
176. cucujide roux *Cryptolestes*
177. currant moth *Ephestia elutella*
178–180. entfallen.
181. dark mealworm *Tenebrio obscurus*
182. death watch beetle *Xestobium rufovillosum*
183. death watches *Anobiidae*
184. deer fly oder deer kad *Lipoptena cervi*
185. demoiselle argentée *Lepisma saccharina*
186. depressed flour beetle *Palorus subdepressus*
187. dermeste africain du lard *Dermestes haemorrhoidalis*
188. dermeste bicolore *Dermestes bicolor*
189. dermeste des peaux *Dermestes maculatus*
190. dermeste destructeur du cuir *Dermestes frischi*
191. dermeste du chêne *Lymexylon navale*
192. dermeste de lard *Dermestes lardarius*
193. dermeste peruvien *Dermestes peruvianus*
194. dermeste renard *Dermestes maculatus*
195. destructeur de jambon et viande *Necrobia rufipes*
196. destructeur du cuir *Dermestes maculatus, D. frischi*
197. dog-biting louse *Trichodectes canis*
198. dog flea *Ctenocephalides canis*
199. dog-sucking louse *Linognathus setosus*
200. dooryard soubug *Oniscus asellus*
201. dracaena thrips *Parthenothrips draceanae*
202. dried fig moth *Ephestia cautella*
203. dried currant moth *Ephestia cautella*
204. dried fruit beetle *Carpophilus hemipterus*
205. dried fruit mite *Carpoglyphus lactis*
206. drone fly *Eristalis tenax*
207. drug store beetle *Stegobium paniceum*
208. drug store weevil *Stegobium paniceum*
209. earwig *Forficula auricularia*
210. English sparrow *Passer domesticus*
211. European chicken flea *Ceratophyllus gallinae*
212. European furniture beetle *Anobium punctatum*
213. European giant garden slug *Limax maximus*
214. European grain moth *Nemapogon granellus*
215. European malaria mosquito *Anopheles maculipennis*
216. European rat flea *Nosopsyllus fasciatus*
217. false scorpions *Pseudoscorpiones*
218. false slater *Glomeris*
219. false stable fly *Muscina stabulans*
220. ferment flies *Drosophila*
221. fern aphid *Idiopterus nephrolepidis*
222. fern scale *Pinnaspis aspidistrae*
223. fern thrips *Leucothrips nigripennis*
224. field slug *Deroceras reticulatum, D. agreste*
225. firebrat *Lepismodes inquilinus*
226. flat grain beetle *Cryptolestes pusillus*
227. flour beetles *Tribolium*
228. flour mite *Acarus siro*
229. fluff louse *Goniocotes hologaster*
230. forage mite *Acarus siro*
231. forbicine *Lepisma saccharina*

232. foreign grain beetle   *Ahasverus advena*
233. forest fly   *Hippobosca equina*
234. fouine   *Martes foina*
235. fourmis   *Formicoidea*
236. four-spotted bean weevil   *Callosobruchus maculatus*
237. fowl louse   *Menopon gallinae*
238. fowl tick   *Argas reflexus*
239. frelon   *Paravespula vulgaris*
240. fruit fly   *Drosophila*
241. furniture beetles   *Anobiidae*
242. furniture carpet beetle   *Anthrenus fasciatus*
243. furniture mite   *Glycyphagus domesticus*

244. gale de céréales   *Pyemotidae*
245. gale des épicier   *Glycyphagus domesticus*
246. garden ant   *Lasius niger*
247. garden slug   *Limax maximus*
248. geranium aphid   *Aulacorthum pelargonii*
249. German cockroach   *Blattella germanica*
250. giant garden slug   *Limax maximus*
251. giant hornet   *Vespa crabro*
252. giant horntail   *Sirex juvencus*
253. glashouse thrips   *Heliothrips haemorrhoidalis*
254. goat-biting louse   *Bovicola caprae*
255. goat-sucking louse   *Linognathus stenopsis*
256. golden spider beetle (oder mite)   *Niptus hololeucus*
257. golden fringe   *Hypsopygia costalis*
258. grain mite   *Acarus siro*
259. grain mold beetle   *Alphitobius laevigatus*
260. grain weevil   *Sitophilus granarius*
261. granary weevil   *Sitophilus granarius*
262. grande limace cendree (= grise)   *Limax maximus*
263. grande limace jaune   *Limax flavus*
264. grand tribolium de la farine   *Tribolium destructor*
265. grape fruit fly   *Drosophila melanogaster*
266. grape mealybug   *Pseudococcus maritimus*
267. grass stemfly   *Thaumatomyia notata*
268. great grey (house) slug (of Europe)   *Limax maximus*
269. greedy scale   *Hemiberlesia rapax*
270. green banana roach   *Panchlora*
271. green bottle   *Lucilia*
272. greenhouse thrips   *Heliothrips haemorrhoidalis*
273. greenhouse white fly   *Trialaurodes vaporariorum*
274. grey field slug   *Deroceras agreste, D. reticulatum*
275. grey flesh fly   *Sarcophaga*

276. grillon domestique   *Acheta domesticus*
277. groundnut seedbeetle   *Caryedon serratus*
278. hairy cellar beetle   *Mycetaea hirta*
279. hairy fungus beetle   *Typhaea stercorea*
280. hairy spider beetle   *Ptinus villiger*
281. ham beetle   *Dermestes lardarius*
282. hard ticks   *Ixodidae*
283. harvest bug oder mite   *Trombicula autumnalis*
284. harvestman, pl. harvestmen   *Opilio, Opiliones*
285. head louse   *Pediculus capitis*
286. hedgelog   *Erinaceus europaeus*
287. hélice des celliers   *Oxychilus cellarius*
288. hemisphaerical scale   *Saissetia palmae*
289. hérrison   *Erinaceus europaeus*
290. hide beetle   *Dermestes maculatus*
291. hog louse   *Haematopinus suis*
292. honey bee   *Apis mellifera*
293. hood spider beetle   *Mezium americanum*
294. horse-biting louse   *Werneckiella equi*
295. horse louse fly   *Hippobosca equina*
296. horse-sucking fly   *Haematopinus asini*
297. house cricket   *Acheta domesticus*
298. house dust mites   *Pyroglyphidae*
299. house fly   *Musca domestica*
300. house longhorn beetle   *Hylotrupes bajulus*
301. house mouse   *Mus musculus*
302. house rat   *Rattus rattus*
303. human flea   *Pulex irritans*
304. hump beetle   *Gibbium psylloides*
305. Indian mealmoth   *Plodia interpunctella*

306. Japanese grain moth   *Aphomia gularis*
307. khapra beetle   *Trogoderma granarium*
308. la roche   *Deroceras agreste, D. reticulatum*
309. larder beetle   *Dermestes lardarius*
310. large brown Egyptian grasshopper   *Anacridium aegyptium*
311. large chicken louse   *Goniodes gigas*
312. large duck louse   *Trinotum querquedulae*
313. large grey slug   *Limax maximus*
314. large pale clothes moth   *Tinea pallescentella*
315. larger grain borer   *Prostephanus truncatus*
316. larger wax moth   *Galleria melionella*
317. lasioderme du tabac   *Lasioderma serricorne*
318. latrine fly   *Fannia scalaris*
319. leaf curling plum aphid   *Brachycaudus helichrysi*

320. leather beetle   *Dermestes frischi, D. maculatus*
321. lentil weevil   *Bruchus lentis*
322. lesser grain borer   *Rhizopertha dominica*
323. lesser house fly   *Fannia canicularis*
324. lesser meal worm   *Alphitobius diasperinus*
325. lesser wax moth   *Achroia grisella*
326. lily aphid   *Neomyzus circumflexums*
327. limace agreste   *Deroceras agreste*
328. limace cendrée   *Limax maximus*
329. limace des camps   *Deroceras reticulatum*
330. limace des caves   *Limax flavus*
331. limace grise   *Deroceras reticulatum*
332. limace grise commune   *Deroceras agreste*
333. little house fly   *Fannia canicularis*
334. little red ant   *Monomorium pharaonis*
335. long-headed flour beetle   *Latheticus oryzae*
336. longicorne bleu-violet   *Callidium violaceum*
337. longicorne variable   *Phymatodes testaceus*
338. long-nosed cattle louse   *Linognathus vituli*
339. long winged thrips   *Scirtothrips longipennis*
340. lousc flics   *Pupipara*

341. Madera roach   *Leucophaea maderae*
342. maize weevil   *Sitophilus zeamais*
343. malaria mosquito   *Anopheles maculipennis*
344. meal moth   *Pyralis farinalis*
345. mealworm   *Tenebrio molitor*
346. mealy bugs   *Pseudococcidae*
347. meat skipper   *Piophila casei*
348. mediterranean flour moth   *Ephestia kuehniella*
349. melon aphid   *Cerosipha gossypii*
350. merchant grain beetle   *Oryzaephilus mercator*
351. Mexican bean weevil   *Zabrotes subfasciatus*
352. Mexican grain beetle   *Paraxonotha kirschi*
353. miana bug   *Argas reflexus*
354. minute beetle   *Murmidius ovalis*
355. mite   Milbe, Larve, Raupe
356. mite angumoise du grain   *Sitotroga cerealella*
357. mite beetle   *Gibbium psylloides*
358. mite de la farine   *Ephestia kuehniella, Pyralis farinalis*
359. mite des fruits secs   *Carpoglyphus lactis*
360. mite des tapid (= tapisseries)   *Trichophaga tapetzella*
361. mite des vestements   *Tineola bisselliella*
362. mite du fromage   *Tyrolichus casei*
363. mite du sucre   *Lepidoglyphus destructor*
364. mite du trèfle   *Bryobia cristata*

365. mite japonoise du grain   *Aphomia gularis*
366. mites noires   *Hypogastrura* (an Championzuchten)
367. moldlice   *Psocoptera*
368. mosquitoes   *Culicidae*
369. mottled Arum aphid   *Neomyzus circumflexus*
370. mottles grain moth   *Nemapogon granellus*
371. mouche bleue de la viande   *Calliphora*
372. mouche des étables   *Stomoxys calcitrans*
373. mouche des latrines   *Fannia scalaris*
374. mouche des maisons   *Musca domestica*
375. mouche du fromage   *Piophila casei*
376. moucheron   *Lasioderma serricorne*
377. murky meal moth   *Aglossa caprealis*
378. museum beetle   *Anthrenus museorum*
379. mycétophage des céréales   *Typhaea stercorea*

380. nécrobie à col rouge   *Necrobia ruficollis*
381. nécrobie à pattes rouges   *Necrobia rufipes*
382. nécrobie bleue   *Necrobia violacea*
383. netted tick   *Dermacentor reticulatus*
384. northern fowl mite   *Ornithonyssus sylviarum*
385. northern house mosquito   *Culex pipiens*
386. Norvegian rat   *Rattus norvegicus*

387. oleander scale   *Aspidiotus hederae*
388. orchid thrips   *Chaetanaphothrips* sp.
389. oriental cockroach   *Blatta orientalis*
390. ornate aphid   *Myzus portulacae*
391. ouvrier fogeron   *Ergates faber*

392. palm thrips   *Parthenothrips dracaenae*
393. pavement ant   *Tetramorium caespitum*
394. peach-potato aphid   *Myzodes persicae*
395. pea weevil   *Bruchus pisorum*
396. pelargonium aphis   *Aulacorthum pelargonii*
397. perce-oreile   *Forficula auricularia*
398. petite limace grise   *Deroceras agreste, D. reticulatum*
399. petite teigne des ruches   *Aphomia gularis*
400. petit tenebrion brillant   *Alphitobius diaperinus*
401. petit tenebrion mat   *Alphitobius laevigatus*
402. petit ver de la farine   *Tribolium*
403. Pharaoh's ant   *Monomorium pharaonis*
404. pigeon bug   *Cimex columbarius*
405. pig louse   *Haematopinus suis*
406. pine apple scale   *Diaspis bromeliae*
407. pine marten   *Martes martes*
408. pine wood wasp   *Urocerus gigas*

409. pique   *Trombiculidae*
410. pitchy carpet beetle   *Attagenus unicolor*
411. poisson d'argent   *Lepisma saccharina*
412. pole cat   *Putorius putorius*
413. pomace fly   *Drosophila*
414. porte-aiguillon   *Aculeata*
415. potato aphid   *Macrosiphon solani*
416. potato root mite   *Rhizoglyphus echinopus*
417. potato tuber worm   *Phthorimaea operculella*
418. poultry mite   *Dermanyssus gallinae*
419. poultry shaft louse   *Menopon gallinae*
420. pou rouge des orangers   *Chrysomphalus dictyospermi*
421. powder-post beetle   *Lyctidae*
422. predaceous mites   *Pyemotidae*
423. présages de mort   *Blaps*
424. prickly pear scale   *Diaspis echinocacti*
425. ptine affiné   *Mezium affine*
426. ptine australien (= d'Australie)   *Ptinus tectus*
427. ptine des herbes   *Ptinus fur*
428. ptine doré   *Niptus hololeucus*
429. ptine globuleux   *Trigonogenius globulus*
430. ptine sphérique   *Gibbium psylloides*
431. ptine vêtu   *Prinus tectus*
432. ptine voleur   *Ptinus fur*
433. puce de l'homme   *Pulex irritans*
434. puceron de la pomme de terre   *Macrosiphon solani*
435. puceron des serres   *Neomyzus circumflexus*
436. puceron du chardon   *Brachycaudus cardui*
437. puceron du lis   *Neomyzus circumflexus*
438. puceron du melon   *Cerosipha gossypii*
439. puceron du nerprun   *Aphidula masturtii*
440. pulse beetles   *Bruchidae*
441. punaise des lits   *Cimex lectularius*
442. putoi   *Putorius putorius*
443. pyrale de la farine   *Ephestia kuehniella*
444. pyrale de la figure   *Ephestia figulilella*
445. pyrale des amandes   *Ephestia cautella*
446. pyrale des figues   *Ephestia figulilella*
447. pyrale des figues et des caroubes   *Ectomyelois ceratoniae*
448. pyrale des fruits secs   *Plodia interpunctella*
449. pyrale des noix   *Aphomia gularis*
450. pyrale des raisins secs   *Ephestia calidella*
451. pyrale du cacao   *Ephestia elutella*
452. pyrale du riz   *Corcyra cephalonica*

453. rabbit louse   *Haemodipsus ventricosus*
454. rain breeze fly   *Haematopota pluvialis*
455. raisin moth   *Ephestia figulilella*
456. rat   *Rattus*
457. rat flea   *Nosophyllus fasciatus*
458. rat-tail maggot   *Eristalis* (Larve)
459. red bugs   *Trombiculidae*
460. red carpenter ant   *Camponotus herculaneus*
461. red flour beetle   *Tribolium castaneum*
462. red Egyptian ant   *Monomorium pharaonis*
463. red-legged ham beetle   *Necrobia rufipes*
464. red-shouldered ham beetle   *Necrobia ruficollis*
465. rellmouse   *Glis glis*
466. rice moth   *Corcyra cephalonica*
467. rice weevil   *Sitophilus oryzae*
468. robine bulb mite   *Rhizoglyphus robini*
469. rock dove   *Columba livia*
470. rongeur des tapis   *Anthrenus scrophulariae*
471. root borer   *Dinoderus bifoveolatus*
472. rouget   *Trombiculidae*
473. rust-red flour beetle   *Tribolium castaneum*
474. rust-red (= rusty) grain bettle   *Cryptolestes ferrugineus*
475. saw-toothed grain beetle   *Oryzaephilus surinamensis*
476. scaby slatter   *Porcellio scaber*
477. scale insects   *Coccina*
478. seed moth   *Hofmannophila pseudospretella*
479. shallot aphid   *Rhopalomyzus ascalonicus*
480. sheep blow fly   *Lucilia sericata*
481. sheep body louse   *Bovicola ovis*
482. sheep face louse   *Linognathus ovillus*
483. sheep ked   *Melophagus ovinus*
484. sheep tick   *Ixodes ricinus*
485. shiny spider beetle   *Gibbium psylloides*
486. short-nosed cattle louse   *Haematopinus eurysternus*
487. Siamese grain beetle   *Lophocateres pusillus*
488. silvain denté des arachids   *Oryzaephilus mercator*
489. silvain denté des grains   *Oryzaephilus surinamensis*
490. silverfish   *Lepisma saccharina*
491. sirex commune   *Sirex juvencus*
492. sirex géant   *Urocerus gigas*
493. sleeper   *Glis, Eliomys*
494. slender duck louse   *Anaticola crassicornis*
495. slender-headed (= slender-horned) flour beetle   *Echocerus maxillosus*
496. slender pigeon louse   *Columbicola columbae*
497. slicker   *Lepisma saccharina*
498. slugs   *Limacidae*
499. small eyed flour beetle   *Palorus ratzeburgi*
500. small fruit flies   *Drosophilidae*

501. small pigeon louse   *Campanulotus bidentatus compar*
502. smaller bamboo shot-hole borer   *Dinoderus minutus*
503. smilax thrips   *Hercinothrips bicinctus*
504. snails   *Gehäuseschnecken*
505. snouth moth   *Pyralis farinalis*
506. soft furniture beetle   *Ernobius mollis*
507. soft (brown) scale   *Coccus hesperidum*
508. soft ticks   *Argasidae*
509. spiders   *Araneae*
510. spotted garden slug   *Limax maximus*
511. spotted snake millipede   *Blaniulus guttulatus*
512. springtails   *Collembola*
513. square-necked grain beetle   *Cathartus quadricollis*
514. stable fly   *Stomoxys calcitrans*
515. St.-Mark's fly   *Bibio marci*
516. strawberry ground beetle   *Pterostichus vulgaris*
517. strawberry seed beetle   *Harpalus rufipes*
518. straw itch mite   *Pyemotes tritici*
519. subterranean termite   *Reticulitermes*
520. sucking goat louse   *Linognathus stenopsis*
521. sucking horse louse   *Haematopinus asini*
522. sugarbeet thrips   *Hercinothrips femoralis*
523. sugar mite   *Lepidoglyphus destructor*
524. surface beetles   *Tenebrionidae*
525. tallow dermestid   *Dermestes maculatus*
526. tapestry moth   *Trichophaga tapetzella*
527. tauny garden slug   *Limax flavus*
528. teigne de la pomme de terre   *Phthorimaea operculella*
529. teigne des draps   *Tinea pellionella*
530. teigne des fourrures et de la laine   *Tineola bisselliella*
531. teigne des grains   *Nemapogon granellus*
532. teigne des nids   *Niditinea fuscipunctella*
533. teigne des ruches   *Galleria mellonella*
534. teigne des semences   *Hofmannophila pseudospretella*
535. ténébrion des poulaillers   *Alphitobius diaperinus*
536. ténébrion meumier   *Tenebrio*
537. termite flavicolle   *Kalotermes flavicollis*
538. thermobie   *Lepismodes inquilinus*
539. thistle aphid   *Brachycaudus cardui*
540. tick-flies   *Pupipara*
541. ticks, tiques   *Ixodidae* (Ixodés) und *Argasidae* (Argasidés)
542. tobacco aphid   *Myzodes persicae*
543. tobacco beetle   *Lasioderma serricorne*
544. tobacco moth   *Ephestia elutella*
545. tribolium américain de la farine   *Tribolium confusum*
546. tribolium à tête bordée   *Cryptolestes ferrugineus*
547. tribolium de la farine   *Tribolium confusum*
548. tribolium grand de la farine   *Tribolium destructor*
549. tribolium noir de la farine   *Tribolium madens*
550. tribolium rouge de la farine   *Tribolium castaneum*
551. tribolium turc à tête bordée   *Cryptolestes turcicus*
552. trogoderme du grains   *Trogoderma granarium*
553. tropical rat flea   *Xenopsylla cheopis*
554. tropical rat mite   *Ornithonyssus bacoti*
555. two-banded fungus beetle   *Alphitophagus bifasciatus*
556. true sheep tick   *Ixodes ricinus*
557. variegated (= varied) carpet beetle   *Anthrenus verbasci*
558. ver   *Käferlarven*
559. ver denté des arachides   *Oryzaephilus mercator*
560. ver denté des grains   *Oryzaephilus surinamensis*
561. ver de la farine   *Tenebrio molitor*
562. ver des fruits secs   *Nausibius clavicornis*
563. ver des grains   *Rhizopertha dominica*
564. ver des tropics   *Ahasverus advena*
565. ver du pruneau   *Carpophilus*
566. ver du riz   *Laemotmetus ferrugineus*
567. vespa commune   *Paravespula germanica*
568. vinegar flies   *Drosophilidae*
569. violet aphid   *Myzus portulacea*
570. vrillette brune du bois   *Lyctus brunneus*
571. vrillette des racines   *Dinoderus bifoveolatus*
572. vrillette domestique   *Anobium punctatum*
573. vrillette du bambon   *Dinoderus minutus*
574. vrillette du pain   *Stegobium paniceum*
575. vrillette molle   *Ernobius mollis*
576. vrillettes   *Anobiidae*
577. wax moth   *Galleria mellonella*
578. weavers   *Opiliones*
579. webbing clothes moth   *Tineola bisselliella*
580. wharf borer   *Nacerda melanura*
581. wheat beetle   *Tenebroides mauritanicus*
582. white ants   *Isoptera*
583. white flies   *Aleyrodina*

584. white marked spider beetle *Ptinus fur*
585. white-shouldered house moth *Endrosis sarcitrella*
586. white-tip clothes moth *Trichophaga tapetzella*
587. winter gnats *Trichoceridae*
588. wolf moth *Nemapogon granellus*
589. wood borers *Bostrichidae*
590. wood mouse *Sylvaemus sylvaticus*

591. wood wasp *Sirex, Urocerus*
592. wooly bear *Anthrenus fasciatus*
593. yellow mealworm *Tenebrio molitor*
594. yellow slug *Limax flavus*
595. yellow spider beetle *Niptus hololeucus*

596. zonite des caves *Oxychilus cellarius*

BUCHTIPS

Weber/Weidner
Grundriß der Insektenkunde
5., völlig neubearb. Aufl. 1974. XVI, 640 S., 287 Abb., Ln. DM 74,–

Brauns
Taschenbuch der Waldinsekten
Grundriß einer terrestrischen Bestandes- und Standort-Entomologie
4., neubearb. Aufl. 1991. XVIII, 860 S., 1056 Abb., davon 234 Abb. auf Farbtaf., geb. DM 82,–

Jacobs/Renner
Biologie und Ökologie der Insekten
Ein Taschenlexikon
2., völlig überarb. Aufl. 1988. X, 690 S., 1201 Abb., geb. DM 72,–

Bavendamm
Der Hausschwamm und andere Bauholzpilze
1969. VIII, 69 S., 32 Abb., kt. DM 28,-

Abraham
Fang und Präparation wirbelloser Tiere
1991. X, 132 S., 40 Abb., kt. DM 32,–

Eichler
Grundzüge der veterinärmedizinischen Entomologie
Ausgewählte Beispiele wichtiger Parasitengruppen
1980. 184 S., 41 Abb., geb. DM 28,–

Eichler
Parasitologisch-insektizidkundliches Wörterbuch
1977. 525 S., mit 5886 Stichwörtern, kt. DM 39,–

Preisänderungen vorbehalten